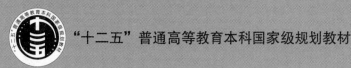

图像工程（上册）

图像处理

（第4版）

章毓晋 (ZHANG Yu-Jin)　编著

IMAGE ENGINEERING（Ⅰ）

IMAGE PROCESSING

（Fourth Edition）

清华大学出版社

北京

内 容 简 介

本书为《图像工程》第 4 版的上册，主要介绍图像工程的第一层次——图像处理的基本概念、基本原理、典型方法、实用技术以及国际上有关研究的新成果。

本书主要分为 4 个单元。第 1 单元（包含第 2～4 章）介绍图像增强技术，其中第 2 章介绍基于像素点操作的空域增强技术，第 3 章介绍基于模板操作的空域增强技术，第 4 章介绍频域增强技术。第 2 单元（包含第 5～8 章）介绍图像恢复技术，其中第 5 章介绍图像消噪和恢复技术，第 6 章介绍图像校正和修补技术，第 7 章介绍图像去雾及评价技术，第 8 章介绍图像投影重建技术。第 3 单元（包含第 9～11 章）介绍图像编码技术，其中第 9 章介绍图像编码基础，第 10 章介绍变换编码技术，第 11 章介绍其他编码技术。第 4 单元（包含第 12～15 章）介绍拓展图像技术，其中第 12 章介绍图像信息安全技术，第 13 章介绍彩色图像处理技术，第 14 章介绍视频图像处理技术，第 15 章介绍多尺度图像处理技术。书中的附录介绍了图像方面的一些国际标准，主要与第 3 单元相关。书中还提供了大量例题、思考题和练习题，并对部分练习题提供了解答。书末还给出了主题索引。

本书可作为信号与信息处理、通信与信息系统、电子与通信工程、模式识别与智能系统、计算机视觉等学科的大学本科和研究生专业基础课教材，也可供信息与通信工程、电子科学与技术、计算机科学与技术、测控技术与仪器、机器人自动化、生物医学工程、光学、电子医疗设备研制、遥感、测绘和军事侦察等领域的科技工作者参考。

图书在版编目（CIP）数据

图像工程（上册）：图像处理/章毓晋编著.—4 版.—北京：清华大学出版社，2018（2024.1 重印）
ISBN 978-7-302-49299-3

Ⅰ．①图… Ⅱ．①章… Ⅲ．①计算机应用－图像处理 Ⅳ．①TP391.41

中国版本图书馆 CIP 数据核字（2018）第 004387 号

责任编辑：文 怡
封面设计：李召霞
责任校对：李建庄
责任印制：曹婉颖

出版发行：清华大学出版社
　　　　　网　　　址：https://www.tup.com.cn，https://www.wqxuetang.com
　　　　　地　　　址：北京清华大学学研大厦 A 座　　　　邮　　编：100084
　　　　　社 总 机：010-83470000　　　　邮　　购：010-62786544
　　　　　投稿与读者服务：010-62776969，c-service@tup.tsinghua.edu.cn
　　　　　质量反馈：010-62772015，zhiliang@tup.tsinghua.edu.cn
　　　　　课件下载：https://www.tup.com.cn，010-83470236
印 装 者：三河市龙大印装有限公司
经　　销：全国新华书店
开　　本：185mm×260mm　　　印　张：27.25　　　字　　数：660 千字
版　　次：1999 年 3 月第 1 版　　2018 年 2 月第 4 版　　印　　次：2024 年 1 月第 9 次印刷
定　　价：79.00 元

产品编号：077215-01

全套书第4版前言

这是《图像工程》第 4 版,全套书仍分 3 册,分别为《图像工程(上册)——图像处理》《图像工程(中册)——图像分析》和《图像工程(下册)——图像理解》。它们全面介绍图像工程的基础概念、基本原理、典型方法、实用技术以及国际上相关内容研究的新成果。

《图像工程》第 3 版也分 3 册,名称相同。上、中、下册均在 2012 年出版,而 2013 年出版了《图像工程》第 3 版的 3 册合订本。第 3 版至今已重印 13 次,总计约 3 万多册。

《图像工程》第 2 版也分 3 册,名称相同。上、中、下册分别在 2006 年、2005 年和 2007 年出版,2007 年还出版了《图像工程》第 2 版的 3 册合订本。第 2 版共重印 18 次,总计近 7 万册。

《图像工程》第 1 版也分 3 册,名称分别为《图像工程(上册)——图像处理和分析》《图像工程(下册)——图像理解和计算机视觉》和《图像工程(附册)——教学参考及习题解答》。这三册分别在 1999 年、2000 年和 2002 年出版。第 1 版共重印 27 次,总计约 11 万册。

《图像工程》的多次重印表明作者一直倡导的,为了对各种图像技术进行综合研究、集成应用而建立的整体框架——图像工程——作为一门系统地研究各种图像理论、技术和应用的新的交叉学科得到了广泛的认可,也在教学中得到大量使用。同时,随着研究的深入和技术的发展,编写新版的工作也逐渐提到议事日程上来。

第 4 版的编写开始于 2016 年,是年暑假静心构思了全套书的整体框架。其后,根据框架陆续收集了一些最新的相关书籍和文献(包括印刷版和电子版),并仔细进行了阅读和做了笔记。这为新版的编写打下了一个坚实的基础。期间,还结合以往课堂教学和学生反馈,对一些具体内容(包括习题)进行了整理和调整。第 4 版内容具有一定的深度和广度,希望读者通过本套书的学习,能够独立地和全面地了解该领域的基本理论、技术、应用和发展。

第 4 版在编写的方针上,仍如前 3 版那样力求具有理论性、实用性、系统性、实时性;在内容叙述上,力求理论概念严谨,论证简明扼要。在内容方面,第 4 版基本保留了第 3 版中有代表性的经典内容,同时考虑到图像技术的飞速发展,还认真选取了近年的一些最新研究成果和得到广泛使用的典型技术进行充实。这些新内容既参考了许多有关文献,也结合了作者的一些研究工作和成果以及这些年来的教学教案。除每册书均增加了一章全新内容外,还各增加了多个节和小节,特别还增加了许多例题,其中有些是介绍一些新的选学内容,有些则从其他的角度来补充解释已有的概念和方法。这些例题可根据课时安排、学生基础等选择使用,比较灵活。总体来说,第 4 版的内容覆盖面更广,介绍更全面细致,整体篇幅比第 3 版有约 20% 的增加。

第 4 版在具体结构和章节安排方面仍然保留了上一版的特点:

第一,各册书均从第 2 章就开始介绍正式内容,更快进入主题。先修或预备内容分别安排在需要先修部分的同一章前部,从教学角度来说,更加实用,也突出了主线内容。

第二,除第 1 章绪论外,各册书的正式内容仍都结合成 4 个主题相关的单元(并画在封面上),每个单元都有具体说明,帮助选择学习。全书有较强的系统性和结构性,也有利于复习考核。

第三,各章中的习题均只有少部分给出了解答,使教师可以更灵活地选择布置。更多的习题和其余的习题解答将会放在出版社网站上,便于补充、改进,网址为 www.tup.com.cn。

第四,各册书后均仍有主题索引(并给出了英文),这样既方便在书中查找有关内容,又方便在网上查找有关文献和解释。

第 4 版还增加了一项新的举措。书中的彩色图片印刷后均为黑白的,但可以通过手机扫描图片旁的二维码,调出存放在出版社网站上的对应彩色图片,获得更多的信息和更好的观察效果。

从 1996 年开始编写《图像工程》第 1 版以来至今已 20 多年。期间,作者与许多读者(包括教师、学生、自学者等)有过各种形式的讨论和交流,除了与一些同行面谈外,许多人打来电话或发来电子邮件。这些讨论和交流使作者获得了许多宝贵的意见和建议,在编写这 4 版中都起到了不可或缺的作用,特别是在解释和描述的详略方面都结合读者反馈意见进行了调整,从而更加容易理解和学习。值得指出的是,书中还汇集了多年来不少听课学生的贡献,许多例题和练习题是在历届学生作业和课堂讨论的基础上提炼出来的,一些图片还直接由学生帮助制作,在选材上也从学生的反馈中受到许多启发。借此机会对他们一并表示衷心的感谢。

书中有相当内容基于作者和他人共同研究的成果,特别是历年研究室的学生(按姓名拼音排):卜莎莎、边辉、蔡伟、陈权崎、陈挺、陈伟、陈正华、崔崟、程正东、戴声扬、段菲、方慕园、冯上平、傅卓、高永英、葛菁华、侯乐天、胡浩基、黄英、黄翔宇、黄小明、贾波、贾超、贾慧星、姜帆、李佳童、李娟、李乐、李品一、李劭、李睿、李硕、李闻天、李相贤(LEE Sang Hyun)、李小鹏、李雪、梁含悦、刘宝弟、刘晨阳、刘峰、刘错、刘青棣、刘惟锦、刘晓旻、刘忠伟、陆海斌、陆志云、罗惠韬、罗沄、朴寅奎(PARK In Kyu)、钱宇飞、秦暄、秦垠峰、阮孟贵(NGUYEN Manh Quy)、赛义(Saeid BAGHERI)、沈斌、谭华春、汤达、王树徽、王宇雄、王志国、王志明、王钟绪、温宇豪、文熙安(Tristan VINCENT)、吴高洪、吴纬、夏尔雷(Charley PAULUS)、向振、徐丹、徐枫、徐洁、徐培、徐寅、许翔宇、薛菲、薛景浩、严严、杨劲波、杨翔英、杨忠良、姚玉荣、游钱皓喆、鱼荣珍(EO Young Jin)、俞天利、于信男、袁静、贠亮、张宁、赵雪梅、郑胤、周丹、朱施展、朱小青、朱云峰,博士后高立志、王怀颖以及进修教师崔京守(CHOI Jeong Swu)、郭红伟、石俊生、杨卫平、曾萍萍、张贵仓等。第 1 版、第 2 版、第 3 版和第 4 版采用的图表除作者本人制作的外,也包括他们在研究工作中收集和实验得到的。该书应该说是多人合作成果的体现。

最后,感谢妻子何芸、女儿章荷铭在各方面的理解和支持!

章毓晋

2018 年元旦于书房

通信: 北京,清华大学电子工程系,100084

办公: 清华大学,罗姆楼,6 层 305 室

电话: (010) 62798540

传真: (010) 62770317

电邮: zhang-yj@tsinghua.edu.cn

主页: oa.ee.tsinghua.edu.cn/～zhangyujin/

上册书概况和使用建议

本书为《图像工程》第 4 版的上册,主要介绍图像工程的第一层次——图像处理的基本概念、基本原理、典型方法、实用技术以及国际上有关研究的新成果。

本书第 1 章是绪论,介绍图像基础知识并概述全书。图像处理的主要内容分别在 4 个单元中介绍。第 1 单元(包含第 2~4 章)介绍图像增强技术;其中第 2 章介绍基于点操作的空域增强技术,第 3 章介绍基于模板操作的空域增强技术,第 4 章介绍频域增强技术。第 2 单元(包含第 5~8 章)介绍图像恢复技术,其中第 5 章介绍图像消噪和恢复技术,第 6 章介绍图像校正和修补技术,第 7 章介绍图像去雾及评价技术,第 8 章介绍图像投影重建技术。第 3 单元(包含第 9~11 章)介绍图像编码技术,其中第 9 章介绍图像编码基础,第 10 章介绍变换编码技术,第 11 章介绍其他编码技术。第 4 单元(包含第 12~15 章)介绍拓展图像技术,其中第 12 章介绍图像信息安全技术,第 13 章介绍彩色图像处理技术,第 14 章介绍视频图像处理技术,第 15 章介绍多尺度图像处理技术。书中的附录介绍了图像方面的一些国际标准,主要与第 3 单元相关。

本书包括 15 章正文,1 个附录,以及"部分思考题和练习题解答""参考文献"和"主题索引"。在这 19 个一级标题下共有 91 个二级标题(节),再下还有 156 个三级标题(小节)。全书共有文字(也包括图片、绘图、表格、公式等)60 多万。本书共有编了号的图 334 个(包括411 幅图片)、表格 59 个、公式 753 个。为便于教学和理解,本书共给出各类例题 135 个。为便于检查教学和学习效果,各章后均有 12 个思考题和练习题,全书共有 180 个,对其中的30 个(每章 2 个)提供了参考答案(更多的思考题和练习题解答将考虑另行提供)。另外,统一列出了直接引用和提供参考的 280 多篇文献的目录。最后,书末还给出了 600 多个主题索引(及英译)。

本书各章主要内容和讲授长度基本平衡,根据学生的基础和背景,每章可用 3~4 个课堂学时讲授,另外可能还需要平均 2~3 个课外学时练习和复习。本书电子教案可在清华大学出版社网站 http://www.tup.com.cn 或作者主页 http://oa.ee.tsinghua.edu.cn/~zhangyujin/下载。

本书主要介绍图像处理的内容,最好作为学习图像技术的第一本书来学习(特别是自学的话)。如果仅要了解图像处理的基本内容,可以仅选取前三个单元;如果需要学习图像分析技术,可以在学习完本书前两个单元后直接学习《图像工程》的中册。

目　　录

第1章　绪论 ……………………………………………………………………… 1

1.1　图像 ………………………………………………………………………… 1

1.1.1　图像表示和显示 ……………………………………………………… 1

1.1.2　空间分辨率和幅度分辨率 …………………………………………… 4

1.1.3　图像质量 ……………………………………………………………… 6

1.2　图像工程简介 ……………………………………………………………… 8

1.2.1　图像技术和图像工程 ………………………………………………… 8

1.2.2　图像工程的3个层次 ………………………………………………… 9

1.2.3　图像工程相关学科和领域 …………………………………………… 10

1.2.4　图像工程的技术应用 ………………………………………………… 11

1.2.5　图像工程文献统计分类 ……………………………………………… 11

1.3　图像处理系统 ……………………………………………………………… 13

1.3.1　系统构成框图 ………………………………………………………… 13

1.3.2　图像采集 ……………………………………………………………… 14

1.3.3　图像显示和打印 ……………………………………………………… 16

1.3.4　图像存储 ……………………………………………………………… 20

1.3.5　图像处理 ……………………………………………………………… 22

1.4　内容框架和特点 …………………………………………………………… 22

总结和复习 ………………………………………………………………………… 24

第1单元　图　像　增　强

第2章　空域增强：点操作 ……………………………………………………… 29

2.1　图像坐标变换 ……………………………………………………………… 29

2.1.1　基本坐标变换 ………………………………………………………… 30

2.1.2　坐标变换扩展 ………………………………………………………… 31

2.2　图像间运算 ………………………………………………………………… 34

2.2.1　算术和逻辑运算 ……………………………………………………… 34

2.2.2　图像间算术运算的应用 ……………………………………………… 36

2.3 图像灰度映射 ·· 39
   2.3.1 灰度映射原理 ·· 39
   2.3.2 典型灰度映射 ·· 40
2.4 直方图变换 ·· 42
   2.4.1 直方图均衡化 ·· 42
   2.4.2 直方图规定化 ·· 45
总结和复习 ·· 49

第3章 空域增强：模板操作 ·· 52
3.1 像素间联系 ·· 52
   3.1.1 像素的邻域和邻接 ······································ 52
   3.1.2 像素间的连接和连通 ···································· 53
   3.1.3 像素间的距离 ·· 55
3.2 模板运算 ·· 57
3.3 线性滤波 ·· 59
   3.3.1 线性平滑滤波 ·· 60
   3.3.2 线性锐化滤波 ·· 63
3.4 非线性滤波 ·· 64
   3.4.1 非线性平滑滤波 ·· 65
   3.4.2 非线性锐化滤波 ·· 71
   3.4.3 线性和非线性混合滤波 ·································· 72
3.5 局部增强 ·· 73
总结和复习 ·· 75

第4章 频域图像增强 ·· 78
4.1 频域技术原理 ·· 78
4.2 傅里叶变换 ·· 79
   4.2.1 2-D 傅里叶变换 ·· 80
   4.2.2 傅里叶变换定理 ·· 82
   4.2.3 快速傅里叶变换 ·· 85
4.3 低通和高通滤波 ·· 86
   4.3.1 低通滤波 ·· 86
   4.3.2 高通滤波 ·· 90
4.4 带通和带阻滤波 ·· 93
4.5 同态滤波 ·· 95
   4.5.1 亮度成像模型 ·· 95
   4.5.2 同态滤波增强 ·· 96
总结和复习 ·· 98

第 2 单元 图 像 恢 复

第 5 章 图像消噪和恢复 ··· 103

  5.1 图像退化及模型 ··· 103

    5.1.1 图像退化示例 ··· 103

    5.1.2 图像退化模型 ··· 105

  5.2 噪声滤除 ··· 106

    5.2.1 噪声描述 ··· 106

    5.2.2 噪声概率密度函数 ······································· 108

    5.2.3 均值类滤波器 ··· 109

    5.2.4 排序类统计滤波器 ······································· 111

    5.2.5 选择性滤波器 ··· 113

  5.3 无约束恢复 ··· 115

    5.3.1 无约束恢复公式 ··· 115

    5.3.2 逆滤波 ··· 115

  5.4 有约束恢复 ··· 118

    5.4.1 有约束恢复公式 ··· 118

    5.4.2 维纳滤波器 ··· 118

    5.4.3 有约束最小平方恢复 ····································· 120

  5.5 交互式恢复 ··· 121

  总结和复习 ··· 122

第 6 章 图像校正和修补 ··· 125

  6.1 图像仿射变换 ··· 125

    6.1.1 一般仿射变换 ··· 125

    6.1.2 特殊仿射变换 ··· 128

    6.1.3 变换间的联系 ··· 130

  6.2 几何失真校正 ··· 131

    6.2.1 空间变换 ··· 132

    6.2.2 灰度插值 ··· 133

  6.3 图像修复 ··· 135

    6.3.1 图像修补原理 ··· 136

    6.3.2 全变分模型 ··· 138

    6.3.3 混合模型 ··· 140

  6.4 区域填充 ··· 140

    6.4.1 基于样本的方法 ··· 141

    6.4.2 结合稀疏表达的方法 ····································· 142

  总结和复习 ··· 146

第 7 章　图像去雾 ··· 148

　7.1　暗通道先验去雾算法及改进 ··· 149

　　7.1.1　基本方法 ··· 149

　　7.1.2　尺度自适应 ·· 151

　　7.1.3　透射率估计 ·· 153

　　7.1.4　大气光区域确定 ·· 155

　　7.1.5　大气光值校正 ·· 156

　　7.1.6　浓雾图像去雾 ·· 157

　7.2　改善失真的综合算法 ··· 160

　　7.2.1　改进算法流程 ·· 160

　　7.2.2　T 空间转换 ·· 160

　　7.2.3　透射率空间的大气散射图 ·· 161

　　7.2.4　天空区域检测 ·· 162

　　7.2.5　对比度增强 ·· 163

　7.3　去雾效果评价 ··· 163

　　7.3.1　可见边缘梯度法 ·· 164

　　7.3.2　基于视觉感知的评价 ·· 164

　　7.3.3　主客观结合的评价实例 ·· 165

　总结和复习 ··· 168

第 8 章　图像投影重建 ··· 170

　8.1　投影重建方式 ··· 170

　　8.1.1　透射断层成像 ·· 171

　　8.1.2　发射断层成像 ·· 172

　　8.1.3　反射断层成像 ·· 173

　　8.1.4　电阻抗断层成像 ·· 173

　　8.1.5　磁共振成像 ·· 174

　8.2　投影重建原理 ··· 175

　　8.2.1　基本模型 ··· 175

　　8.2.2　拉东变换 ··· 176

　8.3　傅里叶反变换重建 ··· 176

　8.4　逆投影重建 ··· 179

　　8.4.1　逆投影重建原理 ·· 179

　　8.4.2　卷积逆投影重建 ·· 180

　　8.4.3　其他逆投影重建方法 ·· 183

　8.5　迭代重建 ··· 186

　　8.5.1　迭代重建模型 ·· 186

　　8.5.2　代数重建技术 ·· 187

　　8.5.3　最大似然-最大期望重建算法 ······································· 189

8.6　综合重建方法 ·· 191

总结和复习 ··· 192

第 3 单元　图 像 编 码

第 9 章　图像编码基础 ··· 197

9.1　图像压缩原理 ·· 197

　　9.1.1　数据冗余 ··· 197

　　9.1.2　图像编解码 ··· 199

　　9.1.3　图像保真度和质量 ··· 201

9.2　编码定理 ·· 202

　　9.2.1　信息单位和信源描述 ··· 202

　　9.2.2　无失真编码定理 ·· 204

　　9.2.3　率失真编码定理 ·· 206

9.3　位平面编码 ··· 208

　　9.3.1　位平面的分解 ··· 208

　　9.3.2　位平面的编码 ··· 210

9.4　变长编码 ·· 212

　　9.4.1　哥伦布编码 ··· 213

　　9.4.2　哈夫曼编码 ··· 214

　　9.4.3　香农-法诺编码 ··· 216

　　9.4.4　算术编码 ·· 217

总结和复习 ··· 219

第 10 章　图像变换编码 ·· 221

10.1　可分离和正交图像变换 ·· 221

10.2　离散余弦变换 ·· 222

10.3　正交变换编码 ·· 224

　　10.3.1　正交变换编码系统 ··· 224

　　10.3.2　子图像尺寸选择 ··· 225

　　10.3.3　变换选择 ··· 226

　　10.3.4　比特分配 ··· 227

10.4　小波变换 ··· 230

　　10.4.1　小波变换基础 ·· 230

　　10.4.2　1-D 小波变换 ·· 233

　　10.4.3　快速小波变换 ·· 234

　　10.4.4　2-D 小波变换 ·· 236

10.5　小波变换编码 ·· 238

　　10.5.1　小波变换编解码系统 ··· 238

　　　　10.5.2　基于提升小波的编码 ……………………………………… 240

　　总结和复习 ……………………………………………………………… 241

第11章　更多图像编码方法 ……………………………………………… 243

　　11.1　基于符号的编码 …………………………………………………… 243

　　11.2　LZW 编码 …………………………………………………………… 244

　　11.3　预测编码 …………………………………………………………… 248

　　　　11.3.1　无损预测编码 …………………………………………… 248

　　　　11.3.2　有损预测编码 …………………………………………… 249

　　11.4　矢量量化 …………………………………………………………… 255

　　11.5　准无损编码 ………………………………………………………… 258

　　11.6　比较和评述 ………………………………………………………… 260

　　　　11.6.1　不同方法特性的比较 …………………………………… 260

　　　　11.6.2　其他编码方法 …………………………………………… 261

　　总结和复习 ……………………………………………………………… 263

第4单元　拓　展　技　术

第12章　图像信息安全 …………………………………………………… 269

　　12.1　水印原理和特性 …………………………………………………… 270

　　　　12.1.1　水印的嵌入和检测 ……………………………………… 270

　　　　12.1.2　水印特性 ………………………………………………… 271

　　　　12.1.3　水印分类 ………………………………………………… 272

　　12.2　DCT 域图像水印 …………………………………………………… 274

　　　　12.2.1　无意义水印算法 ………………………………………… 274

　　　　12.2.2　有意义水印算法 ………………………………………… 276

　　12.3　DWT 域图像水印 …………………………………………………… 277

　　　　12.3.1　人眼视觉特性 …………………………………………… 277

　　　　12.3.2　小波水印算法 …………………………………………… 279

　　12.4　水印性能评判 ……………………………………………………… 281

　　　　12.4.1　失真测度 ………………………………………………… 281

　　　　12.4.2　基准测量和攻击 ………………………………………… 281

　　　　12.4.3　水印性能测试示例 ……………………………………… 283

　　12.5　图像认证和取证 …………………………………………………… 286

　　　　12.5.1　基本概念 ………………………………………………… 286

　　　　12.5.2　图像被动取证 …………………………………………… 288

　　　　12.5.3　图像可逆认证 …………………………………………… 288

　　　　12.5.4　图像取证示例 …………………………………………… 289

　　　　12.5.5　图像反取证 ……………………………………………… 290

12.6 图像信息隐藏 ·· 292
    12.6.1 信息隐藏技术分类 ································ 292
    12.6.2 基于迭代混合的图像隐藏 ···················· 293
总结和复习 ·· 296

第 13 章　彩色图像处理 ·· 299
13.1 彩色视觉和色度图 ·· 299
    13.1.1 彩色视觉基础 ···································· 299
    13.1.2 三基色与色匹配 ································ 300
    13.1.3 色度图 ·· 301
13.2 彩色模型 ·· 304
    13.2.1 面向硬设备的彩色模型 ······················ 304
    13.2.2 面向视觉感知的彩色模型 ···················· 306
13.3 伪彩色增强 ·· 309
13.4 真彩色处理 ·· 311
    13.4.1 处理策略 ·· 312
    13.4.2 单分量变换增强 ································ 313
    13.4.3 全彩色增强 ······································ 315
    13.4.4 全彩色滤波和消噪 ···························· 316
总结和复习 ·· 320

第 14 章　视频图像处理 ·· 324
14.1 视频表达和格式 ·· 324
    14.1.1 视频基础 ·· 324
    14.1.2 彩色电视制式 ···································· 329
14.2 运动分类和表达 ·· 330
14.3 运动检测 ·· 334
    14.3.1 利用图像差的运动检测 ······················ 334
    14.3.2 基于模型的运动检测 ························· 336
    14.3.3 频率域运动检测 ································ 337
14.4 视频滤波 ·· 339
    14.4.1 基于运动检测的滤波 ························· 339
    14.4.2 基于运动补偿的滤波 ························· 340
    14.4.3 消除匀速直线运动模糊 ······················ 343
14.5 视频预测编码 ·· 344
总结和复习 ·· 346

第 15 章　多尺度图像处理 ·· 348
15.1 多尺度表达 ·· 348

15.2　高斯和拉普拉斯金字塔 ································· 351

    15.2.1　高斯金字塔 ································· 351

    15.2.2　拉普拉斯金字塔 ····························· 352

    15.2.3　原始图像的重建 ····························· 353

15.3　多尺度变换技术 ································· 354

    15.3.1　3类多尺度变换技术 ··························· 354

    15.3.2　多尺度变换技术比较 ·························· 357

15.4　基于多尺度小波的处理 ···························· 359

15.5　超分辨率技术 ··································· 361

    15.5.1　基本模型和技术分类 ·························· 361

    15.5.2　基于单幅图像的超分辨率复原 ···················· 363

    15.5.3　基于多幅图像的超分辨率重建 ···················· 364

    15.5.4　基于示例的学习方法 ·························· 365

    15.5.5　基于稀疏表达的超分辨率重建 ···················· 368

    15.5.6　基于局部约束线性编码的超分辨率重建 ··············· 370

总结和复习 ······································ 374

附录 A　图像国际标准 ································· 376

A.1　国际标准 ····································· 376

A.2　二值图像压缩国际标准 ····························· 377

A.3　静止图像压缩国际标准 ····························· 378

A.4　运动图像压缩国际标准 ····························· 382

A.5　多媒体国际标准 ································· 389

部分思考题和练习题解答 ······························· 395

参考文献 ·· 400

主题索引 ·· 412

第1章 绪 论

本书为《图像工程》整套书的上册,是开篇或入门的一册。

本章对全书内容要点和布局结构进行概括介绍,安排如下:

1.1 节介绍图像的基本概念,以及对图像的表达(包括图像的表示方法和显示形式)。还结合图像的空间分辨率和幅度分辨率,讨论了与图像质量相关的一些内容。

1.2 节全面介绍对整个图像领域进行综合集成的新学科——图像工程。图像工程目前包括 3 个层次(本书介绍的图像处理是其第 1 个层次),与多个学科有密切关系,也有广泛的应用。为对图像工程研究应用的发展和现状有一个全面的了解,还介绍了对图像工程文献统计分类的一些结果。

1.3 节结合对图像处理系统框架的介绍,讨论完成其中各个模块功能的典型设备情况。本书主要涉及图像处理的原理和算法,但硬设备是构成系统和实现各种算法的基础。该节概括了图像处理的外围知识,为后面各章集中介绍图像处理技术打下了基础。

1.4 节概括介绍本书主要内容、框架结构、编写特点以及先修知识要求。

1.1 图 像

人们一般将图像看作对场景或景物的一种可视表现形式。例如,字典里对**图像**的一个定义是"对物体的表达、表象、模仿,一个生动的视觉描述,为了表达其他事物而引入的事物"[Bow 2002]。严格一点说,图像是用各种观测系统以不同形式和手段观测客观世界而获得的,可以直接或间接作用于人眼并进而产生视知觉的实体[章 1996a]。人的视觉系统就是一个观测系统,通过它得到的图像就是客观景物在人心目中形成的影像。

图像含有丰富的信息。我们生活在一个信息时代,科学研究和统计表明,人类从外界获得的信息约有 75% 来自视觉系统,也就是从图像中获得的。这里图像的概念是比较广义的,包括照片、绘图、动画、视像,甚至文档等。中国有句古话,"百闻不如一见"。人们常说,"一图值千字"。这些都说明图像中所含的信息内容非常丰富,是我们最主要的信息源。

1.1.1 图像表示和显示

本书主要讨论对自然场景成像得到的图像,这也有许多类别。例如用数码相机拍摄的照片(人、风景等),用数码摄像机拍摄的视频(家庭联欢、足球比赛等),用监控系统记录下的各种序列(交通管理、导弹飞行等),用太空望远镜摄取的各种电磁辐射图像,用雷达依靠反射波形成的图像,医学上常使用的 X 光图像、B 超图像、CT 图像、磁共振图像等。不仅有灰度的和彩色的图像,还可以有纹理的、深度的图像等。下面先来介绍如何表示和显示图像。

1. 图像和像素

客观世界在空间上是三维(3-D)的,但一般从客观景物得到的图像是二维(2-D)的。一幅图像可以用一个 2-D 数组 $f(x,y)$ 来表示,这里 x 和 y 表示 2-D 空间 XY 中一个坐标点的位置,而 f 则代表图像在点 (x,y) 的某种性质 F 的数值。例如,**灰度图像**中 f 表示灰度值,它常对应客观景物被观察到的亮度。文本图像常为**二值图像**,f 的取值只有两个,分别对应文字和空白。图像在点 (x,y) 也可同时具有多种性质,此时可用矢量 f 来表示。例如一幅彩色图像在每一个图像点同时具有红绿蓝 3 个值,可记为 $[f_r(x,y), f_g(x,y), f_b(x,y)]$。需要指出,我们总是根据图像内不同位置所具有的不同性质来利用图像。

例 1.1.1 一般的图像表达函数

图像可表示一种辐射能量的空间分布,这种分布可以是 5 个变量的函数 $T(x,y,z,t,\lambda)$,其中 x、y、z 是空间变量,t 代表时间变量,λ 是波长(对应频谱变量)。例如,红色的物体反射波长为 $0.57\sim0.70\mu m$ 的光并吸收几乎所有其他波长的能量,绿色的物体反射波长为 $0.48\sim0.57\mu m$ 的光,蓝色的物体反射波长为 $0.40\sim0.48\mu m$ 的光,紫外(色)的物体反射波长为 $0.25\sim0.40\mu m$ 的光,红外(色)的物体反射波长为 $0.9\sim1.5\mu m$ 的光。它们合起来覆盖了波长为 $0.25\sim1.5\mu m$ 的范围。由于实际图像在时空上都是有限的,所以 $T(x,y,z,t,\lambda)$ 是一个5-D 有限函数。☐

早年获取的图像多是连续(模拟)的,即 f、x、y 的值可以是任意实数。进入 21 世纪后,所获取的图像均为离散(数字)的,可直接用计算机进行加工。曾有人用 $I(r,c)$ 来表示数字图像,其中 I、c、r 的值都是整数。这里 I 代表离散化后的 f,(r,c) 代表离散化后的 (x,y),其中 r 代表图像的行(row),c 代表图像的列(column)。本书讨论的基本都是数字图像,在不引起混淆的情况下均使用图像或 $f(x,y)$ 代表数字图像,如不作特别说明,f、x、y 都在整数集合中取值。

早期英文书籍里一般用 picture 来指图像,随着数字技术的发展,现在都用 image 代表离散化了的"图象",因为"计算机存储人像或场景的数字图象(computers store numerical images of a picture or scene)"[Zhang 1996]。这样看来,应该使用"数字图象"而不是"数字图像"。事实上"图象"比图像的含义更广,覆盖面更宽。图像中每个基本单元称为图像元素,在早期用 picture 表示图像时就称为**像素**。对 2-D 图像,英文里常用简称 pixel 代表像素(也有用 pel 的)。如果采集一系列的 2-D 图像或利用一些特殊设备还可得到 3-D 图像。对 3-D 图像,英文里常用 voxel 代表其基本单元,简称**体素**。也有人建议用 imel 代表各种图像的单元。

2. 图像的矩阵和矢量表示

一幅 $M\times N$(其中 M 和 N 分别为图像的总行数和总列数)的 2-D 图像既可以用一个 2-D 数组 $f(x,y)$ 来表示,也可用一个 2-D 矩阵 $\mathbf{F}$ 来表示:

$$\mathbf{F} = \begin{bmatrix} f_{11} & f_{12} & \cdots & f_{1N} \\ f_{21} & f_{22} & \cdots & f_{2N} \\ \vdots & \vdots & \ddots & \vdots \\ f_{M1} & f_{M2} & \cdots & f_{MN} \end{bmatrix} \tag{1.1.1}$$

上述矩阵表示也可以化成矢量表示,例如上式可写成

$$\boldsymbol{F} = \begin{bmatrix} \boldsymbol{f}_1 & \boldsymbol{f}_2 & \cdots & \boldsymbol{f}_N \end{bmatrix} \tag{1.1.2}$$

其中

$$\boldsymbol{f}_i = \begin{bmatrix} f_{1i} & f_{2i} & \cdots & f_{Mi} \end{bmatrix}^{\mathrm{T}} \quad i = 1, 2, \cdots, N \tag{1.1.3}$$

需要注意数组运算和矩阵运算是不同的。以两幅 2×2 的图像 $f(x, y)$ 和 $g(x, y)$ 为例，它们的数组积为

$$f(x, y)g(x, y) = \begin{bmatrix} f_{11} & f_{12} \\ f_{21} & f_{22} \end{bmatrix}\begin{bmatrix} g_{11} & g_{12} \\ g_{21} & g_{22} \end{bmatrix} = \begin{bmatrix} f_{11}g_{11} & f_{12}g_{12} \\ f_{21}g_{21} & f_{22}g_{22} \end{bmatrix} \tag{1.1.4}$$

而它们的矩阵积为

$$\boldsymbol{FG} = \begin{bmatrix} f_{11} & f_{12} \\ f_{21} & f_{22} \end{bmatrix}\begin{bmatrix} g_{11} & g_{12} \\ g_{21} & g_{22} \end{bmatrix} = \begin{bmatrix} f_{11}g_{11} + f_{12}g_{21} & f_{11}g_{12} + f_{12}g_{22} \\ f_{21}g_{11} + f_{22}g_{21} & f_{21}g_{12} + f_{22}g_{22} \end{bmatrix} \tag{1.1.5}$$

3. 图像的显示方式

对 2-D 图像的显示可以采取多种形式，其基本思路是将 2-D 图像看作在 2-D 空间位置上的一种幅度分布。根据图像的不同，采取的显示方式也可不同。

例 1.1.2 灰度图像显示示例

图 1.1.1 中图(a)和图(b)所示为两幅典型的灰度图像(Lena 和 Cameraman)和对它们的显示。图(a)所用的坐标系统常在屏幕显示中采用(屏幕扫描是从左向右、从上向下进行的)，它的原点(origin)O 在图像的左上角，纵轴标记图像的行，横轴标记图像的列。既可以用 $I(r, c)$ 代表这幅图像，也可以用 $I(r, c)$ 表示在 (r, c) 行列交点处的图像值。图(b)所用的坐标系统常在图像计算中采用，它的原点在图像的左下角，横轴为 X 轴，纵轴为 Y 轴(与常用的笛卡儿坐标系相同)。既可以用 $f(x, y)$ 代表这幅图像，也可以用 $I(r, c)$ 表示在 (x, y) 坐标处像素的值。图(c)给出对图(a)的 3-D 透视显示，其中将各个像素的灰度显示在对应的垂直高度上。

图 1.1.1 灰度图像显示示例

例 1.1.3 二值图像表示示例

图 1.1.2 给出对同一个二值图像矩阵的 3 种不同的可视表达方式。在图像表达的数学模型中，一个像素区域常用其中心来表示，这样得到的表达形式就是平面上的离散点集，对应图(a)。如果将像素区域仍用区域来表示，就得到图(b)。当把幅度值标在图像中相应的位置，就得到如图(c)的类似矩阵的结果。用图(b)的形式也可表示有多个灰度的图像，此时需要用不同深浅的色调表示不同的灰度。用图(c)的形式也可表示有多个灰度的图像，此时将不同灰度用不同的数值表示。

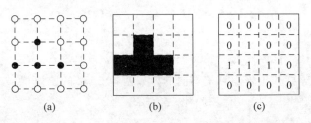

(a)   (b)   (c)

图 1.1.2   表达同一个 4×4 的二值图像的 3 种方式

1.1.2 空间分辨率和幅度分辨率

图像所对应的空间视场由几何成像模型(见 1.3.2 小节)所确定,而图像的幅度范围由亮度成像模型(见 1.3.2 小节和 4.5.1 小节)所确定。如果从所采集的图像来说,空间视场中的精度对应其**空间分辨率**,而幅度范围中的精度对应其**幅度分辨率**。前者对应数字化的空间采样点数,而后者对应采样点值的量化级数(对灰度图像指灰度级数,对深度图像指深度级数)。它们都是重要的图像采集装置的性能指标(见 1.3.2 小节)。

1. 采样与量化

图像的空间分辨率和幅度分辨率分别由采样和量化所决定。以 CCD 摄像机(见 1.3.2 小节)为例,图像的空间分辨率主要由摄像机里图像采集矩阵中光电感受单元的尺寸和排列所决定,而灰度图像的幅度分辨率主要由对电信号强度进行量化所使用的级数来决定。如图 1.1.3 所示,辐射到图像采集矩阵中光电感受单元的信号在空间上被**采样**,而在强度上被**量化**。

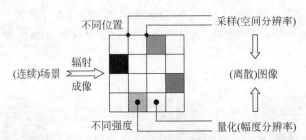

图 1.1.3   空间分辨率和幅度分辨率

采样过程可看作将图像平面划分成规则网格,每个网格的位置由一对笛卡儿坐标(x, y)决定,其中 x 和 y 均为整数。令 $f(\cdot)$ 为给网格(x, y)赋予灰度值(f 是 F 中的整数)的函数,那么 $f(x, y)$ 就是一幅数字图像,而这个赋值过程就是一个量化过程。

一幅图像必须要在空间和灰度上都离散化才能被计算机处理。空间坐标的离散化称为**空间采样**(简称**采样**),它确定了图像的**空间分辨率**;而灰度值的离散化称为**灰度量化**(简称**量化**),它确定了图像的**幅度分辨率**。

设 X、Y 和 F 均为实整数集。采样过程可看作将图像平面划分成规则网格,每个网格中心点的位置由一对笛卡儿坐标(x, y)决定,其中 x 是 X 中的整数,y 是 Y 中的整数。令 $f(\cdot)$是给点对(x, y)赋予灰度值(f 是 F 中的整数)的函数,那么 $f(x, y)$ 就是一幅图像,而这个赋值过程就是量化过程。

2. 分辨率与数据量

如果一幅图像的尺寸(空间分辨率)为 $M \times N$,表明在成像时采集了 MN 个样本,或者说图像包含 MN 个像素。如果对每个像素都用 G 个灰度值中的一个来赋值,表明在成像时量化成了 G 个灰度级(幅度分辨率)。在图像处理中,一般将这些量均取为 2 的整数次幂,即(m、n、k 均为正整数)

$$M = 2^m \tag{1.1.6}$$

$$N = 2^n \tag{1.1.7}$$

$$G = 2^k \tag{1.1.8}$$

例 1.1.4 一些常用显示格式的空间分辨率

源输入格式(SIF)的分辨率为 352×240,这也是 NTSC 制 SIF 格式的分辨率;PAL 制 SIF 格式的分辨率为 352×288,这也是 **CIF** 格式的分辨率;**QCIF** 格式的分辨率为 176×144;VGA 的分辨率为 640×480;CCIR/ITU-R 601 的分辨率为 720×480(NTSC)或 720×576(PAL);而 HDTV 的分辨率可达 1440×1152 甚至 1920×1152。 □

存储一幅图像所需的数据量由图像的空间分辨率和幅度分辨率决定。根据式(1.1.6)~式(1.1.8),存储一幅图像所需的位数 b(单位是比特,bit)为

$$b = M \times N \times k \tag{1.1.9}$$

如果 $N = M$(以下一般都设 $N = M$),则

$$b = N^2 k \tag{1.1.10}$$

3. 对采样和量化的讨论

先讨论**采样**。一般情况下是传感器技术,而不是应用的需求限定了采样值或像素数。事实上,一个比较高分辨率的具有 1000×1000 单元的传感器矩阵只有 10^{-3} 的相对分辨率。这个数值与其他测量(如长度、电压、频率等)相比都比较小,那些测量的相对分辨率远高于 10^{-6}。但是,这些测量(如长度、电压、频率等)所提供的仅是对一个点的测量,而一个 1000×1000 的图像包含一百万个单元,即对一百万个点的测量。因此,图像不仅给出了空间点的信息,还给出了空间变化的信息。如果采集图像序列,那么时间变化(伴随研究目标的动态信息)也可以看到。另外,如果空间变化是 3-D 的,那么与此对应的图像已经是 3-D 的,如再加上时间变化就成为 4-D 的了。由此可见,图像的灰度(或其他属性值)同时表达了许多时空位置的信息,而其他物理量仅反映了某一个时空位置的信息。可以说,图像以这种方式开启了一个全新的信息世界。

再来看**量化**,量化级数的选择主要基于两个因素:一个是人类视觉系统的分辨率,即应该让人从图像中看得到连续的亮度变化而不要看出(间断的)量化级数;另一个是与应用有关的,即要满足具体应用所需要的分辨率。例如,有的应用只需要将目标与背景区别开(如许多文档),此时只用二值图像就可以了。又如,将图像打印出来观看,16 个灰度级常常就够用了,但如果将同一幅图像显示在屏幕上,人们还能看出灰度的跳跃,所以还需要使用更多的量化级数。实际中许多图像被量化成 256 级,即每个像素用一个字节。这里的一个原因源于计算机是按字节进行读取的。另一个原因是用 256 级灰度一般就可给人以灰度连续的感觉,因为人类视觉系统对相对亮度差的分辨率还不到(总亮度范围的)2%。这样,即使实际采集的图像的灰度范围并没有占满所有量化级数(也包括有个别像素过暗或过亮的情况),也不易出现虚假轮廓。另外,在有些特殊的应用(如医学图像)中,需要区分很缓慢的微

小变化,此时常需要使用多于 8 比特的量化级数。

前面分别讨论了影响采样和量化选择的一些因素。采样和量化也有各自的特点。例如,有可能从采样的结果完全恢复原始的信号;而对量化来说,它总会带来不可恢复的量化失真。

1.1.3 图像质量

图像质量也称图像品质,与主观和客观因素都有关系。在图像处理中,对图像质量的判定常常依靠人的观察,但又有一些客观的指标。

1. 分辨率与图像质量

图像的视觉质量与其空间分辨率和幅度分辨率密切相关。下面讨论图像质量随着空间分辨率和灰度量化级数的减少而劣化的大概情况。

对一幅 512×512,256 个灰度级的具有较多细节的图像,如果保持灰度级数不变而仅将其空间分辨率(通过像素复制)减为 256×256,就可能在图中各区域的边缘处看到棋盘模式,并在全图看到像素粒子变粗的现象。这种效果一般在 128×128 的图中看得更为明显,而在 64×64 和 32×32 的图中就已相当显著了。

例 1.1.5 图像空间分辨率变化所产生的效果

图 1.1.4 给出对图 1.1.1(a)的 512×512 图像改变空间分辨率所产生的效果。从图(a)到图(e),空间分辨率在横竖两个方向逐次减半,即空间分辨率分别为 256×256,128×128,64×64,32×32,16×16。由这些图可看到上面所述的现象。例如在图(a)中,帽檐处已出现锯齿状;图(b)中这种现象更为明显,且头发有变粗的感觉;图(c)中头发已不成条;图(d)里已几乎不能分辨出人脸;而图(e)单独观看(不借助其他信息)简直完全不知其中为何物。

(a)　　　　　(b)　　　　　(c)　　　　　(d)　　　　　(e)

图 1.1.4　图像空间分辨率变化所产生的效果

现在仍借助上述 512×512,256 级灰度级的图来考虑减少图像幅度分辨率(即灰度级数)所产生的效果。如果保持空间分辨率仅将灰度级数减为 128 或 64,一般并不能发现有什么明显的区别。如果将其灰度级数进一步减为 32,则在灰度缓慢变化区域常会出现一些几乎看不出来的非常细的山脊状结构。这种效应称为**虚假轮廓**,它是由于在图像的灰度平滑区使用的灰度级数不够而造成的。它一般在用 16 级或不到 16 级均匀灰度级数的图中比较明显。

例 1.1.6 图像幅度分辨率变化所产生的效果

图 1.1.5 给出对图 1.1.1(a)的 256 级灰度图像改变幅度分辨率所产生的效果。从图(a)到图(e),幅度分辨率逐次减少,灰度级数分别为 64、16、8、4、2。由这些图可看到上述讨论的现象。例如,图(a)还基本与原图相似,而从图(b)开始可看到一些虚假轮廓,图(c)这

种现象已很明显,图(d)随处可见,图(e)则具有木刻画的效果了。

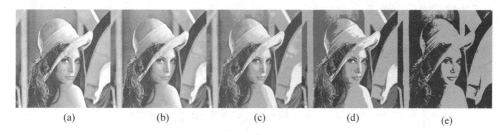

    (a)   (b)   (c)   (d)   (e)

图 1.1.5 图像幅度分辨率变化所产生的效果

例 1.1.7 图像空间和幅度分辨率同时变化所产生的效果

图 1.1.6 给出对图 1.1.1(a)的 512×512,256 级灰度图像同时改变空间分辨率和幅度分辨率所产生的效果。从图(a)到图(e),空间分辨率和幅度分辨率都逐次减少,分别为 181×181,64 级灰度;128×128,32 级灰度;90×90,16 级灰度;64×64,8 级灰度;45×45,4 级灰度。可以看出,图像质量的退化比单独变化空间分辨率或幅度分辨率时要更快。

    (a)   (b)   (c)   (d)   (e)

图 1.1.6 图像空间和幅度分辨率同时变化所产生的效果

2. 其他因素

除了空间分辨率和幅度分辨率这两个客观物理量外,还有许多其他物理量以及各种心理、生理因素会影响图像的视觉感知和视觉质量(图像品质)。典型的影响因子包括亮度、对比度、色彩、纹理、形状、视觉轮廓等。基本的图像处理中常涉及亮度和对比度。

(1) 亮度

日常生活中亮度是一个主观量,表示人对光强度的感受。在光度学中,亮度是一个指示发光体(反光体)表面发光(反光)强弱的物理量。图像的**亮度**本身是一个客观量,人对它的感知是一个主观量。图像的亮度常对应图像的灰度,较大的灰度值对应较高的亮度。例如在一幅用 8 个比特表示的灰度图像中,灰度为 0 对应最小亮度(黑色),而灰度为 255 对应最大亮度(白色),一个灰度为 128 的像素要比一个灰度为 64 的像素更亮。下册 2.4 节对亮度还有更多的讨论。

(2) 对比度

对比度主要描述图像局部范围内相邻两部分之间的亮度差别(也称反差),也可以用相邻两部分亮度平均值的比值来描述(这样更接近于信噪比的概念)。还有一种**相对亮度对比度**(RBC),其定义为

$$\text{RBC} = \frac{I_{\max} - I_{\min}}{I_{\max} + I_{\min}} \tag{1.1.11}$$

由于人眼对输入亮度的刺激响应(敏感度)具有对数关系,所以要获得相同的对比度感知,对高的输入亮度需要更大的对比度。

一幅视觉感知比较好的图像除了具有较大的空间分辨率和幅度分辨率外,还要有均衡宽广的亮度分布和恰当的对比度。对其他影响因子,有关色彩对视觉感知的作用将在第13章介绍,有关纹理和形状等的详细讨论可见中册,而有关主观亮度等的讨论可见下册。

1.2 图像工程简介

对图像的采集和加工技术近年来得到极大的重视和长足的进展,出现了许多有关的新理论、新方法、新算法、新手段和新设备。图像已在科学研究、工业生产、医疗卫生、教育、娱乐、管理和通信等方面得到了广泛的应用,对推动社会发展、改善人们生活水平都起到了重要的作用。

为了对各种图像技术进行综合研究、集成应用,有必要建立一个整体框架——**图像工程**(IE)。图像工程是一门系统地研究各种图像理论、技术和应用的新的交叉学科。它的研究方法与数学、物理学、生理学、心理学、电子学、计算机科学等学科相互借鉴,它的研究范围与模式识别、计算机视觉、计算机图形学等专业互相交叉,它的研究进展与人工智能、神经网络、遗传算法、模糊逻辑等理论和技术密切相关,它的发展应用与生物医学、遥感、通信、文档处理等许多领域紧密结合。

1.2.1 图像技术和图像工程

尽管图像技术的历史可追溯到1946年世界上第一台电子计算机的诞生(借助打印设备对图片编码获得数字图像甚至可追溯到20世纪20年代[Gonzalez 2008]),但在20世纪50年代计算机主要还是用于数值计算,满足不了处理大数据量图像的要求。20世纪60年代,第3代计算机的研制成功,以及快速傅里叶变换算法的发现和应用使得对图像处理的某些计算得以实际实现,人们从而逐步开始利用计算机对图像进行加工利用。20世纪70年代,图像技术有了长足的进展,图像分析借助图像测量和统计模式识别独立了出来。1976年,第一本介绍图像技术的书籍得以出版[Rosenfeld 1976],使得对图像的计算方法不再与传感器捆绑在一起并更为通用。20世纪80年代,各种硬件和系统的研制成功使得人们不仅能处理2-D图像,而且能获取3-D图像并进行处理分析,同时基于模型的图像技术也得到了广泛的重视,图像理解在几何建模和人工智能等的辅助下渐露头角。20世纪90年代,网络的发展进一步提升了人们对各种图像应用的兴趣,当时得到广为宣传的多媒体中图像其实占据了最主要的地位。广义上来说,文本、图形、视频等都属于图像,也都需要借助图像技术才能充分利用。进入21世纪的第一个十年,立体图像的广泛采集、认知理论的迅速发展等使图像技术影响到了人类生活和社会发展的各个方面。展望21世纪20年代,图像技术将得到更迅猛的发展,其应用将渗透到各个领域,并在改变人们的生活方式及社会结构等方面都将起到更重要的作用。

图像技术在广义上是各种与图像有关的技术的总称。本书主要讨论计算机图像技术,包括利用计算机和其他电子设备进行和完成的一系列计算工作,例如图像的采集、获取、编码、存储和传输,图像的合成和产生,图像水印的嵌入和提取,图像的显示和输出,图像的变换、增强、恢复、修复和投影重建,图像的分割,目标的检测、跟踪、表达和描述,目标特征的提取和测量,序列图像的校正,3-D景物的重建复原,图像数据库的建立、索引和抽取,图像的分类、表示和识别,图像模型的建立和匹配,图像和场景的解释和理解,以及基于它们的判断决策和行为规划等。另外,图像技术还可包括为完成上述功能而进行的硬件设计及制作等方面的技术。随着人们研究的深入和应用的广泛,已有的图像技术在不断更新和扩展,许多新的图像技术也在不断诞生。对各种典型的图像技术的原理和方法的介绍是本套书的主要内容。

由于图像技术近年来得到极大的重视和长足的进展,出现了许多新理论、新方法、新算法、新手段、新设备、新应用。对各种图像技术进行综合集成的研究和应用应当在一个整体框架下进行,这个框架就是**图像工程**[章 1996a]。众所周知,工程是指将自然科学的原理应用到工业部门而形成的各学科的总称。图像工程学科则是一个将数学、光学等基础科学的原理结合在图像应用中积累的经验而发展起来的,将各种图像技术集中结合起来的,对整个图像领域进行研究应用的新学科。事实上,图像技术多年来的发展和积累为图像工程学科的建立打下了坚实的基础,而各类图像应用也对图像工程学科的建立提出了迫切的需要。本套书将各种图像技术集合在图像工程的框架下介绍。

1.2.2　图像工程的3个层次

图像工程的研究内容非常丰富,覆盖面也很广,可以分为 3 个层次(见图 1.2.1):图像处理、图像分析和图像理解。这 3 个层次在操作对象和语义层次上都各有特点,而各层次在数据量和抽象性方面均有不同。实际上,图像工程是既有联系又有区别的图像处理、图像分析及图像理解 3 者的有机结合,另外还包括对它们的工程应用(见 1.2.4 小节)。

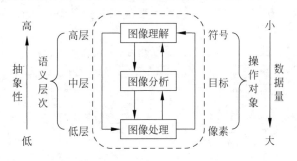

图 1.2.1　图像工程 3 层次示意图

图像处理(IP)可看作一大类图像技术,着重强调在图像之间进行的变换。虽然人们常用图像处理泛指各种图像技术,但比较狭义的图像处理技术的主要目标是要对图像进行各种加工以改善图像的视觉效果并为其后的目标自动识别打基础,或对图像进行压缩编码以减少图像存储所需的空间或图像传输所需的时间(从而也降低了对传输通路的要求)。本册书将集中介绍图像处理。

图像分析(IA)主要是对图像中感兴趣的目标进行检测和测量,以获得它们的客观信息从而建立对图像和目标的描述。如果说图像处理是一个从图像到图像的过程,则图像分析是一个从图像到数据的过程。这里数据可以是对目标特征测量的结果,或是基于测量的符号表示。它们描述了图像中目标的特点和性质。《图像工程》中册将集中介绍图像分析。

图像理解(IU)的重点是在图像分析的基础上,进一步把握图像中各目标的性质和它们之间的相互联系,并通过对图像内容含义的理解得出对原来客观场景的解释,从而指导和规划行动。如果说图像分析主要是以观察者为中心研究客观世界(主要研究可观察到的事物),那么图像理解在一定程度上是以客观世界为中心,借助知识、经验等来认识整个客观世界(包括没有直接观察的事物)。《图像工程》下册将集中介绍图像理解。

由上所述,图像处理、图像分析和图像理解分别处在 3 个抽象性和数据量各有特点的不同层次上。如图 1.2.1 所示,图像处理是比较低层的操作,它主要在图像的像素级别上进行处理,处理的数据量非常大;图像分析则进入了中层,分割和特征提取把原来以像素描述的图像转变成比较简洁的非图形式的描述;图像理解主要是高层操作,基本上是对从描述中抽象出来的符号进行运算,其处理过程和方法与人类的思维推理有许多类似之处。另外由图 1.2.1 可见,随着抽象程度的提高数据量是逐渐减少的。具体说来,原始图像数据经过一系列的加工过程由低层至高层逐步转化为更有组织和用途的信息。在这个过程中,一方面语义不断引入,操作对象发生变化,数据量得到了压缩;另一方面,高层操作对低层操作有指导作用,能提高低层操作的效能。

1.2.3　图像工程相关学科和领域

图像工程是一门系统地研究各种图像理论、技术和应用的新的交叉学科。从它的研究方法来看,它与数学、物理学、生理学、心理学、电子学、计算机科学等许多学科可以相互借鉴,从它的研究范围来看,它与模式识别、计算机视觉、计算机图形学等多个专业又互相交叉,图 1.2.2 给出图像工程与一些相关学科和领域的联系和区别[章 1996b]。另外,图像工程的研究进展与人工智能、深度学习、神经网络(一个简单介绍见[章 2000b])、遗传算法、模糊逻辑等理论和技术都有密切的联系,它的发展应用与通信、医学、遥感、文档处理和工业自动化等许多领域也是不可分割的。

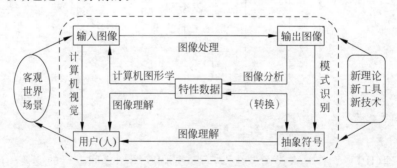

图 1.2.2　图像工程与相关学科和领域的联系和区别

从图 1.2.2 可以看到图像工程 3 个层次各自不同的输入输出内容以及它们与计算机图形学、模式识别、计算机视觉等相近学科的关系。图形学原本指用**图形**、**图表**、**绘图**等形式表达数据信息的科学,而**计算机图形学**(CG)研究的就是如何利用计算机技术来产生这些形式。如果将它和图像分析对比,两者的处理对象和输出结果正好对调。计算机图形学试图从非图像形式的数据描述来生成(逼真的)图像。(图像)**模式识别**与图像分析[章 2005b]则比较相似,只是前者试图把图像分解成可用符号较抽象地描述的类别[章 2007b]。它们有相同的输入,而不同的输出结果可以比较方便地进行转换。至于**计算机视觉**(CV)主要强调用计算机实现人的视觉功能,这中间实际上用到图像工程3个层次的许多技术,但目前的研究内容主要与图像理解相结合。

由此看来,以上学科互相联系,覆盖面有所重合。事实上这些名词也常常混合使用,它们在概念上或实用中并没有绝对的界限。在许多场合和情况下,它们只是专业和背景不同的人习惯使用的不同术语。它们虽各有侧重但常常是互为补充的。另外以上各学科都得到了包括人工智能、神经网络、遗传算法、模糊逻辑、机器学习、深度学习等新理论、新工具、新技术的支持(见图1.2.2),所以它们又都在近年得到了长足进展。总的来说,图像工程既能较好地将许多相近学科兼容并蓄,也进一步强调了图像技术的应用,所以我们选用图像工程来概括整个图像领域的研究应用。

1.2.4 图像工程的技术应用

近年来图像技术已在许多领域得到广泛应用,下面是一些典型的例子:

(1) 视频通信:可视电话,电视会议,按需电视(VOD),远程教育。

(2) 文字档案:文字识别,过期档案复原,邮件分拣,办公自动化,支票,签名辨伪。

(3) 生物医学:红白细胞计数,染色体分析,X光、CT、MRI、PET图像分析,显微医学操作,对放射图像、显微图像的自动判读理解,人脑心理和生理的研究,医学手术模拟规划,远程医疗。

(4) 遥感测绘:矿藏勘探,资源探测,气象预报,自然灾害监测监控。

(5) 工业生产:工业检测,工业探伤,自动生产流水线监控,邮政自动化,移动机器人,以及各种危险场合工作的机器人,无损探测,金相分析,印刷板质量检验,精细印刷品缺陷检测。

(6) 军事公安:军事侦察,合成孔径雷达图像分析,巡航导弹路径规划/地形识别/制导,无人驾驶飞机飞行,罪犯脸形合成、识别、查询,指纹、印章的鉴定识别,战场环境/场景建模表示。

(7) 智能交通:太空探测、航天飞行、公路交通管理,自动行驶车辆安全操纵。

(8) 文化娱乐:电影及制作、电视及编辑、动感游戏、网络教学。

1.2.5 图像工程文献统计分类

图像工程是一门综合学科,它的研究内容非常广泛,覆盖面也很大。从1996年起,《中国图象图形学报》上连续刊登了对图像工程文献统计分类的综述文章[章1996a]、[章1996b]、[章1997]、[章1998]、[章1999a]、[章2000a]、[章2001a]、[章2002a]、[章2003a]、[章2004a]、[章2005a]、[章2006a]、[章2007a]、[章2008a]、[章2009a]、[章2010]、[章2011a]、[章2012a]、[章2013a]、[章2014]、[章2015a]、[章2016]、[章2017a]、[章2018]、[章2019]、[章2020]、[章2021]、[章2022]。它们记录了图像工程研究和应用的进程。

表1.2.1给出了对从1995年到2021年共27年间发表在国内15种图像工程重要期刊上的图像工程文献统计分类的概况[章2022]。在表1.2.1中,论文总数表示文献综述系列所选15种期刊上发表的论文总数,选取总数为其中有关图像工程文献的数量。有关文献共分成5类,前3类分别对应图像工程的3个层次或3大类技术,第4类包括各类方法的技术应用,第5类包括对跨类技术的研究文献。

表 1.2.1　1995 年至 2021 年图像工程文献选取统计表

文献年度	文献总数	选取总数	选取率/%	图像处理	图像分析	图像理解	技术应用	综述评论
1995	997	147	14.74	35(23.8%)	52(35.4%)	14(9.52%)	46(31.3%)	
1996	1205	212	17.59	52(24.5%)	72(34.0%)	30(14.2%)	55(25.9%)	3(1.42%)
1997	1438	280	19.47	104(37.1%)	76(27.1%)	36(12.9%)	60(21.4%)	4(1.43%)
1998	1477	306	20.72	108(35.3%)	96(31.4%)	28(9.15%)	71(23.2%)	3(0.98%)
1999	2048	388	18.95	132(34.0%)	137(35.3%)	42(10.8%)	73(18.8%)	4(1.03%)
2000	2117	464	21.92	165(35.6%)	122(26.3%)	68(14.7%)	103(22.2%)	6(1.29%)
2001	2297	481	20.94	161(33.5%)	123(25.6%)	78(16.2%)	115(23.9%)	4(0.83%)
2002	2426	545	22.46	178(32.7%)	150(27.5%)	77(14.3%)	135(24.8%)	5(0.92%)
2003	2341	577	24.65	194(33.6%)	153(26.5%)	104(18.0%)	119(20.6%)	7(1.21%)
2004	2473	632	25.60	235(37.2%)	176(27.8%)	76(12.0%)	142(22.5%)	3(0.47%)
2005	2734	656	23.99	221(33.7%)	188(28.7%)	112(17.1%)	131(20.0%)	4(0.61%)
2006	3013	711	23.60	239(33.6%)	206(29.0%)	116(16.3%)	143(20.1%)	7(0.98%)
2007	3312	895	27.02	315(35.2%)	237(26.5%)	142(15.9%)	194(21.7%)	7(0.78%)
2008	3359	915	27.24	269(29.4%)	311(34.0%)	130(14.2%)	196(21.4%)	9(0.98%)
2009	3604	1008	27.97	312(31.0%)	335(33.2%)	139(13.8%)	214(21.2%)	8(0.79%)
2010	3251	782	24.05	239(30.6%)	257(32.9%)	136(17.4%)	146(18.7%)	4(0.51%)
2011	3214	797	24.80	245(30.7%)	270(33.9%)	118(14.8%)	161(20.2%)	3(0.38%)
2012	3083	792	25.69	249(31.4%)	272(34.3%)	111(14.0%)	151(19.1%)	9(1.14%)
2013	2986	716	23.98	209(29.2%)	232(32.4%)	124(17.3%)	146(20.4%)	5(0.70%)
2014	3103	822	26.49	260(31.6%)	261(31.8%)	121(14.7%)	175(21.3%)	5(0.61%)
2015	2975	723	24.30	199(27.5%)	294(40.7%)	103(14.2%)	119(16.5%)	8(1.11%)
2016	2938	728	24.78	174(23.9%)	266(36.5%)	105(14.4%)	172(23.6%)	11(1.51%)
2017	2932	771	26.30	204(26.5%)	248(32.2%)	127(16.5%)	186(24.1%)	6(0.78%)
2018	2863	747	26.09	206(27.6%)	275(36.8%)	100(13.4%)	155(20.7%)	11(1.47%)
2019	2854	761	26.66	165(21.7%)	272(35.7%)	136(17.9%)	183(24.0%)	5(0.66%)
2020	2785	813	29.19	153(18.8%)	300(36.9%)	134(16.5%)	217(26.7%)	9(1.11%)
2021	2958	833	28.16	171(20.5%)	312(37.5%)	130(15.6%)	210(25.2%)	10(1.20%)
小计	70783	17535	—	5195(29.63%)	5692(32.47%)	2637(15.04%)	3818(21.77%)	160(0.91%)
平均	2622	649	24.77	192	211	98	141	6

从表 1.2.1 的统计数据可以看出：前 15 年和近 12 年有几点值得指出：

（1）前 15 年中无论是论文总数还是选取总数都是逐年增长的。论文总数的增加表明这些刊物自身近年来在不断发展，而选取总数的增长则表明对图像工程的研究和应用在我国越来越广泛，相对于其他相近学科的发展更为迅速。近 12 年这种势头有所减缓，一部分原因是期刊文献的平均长度有所增加，数量基本稳定了。

（2）文献选取率反映了图像工程在各刊覆盖专业范围中的重要性。前 15 年的文献选取率基本上是单增的，图像工程文献在这么多学会和专业的刊物中不断增加，并已占到这么大的比例，充分说明图像技术已得到了广泛的重视和应用。近 12 年的文献选取率比较稳定，基本上维持在较高的水平。这种趋势和状况应会保持一定时期。

（3）前 15 年中有关图像处理的文献总数量基本多于其他几类的文献总数量，近 12 年来有关图像分析的文献总数量占据了首位，这表明图像工程的重点有逐步向高层发展的趋势。

表 1.2.2 给出了对这些年图像工程有关文献的详细分类统计情况。这里共分了 5 大类 23 小类（其中小类 A5、B5、C4 是从 2000 年开始增添的，其文献数量是 2000 年后的统计数

据；小类 A6、C5 是从 2005 年开始增添的，文献数量是 2005 年后的统计数据），从中既可对图像工程的内容分类及各种图像技术在我国的发展情况有一个概括了解，也可看出当前研究应用的热点和焦点（各类的名称也逐年不断有修正和完善[章 2022]）。

表 1.2.2　1995 年至 2021 年图像工程文献分类统计表

大类名称	小类及名称	总数量	年平均
图像处理	A1：图像获取（包括各种成像方式方法、图像采集及存储、摄像机校准等）	978	36
	A2：图像重建（从投影等重建图像、间接成像等）	469	17
	A3：图像增强/恢复（包括变换、滤波、复原、修补、置换、校正、视觉质量评价等）	1559	58
	A4：图像/视频压缩编码（包括算法研究、国际标准实现改进等）	1036	38
	A5：图像信息安全（数字水印、信息隐藏、图像认证取证等）	850	39
	A6：图像多分辨率处理（超分辨率重建、图像分解和插值、分辨率转换等）	302	18
图像分析	B1：图像分割和基元检测（边缘、角点、控制点、感兴趣点等）	1981	73
	B2：目标表达、描述、测量（包括二值图像处理分析等）	303	11
	B3：目标特性（颜色、纹理、形状、空间、结构、运动、显著性、属性等）的提取分析	556	21
	B4：目标检测和识别（目标 2-D 定位、追踪、提取、鉴别和分类等）	1646	61
	B5：人体生物特征提取和验证（包括人体、人脸和器官等的检测、定位与识别等）	1227	56
图像理解	C1：图像匹配和融合（包括序列、立体图的配准、镶嵌等）	1299	48
	C2：场景恢复（3-D 表达、建模、重构或重建等）	365	14
	C3：图像感知和解释（包括语义描述、场景模型、机器学习、认知推理等）	148	5
	C4：基于内容的图像和视频检索（包括相应的标注、分类等）	551	25
	C5：时空技术（高维运动分析、目标 3-D 姿态检测、时空跟踪，举止判断和行为理解等）	279	16
技术应用	D1：硬件、系统设备和快速/并行算法	493	18
	D2：通信、视频传输播放（包括电视、网络、广播等）	374	14
	D3：文档、文本（包括文字、数字、符号等）	283	10
	D4：医学（生理、卫生、健康等）	681	25
	D5：遥感、雷达、声呐、测绘等	1373	51
	D6：其他（没有直接/明确包含在以上各小类的技术应用）	607	22
综述评论	E1：跨大类综述（同时覆盖图像处理/分析/理解，或综合新技术）	160	6

1.3　图像处理系统

图像处理已得到了广泛的应用，人们已构建了许多应用系统。本书主要介绍图像处理的一些基本技术。通过综合这些技术应可构建各种图像处理系统，并具体解决实际问题。

1.3.1　系统构成框图

一个基本的**图像处理系统**的构成可由图 1.3.1 表示。图中 7 个模块都有特定的功能，分别是图像的采集（成像）、合成（生成）、处理、显示、打印、通信和存储。其中采集和合成构成了系统的输入,而系统的输出包括显示和打印。需要指出,并不是每一个实际的图像处理系统都包括所有这些模块。对一些特殊的图像处理系统,还可能包括其他模块。

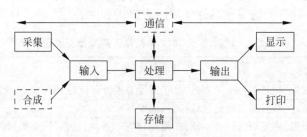

图 1.3.1　图像处理系统的构成示意图

在图 1.3.1 中,虚线框的模块与图像处理系统相关,但超出本书内容范围,对它们的介绍读者可参考其他书籍(如本章末的总结与复习中所介绍的)。实线框的模块,包括这些模块完成各自功能所需的一些特定设备,将在下面分别给予简单介绍。

1.3.2　图像采集

图像采集借助一定的设备来实现,这些设备将客观场景转化为可用计算机加工的图像,所以也称为成像设备。事实上,图像既可以从客观场景中采集,也可以从已知数据中生成(合成)。后者主要在计算机图形学中研究,这里就不多讨论了。对图像处理系统来说,两者的共同目的都是提供可输入计算机进行后续加工的离散图像。

1. 采集设备性能指标

图像采集设备工作时的输入是客观场景,而输出是反映场景性质的图像,一般来说,采集设备中有两种装置(器件)。一种是对某个电磁辐射能量谱波段(如 X 射线、紫外线、可见光、红外线等)敏感的物理器件(传感器),它能产生与所接收到的电磁能量成正比的(模拟)电信号;另一种称为数字化器,它能将上述(模拟)电信号转化为数字(离散)的形式。

以采集可见光图像为例,采集设备要将场景投影到图像上,这可用针孔成像来模型化(更复杂的模型见下册),所以场景中的景物与图像上的位置有一定的几何联系;另外,场景中的明暗变化也要反映到图像上,这需要建立一定的光照模型,把场景亮度和图像灰度联系起来。几何联系最终与图像的空间分辨率有关,而光照模型最终与图像的幅度分辨率有关。

除了所采集图像的空间分辨率和幅度分辨率外,一般还常使用下面几个指标来表示采集设备的性能[Young 1995]。

(1) 线性响应:指输入物理信号的强度与输出响应信号的强度之间关系是否线性。

(2) 灵敏度:绝对灵敏度可用所能检测到的最小光子个数表示,相对灵敏度可用能使输出发生一级变化所需的光子个数表示。

(3) 信噪比:指所采集的图像中有用信号与无用干扰的(能量或强度)比值。

(4) 不均匀度:指输入物理信号为常数而输出的数字形式不为常数的现象。

(5) 像素形状:一般是正方形,但也有其他形状(如六边形)的。

(6) 频谱灵敏度:对不同频率的辐射的相对敏感度。

(7) 快门速度:对应采集拍摄时间。

(8) 读取速率:指信号数据从敏感单元读取(传输)的速率。

2. 固态采集器件

固态阵是一种得到广泛使用的采集器件,由称为感光基元的离散硅成像元素构成。这样的感光基元能产生与所接收的输入光强成正比的输出电压。对固态阵,可按其几何组织形式分为两种:线扫描传感器和平面扫描传感器。线扫描传感器包括一行感光基元,它靠场景和检测器之间的相对运动来获得 2-D 图像。平面扫描传感器由排成方阵的感光基元组成,可直接得到 2-D 图像。固态平面传感器阵的一个显著特点是它具有非常快的快门速度(可达 10^{-4}s),所以能将许多运动定格下来。

(1) CCD 器件

电荷耦合器件(CCD)摄像机是应用最广泛的图像采集设备之一。它的主要元件 CCD 传感器是一种利用电荷存储传送和读出方式进行工作的固体摄像器件,其输出通过数字化器(可通过在计算机中插入专门的硬件卡来实现)转化为数字图像。

一个 CCD 传感器阵列的单元数在美国标准(US RS-170 video norm)中是 768×494,在欧洲标准(European CCIR norm)中是 756×582。根据芯片尺寸的不同,单元尺寸基本在 $6.5 \mu m \times 6 \mu m$ 到 $11 \mu m \times 13 \mu m$ 之间。

CCD 传感器的优点包括①精确和稳定的几何结构;②尺寸小,强度高,抗振动;③灵敏度高(尤其是将其冷却到较低温度时);④可以制成许多分辨率和帧率;⑤能对不可见辐射成像。

(2) CMOS 器件

互补金属氧化物半导体(CMOS)传感器主要包括传感器核心、模数转换器、输出寄存器、控制寄存器、增益放大器等。传感器核心中的感光像元电路分 3 种。①光敏二极管型无源像素结构:由一个反向偏置的光敏二极管和一个开关管构成。当开关管开启时,光敏二极管与垂直的列线相连通,而位于列线末端的放大器读出列线电压,当光敏二极管存储的信号被读取时,电压被复位,此时放大器将与光信号成正比的电荷转换为电压输出。②光敏二极管型有源像素结构:它比无源像素结构在像素单元上多了有源放大器。③光栅型有源像素结构:信号电荷在光栅下积分,输出前,将扩散点复位,然后改变光栅脉冲,收集光栅下的信号电荷转移到扩散点,复位电压水平与信号电压水平之差就是输出信号。

与传统的 CCD 摄像器件相比,CMOS 摄像器件把整个系统集成在一块芯片上,降低了功耗,减少了空间,总体成本也更低。CMOS 摄像器件的感光范围可达约 4 个数量级,这与冷却的 CCD 摄像器件基本相当,但要高于非冷却的 CCD 摄像器件(约为 2 个数量级)。需要指出,在有适应时间的情况下,人眼的感光范围可达约 9 个数量级。

(3) CID 器件

电荷注射器件(CID)传感器中有一个与图像矩阵对应的电极矩阵,在每一个像素位置有两个相互隔离的能产生电位阱的电极。其中一个电极与同一行的所有像素的对应电极连通,而另一个电极则与同一列的所有像素的对应电极连通。换句话说,要想访问一个像素,可以通过选择它的行和列来实现。

上述两个电极的电压可分别为正和负(包括零),而它们的相互组合有 3 种情况,对应 CID 工作的 3 种模式。①积分模式:此时两个电极的电压均为正,光电子将会累加。如果所有行和列的电压均保持正值,则整个芯片将给出一幅图像。②非消除性模式:此时两个电极的电压一个为正一个为负,负电极累加的光电子可迁移到正电极下,并在与第 2 个电极连通的电路中激发出一个脉冲,脉冲的幅度反映了累加的光电子数。迁移来的光电子会留在电位阱中,这样就可以通过将电荷往返迁移而对像素进行反复读出而不消除。③消除性模式:此时两个电极的电压均为负,累加的光电子将会流溢,或注射进电极间的芯片硅层中,并在电路中激发出脉冲。同样,脉冲的幅度反映了累加的光电子数。但这个过程将迁移来的光电子排除出电位阱,所以可用来"清零",以使芯片准备采集另一幅图像。

在芯片中的电路控制行和列的电极的电压以采集一幅图像,并消除性地读出或非消除性地读出。这允许 CID 以任意次序访问每一个像素,以任意速度读出任意尺寸的子图像。

与传统的 CCD 摄像器件相比,CID 摄像器件对光的敏感度要低很多,但具有可随机访问、不会产生图像浮散的问题等优点。

1.3.3　图像显示和打印

对图像处理来说,处理后的结果仍是图像,且主要用于显示给人看。所以图像显示对图像处理系统来说是非常重要的。图像显示是系统与用户交流中的重要步骤。

常用图像处理系统的主要显示设备包括可以随机存取的**阴极射线管**(CRT)、**电视显示器**和**液晶显示器**(LCD)。在 CRT 中,电子枪束的水平垂直位置可由计算机控制。在每个偏转位置,电子枪束的强度是用电压来调制的。每个点的电压都与该点所对应的灰度值成正比。这样灰度图就转化为光亮度变化的模式,这个模式被记录在阴极射线管的屏幕上。输入显示器的图像也可以通过硬拷贝转换到幻灯片、照片或透明胶片上。

除了显示器外,各种打印设备,如各种打印机也可看作图像显示设备。打印设备一般用于输出较低分辨率的图像。早年在纸上打印灰度图像的一种简便方法是利用标准行打印机的重复打印能力,输出图像上任一点的灰度值可由该点打印的字符数量和密度来控制,其原理对理解图像和像素的概念也很有帮助。近年来使用的各种热敏、热升华、喷墨和激光打印机等具有更高的能力,已可打印出较高分辨率的图像。

1. 半调输出

现在已有打印机可以在空间同一位置输出连续灰度(continuous-tone),如连续色升华(continuous-tone dye-sublimation)打印机,但由于它们的速度比较慢,且需要特殊的材料(特殊的纸和墨),应用起来有一定的局限。多数打印设备仅能直接输出二值图像,如激光打印机输出的灰度只有两级(或者打印,输出黑;或者不打印,输出白)。为了在二值图像输出设备上输出灰度图像并保持其原有的灰度级常采用一种称为半调输出的技术。

半调输出技术可看作是一种将灰度图像转化为二值图像的技术。它将拟输出图像中的各种灰度转化为二值点的模式,从而可以由仅能直接输出二值点的打印设备进行输出。它同时利用了人眼的集成特性,通过控制输出二值点模式的形式(包括数量、尺寸、形状等)来让人获得视觉上多个灰度的感觉。换句话说,半调输出技术输出的图像在很细的尺度上看仍是二值图像,但由于眼睛的空间局部平均效应,在较粗的尺度上感知到的则是灰度图像。例如在一幅二值图像中,每个像素的灰度只取白或黑,但从一定距离外看,人眼所感知的单元是由多个像素组成的,则人眼所感知到的灰度是这个单元的平均灰度(正比于其中的黑像素个数)。

半调输出技术主要分为幅度调制技术和频率调制技术两类,下面分别介绍。

(1) 幅度调制

最开始提出和使用的半调输出技术通过调整输出黑点的尺寸来显示不同的灰度,这可称为**幅度调制**(AM)半调输出技术。例如早期报纸上的图片就是用网格上不同大小的墨点来表示灰度的。当在一定距离观察时,一群小墨点的集合可产生较亮灰度的视觉效果,而一群大墨点的集合可产生较暗灰度的视觉效果。实际中,墨点的尺寸反比于要表示的灰度,即在亮的图像区域打印的点小,而在暗的图像区域打印的点大。当墨点足够小,观察距离足够远时,人眼根据集成特性得到比较连续平滑的灰度图像。一般报纸上图片的分辨率约在每英寸 100 点(dot per inch,DPI),而图书或杂志上图片的分辨率约在每英寸 300 点。

在幅度调制中,二值点是规则排列的。这些点的尺寸根据要表示的灰度而变化,而点的形状并不是决定性的因素。例如对激光打印机,实际上就是通过控制墨水覆盖的比例来模拟不同的灰度,墨点的形状并没有严格控制。在实际使用幅度调制技术时,其输出的二值点模式的效果不仅取决于每个点的尺寸,而且也与网格的间隔大小有关。间隔越小,输出的分辨率就越高。网格的间隔尺寸受到打印机的分辨率(用每英寸的点数来量度)的限制。

(2) 频率调制

在**频率调制**(FM)半调输出技术中,输出黑点的尺寸是固定的,但其在空间的分布(点间的间隔或一定区域内点出现的频率)却取决于所需表示的灰度。如果分布比较密,就会得到较暗的灰度;如果分布比较稀,就会得到较亮的灰度。换句话说,为表示一个较暗的灰度需要用到排列很近的许多个点(它们合成一个打印单元,也称打印点,对应图像中一个像素)。相对于 AM 半调输出技术,FM 半调输出技术可较好地消除由于 AM 半调输出技术中两个或多个规则模式叠加而产生的摩尔(Moiré)模式问题[Lau 2001]。频率调制的半调输出技术的主要缺点与点增益(dot gain)的增加有关。点增益是打印单元尺寸相对于原始单元尺寸的增加量,它导致打印图灰度范围的减少或压缩,这会减少细节和反差。

近年来,随着打印机分辨率的增加($>$1200dpi),FM 半调输出技术达到了极限。人们开始研究结合 AM 半调输出技术和 FM 半调输出技术以获得随着输出灰度变化而尺寸和间隔都有变化的点集合。或者说,此时打印单元的尺寸和基本点之间的间隔都随所需要的灰度而变化。这样既可产生与 AM 半调输出技术相比拟的空间分辨率,也可获得与 FM 半调输出技术类似的消除摩尔模式的效果。

2. 半调输出模板

半调输出的一种具体实现方法是先将图像输出的单元细分,取邻近的基本二值点结合起来组成输出单元,这样在每个输出单元内包含若干个基本二值点,只要让其中一些基本二值点输出黑,而让其他基本二值点输出白就可得到不同灰度的效果。换句话说,为输出不同的灰度,需建立一套模板,每个模板对应一个输出单元。将每个模板划分成规则网格,每格对应一个基本二值点。通过调整各个基本二值点为黑或白,就可让每个模板输出不同的灰度,从而达到输出灰度图像的目的。

例 1.3.1 半调输出模板

如果将一个模板分成 2×2 网格,按照图 1.3.2 的方式可以输出 5 种不同的灰度。如果将一个模板分成 3×3 网格,按照图 1.3.3 的方式可以输出 10 种不同的灰度。如果将一个模板分成 4×4 网格,按照图 1.3.4 的方式可以输出 17 种不同的灰度。以此类推,如果将一个模板分成 $n\times n$ 网格,则可以输出 n^2+1 种不同的灰度。

因为将 k 个点放进 n 个单元可以有 $C_k^n = \dfrac{n!}{(n-k)!k!}$ 种不同的方法,所以这些图中黑点排列的方式并不是唯一的。注意如果一个网格在某个灰度为黑，则在所有大于这个灰度的输出中仍为黑。

图 1.3.2　将一个模板分成 2×2 网格以输出 5 种灰度

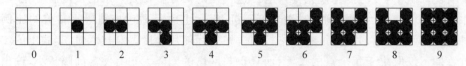

图 1.3.3　将一个模板分成 3×3 网格以输出 10 种灰度

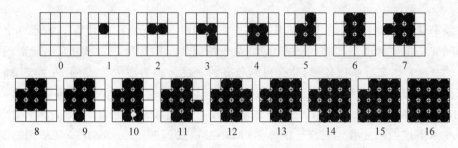

图 1.3.4　将一个模板分成 4×4 网格以输出 17 种灰度

按上面的方法将模板分成网格，为输出 256 种灰度需要将一个模板分成 16×16 个单元，也就是用 16×16 个位置表示了一个像素，可见输出图像的空间分辨率会受到很大影响。可见，半调输出技术仅在输出设备本身输出的灰度值有限的情况下才值得使用，是以空间分辨率的减少换取幅度分辨率的增加。设一个 2×2 矩阵中的每个像素可以是白的或黑的，每个像素需要 1 个比特。将这个 2×2 矩阵作为一个半调输出的单元，则这个单元需要 4 比特，可以输出 5 种灰度（16 种模式），分别为 0/4、1/4、2/4、3/4 和 4/4（或写为 0、1、2、3、4）。但如果一个像素用 4 比特表示，则该像素可有 16 种灰度。由此看来，半调输出在使用相同的存储单元时，如果要输出级数增加，则输出的单元数就会减少。

为保持图像中细节的尖锐性，需要每英寸能有更多的行数；同时，要表达这些细节也需要有更多的亮度级数。这要求打印机能打印大量非常小的点。把一个模板划分为 8×8 的网格可以打印出 65 个灰度。对每英寸 125 行的打印，这对应 8×125＝1000dpi。在多数应用中，这是打印图像的下限。彩色打印需要更小的点，高质量的打印往往需要 2400～3000dpi。

在不同的媒介上输出图像，所要求的分辨率常不相同。例如，在屏幕上显示图像时，每英寸的行数一般对应每英寸的网格数。而在报纸上显示图像时，常使用至少每英寸 85 行的分辨率；对杂志或书籍，常使用至少每英寸 133 行或 175 行的分辨率。

3. 抖动技术

半调输出技术通过减少图像空间分辨率来改善图像幅度分辨率，或者说牺牲图像的空间点数来增加图像的灰度级数。由上面的讨论可见，如果要输出灰度级比较多的图像，图像的空间分辨率会大大减少。而如果要保持一定的空间分辨率,则输出灰度级会比较少,或者说要保留空间细节则灰度级数不能太多。然而,当一幅图像的灰度级比较少时,图像的视觉质量会比较差,例如出现虚假轮廓现象(见 1.1.2 小节的讨论)。为改善图像的质量,常使用**抖动**技术,它通过调节或变动图像的幅度值来改善量化过粗图像的显示质量。

抖动可通过对原始图像 $f(x,y)$ 加一个随机的小噪声 $d(x,y)$ 来实现。由于 $d(x,y)$ 的值与 $f(x,y)$ 没有任何有规律的联系,所以可帮助消除量化不足而导致的图像中出现虚假轮廓的现象。

实现抖动的一种具体方法如下。设 b 为图像显示的比特数,则 $d(x,y)$ 的值可以从以下 5 个数中以均匀概率取得:$-2^{(6-b)},-2^{(5-b)},0,2^{(5-b)},2^{(6-b)}$。将 $f(x,y)$ 加这样一个随机的小噪声 $d(x,y)$ 的 b 个最高有效比特作为最终输出像素的值。

例 1.3.2 抖动实例

图 1.3.5 给出一组抖动实例图,图(a)是 256 个灰度级的原始图像(见图 1.1.1(a))的一部分(128×128);图(b)显示了借助 3×3 的半调模板进行与原始图像同样尺寸半调打印的输出效果。由于现在只有 10 个灰度级,所以在脸部和肩部等灰度变换比较缓慢的区域有比较明显的虚假轮廓现象(原来连续变化的灰度看起来有了剧烈变化的灰度间断)。图(c)是利用抖动技术对原始图像进行调整后的结果,所叠加的抖动值在区间 $[-8,8]$ 均匀分布;图(d)显示了利用抖动技术改善后用与原始图像同样尺寸进行半调打印的输出效果,虚假轮廓现象有所改善。

(a)　　　　　　(b)　　　　　　(c)　　　　　　(d)

图 1.3.5　抖动实例图

图 1.3.6(a)和(b)分别给出图 1.3.5(b)的半调图和图 1.3.5(d)的抖动半调图所对应的局部图(42×42),由于将原始图像的每个像素都用一个 3×3 单元的矩阵表示,这时的图像包括 126×126 个单元。由图可见,比较规则的虚假轮廓由于抖动的原因变得不太规则,因而不太容易被观察到。

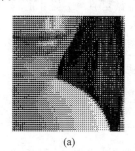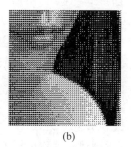

(a)　　　　　　(b)

图 1.3.6　半调图和抖动半调图的比较

由上可见,利用抖动技术可以消除一些由于灰度级数过少而在图像中灰度平滑处所产生的虚假轮廓现象。根据抖动原理可知,所叠加的抖动值越大,消除虚假轮廓的效果越明显。但抖动值的叠加也给图像带来了噪声,抖动值越大噪声的影响也越大。 □

1.3.4　图像存储

图像存储需要使用图像存储器,并以一定的格式存储。

1. 图像存储器

存储图像需要大量的空间。在计算机中,图像数据最小的量度单位是比特(b),其上有字节(1B=8b)、千字节(KB)、兆(10^6)字节(MB)、吉(10^9)字节(GB)、太(10^{12})字节(TB)等。

例 1.3.3　图像分辨率与存储器

存储一幅图像所需的比特数常很大。假设有一幅 1024×1024,256 个灰度级的图像,存储它需要用 1MB 的存储器。如果换成彩色图像,则需要用 3MB 的存储器,这相当于存储一本 750 页的书所需的存储器。视频由连续的图像帧所组成(PAL 制为每秒 25 帧)。假设彩色视频的每帧图像尺寸为 4096×2160(4K 电视),存储 1 小时的视频则需要近 2400GB 的存储器。 □

在图像处理系统中,大容量和快速的图像存储器是必不可少的。常用的图像存储器包括**磁带**、**磁盘**、**闪速存储器**、**光盘**和**磁光盘**等。用于图像处理的存储器可分为三类。

(1) 处理过程中使用的快速存储器

计算机内存是一种提供快速存储功能的存储器。目前一般微型计算机的内存常为几个吉字节。另一种提供快速存储功能的存储器是特制的硬件卡,也叫帧缓存。它常可存储多幅图像并可以视频速度(每秒 25 或 30 幅图像)读取。它也可以允许对图像进行放大缩小,以及垂直翻转和水平翻转。目前常用的帧缓存容量可达几十吉比特(GB)。

(2) 用于比较快地重新调用的在线或联机存储器

磁盘是比较通用的在线存储器,常用的 Winchester 磁盘已可存储上千吉比特(GB)的数据。另外还有磁光(MO)存储器,它可在 5¼ 英寸(1 英寸=0.0254 米)的光片上存储 5GB 的数据。在线存储器的一个特点是需要经常读取数据,所以一般不采用磁带一类的顺序介质。对更大的存储要求,还可以使用光盘塔和光盘阵列,一个光盘塔可放几十张到几百张光盘,利用机械装置插入或从光盘驱动器中抽取光盘。

(3) 不经常使用的数据库(档案库)存储器

数据库存储器的特点是要求非常大的容量,但对数据的读取不太频繁。一般常用的一次写多次读(write-once-read-many,WORM)光盘可在 12 英寸的光盘上存储 6GB 数据,在 14 英寸的光盘上存储 10GB 数据。另外 WORM 光盘在一般环境下可储藏 30 年以上。在主要是读取的应用中,也可将 WORM 光盘放在光盘塔中。一个存储量达到 TB 级的 WORM 光盘塔可存储上百万幅百万像素的灰度和彩色图像。

2. 图像文件格式

图像文件指包含图像数据的计算机文件,文件内除图像数据本身以外,一般还有对图像的描述信息,以方便读取、显示图像。

图像数据文件主要使用光栅(也称位图或像素图)形式,这个形式与人对图像的理解一致(一幅图像是许多图像点的集合)。它的主要缺点是没有直接表示出像素间的相互关系,且限定了图像的空间分辨率。后者带来两个问题：一个是将图像放大到一定程度就会出现方块效应；另一个是如果将图像缩小再恢复到原尺寸，则图像会变得比较模糊。

图像数据文件的格式已有很多种，不同的系统平台和软件常使用不同的图像文件格式。下面简单介绍 4 种应用比较广泛的格式（参见[董 1994]和[凯 1994]）。

(1) BMP 格式

BMP 格式是 Windows 环境中的一种标准，它的全称是 Microsoft **设备独立位图**（DIB）。BMP 格式的图像文件也称位图文件，包括 3 部分：①位图文件头（也称表头）；②位图信息（常称调色板）；③位图阵列（即图像数据）。一个位图文件只能存放一幅图像。

位图文件头长度固定为 54B，它给出图像文件的类型、大小和位图阵列的起始位置等信息。位图信息给出图像的长、宽、每个像素的位数（可以是 1、4、8、24，分别对应单色、16 色、256 色和真彩色的情况）、压缩方法、目标设备的水平和垂直分辨率等信息。位图阵列给出原始图像里每个像素的值（每 3 个字节表示一个像素，分别是蓝、绿、红的值），它的存储格式可以有压缩（仅用于 16 色和 256 色图像）和非压缩两种。

(2) GIF 格式

GIF 格式是一种公用的图像文件格式标准，它一般是 8 位文件格式（一个像素一个字节），所以最多只能存储 256 色图像。GIF 文件中的图像数据均为压缩过的。

GIF 文件结构较复杂，一般包括 7 个数据单元：文件头，通用调色板，图像数据区，以及 4 个补充区。其中文件头和图像数据区是不可缺少的单元。

一个 GIF 文件中可以存放多幅图像（这个特点对实现网页上的动画是很有利的），所以文件头中会包含适用于所有图像的全局数据和仅属于其后那幅图像的局部数据[戴 2002]。当文件中只有一幅图像时，全局数据和局部数据一致。多幅图像存放时，每幅图像集中成一个图像数据块，每块的第一个字节是标识符，指示数据块的类型（可以是图像块、扩展块或文件结束符）。

(3) TIFF 格式

TIFF 格式是一种独立于操作系统和文件系统的格式，便于在软件之间进行图像数据交换。TIFF 图像文件包括文件头（表头）、文件目录（标识信息区）和文件目录项（图像数据区）。文件头只有一个，且在文件前端，它给出数据存放顺序、文件目录的字节偏移信息。文件目录给出文件目录项的个数信息，并有一组标识信息，给出图像数据区的地址。文件目录项是存放信息的基本单位，也称域。这些域可分为基本域、信息描述域、传真域、文献存储域和检索域 5 类。

TIFF 格式支持任意尺寸的图像，文件可分 4 类：二值图像、灰度图像、调色板彩色图像和全彩色图像。一个 TIFF 文件中可以存放多幅图像，也可存放多份调色板数据。

(4) JPEG 格式

JPEG 是对静止灰度或彩色图像的一种压缩标准（参见附录 A），在使用有损压缩方式时其可节省的空间是相当大的，目前数码相机中均使用了 JPEG 格式。

JPEG 标准只是定义了一个规范的编码数据流，并没有规定图像数据文件的格式。Cube Microsystems 公司定义了一种 **JPEG 文件交换格式**（JFIF）。JFIF 图像是一种使用灰度表示或 Y、C_B、C_R 分量彩色表示的 JPEG 图像。它包含一个与 JPEG 兼容的头。一个 JFIF 文件通常包含单个图像，图像可以是灰度的（其中的数据为单个分量），也可以是彩色的(其中的数据包括 Y、C_B、C_R 分量)。

1.3.5 图像处理

图像处理模块完成对图像的加工,是图像处理系统的中心模块,也是本书的中心内容(参见表 1.2.2),将在其后各章详细地进行介绍。根据对图像处理的目的和要求的不同,对图像的加工要采取不同的技术。图像处理的主要目的和技术包括对图像的增强以改善图像视觉质量,对退化图像的恢复以消除各种干扰的影响,根据对场景不同的投影来重建场景的图像,对图像进行编码以减少表达图像的数据量从而有利于存储和传输,给图像加入水印以保护图像的所有权,以及将这些技术推广到彩色图像、视频图像或多尺度图像等。

对图像的各种处理一般可用算法的形式描述,而大多数的算法可用软件实现,所以许多图像处理只须用到普通的通用计算机。在许多在线应用中,为了提高运算速度或克服通用计算机的限制可借助或使用特制的专用硬件。进入 20 世纪 90 年代后,人们设计了各种与工业标准总线兼容的可以插入微机或工作站的图像卡。这不仅减少了成本,也促进了图像处理专用软件的发展。进入 21 世纪以来,**芯片上系统**(SoC)和**图形处理器**(GPU)的研究和使用是硬件方面的重要进展,它同时也推动和促进了图像处理软件的进一步发展。

例 1.3.4 图像分辨率与处理能力

为实时处理每帧图像为 1024×1024 的彩色视频,需要每秒处理 $1024 \times 1024 \times 8 \times 3 \times 25$ 比特的数据,对应的处理速度要达到约 78.64GB/s。假设对一个像素的处理需要 10 个**浮点运算**(FLOPS),那对一秒钟视频的处理就需要近 8 个亿的浮点运算。并行运算策略通过利用多个处理器同时工作来加快处理速度。最乐观的估计认为并行运算的时间可减少为串行运算的 $\ln J / J$,其中 J 为并行处理器的个数 [Bow 2002]。按照这种估计,如果使用一百万个并行处理器来处理一秒钟的视频,每个处理器还要具有每秒 78 万多次浮点运算的能力。 □

图像处理中的一个重要事实是对特殊的问题需要特殊的解决方法。现有的图像处理软件和硬件可以提供比以前更多更快的通用工具,但要解决具体的问题还需要深入地研究和开发更新的工具。常常为解决一个图像处理应用中的问题有可能有不同的技术方法,而有时看起来类似的应用问题却需要采用不同的技术手段来解决。所以本书主要通过对有关图像处理基础理论和实用技术的介绍,帮助读者打好进一步研究和开发的基础。同时,本书也介绍了解决一些图像处理应用中问题的比较具体的方法,以使读者可以借此举一反三。

1.4 内容框架和特点

本书是一本教材,主要目的是介绍图像处理的基本概念、基础理论和实用技术。这样一方面可帮助读者进一步学习和研究图像工程的中高层技术,另一方面也使读者能据此解决一些实际图像应用中的具体问题。

1. 整体框架和各章概述

全书主要包含 15 章正文和 1 个附录。相比上一版,不仅增加了一章全新的内容以及增加了一些新的节,而且还对许多节和小节(包括文献介绍)进行了更新,也对原有内容(包括思考题和练习题)进行了一些补充和扩展。许多新增内容以示例形式给出,以有利于根据教学要求、学生基础、学时数量等酌情选择。

本书第 1 章是对图像处理的概括介绍,包括图像的基本概念、表达和显示,从图像技术到图像工程的发展概述。在对图像工程的整体讨论(包括各个层次、相关学科、技术应用和文献分类)后,将图像处理从这个大的框架中提取出来,结合对图像处理系统的主要模块的讨论,介绍本书的范围、主要内容及整体安排。

本书主要内容分为 4 个单元,参见图 1.4.1,每个单元包括内容密切相关的 3~4 章。

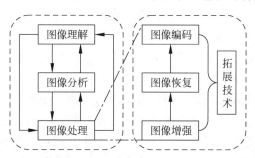

图 1.4.1　图像处理主要内容单元

第 1 单元为"图像增强",其中第 2 章介绍空域图像增强技术中的点操作,包括图像坐标变换、图像间运算、灰度映射进行灰度变换和直方图变换方法;第 3 章介绍空域图像增强技术中的模板操作,包括像素间联系、模板运算,一些典型的线性和非线性滤波技术;第 4 章介绍频域图像增强,包括频域增强的原理,傅里叶变换,一些典型的频域滤波器,如低通、高通、带通、带阻和同态滤波器。

第 2 单元为"图像恢复",其中第 5 章介绍图像消噪和恢复,包括图像退化及模型,噪声滤除,无约束、有约束和交互式恢复;第 6 章介绍图像校正和修补,包括图像仿射变换、几何失真校正、图像修复和区域填充;第 7 章介绍图像去雾及评价,包括基于图像恢复方法的基本去雾技术及其相应的各种改进,以及对去雾效果评价的一些指标和方法;第 8 章介绍图像投影重建,包括投影重建方式和原理、傅里叶反变换重建、逆投影重建、代数重建、综合重建等。

第 3 单元为"图像编码",其中第 9 章介绍图像编码基础,包括图像压缩原理、编码定理、变长编码和位平面编码技术;第 10 章介绍图像变换编码,包括可分离和正交图像变换、离散余弦变换和正交变换编码、小波变换和基于小波变换的编码。第 11 章介绍其他图像编码方法,包括基于符号的编码、LZW 编码、预测编码、矢量量化、准无损编码等。

第 4 单元为"拓展技术",其中第 12 章介绍图像信息安全,包括水印原理和特性、DCT域和 DWT 域水印、水印性能评判及图像信息隐藏,还增加了图像取证及反取证的内容;第 13 章介绍彩色图像处理,包括彩色视觉和色度图、彩色模型、伪彩色增强和真彩色处理。第 14 章介绍视频图像处理,包括视频表达和格式、运动分类和表达、运动检测、视频滤波和视频预测编码。第 15 章介绍多尺度图像处理,包括多尺度表达、高斯和拉普拉斯金字塔、多尺度变换技术、基于多尺度小波的处理和超分辨率技术。

附录 A 介绍了一些有关图像的国际标准,包括二值图像压缩国际标准、静止图像压缩国际标准、运动图像压缩国际标准以及相关的多媒体国际标准。

2. 编写特点

本书各单元自成体系,集合了相关内容,并有概况介绍,适合分阶段学习和复习。与上一版相比,各章样式仍比较规范,但长度没有刻意保持相同。在每章开始除整体内容介绍外,均有对各节的概述,以把握全章脉络。考虑到学习者基础的不同和课程学时的不同,有相当的内容(包括一些拓展内容)是以示例的形式给出的,可根据需要选择。为帮助理解和进行复习,在每章最后均有"总结与复习"一节,其中给出各节小结和参考文献介绍,以及思考题和练习题(部分题给出了解答,有些概念也借此进行介绍)。附录内容与一章正文基本相当,形式也类似,只是没有"总结与复习"一节,但也可以按章进行课程教学。

书中引用的近300篇参考文献列于书的最后。这些参考文献大体可分成两大类。一类是与本书所介绍的内容直接联系的素材文献,读者可从中查到相关定义的出处、对相关公式的推导以及相关示例的解释等。对这些参考文献的引用一般均标注在正文中的相应位置,如果读者发现仅根据本书的讲解和描述还不能完全理解,则可以查阅这些参考文献以找到更多的细节。另一类则是为了帮助读者进一步深入学习或研究所提供的参考文献,它们大都出现在各章末的"总结与复习"中。如果读者希望扩大视野或解决科研中的具体问题则可以查阅这些文献。"总结与复习"中均对这些参考文献简单指明了其涉及的内容,以帮助读者有的放矢地进行查阅。

各章末的思考题和练习题形式多样,其中有些是对概念的辨析,有些涉及公式推导,有些需要进行计算,还有些是编程实践,读者可在学习完一章后根据需要和情况进行选择。本书末给出了对其中少部分题(主要是涉及计算的题)的解答,供学习参考。更多的习题和更全面的习题解答可见出版社网站(www.tup.com.cn)。

全书最后还提供了主题/术语索引(文中术语用黑体表示),并有对应的英文全文(文中一般只有缩写)。

3. 先修基础

从学习图像工程的角度来说,有3个方面的基础知识是比较重要的。

(1) 数学:首先值得指出的是线性代数和矩阵理论,因为图像可表示为点阵,需借助矩阵表达解释各种加工运算过程;另外,有关统计学、概率论和随机建模的知识也很有用。

(2) 计算机科学:计算机视觉要用计算机完成视觉任务,所以对计算机软件技术的掌握,对计算机结构体系的理解,以及对计算机编程方法的应用都非常重要。

(3) 电子学:一方面采集图像的照相机和采集视频的摄像机都是电子器件,要想快速对图像进行加工,需要使用一定的电子设备;另一方面,信号处理更是图像处理的直接基础。

总结和复习

为更好地学习,下面对各小节给予概括小结并提供一些进一步的参考资料;另外给出一些思考题和练习题以帮助复习(文后对加星号的题目还提供了解答)。

1. 各节小结和文献介绍

1.1节概括介绍了图像的基本概念和表达方法,对空间分辨率和幅度分辨率进行了讨论。相关内容还可参见其他各种有关图像处理的书籍,如[章2006b]、[章2012b]、[Tekalp

1995]、[Young 1995]、[Castleman 1996]、[Pratt 2007]、[Zhang 2009a]、[Russ 2016]、[Gonzalez 2018]、[Zhang 2017a]等。对图像质量的定义和描述随图像应用的场合和目的会有变化,一些相关讨论还可见 7.3 节和 9.1 节。

1.2 节概括介绍了图像工程的基本定义和图像技术的总体情况以及图像工程文献的分类方法。有关 22 年来图像工程各年发展的情况除可见历年综述外,还可参见文献[章2000d]、[章 2001c]、[章 2001d]、[章 2002c]、[章 2006c]、[章 2007d]、[章 2007e]、[章2011b]、[Zhang 2002a]、[Zhang 2009d]、[Zhang 2015a]、[Zhang 2018]。对图像技术分类的相关讨论还可见文献[Rosenfeld 2000]。对图像和图形区别的一个方法可参见文献[戴2002]、[Li 2002]。对图像工程内容的全面介绍可参见文献[章 2007c]、[Zhang 2009a]和[章 2013b]以及[Zhang 2017a]、[Zhang 2017b]和[Zhang 2017c]。对相关名词的简明定义可见[章 2009b]、[章 2015b]。另外,图像工程的研究内容分布情况也可参见对相关领域期刊的栏目和主题的统计,如[章 2017b]。

1.3 节借助对图像处理系统的讨论,介绍了图像处理涉及的一些设备,包括图像采集设备、图像显示打印设备、图像存储设备。对 AM 半调技术和 FM 半调技术的详细描述,以及结合 AM 半调技术和 FM 半调技术所获得的效果和比较可见文献[Lau 2001]。对图像抖动技术的相关讨论还可见文献[Poynton 1996]。半调输出和抖动技术的原理对初学者理解图像和像素的基本概念以及把握空间分辨率和幅度分辨率也是很有帮助的。

1.4 节主要概括了全书的内容和结构。相比第 3 版[章 2012b],主要增加了图像去雾的内容。考虑到图像课程教学的特点和要求,结合本书第 1 版曾制作了与教材配合的计算机辅助多媒体教学课件[章 2001b],有关内容还可参见文献[葛 1999]、[Zhang 1999a]和[Zhang 2002]。后来在编写网络课程教材《图像处理和分析基础》[章 2002d]时也结合编写了电子版《图像处理和分析网络课程》[章 2004b],有关内容还可见文献[章 2001e]、[Zhang 2002b]、[Zhang 2007a]、[Zhang 2008]。结合本书第 2 版曾制作了与教材配合的网络教学课件[章 2008b]、[Zhang 2011]。本书中例题里的许多图像是在研制教学课件中得到的。教学课件的使用对改善教学效果有一定的作用[Zhang 1999b]、[Zhang 2004]。如何在教学中更好地使用图像还可见文献[Zhang 2005a]和[Zhang 2009b]。本书主要介绍原理和技术,具体实现各种算法可借助不同的编程语言,如使用 MATLAB 可参见[马 2013]和[Peters 2017]。

2. 思考题和练习题

1-1 基本的图像表达函数 $f(x,y)$ 是 2-D 的,一般的图像表达函数 $T(x,y,z,t,\lambda)$ 是 5-D 的,试举例给出一些实际中的图像,它们需要用 3-D 或 4-D 的图像表达函数来描述。

1-2 试列表比较不同图像表示方法的优点和缺点。

*__1-3__ 波特率(baud rate)是一种常用的离散数据传输量度。当采用二进制时,它等于每秒所传输的比特数。现设每次先传输 1 个起始比特,再传输 8 个比特的信息,最后传输 1 个终止比特,计算以下两种情况时传输图像所需的时间:

(1) 以 9600 波特传输一幅 256×256,256 灰度级的图像。

(2) 以 38400 波特传输一幅 1024×1024,16777216 色的真彩色图像。

1-4 图像处理、图像分析和图像理解各有什么特点? 它们之间有哪些联系和区别? 近年来,它们的发展变化有哪些趋势? 在哪些图像应用中三者的技术都要涉及?

1-5 参照表 1.2.2,对图像处理的 6 个小类近 5 年的文献数量在电子数据库中进行查询统计,并绘出变化曲线,你能得到什么结论?

1-6 设图像的长宽比为 4∶3。

(1) 具有 300 万像素的手机中摄像机的空间分辨率约是多少? 500 万像素的呢?

(2) 具有 1200 万像素的数码相机的空间分辨率是多少? 它拍摄的一幅真彩色图像需用多少个字节来存储?

1-7 简要叙述图像采集、图像显示、图像存储以及图像通信与图像处理的联系,它们近年来有哪些比较突出的进展? 对图像处理产生了哪些影响?

1-8 视场(field of view,FOV)是成像系统的一个重要参数或指标。如果用光心到成像平面边缘连线与光轴所成角度的两倍来定义视场,那么由镜头焦距和成像平面边长就可算得视场的大小。现假设一个成像系统的镜头焦距为 24mm,成像平面为 12mm×12mm,图像尺寸为 500×500 像素。

(1) 计算视场的大小。

(2) 写出图像坐标和用图像坐标系统描述的 3-D 场景点之间的联系。

(3) 描述视场与焦距的关系,视场对图像空间分辨率有什么影响?

1-9 能用幅度调制的原理解释为什么可以用调制模板输出不同灰度吗?

1-10 如果一个 2×2 模板的每个位置可表示 4 种灰度,那么这个模板一共可表示多少种灰度? 如果一个 3×3 模板的每个位置可表示 3 种灰度,那么这个模板一共可表示多少种灰度?

1-11 分析一下:半调技术和抖动技术各利用了人类视觉系统的什么特性?

1-12 查阅资料:

(1) 了解位图文件的文件头和位图信息部分的具体组成,分析其中哪些内容可以通过直接观察位图本身而得到。

(2) 了解动画 GIF 文件的文件头的具体组成,能否确定其中的数据里哪些是全局数据,哪些是局部数据?

(3) 比较对应二值图像的 TIFF 文件头和对应灰度图像的 TIFF 文件头的区别。

第 1 单元　图 像 增 强

本单元包括 3 章,分别为
第 2 章　空域增强:点操作
第 3 章　空域增强:模板操作
第 4 章　频域图像增强

　　图像增强技术是最基本和最常用的一大类图像处理技术,也常作为使用其他图像技术之前的预处理手段。图像增强的目的是通过对图像的特定加工,以将被处理的图像转化为对具体应用来说视觉质量和效果更"好"或更"有用"的图像。由于各个具体应用的目的和要求不同,因而这里"好"和"有用"的含义也不完全相同。从根本上说,并没有图像增强的通用标准。对每种图像处理应用,观察者都是增强技术优劣的最终判断者。由于视觉检查和评价是相当主观的过程,所以所谓"好图像"的定义并不是固定的,常因人而异。

　　随着图像获取设备日新月异地发展,人们所采集到的图像的种类逐渐增加,它们代表的场景不同、获得的方式不同,其视觉质量也不相同,所以对它们的增强要依据不同的原理进行。多年来人们已研究出了许许多多、各种各样对图像进行增强的技术,对这些技术也有不同的分类标准和方法。

　　目前常用的增强技术根据其处理所进行的空间不同,可分为基于空域(图像域)的方法和基于变换域的方法两类。其中基于空域的方法本身就很多,根据增强运算的特点,还可以分为基于点操作和基于模板操作的两组。这两组方法将在第 2 章和第 3 章分别介绍。与基于空域的方法相对应的基于变换域的方法将在第 4 章介绍。

　　第 2 章介绍基于点操作的空域增强技术。这里点操作指以像素为基本单元进行的操作,或者说仅基于像素自身性质进行的操作。所介绍的技术包括基于图像坐标变换的方法、利用图像之间(算术和逻辑)运算的方法、借助图像灰度(分布)映射的方法和利用统计直方图变换的方法。

第3章介绍基于模板操作的空域增强技术。这里模板操作指以一个像素及其相邻像素为基本单元进行的操作,或者说仅基于局部像素间联系性质进行的操作。所以,首先讨论像素之间的各种联系;然后,介绍利用像素及邻域的模板运算规则;最后,利用模板操作实现线性滤波和非线性滤波。

第4章介绍基于变换域的增强技术,所以首先给出变换域技术的原理和流程。这里变换域主要指频率域,是对空域进行傅里叶变换而得到的。在此基础上,分别介绍了在频域中对图像进行低通、高通、带通、带阻和同态滤波以实现图像增强的方法。

另外,虽然在很多应用中常对整幅图像统一进行增强,但实际中有时也会需要仅增强图像中的某个特定区域或者对图像的不同部分根据其局部特点分别进行增强,所以增强技术还可据此分为全局的技术和局部的技术。本单元主要介绍全局增强技术,但在3.5节专门对局部增强技术进行了一些讨论。

最后,增强技术根据其处理对象还可分为用于灰度图像的技术和用于彩色图像的技术两类。本单元讨论增强技术时主要以灰度图像为例,但有些技术也可直接推广到彩色图像。不过,对彩色图像增强技术的全面讨论将在第13章进行。

第2章 空域增强：点操作

在图像处理中，**空域**指像素位置所在的空间，也称图像空间，一般看作图像的原始空间。空域图像增强指直接作用于像素，在图像空间进行的增强。在空域图像增强中，原始图像 $f(x,y)$ 经过一个增强操作被转化为增强后图像 $g(x,y)$。上述增强操作如果仅定义在每个像素点的位置 (x,y) 上，或者说在对每个像素的增强操作中仅利用了该单个像素的信息（没有使用多个像素之间的信息），则被看作是一种点操作。

点操作还可分为几何点操作和灰度点操作。它们分别与图像 $f(x,y)$ 的位置和幅度有关。几何点操作通过改变像素的坐标位置 (x,y) 来改变图像，获得增强效果。灰度点操作通过改变像素的灰度 f 来改变图像，获得增强效果。几何点操作和灰度点操作都可看作是映射操作，都有可能不可逆，即如果操作中有信息丢失，有可能恢复不回来。例如，两个原来不同位置的像素有可能被映射到同一个位置上，而两个不同灰度的像素也有可能被映射为同一个灰度，它们在其后就不再能被区分了。

几何点操作主要借助像素的坐标变换来变换像素的位置。灰度点操作则可以有较多的形式，例如，将像素值根据算术或逻辑运算结合成新的像素值，将像素值根据某种函数关系进行映射得到新的像素值，或根据一组像素值的统计结果进行映射来改变各个像素的像素值。

根据上述的讨论，本章各节将安排如下。

2.1 节介绍和讨论基本的坐标变换（包括平移、旋转和放缩），它们的推广和反变换以及多个变换的级联等。

2.2 节介绍图像之间的一些运算规则，包括算术运算和逻辑运算，还给出了一些算术运算在图像增强中的应用实例。

2.3 节讨论直接利用映射进行灰度变换来增强图像的方法，除对灰度映射的原理进行分析外，还给出一些典型的灰度映射函数及其图像增强效果。

2.4 节讨论利用直方图变换进行图像增强的两类方法：直方图均衡化和直方图规定化。直方图是对图像的一种统计，所以通过对直方图的变换，可以改变图像的灰度特征和视觉效果。

2.1 图像坐标变换

图像坐标变换也称空间坐标变换或几何坐标变换，是一种位置映射操作，涉及的是图像空间里各个坐标位置间的转换及方式。图像中的每个像素有一定的空间位置，可借助坐标变换改变其位置，从而使图像改观。对整幅图像的坐标变换是通过对每个像素进行坐标变换来实现的。

2.1.1 基本坐标变换

图像的平移、旋转和放缩变换都是常见的和基本的图像坐标变换，它们在表示上有共性。

1. 变换的表示

一个像素点的坐标可记为(x, y)，如使用**齐次坐标**，则可记为$(x, y, 1)$。坐标也可用矢量来表示，设原坐标的矢量为$v = [x \ y \ 1]^T$，变换后坐标的矢量为$v = [x' \ y' \ 1]^T$，则**坐标变换**可借助矩阵写为

$$v' = Av \tag{2.1.1}$$

式中A是一个3×3的变换矩阵，唯一确定了变换的结果。其元素取不同的值，就可实现不同的变换。

例 2.1.1 齐次坐标

齐次坐标是笛卡儿坐标的一种变型。如果空间的点用矢量形式表示为$w = [X \ Y \ Z]^T$，则对应的齐次坐标可表示为$w_h = [kX \ kY \ kZ \ k]^T$，其中$k$是一个非零的常数。如果要从齐次坐标变回到笛卡儿坐标，可用第4个坐标值去除前3个坐标值得到。□

式(2.1.1)给出的是对单个像素点的变换，也可以将其推广到对一组m个点的变换。参考式(2.1.1)，令$v_1, v_2, \cdots, v_m$代表m个点的坐标矢量，则对一个其列由这些列矢量组成的$3 \times m$矩阵V，可用一个3×3的矩阵A同时变换所有点，即

$$V' = AV \tag{2.1.2}$$

输出矩阵V'仍是一个$3 \times m$矩阵，它的第i列v_i'包括对应于点v_i变换后的坐标。由于这里考虑的是点操作，所以如果把上述m个点看作是由对图像逐行扫描得到的，则式(2.1.2)可表示对图像的变换。这里矩阵A的形式对不同的图像坐标变换是不同的，下面给出几个常用变换的矩阵。

2. 平移变换

平移变换用平移量(T_x, T_y)将具有坐标为(x, y)的点平移到新的位置(x', y')，这可用式(2.1.2)的矩阵形式表示，将其展开为

$$\begin{bmatrix} x' \\ y' \\ 1 \end{bmatrix} = \begin{bmatrix} 1 & 0 & T_x \\ 0 & 1 & T_y \\ 0 & 0 & 1 \end{bmatrix} \begin{bmatrix} x \\ y \\ 1 \end{bmatrix} \tag{2.1.3}$$

换句话说，平移变换矩阵可写为

$$T = \begin{bmatrix} 1 & 0 & T_x \\ 0 & 1 & T_y \\ 0 & 0 & 1 \end{bmatrix} \tag{2.1.4}$$

3. 放缩变换

放缩变换改变点间的距离，对物体来说则改变了物体的尺度，所以放缩变换也称**尺度变换**。放缩变换一般是沿坐标轴方向进行的，或可分解为沿坐标轴方向进行的变换。

当分别用放缩系数S_x和S_y沿X和Y轴进行放缩变换时，放缩变换矩阵可写为

$$S = \begin{bmatrix} S_x & 0 & 0 \\ 0 & S_y & 0 \\ 0 & 0 & 1 \end{bmatrix} \qquad (2.1.5)$$

当 S_x 或 S_y 不为整数时,原图像中有些像素放缩变换后的坐标值可能不为整数,导致变换后图像中出现"孔",此时需要进行取整操作和插值操作(参见 6.2 节)。

4. 旋转变换

图像平面上的旋转可看作是绕一根垂直于平面的轴而进行的旋转。如果这根旋转轴处在坐标原点,且设旋转角是按从旋转轴正向看原点而顺时针(相当于在 XY 平面上从 Y 轴向 X 轴的旋转)定义的,则将一个像素在图像平面上绕旋转轴转 γ 角度的**旋转变换**可用下列旋转变换矩阵实现:

$$R_\gamma = \begin{bmatrix} \cos\gamma & \sin\gamma & 0 \\ -\sin\gamma & \cos\gamma & 0 \\ 0 & 0 & 1 \end{bmatrix} \qquad (2.1.6)$$

如果旋转轴不在坐标原点,也可推导出一个相应的旋转变换矩阵,但直接写出来比较复杂(结果可见例 2.1.2)。实际中,一般可考虑将这种情况先转换为旋转轴处在坐标原点的情况再来处理。为此具体需要 3 个步骤:①先将旋转轴平移到坐标系原点,②接着进行绕原点旋转,③最后再将旋转轴平移回到其相对于坐标系原点的原始位置。

图 2.1.1 给出一个示例,需要将条状目标绕点 O' 顺时针旋转 $90°$。首先将条状目标从 O' 点平移到原点 O(如图(a)两个虚线箭头所示),然后进行顺时针绕原点 γ 角的旋转(如图(b)虚线箭头所示),接下来进行一个反平移(如图(c)两个虚线箭头所示),最后可得到绕着非原点旋转的结果(如图(d)所示)。

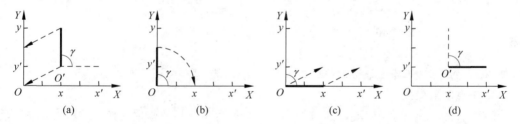

图 2.1.1 旋转轴不处在坐标原点时的旋转

2.1.2 坐标变换扩展

在基本坐标变换的基础上,还可考虑它们一些不同的变型和扩展。

1. 反变换

上面介绍的各坐标变换也可反向进行,这就是**反变换**。各个坐标变换矩阵都有对应的执行反变换的逆矩阵,它们也很易推出。例如平移变换的逆矩阵是

$$T^{-1} = \begin{bmatrix} 1 & 0 & -T_x \\ 0 & 1 & -T_y \\ 0 & 0 & 1 \end{bmatrix} \qquad (2.1.7)$$

放缩变换的逆矩阵是

$$S^{-1} = \begin{bmatrix} 1/S_x & 0 & 0 \\ 0 & 1/S_y & 0 \\ 0 & 0 & 1 \end{bmatrix} \qquad (2.1.8)$$

将一个像素绕处在原点的旋转轴逆时针转 γ 角度的逆矩阵是

$$R_\gamma^{-1} = \begin{bmatrix} \cos(-\gamma) & \sin(-\gamma) & 0 \\ -\sin(-\gamma) & \cos(-\gamma) & 0 \\ 0 & 0 & 1 \end{bmatrix} = \begin{bmatrix} \cos\gamma & -\sin\gamma & 0 \\ \sin\gamma & \cos\gamma & 0 \\ 0 & 0 & 1 \end{bmatrix} \qquad (2.1.9)$$

即旋转矩阵的转置和其逆矩阵都是相同的。对更复杂的变换矩阵,通常需用数值计算来获得反变换。

2. 变换级联

多个不同变换可以接续进行,这就构成**变换级联**。前述各个变换都可用一个 3×3 变换矩阵来表示,而连续的多个变换也可借助矩阵相乘最后用一个单独的 3×3 变换矩阵来表示。例如,对一个坐标为 v 的点依次进行的平移、放缩、绕原点旋转变换可表示为

$$v' = R_\gamma[S(Tv)] = Av \qquad (2.1.10)$$

式中 3×3 矩阵 $A = R_\gamma ST$。需要注意,这些矩阵的运算次序一般不可互换。

例 2.1.2 *级联示例*

前面讨论过对旋转轴不处在坐标原点时的旋转,那里用 3 个步骤(平移,旋转,反平移)级联来实现,每个步骤 1 个变换。借助矩阵相乘,可将级联的 3 个变换合成 1 个:

$$A = T^{-1}RT = \begin{bmatrix} 1 & 0 & -T_x \\ 0 & 1 & -T_y \\ 0 & 0 & 1 \end{bmatrix} \begin{bmatrix} \cos\gamma & \sin\gamma & 0 \\ -\sin\gamma & \cos\gamma & 0 \\ 0 & 0 & 1 \end{bmatrix} \begin{bmatrix} 1 & 0 & T_x \\ 0 & 1 & T_y \\ 0 & 0 & 1 \end{bmatrix}$$

$$= \begin{bmatrix} \cos\gamma & \sin\gamma & T_x\cos\gamma + T_y\sin\gamma - T_x \\ -\sin\gamma & \cos\gamma & -T_x\sin\gamma + T_y\cos\gamma - T_y \\ 0 & 0 & 1 \end{bmatrix}$$

可见,将 3 个 3×3 矩阵连乘得到的仍是一个 3×3 矩阵。 ☐

3. 3-点映射变换

除了平移、放缩和旋转变换外,拉伸和剪切变换也是典型的坐标变换。这些变换都会将一个矩形映射为一个平行四边形,而将一个三角形映射为另一个三角形。因此,它们也被称为 **3-点映射**变换。

拉伸变换是一种在一个方向上放大而在其正交方向上缩小的变换。拉伸变换可看作放缩变换的一种特例,即放缩系数 S_x 和 S_y 互为倒数。设拉伸系数为 L,则拉伸变换矩阵可写为

$$L = \begin{bmatrix} L & 0 & 0 \\ 0 & 1/L & 0 \\ 0 & 0 & 1 \end{bmatrix} \qquad (2.1.11)$$

可见,L 大于 1 时水平方向放大而垂直方向缩小,L 小于 1 时水平方向缩小而垂直方向放大。

剪切变换也是对像素的一种坐标变换,此时仅像素的水平坐标或垂直坐标之一发生平移变化。因此,剪切变换可分为水平剪切变换和垂直剪切变换。在水平剪切后,像素的水平

坐标发生(与像素的垂直坐标数值相关的)变化,但其垂直坐标本身不变。水平剪切变换矩阵可写为

$$\boldsymbol{J}_{\mathrm{h}} = \begin{bmatrix} 1 & J_x & 0 \\ 0 & 1 & 0 \\ 0 & 0 & 1 \end{bmatrix} \tag{2.1.12}$$

式中,J_x代表水平剪切系数。在垂直剪切后,像素的垂直坐标发生(与像素的水平坐标数值相关的)变化,但其水平坐标本身不变。垂直剪切变换矩阵可写为

$$\boldsymbol{J}_{\mathrm{v}} = \begin{bmatrix} 1 & 0 & 0 \\ J_y & 1 & 0 \\ 0 & 0 & 1 \end{bmatrix} \tag{2.1.13}$$

式中,J_y代表垂直剪切系数。

上述 5 种变换作用于一个正方形上而产生的效果可见图 2.1.2(箭头表示变化方向),其中图(a)对应平移变换,图(b)对应旋转变换,图(c)对应放缩变换,图(d)对应拉伸变换,图(e)对应剪切变换。

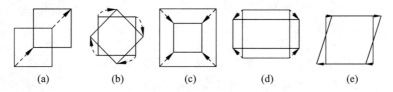

(a) (b) (c) (d) (e)

图 2.1.2 五种典型的坐标变换示意

4. 旋转变换的分解

上述各个变换之间有密切联系,例如,旋转变换可以分解为一系列的 1-D 变换(沿一个方向)的级联,所以可使用如下两个步骤的剪切-放缩变换来实现沿顺时针方向旋转 θ 角度的旋转变换:

$$\boldsymbol{R} = \begin{bmatrix} \cos\theta & \sin\theta & 0 \\ -\sin\theta & \cos\theta & 0 \\ 0 & 0 & 1 \end{bmatrix} = \begin{bmatrix} 1 & 0 & 0 \\ -\tan\theta & 1/\cos\theta & 0 \\ 0 & 0 & 1 \end{bmatrix} \begin{bmatrix} \cos\theta & \sin\theta & 0 \\ 0 & 1 & 0 \\ 0 & 0 & 1 \end{bmatrix} \tag{2.1.14}$$

第 2 个等号右边靠右的矩阵先执行一个水平的剪切-放缩操作,然后第 2 个等号右边靠左的矩阵再执行一个垂直的剪切-放缩操作。这两个剪切-放缩操作合起来相当于一个旋转操作。用分量来表示,则第 1 个变换为

$$x' = x\cos\theta + y\sin\theta$$
$$y' = y \tag{2.1.15}$$

即图像被用偏移量 $y\sin\theta$ 水平平移,并根据因子 $x\cos\theta$ 而收缩。这样,式(2.1.15)对应一个在水平方向的组合剪切-放缩变换(参见图 2.1.3)。

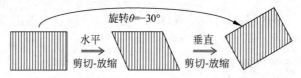

旋转 $\theta=-30°$

水平
剪切-放缩

垂直
剪切-放缩

图 2.1.3 通过结合剪切以及水平和垂直方向的放缩来实现快速旋转

类似地,第 2 个变换为

$$x'' = x'$$
$$y'' = y'/\cos\theta - x'\tan\theta$$

(2.1.16)

它仅在垂直方向进行组合的剪切-放缩变换。这里,图像在垂直方向以因子 $1/\cos\theta$ 而放大。

图像旋转中使用放缩操作有两个问题。第一,放缩操作需要额外的计算,因为图像不仅需要平移还需要放缩。第二,尽管一幅图像的尺寸在旋转中并不改变,先用放缩减小图像沿水平方向的尺寸会导致产生混叠效应。如果使用平滑操作来避免混叠效应,则会使分辨率减小。不过该问题的影响不算太大,因为任何旋转算法只需用于旋转角度 $|\theta| < 45°$ 的情况。对更大的旋转角度,可以先用对应的互换以及镜像操作来获得 90° 整倍数的旋转。然后剩下的角度总会小于 45°。

为避免使用放缩操作,也可将旋转变换分解为 3 个 1-D 的剪切变换的级联以加速:

$$\boldsymbol{R} = \begin{bmatrix} \cos\theta & \sin\theta & 0 \\ -\sin\theta & \cos\theta & 0 \\ 0 & 0 & 1 \end{bmatrix} = \begin{bmatrix} 1 & \tan(\theta/2) & 0 \\ 0 & 1 & 0 \\ 0 & 0 & 1 \end{bmatrix} \begin{bmatrix} 1 & 0 & 0 \\ -\sin\theta & 1 & 0 \\ 0 & 0 & 1 \end{bmatrix} \begin{bmatrix} 1 & \tan(\theta/2) & 0 \\ 0 & 1 & 0 \\ 0 & 0 & 1 \end{bmatrix}$$

(2.1.17)

例 2.1.3 用剪切实现旋转

旋转变换可分解为剪切变换的级联,所以可用一系列剪切变换来加速实现旋转变换。一个示例如图 2.1.4 所示,图像先进行水平剪切,然后垂直剪切,最后仍水平剪切,其总体效果相当于旋转。

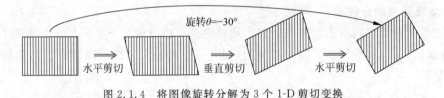

图 2.1.4　将图像旋转分解为 3 个 1-D 剪切变换

2.2　图像间运算

图像间的运算指以图像为单位进行的操作(按数组方式进行),运算的结果是一幅新图像。基本运算主要包括算术和逻辑运算。图像是由像素构成的,对整幅图像的算术和逻辑运算是逐像素进行的,即在两幅图像对应位置处的像素之间进行,其结果赋给输出图像中对应位置处的像素。

2.2.1　算术和逻辑运算

下面设有分别属于两幅图像对应位置的两个像素 p 和 q。先考虑像素间的运算。

1. 算术运算

算术运算一般用于灰度图像,包括

(1) 加法:记为 $p+q$;

（2）减法：记为 $p-q$；

（3）乘法：记为 $p \times q$（也可写为 pq 或 $p \times q$）；

（4）除法：记为 $p \div q$。

上面各运算的含义是指通过相应运算由两个像素的灰度值得到一个新的灰度值，作为对应输出图像中同一个位置处像素的灰度值。运算得到的新灰度值有可能超出原来图像的灰度动态范围，此时常需要进行灰度映射，以将运算结果所输出的灰度值限制或调整到原图像允许的动态范围内（可参见 2.3 节）。

2. 逻辑运算

逻辑运算只用于二值（0 和 1）图像（将灰度图像分解为二值图像集合的方法可见 9.3.1 小节），基本的逻辑运算包括

（1）补（COMPLEMENT）：记为 NOT q（也可写为 $\bar{q}$）；

（2）与（AND）：记为 p AND q（也可写为 $p \cdot q$）；

（3）或（OR）：记为 p OR q（也可写为 $p+q$）；

（4）异或（XOR）：记为 p XOR q（也可写为 $p \oplus q$，它当 p 和 q 均为 1 时结果为 0）。

例 2.2.1　基本逻辑运算的示例

图 2.2.1 给出一些基本逻辑运算的示例。图中黑色代表 1，白色代表 0。A 和 B 分别为参与运算的两幅图像，接下来依次是 NOT(A)，NOT(B)，(A) AND (B)，(A) OR (B)，(A) XOR (B)。

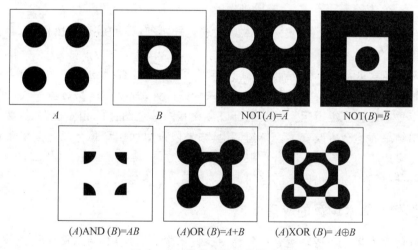

图 2.2.1　基本逻辑运算的示例

通过组合以上的基本逻辑运算可以进一步构成所有其他各种组合逻辑运算。

例 2.2.2　组合逻辑运算的示例

利用例 2.2.1 的集合，可将基本逻辑运算进行不同组合，一些结果见图 2.2.2。其中第 1 行依次为 (A) AND (NOT (B))，(NOT(A)) AND (B)，(NOT(A)) AND (NOT(B))，NOT((A) AND(B))；第 2 行依次为 (A) OR (NOT (B))，(NOT(A)) OR (B)，(NOT(A)) OR (NOT(B))，NOT((A) OR(B))；第 3 行依次为 (A) XOR (NOT (B))，(NOT(A)) XOR (B)，(NOT(A)) XOR (NOT(B))，NOT((A) XOR(B))。

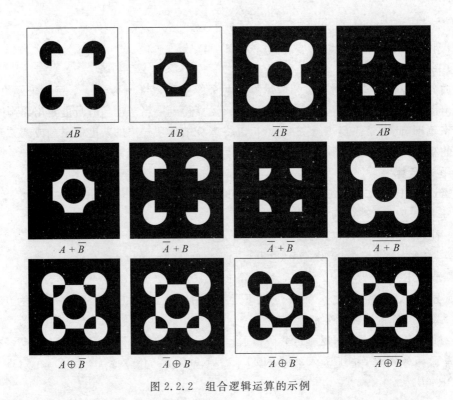

图 2.2.2　组合逻辑运算的示例

在组合逻辑运算时,还可考虑利用一些逻辑运算定理,如 $\overline{AB}=\overline{A}+\overline{B}$ 和 $\overline{A+B}=\overline{A}\overline{B}$ 等。

3. 图像间的算术和逻辑运算特点

在对两个像素进行算术和逻辑运算的基础上可以进行图像间的算术和逻辑运算。算术运算和逻辑运算每次只涉及每幅图像中一个像素的位置,所以可以"原地"完成,即在 (x,y) 位置做一个算术运算或逻辑运算的结果可以存在其中一个图像的相应位置,因为那个位置更新为输出结果后不会再改变了。换句话说,如果假设对两幅图像 $f(x,y)$ 和 $h(x,y)$ 的算术运算或逻辑运算的结果是 $g(x,y)$,则可直接将 $g(x,y)$ 覆盖 $f(x,y)$ 或 $h(x,y)$,即用原输入图像之一的空间作为输出图像的空间。

2.2.2　图像间算术运算的应用

图像间的算术运算和逻辑运算在各种图像技术中都有应用,有些图像增强技术就是靠对多幅图像进行图像间的运算而实现的。下面仅先简单介绍算术运算的一些特点和在图像增强中的几个示例用途。关于逻辑运算的特点和用途将主要在《图像工程》中册结合数学形态学操作来介绍。

1. 图像间加法的应用

图像加法可用于图像平均以减少和去除图像采集中混入的噪声。在采集实际图像的时候,由于各种不同的原因,常会有一些干扰或噪声混入到最后采集的图像中。在很多情况下,实际采集到的图像 $g(x,y)$ 可看作是由原始场景图像 $f(x,y)$ 和噪声图像 $e(x,y)$ 叠加而成的,即

$$g(x,y) = f(x,y) + e(x,y) \tag{2.2.1}$$

如果在图像各点的噪声是互不相关的,且噪声具有零均值的统计特性,则可以通过将一系列采集的图像$\{g_i(x,y)\}$相加来消除噪声。设将 M 个图像相加再求平均得到一幅新图像,即

$$\bar{g}(x,y) = \frac{1}{M}\sum_{i=1}^{M}g_i(x,y) \tag{2.2.2}$$

那么可以证明新图像的期望值为原始场景图像

$$E\{\bar{g}(x,y)\} = f(x,y) \tag{2.2.3}$$

如果考虑新图像和噪声图像各自均方差之间的关系,则有

$$\sigma_{\bar{g}(x,y)} = \sqrt{\frac{1}{M}} \times \sigma_{e(x,y)} \tag{2.2.4}$$

可见随着平均图数量 M 的增加,噪声在每个像素位置(x,y)的影响将越来越小。

例 2.2.3 用图像平均消除随机噪声

图 2.2.3 给出一组用图像平均消除随机噪声的例子。图(a)为一幅叠加了零均值高斯随机噪声($\sigma=32$)的 8 比特灰度级图像。图(b)、(c)和(d)分别为用 4、8 和 16 幅同类图(样本不同,但噪声均值和方差不变)进行相加平均的结果。由图可见随着平均图像数量的增加,噪声影响逐步减少。

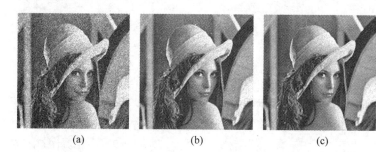 

(a)   (b)   (c)   (d)

图 2.2.3 用图像平均消除随机噪声

2. 图像间减法的应用

设有图像 $f(x,y)$ 和 $h(x,y)$,对它们进行相减运算,可获得两图的差异:

$$g(x,y) = f(x,y) - h(x,y) \tag{2.2.5}$$

图像相减常用在医学图像处理中以消除背景,是医学成像中的基本工具之一。另外,图像相减在运动检测中也很有用。例如,在序列图像中,通过逐像素比较可直接求取前后两帧图像之间的差别。假设照明条件在多帧图像间基本不变化,那么差图像中的不为零处表明该处的像素发生了移动。换句话说,对时间上相邻的两幅图像求差,就可以将图像中目标的位置和形状变化突显出来。

例 2.2.4 用对图像求差的方法检测图像中目标的运动信息

在图 2.2.4 中,图(a)~(c)为一个视频序列中的连续三帧图像,图(d)给出第 1 帧和第 2 帧的差,图(e)给出第 2 帧和第 3 帧的差,图(f)给出第 1 帧和第 3 帧的差。由图(d)和图(e)中的亮边缘可知图中人物的位置和形状,且人物主要有从左方向右方的运动。由图(f)可见,随着时间差的增加,运动的距离也增加,所以如果物体运动较慢,可以采用加大帧间差(取相距较远的两帧)的方法以检测出足够的运动信息。有关运动检测的进一步内容将在14.3 节介绍。

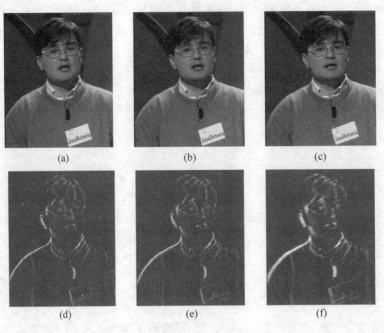

(a)　　　　　　　　(b)　　　　　　　　(c)

(d)　　　　　　　　(e)　　　　　　　　(f)

图 2.2.4　利用图像相减进行运动检测

3. 图像间乘法和除法的应用

图像乘法(或除法)的一个重要应用是校正由于照明或传感器的非均匀性所造成的图像明暗变化。参见图 2.2.5,图(a)给出一幅示意的棋盘图像;图(b)表示场景照明在亮度上的空间变化,类似于(场景中没有物体情况下)光源位于左上角处上方时照明的结果;此时如对图(a)成像,得到的图像会如图(c)所示,右下角最暗且反差最小;将图(c)除以图(b),就得到如图(d)的照明非均匀性得到校正的结果。对这种处理效果的解释可借助图(e)～图(g)来进行。图(e)表示图(a)沿水平方向的一个剖面,其中沿着像素坐标(横轴)的像素灰度(纵

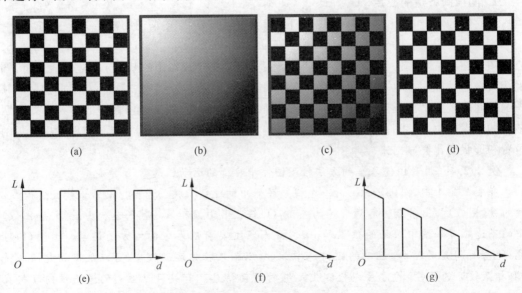

(a)　　　　　　(b)　　　　　　(c)　　　　　　(d)

(e)　　　　　　　　(f)　　　　　　　　(g)

图 2.2.5　利用图像除法来校正照明的非均匀性

轴)是周期变化的；图(f)是图(b)的一个剖面,灰度沿像素坐标递减变化；图(g)是在图(f)的照明情况下对图(e)成像的结果,原本水平的平台受照明影响成为下降的间断斜坡,离原点(左上角)越远相邻块之间的灰度差别越小。如果用图(g)除以图(f),则又可恢复图(e)的各平台一样高的情况。

图像相乘的另一个典型应用是在第3章介绍的模板运算中。图像相除的另一个典型应用是在彩色空间的转换中(见第13章)。

2.3 图像灰度映射

图像是由像素在空间排列构成的,其视觉效果与每个像素的灰度相关。如果能改变所有或部分像素的灰度,就可以改变图像的视觉效果。这是灰度映射的基本思路。

2.3.1 灰度映射原理

图像**灰度映射**要根据原始图像中每个像素的灰度值,按照某种映射规则,直接将其变换或转化成另一灰度值,从而达到增强图像视觉效果的目的。在点操作的情况下,如以 s 和 t 分别代表原始图像和增强图像在同一位置处的灰度值,用 E_H 代表一个灰度映射函数,则有

$$t = E_\mathrm{H}(s) \tag{2.3.1}$$

这种增强方法的原理可借助图 2.3.1 来说明。设需要增强的图像具有 4 种灰度级(从低到高依次用 $Y,G、B、R$ 来表示),所用映射规则如图 2.3.1 中间的曲线 $E_\mathrm{H}(s)$ 表示。根据这个曲线映射规则,原灰度值 B 被映射为灰度值 Y,而原灰度值 R 被映射为灰度值 B。如果根据这个映射规则进行灰度变换,则左边的图像将会被转换为右边的图像。如果恰当地设计曲线的形状就可以得到需要的增强效果。例如在图 2.3.1 中,原图像中两种方块的灰度值是相邻的,映射后图像中两种方块的灰度值拉开了距离,所以图像的对比度(反差)得到了增强。

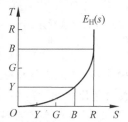

图 2.3.1　图像灰度映射原理

图像灰度映射的关键是根据增强要求设计灰度映射函数或映射规则。图 2.3.2 给出若干灰度变换函数作为例子来分析它们的特点和功能。设原灰度值 s 和映射后灰度值 t 的取值范围都为 $0 \sim L-1$。如果变换曲线是从原点到 $(L-1, L-1)$ 的直线,则变换前后各个灰度值都不变。但如图(a)那样的变换曲线,则会使原始图像中灰度值小于拐点值的像素在变换后的图像中都取为拐点值,这些像素的灰度值均有增加。图(b)中变换曲线将原始图像根据像素灰度值分成 3 部分,在每部分中,变换后的像素的灰度值都保持原来的次序,但均扩展为 $0 \sim L-1$。这样,对应 3 部分灰度的像素间的反差都会增加。图(c)中变换曲线的

左下半部与图2.3.1中的变换曲线类似,所以原始图像中灰度值小于 $L/2$ 的像素在变换后的灰度值会更小。但图(c)中变换曲线的右上半部与此相反,会使原始图像中灰度值大于 $L/2$ 的像素在变换后的灰度值变大,这样全图的反差会增加。最后,图(d)中变换曲线与图(c)中变换曲线有某种反对称性,其总体效果主要是降低变换后图像的反差。

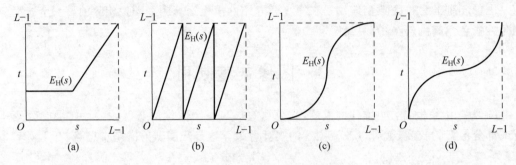

图 2.3.2　若干灰度映射函数

2.3.2　典型灰度映射

根据具体应用的要求,可以设计出不同的映射函数以进行图像灰度映射从而增强视觉效果。图2.3.3另给出几个典型的灰度映射函数。下面讨论它们的图像增强效果。

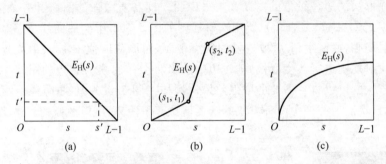

图 2.3.3　典型灰度映射函数示例

1. 图像求反

图像求反是一种将原图灰度值翻转的操作,简单说来就是使黑变白,使白变黑。此时的 $E_{\mathrm{H}}(s)$ 可用图2.3.3(a)的曲线表示。普通黑白底片和照片的关系就是这样。

具体变换时,只需将图像中每个像素的灰度值根据变换曲线进行映射。例如原来灰度值 s' 映射为新灰度值 t'(如图2.3.3(a)所示)。这里的映射是一对一的,所以只要读出一个像素的原灰度值,再将变换后得到新灰度值赋给原像素。

2. 增强对比度

对图像**增强对比度**可通过增加图像中各相邻部分之间的灰度差别来实现,具体可通过增加图像中某两个灰度值之间的动态范围来进行。典型的增强对比度的 $E_{\mathrm{H}}(s)$ 如图2.3.3(b)中曲线(实际是一条折线)所示。可以看出通过这样一个变换,原图中灰度值在 $0 \sim s_1$ 和 $s_2 \sim L-1$ 间的动态范围减小了;而原图中灰度值在 $s_1 \sim s_2$ 间的动态范围增加了,从而这个范围内的对比度就增强了。实际中 s_1、s_2、t_1、t_2 可取不同的值进行组合,从而得到不同的效果。如果 $s_1 = t_1$,$s_2 = t_2$,则 $E_{\mathrm{H}}(s)$ 曲线成为一条斜率等于1的直线,增强图将和原图相同。如果

$t_1=0, t_2=L-1$，则 $E_H(s)$ 曲线为一条斜率大于 1 的直线，增强图中 s_1 和 s_2 之间的灰度占满整个动态范围。如果 $s_1=s_2, t_1=0, t_2=L-1$，则增强图只剩下两个灰度级，对比度最大但细节全丢失了。

3. 动态范围压缩

动态范围压缩的目标与增强对比度的目标基本相反。有时原图的动态范围太大，超出了某些显示设备的允许动态范围。这时如果直接使用原图进行显示，则一部分细节可能丢失（超出上限的灰度只能显示为上限）。解决的办法是对原图进行一定的灰度范围压缩。一种常用的压缩方法是借助对数形式的 E_H，参见图 2.3.3(c) 中的曲线，这样有

$$t = C\log(1 + |s|) \tag{2.3.2}$$

式中，C 为比例系数，恰当地选择可使压缩后的动态范围刚好能全部显示。

例 2.3.1 用图像灰度变换增强图像

一组利用上面介绍的 3 种图像灰度变换方法进行空域增强的例子如图 2.3.4 所示。图 (a)、(b)、(c) 分别对应前面 3 种变换（图像求反、增强对比度和动态范围压缩）。图中上面一行是原始图，下面一行为增强结果。

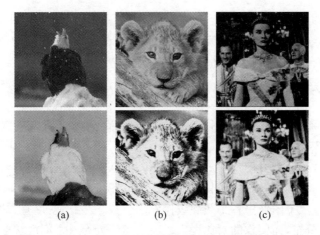

(a)   (b)   (c)

图 2.3.4 用图像映射变换增强图像

4. 伽马校正

伽马校正是一种借助了指数变换映射的增强技术。**指数变换**的一般形式可表示为

$$t = Cs^\gamma \tag{2.3.3}$$

式中，C 为常数；γ 是实数，主要控制变换的效果。当 $\gamma > 1$ 时，变换的结果是输入原图中较宽的低灰度范围被映射到输出图中较窄的灰度范围；而当 $\gamma < 1$ 时，变换曲线与图 2.3.3(c) 的曲线有些类似，变换的结果是输入原图中较窄的低灰度范围被映射到输出图中较宽的灰度范围，而同时输入原图中较宽的高灰度范围被映射到输出图中较窄的灰度范围。

许多图像获取、显示、打印设备的输出响应与输入激励满足对数变换的规律，为校正其响应为线性的，需进行指数变换，此时特别称为伽马（γ）校正。例如，常见的 CRT 显示器的亮度-电压响应满足指数变换规律，其值约为 $1.8\sim2.5$。参见图 2.3.5，图 (a) 给出一幅原始图像，如果把它在一个 γ 值为 2.5 的 CRT 上直接显示，效果如图 (b) 所示，整幅图看起来相比图 (a) 暗许多（大多数像素都暗一些）。如果先对图 (a) 进行伽马校正，即用 $\gamma=0.4$ 进行指

数变换得到图(c),然后将变换后的结果显示到 CRT 上,得到的显示效果就如图(d)所示,与图(a)基本一致。另一个相关示例可见第 14 章。

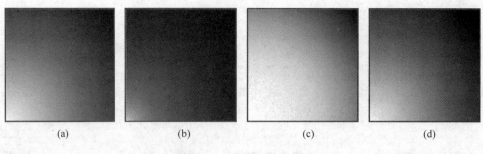

图 2.3.5　伽马校正示例

2.4　直方图变换

用**直方图变换**方法进行**图像增强**是以概率论为基础的,通过改变图像的直方图来改变图像中各像素的灰度,以达到图像增强的目标。所以,直方图变换也常称为**直方图修正**。常用的具体方法主要有直方图均衡化和直方图规定化。

2.4.1　直方图均衡化

直方图均衡化借助图像的直方图表达来进行,目标是平衡不同灰度级像素的数量。

1. 直方图和累积直方图

对一幅灰度图像,其**直方图**反映了该图像中不同灰度级出现的统计情况。图 2.4.1 给出一个示例,其中图(a)是一幅图像,其灰度统计直方图可表示为图(b),其中横轴表示不同的灰度级,而纵轴表示了图像中各个灰度级像素的个数。注意,灰度直方图表示了在图像中各个单独灰度级的分布,而图像的对比度则取决于相邻近像素之间的灰度级的关系。

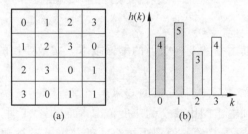

图 2.4.1　图像和直方图

严格地说,图像的灰度统计直方图是一个 1-D 的离散函数,可写成

$$h(k) = n_k \quad k = 0,1,\cdots,L-1 \tag{2.4.1}$$

式中,n_k 是 $f(x,y)$ 中具有灰度值 k 的像素的个数。在图 2.4.1 中,直方图的每一列(称为 bin)的高度对应 n_k。直方图提供了原图中各种灰度值分布的情况,也可以说给出了一幅图像所有灰度值的整体描述。直方图的均值和方差也是图像灰度的均值和方差。

图像的视觉效果和其直方图有对应关系,或者说,直方图的形状和改变对图像有很大影响。

例 2.4.1 不同图像和其所对应的直方图

图 2.4.2 给出由同一场景获得的不同图像及它们所对应的直方图。图(a)对应正常的图像,其直方图中灰度分布基本跨越整个动态范围,整幅图像层次分明。图(b)对应动态范围偏小的图像,其直方图中灰度分布集中在动态范围的中部。由于整幅图像对比小,看起来比较昏暗不清晰。图(c)对应的动态范围还比较大,但其直方图与图(a)的直方图相比整个向左偏移。由于灰度值比较集中在低灰度一边,整幅图像偏暗。图(d)对应动态范围也比较大,但其直方图与图(a)的直方图相比整个向右偏移。由于灰度值比较集中在高灰度一边,整幅图像偏亮,与图(c)正好相反。

图 2.4.2　不同类型图像及其直方图示例

图像的灰度统计累积直方图也是一个 1-D 的离散函数,可写成

$$H(k) = \sum_{i=0}^{k} n_i \quad k = 0, 1, \cdots, L-1 \qquad (2.4.2)$$

累积直方图中列 k 的高度给出图像中灰度值小于和等于 k 的像素的总个数。

2. 直方图均衡化原理

直方图均衡化是一种简单有效的图像增强技术,主要用于增强动态范围偏小的图像的对比度。这个方法的基本思想是把原始图像的直方图变换为均匀分布(均衡)的形式,这样就增加了像素之间灰度值差别的动态范围,从而达到增强图像整体对比度的效果。

将式(2.4.1)写成更一般的(归一化的)概率表达形式($p(s_k)$)给出了对 s_k 出现概率的一个估计:

$$p_s(s_k) = \frac{n_k}{N} \quad \begin{matrix} 0 \leqslant s_k \leqslant 1 \\ k = 0, 1, \cdots, L-1 \end{matrix} \qquad (2.4.3)$$

式中,s_k 为图像 $f(x, y)$ 的第 k 级灰度值,N 是图像中像素的总个数。通过用图像中像素的总个数进行归一化,直方图各列表示了各灰度值像素在图像中所占的数量比例。

前面讲过点处理增强可用式(2.3.1)表示。这里增强函数需要满足两个条件:

(1) $E_H(s)$ 在 $0 \leqslant s \leqslant 1$ 范围内是一个单值单增函数;

(2) 对 $0 \leqslant s \leqslant 1$ 有 $0 \leqslant E_H(s) \leqslant 1$。

上面第 1 个条件保证原始图像各灰度级在变换后仍保持从黑到白(或从白到黑)的排列次序。第 2 个条件保证变换前后图像的灰度值动态范围保持一致性。另外,反变换 $s = E_H^{-1}(t)$ $(0 \leqslant t \leqslant 1)$ 也应满足上面两个条件。

可以证明**累积分布函数**（CDF）满足上述两个条件并能将 s 的分布转换为 t 的均匀分布。事实上 s 的 CDF 就是原始图的累积直方图，在这种情况下有

$$t_k = E_H(s_k) = \sum_{i=0}^{k} \frac{n_i}{N} = \sum_{i=0}^{k} p_s(s_i) \qquad \begin{matrix} 0 \leqslant s_k \leqslant 1 \\ k = 0, 1, \cdots, L-1 \end{matrix} \qquad (2.4.4)$$

3. 直方图均衡化的列表计算

由式(2.4.4)可见，根据原图像的直方图可直接算出直方图均衡化后各列的数值（最后需对计算出来的 t_k 值取整，以满足数字图像的要求）。实际中可采用列表的方法逐步进行均衡化计算。下面结合一个直方图均衡化的示例来介绍具体计算方法。

例 2.4.2　直方图均衡化列表计算示例

设有一幅 64×64，8 灰度图像，其直方图如图 2.4.3(a)所示[Gonzalez 1987]。所用的均衡化变换函数（即累积直方图）和均衡化后得到的直方图分别见图 2.4.3(b)和(c)。需注意，由于不能将同一个灰度值的各个像素变换到不同灰度级（或者说此时仅根据灰度值不能区分开不同的像素），所以数字图像直方图均衡化的结果一般只是近似均衡的直方图。试比较图 2.4.3(d)中的粗折线（实际均衡化结果）与水平直线（理想均衡化结果）。

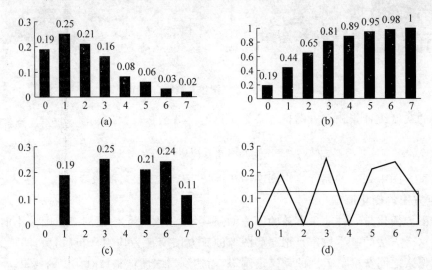

图 2.4.3　直方图均衡化

表 2.4.1 列出了计算直方图均衡化的步骤和结果（其中第 4 步中的取整函数 int$[x]$ 表示取 x 的整数部分，该步骤是要把第 3 步算得的归一化的 t_k 映射到实际的灰度范围中）。

表 2.4.1　直方图均衡化计算列表

序号	运　算	步骤和结果							
1	原始图像灰度级 k	0	1	2	3	4	5	6	7
2	原始直方图 s_k	0.19	0.25	0.21	0.16	0.08	0.06	0.03	0.02
3	用式(2.4.4)计算累积直方图各项 t_k	0.19	0.44	0.65	0.81	0.89	0.95	0.98	1.00
4	取整扩展：$t_k = \text{int}[(L-1)t_k + 0.5]$	1	3	5	6	6	7	7	7
5	确定映射对应关系($s_k \to t_k$)	$0 \to 1$	$1 \to 3$	$2 \to 5$	$3,4 \to 6$		$5,6,7 \to 7$		
6	根据映射关系计算均衡化直方图	—	0.19	—	0.25	—	0.21	0.24	0.11

例 2.4.3　直方图均衡化效果实例

图 2.4.4 给出直方图均衡化的一个实例。图(a)和图(b)分别为一幅 8 比特灰度级的原始图像和它的直方图。这里原始图像较暗且动态范围较小,反映在直方图上就是其所占据的灰度值范围比较窄且整体集中在低灰度值一边。图(c)和图(d)分别为对原始图进行直方图均衡化得到的结果及其对应的直方图,现在直方图占据了整个图像灰度值所允许的范围。由于直方图均衡化的结果增加了图像灰度动态范围,所以也增加了图像的对比度,反映在图像上就是相邻像素之间有较大的灰度差别,许多细节可看得比较清晰了。但图像对比度的增加也有些过度,使图像看起来有些生硬。

　　(a)　　　　　　　　(b)　　　　　　　　(c)　　　　　　　　(d)

图 2.4.4　直方图均衡化实例

另外可注意到,在均衡化得到的直方图中,许多直方条之间有间隙,表明图像中没有这些灰度的像素。这是因为均衡化过程中,只能将原来的直方条移动到另外的位置上,并没有理由也不可能将原来相同的灰度值映射为不同的灰度值。所以在均衡化得到的直方图中直方条的数目只可能等于或少于原始直方图中的直方条的数目。这样一来,均衡化得到的直方图中直方条分布在更宽的范围上,互相之间就会有间隙。　　　　　　　　　　　　　　　□

2.4.2　直方图规定化

直方图均衡化的优点是能自动地增强图像整体对比度,但其实际增强的效果却不易控制,结果总是得到全局均衡化的直方图。实际中有时需要变换直方图使之成为某个需要的分布形状,从而可以有选择地增强某个特定灰度值范围内的对比度或使图像灰度值的分布满足特定的要求。这时可以采用比较灵活的直方图规定化方法。一般来说,通过恰当地选择规定化的直方图函数,有可能获得比直方图均衡化更好的效果。

1. 直方图规定化原理

直方图规定化方法要调整原始图像的直方图去逼近所规定的目标直方图,主要有 3 个步骤(这里设 M 和 N 分别为原始图像和规定图像中的灰度级数,且只考虑 $N \leqslant M$ 的情况)。

(1) 如同均衡化方法中,对原始图的直方图进行灰度均衡化:

$$t_k = E_{H_s}(s_i) = \sum_{i=0}^{k} p_s(s_i) \quad k = 0, 1, \cdots, M-1 \tag{2.4.5}$$

(2) 规定需要的直方图,并计算能使规定的直方图均衡化的变换:

$$v_l = E_{H_u}(u_j) = \sum_{j=0}^{l} p_u(u_j) \quad l = 0, 1, \cdots, N-1 \tag{2.4.6}$$

（3）将步骤（2）得到的变换反转过来用于步骤（1）的结果，即将原始直方图对应映射到规定的直方图，也就是将所有 $p_s(s_i)$ 对应到 $p_u(u_j)$ 去。

步骤（3）采用什么样的对应规则在离散空间很重要，因为有取整误差的影响。常用的一种方法［Gonzalez 1987］是先从小到大依次找到能使下式最小的 k 和 l：

$$\left| \sum_{i=0}^{k} p_s(s_i) - \sum_{j=0}^{l} p_u(u_j) \right| \quad \begin{cases} k = 0, 1, \cdots, M-1 \\ l = 0, 1, \cdots, N-1 \end{cases} \tag{2.4.7}$$

然后将 $p_s(s_i)$ 对应到 $p_u(u_j)$ 去。由于这里每个 $p_s(s_i)$ 是分别对应过去的，可以称之为**单映射规则**（SML）。这个方法简单直观，但有时会有较大的取整误差。

较好的一种方法是使用**组映射规则**（GML）［Zhang 1992］。设有一个整数函数 $I(l)$，$l = 0, 1, \cdots, N-1$，满足 $0 \leqslant I(0) \leqslant \cdots \leqslant I(l) \leqslant \cdots \leqslant I(N-1) \leqslant M-1$。现在要确定能使下式达到最小的 $I(l)$：

$$\left| \sum_{i=0}^{I(l)} p_s(s_i) - \sum_{j=0}^{l} p_u(u_j) \right| \quad l = 0, 1, \cdots, N-1 \tag{2.4.8}$$

如果 $l=0$，则将其 i 从 0 到 $I(0)$ 的 $p_s(s_i)$ 对应到 $p_u(u_0)$ 去；如果 $l \geqslant 1$，则将其 i 从 $I(l-1)+1$ 到 $I(l)$ 的 $p_s(s_i)$ 都对应到 $p_u(u_j)$ 去。

2. 直方图规定化的列表计算

参照对直方图均衡化列表计算的方法，可采用列表的方法逐步进行规定化计算。下面给出介绍具体计算方法（包括两种映射规则）的一个示例。

例 2.4.4 直方图规定化列表计算示例

仍借助图 2.4.3(a) 中的直方图进行计算。运算步骤和结果见表 2.4.2。

表 2.4.2 直方图规定化计算列表

序号	运　　算	步骤和结果							
1	原始图灰度级 k	0	1	2	3	4	5	6	7
2	原始直方图 s_k	0.19	0.25	0.21	0.16	0.08	0.06	0.03	0.02
3	用式(2.4.4)计算原始累积直方图	0.19	0.44	0.65	0.81	0.89	0.95	0.98	1.00
4	规定直方图	—	—	—	0.2	—	0.6	—	0.2
5	用式(2.4.4)计算规定累积直方图	—	—	—	0.2	0.2	0.8	0.8	1.0
6S	SML 映射	3	3	5	5	5	7	7	7
7S	确定映射对应关系	0,1→3		2,3,4→5			5,6,7→7		
8S	变换后直方图	—	—	—	0.44	—	0.45	—	0.11
6G	GML 映射	3	5	5	5	7	7	7	7
7G	查找映射对应关系	0→3	1,2,3→5			4,5,6,7→7			
8G	变换后直方图	—	—	—	0.19	—	0.62	—	0.19

注：表中步骤 6S～8S 对应 SML 映射方法，步骤 6G～8G 对应 GML 映射方法。

在图 2.4.5 中，图(a)为原始直方图；图(b)为希望变换得到的规定直方图；图(c)为用 SML 映射规则得到的结果，图(d)为用 GML 映射规则得到的结果。由图 2.4.5 可见用 SML 映射规则得到的结果与规定直方图的差距较大，而用 GML 映射规则得到的结果基本与规定直方图一致。两相比较，映射规则的优劣是很明显的，进一步的例子可见［Zhang 1992］。

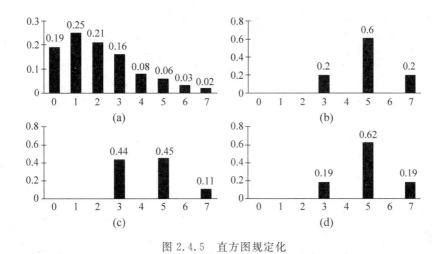

图 2.4.5　直方图规定化

例 2.4.5　直方图规定化示例

本例所用原始图见图 2.4.6(a)，与例 2.4.3 中相同。那里采用直方图均衡化得到的结果主要是整幅图对比度的增加，但在一些较暗的区域有些细节仍不太清楚。这里，可利用如图(b)所示的规定化函数对原始图进行直方图规定化的变换，得到的结果图像见图(c)(其直方图见图(d))。由于规定化函数在高灰度区的值较大，所以变换的结果图像比均衡化更亮，从直方图上看高灰度值一侧更为密集。另外，对应于均衡化图中较暗区域的一些细节更为清晰，从直方图上看低灰度值一侧各列分得较开。最后，整幅图看起来更为柔和，不像均衡化的结果那么生硬。

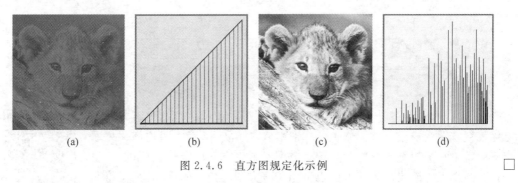

图 2.4.6　直方图规定化示例

3. 直方图规定化的绘图计算

直方图规定化的计算中，如果直接使用式(2.4.7)进行单映射或使用式(2.4.8)进行组映射不是很直观。下面介绍一种利用绘图比较直观和简便地进行计算的方法[章 2004c]。这里绘图是指将直方图画成一长条，每一段对应直方图中的一项，而整个长条表达了累积直方图。

直方图规定化中使用的单映射规则是从原始累积直方图的各项依次向规定累积直方图进行映射，每次都选择最接近的数值，即遵循最短或者说最垂直的连线。图 2.4.7 中的数据同图 2.4.5。在图 2.4.7 中，0.19 映射到 0.20，见实线；0.44 与 0.20 的连线(见实线)比 0.44 与 0.80 的连线(见虚线)更短，所以 0.44 映射到 0.20。依此类推，可得到其他映射结果：0.65 映射到 0.80；0.81 映射到 0.80；0.89 映射到 0.80；0.95 映射到 1；0.98 映射到 1；1 映射到 1。该结果与图 2.4.3 和表 2.4.1 中 SML 映射的结果是一样的，只是这里表现形式不同。

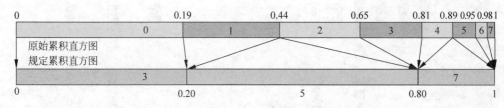

图 2.4.7　单映射示例

直方图规定化中使用的组映射规则是从规定累积直方图的各项依次向原始累积直方图进行，每次都选择最接近的数值，即遵循最短或者说最垂直的连线。图 2.4.8 中的数据同图 2.4.7。在图 2.4.8 中，0.20 映射到 0.19（见实线），而不是映射到 0.44（见虚线）；同理 0.80 映射到 0.81（见实线），而不是映射到 0.65 或 0.89（见虚线）。建立了这样的映射关系后，再把原始直方图的各项映射到对应的规定直方图就可以了。在图 2.4.8 中，原始直方图的第 1 项映射到规定直方图的第 1 项；原始直方图的第 2、第 3、第 4 项均映射到规定直方图的第 2 项；原始直方图的后 4 项均映射到规定直方图的第 3 项。该结果除表现形式外与表 2.4.2 和图 2.4.5 中 GML 映射的结果也是一样的。

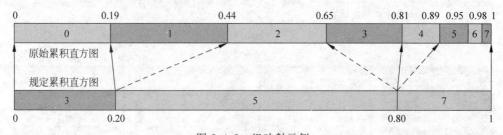

图 2.4.8　组映射示例

顺便指出，由上述对直方图规定化的计算过程和示例可看出直方图规定化是直方图变换或直方图修正的一般形式。事实上，直方图均衡化可看作使用完全水平的直方图作为规定直方图时的直方图规定化。所以，这里对直方图规定化绘图计算的方法也可用于直方图均衡化的计算，只需将其中的规定累积直方图根据图像的灰度级数等分画出即可。

4. 两种映射规则的比较

对比图 2.4.7 和图 2.4.8，直观上用组映射方法得到的映射线比较垂直，这表明此时规定累积直方图和原始累积直方图比较一致。另外由两图可以看出，SML 映射规则是一种有偏的映射规则，因为一些对应灰度级被有偏地映射到接近计算开始的灰度级，而 GML 映射规则是统计无偏的。

量化的比较可借助映射产生的误差来进行，这个误差可用对应映射之间数值的差值（取绝对值）的和来表示，和的数值越小，映射效果越好。在理想的情况下，这个和为 0。仍以图 2.4.7 和图 2.4.8 的数据为例，对单映射来说，这个和为 $|0.44-0.20|+|(0.89-0.44)-(0.80-0.20)|+|(1-0.89)-(1-0.80)|=0.48$；而对组映射来说，这个和为 $|0.20-$

$0.19|+|(0.80-0.20)-(0.81-0.19)|+|(1-0.80)-(1-0.81)|=0.04$。可见,组映射所产生的误差小于单映射所产生的误差。

最后讨论一下运用上述两个规则可能会产生的误差的期望值。这里误差产生的根源来自数字图像。事实上,在连续情况下两个规则都能给出精确的规定化结果,但在离散情况下精确程度常不一样。当把某个 $p_s(s_i)$ 对应到 $p_u(u_j)$ 时,运用 SML 映射规则可能会产生的最大误差是 $p_u(u_j)/2$,而运用 GML 映射规则可能会产生的最大误差是 $p_s(s_i)/2$。因为 $N \leqslant M$,所以必有 $p_s(s_i)/2 \leqslant p_u(u_j)/2$,也就是说 SML 映射规则的期望误差总大于等于 GML 映射规则的期望误差。所以结论是,用 GML 映射规则总会得到比 SML 映射规则更接近规定直方图的结果。

总结和复习

为更好地学习,下面对各小节给予概括小结并提供一些进一步的参考资料;另外给出一些思考题和练习题以帮助复习(文后对加星号的题目还提供了解答)。

1. 各节小结和文献介绍

2.1 节介绍了几种最基本的图像坐标变换(均为 3-点映射变换,更多更一般的形式还可见 6.1 节)。这里考虑的是 2-D 空间,但结果也很容易推广到 3-D 图像甚至更一般的高维图像。这些变换都是可逆的,即可以反过来进行。利用矩阵求逆可以方便地获得各种坐标变换的反变换形式。多个坐标变换可以级联进行,但要注意级联的次序对级联的结果是有影响的,一般不可互换。

2.2 节介绍图像间的运算,包括算术运算和逻辑运算,它们都是逐像素进行的。算术运算是对(灰度)图像的幅度操作而逻辑运算是对(二值)图像的几何操作,两者从效果上看有互补作用。图像间运算不仅可用于图像增强,也是许多其他图像处理技术的基础操作。

2.3 节介绍直接利用灰度映射来增强图像的方法。它通过对原始图像中每个像素赋一个新的灰度值来达到增强图像的目的。为实现这个目的,既可以设计对全图像统一进行映射的灰度变换,也可以设计对每个像素根据其灰度分别进行映射的灰度变换[王 2011]。目前并没有设计的统一规则,借助文中所给出的一些典型变换和效果,应可以获得一些启发。另外,还可以参考文献[Pratt 2007]、[Russ 2016]。

2.4 节介绍利用直方图变换来增强图像的方法。灰度直方图是对图像灰度的一种统计,不仅在图像增强方面,而且在其他方面也得到广泛的应用。直接灰度映射的效果也可借助直方图表示,这有助于理解映射函数的作用[章 2002b]。直方图均衡化和直方图规定化都是典型的利用直方图增强图像的方法,其中直方图均衡化可看作是直方图规定化的一个特例,进一步讨论可见文献[章 2004c]。

2. 思考题和练习题

*2-1 设计一个能将图像顺时针旋转 30° 的变换矩阵,并将其用于变换图像点(2,8)。

2-2 现设要将图像点(1,2)通过坐标变换以变化到(4,5)处,分别给出只用平移变换、只用尺度变换和只用旋转变换所需的变换矩阵。

2-3 设计一个 X 方向平移量是 Y 方向平移量两倍的平移变换矩阵 T,再设计一个 X 方向放缩量是 Y 方向放缩量一半的尺度变换矩阵 S。分别计算对图像点(4,12)用矩阵 T 和

S 先平移变换后尺度变换和先尺度变换后平移变换所得到的结果,并进行比较讨论。

2-4 给定两幅二值(0 和 1)图像分别如图题 2-4(图中深色代表 1,白色代表 0),分别给出 A AND B,A OR B,A XOR B,NOT A,NOT B,(NOT A) AND B,A AND (NOT B),(NOT A) AND (NOT B),NOT (A AND B),(NOT A) OR B,A OR (NOT B)。

2-5 考虑两幅二值图像,一幅来自于国际象棋棋盘;另一幅来自于由垂直线条组成的光栅,线条宽度与间隔宽度相同。分别给出对它们进行基本逻辑运算得到的结果。

2-6 设工业检测中工件的图像受到零均值不相关噪声的影响。如果图像采集装置每秒可采集 25 幅图,要利用图像平均方法将噪声的均方差减少到原来的 1/4,那么工件需保持多长时间固定在采集装置前?

2-7 考虑图题 2-7 给出的门形灰度映射函数,其作用是可将某个灰度值范围(这里为 $s_1 \sim s_2$)变得比较突出(较低灰度值 t_1),而将其余灰度值变为某个高灰度值(t_2)。

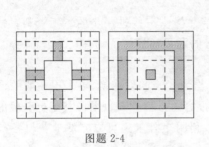

图题 2-4　　　　　　　　　　　图题 2-7

(1) 如果用图题 2-7 所示的门形灰度映射函数对给定输入图像进行增强。当同时增加 s_1 和 s_2 的值,或同时减小 s_1 和 s_2 的值,指出两种情况下输出图像会发生什么样的变化。

(2) 如果用图题 2-7 所示的门形灰度映射函数对给定输入图像进行增强。考虑增加 s_1 而减小 s_2 的值,或减小 s_1 而增加 s_2 的值,指出两种情况下输出图像会发生什么样的变化。

2-8 设计一个灰度映射函数(写出表达式,并画出示意图),它可以将一幅 256 个灰度级图像中灰度小于 20 的像素转变成黑色(灰度为 0),而将图像中灰度最高的 10% 的像素转变成白色,对其余的像素:

(1) 保持它们的灰度不变;

(2) 使它们的灰度在黑色和白色间线性分布。

2-9 直方图均衡化是要让输出图像的直方图尽可能地接近均匀分布,此时所采用的取整扩展函数是线性的。如果将表 2.4.1 中的取整扩展函数改为 $t_k = \mathrm{int}[(L-1)\lg(1+9t_k)+0.5]$,则输出图像的直方图将逼近指数分布;如果将表 2.4.1 中的取整扩展函数改为 $t_k = \mathrm{int}[(L-1)\exp(t_k-1)+0.5]$,则输出图像的直方图将逼近对数分布。试分别根据这两个取整扩展函数重新计算表 2.4.1。

2-10 设有一幅无噪声的 $N \times N$ 图像,其中左半边像素的灰度值为 I,右半边像素的灰度值为 J,且 $J > I$。现设有另一幅无噪声的 $N \times N$ 的图像,其灰度值从最左一列的 0 线性增加到最右一列的 K,$K > J$。将两幅图相乘,得到一幅图像,其直方图是怎样的?

*2-11** 设一幅图像具有如图题 2-11(a)所示的直方图,拟对其进行规定直方图变换,所需规定直方图如图题 2-11(b)所示。参照表 2.4.2 列出直方图规定化计算结果,并比较

SML 方法和 GML 方法的误差情况。

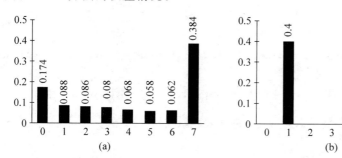

图题 2-11

2-12 图题 2-12 中，$E_1(s)$ 和 $E_2(s)$ 为两条灰度变换曲线：

（1）讨论这两条曲线的特点、功能及适用的场合。

（2）设 $L=8$，$E_1(s)=\mathrm{int}\big[(7s)^{1/2}+0.5\big]$，对图题 2-11(a) 直方图所对应的图像进行灰度变换，给出变换后图像的直方图（可画图或列表，标出数值）。

（3）设 $L=8$，$E_2(s)=\mathrm{int}\big[s^2/7+0.5\big]$，对图题 2-11(a) 直方图所对应的图像进行灰度变换，给出变换后图像的直方图（可画图或列表，标出数值）。

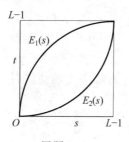

图题 2-12

第3章 空域增强：模板操作

图像是由其基本单元——像素组成的，像素在图像空间是按某种规律排列的，互相之间有一定的联系。在图像处理中，可以且需要根据像素之间的联系来对图像进行加工。

在真实图像中，相邻或接近的像素之间有更密切的联系，常可结合在一起考虑。在图像处理中，常用模板来组合相邻或接近的像素，根据这些像素的统计特性或局部运算来进行操作，称为模板操作或模板运算。利用模板操作来进行图像增强常称为滤波，可以是线性的也可以是非线性的。由于模板操作涉及图像中的局部区域，所以也可方便地进行局部增强。

根据上述的讨论，本章各节将安排如下。

3.1 节先对像素的邻域以及像素间的各种联系，包括像素间的邻接、连接和连通，像素集合的邻接和连通，以及像素之间的距离进行介绍。

3.2 节讨论模板操作的基本原理和方法(主要是模板卷积操作和模板排序操作)，还讨论模板运算功能的分类情况。

3.3 节介绍一些典型的利用模板操作实现的线性滤波方法，其功能包括平滑和锐化图像。

3.4 节介绍一些典型的非线性滤波方法，其功能也包括平滑和锐化图像。非线性滤波也可与线性滤波方法结合使用。

3.5 节分析利用模板操作进行图像局部增强的原理、思路和效果。

3.1 像素间联系

模板操作涉及对一组像素的同时操作，为此需要对像素间联系有一定了解。像素之间的联系有多种，既有空间上的联系也有幅度上的联系。下面介绍邻域、邻接、连接和连通等基本概念。

3.1.1 像素的邻域和邻接

对一个像素来说，与它关系最密切的常是它的邻近像素/近邻像素，它们组成该像素的**邻域**。根据对一个坐标为(x, y)的像素 p 的近邻像素的不同定义，可以得到由不同近邻像素所组成的不同的邻域。常见的像素邻域主要有如下 3 种形式(更多形式可见本套书中册)。

(1) **4-邻域** $N_4(p)$

它由像素 p 的水平(左，右)和垂直(上，下)共 4 个近邻像素组成，这些近邻像素的坐标分别是$(x+1, y)$，$(x-1, y)$，$(x, y+1)$，$(x, y-1)$。图 3.1.1(a)给出 4-邻域的一个示例，组

成 p 的 4-邻域的 4 个像素均用 r 表示，它们与 p 有公共的边。

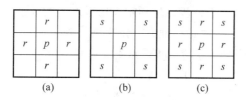

图 3.1.1　像素的邻域

（2）**对角邻域** $N_D(p)$

它由 p 的对角（左上，右上，左下，右下）共 4 个近邻像素组成，这些近邻像素的坐标分别是 $(x+1,y+1)$，$(x+1,y-1)$，$(x-1,y+1)$，$(x-1,y-1)$。图 3.1.1(b) 给出对角邻域的一个示例，组成 p 的对角邻域的 4 个像素均用 s 表示，它们与 p 有公共的顶角。对角邻域一般不单独使用。

（3）**8-邻域** $N_8(p)$

它由 p 的 4 个 4-邻域像素加上 4 个对角邻域像素合起来构成。图 3.1.1(c) 给出 8-邻域的一个示例，其中组成 p 的 8-邻域的 4 个 4-邻域像素用 r 表示，4 个对角邻域像素用 s 表示。

需要指出，根据上述对邻域的定义，如果像素 p 本身处在图像的边缘，则它的 $N_4(p)$、$N_D(p)$ 和 $N_8(p)$ 中的若干个像素会落在图像之外。在图 3.1.1 中，如果将 p 的 8-邻域看作一幅 3×3 的图像，考虑一下 $N_4(r)$、$N_D(s)$、$N_8(r)$ 和 $N_8(s)$，就很容易理解这种情况。处理这种情况的方法可见 3.2 节。

在上述定义的像素邻域中，一个像素与其邻域中的像素是有接触的，也称为邻接的。图像中两个像素是否邻接就看它们是否接触。**邻接**表示了一种像素间的空间接近关系。

根据像素邻域的不同，邻接也对应分成 3 种：**4-邻接**，**对角邻接**，**8-邻接**。

3.1.2　像素间的连接和连通

两个像素的邻接仅与它们的空间位置有关，而像素间的连接和连通还要考虑像素的属性值（以下讨论中以灰度值为例）之间的关系。

1. 像素的连接

对两个像素来说，要确定它们是否**连接**需要考虑两点：① 它们在空间上是否邻接；② 它们的灰度值是否满足某个特定的相似准则（例如它们灰度值相等，或同在一个灰度值集合中取值）。举例来说，在一幅只有 0 和 1 灰度的二值图中，只有当一个像素和在它邻域中的像素具有相同的灰度值时才可以说是连接的。

设用 V 表示定义连接的灰度值集合。例如在一幅二值图中，为考虑两个灰度值为 1 的像素之间的连接，可取 $V=\{1\}$。又如在一幅有 256 个灰度级的灰度图中，考虑灰度值为 $128\sim150$ 的两个像素的连接时，取 $V=\{128,129,\cdots,149,150\}$。参见图 3.1.1，可讨论以下两种常用的连接。

（1）**4-连接**：2 个像素 p 和 r 在 V 中取值且 r 在 $N_4(p)$ 中，则它们为 4-连接。

（2）**8-连接**：2 个像素 p 和 r 在 V 中取值且 r 在 $N_8(p)$ 中，则它们为 8-连接。

可以看出，两个连接的像素一定是邻接的，但两个邻接的像素不一定是连接的。

2. 像素的连通

在像素连接的基础上,可进一步讨论和定义像素之间的**连通**。实际上,像素连通可以看作是像素连接的一种推广。为讨论连通先来定义两个像素间的通路。从具有坐标(x, y)的像素 p 到具有坐标(s, t)的像素 q 的一条通路由一系列具有坐标(x_0, y_0), (x_1, y_1), $\cdots$, (x_n, y_n)的独立像素组成。这里$(x_0, y_0) = (x, y)$, $(x_n, y_n) = (s, t)$,且(x_i, y_i)与(x_{i-1}, y_{i-1})邻接,其中 $1 \leqslant i \leqslant n$, n 为通路长度。根据所采用的邻接定义不同,可定义或得到不同的通路,如 4-通路、8-通路。这里对通路的定义仅仅考虑了像素坐标空间上的联系(相当于对邻接关系的推广),没有考虑像素属性空间上的联系。

上述通路建立了两个像素 p 和 q 之间的空间邻接联系。进一步,如果这条通路上的所有像素的灰度值均满足某个特定的相似准则,即两两邻接的像素也是两两连接的,则可以说像素 p 和 q 是连通的。同样根据所采用的连接定义的不同,可定义或得到不同的连通,如 **4-连通**,**8-连通**。当 $n = 1$ 时,连通转化为其特例——连接。

邻接、连接、通路、连通之间的关系可借助图 3.1.2 来直观的理解。首先从邻接出发,如果将两个像素的邻接推广到一系列两两邻接的像素就得到通路;如果将两个像素的空间相近扩展到属性也相似则得到连接关系。进一步,如果将两个像素的连接推广到一系列像素的两两连接就实现了连通;而如果将仅考虑空间相连的通路扩展到属性相似则也可实现连通。反过来,连接是仅仅两个像素之间的连通;而通路是不考虑属性的简化。最后,连接不考虑属性的简化就是邻接;而邻接是仅两个像素的通路。

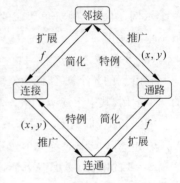

图 3.1.2　邻接、连接、通路、连通之间的关系

3. 像素集合的邻接、连接和连通

如果将一幅图像看作一个由像素构成的集合,则根据像素间的联系,常可将某些像素结合组成图像的子集合。换句话说,图像中的**子集**仍是像素的集合,是图像的一部分。对两个图像子集 S 和 T 来说,如果 S 中的一个或一些像素与 T 中的一个或一些像素邻接,则可以说两个图像子集 S 和 T 是邻接的。这里根据所采用的像素邻接定义,可以定义或得到不同的邻接图像子集。如可以说两个图像子集 4-邻接,两个 8-邻接的图像子集等。

类似于像素的连接,对两个图像子集 S 和 T 来说,要确定它们是否连接也需要考虑两点:①它们是否是邻接图像子集;②它们中邻接像素的灰度值是否满足某个特定的相似准则。换句话说,如果 S 中的一个或一些像素与 T 中的一个或一些像素连接,则可以说两个图像子集 S 和 T 是连接的。

设 p 和 q 是一个图像子集 S 中的两个像素,如果存在一条完全由在 S 中的像素组成的从 p 到 q 的通路,且其上像素灰度值满足相似准则,那么就称 p 在 S 中与 q 相连通。对 S 中任一个像素 p,所有与 p 相连通且又在 S 中的像素组成的集合(包括 p)合起来称为 S 中的一个**连通组元**。如果 S 中只有一个连通组元,即 S 中所有像素都互相连通,则称 S 是一个连通集。如果一幅图像中所有的像素分属于几个连通集,则可以说这几个连通集分别是该幅图像的连通组元。在极端的情况下,一幅图像中所有的像素都互相连通,则该幅图像本身就是一个连通集。

一幅图像里每个连通集构成该图像的一个区域,所以图像可认为是由一系列区域组成的。如果一个区域中没有孔,称该区域是简单连通的,否则称有孔的区域是多重连通的。一个区域的边界也称区域的**轮廓**,一般认为轮廓是所在区域的一个子集,它将该区域与其他区域分离开。借助前面对像素邻域的介绍,可以认为组成一个区域的边界像素本身属于该区域而在其邻域中有不属于该区域的像素(更多讨论见中册)。

3.1.3 像素间的距离

像素之间的联系常与像素在空间中的接近程度有关。像素在空间中的接近程度可以用像素之间的距离来测量。为测量**距离**,需要定义**距离量度函数**。给定3个像素 p、q、r,坐标分别为 (x,y)、(s,t)、(u,v),如果满足下列条件,称函数 D 为一个距离量度函数:

(1) $D(p,q) \geqslant 0$($D(p,q)=0$,当且仅当 $p=q$);

(2) $D(p,q)=D(q,p)$;

(3) $D(p,q) \leqslant D(p,r)+D(r,q)$。

上述3个条件中,第1个条件表明两个像素之间的距离总是正的(两个像素空间位置相同时,其间的距离为零);第2个条件表明两个像素之间的距离与起终点的选择无关,或者说距离是相对的;第3个条件表明两个像素之间的最短距离是沿直线的。

例 3.1.1 测度空间

定义在抽象集合 A(其元素 $a_1,a_2,a_3,\cdots$ 可称为点)上的测度是一个从集合向实数集 **R** 映射的函数(可记为 $d: A \times A \rightarrow \mathbf{R}$),对任意3个 $a_1,a_2,a_3 \in A$,都有

(1) $d(a_1,a_2)=0$,当且仅当 $a_1=a_2$;

(2) $d(a_1,a_2) \leqslant d(a_3,a_1)+d(a_3,a_2)$;

(3) $d(a_1,a_2)=d(a_2,a_1)$;

(4) $d(a_1,a_2) > 0$,如果 $a_1 \neq a_2$。

二元组 (A,d) 称为测度空间。 □

在图像中,对距离有不同的量度方法。点 p 和 q 之间的**欧氏距离**(也是范数为2的距离)定义为

$$D_E(p,q) = \left[(x-s)^2 + (y-t)^2\right]^{1/2} \tag{3.1.1}$$

根据这个距离量度,与坐标为 (x,y) 的像素的 D_E 距离小于或等于某个值 d 的像素都包括在以 (x,y) 为中心、以 d 为半径的圆中。在数字图像中,只能近似地表示一个圆,例如与 (x,y) 的 D_E 距离小于或等于3的像素组成如图 3.1.3(a)所示的多层嵌套的等距离轮廓(图中距离值已四舍五入到保留一位小数)。

```
              3                          3                 3 3 3 3 3 3 3
      2.8 2.2 2 2.2 2.8                3 2 3             3 2 2 2 2 2 3
      2.2 1.4 1 1.4 2.2              3 2 1 2 3           3 2 1 1 1 2 3
    3 2   1   0 1   2 3            3 2 1 0 1 2 3         3 2 1 0 1 2 3
      2.2 1.4 1 1.4 2.2              3 2 1 2 3           3 2 1 1 1 2 3
      2.8 2.2 2 2.2 2.8                3 2 3             3 2 2 2 2 2 3
              3                          3                 3 3 3 3 3 3 3

           (a)                         (b)                     (c)
```

图 3.1.3   等距离轮廓示例

点 p 和 q 之间的 D_4 距离(也是范数为 1 的距离)也称为**城区距离**,定义为

$$D_4(p,q) = |x - s| + |y - t| \tag{3.1.2}$$

根据这个距离量度,与坐标为 (x,y) 的像素的 D_4 距离小于或等于某个值 d 的像素组成以 (x,y) 为中心的菱形。例如与 (x,y) 的 D_4 距离小于或等于 3 的像素组成如图 3.1.3(b)所示的菱形区域。$D_4 = 1$ 的像素构成像素 p 的 4-邻域。换句话说,像素 p 的 4-邻域也可用 D_4 距离定义为

$$N_4(p) = \{r \mid D_4(p,r) = 1\} \tag{3.1.3}$$

点 p 和 q 之间的 D_8 距离(也是范数为 ∞ 的距离)也称为**棋盘距离**,定义为

$$D_8(p,q) = \max(|x - s|, |y - t|) \tag{3.1.4}$$

根据这个距离量度,与坐标为 (x,y) 的像素的 D_8 距离小于或等于某个值 d 的像素组成以 (x,y) 为中心的正方形。例如,与 (x,y) 的 D_8 距离小于或等于 3 的像素组成如图 3.1.3(c)所示的方形区域。$D_8 = 1$ 的像素构成像素 p 的 8-邻域。这样,像素 p 的 8-邻域也可用 D_8 距离定义为

$$N_8(p) = \{r \mid D_8(p,r) = 1\} \tag{3.1.5}$$

例 3.1.2 距离定义和计算示例

根据上述 3 种距离定义,在计算图像中相同两个像素间的距离时会得到不同的数值。如在图 3.1.4 中,两个像素 p 和 q 之间的 D_E 距离为 5(见图(a)),D_4 距离为 7(见图(b)),D_8 距离为 4(见图(c))。图 3.1.3(d)将 3 种距离画在同一图上,更容易看出它们的区别。

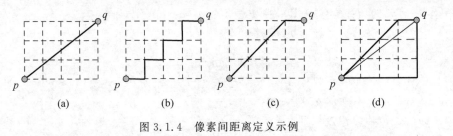

(a)   (b)   (c)   (d)

图 3.1.4　像素间距离定义示例

欧氏距离给出的结果应该最准确,但由于计算时需要进行平方和开方运算,计算量大。城区距离和棋盘距离均为非欧氏距离,计算量小,但有一定的误差。这种误差在两个像素处于对角方向时达到最大。如果用 N 表示两个像素间的水平距离(也等于垂直距离),则城区距离的误差为 $|(\sqrt{2} - 2)N| = 0.59N$;棋盘距离的误差为 $|(\sqrt{2} - 1)N| = 0.41N$。

例 3.1.3 范数和距离

范数是测度空间的一个基本概念。一个函数 $f(x)$ 的范数可表示为(其中 m 称为指数或指标)

$$\| f \|_m = \left[\int |f(x)|^m \mathrm{d}x \right]^{1/m} \tag{3.1.6}$$

在距离计算中,可定义两点之间的 Minkowski 距离度量为

$$D_m(p,q) = \left[|x - s|^m + |y - t|^m \right]^{1/m} \tag{3.1.7}$$

式中,m 取 1、2 和 ∞ 是几种常用的特殊情况。参见图 3.1.5,考虑与原点为单位距离的点的集合,当 m 取 1 时,得到一个菱形;当 m 取 2 时,得到一个圆形;当 m 取 ∞ 时,得到一个正方形。可将图 3.1.5 与前面的图 3.1.3 进行对照。

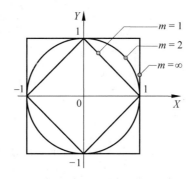

图 3.1.5　3 种范数和 3 种距离

3.2　模 板 运 算

模板也称样板或窗,一般可看作一幅尺寸为 $n \times n$(n 一般为奇数,远小于常见图像尺寸)的小图像 $W(x, y)$,其各个位置上的值常称为系数值,系数值由功能确定。根据像素间的联系可以定义各种模板操作并实现各种功能。模板运算的基本思路是将赋予某个像素的值作为它本身灰度值和其相邻像素灰度值的函数。函数的形式可线性也可非线性,运算可以是卷积也可以是排序等。利用像素本身以及其邻域像素的灰度关系进行增强的方法常称为**滤波**,而实现其功能的模板就相当于滤波器。

下面先介绍两种**模板运算**(模板卷积和模板排序),再讨论在图像边界处进行模板操作要注意的问题,最后对利用模板操作可实现的图像空域增强技术进行分类。

1. 模板卷积

模板卷积指用模板与需处理图像在图像空间进行卷积的运算过程。该过程不能原地完成(这与点操作不同),所以输出结果要使用另一幅图像。模板卷积的主要步骤为

(1) 将模板在输入图像中漫游,并将模板中心与图像中某个像素位置重合;

(2) 将模板上的各个系数与模板下各对应像素的灰度值相乘;

(3) 将所有乘积相加(为保持灰度范围,常将结果再除以模板系数之和);

(4) 将上述运算结果(模板的输出响应)赋给输出图像中对应模板中心位置的像素。

上述过程完成了利用输入图像中与模板同尺寸的图像子集给出输出图像中一个像素幅度值的工作。要对一幅图像卷积,需要对输出图像中的每个像素进行上述计算。一般的模板是方形的,最常用的尺寸为 3×3,有些时候也使用 5×5、7×7 或更大的模板。实用中 n 多为奇数以使模板对称并有一个中心像素,可以定义模板的半径 r 为 $(n-1)/2$。

图 3.2.1(a)给出一幅图像的一部分,其中所标 s_i 为代表像素的灰度值。现设有一个 3×3 的模板如图 3.2.1(b)所示,模板内所标为模板系数。如将 k_0 所在位置与图中灰度值为 s_0 的像素重合(即将模板中心放在图中 (x, y) 位置),模板的输出响应 R 为

$$R = k_0 s_0 + k_1 s_1 + \cdots + k_8 s_8 \tag{3.2.1}$$

将 R(实际中常常除以模板系数之和以保证原来的灰度动态范围)赋给输出图像在 (x, y) 位置的像素作为其新的灰度值(见图 3.2.1(c)),就完成了在该像素的卷积操作。

2. 模板排序

模板排序也是一种模板运算。模板排序是指用模板来提取需处理图像中与模板同尺寸

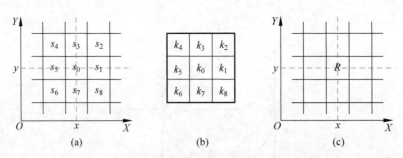

图 3.2.1 用 3×3 的模板进行模板操作的示意图

的图像子集并将其中像素根据其幅度值排序的运算过程。与模板卷积类似,模板排序过程也不能原地完成。模板排序的主要步骤为

（1）将模板在输入图像中漫游,并将模板中心与图像中某个像素位置重合;

（2）读取模板下输入图像中各对应像素的灰度值;

（3）将这些灰度值进行排序,一般将它们从小到大排成一列(单增);

（4）根据运算目的从排序结果中选一个序,取出该序像素的灰度值;

（5）将取出的灰度值赋给输出图像中对应模板中心位置的像素。

与模板卷积不同,模板排序中的模板只起到划定参与图像处理的像素范围的作用,其系数在读取像素灰度值时可看作均为 1,且不影响赋值。模板排序后如何取其中一个灰度值是区分其功能的重要因素。另外,模板排序后所赋给输出图像中对应模板中心位置像素的值必是输入图像中与模板对应的像素值中的一个。最后,模板排序中利用模板只是为了选取一些像素,所用的模板并不一定是方形的,或者虽然用方形的模板,但其中有些系数取 0（见 3.4.1 小节）。

3. 图像边界处的模板运算

由于在模板运算中要用到输入图像中与模板中心的邻域所对应的像素,当模板中心对应输入图像的边界像素时,其邻域范围可能扩展到输入图像的边界之外,而那里并没有定义。解决这个问题的思路有两种。一种是忽略这些边界处的像素,仅考虑图像内部与边界距离小于等于模板半径的像素。当图像尺寸比较大且感兴趣目标在图像内部时这种方法的效果常可以接受。另一种是将输入图像进行扩展,即如果用半径为 r 的模板进行模板运算,则在图像的四条边界外各增加/扩展一个 r 行或 r 列的带(先在图像的第一行之前(上)和最后一行之后(下)各增加 r 行,再在图像的第一列左边和最后一列右边各增加 r 列,这里操作可按行或列来迭代进行),从而可以正常地实现对边界上像素的运算。这些新增行或列中像素的幅度值可用不同的方法来确定,例如:

（1）最简单的是将新增像素的幅度值取为 0,缺点是有可能导致图像边界处有明显的不连贯;

（2）将这些新增像素的幅度值取为其在原图像中 4-邻接像素的值(4 个角上新增像素的幅度值取为其在原图像中 8-邻接像素的值);

（3）将图像在水平和垂直方向上均看作是周期循环的,即认为图像最后一行之后是图像的第一行,图像最后一列之后是图像的第一列,从而将相应的行或列移过来;

（4）利用外插技术,根据接近边界处一行或多行(一列或多列)像素的幅度值以一定的规则进行外推得到图像边界外像素的幅度值。

需要指出上述这些方法都不是完美/理想的,因为实际上它们都是对图像边界外像素幅度值的一种估计而已。事实上,它们均对边界像素给予了特殊的权重,并会使图像的平均灰度发生小的改变。

4. 模板运算功能分类

利用模板运算也可对图像进行空域增强。如以 $f(x,y)$ 和 $g(x,y)$ 分别代表原始图像和增强图像,用 E_H 代表一个增强操作,则有

$$g(x,y) = E_H[f(x,y),N(x,y)] \tag{3.2.2}$$

式中,$N(x,y)$ 代表 $f(x,y)$ 在 (x,y) 的邻域内各像素的灰度值。

将模板运算用于图像空域增强一般称为空域滤波,根据其功能主要分成**平滑滤波**和**锐化滤波**两类(模板系数不同)。

(1) 平滑滤波

它能减弱或消除图像中的高频率分量,但不影响低频率分量。因为高频分量对应图像中的区域边缘等灰度值具有较大较快变化的部分,平滑滤波将这些分量滤去可减少局部灰度起伏,使图像变得比较平滑。实际中,平滑滤波还可用于消除噪声(噪声的空间相关性较弱,对应较高的空间频率),或在提取较大的目标前去除太小的细节或将目标内的小间断连接起来。

(2) 锐化滤波

它能减弱或消除图像中的低频率分量,但不影响高频率分量。因为低频分量对应图像中灰度值缓慢变化的区域,因而与图像的整体特性,如整体对比度和平均灰度值等有关。锐化滤波将这些分量滤去可使图像反差增加,边缘明显。实际中,锐化滤波可用于增强被模糊的细节或目标的边缘。

另一方面,空域滤波也常根据其运算特点分成线性的和非线性的两类。从统计的角度看,滤波是一种估计,它基于一组观察结果来估计未观察的量。线性滤波对观察结果进行线性组合,而非线性滤波则是对观察结果的逻辑组合[Dougherty 1994]。线性方法的理论基础比较成熟。在线性的方法中,常可将复杂的运算进行分解,计算比较方便,也容易并行实现。非线性的方法理论基础较弱,应用领域受一些限制,但有些非线性方法常比线性方法有更好的滤波效果。

结合上述两种分类方法,可将空间滤波增强技术分成 4 类,见表 3.2.1。

表 3.2.1   空域滤波增强技术分类

功能 \ 特点	线　性	非　线　性
平滑	线性平滑	非线性平滑
锐化	线性锐化	非线性锐化

下面两节将分别介绍线性滤波和非线性滤波。

3.3 线 性 滤 波

线性滤波既可得到平滑的效果(图像反差减少),也可得到锐化的效果(图像反差增加),主要取决于所用模板的系数值。线性滤波均基于模板卷积进行。

3.3.1 线性平滑滤波

有很多种线性平滑滤波的方法。此时,平滑模板系数的取值均应为正,而且可以在中心比较大而周围比较小。

需要指出,很多时候可将图像看作一个随机过程(随机场)。如果它是遍历的,则可用空间平均(模板计算)替换时间平均(见 2.2.2 小节)。实际中图像并不是完全遍历的,只在其中亮度一致的区域是遍历的。所以,与时间平均法相比,空间平均法常会使图像中的边缘变得模糊。

下面介绍几种比较简单和典型的线性平滑滤波方法。

1. 邻域平均

最简单的平滑滤波是用一个像素邻域的平均值作为滤波结果,此时滤波模板的所有系数都取为 1。为保证输出图仍在原来的灰度值范围,在算得卷积值 R 后要将其除以系数总个数再行赋值。例如对 3×3 的模板来说,在算得 R 后要将其除以系数 9。**邻域平均**的一般表达式为

$$g(x,y) = \frac{1}{n^2} \sum_{(s,t) \in N(x,y)} f(s,t) \tag{3.3.1}$$

其中,$N(x,y)$ 对应 $f(x,y)$ 中 (x,y) 的 $n \times n$ 邻域,与模板 W 所覆盖的范围对应。

例 3.3.1 邻域平均平滑滤波的效果

参见图 3.3.1,其中图(a)为一幅原始的 8 比特灰度级图像,图(b)为叠加了均匀分布随机噪声的结果,图(c)~图(g)依次为用 $3 \times 3, 5 \times 5, 7 \times 7, 9 \times 9$ 和 11×11 的平滑模板对图(b)进行平滑滤波的结果。由这些图可见当所用平滑模板尺寸增大时,对噪声的消除效果有所增强。不过同时所得到的图像变得更为模糊,可视的细节逐步减少,且所需运算量也逐步增大。所以实际中需根据应用要求选取合适大小的模板。

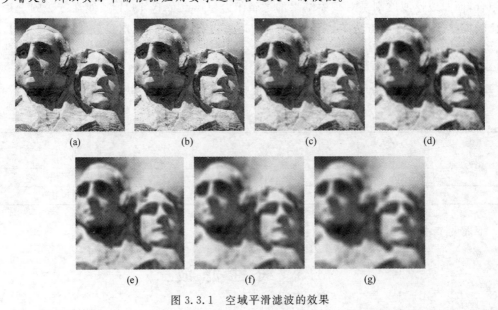

图 3.3.1 空域平滑滤波的效果

如果图像的尺寸是 $W \times H$，模板的尺寸是 $n \times n$，则均值滤波器的计算量为 $O(WHn^2)$。如果使用加法结合律，先计算一个方向的和（并保存）再计算另一个方向的和，就可以将计算量降到 $O(WH(n+n) = 2WHn)$。如果使用递归的方式，还可以降到 $O(WH)$，此时计算量并不依赖于模板尺寸。

2. 加权平均

模板操作中，模板中心周围的像素也参与滤波。一般认为离中心近的像素应对滤波结果有较大的贡献（它们与中心像素的相关性也大），所以可将接近模板中心的系数取得比模板周边的系数大，这相当于对邻域平均进行了加权。**加权平均**的一般表达式为

$$g(x,y) = \frac{\sum\limits_{(s,t) \in N(x,y)} w(s,t) f(s,t)}{\sum\limits_{(s,t) \in N(x,y)} w(s,t)} \tag{3.3.2}$$

实用中，为保证各模板系数均为整数以减少计算量，常取模板周边最小的系数为 1，而取模板内部的系数成比例增加，直到中心系数取得最大值。这里的增加比例可根据各系数位置与模板中心的距离来确定，例如依次根据距离的倒数来确定各内部系数的值。图 3.3.2 给出这样得到的一个模板的示例。

1	2	1
2	4	2
1	2	1

图 3.3.2 一个加权平均模板

在邻域平均中，可通过选取不同尺寸的模板获得不同的结果。在加权平均中，除对同一尺寸模板中的不同位置采用不同系数外，还可选取不同尺寸的模板。最后，如果将小尺寸的模板（迭代）反复使用，也可得到加权大尺寸模板的效果（见思考题和练习题 3-4）。

3. 高斯平均

高斯平均是加权平均的一种特例，它根据高斯分布来确定各模板系数，也将接近模板中心的系数取得比模板周边的系数大。例如一个 5×5 的高斯平均模板如下：

$$\frac{1}{273} \begin{bmatrix} 1 & 4 & 7 & 4 & 1 \\ 4 & 16 & 26 & 16 & 4 \\ 7 & 26 & 41 & 26 & 7 \\ 4 & 16 & 26 & 16 & 4 \\ 1 & 4 & 7 & 4 & 1 \end{bmatrix}$$

可以严格证明，一个 2-D 的高斯卷积可分解（分离）为顺序执行的两个 1-D 高斯卷积，即一个 2-D 高斯平均模板可拆分成两个 1-D 高斯平均模板。

例 3.3.2 高斯平均模板的分解

高斯平均使用其系数近似高斯分布的模板。实际中，为较好地近似高斯分布，高斯平均常使用较大的模板，因而有可能需要很大的计算量。例如，使用 30×30 的高斯卷积模板对 256×256 的图像进行平滑需要 64×10^6 次基本操作。为此，可将 2-D 高斯平均模板分解为两个顺序使用的 1-D 高斯平均模板，例如，

$$\frac{1}{16} \begin{bmatrix} 1 & 2 & 1 \\ 2 & 4 & 2 \\ 1 & 2 & 1 \end{bmatrix} = \frac{1}{4} \begin{bmatrix} 1 \\ 2 \\ 1 \end{bmatrix} \frac{1}{4} \begin{bmatrix} 1 & 2 & 1 \end{bmatrix} \qquad \square$$

一般情况下，计算量为 $O(n^2)$ 的单个 $n \times n$ 模板被计算量为 $O(n)$ 的两个 $1 \times n$ 模板所替

换,节约因子是 $n/2$,所以对 $n>3$,总可以借助模板分解减少计算量。表 3.3.1 给出对几个小模板计算的情况,最后一列给出计算量减少的效果(与 n 成正比)。

表 3.3.1 将 $n×n$ 高斯模板分解为两个 $1×n$ 模板可减少计算量

n	n^2	$2n$	$2n/n^2=2/n$
1	1	2	2
3	9	6	2/3
5	25	10	2/5
7	49	14	2/7
9	81	18	2/9

为了得到 1-D 的离散模板,可对高斯函数在整数位置 $-n,\cdots,0,\cdots,+n$ 采样。具体可取 $n=2\sigma+1$(σ 为高斯方差),而模板尺寸是 $S=2n+1$。例如,对 $\sigma=1.0$,模板尺寸最多为 7 就足够了;如果 $\sigma=2.0$,则模板尺寸需要至少为 11。

对高斯函数的简单近似可借助杨辉三角形进行。表 3.3.2 给出所得到的几个小模板的系数。

表 3.3.2 1-D 高斯模板系数

$g(i)$	σ	$g(i)$	σ
1	0	1 3 3 1	3/4
1 1	1/4	1 4 6 4 1	1
1 2 1	1/2	1 5 10 10 5 1	5/4

高斯滤波器是唯一满足以下各个条件的滤波器,即线性的,与位置无关的,旋转对称的(各向同性的),可以控制效果的(有一个控制参数),可以连续多次使用的,可分离的(2-D 可用 1-D 的来计算)。但高斯滤波器不能以递归的方式来执行。

线性滤波器都会改变图像中噪声的方差。一个线性滤波器 $h(x,y)$ 会使噪声方差乘以因子 $\sum\sum h(x,y)$。对高斯滤波器,这个因子是 $1/(4\pi\sigma^2)$。所以,要让一个高斯平均滤波器与一个 $n×n$ 的邻域平均滤波器具有相同的效果,需取 $\sigma=n/(2\sqrt{\pi})$。例如,一个 $5×5$ 的邻域平均滤波器与一个 $\sigma\approx1.41$ 的高斯滤波器具有相同的滤波性能。

4. 边缘保持平滑

前面介绍的几种平均方法都是线性的,在消除噪声的同时也会模糊不同区域之间的边缘。为了避免局部平均的这种副作用,可以考虑选择只在不包含边缘的邻域中进行平均。

参见图 3.3.3,考虑一个像素(用 ◉ 表示)的 $5×5$ 邻域,分别取该中心像素的 8 个不同的邻域。这 8 个邻域每个都包含 7 个像素(用阴影表示),但分成两种类型:近似五边形和近似六边形(用阴影上的粗线表示)。同类型的模板可通过绕中心像素旋转得到。对每个邻域都统计其像素的灰度方差,并将灰度方差最小的那个邻域中的像素均值赋给中心像素。

这里的基本思路是围绕要平滑的像素找到它周围不包含边缘的邻域(方差小的邻域中像素灰度级的变化小,包含边缘的概率也小),用这样的邻域进行平均可以避免模糊边缘或破坏区域边界的形状。如果使用具有较大邻域的模板就能进一步减少噪声的影响,但也有可能平滑掉尺寸较小的区域和损伤目标轮廓的细节。所以,一般是迭代地使用较小的模板,

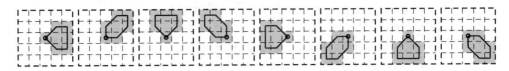

图 3.3.3　八个边缘保持平滑模板

直到像素值基本不再变化。

3.3.2　线性锐化滤波

有很多种线性锐化滤波的方法,下面介绍几种比较简单和典型的线性锐化滤波方法。

1. 拉普拉斯算子

线性锐化滤波可借助模板卷积实现。对应积分运算的模板卷积可以平滑图像,反过来对应微分运算的模板卷积可以锐化图像。锐化模板系数的取值应在中心为正而周围远离中心处为负。

拉普拉斯算子是一种各向同性的二阶微分算子,常用于线性锐化滤波。根据定义,

$$\nabla^2 f = \frac{\partial^2 f}{\partial x^2} + \frac{\partial^2 f}{\partial y^2} \tag{3.3.3}$$

两个分别沿 X 和 Y 方向的二阶偏导数均可借助差分来计算

$$\frac{\partial^2 f}{\partial x^2} = 2f(x,y) - f(x+1,y) - f(x-1,y) \tag{3.3.4}$$

$$\frac{\partial^2 f}{\partial y^2} = 2f(x,y) - f(x,y+1) - f(x,y-1) \tag{3.3.5}$$

将式(3.3.4)和式(3.3.5)代入式(3.3.3)得到

$$\nabla^2 f(x,y) = 4f(x,y) - f(x+1,y) - f(x-1,y) - f(x,y+1) - f(x,y-1) \tag{3.3.6}$$

据此得到的模板如图 3.3.4(a)所示,仅考虑了中心像素的 4-邻域。类似地,如果考虑 8-邻域,则得到如图 3.3.4(b)所示的模板,这相当于在式(3.2.1)中取 $k_0 = 8$,而取其余系数为 -1。

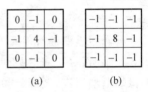

0	−1	0
−1	4	−1
0	−1	0

(a)

−1	−1	−1
−1	8	−1
−1	−1	−1

(b)

图 3.3.4　两种拉普拉斯
算子模板

以上两种模板的所有系数之和均为 0,这是为了使经过模板运算所得结果图像的均值不变。当这样的模板放在图像中灰度值是常数或变化很小的区域时,其卷积输出为 0 或很小。使用这样的模板会将输出图的平均灰度值变为 0,这样图中就会有一部分像素灰度值小于 0。在图像处理中,一般只考虑大于或等于 0 的灰度值,所以还需将输出图灰度值范围通过变换变回到 $[0, L-1]$ 区间才能正确显示出来。

拉普拉斯算子增强了图像中的灰度不连续边缘,而减弱了对应图像中灰度值缓慢变化区域的对比度,将这样的结果叠加到原始图像上,就可以得到利用锐化滤波增强后的图像。

2. 高频提升滤波

图像锐化的效果可以通过叠加图像微分结果取得,也可以通过减除图像积分结果取得。设原始图像为 $f(x,y)$,其平滑后的图像为 $g(x,y)$,则用原始图像减去平滑或模糊图像就得到**非锐化掩模**,如将非锐化掩模加到原始图像上就能锐化图像。更进一步,如果把原始图像

乘以一个放大系数 A 再减去平滑图像就可实现**高频提升滤波**：

$$h_b(x, y) = Af(x, y) - g(x, y) = (A-1)f(x, y) + h(x, y) \qquad (3.3.7)$$

式中，当 $A=1$，得到的就是非锐化掩模 $h(x, y)$，它对应平滑时丢失的锐化分量。当 $A>1$ 时，加权的原始图像与非锐化掩模相加，能使原始图像得到锐化的效果，其中 $A=2$ 的特例被称为**非锐化掩模化**。可见非锐化掩模化包括 3 个步骤：①平滑原始图像；②从原始图像中减去平滑后的结果；③将上述结果加到原始图像上。

如果要用如图 3.3.4 所示的 3×3 模板来实现高频提升滤波，则对图 3.3.4(a)，其中心系数取值应是 $k_0>4$；而对图 3.3.4(b)，其中心系数取值应是 $k_0>8$。

例 3.3.3　拉普拉斯算子与高频提升滤波的比较

图 3.3.5 给出拉普拉斯算子与高频提升滤波的一个比较示例。图(a)为一幅实验的原始图像(对 Lena 图像模糊而得到)，图(b)为对其用拉普拉斯算子进行处理得到的结果(已进行了尺度变换以显示)，图(c)为采用高频提升滤波得到的结果($A=2$)，图(d)为在此基础上又用直接灰度变换方法对灰度值范围进行扩展得到的最终结果。

(a)　　　　　　　　(b)　　　　　　　　(c)　　　　　　　　(d)

图 3.3.5　拉普拉斯算子与高频提升滤波的比较　　　　　　　□

3.4　非线性滤波

虽然线性滤波计算简单，但它常不能区分图像中有用的内容和无用的噪声。参见如图 3.4.1 所示的 1-D 傅里叶空间示意图(横轴对应频率，竖轴对应频率系数值)，如果对原始图像加上白噪声，两者的频谱将直接叠加，在有噪声图像的各个频率处，其幅度既包括原始图像的贡献也包括噪声的贡献。任何线性滤波都可描述成将原始图像的傅里叶变换和滤波模板的傅里叶变换相乘，结果是在每个频率处有用内容的强度和无用噪声的水平都以相同的因子减弱。这样，图像信噪比将保持原值，并不增加。

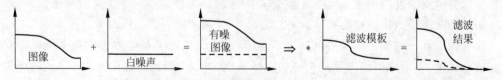

图 3.4.1　线性滤波不能区分图像中有用的特征和噪声

上述问题常可借助非线性滤波来解决。**非线性滤波**主要沿 3 个方向发展：逻辑、几何、代数[Dougherty 1994]。它们也可分别定义为基于集合的、基于形状的、基于排序的 3 种。这 3 种非线性滤波是密切相关的。其中，基于形状的非线性滤波是围绕数学形态学(见中册

第 13 章和第 14 章)进行的,而基于形状的形态操作建立在集合论的基础上,并可在一定条件下简化成传统的逻辑表达。下面仅介绍基于排序的非线性滤波。

3.4.1 非线性平滑滤波

基于排序的非线性滤波中,中值滤波是个典型,已被成功地用于保留所需的图像结构并同时消除(脉冲)噪声。

1. 中值滤波原理

中值滤波依靠模板排序来实现。为简便起见,先考虑用 1-D 信号来介绍其原理。设模板尺寸为 $M,M=2r+1,r$ 为模板半径,给定 1-D 信号序列 $\{f_i\},i=1,2,\cdots,N$,则中值滤波输出为

$$g_j = \mathrm{median}\left[f_{j-r},f_{j-r+1},\cdots,f_j,\cdots,f_{j+r}\right] \tag{3.4.1}$$

式中,median 代表取中值,即对模板覆盖的信号序列按数值大小进行排序,并取排序后处在中间位置的值,且有 $1\leqslant j-r<j+r\leqslant N$。换句话说,$\{f_i\}$ 中有一半值大于 g_j,而另一半值小于 g_j。上式定义的操作常称为游程中值,可以通过滑动奇数长度的模板来实现。如果记模板中的采样分别为 $f_1,f_2,\cdots,f_{2r+1}$,排序后的采样依次为 $f_{(1)},f_{(2)},\cdots,f_{(2r+1)}$。将 $f_{(i)}$ 记为第 i 阶统计,那么中值就是 $r+1$ 阶的统计值[Dougherty 1994]。

中值滤波适合用于对脉冲噪声的消除。脉冲噪声会导致受影响的像素值发生明显变化,成为野点。平均滤波不加区别地平均对应模板的所有像素值,而中值滤波则忽略野点,所以不会模糊图像。为区别中值滤波和平均滤波,可以考虑它们的零脉冲响应和理想阶跃响应。中值滤波可以完全消除孤立的脉冲而不对通过的理想边缘产生任何影响。图 3.4.2 给出一对示例,上面是原始信号序列,下面是中值滤波结果,其中窗口长度为 3。图(a)表示消除孤立的脉冲而不对边缘产生影响,图(b)表示接近边缘的脉冲会使边缘偏移。

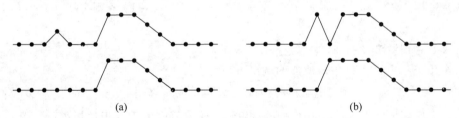

(a)　　　　　　　　　　　　(b)

图 3.4.2　1-D 中值滤波示例

能被中值滤波完全除去的脉冲的最大长度依赖于模板尺寸 $S=2r+1$。考虑一个长度记为 L 的信号 $f(i)$

$$f(i)\begin{cases} =0 & i<0 \\ \neq 0 & i=0 \\ \neq 0 & i=L-1 \\ =0 & i\geqslant L \end{cases} \tag{3.4.2}$$

容易看出,如果 $L\leqslant r$ 那么输出将完全是 0,即脉冲全被消除了。然而,如果信号仅包含长度至少为 $r+1$ 的常数段,那么用长度小于等于 $2r+1$ 的中值滤波模板对信号滤波并不会使信号发生任何变化。不受中值滤波影响的信号称为根信号。一个信号是一个长度为 $2r+1$ 的中值滤波的根信号的充分条件是该信号局部单调变化且阶数为 $r+1$,即该信号的每个长

度为 $r+1$ 的段均为单调的。

例 3.4.1 中值滤波的一些特性示例

考虑对图像中的一个 1-D 剖面分别使用 3 个元素的中值滤波和 5 个元素的中值滤波得到(? 代表未定):

原始：　　　　　1 2 3 0 2 2 3 1 1 2 2 **9** 2 2 8 8 8 7

3 元素中值：? ? 2 2 2 2 2 2 1 1 2 2 2 2 **2** 8 8 8 ?

5 元素中值：? ? ? 2 2 2 2 2 2 2 2 2 2 2 **2** 8 8 ? ?

由此例可见：

(1) 中值滤波可很好地消除孤立尖峰(原始的 9 没有在对应结果中留下痕迹)；

(2) 中值滤波有可能导致尖峰附近的边缘偏移,且元素多的更易偏移(原始 2 和 8 之间的边缘在 5 元素中值输出中更接近为 9 的尖峰,该边缘与尖峰不在同一个 3 元素中值的模板中)；

(3) 中值滤波趋向于产生为常数的片断(5 元素中值输出连续的 2)。　　□

例 3.4.2 一个消除二值图像中椒盐噪声的简单算法

设原始受椒盐噪声影响的二值图像为 $f(x,y)$,噪声消除后的图像为 $g(x,y)$,考虑一个像素的 8-邻域 $N(x,y)$,则一个消除二值图像中椒盐噪声的简单算法如下：

(1) 计算：$s = \sum\limits_{\substack{(p,q)\in N(x,y)\\(p,q)\ne(x,y)}} f(p,q)$

(2) 判断：如果 $s=0$,$g(x,y)=0$；如果 $s=8$,$g(x,y)=1$；否则 $g(x,y)=f(x,y)$。

上述算法可以调整,以推广到消除二值图像中目标区域边界上的毛刺：

(1) 计算：$s = \sum\limits_{\substack{(p,q)\in N(x,y)\\(p,q)\ne(x,y)}} f(p,q)$

(2) 判断：如果 $s\le 1$,$g(x,y)=0$；如果 $s\ge 7$,$g(x,y)=1$；否则 $g(x,y)=f(x,y)$。

　　　　　　　　　　　　　　　　　　　　　　　　　　　　　　　　□

2. 2-D 中值滤波

一个用于图像的 2-D 中值滤波的输出可写为

$$g_{\text{median}}(x,y) = \underset{(s,t)\in N(x,y)}{\text{median}}\left[f(s,t)\right] \tag{3.4.3}$$

对一个所用尺寸为 $n\times n$ 的中值滤波模板,其输出值应大于等于模板中 $(n^2-1)/2$ 个像素的值,又应小于等于模板中 $(n^2-1)/2$ 个像素的值。例如使用一个 3×3 的模板,中值是第 5 大的那个。一般情况下,图像中尺寸小于模板尺寸一半的过亮或过暗区域将会在滤波后被消除掉。所以中值滤波的主要功能就是让与周围像素灰度值的差比较大的像素改取与周围像素值接近的值,这样它对孤立的噪声像素的消除能力是很强的。又由于它不是简单的取均值,所以产生的模糊比较少。换句话说,中值滤波既能消除噪声又能较好地保持图像的细节。

例 3.4.3 邻域平均和中值滤波的效果比较

图 3.4.3 对比给出对同一幅图像分别用邻域平均和中值滤波处理的结果。仍考虑图 3.3.1(b)中叠加了均匀分布随机噪声的图像。图 3.4.3(a)和(c)分别给出用 3×3 和 5×5 模板进行邻域平均处理得到的结果,而图 3.4.3(b)和(d)分别为用 3×3 和 5×5 模板进行中值滤波处理得到的结果。两相比较可见中值滤波的效果要比邻域平均处理的低通滤波效

果好,主要特点是滤波后图像中的轮廓比较清晰。

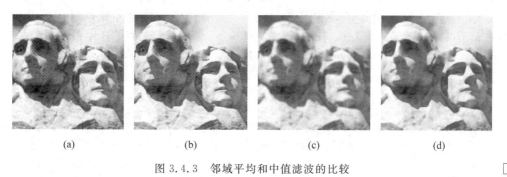

(a)   (b)   (c)   (d)

图 3.4.3　邻域平均和中值滤波的比较

3. 中值滤波的模板

中值滤波的效果不仅与所用模板的尺寸有关,也与模板中参与(排序)运算的像素个数有关。当使用给定尺寸的模板时,可以仅利用其中的一部分来计算以减少计算量。图 3.4.4 给出一些模板尺寸为 $5×5$ 时的例子。在图 3.4.4 中,图 3.4.4(a)～图 3.4.4(c)都只使用了 9 个像素,其中图 3.4.4(a)和图 3.4.4(b)可看作通过分别延伸 4-邻域和对角邻域而得到,而图 3.4.4(c)则考虑了 16-邻域(见[章 2005b])。图 3.4.4(d)～图 3.4.4(f)均使用了 13 个像素,其中图 3.4.4(d)是将图 3.4.4(c)与 4-邻域像素结合,图 3.4.4(e)使用了与中心像素的 D_4 距离小于或等于 2 的像素,图 3.4.4(f)则使用了与中心像素的欧氏距离为 2～2.5 的像素。有实验表明,当使用超过 9～13 个像素的模板来消除图像中的噪声时,计算量的增加比消噪效果的改善更明显,所以常可使用稀疏的模板来减少运算量。

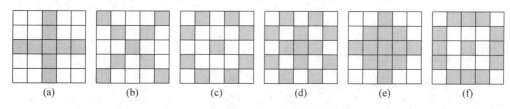

(a)   (b)   (c)   (d)   (e)   (f)

图 3.4.4　一些用于中值滤波的模板

另外,中值滤波的效果还与所用模板的形状或模板中参与运算的像素所构成图案的形状有关[Dougherty 1994]。一般来说方形的模板对图像的细节最不敏感:它会滤除细线并消除边缘上的角点。它也常产生讨厌的条纹(常数灰度的区域),这是中值滤波的一个缺点。十字交叉模板能保留较细的水平线和垂直线,但有可能将对角线滤除掉。X 形状的模板仅保留对角线。使用十字交叉模板得到的效果看起来比较好,因为水平线和垂直线都在人类视觉中起着重要的作用。

4. 2-D 中值计算

为提高计算速度,实际中常试图顺序使用两个 1-D 中值滤波模板以实现类似于 2-D 中值滤波模板的效果,但它们并不严格相等(因为中值计算是非线性的)。由于使用两个 1-D 中值滤波模板有一个次序问题,所以计算 2-D 中值的方法有 3 种:①直接使用 2-D 模板;②先使用第 1 个 1-D 模板再使用第 2 个 1-D 模板;③先使用第 2 个 1-D 模板再使用第 1 个 1-D 模板。这 3 种方法的结果可能相同,也可能不相同。

借助图 3.4.5 给出一个上述 3 种方法的最终结果都不相同的简单例子,其中图(a)代表一幅原始图像；图(b)是直接使用 3×3 的 2-D 中值滤波模板得到的结果；图(c)和图(d)是先使用 1×3 的 1-D 中值滤波模板和再使用 3×1 的 1-D 中值滤波模板所得到的结果；图(e)和图(f)是先使用 3×1 的 1-D 中值滤波模板和再使用 1×3 的 1-D 中值滤波模板所得到的结果。比较图(b)、图(d)和图(f)，可见最终结果全不相同。

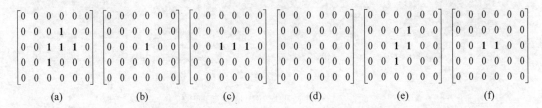

$$
\begin{array}{cccccc}
\begin{bmatrix}
0 & 0 & 0 & 0 & 0 & 0 \\
0 & 0 & 0 & 1 & 0 & 0 \\
0 & 0 & 1 & 1 & 1 & 0 \\
0 & 0 & 1 & 0 & 0 & 0 \\
0 & 0 & 0 & 0 & 0 & 0
\end{bmatrix} &
\begin{bmatrix}
0 & 0 & 0 & 0 & 0 & 0 \\
0 & 0 & 0 & 0 & 0 & 0 \\
0 & 0 & 0 & 1 & 0 & 0 \\
0 & 0 & 0 & 0 & 0 & 0 \\
0 & 0 & 0 & 0 & 0 & 0
\end{bmatrix} &
\begin{bmatrix}
0 & 0 & 0 & 0 & 0 & 0 \\
0 & 0 & 0 & 0 & 0 & 0 \\
0 & 0 & 1 & 1 & 1 & 0 \\
0 & 0 & 0 & 0 & 0 & 0 \\
0 & 0 & 0 & 0 & 0 & 0
\end{bmatrix} &
\begin{bmatrix}
0 & 0 & 0 & 0 & 0 & 0 \\
0 & 0 & 0 & 0 & 0 & 0 \\
0 & 0 & 0 & 0 & 0 & 0 \\
0 & 0 & 0 & 0 & 0 & 0 \\
0 & 0 & 0 & 0 & 0 & 0
\end{bmatrix} &
\begin{bmatrix}
0 & 0 & 0 & 0 & 0 & 0 \\
0 & 0 & 0 & 1 & 0 & 0 \\
0 & 0 & 1 & 1 & 0 & 0 \\
0 & 0 & 1 & 0 & 0 & 0 \\
0 & 0 & 0 & 0 & 0 & 0
\end{bmatrix} &
\begin{bmatrix}
0 & 0 & 0 & 0 & 0 & 0 \\
0 & 0 & 0 & 0 & 0 & 0 \\
0 & 0 & 1 & 1 & 0 & 0 \\
0 & 0 & 0 & 0 & 0 & 0 \\
0 & 0 & 0 & 0 & 0 & 0
\end{bmatrix} \\
\text{(a)} & \text{(b)} & \text{(c)} & \text{(d)} & \text{(e)} & \text{(f)}
\end{array}
$$

图 3.4.5　实现 2-D 中值滤波的 3 种方法的结果

最后要说明，这种不严格分解并不只是非线性滤波模板的特性，有些线性滤波模板也不能准确分解。究其原因是在一个 $n\times n$ 模板中的独立系数个数是 n^2，这比在 $n\times1$ 或 $1\times n$ 分量模板中的独立系数个数要多得多。

例 3.4.4　中值滤波器的分解计算

前面讨论了将 2-D 高斯平均模板分解为两个 1-D 高斯平均模板以减少计算量。对 2-D 中值滤波模板也可进行类似分解以减少计算量。但要注意，此时分解结果是有近似的。考虑原始图像为

$$
\begin{array}{cccccc}
0 & 0 & 0 & 0 & 0 & 0 \\
0 & 0 & \mathbf{1} & \mathbf{1} & \mathbf{2} & 0 \\
0 & 0 & \mathbf{2} & \mathbf{2} & 0 & 0 \\
0 & 0 & 0 & 0 & 0 & 0
\end{array}
$$

考虑直接使用 3×3 的 2-D 中值滤波器，则结果为

$$
\begin{array}{cccccc}
0 & 0 & 0 & 0 & 0 & 0 \\
0 & 0 & 0 & \mathbf{1} & 0 & 0 \\
0 & 0 & 0 & \mathbf{1} & 0 & 0 \\
0 & 0 & 0 & 0 & 0 & 0
\end{array}
$$

如果先使用 1×3 的中值滤波器，再使用 3×1 的中值滤波器，结果依次为

$$
\begin{array}{cccccccccccc}
0 & 0 & 0 & 0 & 0 & 0 & \quad & 0 & 0 & 0 & 0 & 0 & 0 \\
0 & 0 & \mathbf{1} & \mathbf{1} & \mathbf{1} & 0 & \quad & 0 & 0 & \mathbf{1} & \mathbf{1} & 0 & 0 \\
0 & 0 & \mathbf{2} & \mathbf{2} & 0 & 0 & \quad & 0 & 0 & \mathbf{1} & \mathbf{1} & 0 & 0 \\
0 & 0 & 0 & 0 & 0 & 0 & \quad & 0 & 0 & 0 & 0 & 0 & 0
\end{array}
$$

如果先使用 3×1 的中值滤波器，再使用 1×3 的中值滤波器，结果依次为

$$
\begin{array}{cccccccccccc}
0 & 0 & 0 & 0 & 0 & 0 & \quad & 0 & 0 & 0 & 0 & 0 & 0 \\
0 & 0 & \mathbf{1} & \mathbf{1} & 0 & 0 & \quad & 0 & 0 & \mathbf{1} & \mathbf{1} & 0 & 0 \\
0 & 0 & \mathbf{1} & \mathbf{1} & 0 & 0 & \quad & 0 & 0 & \mathbf{1} & \mathbf{1} & 0 & 0 \\
0 & 0 & 0 & 0 & 0 & 0 & \quad & 0 & 0 & 0 & 0 & 0 & 0
\end{array}
$$

可见，这里分别使用两次 1-D 中值滤波器的两种情况给出的结果相同，但直接使用 3×3 的 2-D 中值滤波器与它们的结果不一样。

现在再考虑原始图像为（注意它与上一个原始图像仅有一个像素不同）

$$
\begin{array}{cccccc}
0 & 0 & 0 & 0 & 0 & 0 \\
0 & 0 & \mathbf{1} & \mathbf{1} & \mathbf{2} & 0 \\
0 & 0 & 0 & \mathbf{2} & 0 & 0 \\
0 & 0 & 0 & 0 & 0 & 0 \\
\end{array}
$$

如果直接使用 3×3 的 2-D 中值滤波器，则结果为

$$
\begin{array}{cccccc}
0 & 0 & 0 & 0 & 0 & 0 \\
0 & 0 & 0 & 0 & 0 & 0 \\
0 & 0 & 0 & 0 & 0 & 0 \\
0 & 0 & 0 & 0 & 0 & 0 \\
\end{array}
$$

如果先使用 1×3 的中值滤波器，再使用 3×1 的中值滤波器，结果依次为

$$
\begin{array}{cccccc}
0 & 0 & 0 & 0 & 0 & 0 \\
0 & 0 & \mathbf{1} & \mathbf{1} & \mathbf{1} & 0 \\
0 & 0 & 0 & 2 & 0 & 0 \\
0 & 0 & 0 & 0 & 0 & 0 \\
\end{array}
\qquad
\begin{array}{cccccc}
0 & 0 & 0 & 0 & 0 & 0 \\
0 & 0 & 0 & \mathbf{1} & 0 & 0 \\
0 & 0 & 0 & \mathbf{1} & 0 & 0 \\
0 & 0 & 0 & 0 & 0 & 0 \\
\end{array}
$$

如果先使用 3×1 的中值滤波器，再使用 1×3 的中值滤波器，结果依次为

$$
\begin{array}{cccccc}
0 & 0 & 0 & 0 & 0 & 0 \\
0 & 0 & 0 & \mathbf{1} & 0 & 0 \\
0 & 0 & 0 & \mathbf{1} & 0 & 0 \\
0 & 0 & 0 & 0 & 0 & 0 \\
\end{array}
\qquad
\begin{array}{cccccc}
0 & 0 & 0 & 0 & 0 & 0 \\
0 & 0 & 0 & 0 & 0 & 0 \\
0 & 0 & 0 & 0 & 0 & 0 \\
0 & 0 & 0 & 0 & 0 & 0 \\
\end{array}
$$

这里，分别使用两次 1-D 中值滤波器的两种情况给出的结果不相同，但直接使用 3×3 的 2-D 中值滤波器与使用两次 1-D 中值滤波器中的一种情况的结果相同。实际中，三种方法的结果也可能都相同或都不相同。 ☐

　　从本质上说，很多滤波器这样分解都只能近似也可这样解释：在 $n×n$ 模板中的独立参数是个 n^2，而在两个 1-D 滤波器模板中的独立参数只有 $2n$ 个。

　　中值滤波器是不可分离的。但使用优化算法可使它的运行时间与可分离滤波器基本相同。假如图像的尺寸是 $W×H$，模板的尺寸是 $n×n$，则计算时间为 $O(WHn)$。使用中值滤波器不能预测图像中的边缘是否会变化，也不能确定变化程度，还很难估计噪声消除的效果。

5. 序统计滤波

　　中值滤波实际上是一类更广泛的滤波——百分比（percentile）滤波的一个特例[Jähne 1997]。百分比滤波均基于模板的排序来工作，所以是一种**序统计滤波**。在中值滤波中，选取了灰度序列中位于 50% 位置的像素作为滤波结果；如果选取了灰度序列中位于 0% 位置的像素，就得到最小值（min）作为滤波结果；如果选取了灰度序列中位于 100% 位置的像素，就得到最大值（max）作为滤波结果。这两种滤波的输出可分别表示为

$$
g_{\max}(x,y) = \max_{(s,t) \in N(x,y)} \left[f(s,t) \right]
\qquad (3.4.4)
$$

$$
g_{\min}(x,y) = \min_{(s,t) \in N(x,y)} \left[f(s,t) \right]
\qquad (3.4.5)
$$

中值滤波、**最大值滤波**和**最小值滤波**都适合于消除椒盐噪声（见 5.2.2 小节）。最大值

滤波可用来检测图像中最亮的点,并可减弱暗(低取值)的椒噪声;而最小值滤波可用来检测图像中最暗的点,并可减弱亮(高取值)的盐噪声。

如果对一幅具有较暗目标和较亮背景的图像进行最大值滤波,则在滤波结果图中,较亮的背景区域将会扩张,而较暗的目标区域将会缩小。如果目标原来尺寸就较小,则目标甚至会被消除掉。最大值滤波还趋向于在图像中产生具有(高)常数灰度的区域。与此对应,最小值滤波会趋向于在图像中产生具有(低)常数灰度的区域。根据需要,可将最大值滤波和最小值滤波结合使用。例如**中点滤波**就是取最大值和最小值中点的那个值作为滤波的输出:

$$g_{\text{mid}}(x,y) = \frac{1}{2}\left\{ \max_{(s,t)\in N(x,y)}[f(s,t)] + \min_{(s,t)\in N(x,y)}[f(s,t)] \right\} = \frac{1}{2}\{g_{\max}(x,y) + g_{\min}(x,y)\}$$

(3.4.6)

这种滤波方式结合了排序滤波和平均滤波两种方式的优点。它对多种随机分布的噪声,如高斯噪声和均匀噪声,都比较有效。

6. 最频值滤波

最频值代表一个分布中最有可能出现的值。均值、中值和最频值都是相对于模板覆盖的区域来说的。类似均值或中值滤波,**最频值滤波**表示用最频值作为滤波的输出。

使用最频值滤波不仅可以消除噪声(尤其是脉冲噪声),还可以锐化目标边缘。这是因为在接近边缘处的邻域中,最频值滤波会将最频值移动到更靠近边缘中心的位置,从而使边缘更加尖锐。这可以如下解释:在任何边缘的背景一边像素主要具有背景灰度,所以最频值滤波的输出是背景的灰度值;而在任何边缘的前景一边像素主要具有前景灰度,所以最频值滤波的输出是前景的灰度值。这样在边缘上某个特定点,局部灰度分布的主要峰会从背景变到前景或从前景变到背景,从而趋向于增强边缘。这与会模糊边缘的平均滤波不同。平均滤波会产生背景灰度和前景灰度混合的边缘剖面,从而导致减少两个区域间的局部对比度。

一个区域中的灰度分布可利用该区域的直方图来表示,而均值、中值和最频值都与直方图密切相关。一个区域的直方图的均值也给出了该区域中灰度的均值。一个区域的直方图的中值也给出了该区域中灰度的中值。一个区域的直方图的最频值就是统计值最大的灰度值。如果直方图是对称的且仅有一个峰,那么均值、中值和最频值都相同。如果直方图中仅有一个峰、但左右不对称,那么最频值对应那个峰,而中值总比均值更接近最频值。

例 3.4.5 均值、中值和最频值的位置关系

图 3.4.6 给出一幅图像的直方图以显示均值、中值和最频值三者之间的位置关系。

图 3.4.6 中,最频值的位置是 $7(=\arg\{\max[H(z)]\})$,中值的位置是 $6(1+3+4+5+6=9+8+2)$,而均值的位置是 $5.69(=(1\times1+2\times3+3\times4+4\times5+5\times6+6\times7+7\times9+8\times8+9\times2)/(1+2+3+4+5+6+7+8+9)=256/45))$。可见,中值的位置比均值的位置更接近最频值的位置。 □

直接检测最频值有可能由于噪声的影响而不准确。如果中值已确定了,则可借助中值位置来进一步确定最频值位置。这里可使用截断中值滤波的方法来进行。首先根据中值把拖尾较长的那部分截断一些使得与未截断部分同样长,然后计算剩下部分的中值,再如上进

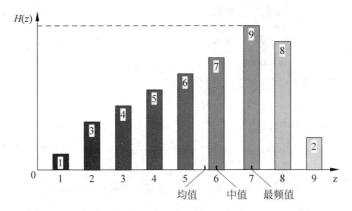

图 3.4.6 显示均值、中值和最频值位置关系的直方图

行截断,如此迭代就会逐渐逼近最频值位置。这里就利用了中值位置比均值位置更接近最频值位置的关系。

3.4.2 非线性锐化滤波

借助非线性滤波也可以获得对图像锐化的结果。此时的模板运算采用模板卷积进行。

1. 基于梯度的锐化滤波

图像处理中最常用的微分方法是利用**梯度**(基于一阶微分)。对一个连续函数 $f(x,y)$,其梯度是一个矢量,由分别沿 X 和 Y 方向的两个偏导数分量组成:

$$\nabla f = \begin{bmatrix} \dfrac{\partial f}{\partial x} & \dfrac{\partial f}{\partial y} \end{bmatrix}^{\mathrm{T}} = \begin{bmatrix} G_X & G_Y \end{bmatrix}^{\mathrm{T}} \tag{3.4.7}$$

在离散空间,微分用差分实现,两个常用的差分卷积模板见图 3.4.7(未标系数可取 0),分别计算沿 X 和 Y 两个方向的差分。

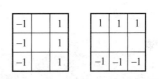

图 3.4.7 两个差分模板

实际锐化滤波中,常只使用这个矢量的幅度(即矢量的模)。参见 3.1.3 小节,矢量的模可分别以 2 为范数计算(对应欧氏距离),以 1 为范数计算(对应城区距离)或以 ∞ 为范数计算(对应棋盘距离)[Zhang 1993]:

$$\left| \nabla f_{(2)} \right| = \mathrm{mag}(\nabla f) = \left[G_X^2 + G_Y^2 \right]^{1/2} \tag{3.4.8}$$

$$\left| \nabla f_{(1)} \right| = \left| G_X \right| + \left| G_Y \right| \tag{3.4.9}$$

$$\left| \nabla f_{(\infty)} \right| = \max\left\{ \left| G_X \right|, \left| G_Y \right| \right\} \tag{3.4.10}$$

注意,上述这些组合模板计算结果的方法本身都是非线性的。

2. 最大-最小锐化变换

最大-最小锐化变换是一种将最大值滤波和最小值滤波结合使用的图像增强技术,可以锐化模糊的边缘并让模糊的目标清晰起来[Ritter 2001]。这种方法可以迭代进行,在每次迭代中将一个模板覆盖区域里的中心像素值与该区域里的最大值和最小值进行比较,然后将中心像素值用与其较接近的极值(最大值或最小值)替换。

最大-最小锐化变换 S 定义为

$$S[f(x,y)] = \begin{cases} g_{\max}(x,y) & \text{如果 } g_{\max}(x,y) - f(x,y) \leqslant f(x,y) - g_{\min}(x,y) \\ g_{\min}(x,y) & \text{其他} \end{cases}$$

$$(3.4.11)$$

在图像增强中,可将这个计算过程迭代进行:

$$S^{n+1}[f(x,y)] = S\{S^n[f(x,y)]\} \qquad (3.4.12)$$

3. 锐化滤波模板的通用性质

还有一些其他锐化滤波模板可实现对图像锐化的结果,但它们都具有以下性质。

(1) 零位移

锐化滤波模板通过检测和加强图像中对应边缘的部分来增强图像的视觉效果,但不应该改变图像中边缘的位置。一阶微分滤波模板应是反(anti)对称的[Jähne 1997]。因为锐化滤波需要用两个分别沿 X 和 Y 方向的模板,所以反对称的卷积模板 $G_X(x,y)$ 和 $G_Y(x,y)$ 分别应该满足:

$$G_X(-x,y) = -G_X(x,y) \qquad (3.4.13)$$

$$G_Y(x,-y) = -G_Y(x,y) \qquad (3.4.14)$$

如果卷积模板中的系数个数是奇数,则处在中心的系数应为 0。以图 3.2.1(b) 中的模板为例,如果用于沿 X 方向,应有 $k_4 = -k_2, k_5 = -k_1, k_6 = -k_8$;如果用于沿 Y 方向,应有 $k_4 = -k_6, k_3 = -k_7, k_2 = -k_8$。这实际上就是图 3.4.7 给出的一对模板。

(2) 消除均值(suppression of mean value)

任意阶的微分滤波模板都不应该对常数值有响应。这个条件指所有系数的和应该为 0,即

$$\sum_{i=0}^{N-1} k_i = 0 \qquad (3.4.15)$$

(3) 对称性质

零位移的条件暗示一阶微分算子一般有奇数个(反)对称的系数。这样,沿一个方向的卷积计算可简化为

$$g_i = \sum_{j=1}^{N} k_j (f_{i-j} - f_{i+j}) \qquad (3.4.16)$$

对 $2r+1$ 个模板系数,只需要 r 次乘法。但加法的次数仍是 $2r-1$。

3.4.3 线性和非线性混合滤波

线性滤波和非线性滤波各有优点和缺点,实际中也常将它们结合使用,以取长补短。下面给出一个结合线性和非线性滤波以加快运算的方法。

当使用比较大尺寸的模板时,实现非线性滤波会需要很大的计算量。解决这个问题的一种方法是结合使用线性滤波(一般比较快速)和非线性滤波(如排序统计滤波),使组合后滤波的效果接近所期望的要求,但在计算复杂度方面有较大改进[Dougherty 1994]。

在**混合滤波**中,常将线性滤波运算和中值滤波运算混合串联起来,先对较大的区域进行计算量较小的线性滤波操作,然后再计算线性滤波输出的中值,作为混合滤波的最终输出。

考虑一个 1-D 信号 $f(i)$。用子结构 $H_1, H_2, \cdots, H_M$ 组成的线性中值混合滤波定义为

$$g(i) = \mathrm{MED}[H_1(f(i)), H_2(f(i)), \cdots, H_M(f(i))] \qquad (3.4.17)$$

式中，$H_1, H_2, \cdots, H_M$（M 为奇数）是线性滤波模板。选择子滤波模板 H_i 使得在噪声消除和保留信号间取得一个可接受的妥协，并保持 M 足够小以简化计算。作为一个例子，考虑下面的结构：

$$g(i) = \text{MED}[H_\text{L}(f(i)), H_\text{C}(f(i)), H_\text{R}(f(i))] \tag{3.4.18}$$

式中，滤波模板 H_L、H_C 和 H_R 都是平滑滤波模板。下标 L、C 和 R 分别代表左、中、右，指示相对于当前输出值的滤波模板的对应位置，如图 3.4.8 所示。

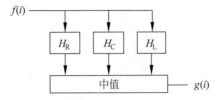

图 3.4.8 利用子滤波模板实现基本的线性和中值混合滤波

最简单的结构包括使用相同的平均滤波模板 H_L 和 H_R 以及直通的模板 $H_\text{C}[f(i)] = f(i)$。此时整个滤波运算可表示为

$$g(i) = \text{MED}\left[\frac{1}{k}\sum_{i=1}^{k} f(i-k), f(i), \frac{1}{k}\sum_{i=1}^{k} f(i+k)\right] \tag{3.4.19}$$

用这样的结构进行滤波与采用标准的中值有很相似的滤波效果，但计算要快得多。如果利用**迭代游程求和**，它的计算复杂度与窗口尺寸无关，是一个常数。

在实际的 2-D 图像应用中，常取子滤波模板的个数为 5。例如，下列滤波运算

$$g(x, y) = \text{MED}\left\{\frac{1}{2}[f(x, y-2) + f(x, y-1)], \frac{1}{2}[f(x, y+1) + f(x, y+2)], f(x, y),\right.$$

$$\left.\frac{1}{2}[f(x+2, y) + f(x+1, y)], \frac{1}{2}[f(x-1, y) + f(x-2, y)]\right\} \tag{3.4.20}$$

对应图 3.4.9(a)所示的模板。图 3.4.9(b)和(c)给出其他两个典型的模板。

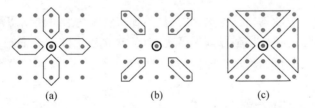

(a)　　　　　　　(b)　　　　　　　(c)

图 3.4.9 用于线性和中值混合滤波的模板

3.5　局 部 增 强

以上几节在介绍增强方法时都把一幅图像作为一个整体，在计算变换或滤波参数时都基于整幅图像的统计量，并对整幅图进行统一增强操作。在实际应用中常常需要对图像某些局部区域的细节进行增强。这些局部区域内的像素数量相对于整幅图的像素数量往往较小，在计算整幅图的变换或滤波参数时其影响常被忽略掉，而用从整幅图算得的变换或滤波参数并不能保证在这些所关心的局部区域都得到所需要的增强效果。

为解决这类问题,需要根据所关心的局部区域的特性来计算变换或滤波参数,并将结果仅用于所关心的局部区域,以得到所需的相应的局部增强效果。由此可见,**局部增强**方法比全局增强方法在具体进行增强操作前多了一个选择确定局部区域的步骤,而对每个局部区域仍可采用前几节介绍的增强方法进行增强。

1. 直方图变换局部增强

直方图变换是空域增强中最常采用的方法,它也很容易用于图像的局部增强。只需先将图像分成一系列小区域(子图像),此时直方图均衡化或规定化都可以基于小区域内的像素分布进行,从而使得各个小区域得到不同的增强效果。由于增强是对各个局部区域分别进行的,增强效果在小区域的边界上有可能不协调,所以实际中常将图像划分成为有些互相重叠的小区域以减小这种影响。

例 3.5.1 局部均衡化增强示例

局部增强常用于一些要求特定增强效果的场合,一个示例如图 3.5.1 所示。图(a)为一幅整体灰度偏暗的图像,图(b)为用全局直方图均衡化得到的结果。由图(b)可见,均衡化以后,整图的对比度会增加较多,但同时噪声也被放大了许多倍。换句话说,原图像中一些灰度值仅有小起伏的区域现在变得黑白分明,比较生硬。图(c)为将原图分为互不重叠的尺寸为 7×7 的子图像,然后进行局部直方图均衡化得到的结果,整个图像与图(b)比较相对柔和。

(a)   (b)   (c)

图 3.5.1 局部增强效果示例

与前面介绍的直方图均衡化方法相比,虽然那里均衡化后可使动态范围增加,但增强图像中的灰度级数并不会相较增强以前变得更多,只是灰度级间的距离增加。而局部增强在增加动态范围的同时也可以增加全图中的灰度级数,避免了像素间的生硬过渡,视觉效果较柔和。

2. 基于均值和方差的局部增强

局部增强除可借助先将图像分成子图像再对每个子图像分别增强外,也可在对整幅图像增强时直接利用局部信息以实现对不同的局部或不同的像素进行不同的增强。这里常用的局部信息主要是每个像素的邻域内所有像素的灰度均值和灰度方差,其中灰度均值是一个平均亮度的测度,而灰度方差是一个亮度反差(对比度)的测度。一种简单的方法是利用灰度均值和灰度方差来选择需增强的像素。例如,设需要增强图像 $f(x,y)$ 中灰度比较大但方差比较小的区域,可借助下式对每个像素进行计算来得到输出图 $g(x,y)$:

$$g(x,y) = \begin{cases} Ef(x,y) & M \leqslant km(x,y) \text{ 且 } \sigma(x,y) \leqslant lS \\ f(x,y) & \text{其他} \end{cases} \tag{3.5.1}$$

式中,$m(x,y)$ 和 $\sigma(x,y)$ 分别是以像素 (x,y) 为中心的邻域内像素的灰度均值和均方差值;

M 是 $f(x,y)$ 的灰度均值；S 是 $f(x,y)$ 的均方差值；k 和 l 都是比例常数（可都取＜0.5）；E 是增强系数（＞2）。逻辑运算前的不等式用于选择相对于全图比较亮的区域，逻辑运算后的不等式用于选择相对于全图方差比较小的区域。

另一种常用的方法也是利用每个像素的邻域内所有像素的均值和方差这两个特性进行的。具体来说，如要把输入图 $f(x,y)$ 根据各个像素的邻域特性增强成输出图 $g(x,y)$，需要在每个像素位置 (x,y) 进行如下变换：

$$g(x,y) = A(x,y)[f(x,y) - m(x,y)] + m(x,y) \tag{3.5.2}$$

其中

$$A(x,y) = k\frac{M}{\sigma(x,y)} \qquad 0 < k < 1 \tag{3.5.3}$$

称为**局部增益函数**。

在以上两式中，$m(x,y)$、$\sigma(x,y)$、M 和 k 的意义均如前。注意 $A(x,y)$、$m(x,y)$ 和 $\sigma(x,y)$ 的值都与所选邻域的位置和大小有关。将 $A(x,y)$ 与 $f(x,y)$ 和 $m(x,y)$ 的差值相乘能放大图像的局部变化。因为 $A(x,y)$ 反比于均方差，所以在图像中对比度较小的区域得到的增益反而较大，这样就可以取得局部对比度增强的效果。式(3.5.2)中最后又将 $m(x,y)$ 加回去是为了恢复原区域的平均灰度值。实际中为了平衡图像中孤立区域里灰度值的偏移，常常只将 $m(x,y)$ 的一部分（如乘以一个小于1的常数）加回去，并将 $A(x,y)$ 限制在一定的范围内。

总结和复习

为更好地学习，下面对各小节给予概括小结并提供一些进一步的参考资料；另外给出一些思考题和练习题以帮助复习（文后对加星号的题目还提供了解答）。

1. 各节小结和文献介绍

3.1 节概括介绍了像素间的联系，包括像素的邻域，像素间的邻接、连接和连通，以及像素间的距离等概念。城区距离和棋盘距离都是数字图像中特有的，它们的特点在等距离轮廓中表现得比较明显。在正方形像素间的连接中，除了 4-连接和 8-连接外，有时还需要使用 m-连接[章 2006b]；如果将 4-邻域和 8-邻域扩展到 16-邻域，则还需要使用 M-连接[章 2000c]。另外，对距离的讨论还可见文献[Basseville 1989]，对范数的详细讨论可见文献[数 2000]。

3.2 节讨论模板运算（包括模板卷积和模板排序），其中特别介绍了在图像边界处进行模板操作时所要采取的方法，这是在实际应用中会遇到的具体问题。考虑到模板运算是一种通用的手段，所以对它可实现的增强功能进行了概述，最后对利用模板操作可实现的图像空域增强技术进行了分类。本节内容在各种图像书籍（如文献[Pratt 2007]、[Gonzalez 2008]）中均有介绍。

3.3 节讨论线性滤波的原理和基本方法。这里滤波是指那些借助模板进行的、利用像素及其邻域像素性质的图像处理方法。线性滤波的方法很多，除了本节介绍的一些常用典型技术外，还可参见各种图像处理教材，如[Pratt 2007]、[Gonzalez 2008]、[Zhang 2009b]等。

3.4 节讨论非线性滤波的原理和基本方法。非线性滤波与线性滤波既有联系也有区别,功能和效果也不尽相同。本节主要介绍了对消除灰度图像中脉冲噪声比较有效的中值滤波,对二值图像的中值滤波可见文献[Marchand 2000],一种基于比特的快速中值滤波方法可见文献[Davies 2005]、[Davies 2012]。更多的非线性滤波器可见文献[Mitra 2001],利用各向异性扩散(anisotropic diffusion)进行图像增强可见文献[Nikolaidis 2001]。将不同的滤波器相结合可以取长补短。除这里介绍的结合线性和非线性滤波以减少运算量并保持滤波效果的方法外,5.2.5 小节还将介绍一种根据噪声类型选择对应的有效滤波器以发挥它们的各自特点提高滤波效果的方法。另一个混合滤波器的实例可见文献[王 2012]。

3.5 节介绍的局部增强方案并不是一种独立的图像增强方案,它是对已有增强技术的一种扩展应用。由于它利用的是图像里局部区域的统计特性,因此其增强效果会在所关心的局部区域更明显和有效。

2. 思考题和练习题

3-1 设有两个图像子集如图题 3-1 所示,如果 $V=\{1\}$,判断:

(1) 子集 P 和子集 Q 是否:①4-邻接;②8-邻接。

(2) 子集 P 和子集 Q 是否:①4-连接;②8-连接。

(3) 子集 P 和子集 Q 是否:①4-连通;②8-连通。

(4) 如果将子集 P 和子集 Q 以外的所有像素看成另一个子集 R,子集 P 和子集 Q 是否与子集 R:①4-连接;②8-连接。

*3-2 考虑如图题 3-2 所示图像子集:

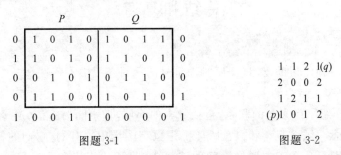

图题 3-1   图题 3-2

(1) 令 $V=\{0,1\}$,计算 p 和 q 之间 4-连通路径和 8-连通路径的长度;

(2) 令 $V=\{1,2\}$,仍计算上述两个长度。

3-3 空间滤波器在具体实现时需要让模板的中心移过图像中的每个位置,计算模板系数和对应像素的乘积并对它们求和。对所有模板系数均为 1 的低通滤波器,可使用称为盒滤波器或移动平均的算法程序,即每次只计算在模板移动中其值变化的部分。

(1) 写出对一个 $n\times n$ 的滤波器实现上述快速算法的主要步骤。

(2) 用直接算法和用上述快速算法所需的计算次数之比称为计算效益。忽略图像边界的影响,计算当 n 为 3~11 的奇数时的计算效益,并画出计算效益为 n 的函数的曲线。注意 $1/n^2$ 的尺度系数对两种算法是公共的,所以这里可不考虑。

3-4 将小尺寸的模板反复使用,相当于用对应小尺寸的模板进行卷积得到的结果去进行滤波,所以可以得到加权大尺寸模板的效果。现在考虑有两个 3×3 的平均滤波器模板,计算其效果与将它们依次使用所对应的加权大尺寸模板。

3-5 将 M 幅图像相加求平均可以起到消除噪声的效果,用一个 $n \times n$ 的模板进行平滑滤波也可以起到消除噪声的效果,试比较这两种方法的消噪效果。

3-6 讨论用于空间滤波的平滑滤波器和锐化滤波器的相同点、不同点以及联系。

*3-7 设有从图像中获得的一个 1-D 剖面:0 0 1 2 2 3 4 9 5 6 6 7 8 8 9。

(1) 使用一个有 3 个元素的模板对该 1-D 剖面进行中值滤波,给出滤波结果。

(2) 从滤波结果看,中值滤波除可消除脉冲噪声还有什么特点?

3-8 试给出与图 3.4.8(b)和(c)两个模板的滤波运算对应的表达式。

3-9 考虑先将一幅灰度图像用 3×3 平均滤波器平滑一次,再进行如下增强:

$$g(x,y) = \begin{cases} G[f(x,y)] & G[f(x,y)] \geqslant T \\ f(x,y) & \text{其他} \end{cases}$$

其中,$G[f(x,y)]$ 是 $f(x,y)$ 在 (x,y) 处的梯度;T 是非负的阈值。

(1) 比较原始图像和增强图像,在哪些地方图像会得到增强?

(2) 改变阈值 T 的数值,这会对增强效果带来哪些影响?

3-10 考虑如下的增强算法:在每个像素位置,计算其水平方向上左边一个和右边一个位置的两个像素的灰度差 H,计算其垂直方向上高一个和低一个位置的两个像素的灰度差 V。如果 $V > H$,将该像素的灰度变为水平方向上两个像素的灰度和的平均值,否则,将该像素的灰度变为垂直方向上两个像素的灰度和的平均值。

(1) 讨论该算法的效果特点。

(2) 如果反复利用该算法,可获得什么效果?

3-11 给定如下 2-D 原始图像(令左上角像素的坐标为 $(0,0)$),假设取 $k=0.6$,邻域取 3×3,计算 $(1,1)$,$(2,2)$ 和 $(3,3)$ 点经局部增强后的灰度值。

$$\begin{matrix} 14 & 11 & 21 & 16 & 20 \\ 24 & 32 & 64 & 32 & 24 \\ 25 & 26 & 40 & 32 & 30 \\ 32 & 30 & 33 & 30 & 32 \\ 11 & 33 & 22 & 11 & 22 \end{matrix}$$

3-12 如果仅需要增强图像中灰度比较小且方差也比较小的区域,此时可根据下式进行:

$$g(x,y) = \begin{cases} Ef(x,y) & M_w \leqslant aM_f \quad \text{且} \quad bS_f \leqslant S_w \leqslant cS_f \\ f(x,y) & \text{其他} \end{cases}$$

式中,a、b、c、E 均为系数(一般 $a < 0.5, b < c < 0.5, 2 < E < 5$),$M_w$ 和 S_w 分别是以 (x,y) 为中心的图像窗口 W(常可取 3×3)中的灰度均值和灰度方差,M_f 和 S_f 分别是图像 $f(x,y)$ 的灰度均值和灰度方差。逻辑运算前的不等式用于选择相对于全图比较偏暗的区域,逻辑运算后的不等式用于选择相对于全图方差比较小的区域。

(1) 分析上述增强方法的原理,为什么两个不等式可帮助选择不同区域?

(2) 如果需要增强图像中灰度比较大但方差比较小的区域,应如何调整上式,各系数如何选?

第4章 频域图像增强

前两章对图像的加工都是在图像空间直接进行的。另外,也可以考虑先将图像变换到其他空间里再进行加工。这些利用变换以后空间的方法称为基于**变换域**的方法。在变换空间的增强过程包括3个步骤:

(1) 将图像从图像空间转换到变换域空间;

(2) 在变换域空间中对图像进行增强;

(3) 将增强后的图像再从变换域空间转换到图像空间。

最常用的变换空间是频域空间,所采用的变换是傅里叶变换。在频域空间,图像的信息表现为不同频率分量的组合。如果能让不同频率范围内的分量受到不同的抑制,即进行不同的滤波,就可以改变输出图的频率分布,达到不同的增强目的。

根据上述的讨论,本章各节将安排如下。

4.1节先分析频域技术的原理,主要讨论频域图像增强所涉及的步骤。

4.2节概况傅里叶变换及其性质,借助傅里叶变换可将图像转换到频域,从而进行频域增强。

4.3节介绍低通滤波和高通滤波,它们可以分别保留图像中的低频分量而除去高频分量或保留图像中的高频分量而除去低频分量。

4.4节介绍带通和带阻滤波,它们是互补的,也可看作低通滤波或高通滤波的一般形式。

4.5节介绍的同态滤波是一种特殊的频域增强滤波,它同时将图像亮度范围进行压缩和将图像对比度进行增强。

4.1 频域技术原理

使用频域技术的初衷是要利用频域空间的特殊性质来获得对图像更好更快地增强的结果。在频域空间的增强借助频域滤波器来实现,设计滤波器就是要确定其可以滤除的频率和可以保留的频率。在频域中分析图像的频率成分与图像的视觉效果间的对应关系比较直观,有些在图像空间比较难以表述的图像增强任务可以比较简单地在频域中表述,所以在频域里设计滤波器比较直接。另外,将图像转换到频域空间的傅里叶变换有快速算法,有些频域增强任务可以更快地实现。

1. 频域增强步骤

如果将图像从图像空间转换到频域空间所需的变换用 T 表示(反变换用 T^{-1} 表示),将在频域空间对图像进行增强加工的操作仍用 E_H 表示,则要将 $f(x,y)$ 增强成 $g(x,y)$ 可表示为

$$g(x,y) = T^{-1}\{E_H[T[\ f(x,y)\ ]]\} \tag{4.1.1}$$

卷积理论是频域技术的基础。设函数 $f(x,y)$ 与线性位不变算子 $h(x,y)$ 的卷积结果是 $g(x,y)$，即 $g(x,y)=h(x,y)\otimes f(x,y)$，那么根据卷积定理在频域有

$$G(u,v) = H(u,v)F(u,v) \qquad (4.1.2)$$

式中，$G(u,v)$、$H(u,v)$、$F(u,v)$ 分别是 $g(x,y)$、$h(x,y)$、$f(x,y)$ 的傅里叶变换。根据线性系统理论，$H(u,v)$ 是**转移函数**。

在具体的增强应用中，$f(x,y)$ 是给定的输入图像，需要确定的是 $H(u,v)$。确定出 $H(u,v)$ 后，具有所需特性的 $g(x,y)$ 就可由式(4.1.2)算出 $G(u,v)$ 后而得到

$$g(x,y) = T^{-1}\big[H(u,v)F(u,v)\big] \qquad (4.1.3)$$

根据以上讨论，在频域中进行增强的操作是相当直观的，其 3 个步骤为

(1) 计算需增强图像的傅里叶变换；

(2) 将其与一个(根据需要设计的)转移函数相乘；

(3) 再将结果进行傅里叶反变换以得到增强的图像。

转移函数的设计要根据增强目的进行，其基本思路是要允许一定频率通过(保留某些频率分量)，限制或消减另外一些频率(消除某些频率分量)。利用这样设计出来的转移函数构成滤波器对图像进行滤波就可得到需要的增强效果。常用频域增强方法根据滤波的方式和特点，特别是要消除或保留的频率分量可以分为：①低通滤波；②高通滤波；③带阻滤波；④带通滤波；⑤同态滤波。这些将在后面几节分别进行介绍。

2. 频域技术与空域技术

频域增强技术与前两章介绍的空域增强技术有密切的联系。一方面，频域中滤波器的转移函数和空域中的脉冲响应函数或点扩散函数构成傅里叶变换对，所以空域滤波与频域滤波有对应的关系。频域中的滤波有可能在空域中实现，空域中的滤波也有可能在频域中实现。另一方面，因为用频率分量来分析增强的原理比较直观，所以在频域设计滤波器比较方便，事实上许多空域增强技术是借助频域概念来分析和帮助设计的。换句话说，实际中可先在频域对滤波器进行设计，然后对其进行反变换，得到空域中对应的滤波器，再借此结果指导对空域滤波器模板的设计。

当然，空域技术和频域技术还是有一些区别的。例如，空域技术中无论使用点操作还是模板操作，每次都只是基于图像中部分像素的性质，而频域技术每次都利用图像中所有像素的数据，所以图像频谱具有全局的性质，有可能更好地体现图像的整体特性，如整体对比度和平均灰度值等。但是，频域增强不是逐个像素进行的，从这点来讲它不像空域增强那么直接。另外，空域滤波在具体实现上和硬件设计时都有一些优点。虽然如果两个域内的滤波器具有相同的尺寸，那么借助快速傅里叶变换在频域中进行滤波一般效率更高，但是，在空域常可以使用尺寸较小的滤波器来取得与在频域使用较大的滤波器相似的滤波效果，所以计算量也有可能反而较小。

4.2　傅里叶变换

傅里叶变换是可分离和正交变换(见 10.1 节)中的一个特例，对图像的傅里叶变换将图像从图像空间变换到频率空间，从而可利用傅里叶频谱特性进行图像处理。从 20 世纪 60 年代傅里叶变换的快速算法提出来以后，傅里叶变换在信号处理和图像处理中都得到了广

泛的使用。

4.2.1 2-D 傅里叶变换

一般 1-D 傅里叶变换在信号处理课程中已有详细介绍,所以直接介绍 2-D 傅里叶变换。

1. 变换定义

2-D 图像 $f(x,y)$ 的正反傅里叶变换分别定义如下(其中 u 和 v 均为频率变量):

$$F(u,v) = \frac{1}{N} \sum_{x=0}^{N-1} \sum_{y=0}^{N-1} f(x,y) \exp[-j2\pi(ux+vy)/N] \quad u,v = 0,1,\cdots,N-1$$

$$(4.2.1)$$

$$f(x,y) = \frac{1}{N} \sum_{u=0}^{N-1} \sum_{v=0}^{N-1} F(u,v) \exp[j2\pi(ux+vy)/N] \quad x,y = 0,1,\cdots,N-1$$

$$(4.2.2)$$

一个 2-D 离散函数的平均值可用下式表示:

$$\overline{f}(x,y) = \frac{1}{N^2} \sum_{x=0}^{N-1} \sum_{y=0}^{N-1} f(x,y) \tag{4.2.3}$$

如将 $u=v=0$ 代入式(4.2.1),可以得到

$$F(0,0) = \frac{1}{N} \sum_{x=0}^{N-1} \sum_{y=0}^{N-1} f(x,y) \tag{4.2.4}$$

比较以上两式可得

$$\overline{f}(x,y) = \frac{1}{N} F(0,0) \tag{4.2.5}$$

即一个 2-D 离散函数的傅里叶变换在原点的值(零频率分量)与该函数的均值成正比。

2-D 傅里叶变换的频谱(幅度函数)、相位角和功率谱(频谱的平方)定义如下:

$$|F(u,v)| = [R^2(u,v) + I^2(u,v)]^{1/2} \tag{4.2.6}$$

$$\phi(u,v) = \arctan[I(u,v)/R(u,v)] \tag{4.2.7}$$

$$P(u,v) = |F(u,v)|^2 = R^2(u,v) + I^2(u,v) \tag{4.2.8}$$

其中 $R(u,v)$ 和 $I(u,v)$ 分别为 $F(u,v)$ 的实部和虚部。

例 4.2.1 2-D 图像函数和傅里叶频谱的显示

参见图 4.2.1,图(a)给出一个 2-D 图像函数的透视图。这个函数在以原点为中心的一个正方形内为正值常数,而在其他地方为 0。图(b)给出它的灰度图显示。图(c)给出这个 2-D 图像函数傅里叶频谱幅度的灰度图显示。

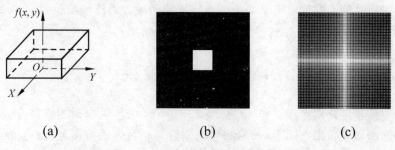

(a)   (b)   (c)

图 4.2.1 2-D 图像函数和傅里叶频谱的显示

上例中的 2-D 图像函数可借助 1-D **单位矩形函数** rect(·)来表示。rect(·)可定义为

$$\text{rect}(x) = \begin{cases} 1 & |x| < 1/2 \\ 0 & |x| > 1/2 \end{cases} \tag{4.2.9}$$

在 2-D 时, rect(· , ·)代表 2-D sinc 函数的傅里叶变换:

$$\text{rect}(x,y) = \text{rect}(x)\text{rect}(y) \tag{4.2.10}$$

例 4.2.2 灰度图像和它的傅里叶频谱实例

图 4.2.2(a)和(b)分别给出一幅灰度图像和它的傅里叶频谱。频谱中的垂直亮线源于图像中比较多的水平边缘。

 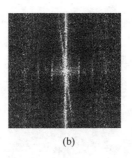

(a)   (b)

图 4.2.2 灰度图像和傅里叶频谱

2. 变换核

回到式(4.2.1)和式(4.2.2), $\{\exp[-j2\pi(ux+vy)/N]\}/N$ 和 $\{\exp[j2\pi(ux+vy)/N]\}/N$ 分别称为傅里叶变换的正向变换核和反向变换核。这两个变换核只依赖于 x、y、u、v 而与 $f(x,y)$ 或 $F(u,v)$ 的值无关。

傅里叶变换的正向变换核和反向变换核都具有可分离性(见 10.1 节),即有(ux 和 vy 可分开)

$$\frac{1}{N}\exp[-j2\pi(ux+vy)/N] = \frac{1}{\sqrt{N}}\exp[-j2\pi ux/N]\frac{1}{\sqrt{N}}\exp[-j2\pi vy/N]$$
$$\tag{4.2.11}$$

$$\frac{1}{N}\exp[j2\pi(ux+vy)/N] = \frac{1}{\sqrt{N}}\exp[j2\pi ux/N]\frac{1}{\sqrt{N}}\exp[j2\pi vy/N] \tag{4.2.12}$$

由上两式还可看到,分离后的两部分函数形式一样,即傅里叶变换的正反向变换核都是对称的。具有可分离且对称变换核的 2-D 傅里叶变换可分解成两个步骤计算,每个步骤用一个 1-D 变换。

下面仅介绍正向变换的具体分解实现(参见图 4.2.3)。将式(4.2.11)代入式(4.2.1),首先沿 $f(x,y)$ 的每一列进行 1-D 变换得到

$$F(x,v) = \frac{1}{\sqrt{N}}\sum_{y=0}^{N-1} f(x,y)\exp[-j2\pi vy/N] \quad x,v = 0,1,\cdots,N-1 \tag{4.2.13}$$

然后沿 $F(x,v)$ 的每一行进行 1-D 变换得到

$$F(u,v) = \frac{1}{\sqrt{N}}\sum_{x=0}^{N-1} F(x,v)\exp[-j2\pi ux/N] \quad u,v = 0,1,\cdots,N-1 \tag{4.2.14}$$

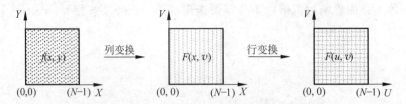

图 4.2.3 由 2 步 1-D 变换计算 2-D 变换

4.2.2 傅里叶变换定理

设图像空间的 $f(x,y)$ 和频域空间的 $F(u,v)$ 构成一对变换,即

$$f(x,y) \Leftrightarrow F(u,v) \tag{4.2.15}$$

则有以下一些基本定理成立。

1. 平移定理

平移定理可写成(a、b、c 和 d 均为标量)

$$f(x-a,y-b) \Leftrightarrow \exp[-j2\pi(au+bv)/N]F(u,v) \tag{4.2.16}$$

$$F(u-c,v-d) \Leftrightarrow \exp[j2\pi(cx+dy)/N]f(x,y) \tag{4.2.17}$$

式(4.2.16)对应图像空间的原点平移,表示将 $f(x,y)$ 在空间平移相当于把其变换在频域与一个指数项相乘,式(4.2.17)对应频域的原点平移,表示将 $f(x,y)$ 在图像空间与一个指数项相乘相当于把其变换在频域平移。另外从式(4.2.16)可知,对 $f(x,y)$ 的平移不影响其傅里叶变换的幅值;类似地从式(4.2.17)可知,对 $F(u,v)$ 的平移不影响其图像空间反变换的幅值。

2. 旋转定理

旋转定理反映了傅里叶变换的旋转性质。首先借助极坐标变换 $x=r\cos\theta$,$y=r\sin\theta$,$u=w\cos\phi$,$v=w\sin\phi$,将 $f(x,y)$ 和 $F(u,v)$ 转换为 $f(r,\theta)$ 和 $F(w,\phi)$。直接将它们代入傅里叶变换对得到(θ_0 为旋转角度)

$$f(r,\theta+\theta_0) \Leftrightarrow F(w,\phi+\theta_0) \tag{4.2.18}$$

上式表明,对 $f(x,y)$ 旋转 θ_0 对应于将其傅里叶变换 $F(u,v)$ 也旋转 θ_0。类似地,对 $F(u,v)$ 旋转 θ_0 也对应于将其傅里叶反变换 $f(x,y)$ 旋转 θ_0。

例 4.2.3 傅里叶变换旋转性质示例

参见图 4.2.4,图(a)给出一幅 2-D 图像,它的傅里叶频谱幅度的灰度图见图(b)。图(c)给出将图(a)的图像旋转 45°的结果,它的傅里叶频谱幅度的灰度图见图(d)。由这些图可见,将图像在图像空间旋转一定的角度,其傅里叶变换则在频谱空间旋转相应的度数。

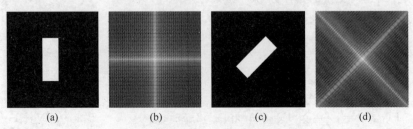

(a)　　　　　　(b)　　　　　　(c)　　　　　　(d)

图 4.2.4 傅里叶变换旋转性质示例

3. 尺度定理

尺度定理也称相似定理［Bracewell 1995］,它给出傅里叶变换在尺度(放缩)变化时的性质,可用以下两式表示(其中 a 和 b 均为标量):

$$af(x,y) \Leftrightarrow aF(u,v) \tag{4.2.19}$$

$$f(ax,by) \Leftrightarrow \frac{1}{|ab|}F\left(\frac{u}{a},\frac{v}{b}\right) \tag{4.2.20}$$

上两式表明,对 $f(x,y)$ 在幅度方面的尺度变化导致对其傅里叶变换 $F(u,v)$ 在幅度方面的对应尺度变化,而对 $f(x,y)$ 在空间尺度方面的放缩则导致对其傅里叶变换 $F(u,v)$ 在频域尺度方面的相反放缩。式(4.2.20)还表明,对 $f(x,y)$ 的收缩(对应 $a>1$, $b>1$)不仅导致 $F(u,v)$ 的膨胀,而且会使 $F(u,v)$ 的幅度减小。

例 4.2.4 傅里叶变换尺度性质示例

图 4.2.5(a)和(b)分别给出一幅 2-D 图像和它的傅里叶频谱幅度图。将这两图与图 4.2.1(b)和(c)进行对比可见,对图像中为正值常数的正方形的收缩导致了其傅里叶频谱网格在频谱空间的增大,同时傅里叶频谱的幅度也减小了。

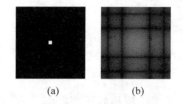

(a)　　　　(b)

图 4.2.5　傅里叶变换尺度性质示例

4. 剪切定理

剪切定理描述傅里叶变换在剪切变化时的性质。对 $f(x,y)$ 的纯剪切会导致 $F(u,v)$ 在正交方向上的纯剪切,所以对水平剪切和垂直剪切分别有

$$f(x+by,y) \Leftrightarrow F(u,v-bu) \tag{4.2.21}$$

$$f(x,y+dx) \Leftrightarrow F(u-dv,v) \tag{4.2.22}$$

例 4.2.5 傅里叶变换剪切性质示例

参见图 4.2.6,图(a)和(b)分别给出一幅 2-D 图像和它的傅里叶频谱幅度图;图(c)和(d)分别给出对图(a)进行水平剪切后的图像和它的傅里叶频谱幅度图;图(e)和(f)分别给出对图(a)进行垂直剪切后的图像和它的傅里叶频谱幅度图。频谱图中的亮线与对应图像中的边缘线正交。

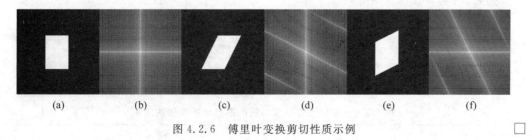

(a)　　　　(b)　　　　(c)　　　　(d)　　　　(e)　　　　(f)

图 4.2.6　傅里叶变换剪切性质示例

两个方向的剪切也可以结合成组合剪切,例如:

$$f(x+by,y+dx) \Leftrightarrow \frac{1}{|1-bd|}F\left(\frac{u-dv}{1-bd},\frac{-bu+v}{1-bd}\right) \tag{4.2.23}$$

采用矩阵表达形式,用矢量 $\boldsymbol{x}$ 表示 (x,y),用矢量 $\boldsymbol{x}'$ 表示 (x',y'),则组合剪切的坐标变换可写为

$$x' = \begin{bmatrix} 1 & b \\ d & 1 \end{bmatrix} x \qquad\qquad (4.2.24)$$

对水平剪切，变换矩阵为 $\begin{bmatrix} 1 & b \\ 0 & 1 \end{bmatrix}$ 或 $\begin{bmatrix} 1 & \tan s \\ 0 & 1 \end{bmatrix}$，对垂直剪切，变换矩阵为 $\begin{bmatrix} 1 & 0 \\ d & 1 \end{bmatrix}$ 或 $\begin{bmatrix} 1 & 0 \\ \tan t & 1 \end{bmatrix}$，其中角度 s 和 t 如图 4.2.7 单位正方形受到的各种剪切中所示，其中图(a)为水平剪切，图(b)为垂直剪切，图(c)为组合剪切，图(d)为先水平剪切后垂直剪切，图(e)为先垂直剪切后水平剪切。

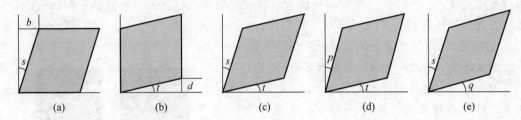

图 4.2.7 单位正方形受到各种剪切后的效果

先水平剪切后垂直剪切可表示为

$$\begin{bmatrix} 1 & 0 \\ d & 1 \end{bmatrix}\begin{bmatrix} 1 & b \\ 0 & 1 \end{bmatrix} = \begin{bmatrix} 1 & b \\ d & 1+bd \end{bmatrix} \qquad\qquad (4.2.25)$$

而先垂直剪切后水平剪切可表示为

$$\begin{bmatrix} 1 & b \\ 0 & 1 \end{bmatrix}\begin{bmatrix} 1 & 0 \\ d & 1 \end{bmatrix} = \begin{bmatrix} 1+bd & b \\ d & 1 \end{bmatrix} \qquad\qquad (4.2.26)$$

可见将简单的剪切操作依次使用会产生不同的结果。用矩阵的语言来说，矩阵相乘的次序是不能交换的。组合剪切的结果具有与简单剪切相同的倾斜角 s 和 t。在图 4.2.7(d) 中保持了 t，但产生了一个新角 p，在图 4.2.7(e) 中保持了 s，但产生了一个新角 q。角 p 和 q 由 $\tan(p) = b/(1+bd)$ 和 $\tan(q) = d/(1+bd)$ 确定。由于剪切不改变一个图形的面积，图 4.2.7 中所有变化后的图形仍具有单位面积。

例 4.2.6 单位正方形剪切计算

设开始时一个单位正方形的 4 个顶点中 A 点在坐标原点，B 点在 $(1,0)$，C 点在 $(1,1)$，D 点在 $(0,1)$。经过如图 4.2.7 的剪切后，A 点仍在原点，B、C、D 点的新坐标如所表 4.2.1 中所示。表 4.2.1 中还给出了原始水平边 AB、对角线 AC 和垂直边 AD 剪切后的斜率 S_{AB}、S_{AC}、S_{AD}。

表 4.2.1 单位正方形剪切后的顶点坐标和边的斜率

剪切类型	B	C	D	S_{AB}	S_{AC}	S_{AD}
(a)	$(1,0)$	$(1+b,1)$	$(b,1)$	0	$1/(1+b)$	$1/b$
(b)	$(1,d)$	$(1,1+d)$	$(0,1)$	d	$1+d$	∞
(c)	$(1,d)$	$(1+b,1+d)$	$(b,1)$	d	$(1+d)/(1+b)$	$1/b$
(d)	$(1,d)$	$(1+b,1+bd+d)$	$(b,1+bd)$	d	$(1+bd+d)/(1+b)$	$(1+bd)/b$
(e)	$(1+bd,d)$	$(1+b+bd,1+d)$	$(b,1)$	$d/(1+bd)$	$(1+d)/(1+b+bd)$	$1/b$

例 4.2.7 傅里叶变换组合剪切性质示例

参见图 4.2.8，图(a)和(b)分别给出一幅 2-D 图像和它的傅里叶频谱幅度图；图(c)和(d)分别给出对图(a)先进行水平剪切后进行垂直剪切得到的图像和它的傅里叶频谱幅度图；图(e)和(f)分别给出对图(a)先进行垂直剪切后进行水平剪切得到的图像和它的傅里叶频谱幅度图。

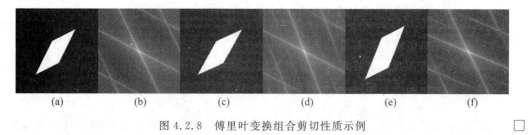

| (a) | (b) | (c) | (d) | (e) | (f) |

图 4.2.8　傅里叶变换组合剪切性质示例

5. 卷积定理

卷积定理指出两个函数在空间的卷积与它们的傅里叶变换在频域的乘积构成一对变换，而两个函数在空间的乘积与它们的傅里叶变换在频域的卷积构成一对变换：

$$f(x,y) \otimes g(x,y) \Leftrightarrow F(u,v)G(u,v) \tag{4.2.27}$$

$$f(x,y)g(x,y) \Leftrightarrow F(u,v) \otimes G(u,v) \tag{4.2.28}$$

6. 相关定理

相关定理指出两个函数在空间的相关与它们的傅里叶变换(其中一个为其复共轭)在频域的乘积构成一对变换，而两个函数(其中一个为其复共轭)在空间的乘积与它们的傅里叶变换在频域的相关构成一对变换：

$$f(x,y) \oplus g(x,y) \Leftrightarrow F^*(u,v)G(u,v) \tag{4.2.29}$$

$$f^*(x,y)g(x,y) \Leftrightarrow F(u,v) \oplus G(u,v) \tag{4.2.30}$$

如果 $f(x,y)$ 和 $g(x,y)$ 是同一个函数，称为自相关；而如果 $f(x,y)$ 和 $g(x,y)$ 不是同一个函数，则称为互相关。

4.2.3　快速傅里叶变换

傅里叶变换所需的计算量是很大的。直接进行一个 $N \times N$ 的 2-D 傅里叶变换需要 N^4 次复数乘法运算和 $N^2(N^2-1)$ 次复数加法运算，这相当于 $8N^4$ 次浮点运算。对一幅 512×512 的图像，就需要约 5×10^{11} 次运算。以使用一个 200MHz 的 Pentium Pro 处理器为例，它使用高级语言可提供的运算能力是 50MFLOPS(每秒 1×10^6 次浮点运算)，这样算来，对一幅 512×512 的图像进行傅里叶变换需要约 11000 秒或 3 个小时[Jähne 1997]。

实际中根据傅里叶变换的分离性可以只考虑 1-D 傅里叶变换的计算，因为 2-D 傅里叶变换可由连续两次 1-D 傅里叶变换得到。1-D 傅里叶变换可写为

$$\mathcal{F}\{f(x)\} = F(u) = \frac{1}{N}\sum_{x=0}^{N-1} f(x)\exp[-j2\pi ux/N] \quad u = 0,1,\cdots,N-1$$

$$\tag{4.2.31}$$

为计算式(4.2.31)中的求和，对 u 的 N 个值中的每一个都需进行 N 次复数乘法(将 $f(x)$ 与

$\exp[-\mathrm{j}2\pi ux/N]$相乘)和 $N-1$ 次加法,即复数乘法和加法的次数都正比于 N^2。注意到 $\exp[-\mathrm{j}2\pi ux/N]$可只计算一次然后存在一个表中以备查用,所以正确地分解式(4.2.31)可将复数乘法和加法的次数减少为正比于 $N\log_2 N$。这个分解过程称为**快速傅里叶变换**(FFT)算法。快速傅里叶变换算法与原始变换算法的计算量之比是 $\log_2 N : N$,当 N 比较大时,计算量的节省是相当可观的。

逐次加倍法(参见[章 1999b])是一种基本的快速傅里叶变换算法,利用这种算法,复数乘法的次数可由 N^2 减少为 $(N\log_2 N)/2$,而复数加法的次数可由 N^2 减少为 $N\log_2 N$。

4.3 低通和高通滤波

低通滤波和高通滤波的目的或功能相反,但**低通滤波器**和**高通滤波器**又具有对偶性。在以下讨论中仅考虑对 $F(u,v)$ 的实部和虚部影响完全相同的滤波函数。具有这种特性的滤波器称为零相移滤波器。

4.3.1 低通滤波

低通滤波是要保留图像中的低频分量而除去高频分量。图像中的边缘和噪声都对应图像傅里叶频谱中的高频部分,所以通过在频域中的低通滤波可以除去或削弱噪声的影响并模糊边缘轮廓,与空域中的平滑方法类似。要实现低通滤波需要设计一个合适的滤波转移函数 $H(u,v)$。

1. 理想低通滤波

一个 2-D **理想低通滤波器**的转移函数满足下列条件:

$$H(u,v) = \begin{cases} 1 & D(u,v) \leqslant D_0 \\ 0 & D(u,v) > D_0 \end{cases} \tag{4.3.1}$$

式中 D_0 是一个非负整数,也叫截断频率。$D(u,v)$ 是从点 (u,v) 到频率平面原点的距离,$D(u,v) = (u^2 + v^2)^{1/2}$。图 4.3.1(a)给出 $H(u,v)$ 的一个剖面图(设 $D(u,v)$ 对原点对称),图(b)给出 H 的一个透视图(相当于将图(a)剖面绕 $H(u,v)$ 轴旋转的结果)。这里理想是指小于 D_0 的频率可以完全不受影响地通过滤波器,而大于 D_0 的频率则完全通不过。尽管理想低通滤波器在数学上定义得很清楚,在计算机模拟中也可实现,但在截断频率处直上直下的理想低通滤波器是不能用实际的电子器件实现的。

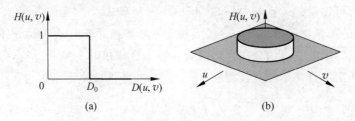

$$\text{(a)} \qquad\qquad \text{(b)}$$

图 4.3.1 理想低通滤波器转移函数的剖面图

2. 理想低通滤波的模糊

理想低通滤波器是"非物理"的滤波器,使用它来对图像进行滤波,其输出图像会变得模糊并有"振铃(ring)"现象/效应出现。这可借助卷积定理解释如下。

为简便,考虑1-D的情况。对一个理想低通滤波器$h(x)$,其一般形式可由求式(4.3.1)的傅里叶反变换得到,其曲线可见图4.3.2(a)。现设$f(x)$是一幅只有一个亮像素的简单图像,见图4.3.2(b)。这个亮点可看作一个脉冲的近似。在这种情况下,$f(x)$和$h(x)$的卷积实际上是把$h(x)$复制到$f(x)$中亮点的位置。比较图4.3.2(b)和(c)可明显看出卷积使原来清晰的点被模糊函数模糊了。对更为复杂的原始图,可以认为其中每个灰度值不为0的点都可看作是一个其值正比于该点灰度值的亮点,这样上述结论仍可成立。

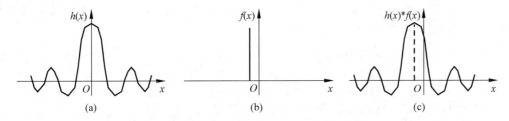

图4.3.2 理想低通滤波的空间模糊示意图

由图4.3.2(c)还可以看出$h(x,y)$在2-D图像平面上将显示出一系列同心圆环,一个示例见图4.3.3。

如对一个理想低通滤波器的$H(u,v)$求反变换,则可知道$h(x,y)$中同心圆环的半径反比于D_0。如果D_0较小,就会使$h(x,y)$产生数量较少但较宽的同心圆环,并使$g(x,y)$模糊得比较厉害。当增加D_0时,圆环就会变得数量较多但较窄,且$g(x,y)$的模糊减小。如果D_0超出$F(u,v)$的定义域,则$h(x,y)$在其对应的空间区域值为1,$h(x,y)$与$f(x,y)$的卷积仍是$f(x,y)$,这相当于没有滤波。

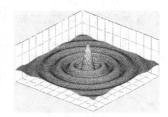

图4.3.3 理想低通滤波器的脉冲响应示例

例4.3.1 频域低通滤波所产生的模糊

图像中的大部分能量是集中在低频分量里的。如图4.3.4所示,图(a)为图1.1.1(a)的傅里叶频谱,其上所叠加圆周的半径分别为5、11、45和68。这些圆周内分别包含了原始图像中90%、95%、99%和99.5%的能量。若用R表示圆周半径,B表示图像能量百分比,则

$$B = 100 \times \left[\sum_{u \in R} \sum_{v \in R} P(u,v) \middle/ \sum_{u=0}^{N-1} \sum_{v=0}^{N-1} P(u,v) \right] \tag{4.3.2}$$

其中$P(u,v)$见式(4.2.8)。图(b)~图(e)分别为用截断频率由以上各圆周的半径确定的理想低通滤波器进行处理得到的结果。图(b)表明尽管只有10%的(高频)能量被滤除,但图像中绝大多数细节信息都丢失了,事实上这幅图已无多少实际用途。图(c)表明当仅5%的(高频)能量被滤除后,图像中仍有明显的振铃效应。图(d)表明如果只滤除1%的(高频)能量,图像虽有一定程度的模糊但视觉效果尚可。最后,图(e)表明滤除0.5%的(高频)能量后所得到的滤波结果与原图像几乎无差别。

(a)   (b)   (c)   (d)   (e)

图 4.3.4 频域低通滤波所产生的模糊

3. 巴特沃斯低通滤波

物理上可以实现的一种低通滤波器是**巴特沃斯低通滤波器**。一个阶为 n、截断频率为 D_0 的巴特沃斯低通滤波器的转移函数为

$$H(u,v) = \frac{1}{1 + \left[D(u,v)/D_0 \right]^{2n}} \qquad (4.3.3)$$

阶为 1 的巴特沃斯低通滤波器剖面示意图如图 4.3.5 所示。由图可见低通巴特沃斯滤波器在高低频率间的过渡比较光滑,所以用巴特沃斯低通滤波器得到的输出图其振铃现象不明显。具体说来,阶为 1 时没有振铃现象,而随着阶的增加振铃现象也增加。另一方面,巴特沃斯低通滤波器的平滑效果常不如理想低通滤波器。所以在实际使用中,要根据平滑效果和振铃现象的折中要求确定巴特沃斯低通滤波器的阶数。

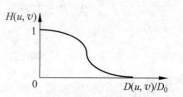

图 4.3.5 巴特沃斯低通滤波器转移函数的剖面示意图

一般情况下,常取使 H 最大值降到某个百分比的频率为截断频率。在式(4.3.3)中,当 $D(u,v) = D_0$ 时,$H(u,v) = 0.5$(即降到 50%)。另一个常用的截断频率值是使 H 降到最大值的 $0.5^{1/2}$ 时的频率。

例 4.3.2 频域低通滤波消除虚假轮廓

当图像由于量化不足产生虚假轮廓时常可用低通滤波进行平滑以改进图像质量。图 4.3.6 给出一个示例。图(a)为一幅由 256 级灰度量化为 12 个灰度级的图像,帽子和肩膀等处均有不同程度的虚假轮廓现象存在。图(b)和图(c)分别为用理想低通滤波器和用阶数为 1 的巴特沃斯低通滤波器进行平滑处理所得到的结果。所用两个滤波器的截断频率对应的半径均为 30。比较两幅滤波结果图,理想低通滤波器的结果图中有较明显的振铃现象,而巴特沃斯滤波器的结果图看起来效果较好。

(a)   (b)   (c)

图 4.3.6 频域低通滤波消除虚假轮廓

4. 其他低通滤波器

巴特沃斯低通滤波器具有最大的平坦幅度频率响应,其他常见的低通滤波器还有梯形低通滤波器和指数低通滤波器。

梯形低通滤波器的转移函数满足下列条件:

$$H(u,v) = \begin{cases} 1 & D(u,v) \leqslant D' \\ \dfrac{D(u,v) - D_0}{D' - D_0} & D' < D(u,v) < D_0 \\ 0 & D(u,v) \geqslant D_0 \end{cases} \tag{4.3.4}$$

式中,D_0 是一个非负整数,可定为截止频率;D' 是对应分段线性函数的分段点。

梯形低通滤波器转移函数的一个示意见图 4.3.7,相比理想低通滤波器的转移函数,梯形低通滤波器的转移函数在高低频率间有一个过渡,可减弱一些振铃现象。但由于过渡不够光滑,导致振铃现象一般比巴特沃斯低通滤波器的转移函数所产生的要强一些。

一个阶为 n 的**指数低通滤波器**的转移函数满足下列条件(n 为 2 时成为高斯低通滤波器):

$$H(u,v) = \exp\{-[D(u,v)/D_0]^n\} \tag{4.3.5}$$

阶为 1 的指数低通滤波器转移函数的一个示意见图 4.3.8,它在高低频率间有比较光滑的过渡,所以振铃现象比较弱(对高斯低通滤波器,因为高斯函数的傅里叶反变换也是高斯函数,所以没有振铃现象)。相比巴特沃斯低通滤波器的转移函数,指数低通滤波器的转移函数随频率增加在开始阶段一般衰减得比较快,对高频分量的滤除能力较强,对图像造成的模糊较大,产生的振铃现象一般不如巴特沃斯低通滤波器的转移函数所产生的明显。另外它开始下降较快,其尾部拖得较长,所以对噪声的衰减能力大于巴特沃斯滤波器,但它的平滑效果一般不如巴特沃斯滤波器。

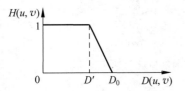

图 4.3.7　梯形低通滤波器转移函数
的剖面示意图

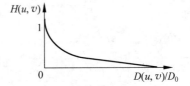

图 4.3.8　指数低通滤波器转移函数
的剖面示意图

例 4.3.3　3 种低通滤波器的效果比较

参见图 4.3.9,图(a)为有噪声的图像,经过巴特沃斯低通滤波器处理后所得图像见图(b),经过梯形低通滤波器处理后所得图像见图(c),经过指数低通滤波器处理后所得图像见图(d)。由图可见,这 3 种滤波器均可有效地消除噪声,产生的振铃现象均较少。指数低通滤波器滤去的高频分量最多,因而所得图像最模糊;梯形低通滤波器滤去的高频分量最少,因而所得图像最清晰。

|(a)|(b)|(c)|(d)|

图 4.3.9　3 种低通滤波器的效果比较

4.3.2　高通滤波

因为图像中的边缘对应高频分量,所以要锐化图像可使用高通滤波器。**高通滤波**是要保留图像中的高频分量而除去低频分量。下面讨论与 4.2 节对应的零相移高通滤波器。

1. 理想高通滤波

一个 2-D **理想高通滤波器**的转移函数满足下列条件(各参数含义与式(4.3.1)同):

$$H(u,v) = \begin{cases} 0 & D(u,v) \leqslant D_0 \\ 1 & D(u,v) > D_0 \end{cases} \qquad (4.3.6)$$

图 4.3.10(a)给出 H 的一个剖面示意图(设 D 对原点对称),图 4.3.10(b)给出 H 的一个透视图。它在形状上与前面介绍的理想低通滤波器的剖面形状正好相反,但与理想低通滤波器一样,这种理想高通滤波器也是不能用实际的电子器件实现的。

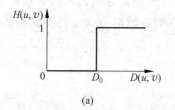 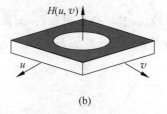

|(a)|(b)|

图 4.3.10　理想高通滤波器转移函数的剖面示意图

2. 巴特沃斯高通滤波

一个阶为 n,截断频率为 D_0 的**巴特沃斯高通滤波器**的转移函数为

$$H(u,v) = \frac{1}{1 + [D_0/D(u,v)]^{2n}} \qquad (4.3.7)$$

阶为 1 的巴特沃斯高通滤波器的剖面图见图 4.3.11。将其与图 4.3.5 对比可见,与巴特沃斯低通滤波器类似,高通的巴特沃斯滤波器在通过和滤掉的频率之间也没有不连续的分界。由于在高低频率间的过渡比较光滑,所以用巴特沃斯高通滤波器得到的输出图其振铃现象不明显。对应于低通滤波时的情况,阶数的选择要根据滤波效果和振铃现象折中进行。

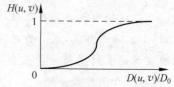

图 4.3.11　巴特沃斯高通滤波器
转移函数的剖面图

一般情况下,如同对巴特沃斯低通滤波器一样,也常取使 $H(u,v)$ 最大值降到某个百分比的频率为巴特沃斯高

通滤波器的截断频率。

3. 高频增强滤波

一般图像中的大部分能量集中在低频分量中,高通滤波会将很多低频分量(特别是直流分量)滤除,导致增强图中边缘得到加强但光滑区域灰度减弱变暗甚至接近黑色。为解决这个问题,可对频域里的高通滤波器的转移函数加一个常数以将一些低频分量加回去,获得既保持光滑区域灰度又改善边缘区域对比度的效果。这样得到的滤波器称为**高频增强滤波器**。下面分析一下它的效果。

设原始模糊图的傅里叶变换为 $F(u,v)$,高通滤波所用转移函数为 $H(u,v)$,则输出图的傅里叶变换为 $G(u,v)=H(u,v)F(u,v)$。现对转移函数加一个常数 c 得到高频增强转移函数:

$$H_e(u,v) = H(u,v) + c \qquad (4.3.8)$$

式中 c 为[0,1]间常数。这样高频增强输出图的傅里叶变换为

$$G_e(u,v) = G(u,v) + cF(u,v) \qquad (4.3.9)$$

即在高通的基础上又保留了一定的低频分量 $cF(u,v)$。如果将高频增强输出图的傅里叶变换再反变换回去,则可得

$$g_e(x,y) = g(x,y) + cf(x,y) \qquad (4.3.10)$$

可见,增强图中既包含了高通滤波的结果,也包含了一部分原始的图像。或者说,在原始图的基础上叠加了一些高频成分,因而增强图中高频分量更多了。

实际中,还可以给高频增强滤波所用转移函数乘以一个常数 k(k 为大于 1 的常数)以进一步加强高频成分,此时式(4.3.8)成为

$$H_e(u,v) = kH(u,v) + c \qquad (4.3.11)$$

而式(4.3.9)成为

$$G_e(u,v) = kG(u,v) + cF(u,v) \qquad (4.3.12)$$

例 4.3.4 高频增强滤波示例

图 4.3.12 给出一个在频域通过高通滤波进行增强的示例。图(a)为一幅比较模糊的图像,图(b)给出用阶数为 1 的巴特沃斯高通滤波器进行处理所得到的结果。其中各区域的边界得到了较明显的增强,但因为高通处理后低频分量大都被滤除,所以图中原来比较平滑区域内部的灰度动态范围被压缩,整幅图比较昏暗。图(c)给出高频滤波的结果(所加常数为0.5),不仅边缘得到了增强,整幅图层次也比较丰富。

(a)　　　　　　　(b)　　　　　　　(c)

图 4.3.12　高通滤波与高频增强滤波

4. 高频提升滤波

高通滤波的效果也可用原始图减去低通图得到。更进一步,**高频提升滤波**先将原始图

乘以一个放大系数 A 再减去低通图。如果设原始图的傅里叶变换为 $F(u,v)$，原始图被低通滤波后的傅里叶变换为 $F_L(u,v)$，原始图高通滤波后的傅里叶变换为 $F_H(u,v)$，则**高频提升滤波器**结果 $G_{HB}(u,v)$ 为

$$G_{HB}(u,v) = AF(u,v) - F_L(u,v) = (A-1)F(u,v) + F_H(u,v) \qquad (4.3.13)$$

式中当 $A=1$ 时，就是普通的高通滤波器。当 $A>1$ 时，原始图的一部分与高通图相加，恢复了部分高通滤波时丢失的低频分量，使得最终结果与原图更接近。因为低通滤波常使图像模糊，所以一般如果从原始图中减去模糊图也称为(非锐化)掩模。

对比式(4.3.12)和式(4.3.13)可知，高频增强滤波器在 $k=1$ 和 $c=(A-1)$ 时转化为高频提升滤波器。

将式(4.3.13)与第 3 章式(3.3.7)对比还可看到，这里的高频提升滤波器实际上是在频域里实现了那里的高频提升滤波。那里在空域的平滑图像与这里的低通图像的傅里叶变换 $F_L(u,v)$ 对应，而那里在空域的非锐化掩模与这里的高通图像的傅里叶变换 $F_H(u,v)$ 对应。

例 4.3.5 高通滤波与高频提升滤波比较

图 4.3.13 给出使用高通滤波与高频提升滤波的效果比较示例。图(a)为一幅模糊的实验图像；图(b)为对其用高通滤波进行处理得到的结果，低频分量受到很大衰减，大部分区域比较昏暗；图(c)为用高频提升滤波器进行处理得到的结果(取 $A=2$)，恢复了一部分低频分量；图(d)为在此基础上又对灰度值范围进行扩展得到的最终结果，比图(a)在对比度和边缘清晰度方面都有改善。

| (a) | (b) | (c) | (d) |

图 4.3.13 高通滤波与高频提升滤波比较

5. 其他高通滤波器

高通滤波器还有许多种，下面仅介绍常见的梯形高通滤波器和指数高通滤波器。

梯形高通滤波器的转移函数满足下列条件：

$$H(u,v) = \begin{cases} 0 & D(u,v) \leqslant D_0 \\ \dfrac{D(u,v) - D_0}{D' - D_0} & D_0 < D(u,v) < D' \\ 1 & D(u,v) \geqslant D' \end{cases} \qquad (4.3.14)$$

式中，D_0 是一个非负整数，可定为截止频率；D' 是对应分段线性函数的分段点。

梯形高通滤波器转移函数的一个示意见图 4.3.14，它相当于将图 4.3.7 的转移函数左右对换而得到。相比理想高通滤波器的转移函数，梯形高通滤波器的转移函数在高低频率间有一个过渡，可减弱一些振铃现象。但由于过渡不够光滑，导致振铃现象一般比巴特沃斯高通滤波器的转移函数所产生的要强一些。

一个阶为 n 的**指数高通滤波器**的转移函数满足下列条件(n 为 2 时成为高斯高通滤波器):

$$H(u,v) = 1 - \exp\{-[D(u,v)/D_0]^n\} \qquad (4.3.15)$$

阶为 1 的指数高通滤波器转移函数的一个示意见图 4.3.15(它与指数低通滤波器的转移函数互补),它在高低频率间有比较光滑的过渡,所以振铃现象比较弱(对高斯高通滤波器没有振铃现象)。相比巴特沃斯高通滤波器的转移函数,指数高通滤波器的转移函数随频率增加在开始阶段增加得比较快,能使一些低频分量也可以通过,对保护图像的灰度层次较有利。

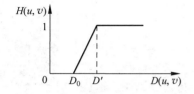

图 4.3.14 梯形高通滤波器转移函数的剖面示意图

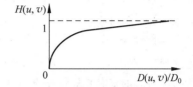

图 4.3.15 指数高通滤波器转移函数的剖面示意图

4.4 带通和带阻滤波

带通滤波和带阻滤波都属于选择性滤波。

1. 带阻滤波

带阻滤波阻止一定频率范围内的信号通过而允许其他频率范围内的信号通过。如果这个频率范围的下限是 0(上限不为 ∞),则带阻滤波器成为高通滤波器。如果这个频率范围的上限是 ∞(下限不为 0),则带阻滤波器成为低通滤波器。

在一般情况下,**带阻滤波器**设计成能除去以原点为中心的一定频率范围内的信号。这样一个放射对称的理想带阻滤波器的转移函数是(参见图 4.4.1)

$$H(u,v) = \begin{cases} 1 & D(u,v) < D_d - W/2 \\ 0 & D_d - W/2 \leqslant D(u,v) \leqslant D_d + W/2 \\ 1 & D(u,v) > D_d + W/2 \end{cases}$$

$$(4.4.1)$$

图 4.4.1 放射对称的带阻滤波器透视图

式中,W 为带的宽度,D_d 为带中心到频率平面原点的距离。

类似的 n 阶放射对称的巴特沃斯带阻滤波器的转移函数为(W、D_d 含义同上)

$$H(u,v) = \cfrac{1}{1 + \left[\cfrac{D(u,v)W}{D^2(u,v) - D_d^2}\right]^{2n}} \qquad (4.4.2)$$

需要注意在 $D_d - W/2$ 和 $D_d + W/2$ 处的两个上升沿并不相同,在 $D_d - W/2$ 处的上升沿比较陡而在 $D_d + W/2$ 处的上升沿要缓一些。

2. 带通滤波

带通滤波允许一定频率范围内的信号通过而阻止其他频率范围内的信号通过。如果这个频率范围的下限是 0(上限不为∞),则**带通滤波器**成为低通滤波器。如果这个频率范围的上限是∞(下限不为 0),则带通滤波器成为高通滤波器。

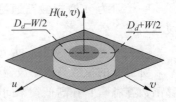

图 4.4.2 放射对称的带通滤波器透视图

带通滤波器和带阻滤波器是互补的。如设 $H_R(u,v)$ 为带阻滤波器的转移函数,则对应的带通滤波器 $H_P(u,v)$ 只需将 $H_R(u,v)$ 翻转即可(参见图 4.4.2):

$$H_P(u,v) = -[H_R(u,v)-1] = 1 - H_R(u,v)$$

(4.4.3)

例 4.4.1 不同带通滤波的效果比较

低通和高通滤波都可看作带通滤波的特例。图 4.4.3 给出一组不同带通滤波的示例图。图(a)是原始图像;图(b)是低通滤波器的示意图,中心低频部分可通过,周围高频部分通不过;图(c)是低通滤波结果;图(d)是高通滤波器的示意图,中心低频部分通不过,周围高频部分可通过;图(e)是高通滤波结果;图(f)是带通滤波器的示意图,最中心的低频部分通不过,周围一定范围的高频部分可通过,但更远的高频部分又通不过;图(g)是带通滤波结果;图(h)是带阻滤波结果,所用带阻滤波器正好与图(f)互补。

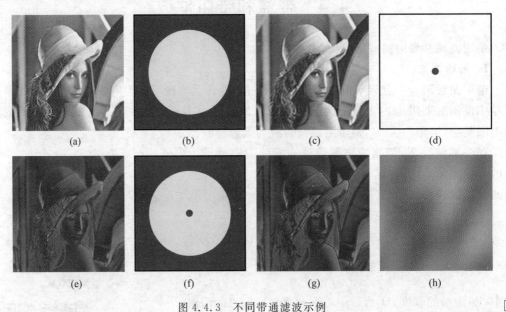

| (a) | (b) | (c) | (d) |
| (e) | (f) | (g) | (h) |

图 4.4.3 不同带通滤波示例

3. 陷波滤波

陷波滤波能通过或阻断在频率域上某点周围预先确定的邻域中的频率。零相移的滤波器相对于原点是对称的,中心在 (u_0,v_0) 的陷波有一个对应的中心在 $(-u_0,-v_0)$ 的陷波,所以**陷波滤波器**必须两两对称地工作。带阻陷波滤波器由其中心转到陷波中心的高通滤波器的乘积来获得,通用形式为

$$H_{NR}(u,v) = \prod_{k=1}^{Q} H_k(u,v) H_{-k}(u,v)$$

(4.4.4)

式中,$H_k(u,v)$ 和 $H_{-k}(u,v)$ 分别是中心在 (u_0,v_0) 和 $(-u_0,-v_0)$ 的高通滤波器。如果频域

的中心用$(M/2,N/2)$表示,则距离函数

$$D_k(u,v) = \left[(u-M/2-u_k)^2 + (v-N/2-v_k)^2\right]^{1/2} \tag{4.4.5}$$

$$D_{-k}(u,v) = \left[(u-M/2+u_k)^2 + (v-N/2+v_k)^2\right]^{1/2} \tag{4.4.6}$$

一个用于消除以(u_0,v_0)为中心、D_0为半径的区域内所有频率的理想阻断陷波滤波器的转移函数为

$$H(u,v) = \begin{cases} 0 & D_k(u,v) \leqslant D_0 \quad \text{或} \quad D_{-k}(u,v) \leqslant D_0 \\ 1 & \text{其他} \end{cases} \tag{4.4.7}$$

图 4.4.4 分别给出典型的理想带阻陷波滤波器和理想带通陷波滤波器的透视示意图。

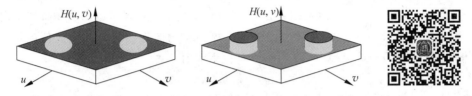

图 4.4.4 理想带阻陷波滤波器和理想带通陷波滤波器透视图

一个包括三对陷波的阶为 n 的巴特沃斯陷波阻断滤波器为

$$H_{\mathrm{NR}}(u,v) = \prod_{k=1}^{3} \left[\frac{1}{1+\left[D_{ck}/D_k(u,v)\right]^{2n}}\right]\left[\frac{1}{1+\left[D_{ck}/D_{-k}(u,v)\right]^{2n}}\right] \tag{4.4.8}$$

式中,D_k和D_{-k}分别由式(4.4.5)、式(4.4.6)给出,常数 D_{ck} 对任意一对陷波相同,但对不同的陷波对可不同。

4.5 同 态 滤 波

同态滤波基于一个简单的亮度成像模型。

4.5.1 亮度成像模型

可见光辐射总伴随着能量辐射。光照射物体在物体表面形成能量分布,这些谱能量分布可记为 $E(\lambda)$,其中 λ 为波长,对可见光其分布为 $350\sim780\mathrm{nm}$。$E(\lambda)$ 与光源的分布 $S(\lambda)$ 和被光所照射物体的反射特性 $R(\lambda)$ 是密切联系着的,这个关系可以表示成

$$E(\lambda) = S(\lambda)R(\lambda) \tag{4.5.1}$$

下面介绍一个简单的**图像亮度成像模型**。图像这个词在这里代表一个 2-D 亮度函数(即将图像看成一个光源)$f(x,y)$。这里 $f(x,y)$ 表示图像在空间特定坐标点(x,y)位置的亮度。因为亮度实际是能量的量度,所以 $f(x,y)$ 一定不为 0 且为有限值,即

$$0 < f(x,y) < \infty \tag{4.5.2}$$

人们日常看到的图像一般是对从场景中物体上反射出的光进行量度而得到的。所以 $f(x,y)$ 基本上由两个因素确定:①入射到可见场景上光的量;②场景中物体对入射光反射的比率。它们可分别用照度函数 $i(x,y)$ 和反射函数 $r(x,y)$ 表示。照度的单位是 lx(勒[克斯]),办公室工作所必需的照度为 $20\sim100\mathrm{lx}$,晴朗夏日在采光良好室内的照度为 $100\sim500\mathrm{lx}$,而接近天顶的满月照在地面上的照度只有约 $0.2\mathrm{lx}$。反射没有单位,只是表示反射量

与原来入射量的比值。一些典型的 $r(x,y)$ 值为：黑天鹅绒 0.01，不锈钢 0.65，粉刷的白墙平面 0.80，镀银的器皿 0.90，白雪 0.93。因为 $f(x,y)$ 与 $i(x,y)$ 和 $r(x,y)$ 都成正比，所以可以认为是由 $i(x,y)$ 和 $r(x,y)$ 相乘得到的，

$$f(x,y) = i(x,y)r(x,y) \tag{4.5.3}$$

其中

$$0 < i(x,y) < \infty \tag{4.5.4}$$

$$0 < r(x,y) < 1 \tag{4.5.5}$$

式(4.5.4)表明入射量总是大于零(只考虑有入射的情况)，但也不是无穷大(因为物理上应可以实现)。式(4.5.5)表明反射率在 0(全吸收)和 1(全反射)之间。两式给出的数值都是理论界限。需要注意 $i(x,y)$ 的值是由光源决定的，而 $r(x,y)$ 的值是由场景中的物体特性决定的。

一般将单色图像 $f(\cdot)$ 在坐标 (x,y) 处的亮度值称为图像在该点的灰度值(可用 g 表示)。根据式(4.5.3)～式(4.5.5)，g 将在下列范围取值：

$$G_{\min} \leqslant g \leqslant G_{\max} \tag{4.5.6}$$

理论上对 $G_{\min}$ 的唯一限制是它应为正值(即对应有入射，但一般取为 0)，而对 $G_{\max}$ 的唯一限制是它应为有限值。实际中，间隔 $[G_{\min}, G_{\max}]$ 称为灰度值范围。一般常把这个间隔数字化地移到间隔 $[0,G]$ 中(G 为正整数，代表最大允许的灰度级数)。当 $g=0$ 时看作黑色，$g=G-1$ 时看作白色，而所有中间值代表从黑到白之间的灰度值。

4.5.2 同态滤波增强

前面介绍的线性滤波器对消除加性高斯噪声很有效，但噪声和图像也常以非线性的方式结合。一个典型的例子就是利用发光源照明成像时的情况，其中目标的反射会以相乘的形式对成像做出贡献(此时为乘性噪声)，此时可采用**同态滤波器**。**同态滤波增强**是一种在频域中同时将图像亮度范围进行压缩和将图像对比度进行增强的方法。而在**同态滤波消噪**中，先利用非线性的对数变换将乘性的噪声转化为加性的噪声。用线性滤波器消除噪声后再进行非线性的指数反变换以获得原始的"无噪声"图像[Dougherty 1994]。

同态滤波增强基于前面小节所介绍的图像成像模型。根据这个模型可用下列方法把照度/入射分量和反射分量分开并分别进行滤波(整个过程总结在图 4.5.1 中)。

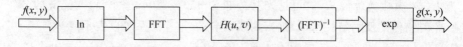

图 4.5.1　同态滤波流程图

(1) 先对式(4.5.3)的两边同时取对数，即

$$\ln f(x,y) = \ln i(x,y) + \ln r(x,y) \tag{4.5.7}$$

(2) 将上式两边取傅里叶变换，得到

$$F(u,v) = I(u,v) + R(u,v) \tag{4.5.8}$$

(3) 设用一个频域增强函数 $H(u,v)$ 处理 $F(u,v)$，可得到

$$H(u,v)F(u,v) = H(u,v)I(u,v) + H(u,v)R(u,v) \tag{4.5.9}$$

(4) 反变换到空域，得到

$$h_f(x,y) = h_i(x,y) + h_r(x,y) \tag{4.5.10}$$

可见增强后的图像由分别对应照度分量与反射分量的两部分叠加而成。

（5）再将上式两边取指数，得到

$$g(x,y) = \exp|h_f(x,y)| = \exp|h_i(x,y)|\exp|h_r(x,y)| \tag{4.5.11}$$

这里，$H(u,v)$ 称为同态滤波函数，它可以分别作用于照度分量和反射分量上。因为一般**照度分量**在空间缓慢变化（光源比较远时），而**反射分量**在不同物体（材质不同）的交界处急剧变化，所以图像对数的傅里叶变换后的低频部分主要对应照度分量，而高频部分主要对应反射分量。以上特性表明可以设计一个对傅里叶变换的高频和低频分量影响不同的滤波函数 $H(u,v)$。图 4.5.2 给出这样一个函数的剖面图，将它绕纵轴转 $360°$ 就得到完整的 2-D 的 $H(u,v)$。如果选择 $H_L<1,H_H>1$，那么 $H(u,v)$ 就会一方面减弱低频而另一方面加强高频，最终结果是同时压缩了图像整体的动态范围和增加了图像相邻各部分之间的对比度。

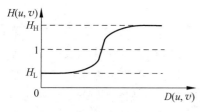

图 4.5.2 同态滤波函数的剖面图

通过观察图 4.5.2 可以发现，同态滤波函数与 4.3 节的高通滤波器的转移函数有类似的形状。事实上，可以用高通滤波器的转移函数来逼近同态滤波函数，只要将原来在 $[0,1]$ 中定义的高通滤波器转移函数映射到 $[H_L,H_H]$ 区间就可以了。如果高通滤波器的转移函数用 $H_{high}(u,v)$ 表示，同态滤波函数用 $H_{homo}(u,v)$ 表示，则由 $H_{high}(u,v)$ 到 $H_{homo}(u,v)$ 的映射为

$$H_{homo}(u,v) = [H_H - H_L]H_{high}(u,v) + H_L \tag{4.5.12}$$

例 4.5.1 同态滤波的增强效果

图 4.5.3 给出同态滤波效果的一个示例。

图 4.5.3(a) 为一幅人脸图像，由于单一侧光照明的原因使得人脸在图像的右侧产生阴影，头发的发际线很不清晰。图 4.5.3(b) 为用 $H_L = 0.5$，$H_H = 2.0$ 进行同态滤波得到的增强结果。图像增强后，人脸与头发明显分开，另外衣领也看出来了。在本例中同态滤波同时使动态范围压缩（如眼睛处）并使对比度增加（如人脸与头发交界处）。 □

(a)　　　　(b)

图 4.5.3 同态滤波增强效果

利用同态滤波中先对数变换的思路来消除噪声也可如下分析（还可参见 5.1 节）。考虑获得的有噪声图像 $g(x,y)$ 的模型为

$$g(x,y) = f(x,y)[1 + n(x,y)] \tag{4.5.13}$$

其中 $f(x,y)$ 是无噪的图像，$n(x,y)$ 是乘性噪声且满足 $|n(x,y)|\ll1$。对两边同取对数得到

$$\ln g(x,y) = \ln f(x,y) + \ln[1 + n(x,y)] \approx \ln f(x,y) + n(x,y) \tag{4.5.14}$$

噪声 $n(x,y)$ 现在以加性的形式出现，可使用线性滤波器对其进行消除。如果能将 $n(x,y)$ 完全从 $\ln g(x,y)$ 中消除掉，那么就可获得对 $f(x,y)$ 比较准确的逼近。

上述同态滤波的方法可在任何噪声模型能化为下式的情况下工作：

$$g(x,y) = H^{-1}[H(f(x,y)) + N(u,y)] \tag{4.5.15}$$

式中，$g(x,y)$ 是采集到的图像，H 代表非线性可逆变换，$n(x,y)$ 是对应的噪声频谱。

同态滤波的结果在保留了局部对比度的同时压缩了图像中的整体亮度范围。它可有效地压缩亮度范围以满足只包括较小色域的打印工作。

总结和复习

为更好地学习,下面对各小节给予概括小结并提供一些进一步的参考资料;另外给出一些思考题和练习题以帮助复习(文后对加星号的题目还提供了解答)。

1. 各节小结和文献介绍

4.1 节介绍了频域技术的原理。频域技术是一类常用的变换域技术,在图像增强方面与空域技术各有特点。频域技术与空域技术也有密切的联系,在空域线性滤波的工作原理可借助频域的概念进行分析,并可借助频域分析结果进行设计。在许多介绍图像处理的书籍中它们都是放在一起介绍的,如[Russ 2016]、[Pratt 2007]。频域增强的两个主要步骤分别是变换和增强,它们分别在本章后几节给予了介绍。本章相关内容还可参见其他图像处理书籍,如文献[Sonka 2014]、[Gonzalez 2018]等。

4.2 节在介绍傅里叶变换时考虑到 1-D 傅里叶变换一般在信号处理课程和书籍中已有涉及,所以直接从 2-D 变换开始。如需从头了解傅里叶变换,可参见文献[郑 2006]。傅里叶变换将图像由空域变换到频域,是频域技术的第一步。顺便指出,在许多滤波应用中可以用 Hartley 变换[Bracewell 1986]替换傅里叶变换。

4.3 节结合介绍了低通滤波器和高通滤波器,两者都包括理想滤波器、巴特沃斯滤波器、梯形滤波器和指数滤波器等。理想低通滤波器是"非物理"的,虽然用它解释滤波原理比较简单,但实际中只有也只能使用其他类型的能抑制"振铃"现象/效应出现的滤波器。单独使用高通滤波器将低频分量滤除会使得图像对比度减弱、亮度变暗,从而影响视觉效果。为此,需要采用高通增强滤波和高频提升滤波的方法,保留或恢复部分低频分量。

4.4 节所介绍的带通和带阻滤波器的共同特点都是允许一定频率范围内的信号通过而阻止其他频率范围内的信号通过。它们都可看作低通和高通滤波器的推广,只要调整带通或带阻滤波器的截止频率,都可取得低通和高通滤波器的效果。不过考虑到傅里叶变换的对称性,带通或带阻滤波器必须两两对称地工作以保留或消除不是以原点为中心的给定区域内的频率。

4.5 节介绍的同态滤波器是一种特殊的频域增强滤波器,它结合使用了线性和非线性技术。

2. 思考题和练习题

4-1 频域中滤波器的转移函数和空域中的脉冲响应函数或点扩散函数构成傅里叶变换对,频域中低通滤波器对应空域中的平滑滤波器,频域中高通滤波器对应空域中的锐化滤波器。图题 4-1(a)给出频域中低通滤波器的转移函数的剖面示意图,对其求傅里叶反变换,得到如图题 4-1(b)所示的空域中平滑滤波器的模板函数的剖面示意图。由图可见平滑模板系数的取值均应为正,而且在中部比较大且接近。图题 4-1(c)给出频域中高通滤波器的转移函数的剖面示意图,对其求傅里叶反变换,得到如图题 4-1(d)所示的空域中锐化滤波器的模板函数的剖面示意图。由图可见锐化模板系数的取值在接近原点处为正,而在远离原点处为负。

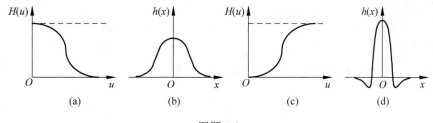

图题 4-1

根据上面的分析,试设计一个 5×5 的加权平均模板和一个 5×5 的拉普拉斯模板。

4-2 给定下面 4 个 2-D 函数,计算它们的傅里叶变换:

(1) $f_1(x,y) = \text{rect}(x-2, y) + \text{rect}(x+4, y)$

(2) $f_2(x,y) = \text{rect}(x, y-6) + \text{rect}(x, y+8)$

(3) $f_3(x,y) = H \exp\{-\pi[(2x/a)^2 + (y/b)^2]\}$

(4) $f_4(x,y) = \exp(-\pi r^2) + R^{-2} \exp[-\pi(r/R)^2]$

*4-3 考虑一幅连续图像 $f(x,y)$ 和一个连续滤波器 $h(m,n)$。在连续域,将图像与滤波器卷积的操作 $f \otimes h$ 定义为

$$f \otimes h = \int_{-\infty}^{\infty} \int_{-\infty}^{\infty} h(x-m, y-n) f(x,y) \mathrm{d}m \mathrm{d}n$$

如果有两个滤波器 h 和 g。试证明将图像先与 h 卷积再与 g 卷积的效果等价于先与 g 卷积再与 h 卷积的效果。即

$$g \otimes (f \otimes h) = (g \otimes f) \otimes h$$

该结果能推广到离散图像吗?要注意什么问题?

4-4 为计算 N 点的 FFT 需要 $N\log_2 N$ 次加法和 $(1/2)N\log_2 N$ 次乘法。如计算一幅 $N \times N$ 图的 2-D FFT 需要多少次加法和乘法?

4-5 将阶为 1 的巴特沃斯低通滤波器的转移函数用泰勒级数展开,忽略高阶量,分析该转移函数与拉普拉斯算子的关系,解释巴特沃斯低通滤波器的滤波效果。

4-6 分析和比较巴特沃斯低通滤波器、梯形低通滤波器和指数低通滤波器相对于理想低通滤波器在模糊图像方面的区别。各自的参数有什么影响?

4-7 设仅利用像素点 (x,y) 的 4-近邻像素(不包括点 (x,y) 本身)就可组成一个低通滤波器:

(1) 给出它在频域的等价滤波器 $H(u,v)$;

(2) 说明所得结果确实是一个低通滤波器。

4-8 有一种计算梯度的基本步骤是计算 $f(x,y)$ 和 $f(x+1,y)$ 的差,

(1) 给出在频域进行等价计算所用的滤波器转移函数 $H(u,v)$;

(2) 证明这个运算相当于一个高通滤波器的功能。

4-9 画出高频提升滤波器的转移函数和脉冲响应曲线。

4-10 陷波滤波器和带阻滤波器有什么联系,有什么区别?

4-11 在天体研究中所获的图像里有一些相距很远的对应恒星的亮点。由于大气散射原因而叠加的照度常使得这些亮点很难被看清楚。如果将这类图像模型化为恒定亮度的背景与一组脉冲的乘积,请根据同态滤波的概念设计一种增强方法将对应恒星的亮点提取出

来。列出主要步骤。

*4-12 可以借助频域中滤波器的转移函数来设计空域中的滤波模板。

(1) 写出根据转移函数 $H(u,v)$ 设计空域模板 $W(x,y)$ 的必要步骤和公式。

(2) 考虑下面的转移函数,给出对应的 3×3 空域模板:

$$H(u,v) = \begin{cases} 0 & D(u,v) \leqslant 2 \\ 1 & D(u,v) > 2 \end{cases}$$

(3) 考虑下面的转移函数,给出对应的 5×5 空域模板:

$$H(u,v) = \frac{1}{1 + [D(u,v)/2]^2}$$

第2单元 图像恢复

本单元包括 4 章,分别为

第 5 章　图像消噪和恢复
第 6 章　图像校正和修补
第 7 章　图像去雾
第 8 章　图像投影重建

图像恢复也称图像复原,是图像处理中的一大类技术。图像恢复与第 1 单元介绍的图像增强有密切的联系。图像恢复与图像增强的相同之处是,它们都可以改善输入图像的视觉质量。它们的不同之处是,图像增强技术一般仅借助人类视觉系统的特性以取得看起来较好的视觉结果,而图像恢复则认为图像(质量)是在某种情况/条件下退化或恶化了(图像品质下降了、失真了),现在需要根据相应的退化模型和知识重建或恢复原始的图像。换句话说,图像恢复技术是要将图像退化的过程模型化,并根据所确定的图像退化模型来进行复原,以获得原来期望的效果。

第 5 章先讨论建立图像退化模型的问题,这是图像恢复中的一个关键。该章除给出一些常见的退化示例和模型外,还以噪声这种典型的退化因素为例介绍了若干种相应的滤除方法。在给定模型的条件下,图像恢复技术可分为无约束和有约束的两大类。该章分别对这两大类中的基本技术,包括逆滤波、维纳滤波和有约束最小平方滤波给予了介绍和分析。人工干预常能提高图像恢复的效果,该章还专门对交互恢复进行了讨论。

第 6 章介绍对图像两个方面的恢复思路。图像的视觉效果是由各像素的位置和其属性值共同决定的。对灰度图像,其退化会反映在像素的位置变化以及灰度变化上。所以,要恢复图像需要有恢复像素位置和像素灰度的两类技术。对图像几何失真的校正是一种侧重于前一类技术的典型应用；而对图像缺损的修补，包括图像修复和图像填充，是一种主要利用后一类技术的实用方法。该章对它们的基本原理给予了介绍，并给出一些示例。

第 7 章介绍如何改善受雾霾影响而质量变差的图像的质量。虽然图像增强的方法和图像恢复的方法都可应用，目前基于图像恢复原理进行去雾所取得的效果较好。典型的去雾方法借助了图像退化的先验知识，构建图像降质的模型，并在此基础上有针对性地恢复图像。该章介绍了一种典型的方法以及对该方法的多方面改进，以使去雾效率提高、失真减小、效果提升。该章还介绍了对图像去雾效果进行评价的问题，包括使用一些客观指标和基于视觉感知的主观指标来衡量图像质量。

第 8 章介绍从投影重建图像的技术。如果把投影看成是一种退化过程而把重建看成是一种复原过程，则从投影重建图像是一类特殊的图像恢复技术。常见的 CT、EIT、MRI 等成像技术就将景物信息转化为一系列投影，而从这些投影借助傅里叶反变换法、卷积投影法或代数迭代法等重建原始景物分布就成为从投影重建图像的过程。该章对描述投影图与重建图之间关系的拉东变换进行了介绍，并在此基础上对基本的重建方法进行了解析。需要指出，投影重建与从深度信息重构 3-D 场景的图像重建有区别，后者将在《图像工程》下册给予介绍和讨论。

第5章　图像消噪和恢复

从本章开始介绍图像恢复,也称图像复原。图像恢复作为图像处理中的一大类技术,与第2~4章介绍的图像增强有密切的联系。图像恢复与图像增强有相似的处理目标,都是要改善输入图像的视觉质量。它们的主要不同之处在于所采取的技术路线和手段。图像增强技术一般从获得较好的视觉结果出发,借助一些人类视觉系统的特性以取得较主观的视觉质量改善;而图像恢复技术则认为输入图像本来应有较好的质量,但在采集或加工的过程中受到某些影响而品质退化或失真了,现在需要根据相应的退化模型和先验知识来重建或恢复原始的图像。换句话说,图像恢复技术是要将图像退化的过程模型化,并根据图像退化模型来进行复原。例如,噪声是一种常见的图像退化因素,若能对噪声建模,就可设计相应的滤波器来进行滤除。

在模型给定的条件下,图像恢复技术可以分为无约束恢复和有约束恢复两大类。无约束恢复的方法仅将图像看作一个数字矩阵,没有考虑恢复后图像应受到的物理约束,只从数学角度进行处理。有约束恢复的方法则还考虑到恢复后的图像应该受到一定的物理约束,如在空间上比较平滑、其灰度值为正等,相对来说使用了更多的先验知识。另一方面,图像恢复技术根据是否需要外来干预还可分为自动和交互的两大类。

根据上述的讨论,本章各节将如下安排。

5.1节介绍一些图像退化的原因和示例,讨论一种基本的和通用的图像退化模型以及其基本性质,还给出一种非线性退化模型。

5.2节先分析一些典型噪声的来源和特点并给出它们的概率密度函数,然后介绍用于消除噪声的各类滤波器。

5.3节介绍无约束恢复的基本原理,并着重讨论一种逆滤波技术及其快速计算。

5.4节介绍有约束恢复的基本原理和两种技术:维纳滤波恢复和有约束最小平方恢复。

5.5节介绍如何使用人机交互的方法来提高图像恢复工作的灵活性和效率。

5.1　图像退化及模型

图像退化是指由场景得到的图像没能完全地反映场景的真实内容,产生了失真等问题。有许多方式可以采集和获得图像,也有很多原因可以导致图像退化[Jähne 1997]。为消除失真,就需要根据原因建立退化模型从而进行对应的图像恢复。

5.1.1　图像退化示例

最常见的图像退化是噪声和模糊。在图像采集过程中产生的退化常被称为**模糊**,它对目标的频谱宽度有限制作用。在图像记录过程中产生的退化常被称为**噪声**，它可来源于测量误差、记数误差等。模糊，用频率分析的语言来说是高频分量受到抑制或被消除的结果或过程。一般模糊是一个确定的(deterministic)过程，在多数情况下，人们有一个足够准确的数学模型来描述它。另一方面，噪声是一个随机的统计过程，所以噪声对一个特定图像的影响常是不确定的。在很多情况下，人们最多仅对这个过程的统计特性有一定的先验知识[Bertero 1998]。

表 5.1.1 给出一些常见典型图像退化类型及其简要介绍和描述。

表 5.1.1　不同种类图像退化的概况(按拼音顺序排列)

名称/原因	描述/特性
成像模糊	由于镜头的孔径衍射导致原本比较清晰的图案尺寸变大，且边缘变得不清晰
传输误差	在图像传输中出现的单个比特翻转，导致在图像中随机分布的虚假灰度 沿视频线的传输误差也可导致图像由于反射而产生干扰模式
非线性响应	由于传感器的响应不是输入光强的线性函数，从而导致两者不能总成比例。例如摄影胶片的光敏特性是根据胶片上留下的银密度为曝光量的对数函数来表示的，光敏特性除中段基本线性外，两端都是曲线。这样，原本景物上线性变化的亮度在胶片上变得不线性了
固定/运动模式	由于电磁干扰或传感器单元响应的不一致性而导致的有规律的模式。例如，帧缓存的同步电路没有调节好或锁相环错误导致的行抖动，它引起在每行开始处的随机波动从而产生位置误差。图像中固定模式变化的另一个来源是传感器中的暗电流或敏感度的变化
回声	在损坏的或未正确设计的视频线上所产生的反射
镜头像差/色差	对给定光学系统的清晰程度的固有限制，常在图像中边缘处有明显的增加。镜头像差/色差能使成像产生模糊或成像形状扭曲，或出现与原物不同的颜色。这是光学系统的一种固有缺陷，它限制了由摄像机所拍摄得到的图像的分辨锐度(sharpness)。多数像差随着与景物及光学轴的距离的增加而很快增加，并不具有移不变性质，所以不能使用位置独立的点扩散函数(PSF)或光学转移函数(OTF)来描述。不过，像差随图像空间中位置的变化缓慢且连续。所以，只要所导致的模糊限制在像差可认为是常数的区域，则仍可以用线性移不变系统的理论来处理。这里的唯一区别就是 PSF 和 OTF 都是随着位置变化的
失焦	由于光学系统没有调整好或调整错误(mis-adjustment)而导致的各向同性的图像模糊，它也会限制图像的分辨锐度
跳动	由于视频信号的电子不稳定性，导致图像线的起点产生随机或周期的波动，从而产生对应的位置偏差
污迹/图像浮散	CCD 传感器由于曝光时间太短或对明亮物体曝光时间过长而产生的伪像
运动拖尾	由于在曝光时段相机或目标相对发生运动所导致的方向性模糊。目标的图案沿运动方向拖长，并产生叠影。在图像拍摄过程中如果目标运动超过图像平面中一个以上像素的距离就会造成运动模糊。使用望远镜头的系统(视场较窄)对这类图像退化非常敏感
噪声	随机噪声的叠加导致随机性退化。原本只有目标的图像叠加了许多随机的亮点和暗点，使目标和背景都受到影响
振动/抖动	相机系统在曝光时发生周期或随机的运动，从而导致所采集图像的失真。例如，手的抖动或拍摄图像/视频时摄像机机械上的不稳定都是常见原因

5.1.2　图像退化模型

对一些具体的退化过程可以建立一定的模型。下面给出几个示例,参见图5.1.1,其中每列图的上图指示没有退化时的情况,下图指示有退化时的情况。

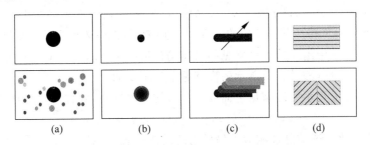

图5.1.1　几种常见的图像退化示例

(1) 图5.1.1(a)表示的是在原有(大)目标之外叠加了许多(小)随机噪声,这也可看作一种具有随机性的退化。参见表5.1.1中的"噪声"。

(2) 图5.1.1(b)表示的是一种模糊造成的退化,清晰的小目标成为模糊的大目标。对许多实用的光学成像系统来说,由于孔径衍射产生的退化可用这种模型表示。参见表5.1.1中的"成像模糊"。

(3) 图5.1.1(c)表示的是一种场景中目标(快速)运动造成的重叠退化(如果在拍摄过程中摄像机发生振动也会产生这种退化)。目标的图案沿运动方向拖长,变得有叠影了。参见表5.1.1中的"运动拖尾"。

(4) 图5.1.1(d)表示的是一种由于非线性变换响应而导致的退化。原来亮度光滑或形状规则的图案变得不太规则,从而产生了失真。参见表5.1.1中的"非线性响应"。

图5.1.2给出一个简单的**通用图像退化模型**。在这个模型中,图像退化过程被模型化为一个作用在输入图像 $f(x,y)$ 上的(线性)系统 H。它与一个加性噪声 $n(x,y)$ 的联合作用导致产生退化图像 $g(x,y)$。以最常见的退化因素噪声和模糊为例,实际中图像常常既受噪声也受模糊影响,结果成为有噪声的模糊图像。这种情况就可用图5.1.2的

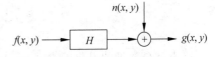

图5.1.2　简单的通用图像退化模型

模型来表示,其中模糊是由系统 H 产生的。根据这个模型恢复图像就是要在给定 $g(x,y)$ 和代表退化的 H 的基础上得到对 $f(x,y)$ 的某个近似的过程。

图5.1.2中的输入和输出具有如下关系:

$$g(x,y) = H[f(x,y)] + n(x,y) \qquad (5.1.1)$$

退化系统 H 如果满足如下4个性质(这里假设 $n(x,y)=0$),则恢复会相对简单。

(1) 线性:如果令 k_1 和 k_2 为常数,$f_1(x,y)$ 和 $f_2(x,y)$ 为2幅输入图像,则

$$H[k_1 f_1(x,y) + k_2 f_2(x,y)] = k_1 H[f_1(x,y)] + k_2 H[f_2(x,y)] \qquad (5.1.2)$$

(2) 相加性:如果式(5.1.2)中 $k_1 = k_2 = 1$,则变成

$$H[f_1(x,y) + f_2(x,y)] = H[f_1(x,y)] + H[f_2(x,y)] \qquad (5.1.3)$$

上式指出线性系统对两个输入图像之和的响应等于它对两个输入图像响应的和。

(3) 一致性：式(5.1.2)中，如果 $f_2(x,y)=0$，则变成

$$H[k_1 f_1(x,y)] = k_1 H[f_1(x,y)] \qquad (5.1.4)$$

上式指出线性系统对常数与任意输入乘积的响应等于常数与该输入响应的乘积。

(4) 位置(空间)不变性：如果对任意的 $f(x,y)$ 以及常数 a 和 b，有

$$H[f(x-a,y-b)] = g(x-a,y-b) \qquad (5.1.5)$$

上式指出线性系统在图像中任意位置的响应只与在该位置的输入值有关而与位置本身无关。

例如在图 5.1.1 中给出的 4 种常见的具体退化情况中，图(a)、(b)、(c)所示的模型可以是线性的，而图(b)、图(c)、图(d)所示的模型是空间不变的。

如果一个线性退化系统还满足上面(2)～(4)的 3 个性质，则式(5.1.1)可以写成

$$g(x,y) = h(x,y) \otimes f(x,y) + n(x,y) \qquad (5.1.6)$$

其中 $h(x,y)$ 为退化系统的脉冲响应。借助对应的矩阵表达，式(5.1.6)可写成

$$\boldsymbol{g} = \boldsymbol{hf} + \boldsymbol{n} \qquad (5.1.7)$$

根据卷积定理，在频率域中有

$$G(u,v) = H(u,v)F(u,v) + N(u,v) \qquad (5.1.8)$$

如果考虑非线性退化，有一种模型可用图 5.1.3 来表示，其中的线性部分 H 被单独提了出来，而非线性部分 K 是纯非线性的(例如胶片的 $D\text{-}\log E$ 曲线)。图 5.1.3 中的输入和输出具有如下关系：

$$g(x,y) = K\{H[f(x,y)]\} + n(x,y) = K[b(x,y)] + n(x,y) \qquad (5.1.9)$$

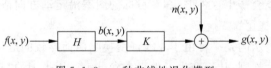

图 5.1.3　一种非线性退化模型

5.2　噪 声 滤 除

噪声是最常见的退化因素之一，也是图像恢复中重点研究的内容。因为噪声主要影响人类的感知，所以噪声的问题常常不能完全看作一个纯科学或纯数学问题[Libbey 1994]。人们一般认为噪声是烦人的。例如，无线电中的静电干扰或道路上的喧闹声能影响人们对话或欣赏音乐，电视上的雪花点或模糊的纸张打印效果降低了人们观看和理解的能力。消除噪声的主要方法是使用滤波器。图像增强中使用滤波器主要考虑噪声的高频特性，但很难区别不同的噪声。图像恢复中使用滤波器要考虑噪声产生的原因，根据不同噪声模型的特点采用具有不同特性的滤波器。

5.2.1　噪声描述

下面先讨论噪声与信号的关系，然后具体介绍几种典型的噪声及其模型，最后举一个综合示例。

1. 噪声与信号

相对于所关心的信号来说，图像中的噪声可定义为图像中不希望有的部分，或图像中不

需要的部分[Bracewell 1995]。对信号来说,噪声是一种外部干扰。但噪声本身实际上也是一种信号,只不过它携带的是噪声源的信息。如果噪声与信号无关,那就无法根据信号的特性来预测噪声的特性。但另一方面,如果噪声是独立的,则可在完全没有所需信号的情况下对噪声进行研究。很多情况下将噪声看成不确定的随机现象,主要采用概率论和统计的方法来处理。需要注意,所需要的信号本身也可能有随机性,例如用于对地测量的热微波或红外辐射就有这种特点。由上面的讨论可知,图像中的噪声并不需要与信号对立,它可以与信号有密切的联系。如果将信号除去,噪声也可能变化。

噪声既可能有一定的随机性,如电视屏幕上的椒盐噪声;也可能比较规则或有规律(systematic),如山谷中的回声仅有一定的延迟。当电视图像由于电冰箱的电机干扰或行驶中摩托车的发动机干扰而产生独立的亮点时,噪声既有随机特性也有规则特性。

在很多情况下,噪声的(随机/规则)特性并不是很重要,重要的是它的强度,或者说人们只关心它的强度。常用的**信噪比**(SNR)就反映了噪声相对于信号的强度比值。信噪比是一个重要的放大器或通信系统的质量指标。典型的信噪比是用能量比(或电压平方比)来定义的

$$\mathrm{SNR} = 10\lg\left(\frac{V_s^2}{V_n^2}\right) \tag{5.2.1}$$

但在一些特殊的应用中,也有一些变型。例如,在电视应用中,信号电压 V_s 用峰-峰值为单位,而噪声电压 V_n 用均方根(RMS)为单位。此时得到的数值比都用均方根为单位得到的数值要高 9.03dB。

在合成图像时采用如下定义的信噪比进行控制[Kitchen 1981]:

$$\mathrm{SNR} = \left(\frac{C_{\mathrm{ob}}}{\sigma}\right)^2 \tag{5.2.2}$$

式中,C_{ob} 为目标与背景间的灰度对比度,σ 为噪声均方差。

2. 几种常见噪声

噪声形成的原因是多种多样的,其性质也千差万别,下面介绍几种常见的噪声,见[Libbey 1994]、[Siau 2002]。

(1) 热(heat)噪声

热噪声指导电载流子由于热扰动而产生的噪声。这种热导致的噪声在从零频率直到很高的频率范围之间分布一致,一般认为它可以产生对不同波长有相同能量的频谱(或者说在频谱的任何地方,相同频率间隔内的能量相同)。这种噪声也称为**高斯噪声**(其空间幅度符合高斯分布)或**白噪声**(其频率覆盖整个频谱)。

(2) 闪烁(flicker)噪声

闪烁噪声是由电流运动导致的一种噪声。事实上,电子或电荷的流动并不是一个连续的完美过程,它们的随机性会产生一个很难量化和测量的交流成分(随机 AC)。这种噪声一般具有反比于频率($1/f$)的频谱,所以也称 $1/f$ 噪声,一般常在 1000Hz 以下的低频时比较明显。也有人称其为粉色噪声。粉色噪声在对数频率间隔内有相同的能量(例如,在 1～10Hz 和 10～100Hz 之间的粉色噪声能量是相同的)。

(3) 发射(shot)噪声

发射噪声也是电流非均匀流动,或者说电子运动有随机性而产生的结果。例如显像管

中的电流除根据图像信号变化外,还会根据电子的随机运动而变化。这样,在本应该稳定的直流分量里实际上还保留了一个交流分量。发射噪声也常形象地称为"房顶雨(rain on the roof)"噪声。它也是一种高斯分布的噪声,可以用统计和概率的原理来量化。

(4) 有色(colored)噪声

有色噪声指具有非白色频谱的宽带噪声。典型的例子如运动的汽车、计算机风扇、电钻等产生的噪音。另外,白噪声通过信道后也会被"染色"为有色噪声。两种常见的有色噪声——粉色(pink)噪声和褐色(brown)噪声的各一个示例分别见图5.1.2。相对白噪声来说,有色噪声中低频分量占了较大比重。

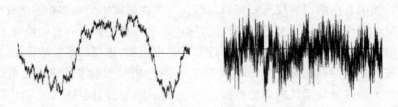

图 5.2.1   粉色和褐色噪声示例

3. 一个成像过程中的多种噪声

噪声不仅种类繁多,而且可能在一个成像过程中出现多种。以利用 CCD 成像的整个过程为例,其中多种噪声不可避免地都有体现:光子噪声、热噪声、片上电子噪声、放大噪声、量化噪声、……。这里光子噪声是指由连续自然光到达一个像素范围中的光子数量值的起伏所带来的噪声,它与光源、光路、成像环境等的特性都有关联。热噪声与 CCD 的工作温度密切相关,随着 CCD 的工作温度增高,更多的电子从 CCD 的硅材料中释放出来,而这些电子与由光子到达像素所激发出来的光电子是无法通过亮度量化器加以区分的,这就是热噪声。片上电子噪声也称为读出噪声,它与 CCD 的读出像素速率成比例,读出速率越高,读出噪声越明显。放大噪声是指由放大器引起的噪声,一般增益越高,产生的噪声越大。量化噪声对应在将模拟信号转换为数字信号时所带来的误差,这是因为不管用多少个量化比特值,都无法穷尽由单个像素中光电子引起的模拟电压值。

5.2.2 噪声概率密度函数

由于噪声的影响,图像像素的灰度会发生变化。噪声本身的灰度可看作随机变量,其分布可用**概率密度函数**(PDF)来刻画。下面介绍三种重要的噪声概率密度函数。

1. 高斯噪声

一个高斯随机变量 z 的 PDF 可表示为

$$p(z) = \frac{1}{\sqrt{2\pi}\sigma} \exp\left[-\frac{(z-\mu)^2}{2\sigma^2}\right] \qquad (5.2.3)$$

式中,z 代表灰度,μ 是 z 的均值,σ 是 z 的标准差。它的一个示例见图 5.2.2。**高斯噪声**的灰度值多集中在均值附近,随着离均值的距离增加而数量减少。

高斯噪声模型在数学上比较好处理,许多分布接近高斯分布的噪声也常用高斯噪声模型近似地处理。

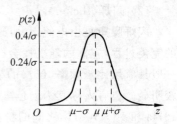

图 5.2.2   一个高斯噪声的概率密度函数

2. 均匀噪声

均匀噪声的 PDF 可表示为

$$p(z) = \begin{cases} 1/(b-a) & a \leqslant z \leqslant b \\ 0 & \text{其他} \end{cases} \tag{5.2.4}$$

均匀噪声的均值和方差分别为

$$\mu = (a+b)/2 \tag{5.2.5}$$

$$\sigma^2 = (b-a)^2/12 \tag{5.2.6}$$

它的一个示例见图 5.2.3。均匀噪声灰度值的分布在一定的范围内是均衡的。

均匀噪声密度常作为许多随机数发生器的基础,例如可用它来产生高斯噪声。

3. 脉冲噪声

脉冲噪声也常称**椒盐噪声**(严格地说,仅指饱和的),其 PDF 可表示为(一个示例见图 5.2.4)

$$p(z) = \begin{cases} P_a & z = a \\ P_b & z = b \\ 0 & \text{其他} \end{cases} \tag{5.2.7}$$

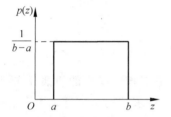

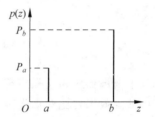

图 5.2.3　一个均匀噪声的概率密度函数　　　　图 5.2.4　一个脉冲噪声的概率密度函数

噪声脉冲可以是正的或负的。因为脉冲的影响常比图像中信号的强度要大(使得有噪声像素的灰度值与无噪声像素的灰度值出现明显不同),脉冲噪声一般量化成图像中的极限灰度(显示为白或黑)。实际中,一般假设 a 和 b 都是"饱和"值,即它们取图像所允许的最大灰度和最小灰度。如果 $b > a$,灰度 b 在图像中显示为白点,而灰度 a 在图像中显示为黑点。如果 P_a 或 P_b 为 0,脉冲噪声称为单极性的(unipolar)。如果 P_a 和 P_b 均不为 0,特别是两者大小很接近时,饱和的脉冲噪声就像椒盐粒随机撒在图像上。因为这个原因,双极性的(bipolar)脉冲噪声也称为椒盐噪声。在图像显示时,负脉冲显示为黑色(椒)而正脉冲显示为白色(盐)。对 8 个比特的图像,有 $a = 0$(黑)和 $b = 255$(白)。错误交换、发射噪声和尖峰噪声等都可用脉冲噪声来表示。

5.2.3　均值类滤波器

均值滤波器实际上代表一大类空域噪声滤波器。3.3.1 小节介绍的邻域平均就是最基本的均值滤波操作。不过均值可以有不同的定义,所以均值滤波器也有不同类型(也可以是非线性滤波器)。

1. 算术均值滤波器

给定一个 $m \times n$ 模板,它所覆盖的图像 $f(x,y)$ 中以 (x,y) 为中心的邻域 $N(x,y)$ 的**算**

术均值为

$$\overline{f}(x,y) = \frac{1}{mn}\sum_{(s,t) \in N(x,y)} f(s,t) \qquad (5.2.8)$$

当退化图像用 $g(x,y)$ 表示时,用**算术均值滤波器**得到的**恢复图像** $f_e(x,y)$ 为

$$f_e(x,y) = \frac{1}{mn}\sum_{(s,t) \in N(x,y)} g(s,t) \qquad (5.2.9)$$

需要注意该滤波器(就是 3.3.1 小节介绍的平均滤波器)在消除一些噪声的同时也模糊了图像。

2. 几何均值滤波器

根据**几何均值**的定义,用**几何均值滤波器**得到的恢复图像 $f_e(x,y)$ 为

$$f_e(x,y) = \left[\prod_{(s,t) \in N(x,y)} g(s,t)\right]^{\frac{1}{mn}} \qquad (5.2.10)$$

几何均值滤波器对图像的平滑作用与算术均值滤波器相当,但相比算术均值滤波器它能在恢复图像中保持更多的细节。

3. 调和均值滤波器

调和均值也称**谐波均值**。根据其定义,用**调和均值滤波器(谐波均值滤波器)**得到的恢复图像 $f_e(x,y)$ 为

$$f_e(x,y) = \frac{mn}{\sum\limits_{(s,t) \in N(x,y)} 1/g(s,t)} \qquad (5.2.11)$$

调和均值滤波器对高斯噪声有较好的滤除效果。它对椒盐噪声的两部分作用不对称,对盐噪声的滤除效果要比对椒噪声好许多(因为椒噪声对求和的贡献远远大于盐噪声对求和的贡献)。

4. 逆调和均值滤波器

计算**逆调和均值**是一种比较通用的均值类滤波方法,由**逆调和均值滤波器**得到的恢复图像 $f_e(x,y)$ 为

$$f_e(x,y) = \frac{\sum\limits_{(s,t) \in N(x,y)} g(s,t)^{k+1}}{\sum\limits_{(s,t) \in N(x,y)} g(s,t)^{k}} \qquad (5.2.12)$$

式中,k 为滤波器的阶数。逆调和均值滤波器对椒盐类噪声的滤除效果比较好,但不能同时滤除椒噪声和盐噪声。当 k 为正数时,滤波器可滤除椒噪声;当 k 为负数时,滤波器可滤除盐噪声。另外,当 k 为 0 时,逆调和均值滤波器退化为算术均值滤除器;当 k 为 −1 时,逆调和均值滤波器退化为调和均值滤除器。

例 5.2.1 均值类滤波器效果示例

参见图 5.2.5。图(a)为一幅叠加了均值为零、方差为 256 的高斯噪声的图像。图(b)～图(e)分别为用算术均值滤波器、几何均值滤波器、调和均值滤波器和逆调和均值滤波器(取 k 为正数)得到的结果。由图可见,它们都能较好地滤除噪声,互相之间的效果差距不大。

再来看图 5.2.6。图(a)为一幅叠加了 20% 的脉冲噪声的图像。图(b)～图(e)分别为用算术均值滤波器、几何均值滤波器、调和均值滤波器和逆调和均值滤波器(取 k 为正数)得到的结果。由图可见,除算术均值滤波器获得了噪声滤除的效果外,另外三种滤波器反而加

(a)   (b)   (c)   (d)   (e)

图 5.2.5　几种均值类滤波器滤除高斯噪声的效果

(a)   (b)   (c)   (d)   (e)

图 5.2.6　几种均值类滤波器滤除脉冲噪声的效果

强了噪声对图像的影响。

对比前面的两组图,可见一般情况下使用均值滤波器滤除高斯噪声的效果比滤除脉冲噪声的效果好,或者说均值滤波更适合消除高斯噪声。　　　　　　　　　　　　　　　□

5. 非线性均值滤波器

计算**非线性均值**也是一种比较通用的均值类滤波方法。给定 N 个数 $x_i, i = 1, 2, \cdots, N$,它们的 1-D(2-D 可类似地定义)非线性均值为[Mitra 2001]

$$g = f(x_1, x_2, \cdots, x_N) = h^{-1} \left(\frac{\sum\limits_{i=1}^{N} w_i h(x_i)}{\sum\limits_{i=1}^{N} w_i} \right) \tag{5.2.13}$$

式中,$h(x)$ 一般是非线性单值解析函数;w_i 是权。**非线性均值滤波器**的性质取决于函数 $h(x)$ 和权 w_i。如果 $h(x) = x$,得到算术均值 $\bar{x}$。如果 $h(x) = 1/x$,得到调和均值 g_H。如果 $h(x) = \ln(x)$,得到几何均值 g_G。如果权是常数,非线性均值滤波器就简化为同态滤波器(见 4.5 节)。如果权不是常数,将得到其他种类的非线性滤波器。

5.2.4　排序类统计滤波器

排序滤波器也代表一大类空域噪声滤波器,它们全部都是非线性滤波器。

1. 基本排序滤波器

3.4 节介绍的**中值滤波器**、**最大值滤波器**、**最小值滤波器**和**中点滤波器**都是基本的排序滤波器。

例 5.2.2　基本排序滤波器效果示例

作为对比,下面给出基本排序类滤波器消除高斯噪声和脉冲噪声的一些效果,参见图 5.2.7。图(a)为一幅叠加了均值为零、方差为 256 的高斯噪声的图像。图(b)~(e)分别为用中值滤波器、最大值滤波器、最小值滤波器和中点滤波器得到的结果。

(a)　　　　　　(b)　　　　　　(c)　　　　　　(d)　　　　　　(e)

图 5.2.7　基本排序滤波器滤除高斯噪声的效果

再来看图 5.2.8。图(a)为一幅叠加了 20% 的脉冲噪声的图像。图(b)~图(e)分别为用中值滤波器、最大值滤波器、最小值滤波器和中点滤波器得到的结果。

(a)　　　　　　(b)　　　　　　(c)　　　　　　(d)　　　　　　(e)

图 5.2.8　基本排序滤波器滤除脉冲噪声的效果

对比前面的两组图,可见一般情况下中值滤波器滤除脉冲噪声的效果比滤除高斯噪声的效果好,而其他几种排序统计滤波器对双极性的脉冲噪声效果并不好。　　　　　　　□

2. 剪切均值滤波器

如果利用排序结果把(x,y)的邻域 $N(x,y)$ 中的 $d/2$ 个最小的灰度值和 $d/2$ 个最大的灰度值剪切掉,再对剩下的 $mn-d$ 个像素值(用 $g_r(s,t)$ 表示剩下的 $mn-d$ 个像素)求平均就得到**剪切均值滤波器**。滤波器的输出为

$$f_e(u,v) = \frac{1}{mn-d} \sum_{(s,t) \in N(x,y)} g_r(s,t) \tag{5.2.14}$$

式中,d 的值可在 $0 \sim mn-1$ 之间选取。如果选 $d=0$,没有剪切只取均值,剪切均值滤波器简化为算术均值滤波器。如果选 $d=mn-1$,把比中值大或小的值都剪切掉,剪切均值滤波器成为中值滤波器。如果选 d 取其他值,剪切均值滤波器可用于消除有多种噪声(如椒盐和高斯噪声)的情况。

理论分析和实验都表明,中值滤波器滤除脉冲噪声的效果好但滤除加性高斯噪声的效果差,而均值滤波器滤除脉冲噪声的效果差但滤除加性高斯噪声的效果好。剪切均值滤波器是对两者的一个综合和妥协。通过选取合适的 d,既可平滑图像还可消除噪声。

3. 自适应中值滤波器

当图像上叠加的脉冲噪声密度不是很大时(P_a 和 P_b 均小于 0.2),标准中值滤波器就可取得较好的效果。如果脉冲噪声的密度更大就需要使用具有自适应能力的中值滤波器。**自适应中值滤波器**在滤除非脉冲噪声时,还可以比标准中值滤波器更好地保留图像细节。

自适应中值滤波器的自适应体现在滤波器的模板尺寸可根据图像特性进行调节。设用

g_{min}表示模板区域W中像素的最小值,用g_{max}表示模板区域W中像素的最大值,用g_{med}表示模板区域W中像素的中值,用g_{xy}表示噪声图像在(x,y)处的灰度值,用S_w表示对模板允许的最大尺寸。自适应中值滤波器有两种工作模式,分别记为A模式和B模式[Umbaugh 2005]。

A模式:$A_1 = g_{med} - g_{min}$,$A_2 = g_{med} - g_{max}$

如果$A_1 > 0$且$A_2 < 0$,转到B模式

否则增大模板尺寸(一般每个方向增加两个像素)

如果模板尺寸$\leqslant S_w$,重复A模式

否则$f(x,y) = g_{xy}$

B模式:$B_1 = g_{xy} - g_{min}$,$B_2 = g_{xy} - g_{max}$

如果$B_1 > 0$且$B_2 < 0$,$f(x,y) = g_{xy}$

否则$f(x,y) = g_{med}$

这里A模式的功能是确定标准中值滤波器的输出是否为脉冲噪声。如果该输出等于最大或最小值,就有可能是脉冲噪声,就需要增大模板尺寸再试。如果该输出不等于最大或最小值,就转向B模式,看当前像素是否为脉冲噪声。如果是,则输出中值;如果不是,则输出当前值,这能保持边缘。

自适应中值滤波器可达到三个目的:滤除脉冲噪声,平滑非脉冲噪声,减少对目标边界过度细化或粗化而产生的失真。从统计的角度讲,即便g_{min}和g_{max}不是图像中可能的最小和最大灰度值,它们仍被看作是类似脉冲的噪声成分。

5.2.5 选择性滤波器

均值滤波器能有效地消除高斯噪声和均匀分布噪声,但对脉冲噪声的消除效果较差。中值滤波器能有效地消除脉冲类噪声,且不会对图像带来过多的模糊效果,但对高斯噪声的消除效果不是很好。当图像同时受到不同噪声影响时,可以采用**选择滤波**的方式,在受到不同噪声影响的位置选择不同的滤波器,以发挥不同滤波器的各自特点,取得较好的综合效果。下面介绍一种方法作为示例。

1. 滤波器框图

用于消除高斯噪声和脉冲噪声的**选择性滤波器**的模块框图和工作流程如图5.2.9所示,其中包括4个功能模块,分别为椒盐噪声检测、**滤波器选择**、滤除椒盐噪声和滤除高斯噪声。对输入的噪声图像,先用椒盐噪声检测器检测出受椒盐噪声影响的像素,对这些像素可用中值滤波器一类的滤波器进行噪声滤除,对其余的像素则可用均值滤波器一类的滤波器进行噪声滤除,最后将两部分结果组合起来得到对高斯噪声和椒盐噪声都滤除的结果。

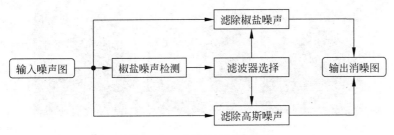

图5.2.9 选择性滤波器框图

2. 椒盐噪声检测

受椒盐噪声影响的像素的灰度值会取到图像灰度范围的两个极端值。因此，**椒盐噪声检测**可根据下面两个准则来判断。①灰度范围准则。设图像灰度范围为$[L_{\min}, L_{\max}]$，则如果一个像素的灰度值在$[L_{\min}, L_{\min}+T_g]$或$[L_{\max}-T_g, L_{\max}]$范围中，则它很有可能是受到了椒盐噪声的影响，其中T_g是检测椒盐噪声的灰度阈值。②局部差别准则。考虑一个像素的8-邻域，如果其中有较多的邻域像素与该像素的灰度值有较大的差别，则该像素为受椒盐噪声影响的像素的可能性就比较大。具体可设计两个阈值，T_v和T_n，T_v用来判断邻域像素间灰度值的差别是否足够大，T_n用来判断灰度差别足够大的像素个数是否足够多。如果对一个待检测像素，其邻域中灰度值与其灰度值的差别大于T_v的像素个数又多于T_n，则它很有可能是受椒盐噪声影响的像素。

实际中，设位于(x, y)处像素的邻域为$N(x, y)$，属于该邻域的像素为$f(s, t)$，则可将上面两个准则结合到如下公式（$\#[\cdot]$代表个数，分母代表邻域像素个数，这样T_n代表百分比阈值）中：

$$\frac{\#[\,|f(x, y)-f(s, t)|>T_v\,]}{\#[N(x, y)]}>T_n \tag{5.2.15}$$

这里结合使用了两个准则。因为如果仅使用灰度范围准则，有可能会把图像中一些原灰度值在$[L_{\min}+T_g, L_{\max}-T_g]$范围中的正常像素也误判为受脉冲噪声影响的像素；而如果仅使用局部差别准则，则有可能将许多正常的边缘像素都误判为受脉冲噪声影响的像素。同时满足两个准则的像素是受脉冲噪声影响可能性很大的像素。

3. 滤波器选择

当图像同时受到脉冲噪声和高斯噪声影响时，在如上检测出受脉冲噪声影响的像素集合后，可将图像分为两个集合，一个集合仅仅受到高斯噪声影响，另一个集合不仅受到高斯噪声影响还受到脉冲噪声影响。由于受到脉冲噪声影响的像素的灰度取到图像灰度范围的两个极端值，所以在这些像素上高斯噪声的影响可以忽略。要消除脉冲噪声对这些像素的影响，可利用其周围未受到脉冲噪声影响的像素的信息，具体就是根据未受到脉冲噪声影响像素的位置和灰度通过插值来确定受到脉冲噪声影响的像素的新灰度值。而对没有受到脉冲噪声影响的像素，可以用自适应维纳滤波器来消除高斯噪声的影响（参见5.4节）。

图5.2.10给出了运用组合滤波器的一个示例。图(a)是原始图像，图(b)是受到混合噪声影响的图像（其中高斯噪声均值为0，方差为162；脉冲噪声的比例为20%），图(c)是用组合滤波器消除噪声后获得的图像。

(a)　　　　　　　　(b)　　　　　　　　(c)

图5.2.10　选择性滤波示例

实验结果表明在消除各种混合比例的混合噪声时使用选择性滤波器的效果比单独使用其中任何一个滤波器的效果都要好。

5.3　无约束恢复

无约束恢复方法将图像仅看作一个数字矩阵,从数学角度进行恢复处理而不考虑恢复后图像应受到的物理约束。

5.3.1　无约束恢复公式

考虑图 5.1.2 给出的简单的通用图像退化模型,由式(5.1.7)可得

$$n = g - hf \tag{5.3.1}$$

在对 n 没有先验知识的情况下,图像恢复问题可描述为需要寻找一个 f 的估计 f_e,使得 hf_e 在最小均方误差的意义下最接近 g,即要使 n 的范数(norm)最小:

$$\|n\|^2 = n^T n = \|g - hf_e\|^2 = (g - hf_e)^T (g - hf_e) \tag{5.3.2}$$

根据上式,对恢复问题的求解就成为对 f_e 求满足下式的最小值:

$$L(f_e) = \|g - hf_e\|^2 \tag{5.3.3}$$

这里只需要将 L 对 f_e 求微分并将结果设为 0,再设 h^{-1} 存在,就可得到一个无约束恢复公式:

$$f_e = (h^T h)^{-1} h^T g = h^{-1} (h^T)^{-1} h^T g = h^{-1} g \tag{5.3.4}$$

5.3.2　逆滤波

逆滤波也称去模糊,是一种简单、直接的无约束图像恢复方法。

1. 逆滤波的原理

式(5.3.4)表明,用退化系统的矩阵的逆来左乘退化图像就可以得到对原始图像 f 的估计 f_e。下面转到频率域中讨论。先不考虑噪声,根据式(5.1.8),如果用退化函数来除退化图像的傅里叶变换,则可以得到一个对原始图像的傅里叶变换的估计:

$$F_e(u,v) = \frac{G(u,v)}{H(u,v)} \tag{5.3.5}$$

如果把 $H(u,v)$ 看作一个滤波函数,则它与 $F(u,v)$ 的乘积是退化图像 $g(x,y)$ 的傅里叶变换。这样用 $H(u,v)$ 去除 $G(u,v)$ 就是一个逆滤波过程。将式(5.3.5)的结果求反变换就得到恢复后的图像:

$$f_e(x,y) = \mathcal{F}^{-1}[F_e(u,v)] = \mathcal{F}^{-1}\left[\frac{G(u,v)}{H(u,v)}\right] \tag{5.3.6}$$

由上可见,此时恢复图像的关键是设计恰当的滤波函数。实际中,仅对一些特殊的退化形式,可以解析地获得恢复所用的滤波函数。例如,由于薄透镜聚焦不准而导致的图像模糊可用下面的函数描述:

$$H(u,v) = \frac{J_1(dr)}{dr} \tag{5.3.7}$$

式中，J_1 是一阶贝塞尔函数，$r^2 = u^2 + v^2$，d 是模型平移量（注意该模型是随着位置变化的）。用这个模糊函数作为滤波函数就可以进行恢复。另一个特例是大气扰动导致的退化，此时不同位置的温度不一致性就会使得穿过空气的光线发生偏移，这可用下面的函数描述：

$$H(u, v) = \exp(-k \cdot r^{5/3}) \tag{5.3.8}$$

其中，k 是依赖于扰动类型的常数，幂 5/3 也常用 1 代替。还有一个特例是摄像机与被摄物体之间存在相对匀速直线运动导致的模糊，将在 14.4.3 小节详细介绍。

实际中，噪声是不可避免的。考虑噪声后的逆滤波形式为

$$F_e(u, v) = F(u, v) + \frac{N(u, v)}{H(u, v)} \tag{5.3.9}$$

由式（5.3.9）可看出两个问题。首先因为 $N(u, v)$ 是随机的，所以即便知道了退化函数 $H(u, v)$，也并不能总是精确地恢复原始图像。其次，如果 $H(u, v)$ 在 UV 平面上取 0 或很小的值，$N(u, v)/H(u, v)$ 就会使恢复结果与预期的结果有很大差距（对 $H(u, v)$ 的计算也会遇到问题）。实际中，一般 $H(u, v)$ 随 u、v 与原点距离的增加而迅速减小，而噪声 $N(u, v)$ 却变化缓慢。在这种情况下，恢复只能在与原点较近（接近频域中心）的范围内进行，此时 $H(u, v)$ 相比 $N(u, v)$ 足够大。换句话说，一般情况下逆滤波器并不正好是 $1/H(u, v)$，而是 u 和 v 的某个有限制的函数，可记为 $M(u, v)$。$M(u, v)$ 常称为**恢复转移函数**，这样合起来的图像退化和恢复模型可用图 5.3.1 表示。

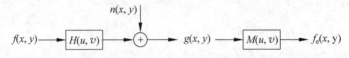

图 5.3.1　图像退化和恢复模型

一种常见的方法是取 $M(u, v)$ 为如下函数：

$$M(u, v) = \begin{cases} 1/H(u, v) & u^2 + v^2 \leqslant w_0^2 \\ 1 & u^2 + v^2 > w_0^2 \end{cases} \tag{5.3.10}$$

式中，w_0 的选取原则是将 $H(u, v)$ 为 0 的点除去。这种方法的缺点是恢复结果的振铃效应较明显。另一种改进的方法是取 $M(u, v)$ 为

$$M(u, v) = \begin{cases} k & H(u, v) \leqslant d \\ 1/H(u, v) & \text{其他} \end{cases} \tag{5.3.11}$$

式中，k 和 d 均为小于 1 的常数，而且 d 选得较小为好。

例 5.3.1　模糊点源以获得转移函数进行图像恢复

一幅图像可看作多个点源图像的集合，如将点源图像看作单位脉冲函数（$\mathcal{F}[\delta(x, y)] = 1$）的近似，则有 $G(u, v) = H(u, v)F(u, v) \approx H(u, v)$。换句话说，此时退化系统的**转移函数** $H(u, v)$ 可以用退化图像的傅里叶变换来近似。需要注意，这种情况仅在傅里叶变换里不包含零点时逆滤波才可能进行。

图 5.3.2 给出一个恢复示例。图（a）为一幅用低通滤波器对理想图像进行模糊得到的模拟退化图像，所用低通滤波器的傅里叶变换见图（b）。根据式（5.3.10）和式（5.3.11）逆滤波得到的恢复结果分别见图（c）和图（d）。两者比较，图（d）的振铃效应较小。

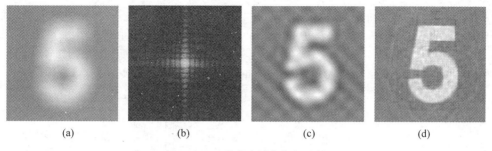

(a) (b) (c) (d)

图 5.3.2   逆滤波图像恢复例

2. 逆滤波的快速计算

如果退化源可用一阶算子（滤波器）建模，则不需要进行傅里叶变换就可实现逆滤波［Goshtasby 2005］。一阶算子指可以分解为 1-D 算子的组合的算子。例如，下面的一阶算子 R 可以分解为

$$R = \begin{bmatrix} ac & a & ad \\ c & 1 & d \\ bc & b & bd \end{bmatrix} = \begin{bmatrix} a \\ 1 \\ b \end{bmatrix} \begin{bmatrix} c & 1 & d \end{bmatrix} = s\,t^{\mathrm{T}} \tag{5.3.12}$$

将一幅图像与滤波器 R 卷积相当于将图像与滤波器 s 卷积后再与滤波器 t 卷积。类似地，对一幅图像用滤波器 R 进行逆滤波相当于对图像先用滤波器 t 进行逆滤波再用滤波器 s 进行逆滤波。下面仅讨论对滤波器 s 的逆滤波计算，对滤波器 t 的逆滤波计算可通过对图像的转置用滤波器 t 的转置进行逆滤波然后再转置所得结果来实现。

假设 f 是一幅 $M \times N$ 图像，将该图像与滤波器 s 卷积可写成

$$g(j) = \mathcal{F}^{-1}\{\mathcal{F}[f(j)] \cdot \mathcal{F}(s)\} \quad j = 0,1,\cdots,N-1 \tag{5.3.13}$$

式中，$f(j)$ 和 $g(j)$ 分别是滤波前和滤波后图像的第 j 列。点"$\cdot$"代表点对点的乘法，$\mathcal{F}$ 和 $\mathcal{F}^{-1}$ 分别表示傅里叶变换和反变换。现在，给定滤波（模糊）的图像 g 和滤波器 s，模糊前图像可如下计算

$$f(j) = \mathcal{F}^{-1}\left\{\frac{\mathcal{F}|\,g(j)\,|}{\mathcal{F}(s)}\right\} \tag{5.3.14}$$

其中除法也是点对点的。这个操作仅在 s 的傅里叶变换系数均不为零时才可能进行。

对一阶滤波器，计算逆滤波并不需要使用傅里叶变换。如果图像 g 是通过将 $M \times N$ 的图像 f 与滤波器 s 卷积而得到的，那么

$$g(x,y) = \sum_{i=-1}^{1} s(i)f(x,y+i) \quad x = 0,1,\cdots,M-1 \quad y = 0,1,\cdots,N-1 \tag{5.3.15}$$

式中，$g(x,y)$ 是卷积图像的第 xy 项，$s(-1)=a$，$s(0)=1$，$s(1)=b$。在式（5.3.15）中，假设对 $x=0,\cdots,M-1$，$f(x,-1)$ 和 $f(x,N)$ 均为 0。式（5.3.15）也可用矩阵形式写成 $g=Hf$，其中

$$H = \begin{bmatrix} 1 & b & & & & \\ a & 1 & b & & & \\ & a & 1 & \ddots & & \\ & & a & \ddots & b & \\ & & & \ddots & 1 & b \\ & & & & a & 1 \end{bmatrix}_{M \times M} \tag{5.3.16}$$

注意给定滤波器 s 则矩阵 $\boldsymbol{H}$ 完全可确定。考虑到矩阵 $\boldsymbol{H}$ 的特殊形式，原始图像 $\boldsymbol{f}$ 可逐行或逐列确定。令 $\boldsymbol{f}(j)$ 和 $\boldsymbol{g}(j)$ 分别是 $\boldsymbol{f}$ 和 $\boldsymbol{g}$ 的第 j 列，$\boldsymbol{f}(j)$ 可通过解下式来得到

$$\boldsymbol{H}\boldsymbol{f}(j) = \boldsymbol{g}(j) \tag{5.3.17}$$

为解式(5.3.17)，将 $\boldsymbol{H}$ 用 $b\boldsymbol{D}$ 来代替，这里

$$\boldsymbol{D} = \begin{bmatrix} \alpha & 1 & & & & \\ \beta & \alpha & 1 & & & \\ & \beta & \alpha & \ddots & & \\ & & \beta & \ddots & 1 & \\ & & & \ddots & \alpha & 1 \\ & & & & \beta & \alpha \end{bmatrix} = \begin{bmatrix} 1 & & & & \\ k_0 & 1 & & & \\ & k_1 & 1 & & \\ & & k_2 & \ddots & \\ & & & \ddots & \alpha \\ & & & & k_{M-2} & \alpha \end{bmatrix} \begin{bmatrix} l_0 & 1 & & & \\ & l_1 & 1 & & \\ & & l_2 & \ddots & \\ & & & \ddots & 1 \\ & & & & l_{M-2} & 1 \\ & & & & & l_{M-1} \end{bmatrix}$$

$$= \boldsymbol{KL} \tag{5.3.18}$$

式中，$\alpha = 1/b$，$\beta = a/b$，$l_0 = \alpha$，$k_{i-1} = \beta/l_{i-1}$，且 $l_i = \alpha - k_{i-1}$，对 $i = 1, 2, \cdots, M-1$。已经证明，只有在 $a, b < 0.5$ 时，对矩阵 $\boldsymbol{D}$ 的 $\boldsymbol{KL}$ 分解才存在。现将式(5.3.17)重新写成

$$b\boldsymbol{KL}\boldsymbol{f}(j) = \boldsymbol{g}(j) \tag{5.3.19}$$

令矢量 $\boldsymbol{E}$ 满足 $\boldsymbol{KE} = \boldsymbol{g}(j)$ 并代入式(5.3.19)中，则根据 $b\boldsymbol{L}\boldsymbol{f}(j) = \boldsymbol{E}$，就可算得 $\boldsymbol{f}(j)$。逐行计算矩阵 $\boldsymbol{f}$ 中的每个元素只需要 4 次乘法。所以如此计算逆滤波(使用 3×3 的一阶滤波器)所需的乘法在 $O(N^2)$ 量级。相对于用快速傅里叶算法计算一幅 $N \times N$ 图像的逆滤波所需乘法的 $O(N^2 \log_2 N)$ 量级，对较大的 N，所节省的计算量还是比较多的。

5.4 有约束恢复

基于有约束恢复模型的图像恢复方法很多，包括最小均方误差滤波器、最小平方恢复滤波器等。

5.4.1 有约束恢复公式

与逆滤波这样的无约束恢复方法不同，**有约束恢复**的方法还考虑到恢复后的图像应该受到一定的物理约束，如在空间上比较平滑、其灰度值为正等。

同样从式(5.1.7)出发，有约束恢复考虑选取 $\boldsymbol{f}_\mathrm{e}$ 的一个线性操作符 $\boldsymbol{Q}$(变换矩阵)，使得 $\|\boldsymbol{Q}\boldsymbol{f}_\mathrm{e}\|$ 最小。这个问题可用拉格朗日乘数法解决。设 l 为拉格朗日乘数，要找能最小化下列准则函数的 $\boldsymbol{f}_\mathrm{e}$：

$$L(\boldsymbol{f}_\mathrm{e}) = \|\boldsymbol{Q}\boldsymbol{f}_\mathrm{e}\|^2 + l(\|\boldsymbol{g} - \boldsymbol{h}\boldsymbol{f}_\mathrm{e}\|^2 - \|\boldsymbol{n}\|^2) \tag{5.4.1}$$

与解式(5.3.3)相似可得有约束恢复公式(令 $s = 1/l$)

$$\boldsymbol{f}_\mathrm{e} = [\boldsymbol{h}^\mathrm{T}\boldsymbol{h} + s\boldsymbol{Q}^\mathrm{T}\boldsymbol{Q}]^{-1}\boldsymbol{h}^\mathrm{T}\boldsymbol{g} \tag{5.4.2}$$

5.4.2 维纳滤波器

维纳滤波器是一种最小均方误差滤波器。在频率域中，有约束恢复的一般公式可写成如下形式(取 $\boldsymbol{Q}^\mathrm{T}\boldsymbol{Q} = \boldsymbol{R}_f^{-1}\boldsymbol{R}_n$，其中 $\boldsymbol{R}_f$ 和 $\boldsymbol{R}_n$ 分别为 $\boldsymbol{f}$ 和 $\boldsymbol{n}$ 的自相关矩阵)：

$$F_\mathrm{e}(u,v) = H_\mathrm{W}(u,v)G(u,v) = \frac{H^*(u,v)}{|H(u,v)|^2 + s[S_n(u,v)/S_f(u,v)]}G(u,v)$$

$$\tag{5.4.3}$$

式中，$S_f(u,v)$和$S_n(u,v)$分别为原始图像和噪声的相关矩阵元素的傅里叶变换。

下面来讨论一下式(5.4.3)的几种情况。

(1) 如果$s=1$，$H_W(u,v)$就是标准的维纳滤波器。

(2) 如果s是变量，就称为**参数维纳滤波器**。

(3) 当没有噪声时，$S_n(u,v)=0$，维纳滤波器退化成上节的理想逆滤波器。

因为必须调节s以满足式(5.4.2)，所以当$s=1$时利用式(5.4.3)并不能得到满足式(5.4.1)的最优解，不过它在$E\{[f(x,y)-f_e(x,y)]^2\}$最小化的意义下是最优的。这里把$f(\cdot)$和$f_e(\cdot)$都当作随机变量而得到一个统计准则。当$S_n(u,v)$和$S_f(u,v)$未知时(实际中常如此)，式(5.4.3)可用下式来近似(其中K是一个预先设定的常数)：

$$F_e(u,v) \approx \frac{H^*(u,v)}{|H(u,v)|^2 + K} G(u,v) \tag{5.4.4}$$

例 5.4.1 *逆滤波恢复和维纳滤波恢复的比较*

图 5.4.1 给出一个逆滤波恢复和维纳滤波恢复的对比实例。图(a)所示一列图为先将一幅正常图像与平滑函数$h(x,y)=\exp[\sqrt{(x^2+y^2)}/240]$相卷积产生模糊(类似于遥感成像中的大气扰动效果)，再叠加零均值，方差分别为 8、16 和 32 的高斯随机噪声而得到的一组待恢复图像。图(b)所示一列图为用逆滤波方法进行恢复得到的结果。图(c)所示一列图为用维纳滤波方法进行恢复得到的结果。由图(b)和(c)可见维纳滤波在图像受噪声影响时效果比逆滤波要好，而且噪声越强时这种优势越明显。

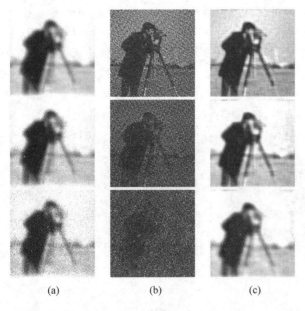

(a)　　　　　　(b)　　　　　　(c)

图 5.4.1　逆滤波与维纳滤波的比较

顺便指出，还可将式(5.4.3)给出的维纳滤波器进一步推广，就得到一种几何均值滤波器：

$$H_W(u,v) = \left[\frac{H^*(u,v)}{|H(u,v)|^2}\right]^t \left[\frac{H^*(u,v)}{|H(u,v)|^2 + s[S_n(u,v)/S_f(u,v)]}\right]^{1-t} \tag{5.4.5}$$

式中，s和t都是正实数。这个几何均值滤波器包括两部分，指数分别是t和$1-t$。如在对式(5.4.3)的讨论中提到的，式(5.4.5)在$t=1$和$t=0$时分别变成逆滤波器和参数维纳滤波器；而且如果同时有$s=1$，则成为标准维纳滤波器。但这里还可取$t=1/2$，此时式(5.4.5)

成为两个具有相同幂的表达的乘积(满足几何均值的定义,该滤波器的名称即源于此)。当 $s=1,t<1/2$ 时,几何均值滤波器更接近逆滤波器;而如果 $t>1/2$,几何均值滤波器更接近维纳滤波器。

5.4.3 有约束最小平方恢复

维纳滤波的方法是一种统计方法。它用的最优准则基于图像和噪声各自的相关矩阵,所以由此得到的结果只是在平均意义上最优。**有约束最小平方恢复方法**只需有关噪声均值和方差的知识就可对每个给定图像得到最优结果。

有约束最小平方恢复方法也从式(5.4.2)出发,所以问题还是要确定变换矩阵 $\boldsymbol{Q}$。首先注意到式(5.4.2)实际是一个病态方程,所以有时解的振荡会很厉害。一种减小振荡的方法是建立基于平滑测度的最优准则,例如可最小化某些二阶微分的函数。考虑 3.3.2 小节的拉普拉斯算子,它与 $f(x,y)$ 的卷积就给出在 (x,y) 处的二阶微分。记与将拉普拉斯算子扩展到图像尺寸的函数对应的 2-D 傅里叶变换为 $L(u,v)$,则可得到有约束最小平方恢复公式为

$$F_e(u,v) = \left[\frac{H^*(u,v)}{|H(u,v)|^2 + s\,|L(u,v)|^2}\right]G(u,v) \quad u,v = 0,1,\cdots,M-1 \quad (5.4.6)$$

注意上式与维纳滤波器有些相似,主要区别是这里除了对噪声均值和方差的估计外不需要其他统计参数的知识。

例 5.4.2 维纳滤波与有约束最小平方滤波的比较

图 5.5.2 给出在两种情况下维纳滤波与有约束最小平方滤波的比较示例。图(a)为以散焦半径 $R=3$ 的滤波器对图 1.1.1(b)进行模糊得到的图像,图(b)是用维纳滤波对图(a)恢复的结果,图(c)是用有约束最小平方滤波对图(a)恢复的结果。图(d)是对图(a)又加了方差为 4 的随机噪声的图像,图(e)是用维纳滤波对图(d)恢复的结果,图(f)是用有约束最小平方滤波对图(d)恢复的结果。由图可见,既有模糊又有噪声时有约束最小平方滤波的效果比维纳滤波略好一些,没有噪声仅有模糊时两种方法效果基本一致。

图 5.4.2　维纳滤波与有约束最小平方滤波的比较

5.5 交互式恢复

前面讨论的都是自动解析的恢复方法。在实际恢复工作应用中有时也需要人机结合，由人来控制恢复过程以获得一些特殊的效果。下面给出一个简单的**交互式恢复**例子。

实际中有时图像会被一种 2-D 的正弦干扰模式（也叫相关噪声）覆盖。令 $S(x,y)$ 代表幅度为 A、频率分量为 (u_0, v_0) 的正弦干扰模式，即

$$S(x,y) = A\sin(u_0 x + v_0 y) \tag{5.5.1}$$

它的傅里叶变换是

$$N(u,v) = \frac{-\mathrm{j}A}{2}\left[\delta\left(u - \frac{u_0}{2\pi}, v - \frac{v_0}{2\pi}\right) - \delta\left(u + \frac{u_0}{2\pi}, v + \frac{v_0}{2\pi}\right)\right] \tag{5.5.2}$$

上式只有虚分量，代表一对位于频率平面上坐标分别为 $(u_0/2\pi, v_0/2\pi)$ 和 $(-u_0/2\pi, -v_0/2\pi)$，强度分别为 $-A/2$ 和 $A/2$ 的脉冲。因为这里退化仅由噪声造成，所以有

$$G(u,v) = F(u,v) + N(u,v) \tag{5.5.3}$$

如果显示 $G(u,v)$ 的幅度图，两个噪声脉冲在 A 足够大且其坐标离原点较远时会成为两个亮点。这样可依靠视觉观察在频率域确定出脉冲分量的位置并在该位置利用带阻滤波器（见 4.4 节）消除它们，以去掉正弦干扰模式的影响。

实际中情况往往更为复杂。例如由电-光扫描仪获得的图像常被一种 2-D 的周期结构模式所覆盖，这是由于传感器受到电子电路中小信号放大的干扰。在这种情况下，常有多个正弦分量存在，如使用上述方法有可能去掉过多的图像信息，所以需要采用下面的方法。首先要提取干扰模式的主要频率。这需要在频率域里对应每个亮点的位置放一个带通滤波器 $H(u,v)$。如果能建造一个仅允许通过与干扰模式相关分量的 $H(u,v)$，那么这种结构模式的傅里叶变换就是

$$P(u,v) = H(u,v)G(u,v) \tag{5.5.4}$$

为建造这样一个 $H(u,v)$ 需要进行许多判断以确定每个亮点是否是干扰亮点。所以这个工作常需要通过观察 $G(u,v)$ 的频谱显示来交互地完成。当一个滤波器确定后，空域相对应的结构模式可由下式得到：

$$p(x,y) = \mathcal{F}^{-1}\{H(u,v)G(u,v)\} \tag{5.5.5}$$

如果能完全确定 $p(x,y)$，那么从 $g(x,y)$ 中减去 $p(x,y)$ 就可得到 $f(x,y)$。实际中只能得到这个模式的某种近似。为减少 $p(x,y)$ 的估计中没有顾及分量的影响，可从 $g(x,y)$ 中减去加权的 $p(x,y)$ 以得到 $f(x,y)$ 的近似：

$$f_\mathrm{a}(x,y) = g(x,y) - w(x,y)p(x,y) \tag{5.5.6}$$

式中 $w(x,y)$ 称为权函数，通过改变它可以获得在某种意义下最优的结果。一种具体方法是选择 $w(x,y)$ 以使 $f_\mathrm{a}(x,y)$ 的方差在每个点 (x,y) 的特定邻域中最小。设点 (x,y) 的邻域为 $(2X+1)\times(2Y+1)$，则邻域均值和方差分别为

$$\overline{f}_\mathrm{a}(x,y) = \frac{1}{(2X+1)(2Y+1)}\sum_{m=-X}^{X}\sum_{n=-Y}^{Y} f_\mathrm{a}(x+m, y+n) \tag{5.5.7}$$

$$\sigma^2(x,y) = \frac{1}{(2X+1)(2Y+1)}\sum_{m=-X}^{X}\sum_{n=-Y}^{Y}\left[f_\mathrm{a}(x+m, y+n) - \overline{f}_\mathrm{a}(x,y)\right]^2 \tag{5.5.8}$$

将式(5.5.6)代入式(5.5.8)，并设 $w(x,y)$ 在邻域中基本是常数，则式(5.5.8)变为

$$\sigma^2(x,y) = \frac{1}{(2X+1)(2Y+1)} \sum_{m=-X}^{X} \sum_{n=-Y}^{Y} \{[\, g(x+m,y+n) -$$

$$w(x+m,y+n)\,p(x+m,y+n)] - [\,\bar{g}(x,y) - \overline{w(x,y)\,p(x,y)}\,]\}^2$$

$$= \frac{1}{(2X+1)(2Y+1)} \sum_{m=-X}^{X} \sum_{n=-Y}^{Y} \{[\, g(x+m,y+n) -$$

$$w(x,y)\ p(x+m,y+n)] - [\,\bar{g}(x,y) - w(x,y)\,\bar{p}(x,y)\,]\}^2 \qquad (5.5.9)$$

将式(5.5.9)对 $w(x,y)$ 求导并取 0，得到能最小化 $\sigma^2(x,y)$ 的 $w(x,y)$ 为

$$w(x,y) = \frac{\overline{g(x,y)\ p(x,y)} - \bar{g}(x,y)\ \bar{p}(x,y)}{\overline{p^2(x,y)} - \bar{p}^2(x,y)} \qquad (5.5.10)$$

从式(5.5.10)求出 $w(x,y)$，代入式(5.5.6)就可得到原图的一个近似。

例 5.5.1 用交互式恢复消除正弦干扰模式

图 5.5.1 给出用交互式恢复消除正弦干扰模式的一个实例。图(a)为一幅正常图像受到如式(5.5.1)所定义的正弦干扰模式覆盖后的图像。图(b)是它的傅里叶频谱幅度图，其上有一对较明显的(脉冲)白点(亮线相交处)。可以通过交互的方式如图(c)所示在这两个白点处放置两个带阻滤波器将脉冲滤除掉，然后再取傅里叶反变换，就可得到图(d)所示的恢复结果，这里正弦干扰模式基本被消除掉了。注意带阻滤波器的半径要比较小，恢复的效果才比较好。图(e)中所用两个带阻滤波器的中心与图(c)的相同，但其半径要大 5 倍，所得到的恢复结果见图(f)，可见这时有比较明显的振铃效应。

图 5.5.1 交互式恢复示例

总结和复习

为更好地学习，下面对各小节给予概括小结并提供一些进一步的参考资料；另外给出一些思考题和练习题以帮助复习(文后对加星号的题目还提供了解答)。

1. 各节小结和文献介绍

5.1节介绍了一些图像退化的基本模型,有关成像中光学系统和摄影过程退化情况的讨论可见文献[Pratt 2007]。广义的退化还有许多类型,如几何失真(6.2节)、散焦模糊、运动模糊(14.4节)等。另外,而根据对物体的多个投影重建图像(第8章)中把投影看作一种退化过程,在超分辨率重建中原始图像的分辨率减低也可看作一种退化的表现(15.5节)。

5.2节先定性地对噪声进行了讨论,然后对几种典型噪声给予了初步的定量分析。有关瑞利噪声、伽马噪声和指数噪声概率密度函数的介绍见文献[Gonzalez 2008]。更多的有关噪声内容还可见文献[Libbey 1994]。对图像内噪声的估计可见文献[Olsen 1993]。为消除噪声,这里主要介绍了三类空域滤波的方法。有关非线性均值滤波器的进一步介绍可见文献[Mitra 2001]。由于噪声的种类多,产生的原因复杂,有时图像会同时受到不同噪声的影响。因为不同的滤波器常对特定的噪声有较好的滤波效果,常将不同的空域噪声滤波器结合起来以滤除不同的噪声。对**混合滤波器**模板元素的选取还可参见对中值滤波不同模板的讨论[章 2006b]。有关自适应去噪滤波器组合的一种训练与设计方法可见文献[李2006]。对自适应中值滤波器的详细讨论可见文献[Gonzalez 2008]。对能检测和消除高密度脉冲噪声的开关中值滤波器的进展和效果可见文献[Duan 2010]和[Duan 2011]。

5.3节介绍的无约束恢复的模型和典型的无约束恢复技术——逆滤波。虽然对逆滤波的分析在频域中很方便,但对逆滤波的快速计算是在空域进行的。用逆滤波方法还可恢复由匀速直线运动造成的图像模糊,这将在视频图像处理中介绍(14.4节)。

5.4节主要介绍了两种有约束恢复的方法:维纳滤波与有约束最小平方滤波。在既有模糊又有噪声的图像退化情况下,有约束最小平方滤波的效果比维纳滤波略好一些。利用深度学习理论恢复模糊图像的一个工作可见[Xu 2017]。

5.5节介绍的交互式恢复可以看作是图像恢复中的一种特殊方案,它借助人机交互来提高图像恢复的灵活性和效率。从某种角度看,这有些类似于第4章中局部增强与其他增强技术间的关系,那里利用图像中局部区域的统计特性(仍借助其他增强技术)来获得更符合局部特点的增强效果,而这里利用交互的手段(仍借助其他恢复技术)来获得更准确的恢复效果。

2. 思考题和练习题

5-1 你还知道哪些图像退化的实例? 试建立相应的模型。

*5-2 设图5.1.2中的模型是线性位置不变的,证明其输出的功率谱可表示为 $|G(u,v)|^2 = |H(u,v)|^2 |F(u,v)|^2 + |N(u,v)|^2$。

5-3 借助高斯噪声、均匀噪声和脉冲噪声的概率密度函数来讨论图像受到这三类噪声影响时会有什么变化和特点。

5-4 试分析为什么均值滤波器滤除高斯噪声的效果比滤除脉冲噪声的效果好,而中值滤波器滤除脉冲噪声的效果比滤除高斯噪声的效果好。

5-5 设有一个线性位移不变的图像退化系统,它的脉冲响应可以写成 $h(x-s,y-t) = \exp\{-[(x-s)^2 + (y-t)^2]\}$。如果给系统输入一个位于 $x=a$ 处的无穷长细直线信号,它可用 $f(x,y) = \delta(x-a)$ 模型化,求系统的输出。

5-6 试由式(5.4.2)推导式(5.4.3),写出中间的各个步骤。

5-7 成像时,由于长时间曝光受到大气干扰而产生的图像模糊可以用转移函数

$H(u,v)=\exp[-(u^2+v^2)/2\sigma^2]$ 表示。设噪声可忽略,给出恢复这类模糊的维纳滤波器的方程。

5-8 设恢复滤波器 $R(u,v)$ 满足 $|F_e(u,v)|^2=|R(u,v)|^2|G(u,v)|^2$,并假设强制恢复图像的功率谱 $|F_e(u,v)|^2$ 等于原始图像的功率谱 $|F(u,v)|^2$。

(1) 根据 $|F(u,v)|^2$、$|H(u,v)|^2$ 和 $|N(u,v)|^2$ 求出 $R(u,v)$;

(2) 用(1)中所得的结果,以类似于式(5.4.3)的形式写出 $F_e(u,v)$。

5-9 设一台 X 射线成像设备所产生的模糊可模型化为一个卷积过程,卷积函数为 $h(r)=[(r^2-2\sigma^2/\sigma^4]\exp[-r^2/2\sigma^2]$,其中 $r^2=x^2+y^2$。为恢复这类图像要设计一个有约束最小平方恢复滤波器,试推导它的转移函数。

5-10 试由式(5.5.9)出发推导式(5.5.10),写出中间的各个步骤。

*5-11 设一幅图像受到水平频率为 $200\,\mathrm{Hz}$,垂直频率为 $100\,\mathrm{Hz}$ 的正弦模式的干扰。试写出与用来消除这个干扰模式的带阻滤波器互补的、截断频率为 $50\,\mathrm{Hz}$ 的一阶巴特沃斯带通滤波器的表达式。

5-12 在许多具体图像恢复工作中,常需要结合具体应用场合的先验知识调整恢复方法的参数。查阅文献,看有哪些先验知识可以利用。

第6章 图像校正和修补

一幅灰度图像是由在不同位置具有不同灰度的像素构成的,像素的位置变化或灰度变化均会导致图像的变化,或者说图像的退化也反映在像素的位置变化以及灰度变化上。从这个角度说,恢复像素的位置和灰度也就是恢复图像。本章分别介绍恢复像素的位置和灰度的两类技术:几何失真校正和图像缺损修补。它们也可归类到图像恢复技术中。

几何失真是像素位置(相对于原始场景)发生改变的结果,而图像缺损可以看作是像素的灰度改变或丢失的结果。当然需要指出,几何失真校正除考虑像素位置外也要考虑像素灰度,而在对图像缺损的修补中除考虑像素灰度外也要考虑像素位置。两者只是侧重有所不同。

根据上述的讨论,本章各节将如下安排。

6.1节介绍图像仿射变换,这是2.1节图像坐标变换的推广,也是一般情况下几何失真校正的基础。先给出一般仿射变换的定义和性质,再讨论几种特殊的仿射变换。

6.2节讨论几何失真校正技术,包括重新排列像素以恢复原空间关系和对灰度进行映射赋值以恢复原位置的灰度值。

6.3节讨论一类图像修补操作——图像修复,在介绍图像修补原理的基础上,主要讨论针对较小尺寸区域修复的全变分模型技术。

6.4节讨论另一类图像修补操作——图像填充。先分析一般的基于样本的方法,再介绍借助稀疏表示的方法及其对基于样本方法的改进。

6.1 图像仿射变换

仿射变换可看作对2.1.1小节中基本坐标变换的扩展。下面先从最一般的情况开始介绍。

6.1.1 一般仿射变换

以下仍如2.1.1小节中那样用 v 表示包含原坐标的矢量,用 v' 表示由变换后坐标组成的矢量。

1. 定义

一个**仿射变换**是一个非奇异(non-singular)线性变换后接一个平移变换。它的矩阵表达为

$$\begin{bmatrix} x' \\ y' \\ 1 \end{bmatrix} = \begin{bmatrix} a_{11} & a_{12} & t_x \\ a_{21} & a_{22} & t_y \\ 0 & 0 & 1 \end{bmatrix} \begin{bmatrix} x \\ y \\ 1 \end{bmatrix} \tag{6.1.1}$$

或用分块矩阵写成更简洁的形式：

$$v' = H_A v = \begin{bmatrix} A & t \\ 0^T & 1 \end{bmatrix} v \tag{6.1.2}$$

式中，A 是一个 2×2 的非奇异矩阵，t 是一个 2×1 的矢量，0 是一个 2×1 矢量。一个平面上的仿射变换有 6 个自由度，对应 6 个矩阵元素（4 个对应矩阵 A 的元素，两个对应矢量 t 的元素）。这个变换可根据 3 组点的对应性来计算（这里要求每个平面中任意 3 个点不共线）。

图 6.1.1 给出分别用 3 组仿射变换：$A_1 = \begin{bmatrix} 1 & 1/2 \\ 1/2 & 1 \end{bmatrix}$ 和 $t_1 = \begin{bmatrix} 4 \\ -2 \end{bmatrix}$，$A_2 = \begin{bmatrix} 1/2 & 1 \\ 1 & 1 \end{bmatrix}$ 和 $t_2 = \begin{bmatrix} -2 \\ 1 \end{bmatrix}$，$A_3 = \begin{bmatrix} 3/2 & 1/2 \\ 1/2 & 1 \end{bmatrix}$ 和 $t_3 = \begin{bmatrix} 0 \\ 3 \end{bmatrix}$ 对左边的多边形目标进行变换得到的 3 个结果。

图 6.1.1　对多边形目标进行仿射变换得到的结果

2. 分解

仿射变换的本质是在一个特定的角度上对两个互相正交的方向进行放缩，这是其中线性分量 A 的功能。从分析几何效果考虑，可以把 A 分解成两个基本变换的组合：一个非各向同性放缩和一个旋转。可以证明，矩阵 A 总可以分解成

$$A = R(\theta)R(-\phi)DR(\phi) \tag{6.1.3}$$

式中，$R(\theta)$ 和 $R(\phi)$ 分别表示旋转 θ 和 ϕ 的角度，D 是对角矩阵：

$$D = \begin{bmatrix} \lambda_1 & 0 \\ 0 & \lambda_2 \end{bmatrix} \tag{6.1.4}$$

这样仿射矩阵 A 可看作是先进行一个旋转（ϕ），然后沿 X 和 Y 方向分别放缩 λ_1 和 λ_2，接着旋转回去（$-\phi$），最后再进行一个旋转（θ）的级联。参见图 6.1.2，左图代表非各向同性放缩变形 $R(-\phi)DR(\phi)$，右图代表旋转 $R(\theta)$，其中虚线代表仿射变换前而实线代表仿射变换后。

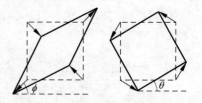

仿射变换也可看作是**平移变换**、**放缩变换**、**旋转变换**和**剪切变换**的一种综合。它的 6 个自由度包括两个平移自由度、一个旋转自由度、两个分别沿 X 和 Y 方向的放缩自由度，以及一个剪切自由度。先不考虑平移，矩阵 A 可以分解成旋转、剪切和放缩变换矩阵的级联：

图 6.1.2　仿射变换的分解结果

$$A = \begin{bmatrix} a_{11} & a_{12} \\ a_{21} & a_{22} \end{bmatrix} = \begin{bmatrix} S_x & 0 \\ 0 & S_y \end{bmatrix} \begin{bmatrix} 1 & J_x \\ 0 & 1 \end{bmatrix} \begin{bmatrix} \cos\theta & \sin\theta \\ -\sin\theta & \cos\theta \end{bmatrix} \tag{6.1.5}$$

其中参数 S_x、S_y、J_x 和 θ 可根据矩阵系数来计算，有

$$\begin{cases} S_x = \sqrt{a_{11}^2 + a_{21}^2} \\[2mm] S_y = \dfrac{\det(\boldsymbol{A})}{S_x} \\[2mm] J_x = \dfrac{a_{11}a_{12} + a_{21}a_{22}}{\det(\boldsymbol{A})} \\[2mm] \tan\theta = -\dfrac{a_{21}}{a_{11}} \end{cases} \tag{6.1.6}$$

式中，$\det(\boldsymbol{A})$是矩阵 $\boldsymbol{A}$ 的行列式。剪切变换和旋转变换都可利用对式(2.1.17)的 3 步剪切变换进行如下修正，以同时实现

$$\begin{bmatrix} 1 & J_x \\ 0 & 1 \end{bmatrix} \begin{bmatrix} \cos\theta & \sin\theta \\ -\sin\theta & \cos\theta \end{bmatrix} = \begin{bmatrix} 1 & J_x + \tan(\theta/2) \\ 0 & 1 \end{bmatrix} \begin{bmatrix} 1 & 0 \\ -\sin\theta & 1 \end{bmatrix} \begin{bmatrix} 1 & \tan(\theta/2) \\ 0 & 1 \end{bmatrix}$$

$$\tag{6.1.7}$$

这样，仿射变换可以用式(6.1.7)的 3 步剪切变换后加一个放缩变换来计算。

3. 系数

仿射变换也可直接表示成从(x, y)到(x', y')的如下变换[Bracewell 1995]：

$$x' = S_x x + J_x y + T_x \tag{6.1.8}$$

$$y' = J_y x + S_y y + T_y \tag{6.1.9}$$

将平移量移到等号左边，再借助旋转变换的形式，可将式(6.1.8)和式(6.1.9)写成

$$\begin{bmatrix} x' - T_x \\ y' - T_y \end{bmatrix} = \begin{bmatrix} S_x & J_x \\ J_y & S_y \end{bmatrix} \begin{bmatrix} x \\ y \end{bmatrix} \tag{6.1.10}$$

如果令 $D = S_x S_y - J_x J_y$ 表示矩阵的行列式，则反变换可写为

$$\begin{bmatrix} x \\ y \end{bmatrix} = \frac{1}{D} \begin{bmatrix} S_y & -J_x \\ -J_y & S_x \end{bmatrix} \begin{bmatrix} x' - T_x \\ y' - T_y \end{bmatrix} \tag{6.1.11}$$

图 6.1.3 给出上述变换系数的一些实例及对仿射变换的影响。

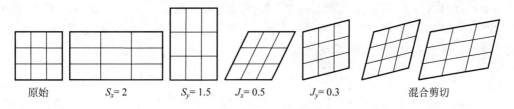

| 原始 | S_x=2 | S_y=1.5 | J_x=0.5 | J_y=0.3 | 混合剪切 |

图 6.1.3　4 个系数 S_x、S_y、J_x 和 J_y 在仿射变换中的作用示意图

4. 性质

下面给出一些**仿射变换性质**。

（1）仿射变换将有限点映射为有限点，即仿射变换能建立一对一的关系（形容词 affine 的意思是有 fine 的解析关系）。

（2）仿射变换仍将直线映射为直线。

（3）仿射变换将平行直线映射为平行直线。

（4）如果区域 P 和 Q 是没有退化的三角形（即面积不为 0），那么存在一个唯一的仿射变换 $\boldsymbol{A}$ 可将 P 映射为 Q，即 $Q = \boldsymbol{A}(P)$。

(5) 仿射变换会导致区域面积的变化。

前 4 个性质比较直接,下面仅对第 5 个性质给以解释,说明面积变化是仿射变换的后果之一。

首先,仿射变换可分解为包括剪切变换的多个变换。而剪切变换会造成目标的变形。

例 6.1.1 剪切造成的变形

参见图 6.1.4,图 6.1.4(a) 是一个正方形,当其受到沿 X 方向的剪切作用后会变成一个锐角小于 45°的斜方形(lozenge),如图 6.1.4(b)所示,其主对角线不再在 45°线上(此时主对角线与水平线的夹角改为 41°)[Bracewell 1995]。但是这个斜方形不是将正方形简单地旋转后的结果,而是在短对角线方向有所压缩而在长对角线方向有所拉伸的结果。如果像图 6.1.4(c)那样将对角线转回 45°,可以保持面积不变但目标形状不再是方形了。

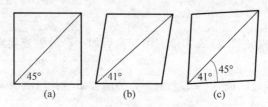

图 6.1.4　剪切造成的变形

其次,虽然剪切本身并不改变面积,但剪切后特定方向的伸缩会导致面积变化。实际中,仿射变换并不将剪切和伸缩分开来顺序进行,一般区域的面积为

$$S_{\text{area}} = S_x S_y - J_x J_y \tag{6.1.12}$$

上述关系可用图 6.1.5 来验证,其中显示了一个单位正方形的 4 个角点的坐标如何受到仿射变换的影响。当 $S_x = S_y = 1$,$J_x = 0.5$ 和 $J_y = 0.3$ 时,仿射变换使正方形的面积缩小为 0.85。如果剪切系数比较小,且 $J_x J_y \ll S_x S_y$,则剪切不会过多地影响面积的变化,面积仍几乎为 $S_x S_y$。如果图 6.1.5 的斜方形受到沿长对角线方向的压缩,剪切后的形状能被压回到一个正方形的样子,但这个正方形相对于原来的正方形旋转了 41°。从该例可以看出,恰当地组合伸缩和剪切系数能产生简单的旋转。当 $S_x = S_y = \cos\theta$,$J_x = \sin\theta$ 和 $J_y = -\sin\theta$ 时就可取得这样的效果。此时面积没有变化。

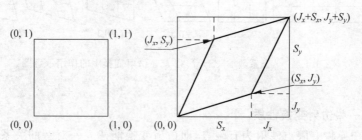

图 6.1.5　剪切前和剪切后的正方形

6.1.2　特殊仿射变换

仿射变换可看作其他 3 种形态变换的通用形式:相似变换、等距变换、欧式变换(也称运动变换)。这 3 种变换中,排在前面的变换也可看作排在后面的变换的通用形式。

1. 相似变换

相似变换的矩阵表达为（考虑顺时针为正）

$$\begin{bmatrix} x' \\ y' \\ 1 \end{bmatrix} = \begin{bmatrix} s\cos\theta & s\sin\theta & t_x \\ -s\sin\theta & s\cos\theta & t_y \\ 0 & 0 & 1 \end{bmatrix} \begin{bmatrix} x \\ y \\ 1 \end{bmatrix} \tag{6.1.13}$$

或用分块矩阵写成更简洁的形式：

$$v' = H_S v = \begin{bmatrix} sR & t \\ 0^T & 1 \end{bmatrix} v \tag{6.1.14}$$

式中，s（一般取 >0）表示各向同性放缩，R 是一个特殊的 2×2 正交矩阵（$R^T R = R R^T = I$，且 $\det(R) = 1$），并在这里对应旋转。相似变换的典型特例为纯旋转（此时 $t = 0$）和纯平移（此时 $R = I$）。平面上的相似变换有 4 个自由度，所以可根据两组点的对应性来计算。

图 6.1.6 分别给出用 $s = 1.5, \theta = -90°$ 和 $t = [1, 0]^T$；$s = 1, \theta = 180°$ 和 $t = [4,8]^T$；$s = 0.5, \theta = 0°$ 和 $t = [5,7]^T$ 定义的相似变换对左边的多边形目标变换得到的 3 个结果。

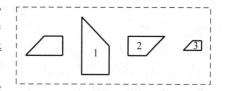

很容易证明，一个相似变换可以保持两条曲线在交点处的角度。这个性质常被解释为保形性（保持形状）或保角性。由于相似变换可保持形状，所以也被

图 6.1.6　对区域进行相似变换
得到的结果

称为同形（equi-form）变换。例如，对一个圆环的相似变换总给出一个圆环，尽管这个新圆环可能在另一个位置或有另一个尺度。

与一般的仿射变换相比，这里没有非各向同性放缩，所以相似变换比仿射变换少两个自由度，具体说来就是没有表示放缩方向的角度 ϕ 和表示两个放缩参数 λ_1 和 λ_2 的比值。

2. 等距变换

等距变换的矩阵表达为（考虑顺时针为正）

$$\begin{bmatrix} x' \\ y' \\ 1 \end{bmatrix} = \begin{bmatrix} e\cos\theta & \sin\theta & t_x \\ -e\sin\theta & \cos\theta & t_y \\ 0 & 0 & 1 \end{bmatrix} \begin{bmatrix} x \\ y \\ 1 \end{bmatrix} \tag{6.1.15}$$

或用分块矩阵写成更简洁的形式：

$$v' = H_I v = \begin{bmatrix} R & t \\ 0^T & 1 \end{bmatrix} v \tag{6.1.16}$$

式中，$e = \pm1$，R 是一个一般（general）的正交矩阵，$\det(R) = \pm1$，其余与式（6.1.5）相同。

等距变换保持了两个点之间的所有距离（iso 表示相同，metric 表示测度）。换句话说，对任意两个点 p 和 q，它们变换前的距离 $\mathrm{dist}(p,q)$ 与它们变换后的距离 $\mathrm{dist}[H_I(p), H_I(q)]$ 相等。刚体变换就满足这个条件。等距变换在 e 选定正 1 或负 1 之后还有 3 个自由度（与相似变换相比少了各向同性放缩），所以可根据两组点的对应性来计算。

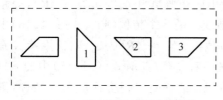

图 6.1.7　对多边形目标进行刚体
变换得到的结果

图 6.1.7 分别给出用 $e = 1, \theta = -90°$ 和 $t = [2, 0]^T$；$e = -1, \theta = 180°$ 和 $t = [4,8]^T$；$e = 1, \theta = 180°$

和 $t=[5,6]^{\mathrm{T}}$ 定义的等距变换对左边的多边形目标变换得到的结果。

由上可见,如果 $e=1$,那么等距变换可以保持朝向;如果 $e=-1$,那么将反转朝向,即此时的矩阵 $\boldsymbol{R}$ 相当于前一种情况的 $\boldsymbol{R}$ 与一个镜像(可用对角阵 $[-1,1,1]^{\mathrm{T}}$ 表示)的组合。

3. 欧氏变换

欧氏变换的矩阵表达为(考虑顺时针为正)

$$
\begin{bmatrix} x' \\ y' \\ 1 \end{bmatrix} = \begin{bmatrix} \cos\theta & \sin\theta & t_x \\ -\sin\theta & \cos\theta & t_y \\ 0 & 0 & 1 \end{bmatrix} \begin{bmatrix} x \\ y \\ 1 \end{bmatrix} \tag{6.1.17}
$$

或用分块矩阵写成更简洁的形式:

$$
\boldsymbol{v}' = \boldsymbol{H}_{\mathrm{E}}\boldsymbol{v} = \begin{bmatrix} \boldsymbol{R} & \boldsymbol{t} \\ \boldsymbol{0}^{\mathrm{T}} & 1 \end{bmatrix} \boldsymbol{v} \tag{6.1.18}
$$

式中,$\boldsymbol{R}$ 是一个特殊的正交矩阵,$\det(\boldsymbol{R})=1$,与式(6.1.15)唯一的不同是这里 e 固定地取了 1。

一个欧氏运动是先旋转(可看作特殊的正交变换)后平移的组合,所以欧氏变换可表达刚体的运动(平移和旋转的组合)。平面上的欧氏变换有 3 个自由度(3 个参数),所以可根据两组点的对应性来计算。

图 6.1.8 分别给出用 $\theta=-90°$ 和 $\boldsymbol{t}=[2,0]^{\mathrm{T}}$; $\theta=90°$ 和 $\boldsymbol{t}=[2,4]^{\mathrm{T}}$; $\theta=0°$ 和 $\boldsymbol{t}=[4,6]^{\mathrm{T}}$ 定义的欧氏变换对左边的多边形目标变换得到的结果。

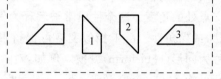

图 6.1.8　对多边形目标进行欧氏变换得到的结果

如果两个区域 P 和 Q 是用欧氏变换联系在一起的,即 $\boldsymbol{q}=\boldsymbol{A}\boldsymbol{p}+\boldsymbol{t}$ 和 $\boldsymbol{p}=\boldsymbol{A}^{-1}(\boldsymbol{q}-\boldsymbol{t})$,其中 $\boldsymbol{p}\in P$ 和 $\boldsymbol{q}\in Q$,则可以说这两个区域是全等的或叠合的或同余的(congruent)。例如,图 6.1.8 中的所有区域都可以认为是全等的。在欧氏变换下的全等是与人对形状的定义最接近的形状关系之一。

6.1.3　变换间的联系

可从两个方面讨论上述四种变换之间的联系:层次和对比。

1. 变换的层次

比较上述各个变换的定义式很容易发现这些变换构成一个体系(hierarchy)。在最一般

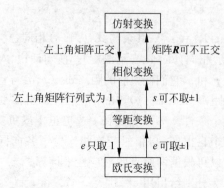

图 6.1.9　四种变换的层次体系

仿射变换下,相似变换、等距变换和欧氏变换逐步专门化(或者说它们依次退化)。在前面介绍的变换中,相似变换是仿射变换的一个特例(此时式(6.1.2)中的矩阵 $\boldsymbol{A}$ 正交并可写成 $s\boldsymbol{R}$),等距变换是相似变换的一个特例(此时式(6.1.13)中的尺度 s 取值 ± 1 且 $\det(\boldsymbol{R})=1$),欧氏变换又是等距变换的一种特例(此时式(6.1.15)中的 e 只取 1)。反过来,放松对专门变换的一些条件,则下一层变换可以上升一层。上述讨论结果汇总在图 6.1.9 中。

2. 变换的对比

表 6.1.1 给出四种变换在一些性质方面的归纳对比结果,由于它们的自由度不同,所以要确定变换矩阵所需要对应点的组数也不同。各种变换都可以分解为一些更基本变换的组合。对失真效果,仅以最一般的圆环和正方形(它也提供了平行直线)为例。表中还列出了最基本的不变量。需要说明,如果一个量是不变量,那么所有这个量的函数仍是不变量。

表 6.1.1　变换的对比

变　换	仿　射	相　似	等　距	欧　氏
自由度	6	4	3[注]	3
计算所需点对数	3	2	2	2
分解	平移、旋转、非各向同性放缩	平移、旋转、各向同性放缩	平移、旋转、翻转	平移、旋转
失真	圆→椭圆,方→平行四边形	圆→圆,方→方	圆→圆,方→方	圆→圆,方→方
不变量	平行线段长度比,区域面积比	夹角角度、线段长度比、区域面积比	夹角角度,线段长度,区域面积	夹角角度,线段长度,区域面积
不变性	直线平行性	保形(保角)		

注:在 e 选定正 1 或负 1 之后。

总结一下,低层次的变换继承了高层次变换的不变量,在高层次上的变换能产生在低层次上的变换所产生的所有结果,并且还可使变换对象的形状产生更复杂的变化。例如,相似变换后平行或垂直的直线仍具有相同的相对朝向;但仿射变换后圆环会变成椭圆,且原始互相垂直的直线不再垂直,不过原始平行的直线仍然平行。

例 6.1.2　仿射变换下的傅里叶尺度定理

仿射变换是相似、等距、欧氏等变换的一般形式,更是第 2 章介绍的几种图像坐标变换的一般形式。对应 4.2.2 小节介绍的几种傅里叶变换定理,仿射定理是仿射变换下的傅里叶尺度定理[Bracewell 1995]。

同样设 $f(x,y)$ 和 $F(u,v)$ 构成一对变换,即 $f(x,y) \Leftrightarrow F(u,v)$,则对 $f(x,y)$ 的仿射变换:

$$g(x,y) = f(ax + by + c, dx + ey + h) \tag{6.1.19}$$

其对应的变换结果

$$G(u,v) = \frac{1}{|\Delta|} \exp\left\{ \frac{\mathrm{j}2\pi}{\Delta}[(ce - bh)u + (ah - cd)v] \right\} F\left(\frac{eu - dv}{\Delta}, \frac{-bu + av}{\Delta} \right) \tag{6.1.20}$$

其中,行列式 Δ 为

$$\Delta = \begin{vmatrix} a & b \\ d & e \end{vmatrix} = ae - bd \tag{6.1.21}$$

上面各式中的 b 和 d 分别表示沿 X 方向和 Y 方向的剪切,a 和 e 分别表示两个方向的线性放缩,而 c 和 h 分别表示两个方向的平移。　□

6.2　几何失真校正

对图像的几何失真校正是坐标变换的一种具体应用。在许多实际的图像采集处理过程中,图像中像素之间的空间关系会发生变化,这时可以说图像产生了几何失真或几何畸变

（显示器上出现枕形或桶形的情况也可看作一个例子，侧投影造成的各部分比例失调是另一个例子）。换句话说，原始场景中各部分之间的空间关系与图像中各对应像素间的空间关系不一致。这时需要通过对坐标的几何变换来校正失真图像中的各像素位置以重新得到像素间原来应有的空间关系。另外对一般的灰度图像，除了考虑空间关系外还要考虑灰度关系，即同时需要进行灰度校正以还原本来的像素的灰度值（这里仅考虑由几何失真导致的灰度变化）。

设原图像为 $f(x,y)$，受到几何失真的影响变成 $g(x',y')$。校正几何失真既要根据 (x,y) 和 (x',y') 的关系由 (x',y') 确定 $f(x,y)$ 的 (x,y)，也要根据 $f(x,y)$ 和 $g(x',y')$ 的关系由 $g(x',y')$ 确定 $f(x,y)$ 的 f。这样对图像的**几何失真校正**主要包括以下两个工作。

（1）**空间变换**：对图像平面上的像素进行重新排列以恢复原空间关系。

（2）**灰度插值**：对空间变换后的像素赋予相应的灰度值以恢复原位置的灰度值。

6.2.1　空间变换

要进行几何失真校正，先要建立几何失真的模型。设原图像为 $f(x,y)$，受到几何形变的影响变成 $g(x',y')$。这里 (x',y') 表示失真图像的坐标，它已不是原坐标 (x,y) 了。上述变化在一般情况下可表示为

$$x' = s(x,y) \tag{6.2.1}$$
$$y' = t(x,y) \tag{6.2.2}$$

其中 $s(x,y)$ 和 $t(x,y)$ 代表产生几何失真图像的两个空间变换函数。最简单的情况是线性失真，此时 $s(x,y)$ 和 $t(x,y)$ 可写为（可对比仿射变换式(6.1.8)和式(6.1.9)）

$$s(x,y) = k_1 x + k_2 y + k_3 \tag{6.2.3}$$
$$t(x,y) = k_4 x + k_5 y + k_6 \tag{6.2.4}$$

对一般的（非线性）二次失真，$s(x,y)$ 和 $t(x,y)$ 可写为

$$s(x,y) = k_1 + k_2 x + k_3 y + k_4 x^2 + k_5 xy + k_6 y^2 \tag{6.2.5}$$
$$t(x,y) = k_7 + k_8 x + k_9 y + k_{10} x^2 + k_{11} xy + k_{12} y^2 \tag{6.2.6}$$

如果知道 $s(x,y)$ 和 $t(x,y)$ 的解析表达，那就可以通过反变换来恢复像素的原始坐标。在实际中常不知道失真模型的解析表达，为此需要在恢复过程的输入图（失真图）和输出图（校正图）上找一些其位置确切知道的点（称为约束对应点），然后利用这些点根据失真模型计算出失真函数中的各个系数，从而建立两幅图像之间其他像素空间位置的对应关系。

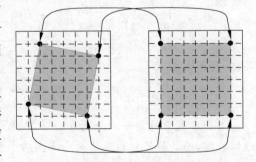

现在来看图 6.2.1，它给出一个在失真图上的四边形区域和在校正图上与其对应的四边形区域。这两个四边形区域的顶点可作为对应点。设在四边形区域内的几何失真过程可用一对双线性等式表示（是一般非线性二次失真的一种特例），即

图 6.2.1　失真图和校正图的对应点

$$s(x,y) = k_1 x + k_2 y + k_3 xy + k_4 \tag{6.2.7}$$
$$t(x,y) = k_5 x + k_6 y + k_7 xy + k_8 \tag{6.2.8}$$

将以上两式代入式(6.2.1)和式(6.2.2),就可得到失真前后两图坐标间的关系:

$$x' = k_1 x + k_2 y + k_3 xy + k_4 \tag{6.2.9}$$

$$y' = k_5 x + k_6 y + k_7 xy + k_8 \tag{6.2.10}$$

由图 6.2.1 可知两个四边形区域共有 4 组(8 个)已知对应点,所以上面两式中的 8 个系数 $k_i(i=1,2,\cdots,8)$ 可以全部解得。这些系数可建立对四边形区域内的所有点都进行空间映射的公式。一般来说,可将一幅图分成一系列覆盖全图的四边形区域的集合,对每个区域都找足够的对应点以计算进行映射所需的系数。如能做到这点,就很容易得到校正图了。

6.2.2 灰度插值

尽管实际数字图像中的 (x,y) 总是整数,但由式(6.2.9)和式(6.2.10)算得的 (x',y') 值一般不是整数。失真图 $g(x',y')$ 是数字图像,其像素值仅仅在坐标为整数处有定义,所以在非整数处的像素值就要用该处周围一些整数处的像素值来计算,这叫灰度插值,可用图 6.2.2 来解释。图 6.2.2 中左部是理想的原始不失真图,右部是实际采集的失真图。几何校正就是要把失真图恢复成原始图。由图可见,由于失真,原图中整数坐标点 (x,y) 映射到失真图中的非整数坐标点 (x',y'),而 g 在该点是没有定义的。前面讨论的空间变换可将应在原图 (x,y) 处的 (x',y') 点变换回原图 (x,y) 处。现在要做的是估计出 (x',y') 点的灰度值以赋给原图 (x,y) 处的像素。

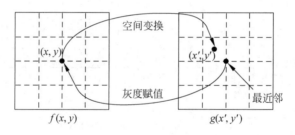

图 6.2.2 灰度插值示意图

1. 前向映射和后向映射

灰度插值在实现时可以有两种方案。一种方案考虑将实际采集的失真图像坐标向原始的不失真图像映射。参见图 6.2.3(a),左部是实际采集的失真图像,右部是原始的不失真图像。如果失真图像中一个像素坐标对应到不失真图像的 4 个像素之间(非整数点),则将失真图像中像素的灰度根据距离远近分配给不失真图像的那 4 个像素,这种方法称为**前向映射**。在这种映射中,不失真图像中的坐标是失真图像中坐标的函数。

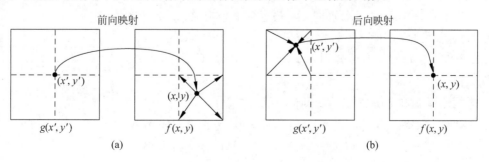

(a)   (b)

图 6.2.3 灰度插值两种方案的示意

另一种方案考虑将原始的不失真图像坐标反映射到实际采集的失真图像中。参见图 6.2.3(b)，左部是实际采集的失真图像，右部是原始的不失真图像。如果不失真图像中一个像素坐标对应到失真图像的 4 个像素之间（非整数点），则先根据插值算法计算出该位置的灰度，再将其映射给不失真图像的对应像素，这种方法称为**后向映射**。在这种映射中，失真图像中的坐标是不失真图像中坐标的函数。

前向映射有一些缺点。首先，有一定数量的失真图像坐标有可能会映射到不失真图像之外，所以有些计算方面的浪费。其次，不失真图像中的许多像素的灰度将由许多失真图像像素的贡献之和来决定，这也需要较多的寻址，特别在采取高阶插值时（见下文）。另外，不失真图像中像素的灰度并不与失真图像中像素的灰度有一对一的关系，所以不能采用最近邻插值。最后，有可能不失真图像中有些像素得不到来自失真图像的赋值（产生孔洞），而有些像素得到来自失真图像的多个赋值。这里需要一种将失真图像中的像素灰度分配给不失真图像中多个像素的技术，其中最容易的就是将像素看成一个正方形，并将不失真图像中像素被失真图像中像素覆盖的面积作为分配权值，参见图 6.2.4(a)。相对来说后向映射效率比较高。不失真图是逐个像素得到的，而每个像素的灰度是由一步映射确定的，参见图 6.2.4(b)。这种方法既可以避免在不失真图像中产生孔洞，也不需要重复计算多个失真图像像素的贡献之和。所以，后向映射在实际中用得更为广泛。

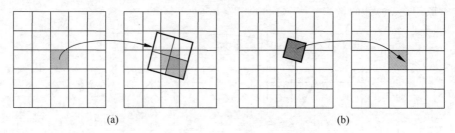

(a) (b)

图 6.2.4　前向映射和后向映射对比

2. 插值灰度的计算

对插值灰度的计算方法有许多种。最简单的是**最近邻插值**，也称为零阶插值。最近邻插值就是将离 (x', y') 点最近的像素的灰度值作为 (x', y') 点的灰度值赋给原图 (x, y) 处像素（参见图 6.2.2）。这种方法计算量小，但缺点是有时不够精确。

为提高精度，可采用**双线性插值**。它利用 (x', y') 点的 4 个最近邻像素的灰度值来计算 (x', y') 点处的灰度值。参见图 6.2.5，设 (x', y') 点的 4 个最近邻像素为 A、B、C、D，它们的坐标分别为 (i, j)、$(i+1, j)$、$(i, j+1)$、$(i+1, j+1)$，它们的灰度值分别为 $g(A)$、$g(B)$、$g(C)$、$g(D)$。

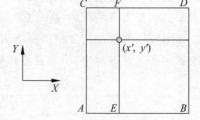

图 6.2.5　双线性插值

首先计算 E 和 F 这 2 点的灰度值 $g(E)$ 和 $g(F)$：

$$g(E) = (x' - i)[g(B) - g(A)] + g(A) \tag{6.2.11}$$

$$g(F) = (x' - i)[g(D) - g(C)] + g(C) \tag{6.2.12}$$

则 (x', y') 点的灰度值 $g(x', y')$ 为

$$g(x',y') = (y'-j)\big[g(F)-g(E)\big] + g(E) \tag{6.2.13}$$

需要指出,尽管前面的水平插值和垂直插值均是线性的,但在一般情况下,它们的串行使用导致对 4 个最近邻像素的一个非线性表面拟合。

上述双线性插值利用了(x',y')点的 4 个最近邻像素来计算(x',y')点处的灰度值。将这种思路推广,可仅利用(x',y')点的任意 3 个不共线的近邻像素来计算(x',y')点处的灰度值[Li 2003]。参见图 6.2.6,先根据$g(A)$和$g(B)$计算 E 点的灰度值$g(E)$:

$$g(E) = \frac{x_E-x_B}{x_A-x_B}g(A) + \frac{x_A-x_E}{x_A-x_B}g(B) \tag{6.2.14}$$

再根据$g(C)$和$g(E)$就可计算(x',y')点处的灰度值:

$$g(x',y') = \frac{x'-x_C}{x_E-x_C}g(E) + \frac{x_E-x'}{x_E-x_C}g(C) \tag{6.2.15}$$

如需要更高的精度,还可采用**三次线性插值**方法。它利用点(x',y')的 16 个最近邻像素的灰度值,根据下面方法计算点(x',y')处的灰度值。参见图 6.2.7,设点(x',y')的 16 个最近邻像素为 A、B、C、D、E、F、G、H、I、J、K、L、M、N、O、P,则计算点(x',y')的插值公式为

$$g(x',y') = \sum W_x W_y g(\cdot) \tag{6.2.16}$$

式中,W_x 为横坐标插值的加权值,W_y 为纵坐标插值的加权值,分别计算如下[王 1994]:

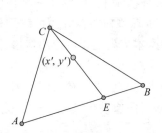

图 6.2.6 用 3 个近邻像素进行双线性插值

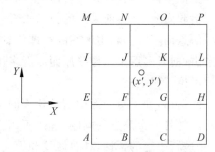

图 6.2.7 三次线性插值方法

(1) 如果 $g(\cdot)$ 的横坐标值与 x' 的差值 d_x 小于 1(即 B、C、F、G、J、K、N、O),则

$$W_x = 1 - 2d_x^2 + d_x^3 \tag{6.2.17}$$

(2) 如果 $g(\cdot)$ 的横坐标值与 x' 的差值 d_x 大于等于 1(即 A、D、E、H、I、L、M、P),则

$$W_x = 4 - 8d_x + 5d_x^2 - d_x^3 \tag{6.2.18}$$

(3) 如果 $g(\cdot)$ 的纵坐标值与 y' 的差值 d_y 小于 1(即 E、F、G、H、I、J、K、L),则

$$W_y = 1 - 2d_y^2 + d_y^3 \tag{6.2.19}$$

(4) 如果 $g(\cdot)$ 的纵坐标值与 y' 的差值 d_y 大于等于 1(即 A、B、C、D、M、N、O、P),则

$$W_y = 4 - 8d_y + 5d_y^2 - d_y^3 \tag{6.2.20}$$

6.3 图像修复

在图像采集、传输和处理的各个过程中,都可能发生图像中部分区域缺损或缺失,像素灰度急剧改变,使图像不完整的情况。这类情况可以有许多来源和表现。例如,①在采集有

遮挡的场景图像或扫描有破损的老图片时产生的部分内容的缺失;②在图像加工中去除特定区域(无关景物)后留下的空白;③图像上覆盖文字或受到干扰(照片撕裂或有划痕)导致的变化;④在对图像进行有损压缩时而造成的部分信息丢失;⑤在(网络上)传输数据时由于网络故障所导致的像素丢失。

解决上述问题的方法一般称为**图像修补**(本书将其进一步分成两类分两节介绍),与许多图像恢复问题有密切联系。参见前面对图像几何失真校正的讨论,在图像修补中位置信息和灰度信息也都需要考虑。

最后,借助人工交互进行修补在实践中很普遍,如照相馆有经验的工作人员借助Photoshop 等工具进行的特效处理或修补工作。事实上,修复这个词最早也是博物馆艺术品修补人员提出并使用的。这里主要考虑一些自动的修补技术。

6.3.1 图像修补原理

图像修补是基于不完整的图像和对原始图像的先验知识,通过采用相应的方法纠正或校正前述区域缺损问题,以达到恢复图像原貌的目的。修补还可分为**图像修复**和**图像补全**。前者最早在博物馆艺术品的修复中代表对油画的插补。后者也常称**区域填充**,以下均直接称填充。一般常称修补尺度较小的区域为修复,而称修补尺度较大的区域为填充。两者均是要将图像中信息缺失部分进行补全和复原,但相互之间在尺度上并没有严格的界限。不过量变引起质变,从目前采用的技术来看,两者采用的技术各有特点,修复多利用图像的局部结构信息而不特别利用区域的纹理信息,填充则常需考虑整幅图像并借助纹理信息。从功能来讲,前者多用于图像复原而后者多用于景物移除。本节先主要讨论图像修复,下一节再具体讨论区域填充。

需要指出,如果对图像中信息缺失的部分没有任何先验知识或对缺失的原因不了解,对图像的修补是一个病态的问题,解是不确定的。实际中,对图像进行修补常需要建立一定的模型,并进行一定的估计,这对修复和填充都是一样的。

图像修补(尤其是填充)的困难或复杂性来源于三个方面[Chan 2005]。①领域复杂性:需修补的区域会随着应用领域而不相同,如在覆盖文字去除中,区域由字符构成;而在目标去除中,区域可能是任意形状的。②图像复杂性:图像性质在不同尺度的表现是不同的,如在小尺度时有很多细节/结构,而在大尺度时则可用平滑函数近似。③模式复杂性:必须考虑视觉上有意义的模式(高层含义),两个例子如图 6.3.1 中两对图所示。图 6.3.1(a)中的一对图表示要填充中心灰色小块,如果从左边的局部来看,用黑色块填充比较合理;但从右边的全局来看,则用白色块填充比较合理。图 6.3.1(b)中一对图表示要填充中心缺失的竖条,如果从左边的纵横比来看,竖条应是背景,任务应是区分"E"和"3"两个字符;如果从右边的纵横比来看,竖条应是前景,任务应是复原被部分遮挡的字母"B"。

(a)   (b)

图 6.3.1　模式复杂性示例

图像缺损作为图像退化的一种特殊情况，有其自身的特点。一般图像受到缺损的影响后，其中的某些区域有可能完全丢失，但其他区域有可能完全没有改变。

对一幅原始图像 $f(x,y)$，令其分布的空间区域用 F 表示；如果缺失缺损部分或待修补部分为 $d(x,y)$，其空间区域用 D 表示；则对待修补图像 $g(x,y)$，其分布的空间区域也是 F，只是其中有的部分保持原状而有的部分完全缺失。所谓修补就是要用保持原状的空间区域，即 $F-D$ 中的信息去估计和恢复 D 中缺失的信息。

参见图 6.3.2，其中左图为原始图像 $f(x,y)$ 而右图为待修补图像 $g(x,y)$，其中区域 D 表示待修补的部分（其中原始信息完全丢失了），而区域 $F-D$ 代表原图像中可用来修补区域 D 的部分，也称源区域，而区域 D 也称为靶区域。

图 6.3.2　图像修补中各区域示意

借助式(5.1.1)的退化模型，图像修补的模型可表示为

$$[g(x,y)]_{F-D} = \{H[f(x,y)] + n(x,y)\}_{F-D} \tag{6.3.1}$$

式中左边是退化图像中没有发生退化的部分。图像修补的目标是借助式(6.3.1)来估计和复原 $\{f(x,y)\}_D$。从修补的效果看，一方面修补后区域 D 中的灰度、颜色和纹理等应与 D 周围的灰度、颜色和纹理等相对应或协调；另一方面 D 周围的结构信息应可延伸到 D 的内部（如断裂的边缘和轮廓线应被连接起来）。

例 6.3.1　图像修补示例

图 6.3.3 的一组图像给出一个去除覆盖文字的图像修补示例。从左到右依次给出的是原始图像、叠加文字的图像（需修补图像）和修补结果图像。最右一图是原始图像和修补结果图像的差图像（经直方图均衡化以清晰显示），这里两图像间的 PSNR 约为 20dB。

图 6.3.3　图像修补示例：去除文字

图 6.3.4 的一组图像给出一个去除（不需要）景物的图像修补示例。从左到右依次给出的是原始图像、标记了需去除景物范围的图像（需修补图像）和修补结果。这里景物尺度比较大（相比文字笔画有较大的纵深），但修补的视觉效果还比较令人满意（具体方法见 6.4.2 小节）。

图 6.3.4　图像修补示例：去除景物

顺便指出，如果把图像中的噪声点看作是靶区域，则也可把图像去噪声问题当作图像修补问题来处理，即利用没有受噪声影响的像素来恢复受噪声影响的像素的灰度。如果把对受到文字叠加或划痕影响图像的修补看作对曲线状靶区域的修补，把对去除景物图像的修补看作针对面状靶区域的修补，则也可把对受噪声影响的图像的修补看作对点状靶区域的修补。上述讨论主要针对脉冲噪声，因为脉冲噪声强度很大，叠加到图像上会使受影响像素的灰度成为极限值，原始像素信息完全被噪声所覆盖。而如果是高斯噪声，叠加了噪声的像素常常仍然含有原始的灰度信息，而图像修补中靶区域里的像素一般不再含有原始图像信息（信息被除去了）。

6.3.2 全变分模型

先讨论用于去除划痕或尺寸较小（包括一个维度上尺寸较小，如笔画、绳索、文字等线状或曲线状区域）靶区域的修复技术。这里常用的方法多基于偏微分方程或变分模型，两者可以借助变分原理相互等价推出。这类图像修复方法通过对靶区域进行逐个像素的扩散来达到修复图像的目的。一种典型的方法是采用沿着等光强线（相等灰度值的线）由源区域向靶区域延伸扩散[Bertalmio 2001]，这样做有利于保持图像自身的结构特性。具体扩散时可借助**全变分模型**（TV）来恢复图像中的缺失信息。进一步的改进是针对在全变分模型中不成立的连续性原则所提出的**曲率驱动扩散**（CDD）方程[Chan 2001]。这类方法的优点是可以很好地保持图像中的线性结构，缺点是不一定能保持图像细节，其原因主要是在扩散的过程中会引入模糊，尤其是在修复大面积的靶区域的时候。

例 6.3.2 变分法和欧拉-拉格朗日方程

变分法研究泛函的极值问题。对变量 x，其值与 x 逐点对应的变量 y 是其函数，记为 $y = f(x)$。对一类函数 $\{f(x)\}$，其值分别与各 $f(x)$ 逐点对应的变量 z 是其泛函（数），记为 $z = g[f(x)]$。对自变量 x，其微小增量是对它的微分，即 $\Delta x = \mathrm{d}x$。对函数 $f(x)$，其微小增量称为变分，记为 δf，是 x 的函数。函数 $f(x)$ 的微分定义为（t 为小参数）

$$\mathrm{d}f = \mathrm{d}[f(x)] = \frac{\partial}{\partial x} f(x + t\Delta x)\Big|_{t=0} \tag{6.3.2}$$

而泛函 $g[f(x)]$ 的变分定义为

$$\partial z = \partial\{g[f(x)]\} = \frac{\partial}{\partial t} g[f(x) + t\delta f]\Big|_{t=0} \tag{6.3.3}$$

在泛函 $g[f(x)]$ 的极值曲线上，其变分 $\delta z = 0$。

考虑计算在 2-D 区域 R 上的泛函

$$g[z(x,y)] = \iint_R f\left(x, y, z, \frac{\partial z}{\partial x}, \frac{\partial z}{\partial y}\right)\mathrm{d}x\mathrm{d}y \tag{6.3.4}$$

的极值问题。该泛函应该在参数 $t = 0$ 时有极值，即

$$\frac{\partial}{\partial t} g[z(x,y,t)]\big|_{t=0} = 0 \tag{6.3.5}$$

参数等于初值时，泛函对参数的导函数就是泛函的变分，所以

$$\delta g = \left\{\frac{\partial}{\partial t}\iint_R f\left[x, y, z(x,y,t), \frac{\partial z(x,y,t)}{\partial x}, \frac{\partial z(x,y,t)}{\partial y}\right]\mathrm{d}x\mathrm{d}y\right\}_{t=0} \tag{6.3.6}$$

其中，

$$z(x,y,t) = z(x,y) + t\delta z \tag{6.3.7}$$

借助变分原理,可将式(6.3.6)写成

$$\delta g = \iint\limits_R (f_z\delta_z + f_p\delta_p + f_q\delta_q)\,\mathrm{d}x\mathrm{d}y \tag{6.3.8}$$

其中,

$$p = p(x,y,t) = \frac{\partial z(x,y,t)}{\partial x} = \frac{\partial z(x,y)}{\partial x} + t\delta p = p(x,y) + t\delta p \tag{6.3.9}$$

$$q = q(x,y,t) = \frac{\partial z(x,y,t)}{\partial y} = \frac{\partial z(x,y)}{\partial y} + t\delta q = q(x,y) + t\delta q \tag{6.3.10}$$

进一步可推得:在使极值成立的曲面 $z=z(x,y)$ 上,其必要条件是

$$f_z - \frac{\partial}{\partial x}(f_p) - \frac{\partial}{\partial y}(f_q) = 0 \tag{6.3.11}$$

这就是欧拉-拉格朗日方程,而 $z(x,y)$ 就是欧拉-拉格朗日方程的解。 □

全变分模型是一种基本和典型的图像修补模型。全变分算法是一种非各向同性的扩散算法,可用于在去噪的同时保持边缘的连续性和尖锐性。

定义扩散的代价函数为

$$C[f] = \iint\limits_F |\nabla f(x,y)|\,\mathrm{d}x\mathrm{d}y \tag{6.3.12}$$

式中,∇f 为 f 的梯度。考虑高斯噪声的情况,为去除噪声,上式还受到如下约束:

$$\frac{1}{\|F-D\|}\iint\limits_{F-D} |f-g|^2\mathrm{d}x\mathrm{d}y = \sigma^2 \tag{6.3.13}$$

式中,$\|F-D\|$ 为区域 $F-D$ 的面积,σ 是噪声均方差。式(6.3.12)的目标是使待修复区域及其边界部分尽可能平滑,而式(6.3.13)的作用是使修复过程对噪声比较鲁棒。

借助拉格朗日因子 λ 可将式(6.3.12)和式(6.3.13)结合起来构成的有约束问题转化成无约束问题:

$$E[f] = \iint\limits_F |\nabla f(x,y)|\,\mathrm{d}x\mathrm{d}y + \frac{\lambda}{2}\iint\limits_{F-D} |f-g|^2\mathrm{d}x\mathrm{d}y \tag{6.3.14}$$

如果引入扩展的拉格朗日因子 λ_D

$$\lambda_D(r) = \begin{cases} 0 & r \in D \\ \lambda & r \in (F-D) \end{cases} \tag{6.3.15}$$

则泛函式(6.3.14)成为

$$E[f] = \iint\limits_F |\nabla f(x,y)|\,\mathrm{d}x\mathrm{d}y + \frac{\lambda_D}{2}\iint\limits_F |f-g|^2\mathrm{d}x\mathrm{d}y \tag{6.3.16}$$

根据变分原理,得到对应的能量梯度下降方程为

$$\frac{\partial f}{\partial t} = \nabla \cdot \left[\frac{\nabla f}{|\nabla f|}\right] + \lambda_D(f-g) \tag{6.3.17}$$

式中,$\nabla \cdot$ 代表散度。

式(6.3.17)为一个非线性反应扩散方程,扩散系数为 $1/|\nabla f|$。在待修复区域 D 的内部 λ_D 为零,式(6.3.17)退化为纯粹的扩散方程;而在待修复区域 D 的周围,式(6.3.17)的第 2 项使方程的解趋向于原始图像。解偏微分方程式(6.3.17)就可获得原始图像。

6.3.3　混合模型

前面介绍的全变分模型中,扩散只向梯度的正交方向(即边缘方向)进行,而不向梯度方向进行。当扩散在区域轮廓附近进行时,全变分模型的这个特点可以保持边缘;但在区域内部的平滑位置,边缘方向会比较随机,此时全变分模型受噪声影响有可能产生虚假轮廓。

如果将全变分模型中代价函数里的梯度项改为梯度平方项

$$R[f] = \iint_F |\nabla f(x,y)|^2 \mathrm{d}x\mathrm{d}y \qquad (6.3.18)$$

同样考虑式(6.3.3)的约束条件并转化成无约束问题,再借助式(6.3.5)的扩展拉格朗日因子可得到泛函

$$J[f] = \iint_F |\nabla f(x,y)|^2 \mathrm{d}x\mathrm{d}y + \frac{\lambda_D}{2}\iint_F |f-g|^2 \mathrm{d}x\mathrm{d}y \qquad (6.3.19)$$

这样就得到一个调和模型。调和模型是一种各向同性的扩散,没有对边缘方向和梯度方向加以区别,所以可减弱受噪声影响产生虚假轮廓的问题,但它有可能导致边缘产生一定的模糊。

一种取两种模型的加权和的混合模型将代价函数里的梯度项取为

$$R_h[f] = \iint_F h|\nabla f(x,y)| + \frac{(1-h)}{2}|\nabla f(x,y)|^2 \mathrm{d}x\mathrm{d}y \qquad (6.3.20)$$

式中,$h \in [0,1]$为加权参数。混合模型的泛函为

$$J_h[f] = \iint_F h|\nabla f(x,y)| + \frac{(1-h)}{2}|\nabla f(x,y)|^2 \mathrm{d}x\mathrm{d}y + \frac{\lambda_D}{2}\iint_F |f-g|^2 \mathrm{d}x\mathrm{d}y$$

$$(6.3.21)$$

对比式(6.3.12)和式(6.3.21)知 $h=1$ 时为全变分模型。

另外一种结合两种模型的混合模型为 p-调和模型[Zhang 2007b],其中代价函数里的梯度项为

$$R_p[f] = \iint_F |\nabla f(x,y)|^p \mathrm{d}x\mathrm{d}y \qquad (6.3.22)$$

式中,$p \in [1,2]$为控制参数。p-调和模型的泛函为

$$J_p[f] = \iint_F |\nabla f(x,y)|^p \mathrm{d}x\mathrm{d}y + \frac{\lambda_D}{2}\iint_F |f-g|^2 \mathrm{d}x\mathrm{d}y \qquad (6.3.23)$$

对比式(6.3.16)和式(6.3.23)知 $p=1$ 时为全变分模型,对比式(6.3.19)和式(6.3.23)知 $p=2$ 时为调和模型,$1<p<2$ 时试图在两个模型间取得一个较好的平衡。

6.4　区　域　填　充

6.3节介绍的方法对修复尺度小的缺失区域比较有效,但当缺失区域尺度比较大时会出现一些问题。一方面,6.3节的方法是将缺失区域周围的信息向缺失区域扩散,对尺度比较大的缺失区域,扩散会造成一定的模糊,且模糊程度随缺失区域的尺度增加而增加。另一方面,6.3节的方法没有考虑缺失区域内部的纹理特性,将缺失区域周围的纹理特性直接移

入缺失区域内。由于对尺度比较大的缺失区域,内外纹理特性可能有较大的差别,导致修复结果不是很理想。

解决上述问题的基本思路包括以下两种。

(1) 将图像分解为结构部分和纹理部分,对结构性强的部分仍可用 6.3 节的扩散方法进行填充,而对纹理明显的部分则借助纹理合成的技术进行填充。

(2) 在图像未退化部分选择一些样本块,用这些样本块来替代拟填充区域边界处的图像块(这些块的未退化部分与所选样本块有接近的特性),并逐步向拟填充区域内部递进填充。

基于第 1 种思路的方法是一种混合的方法。由于自然图像多是由纹理和结构组成的,扩散的方法借助了结构信息,但要完全用纹理合成来填补大面积的靶区域仍会有一定难度和风险。

基于第 2 种思路的方法常称为基于样本的图像填充方法。这类方法直接用源区域中的信息来填补靶区域。这种思路受到纹理填充的启示,对于靶区域中的图像块,通过在源区域中找到一个与之最相似的图像块借助直接替换来填充。

与基于偏微分方程的扩散方法相比,基于样本的方法在填补纹理内容方面常可取得更好的结果,尤其是当靶区域的尺度比较大时。

6.4.1　基于样本的方法

基于样本的图像补全方法使用保持原状的空间区域去估计和填充待修补部分中缺失的信息[Criminisi 2003]。为此,对每个靶区域的像素赋一个灰度值(可用 0 表示尚未填充)和一个置信度值,置信度值反映对像素灰度值的置信程度,且在像素被填充后就不再变化了。另外在填充过程中,对处于填充锋线上的图像块还赋予一个临时的优先值,以此来确定图像块被填充的顺序。整个填充过程是迭代进行的,包括 3 个步骤。

(1) 计算图像块的优先权

对尺度较大的靶区域,填充图像块的工作是从外向里进行的。对每个处于填充锋线上的图像块都计算一个优先权值,然后根据优先权值来确定对图像块的填充顺序。考虑到保持结构信息的需要,应使处在连续边缘上的和被高置信度像素围绕的图像块的优先权值比较大。换句话说,一般先填充具有较强连续边缘(人对边缘信息更敏感)的区域和其中已知信息较多的区域(这样正确的可能性更大)。

对以边界点 p 为中心的图像块 $P(p)$ 的优先权值可如下计算:

$$P(p) = C(p) \cdot D(p) \tag{6.4.1}$$

式中,第一项 $C(p)$ 也称为置信度项,其值与当前图像块中完好像素点所占的比率成正比;第二项 $D(p)$ 也称为数据项,是在点 p 的等照度线(灰度值相等的线)和(与需填补区域边界线在 p 点正交的)单位法向量的内积。图像块中完好像素的点越多,则第一项 $C(p)$ 的值就越大;当前图像块的法方向(单位法向量的方向)与等照度线方向越一致,则第二项 $D(p)$ 的值就越大,这会使得算法优先沿着等照度线的方向修复,从而使得修复后的图像可以很好地保持靶区域内的结构信息。初始时,$C(p)=0$ 而 $D(p)=1$。

(2) 传播纹理和结构信息

当对所有锋线上的图像块都计算了其优先权值后,可确定出具有最高优先权的图像块,然后就可用从源区域中选出的图像块数据来填充它。在选择源区域中用来填充的图像块时，要使两个图像块中已填充像素的平方差的和最小。这样填充的结果可将纹理和结构都从源区域传播到靶区域中。

（3）更新置信度值

当一个图像块被用新的像素值填充后，其中的置信度值也要用新像素所在图像块的置信度值来更新。这个简单的更新规则可帮助测量在锋线上图像块间相对的置信度。

图6.4.1给出描述上述步骤的一系列示意图。图6.4.1(a)给出一幅原始图像，其中T代表需填补的区域，两个S（S_1和S_2）表示的区域均为可以用于填补的区域，两个B均代表需填补的区域的边界（包括B_1和B_2两段）。图6.4.1(b)给出当前拟填补的以处在B上的p为中心的图像块R_p。图6.4.1(c)给出从可以用于填补的区域中找出的两个候选图像块，其中一个R_u在两个可以用于填补的区域的交界处，与拟填补图像块很接近；而另一个R_v处在第一个可以用于填补的区域内，与拟填补图像块之间的差距较大。图6.4.1(d)给出将最接近的候选图像块（这里是R_u，但也可是多个候选图像块的某种组合）复制到R_p处所得到的需填补区域被部分填补的结果。将上述填充过程对T中的所有图像块依次进行，最后可以利用用于填补区域中的内容把需填补的区域填充满。

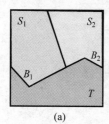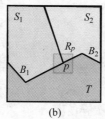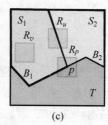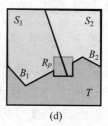

图6.4.1　基于样本纹理合成的结构传播示意

在填充过程中，对图像块的依次选择可采用剥洋葱皮的顺序，也就是根据由外往里、逐圈往内的顺序来修复靶区域。如果以靶区域的边界点为图像块中心，则该图像块在源区域部分的像素是已知的，而在靶区域部分的像素是未知的，需要进行修补的。为此还可考虑给拟修补图像块赋予权值，含有的已知像素越多，其对应的权值就越大，在修补顺序上就排在越前面。

6.4.2　结合稀疏表达的方法

基于样本的方法计算量常会很大，因为对需填充的区域D中每一个图像块都需要对区域$F-D$进行穷尽搜索（在寻找匹配块时多采用全局搜索方法），所以很耗时。另外，这样搜索产生错误匹配的可能性也较大。

减少基于样本方法计算量的一种思路是借助稀疏表达的概念。给定一幅图像，可将它用一组过完备的基进行展开，这组基可以自适应地根据图像本身性质和特点灵活地选取，由于基函数个数较少，而得到的表达结果又非常简洁，这样就可获得对图像的稀疏表达，从而减少计算量。

1. 稀疏表达简介

理论上已证明，如果将一幅图像在一组线性无关的完备正交基上展开，当这幅图像属于由这组线性独立的基所张成的空间时,那么将该图像展开得到的系数是唯一的。在实际工程应用中,常用的离散傅里叶基、离散余弦基和小波基等都属于完备正交基,图像通过这些变换得到的变换系数是唯一的,而且得到的系数也具有一定的稀疏性。

为了得到更稀疏的图像表示,可以采用过完备的冗余基代替一般的完备正交基。如果用 $x \in \mathbf{R}^K$ 表示图像 f 在过完备字典 Z 上线性展开的系数。则由一幅图像的所有像素组成的矢量 $f \in \mathbf{R}^N$ 的超完备表达可写成

$$f = Zx \tag{6.4.2}$$

式中,Z 是一个 $N \times K$ 维的矩阵,其中 $K \gg N$,所以 Z 也被称作过完备的字典。当 $\| x \|_0 \ll N$,也就是 x 集合中非零元素个数远小于 N 时,则可以称上述表达是**稀疏表达**。

2. 稀疏表达算法

与 6.4.1 小节基于样本的图像修复算法相对应的利用稀疏表达的算法[Shen 2009]仍然采用 6.4.1 小节中计算边缘像素点权值的方法来计算图像块的优先权,并从而确定靶区域图像块的修复顺序。

由于要利用对图像的稀疏表达,就需要计算图像的稀疏系数向量,而为此需要首先构建一组合适的基。从图像填充的角度说,被填充的靶区域必须与源区域在视觉上尽可能一致,即两者之间的纹理、结构甚至噪声水平都应该尽量接近。为达到这个目的,可以直接在图像中进行采样或者直接使用完整的图像块作为基。顺便指出,6.4.1 小节基于样本的图像修复算法也可看作利用稀疏表达算法的一个特例,即每次只使用一个基来对图像进行填充的情况。

现在考虑要填补以 p 为中心的图像块 R_p。假设图像块的尺寸为 $n \times n$,在图像块内的像素组成的 k 维矢量为 $f_p(k = n \times n)$。因为 p 处在源区域和靶区域的边界上,所以以 p 为中心的图像块 R_p 中有一部分像素属于源区域而剩下的像素属于靶区域。如果令 I 代表图像块 R_p 中所有像素 i 的集合,S 代表图像块 R_p 中属于源区域像素的集合,T 代表图像块 R_p 中属于靶区域像素的集合,则有集合 I = 集合 S + 集合 T。再令 Z 为从图像的源区域中选出的若干图像块所构成的一组基,则 Z^S 为过完备基。现在就可以计算定义在 S 上的 f_p 在 Z^S 上展开的系数矢量 x,然后根据得到的系数 x 更新 f_p 中属于 T 部分的像素。这可用公式表示为

$$\hat{x} = \underset{x}{\arg\min}\{ \| f_p^S - Z^S \cdot x \|_2^2 + \lambda \| x \|_1 \} \tag{6.4.3}$$

$$\hat{f}_p^i = \begin{cases} f_p^i & i \notin T \\ (Z \cdot \hat{x})^i & i \in T \end{cases} \tag{6.4.4}$$

根据式(6.4.3)计算得到系数向量之后,可按照式(6.4.4)对当前图像块进行更新。这个过程要对靶区域的所有图像块进行。这里需要指出,原始的稀疏性是用 L_0 范数来定义的($\| x \|_0$ 表示向量 x 中非零元素的个数),但这会导致最优化问题成为一个 NP 问题。不过已证明,在足够稀疏的情况下,用 L_1 范数作为惩罚项来代替 L_0 范数作为惩罚项所得到的解是等价的。所以在式(6.4.3)中使用了 L_1 范数,把一个 NP 问题转化为一个非 NP 问题。

图 6.4.2 给出 6.4.1 小节算法与本小节利用稀疏表达算法的一个比较。图(a)是原始

图像；图(b)是标出了靶区域的图像(即希望把右边的动物从图像删除掉)；图(c)是 6.4.1 小节算法的结果，在删除不需要的景物的同时引入了另一些不需要的内容；图(d)是利用稀疏表达算法的结果。事实上，6.4.1 小节的算法每次总是选取最相似的一个图像块进行填充，这有可能会把源区域中的一些内容引入到靶区域中；而利用稀疏表达的算法每次都选择多个基来组合地重构图像，引入不需要内容的可能性要小些。

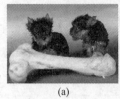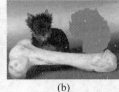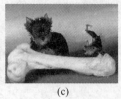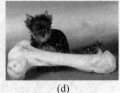

(a)　　　　　　　　(b)　　　　　　　　(c)　　　　　　　　(d)

图 6.4.2　6.4.1 小节算法与利用稀疏表达算法的比较

3. 稀疏表达算法改进

前述稀疏表达算法还有一些可改进的地方，下面介绍 3 个有针对性的措施［陈 2010a］。

(1) 针对填充顺序的改进

前面的方法在选择优先填充的图像块时主要考虑了等照度线因素，使得填充是沿着物体的边缘和分界线进行的，这样可以较好地保持图像在靶区域内的结构信息。但是在一些物体边缘不明显的区域，比如在修复蓝天、湖面等区域时，由于等照度线不明显，此时上述方法的效果有可能不理想。为此可考虑根据区域特点选择图像块的填充顺序：在图像中边缘明显的位置，主要考虑等照度线因素，沿特定方向填充；而在图像中边缘不明显的位置，则考虑采用"剥洋葱"的顺序，由外向内逐层进行，这样可避免沿单一方向填充所带来的误差累积，也可使得所填充的靶区域与周围的源区域更具有一致性和连贯性。

图 6.4.3 给出一组针对填充顺序的改进效果，其中图(a)是原始图像；图(b)是标出了靶区域的图像(即希望把海滩上的建筑从图像删除掉)；图(c)是前述稀疏表达算法的填充结果，在海平面上多出了一个类似岛礁的部分，如方框内所示；图(d)是针对填充顺序进行改进后的结果，表明改进有效。

(a)　　　　　(b)　　　　　(c)　　　　　(d)

图 6.4.3　针对填充顺序的改进效果 1

图 6.4.4 给出另一组针对填充顺序的改进效果，其中图(a)是原始图像；图(b)是标出了靶区域的图像(即希望把右边的长颈鹿从图像中删除掉)；图(c)是前述稀疏表达算法的填充结果，在草地上多出了一个类似房屋的部分，如方框内所示，图(d)是针对填充顺序进行改进后的结果，表明改进有效。

下面借助图 6.4.5 再对上述问题进行具体的解释。图 6.4.5(a)是对图 6.4.3 进行填

图 6.4.4　针对填充顺序的改进效果 2

充过程中的一个中间结果,部分图像块已被填充,剩余部分仍属于靶区域;图 6.4.5(b)中的图像块 1 是用前面方法选出的下一个要进行填充的图像块,图像块 2 是考虑等照度线的因素而选出的用于填充图像块 1 的,这在靶区域中引入了虚假影像(artifacts),并在靶区域内扩散,最终导致了出现图 6.4.3(c)中的问题;图 6.4.5(c)中图像块 3 是改进后的方法所选出的下一个要进行填充的图像块,改进后的方法还选出了图像块 4 来修复图像块 3,从而避免了引入虚假影像,最终得到了图 6.4.3(d)的结果。

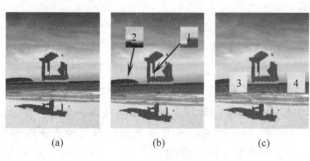

图 6.4.5　填充顺序的对比

（2）针对填充误差的改进

在对处于源区域和靶区域边界上的图像块进行填充时,要利用图像块中属于源区域的部分在图像中的源区域进行搜索。此时有可能会出现搜索出的最接近图像块与需填充的图像块的源区域部分很接近,但最接近图像块的其他部分与需填充图像块的靶区域的部分有很大差别的情况。此时如果继续填充,不仅会使得需填充图像块出现较大误差,而且有可能会使得误差在靶区域中逐步累积和扩散,影响对靶区域中其他图像块的填充效果。改进的思路是同时考虑前几个最接近的图像块。基于稀疏表达的算法就是使用由多个图像块所构成的一组基,但在使用式(6.4.3)时常会出现排列在最前的图像块的对应系数远大于其后一些图像块的对应系数的情况,此时基本还是第一个图像块在起主要作用。为此可考虑把式(6.4.3)中的 L_1 范数限制从优化表达中取消掉,而改以另加一个对图像块数量的限制,即可写成

$$\hat{x} = \underset{x}{\operatorname{argmin}}\{\parallel f_p^S - Z^S \cdot x \parallel_2^2\} \quad \parallel x \parallel_0 < t \tag{6.4.5}$$

其中 t 是限制图像块数量的一个阈值。根据式(6.4.5)计算得到的系数会在前几个图像块内容比较接近的情况下降低最接近图像块的权重,从而减少仅用一个图像块填充带来的问题。从这个角度看,t 应取大点,但 t 太大又会导致填充结果的模糊,应在满足误差要求的条

件下尽可能小些。较好的情况是前几个最接近的图像块彼此比较相似,由此计算出的系数也比较接近,此时模糊的影响会比较小。

(3)针对当前图像块的改进

当前要被填充的图像块中的灰度方差信息反映了该图像块的特性。如果该图像块中属于源区域部分的灰度方差很小,则该图像块的灰度比较光滑,对该图像块中属于靶区域的部分填充时可考虑按照一定的比例加上当前图像块的平均灰度,即该图像块中属于源区域的部分也对该图像块中属于靶区域的部分的填充有贡献。如果该图像块中属于源区域部分的灰度方差很大,则该图像块的灰度反差会比较大,对该图像块中属于靶区域的部分填充时就要考虑减少来自源区域部分的贡献。

总结和复习

为更好地学习,下面对各小节给予概括小结并提供一些进一步的参考资料;另外给出一些思考题和练习题以帮助复习(文后对加星号的题目还提供了解答)。

1. 各节小结和文献介绍

6.1 节介绍比基本的坐标变换更一般的仿射变换。除讨论了一般仿射变换的定义和性质外,还从高到低分层次讨论了相似变换、等距变换、欧式变换这几种特殊的仿射变换。进一步的内容还可参见文献[Bracewell 1995]、[Costa 2001]和[Hartley 2004]。这些变换在其他图像处理技术中以及在《图像工程》中册和下册中都有多处要用到。

6.2 节讨论如何校正图像中由于采集和处理等导致的几何失真的原理和方法。要消除几何失真就要恢复原来的空间关系,但同时几何失真也会造成对应像素灰度的变化,所以还要恢复原来的灰度关系。这里仅考虑了 2-D 图像的情况,但双线性插值方法很容易推广到 3-D 图像[Zhang 1990]。有关 3-D 图像的插值还可见文献[Nikolaidis 2001]。对图像插值的一个综述可见[钟 2016]。

6.3 节主要介绍了全变分模型和曲率驱动扩散以及混合模型等图像修复技术的原理。有关对图像修复的全面概括介绍可见[Zhang 2015b]。需要注意,在图像划痕消除和文字去除等工作中,目标是要尽量去复原原始的图像(不留痕迹),这时常可用信噪比等指标来衡量图像修复结果的好坏。对图像修复的详细讨论还可见文献[Chan 2005]。

6.4 节介绍图像受到景物移除、损坏、破损、缺失等后的区域填充修复方法。与图像修复不同的是,区域填充的目标是要在景物去除后,使得修复后的图像在视觉上如同真实图像一样,这种情况常只能以人眼观察的结果来判断图像修复的好坏。另外,借助填充技术,在对图像中前景(自动)分割的基础上,可以实现对背景的更换。最后,稀疏表达技术也是近年得到广泛关注的压缩感知(CS)或压缩采样中的重要内容,第 15 章和下册第 3 章还有更多讨论,另还可见文献[Donoho 2004]。基于加权稀疏非负矩阵分解的一种方法可见文献[Wang 2011a]。

2. 思考题和练习题

6-1 试列一个表,将投影变换、仿射变换、相似变换、等距变换和欧氏变换的特点总结在一起。

6-2 式(6.1.1)中给出的仿射变换矩阵可看作使用平移量(T_x, T_y)进行平移变换、用

S_x和S_y沿X和Y轴进行放缩变换、用γ角进行旋转变换的通用矩阵,试分别写出对应上面 3 种变换时参数a_{11}、a_{12}、a_{21}、a_{22}、t_x、t_y的各自取值。

6-3 如何用式(6.1.1)表示图 6.1.4 中剪切造成的变形。

6-4 给定一个单位正方形,其 4 个顶点的原始坐标分别为 A 在原点,B 在(1,0),C 在 (1,1),D 在(0,1)。参见图 6.1.3,该正方形分别受到 $J_x=0.5$,$J_y=0.3$,以及先 $J_x=0.5$ 后 $J_y=0.3$,和先 $J_y=0.3$ 后 $J_x=0.5$ 的剪切变形。如果 A 仍在原点,计算各种情况下其余 3 个顶点的坐标,并给出 AB、AC、AD 的斜率。

6-5 设有一个三角形,其角点的原始位置为 x_k,$k=1,2,3$。假设坐标变换后每个角点 移动的距离为 d_k,确定能够实现这种变换的仿射参数。

*6-6** 设三角形 P 的 3 个顶点分别为(1,1),(1,4),(5,4),三角形 Q 的 3 个顶点分别为 (2,1),(1,2),(3,4),给出将 P 映射为 Q 的仿射变换。

6-7 试解释为什么利用仿射变换可将一个圆映射为一个椭圆,但不能将一个椭圆映射 为一条双曲线或一条抛物线。

6-8 试证明两条平行线段的长度比在仿射变换下不会发生变化,而两条不平行线段的 长度比在仿射变换下会发生变化。

*6-9** 设图 6.2.1 中左下角为原点,求表示几何失真过程的一对双线性等式和校正公 式。如设 $f(1,1)=1,f(7,1)=7,f(1,7)=7,f(7,7)=13$,求点 $f(2,4)$ 的灰度值。

6-10 讨论对如图题 6-10 所示的两幅分别由于叠加了文字和画了线而需修复的图像 中,哪一幅相对比较好修复,并容易达到不留痕迹的效果,为什么? 有条件可编写程序具体 实现算法来修复并比较结果。

图题 6-10

6-11 图像修复和区域填充与第 5 章介绍的无约束恢复和有约束恢复有什么联系,有 什么区别?

6-12 试从应用目的、采用技术和效果评价等方面讨论图像修补问题的主客观性。

第7章 图像去雾

　　图像在采集时,会受到各种环境因素的影响而发生质量退化。雾霾是一种常见的自然现象,它是由悬浮在大气中的微小水滴、烟、灰尘、气溶胶等颗粒对光线的散射和吸收作用而产生的。雾霾会使大气的能见度下降,导致户外拍摄的图像质量变差,如清晰度降低、画面模糊、颜色偏移失真、景物难以辨别等。图像去雾技术就是要提升图像的质量,如增加对比度、减少模糊,改善图像的视觉效果,并去除或降低雾霾对图像质量的退化影响,以有效地获取图像中的信息。

　　目前针对图像去雾而采取的方法根据其作用机理可分为两大类:基于图像增强的方法和基于图像恢复的方法。图像增强处理不考虑退化(降质)原因,从提升对比度入手,突出有用细节,削弱或去除某些不需要的干扰,以提高图像质量。典型的方法包括直方图变换、同态滤波、基于 Retinex 理论的方法等。不过,它们从本质上并没能实现真正意义上的有针对性地去雾。图像恢复处理通过分析雾霾图像的退化机理,利用图像退化的先验知识或假设,建立图像降质/图像退化的物理模型或估计雾霾的属性,从而有针对性地实现图像去雾并且恢复场景。这类方法去雾的效果比较自然,失真较小,目前成为图像去雾技术领域中的主流方法。

　　在基于图像恢复的方法中,常用的是基于大气散射模型去雾的方法。它们又可分为两大类:多幅图像去雾的方法和单幅图像去雾的方法[Tarel 2009]。多幅图像去雾的方法常利用同一场景下不同时间和天气下的多幅图像或不同偏振程度的多幅图像。这里的考虑是景深可提供去雾的重要线索,但从单幅图像获得深度信息比较难以实现,所以需要利用多幅图像(对应雾的不同属性或不同的偏振度)来构建场景的三维结构模型,从而可估计场景的深度信息和大气散射系数,以实现去雾。这类方法中获取同一场景多幅图像的条件较为苛刻,所以在实际应用中受到了一定的限制。例如,它们不适用于实时应用场合,也不适用于动态场景。在使用单幅图像去雾的方法中,有些方法利用了单幅图像中包含的先验信息,也有些方法建立了若干合理的假设,以实现图像去雾。

　　根据上述的讨论,本章各节将安排如下。

　　7.1 节首先介绍一种基本的去雾方法,它借助暗通道先验模型提供了一条利用图像恢复技术实现图像去雾的可行路线。针对它的不足,人们已对它进行了多方面改进,这里将对一些典型的方法给予概括描述和讨论。

　　7.2 节具体介绍一种对基本去雾方法综合改进的算法,其特点是在试图提高算法去雾效果的同时,还着重考虑了能使恢复图像失真较小、比较自然的手段。

　　7.3 节讨论如何对图像去雾的效果进行评价的问题。先介绍了一些客观指标和基于视觉感知的指标,然后介绍了一个主客观相结合的评价实例。

7.1 暗通道先验去雾算法及改进

基于暗通道先验的去雾算法是一种比较有效地利用图像恢复思路进行图像去雾的方法,已得到了比较广泛的关注,人们也针对实际应用中暴露出来的问题对算法进行了多方面的改进。

7.1.1 基本方法

基本的基于**暗通道先验**的**图像去雾**算法利用了**大气散射模型**,又借助暗通道先验来确定模型的参数。

1. 大气散射模型

描述雾、霾环境下图像退化(降质)的物理模型为[Narasimhan 2003]:

$$I(\boldsymbol{x}) = I_\infty r(\boldsymbol{x}) \mathrm{e}^{-kd(\boldsymbol{x})} + I_\infty (1 - \mathrm{e}^{-kd(\boldsymbol{x})}) \tag{7.1.1}$$

其中,$\boldsymbol{x}$ 表示空间位置($\boldsymbol{x} = [x \quad y]^{\mathrm{T}}$),$I(\boldsymbol{x})$ 代表雾霾图像,I_∞ 表示无穷远处的天空辐射(环境光或全局大气光)强度,$r(\boldsymbol{x})$ 代表反射率,$\mathrm{e}^{-kd(\boldsymbol{x})}$ 代表大气透射率,k 表示散射系数(雾浓度影响系数),$d(\boldsymbol{x})$ 代表 $\boldsymbol{x}$ 处的场景深度(景深)。该模型表明,退化主要有两个因素:空气中浑浊介质对成像物体反射光的吸收和散射(这导致光照的直接衰减)以及空气中的大气粒子和地面的反射光在散射过程中对成像过程造成的多重散射干扰(它们分别对应式(7.1.1)的第 1 项和第 2 项)。该模型可用图 7.1.1 来表示,即原本应清晰的图像受到两个因素的影响而退化了。

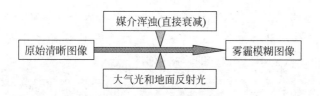

图 7.1.1　雾霾图像退化模型

上述模型可简化为如下大气散射模型[He 2011]:

$$I(\boldsymbol{x}) = J(\boldsymbol{x})t(\boldsymbol{x}) + A[1 - t(\boldsymbol{x})] \tag{7.1.2}$$

式中,$J(\boldsymbol{x})$ 代表无雾(无环境干扰)图像或对应**场景辐射**;$t(\boldsymbol{x})$ 为媒介传输图,也称为**大气透射率**,其值随景深呈指数衰减。对均匀同质的大气,大气透射率可表示为

$$t(\boldsymbol{x}) = \mathrm{e}^{-kd(\boldsymbol{x})}, \quad 0 \leqslant t(\boldsymbol{x}) \leqslant 1 \tag{7.1.3}$$

式(7.1.2)中,A 代表**整体环境光**,简称为大气光/天空光,一般假设为全局常量,与局部位置 $\boldsymbol{x}$ 无关。式(7.1.2)右边第 1 项对应入射光的衰减,也称为**直接衰减**,描述了场景辐射照度在大气中的衰减(从场景点到观测点传播中的衰减);第 2 项对应大气光的成像,也称大气耗散函数或**空气光幕**,表示场景成像时由于大气散射所产生的对观测点光强的影响,就是它导致了场景的模糊和颜色的失真等雾霾的效果。

式(7.1.1)~式(7.1.3)中各量及它们之间的关系示意在图 7.1.2 中,其中与 $r(\boldsymbol{x})$ 相关的各个量由于衰减或反射并不直接出现在进入摄像机/观察者的图像中。

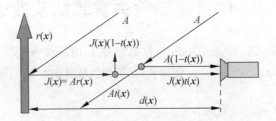

图 7.1.2　大气散射模型的细节

根据式(7.1.2)，图像去雾的主要工作就是要估计出 A 和 $t(\boldsymbol{x})$，从而可恢复出无雾图像 $J(\boldsymbol{x})$：

$$J(\boldsymbol{x}) = A - \frac{A - I(\boldsymbol{x})}{t(\boldsymbol{x})} \tag{7.1.4}$$

这里需要分别获得整体环境光和大气透射率才能恢复无雾图像，实际中是很难同时做到的。

2. 暗通道先验

基于对大量无雾图像的统计观察发现[He 2009]：对于自然图像中非天空部分的局部区域里的某些像素点，至少其有一个颜色通道的亮度值很低(趋于 0)。据此，可得到**暗通道先验**模型/假设(也有人称为暗原色先验理论[於 2014])，即对于任意一幅自然无雾图像 $J(\boldsymbol{x})$，其暗通道满足

$$J_{\text{dark}}(\boldsymbol{x}) = \min_{\boldsymbol{y} \in N(\boldsymbol{x})} \Big[\min_{C \in \{R, G, B\}} J_C(\boldsymbol{y}) \Big] \to 0 \tag{7.1.5}$$

式中，$J_C(\boldsymbol{y})$ 代表 $J(\boldsymbol{y})$ 的某一个 R、G、B 颜色通道；$N(\boldsymbol{x})$ 表示以像素点 $\boldsymbol{x}$ 为中心的邻域(半径为 r)，可记为 $N_r(\boldsymbol{x})$。假设在 $N_r(\boldsymbol{x})$ 邻域内的大气透射率值为常数，记为 $t^N(\boldsymbol{x})$，调整式(7.1.2)并对两边进行最小化运算(即将暗通道值代入)，可得到

$$\min_{\boldsymbol{y} \in N(\boldsymbol{x})} \Big[\min_{C \in \{R, G, B\}} \frac{I_C(\boldsymbol{y})}{A_C} \Big] = [1 - t^N(\boldsymbol{x})] + \min_{\boldsymbol{y} \in N(\boldsymbol{x})} \Big[\min_{C \in \{R, G, B\}} \frac{J_C(\boldsymbol{y})}{A_C} \Big] t^N(\boldsymbol{x}) \tag{7.1.6}$$

如果大气光值 A 为已知常量，取 $J_C(\boldsymbol{y}) = 0$，则可得到 $N_r(\boldsymbol{x})$ 邻域中大气透射率的估计值 $t^N(\boldsymbol{x})$：

$$t^N(\boldsymbol{x}) = 1 - \min_{\boldsymbol{y} \in N(\boldsymbol{x})} \Big[\min_{C \in \{R, G, B\}} \frac{I_C(\boldsymbol{y})}{A_C} \Big] \tag{7.1.7}$$

根据暗通道先验模型，通常无雾图像的暗通道像素亮度很小，基本趋近于 0，所以含雾图像中暗通道像素的亮度值与雾的浓度值非常接近。因此，可以利用图像的暗通道值来估计大气光值，并进而得到大气透射率。

上述基于暗通道先验模型的方法为求解大气散射模型提供了一条可行的路线，成为利用图像恢复技术实现图像去雾的一种基本方法。

例 7.1.1　基本方法去雾的效果示例

利用基本方法进行图像去雾的效果可见图 7.1.3 的示例，其中左图为有雾的原图，而右图是去雾后的结果图。可见效果还是很明显的。

图 7.1.3 基本方法去雾的效果示例

3. 基本方法的不足

不过,基本方法在实际应用中会遇到一系列问题。例如,实用中需选取一定的像素来估计暗通道值,基本方法中选取暗通道图里最亮的前 0.1% 个像素所对应的原图中最亮的点作为大气光的估计点(即 A 的值为最亮的前 0.1% 个像素灰度的平均值)。但这种方式并不能保证选出真正的最亮点,尤其是当场景中有灯光等出现时常会受到干扰。同时,这种做法也会导致去雾后图像的平均亮度低于原图像(参见练习题 7-7)。

另外,如果直接将式(7.1.7)代入式(7.1.2)进行反演去雾,则去雾图像会出现明显的**光晕**效应,直接影响图像的分辨率和信噪比。为解决这个问题,可采用**软抠图**算法对媒介传输图进行优化[He 2011],不过软抠图算法会消耗很多的内存从而导致处理速度比较慢,达不到实时处理的要求。进一步的改进是利用**引导滤波**(也称**导向滤波**,见 7.1.6 小节)来替换软抠图算法[He 2013],但这样容易出现去雾效果不够彻底的现象。

除此之外,暗通道先验假设大气透射率在局部窗口内为常量,但当窗口跨越景深边界时,也会产生"光晕"现象。减轻"光晕"现象的方法之一是利用图像分割方法将图像按景深进行分块,并假设每个块内景深不变来求解透射率[Fang 2010]。不过,采用分块操作会产生块效应,后续还须对透射率进行优化调整。最后,利用暗通道先验模型常会导致出现噪声放大的现象,为此还需采用对去雾前和去雾后的图像进行**双边滤波**以抑制噪声的方法,如[王 2013]。

下面具体介绍一些对基本方法改进的思路和做法。

7.1.2 尺度自适应

暗通道先验模型假设大气透射率在 $N_r(x)$ 邻域内为常量,此时 r 的取值会对去雾的效果产生影响。这里分 r 值较小和 r 值较大两种情况分别讨论。

(1) 当 r 较小时,在图像里对应前景的大部分区域会有 $0 < J_{dark}(x) < A$,则 $t(x) > t^N(x)$,即暗通道先验对透射率的估计值将小于其实际值。另外在 A 为常量的情况下,由式(7.1.4)知 $t(x)$ 在 $N_r(x)$ 内也为常量,且 $0 < t(x) < 1$,即有 $\nabla J = \nabla I / t, \nabla J > \nabla I$,可见去雾的实质就是通过放大雾霾图像中各颜色通道的幅值变化来提升**对比度**。如果对 $t(x)$ 的估值变小,则会过度放大 $N_r(x)$ 内像素的颜色变化,使得恢复图像产生过饱和失真。同时,由式(7.1.4)还知,当 $I(x) < A$ 时,$t(x)$ 的值变小将会导致去雾图像 $J(x)$ 的幅值变小而偏暗(估计点更容易落到与其物理意义不相符的前景区域)。

(2) 当 r 较大时,在图像里对应前景的大部分区域会满足 $J_{dark}(x) \to 0$,此时 $t(x) \approx t^N(x)$,暗通道先验对透射率的估计值将会比较接近其实际值。不过,较大的 r 有可能会使暗通道的求解窗口 $N_r(x)$ 跨越景深边缘而使恢复图像产生"光晕"失真。利用引导滤波可在一定程度上减小"光晕"现象,但并不能使其完全消除。

由上讨论可知,仅使用单尺度(固定 r)的暗通道先验模型和引导/导向滤波并不能同时兼顾好的色彩复原效果和小的"光晕"失真效果。解决该问题的方法之一就是采用尺度自适应策略,在图像的不同区域找到其合适的暗通道求解尺度 r,增大 $J_{dark}(x) \to 0$ 的概率;同时尽量避免暗通道的求解窗口 $N_r(x)$ 跨越景深边缘。

下面介绍一种尺度自适应的方法,它根据图像的颜色及边缘特征来自适应地获得像素级的暗通道求解尺度,从而更好地满足暗通道先验的约束条件,以有效抑制"光晕"现象和色彩失真[宋 2016]。具体就是对于图像中的不同区域采用不同的尺度来求解暗通道值:在亮度较低或饱和度较高的区域,采用较小尺度;在亮度较高且饱和度较低的区域,采用较大尺度;在景深突变处,采用较小尺度;在平滑区域,采用较大尺度。

1. 由颜色特征求解初始尺度

对尺度的选择,是要使 $J_{dark}(x) \to 0$。一般在前景中亮度较低或饱和度较高的区域,采用较小的尺度就可以使 $J_{dark}(x) \to 0$,而在前景中亮度较高且饱和度较低的区域,则需采用较大的尺度才能使 $J_{dark}(x) \to 0$。不过对于天空背景区域,采用任何尺度都不能使 $J_{dark}(x) \to 0$。但是,在天空区域有 $I(x) \to A$,由式(7.1.7)可求得 $t^N(x) \to 0$,这恰好与无穷远处透射率趋于 0 的实际情况相符。因此,对天空区域无需特殊处理,可将其视作亮度较高且饱和度较低的区域,采用较大的尺度来求解暗通道。

先计算几个与像素颜色特征相关的量:

(1) 雾霾图像的彩色通道最小值 $Dark_C(x)$:

$$Dark_C(x) = \min_{C \in \{R,G,B\}} [I_C(x)] \tag{7.1.8}$$

(2) 雾霾图像中最小值处的亮度分量 $I_{int}(x)$:

$$I_{int}(x) = \frac{I_R(x) + I_G(x) + I_B(x)}{3} \tag{7.1.9}$$

(3) 雾霾图像中最小值处的饱和度分量 $I_{sat}(x)$:

$$I_{sat}(x) = 1 - \frac{Dark_C(x)}{I_{int}(x)} \tag{7.1.10}$$

根据雾霾图像中最小值处的颜色特征可以得到像素级的初始尺度 $r_0(x)$。由式(7.1.8)~式(7.1.10)可知:当 $I_{int}(x)$ 较小或 $I_{sat}(x)$ 较大时,应采用较小的尺度;当 $I_{int}(x)$ 较大或 $I_{sat}(x)$ 较小时,应采用较大的尺度。注意前一种情况时 $Dark_C(x)$ 也较小,而后一种情况时 $Dark_C(x)$ 也较大。所以,可认为尺度与通道最小值是正相关的。如果用 $r_0(x) = k \cdot Dark_C(x)$ 表示像素级的初始尺度,为使尺度值为整数,可定义 $r_0(x)$ 为

$$r_0(x) = \max\{1, round[k \cdot Dark_C(x)]\} \tag{7.1.11}$$

2. 由边缘特征对尺度进行修正

由于"光晕"现象发生在景深突变处,如果在边缘附近采用较小的尺度,就可使透射率的

求解窗口 $N_r(\boldsymbol{x})$ 尽量不跨越景深边界,从而减小"光晕"现象;而在非边缘附近采用较大的尺度,就可以增大 $J_{\mathrm{dark}}(\boldsymbol{x}) \to 0$ 的概率以使复原图像的背景更平滑,噪声和失真更小。

由边缘特征对初始尺度 $r_0(\boldsymbol{x})$ 进行修正的步骤如下:

(1) 边缘检测:采用坎尼算子(见中册 2.2.4 小节)对雾霾图的亮度分量 $I_{\mathrm{int}}(\boldsymbol{x})$ 进行边缘检测,得到二值化边缘图 I_{canny}。

(2) 前景分离:对 I_{canny} 作形态学闭合运算操作(见中册 13.2.2 小节),粗略地将图像的前景和背景区分开,并将结果用 I_{close} 表示。$I_{\mathrm{close}} = 1$ 的像素覆盖了图像的前景区域。

(3) 获取初始尺度:设置边缘像素尺度域值 r_{th},用 I_{close} 滤除背景,得到前景像素初始尺度 $r_{\mathrm{s}}(\boldsymbol{x})$:

$$r_{\mathrm{s}}(\boldsymbol{x}) = I_{\mathrm{close}}(\boldsymbol{x}) r_0(\boldsymbol{x}) \tag{7.1.12}$$

其中,$r_0(\boldsymbol{x})$ 的取值为[0　10]中的整数,$r_{\mathrm{s}}(\boldsymbol{x})$ 为零的像素对应背景区域。r_{th} 取 $r_{\mathrm{s}}(\boldsymbol{x})$ 中出现概率最大的非零值,这样可以增大前景区域 $J_{\mathrm{dark}}(\boldsymbol{x}) \to 0$ 的概率。

(4) 利用边缘特征对尺度进行修正:对于任一像素 $\boldsymbol{x}$,如果满足 $0 < r_{\mathrm{s}}(\boldsymbol{x}) \leqslant r_{\mathrm{th}}$,则不修正其尺度,即:$r(\boldsymbol{x}) = r_{\mathrm{s}}(\boldsymbol{x})$;否则,如果 $r_{\mathrm{s}}(\boldsymbol{x}) = 0$(即 $\boldsymbol{x}$ 位于背景区域),或者 $r_{\mathrm{s}}(\boldsymbol{x}) > r_{\mathrm{th}}$($\boldsymbol{x}$ 位于亮度较高区域),则对 $\boldsymbol{x}$ 的尺度进行修正,首先从 $r = r_{\mathrm{th}} + \mathrm{step}$ 开始,逐渐增大尺度,即取 $r = [r_{\mathrm{th}} + \mathrm{step}, r_{\mathrm{th}} + 2 \cdot \mathrm{step}, \cdots, r_{\mathrm{th}} + n \cdot \mathrm{step}]$,直到在 I_{canny} 图中以 $\boldsymbol{x}$ 为中心,$r(\boldsymbol{x})$ 为半径的窗口内包含边缘点为止,此时的 $r_{\mathrm{th}} + (n-1) \cdot \mathrm{step}$ 即为 $\boldsymbol{x}$ 点修正后的尺度。如此,求解窗口 $N_r(\boldsymbol{x})$ 应不会跨越景深边界,可减小出现"光晕"现象的可能。上面的参数 step 和 n 决定了尺度的自适应范围。统计表明,可选取 $\mathrm{step} = 2, n = 5$ 以将尺度的自适应范围限定在 $1 \sim r_{\mathrm{th}} + n \cdot \mathrm{step}$ 之间($1 \leqslant r_{\mathrm{th}} < 10, r_{\mathrm{th}} + n \cdot \mathrm{step} < 20$),这个范围对于大多数自然场景的图像都能取得很好的去雾效果。当 $r_{\mathrm{th}} + n \cdot \mathrm{step} > 20$ 后,去雾效果改善不多,但计算时间会偏长。

如果 $\boldsymbol{x}$ 点正好在边缘上,且满足 $0 < r_{\mathrm{s}}(\boldsymbol{x}) \leqslant r_{\mathrm{th}}$,则取 $r(\boldsymbol{x}) = r_{\mathrm{s}}(\boldsymbol{x})$;否则取 $r(\boldsymbol{x}) = r_{\mathrm{th}}$。所以,可称 r_{th} 为边缘像素的最大尺度。由此可见,r_{th} 的值越小,恢复图像的"光晕"失真越小。不过,如果原始图像的饱和度较低,过小的 r_{th} 值有可能使图像的大部分区域不满足 $J_{\mathrm{dark}}(\boldsymbol{x}) \to 0$,从而使恢复图像的彩色过饱和,色彩反而不自然。

如果获得了 $\boldsymbol{x}$ 点处的(自适应)尺度,就可用下式来求解暗通道:

$$\mathrm{Dark}_C(\boldsymbol{x}) = \min_{\boldsymbol{y} \in N_r(\boldsymbol{x})} \left[\min_{c \in \{R, G, B\}} I_C(\boldsymbol{y}) \right] \tag{7.1.13}$$

7.1.3　透射率估计

基于暗通道先验的去雾方法是在局部图像块内估计**透射率**,这样得到的透射率在块内是恒定的。但在实际图像处理中,块内的透射率并不总是恒定不变的,尤其是在深度产生较大跳跃的边缘,会导致透射率图出现严重的块效应,使恢复图像产生光晕现象(也称晕轮伪影)。从统计学的角度看,当图像块分得较大时,块中包含暗像素的概率也会较高,暗通道先验更易满足。但当图像块的尺寸过大时,块中透射率恒定的假设会失效,从而导致色彩畸变。

1. 融合暗通道值估计透射率

块效应的出现表明块边缘包含了一些错误的高频信息。换句话说,透射率中的低频部分比较接近实际的透射率,而高频部分(对应块边缘)与实际透射率有较大差别。可以想象,如果减小块的尺寸,甚至减小到单个像素,则块效应不会出现,而且可以保留所有场景中的细节,即高频部分基本对应实际的透射率。但此时对低频部分的估计会不够精确,恢复图像会产生较严重的色彩失真。

从以上分析可知,较大块的暗通道信息的低频部分接近真实透射率的低频部分,而较小块的暗通道信息的高频部分接近真实透射率的高频部分。如果结合采用这两部分来估计透射率,应该得到较好的效果。所以,可参照图 7.1.4 的流程来进行[杨 2016]。先取较大块为一定尺寸的块,较小块为点,分别对雾霾图像计算各个块的暗通道值和点的暗通道值。然后,借助小波变换,分别提取前者的低频系数和后者的高频系数并进行融合。最后,再进行小波反变换,就可得到较好的透射率估计。

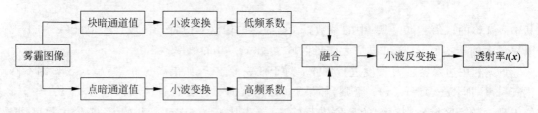

图 7.1.4　融合块暗通道值和点暗通道值以估计透射率

2. 基于局部自适应维纳滤波细化透射率

对块和点的暗通道值进行融合会不可避免地引入一些错误的细节信息。对此,可采用局部自适应**维纳滤波器**对透射率进行细化估计,以有效地去除**块效应**和**光晕**现象。

假设大气光 A 已知,由于错误的细节信息是在融合的过程中引入的,分析式(7.1.2)可知,融合后得到的暗通道值 $J_d(\boldsymbol{x})$ 可看作是大气耗散 $g(\boldsymbol{x})=A[1-t(\boldsymbol{x})]$ 和错误细节信息 $n(\boldsymbol{x})$ 之和:

$$J_d(\boldsymbol{x}) = g(\boldsymbol{x}) + n(\boldsymbol{x}) \tag{7.1.14}$$

这里假设 $g(\boldsymbol{x})$ 和 $n(\boldsymbol{x})$ 是相互独立的。

给定式(7.1.14),可采用局部自适应维纳滤波器来估计采样窗口 $N_r(\boldsymbol{x})$ 内的 $g(\boldsymbol{x})$,记为 $g^{E}(\boldsymbol{x})$:

$$g^{E}(\boldsymbol{x}) = \mu_g(\boldsymbol{x}) + \frac{\sigma_g^2(\boldsymbol{x})}{\sigma_g^2(\boldsymbol{x})+\sigma_n^2}[J_d(\boldsymbol{x}) - \mu_d(\boldsymbol{x})] \tag{7.1.15}$$

式中,$\mu_g(\boldsymbol{x})$ 和 $\sigma_g^2(\boldsymbol{x})$ 分别为 $g(\boldsymbol{x})$ 在采样窗口内的均值和方差;$\mu_d(\boldsymbol{x})$ 为 $J_d(\boldsymbol{x})$ 在采样窗口内的均值;σ_n^2 为细节信息 $n(\boldsymbol{x})$ 的方差(均值为 0),假设其在整幅图像中是恒定的,可如下估计。

$J_d(\boldsymbol{x})$ 在采样窗口内的方差 $\sigma_d^2(\boldsymbol{x})$ 为两部分之和:

$$\sigma_d^2(\boldsymbol{x}) = \sigma_g^2(\boldsymbol{x}) + \sigma_n^2 \tag{7.1.16}$$

实际中,大气光在较大的采样窗口内是互相关的,且其方差 $\sigma_g^2(\boldsymbol{x})$ 很小。假设 $\sigma_g^2(\boldsymbol{x}) \ll \sigma_n^2$,则可用暗通道值方差的全局平均作为细节方差的估计

$$(\sigma_n^2)^{E} = \frac{1}{M}\sum_{\boldsymbol{x}=0}^{M-1}\sigma_d^2(\boldsymbol{x}) \tag{7.1.17}$$

式中,M 为整幅图像里的像素点数。

估计得到 $g(\boldsymbol{x})$ 的均值和方差以及细节信息的方差后,通过式(7.1.15)可得到大气光函

数的最优估计 $g^E(\boldsymbol{x})$，而最后的大气透射率为

$$t(\boldsymbol{x}) = 1 - k \frac{g^E(\boldsymbol{x})}{A} \tag{7.1.18}$$

式中，k 为常数（称为去雾深度参数），其作用是在结果中保留部分雾，这是因为如果彻底去除雾的存在，去雾图像的整体效果将会不太真实且丢失深度感（远景和近景之间的距离感）。一般 k 的取值范围为 0.92～0.95，雾浓取较大值，雾稀则取较小值。

7.1.4　大气光区域确定

对大气光的估计在实现去雾中起关键作用。为对大气光进行估计，基本方法选择暗通道图像中最亮的前 0.1% 个像素进行计算。但是很多时候图像中的最亮点并不是实际上雾浓度最大的地方。基本方法有时会使估计点落到前景区域中，并不一定能得到大气光的准确值。事实上，这些亮点常常源自场景中的白色物体或光源，其灰度值往往高于真实的大气光值。

为解决这个问题，已有多种改进方法，下面介绍两种。

1. 根据物理意义确定大气光估计点

根据式(7.1.1)，大气光的物理意义是景深为无穷远处的背景辐射。根据这一描述，可推断对大气光的估计应具备以下条件[宋 2016]：

(1) 大气光作为环境光源，应该具有较高的亮度。

(2) 对大气光的估计点应落入背景区域。

可以从这两个条件（之一）出发来确定具有较高亮度的大气光估计点，并使这些点鲁棒地落到场景的背景区域中。

针对条件(1)，设置一个亮度域值 I_{th}。采用 **Retinex** 理论对照度图像的估计方法[Jobson 1997]得到原图像亮度分量 I_{int} 的照度图像，然后取照度图像的最大值作为亮度域值 I_{th}。

$$I_{th} = \max\{\text{Gaussian}(\boldsymbol{x}) \bigotimes I_{int}(\boldsymbol{x})\} \tag{7.1.19}$$

$$\text{Gaussian}(\boldsymbol{x}) = \exp\left(-\frac{\|\boldsymbol{x}\|_2^2}{\sigma^2}\right) \tag{7.1.20}$$

其中，σ 为卷积高斯核函数的尺度，可取为 $\sigma = 0.1\min(H, W)$，H 和 W 分别为图像的高和宽。

针对条件(2)，借助对二值化边缘图 I_{canny} 进行形态学闭运算操作的结果 I_{close}，取 $I_{close}(\boldsymbol{x}) = 0$ 的点来对应背景区域。

由条件(1)和(2)得到的约束可分别用模板的方式来表示：

$$\begin{cases} \text{Mask}_1 = (I_{int} \geqslant I_{th}) \\ \text{Mask}_2 = (I_{close} = 0) \end{cases} \tag{7.1.21}$$

用这两个条件对暗通道图 $\text{Dark}_C(\boldsymbol{x})$ 进行过滤，得到的非零点即是最有可能成为大气光估计的点：

$$\text{Dark}_{Cp}(\boldsymbol{x}) = \text{Mask}_1(\boldsymbol{x})\text{Mask}_2(\boldsymbol{x})\text{Dark}_C(\boldsymbol{x}) \tag{7.1.22}$$

考虑一下极端情况。如果 $\text{Mask}_1(\boldsymbol{x}) \bigcap \text{Mask}_2(\boldsymbol{x}) = \varnothing$，即原图中不存在亮度较高的背景区域，则令 $\text{Dark}_{Cp}(\boldsymbol{x}) = \text{Dark}_C(\boldsymbol{x})$，算法退化为采用暗通道图来估计大气光。接着，再从

$\mathrm{Dark}_{Cp}(\boldsymbol{x})$ 中找到平均亮度最高的窗口(窗口半径 $r = r_{\mathrm{th}} + n \cdot \mathrm{step}$),以这个窗口对应的原图中像素的平均颜色作为大气光的估计值,此处以局部最亮窗口而非最亮的单个像素来估计大气光是为了进一步滤除不能被 Mask_1 和 Mask_2 过滤掉的前景点。以上步骤可以使大气光的估计点比较鲁棒地落到背景区域。

2. 借助四叉树计算浓雾区域

为避免对大气光值 A 的不合理估计,需要确定图像中雾的浓度最高的区域。事实上,在雾浓度越高的区域,像素值越高,且像素之间的差异越小,而均值与标准差的差值越大[杨 2016]。下面定义区域 i 的这个差值为 $S(i)$:

$$S(i) = |\, M(i) - C(i)\, | \tag{7.1.23}$$

式中,$M(i)$ 和 $C(i)$ 分别为该区域的均值和标准差。

借助对图像表达的四叉树结构,可先将图像递归式地划分成 4 个相同大小的矩形区域,分别计算 4 个区域的差值 $S(i)$,$i = 1, 2, 3, 4$。选择其中差值最高的区域,继续进行递归式分解并分别计算 4 个子区域的差值。重复上述过程直到矩形区域的大小满足预先设定的阈值,最后选取出来的区域就是雾浓度最高的区域,记为 $R(\boldsymbol{x})$,可在此区域内估计大气光的值。

7.1.5 大气光值校正

对大气光值估计的不准确,会导致去雾图像的亮度发生偏移。由式(7.1.2)可知:在 $I(\boldsymbol{x})$ 和 $t(\boldsymbol{x})$ 已知的情况下,对 A 的估值变高,会导致去雾图像 $J(\boldsymbol{x})$ 的幅值变小而偏暗。有一些对大气光值进行校正的方法,下面介绍两种方法。

1. 大气光值加权校正

为了更鲁棒地获取大气光的值,在获得雾浓度最高的区域 $R(\boldsymbol{x})$ 后,不直接取 $R(\boldsymbol{x})$ 中最亮点的像素值而是采用加权估计来进行调整[杨 2016]。

将 $R(\boldsymbol{x})$ 中所有的像素点划分为两部分:所有灰度值大于均值的点属于亮区,所有灰度值小于均值的点属于暗区。设亮区和暗区的像素点个数分别为 N_{b} 和 N_{d}。采用 3×3 的窗口,分别计算亮区和暗区中暗通道值的最大值 M_{b} 和 M_{d}。设 M_{b} 和 M_{d} 分别在点 $R(\boldsymbol{y})$ 和 $R(\boldsymbol{z})$ 处取得,则大气光的值 A 为

$$A = W_{\mathrm{b}} R(\boldsymbol{y}) + W_{\mathrm{d}} R(\boldsymbol{z}) \tag{7.1.24}$$

其中,$W_{\mathrm{b}} = N_{\mathrm{b}}/S_R$,$W_{\mathrm{d}} = N_{\mathrm{d}}/S_R$,且满足 $W_{\mathrm{b}} + W_{\mathrm{d}} = 1$;这里 S_R 为 $R(\boldsymbol{x})$ 的尺寸(即 $N_{\mathrm{b}} + N_{\mathrm{d}}$)。这样,当亮区像素点比较多时,$A$ 由 $R(\boldsymbol{y})$ 主导,当暗区像素点比较多时,A 则由 $R(\boldsymbol{z})$ 主导,但是无论何种情况,$R(\boldsymbol{y})$ 和 $R(\boldsymbol{z})$ 都是共同发挥作用,相互制约,相互补偿,从而给出一个较合理的大气光值,帮助获得视觉上较自然的去雾图像。

总结一下,估计大气光的值 A 的具体步骤如下:

(1) 将图像分成 4 个相同大小的矩形区域,分别计算每个区域的差值 $S(i)$;

(2) 选取差值最大的区域,重复步骤(1),直到满足预先设定的阈值,获得雾浓度最高区域 $R(\boldsymbol{x})$;

(3) 将区域 $R(\boldsymbol{x})$ 内的像素点分别划分到暗区和亮区,分别获取两个区域内暗通道值的最大值;

(4) 确定两个最大值在图像中的位置,通过加权求取大气光的值 A。

2. 大气光颜色值校正

当背景为蓝天时,如果直接由式(7.1.4)求解去雾图像,将会产生色彩失真。下面将具体分析产生色彩失真的原因和解决办法[宋 2016]。

由瑞利定律可知,蓝天是由于大气散射对波长的选择性而形成的,散射系数与入射光的波长存在如下关系[Narasimhan 2003]:

$$k(\lambda) \propto \frac{1}{\lambda^{\gamma}} \tag{7.1.25}$$

式中,γ 的取值与大气悬浮颗粒的尺寸有关,通常情况下,$0<\gamma<4$。在晴朗的天气,$\gamma \rightarrow 4$,短波长的蓝光散射系数最大,天空呈现蓝色;在浓雾天气,$\gamma \rightarrow 0$,散射系数可近似认为与波长无关,所有波长的光散射系数几乎相等,天空呈现灰白色。换句话说,蓝天是大气光经大气散射后呈现的颜色,并非大气光本来的颜色。因此,当估计点落入蓝天区域时,为了得到大气光本来的颜色,应对大气光的估计值进行修正。一种修正大气光颜色的方法是**减小饱和度**,主要步骤如下:

(1) 求得 A 的估计值在 HSI 空间中的 3 个分量:色调 A_H、饱和度 A_S 和亮度 A_I。

(2) 设置饱和度阈值 S_{th}。它的取值应尽量小,但同时还能保持原图像的色彩氛围(即不能直接取 $S_{th}=0$)。与亮度域值的求解过程(如式(7.1.19))类似,取雾霾图像饱和度分量经高斯卷积($\otimes$)平滑后的最小值作为 S_{th}。

$$S_{th} = \min\{\text{Gaussian}(\boldsymbol{x}) \otimes I_{sat}(\boldsymbol{x})\} \tag{7.1.26}$$

(3) 保持 A_H 和 A_I 不变,计算

$$A'_s = \min(S_{th}, A_s) \tag{7.1.27}$$

用 A'_s 更新 A_s,并将 3 个分量由 HSI 空间转换回 RGB 空间,得到修正后的大气光的色彩值。

7.1.6 浓雾图像去雾

基本方法在处理雾浓度很大的场景时所得到的去雾图像会偏暗。为此,可借助雾浓度因子的概念,在分析影响雾天能见度因素时借助大气消光系数建立**能见度**和**雾浓度因子**的关系,通过估计能见度值以进一步估计雾浓度因子的值,再借助引导滤波估计大气光的值以实现去雾[龙 2016]。

1. 算法流程

回到描述雾、霾环境下图像退化(降质)的物理模型,即式(7.1.1)。使得雾霾图像变模糊的因素主要有 2 个:一个是空气中浑浊介质对成像物体反射光的吸收和散射,另一个是空气中的大气粒子及地面的反射光在散射过程中对所成图像造成的多重散射干扰。它们分别对应式(7.1.1)的第 1 项和第 2 项。与大气光的远距离传输相比较,成像设备所获取图像的场景深度变化是微小的,特别在浓雾条件下更是如此。因此可以用 G_k 代替 $e^{kd(\boldsymbol{x})}$,并称为雾浓度因子。将 G_k 代入式(7.1.2),这样雾天成像和恢复的物理模型就可以表示为

$$J(\boldsymbol{x}) = G_k(I(\boldsymbol{x}) - A) + A \tag{7.1.28}$$

基于式(7.1.28)的模型,可设计一种基于大气消光系数和引导滤波的雾霾图像去雾算法,流程如图 7.1.5 所示。对于一幅待去雾的浓雾图像,首先对图像所在环境的能见度进行估计,借助已建立的能见度与雾浓度因子的关系求得雾浓度因子的值 G_k;同时将有雾图像转换为灰度图像,利用灰度图像引导滤波求得大气光的值 A,最后利用式(7.1.28)完成图像

的去雾。

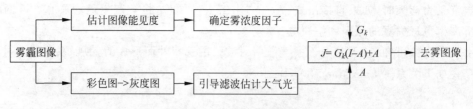

图 7.1.5　浓雾图像去雾流程

因此,要想得到清晰的原始图像,在采集到退化图像 $I(x)$ 时,还必须要对雾浓度因子值 G_k 以及大气光的值 A 做出估计。

2. 雾浓度因子估计

能见度(对应透射率)是衡量雾浓度的一个直接标准,能见度大表示雾浓度小,反之则表示雾浓度大。在能见度非常小的情况下,雾的浓度非常大,对这类图像进行去雾处理常会使得去雾后的图像噪声偏大,此时在去雾的同时还需要抑制图像的噪声,因此进行不完全的去雾应该是相对较好的选择。而当能见度上升到一个比较大的距离时,雾浓度很低,此时雾对采集的图像的影响较小。因此可以在能见度 L 对应不同的范围内给定雾浓度因子 G_k 不同的取值范围:

$$G_k = \begin{cases} G_k = 8 & L < 50 \\ 1 \leqslant G_k \leqslant 8 & 50 \leqslant L \leqslant 1000 \\ G_k = 1 & L > 1000 \end{cases} \tag{7.1.29}$$

在有雾的天气条件下,空气中存在着大量半径值为 $1 \sim 10 \mu m$ 的粒子,此时的能见度 $L \in [50, 1000]$(以 m 为单位)。根据雾天退化模型,导致图像降质的一个重要原因就是空气中粒子对成像物体反射光的散射,而粒子的散射特征由粒子的尺度特征 α 所决定,且 $\alpha = 2\pi r/\lambda$,其中,r 为粒子的半径,λ 为入射光的波长。根据大气光中可见光的波长范围和空气中粒子的半径,可以得到粒子的尺度特征范围:$\alpha \in [8, 157]$。在这个范围内,大气能见度 L 和**大气消光系数** e 有如下关系[龙 2016]:

$$L \equiv -\frac{\ln T}{e} \tag{7.1.30}$$

式中,T 为视觉对比阈值,L 代表具有正常视力的人在当时的天气条件下能够看清楚目标轮廓的最大距离。根据气象部门对浓雾条件下人的视觉对比阈值的规定,此时人的视觉对比阈值的取值为 0.05[龙 2016]。令式(7.1.30)中 T 的取值为 0.05 得到

$$L = 2.99/e \tag{7.1.31}$$

根据散射理论,在不考虑雾粒子对光线吸收的情况下,大气消光系数 e 与消光效率因子 Q_e、雾粒子浓度 n、雾粒子半径 r 之间存在如下关系:

$$e = \pi n r^2 Q_e \tag{7.1.32}$$

式中,消光效率因子 Q_e 随雾的变化一般在 $Q_e = 2$ 附近波动,所以下面取 $Q_e = 2$。根据式(7.1.31)可知,雾粒子浓度 n 以及雾粒子半径 r 均为影响大气消光系数 e 的因素,同样也就是影响能见度 L 的因素。而且,雾浓度与 n 或 r 都是正相关的,所以可以定义能见度 L 的雾浓度因子 G_L 为

$$G_L = G_a n_a r_a^2 \tag{7.1.33}$$

式中,系数 G_a 对给定的尺度特征 a 是常数,将式(7.1.31)和式(7.1.32)结合进式(7.1.33)可以得到:

$$G_L = \frac{2.99G_a}{2\pi L} \tag{7.1.34}$$

从式(7.1.34)可知,如果以能见度在 1000m 以内作为有雾天气,当能见度 $L \in [50, 1000]$时,雾浓度因子 G_L 和能见度 L 之间成正比例关系。此时取 1000m 作为参考标准,得到:

$$G_L = \frac{1000G_{1000}}{L} \tag{7.1.35}$$

也就是说,当以 1000m 的距离作为有雾的标准距离时,雾浓度因子 G_L 与 $1000/L$ 之间存在着正比例关系。由于 G_k 同样是描述雾浓度因子的参数,所以根据式(7.1.29)定义的能见度范围下的雾浓度因子的取值,可以得到雾浓度因子 G_k 与能见度 L 的关系式:

$$G_k = \begin{cases} 8 & L < 50 \\ 0.36 \times 1000/L + 0.64 & 50 \leqslant L \leqslant 1000 \\ 1 & L > 1000 \end{cases} \tag{7.1.36}$$

3. 基于引导滤波的大气光估计

在修复雾霾图像时,除了需要获取雾浓度因子 G_k 的值,还需要估计大气光的值。这可借助具有边缘保持特性的引导滤波来实现。**引导滤波**是一种线性可变滤波,利用其估计大气光的基本思想如下[He 2013]:

记输入图像为 P,引导图像为 I,滤波输出图像为 Q,则在第 k 个半径为 r 的方形窗口 W_k 中存在如下线性关系:

$$Q_i = a_k I_i + b_k \quad \forall i \in W_k \tag{7.1.37}$$

式中,a_k 与 b_k 为窗口中的局部线性系数,在给定窗口中为固定值;i 是窗口中的像素索引。为了让引导滤波的效果达到最好,必须使得输出的图像 Q 与输入的图像 P 之间的差异最小,此时需要代价函数 $E(a_k, b_k)$ 满足:

$$E(a_k, b_k) = \min \sum_{i \in W_k} \left[(Q_i - P_i)^2 + \varepsilon a_k^2 \right] \tag{7.1.38}$$

为得到 $E(a_k, b_k)$ 的最小值,可利用最小二乘法的思想求解线性系数 a_k 与 b_k:

$$a_k = \frac{\text{cov}_k(I, P)}{\text{var}_k(I) + \varepsilon} \tag{7.1.39}$$

$$b_k = p'_k - a_k I'_k \tag{7.1.40}$$

式中,ε 为正则化平滑因子,$\text{cov}_k(I, P)$ 为引导图像 I 和输入图像 P 的协方差,$\text{var}_k(I)$ 为 I 的方差,p' 为 p 在单元窗口 W_k 内的均值,I' 为 I 在单元窗口 W_k 内的均值。在利用最小二乘法求得满足代价函数最小值的 a_k 与 b_k 的值后,大气光 A 可以表示为

$$A = F \left[\left(\frac{1}{|W|} \sum_{k \in W_i} a_k \right) P_i + \frac{1}{|W|} \sum_{k \in W_i} b_k \right] \tag{7.1.41}$$

式中,P_i 为输入图像中的像素点,W_i 表示以像素 P_i 为中心的单元窗口,$|W|$ 为单元窗口里的像素个数,F 表示对每个像素点做滤波处理。该种滤波方法采用最小二乘法的思想,通过**盒滤波器**和**积分图像**技术进行运算,在执行滤波操作时其执行速度与滤波窗口尺寸无关。

7.2 改善失真的综合算法

图像去雾是希望改善图像的视觉质量,所以除提高去雾图像清晰度外,还要避免处理所导致的失真。这里介绍的一种去雾算法,也基于对基本方法的多个改进,但比较注意减小失真[李 2017]。下面先给出改进算法的流程,接下来依次介绍其中的各个步骤。

7.2.1 改进算法流程

回到雾天彩色图像退化的基本模型,即式(7.1.2)。图像去雾是在只知道 $I(x)$ 的条件下,先估计出 A 和 $t(x)$,最后得到 $J(x)$。这里,将 $J(x)$ 的恢复公式表示为[He 2011]

$$J(x) = \frac{I(x) - A}{\max[t(x), t_0]} + A \tag{7.2.1}$$

这里为防止分母出现 0,分母上加了一个下限阈值 t_0。

改进的基本思路是在透射率(T)空间计算大气散射图以进行去雾。主要步骤为

(1) 将图像转换到 T 空间;

(2) 利用引导滤波得到大气散射图;

(3) 确定天空区域;

(4) 进行对比度增强和亮度调整。

整个流程如图 7.2.1 所示。

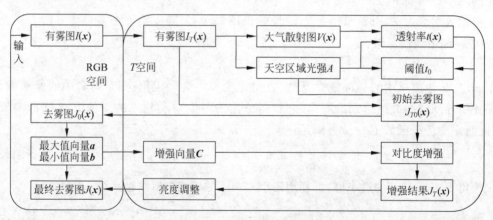

图 7.2.1 改进算法流程

7.2.2 T 空间转换

对彩色图像,其 RGB 三个通道之间有一定的相关性,或者说三个通道中的彩色之间存在着耦合。如果能削弱各通道之间的耦合,会使暗通道先验模型更容易得到满足。为此,可利用地物波谱特性和人眼视觉模型等计算出耦合程度更低的**透射率空间**,即 T **空间**[史 2013]。T 空间与 RGB 空间的转换为

$$T = MC \tag{7.2.2}$$

式中,$T = [T_1 \quad T_2 \quad T_3]^T$,表示透射率空间的 3 个通道;$C = [R \quad G \quad B]^T$,表示原彩色空间

的 3 个通道。如此得到的 $\boldsymbol{M}$ 为(这里为使 RGB 空间中的$[255;255;255]$转换到 T 空间后仍为$[255;255;255]$,对每一项都乘了 255):

$$\boldsymbol{M} = \begin{bmatrix} 0.0255 & -0.1275 & 1.0965 \\ -0.3315 & 1.5045 & -0.1785 \\ 0.5610 & 0.3825 & 0.0510 \end{bmatrix} \tag{7.2.3}$$

将 RGB 空间中的图 $I(\boldsymbol{x})$ 转换到 T 空间后记为 $I_T(\boldsymbol{x})$。实验表明,在 T 空间中暗通道像素所占的比例更高[史 2013]。在 RGB 彩色空间与在 T 空间中进行去雾,所得到效果的一个对比示例如图 7.2.2,其中图(a)为有雾的原图,图(b)为在 RGB 空间中的去雾结果,图(c)为在 T 空间中的去雾结果,相对来说其颜色失真更小一些。

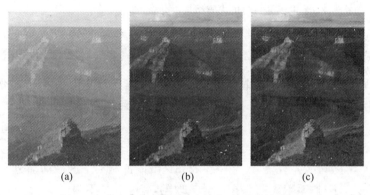

(a)   (b)   (c)

图 7.2.2   在 RGB 空间和 T 空间去雾结果的比较

7.2.3 透射率空间的大气散射图

根据暗通道先验和雾天图像退化模型,可计算 T 空间中颜色通道最小值:

$$W(\boldsymbol{x}) = \min_{d \in (T_1, T_2, T_3)} \left[I_T^d(\boldsymbol{x}) \right] \tag{7.2.4}$$

记式(7.1.2)右边的第 2 项为大气散射图 $V(\boldsymbol{x}) = A[1 - t(\boldsymbol{x})]$。对 $W(\boldsymbol{x})$ 借助引导滤波消除细节后得到 $V(\boldsymbol{x})$ 的一个模糊版本 $V_{\mathrm{m}}(\boldsymbol{x})$,这样对 $V(\boldsymbol{x})$ 的计算式为

$$V(\boldsymbol{x}) = \max\{\min[p \times V_{\mathrm{m}}(\boldsymbol{x}), W(\boldsymbol{x})], 0\} \tag{7.2.5}$$

根据 $V(\boldsymbol{x}) = A[1 - t(\boldsymbol{x})]$,从 $V(\boldsymbol{x})$ 得到的透射率 $t(\boldsymbol{x})$ 为

$$t(\boldsymbol{x}) = 1 - 0.95 \times V/A \tag{7.2.6}$$

式(7.2.6)中 0.95 的作用是保留一部分雾,使图像更加自然。这里将 V 和 A 的平均值代入式(7.2.6)使分子分母均只有一个颜色通道。

根据式(7.2.5)和式(7.2.6),当 p 较大时 $V(\boldsymbol{x})$ 也可能会较大,而 $t(\boldsymbol{x})$ 会较小。在式(7.2.1)中,由于一般 $I \leqslant A$,所以第一项为负。这样 t 较小时恢复出的 J 较小,更容易出现过于饱和的颜色,从而导致颜色失真。为此,取系数 $p = 0.75$,这样比采用较大的 p 值更能降低颜色失真和边缘失真。图 7.2.3 给出一组示例,其中图(a)为有雾原图;图(b)为 p 取 0.9 时得到的去雾结果,总体颜色过于饱和,楼房的色调偏黄;而图(c)为 p 取 0.75 时得到的去雾结果,颜色比较自然。

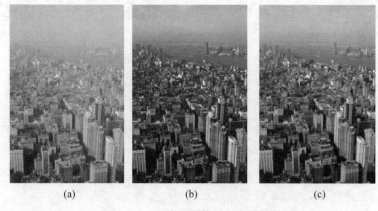

(a)   (b)   (c)

图 7.2.3　p 取不同值时的去雾结果

7.2.4　天空区域检测

基本方法中简单地把阈值 t_0 定为 0.1 有可能会引起天空区域失真。一个示例可见图 7.2.4，其中图(a)为一幅有雾原图，图(b)为取 $t_0 = 0.1$ 时得到的去雾结果，由于 t_0 过小，有明显的颜色失真。

如果用暗通道来表示深度 $d(x) = I_{dark}(x)$，可使用式(7.1.3)来计算大气透射率。试验表明当系数 k 为 1.5 时，得到 $t(x) \geqslant e^{-k} = e^{-1.5} = 0.2231$，就能抑制天空区域的部分失真，得到的结果如图 7.2.4(c)。不过，系数 k 是根据经验选取的，普遍意义不强。

由于一般天空区域中细节较少，所以可考虑将图像中暗通道较亮且边缘较少的部分判断为天空，这部分最亮的像素值为 A。为此，可设计两个阈值[褚 2013]：一个是暗通道阈值 T_v，它可定为 0.9×暗通道的最大值；一个是边缘数阈值 T_p，它可定为邻域内边缘数的最小值/0.9。这样，只有暗通道值 $\geqslant$ 阈值 T_v 且邻域内边缘数 $\leqslant T_p$ 的部分才是天空区域。

进一步还可采用动态 t_0[方 2013]，适当放松 T_v 来扩大天空区域，从而得到更准确的天空区域和 t_0。具体是对一般图像可将 T_v 放松为 $0.88 \times \max[I_{dark}(x)]$，而对天空部分较多的图像，还可以放松到 $0.6 \times \max[I_{dark}(x)]$，$T_p$ 则保持不变。当取暗通道的邻域为 120 而边缘邻域为 60 时，得到的天空区域如图 7.2.4(d)，比较完整。天空区域中最亮的像素值给出大气光的 A。采用文献[方 2013]提出的天空区域透射率的 0.99 分位求出透射率阈值 t_0，得到 $t_0 = 0.6643$。最终的去雾结果如图 7.2.4(e)所示。

(a)   (b)   (c)   (d)   (e)

图 7.2.4　天空区域检测及效果

7.2.5 对比度增强

在 T 空间去雾后还可进行对比度增强[史 2013]。设 R、G、B 分别是去雾结果图 $J_o(\boldsymbol{x})$ 在 RGB 空间的 3 个通道,令 $\boldsymbol{a}=[\max(R)\ \max(G)\ \max(B)]^{\mathrm{T}}$ 为最大值向量,$\boldsymbol{b}=[\min(R)\ \min(G)\ \min(B)]^{\mathrm{T}}$ 为最小值向量,可如下计算出 T 空间的增强向量(这里为向量元素对应相除,即数组相除):

$$C = \frac{M(a-b)}{M\,[255\quad 255\quad 255]^{\mathrm{T}}} \tag{7.2.7}$$

其中,$\boldsymbol{M}$ 见式(7.2.3)。

在 T 空间,增强结果图 $J_{\mathrm{T}}(\boldsymbol{x})$ 是用去雾结果图 $J_{\mathrm{T0}}(\boldsymbol{x})$ 的各个分量除以增强向量 $\boldsymbol{C}$ 的各个分量得到的。对比度增强效果的一个示例如图 7.2.5 所示,其中图(a)是原始有雾图像;图(b)是对比度增强前的去雾结果,有些偏红;图(c)是对比度增强后的去雾结果,颜色偏红的天空变得更蓝,更晴朗,更加自然,图像的主观视觉质量有所提高。

(a)   (b)   (c)

图 7.2.5　对比度增强前后比较

需要注意,对比度增强会使原本偏暗的地方变得更暗,所以还要提高暗处的亮度来恢复这些细节。一种亮度映射的曲线 $q=f(p)$ 可表示如下[甘 2013]:

$$q = \frac{255}{\lg 256} \times \frac{\ln(p+1)}{\ln\left[2+8\left(\dfrac{p}{255}\right)^{\frac{\ln s}{\ln 0.5}}\right]} \tag{7.2.8}$$

其中 s 是一个可调参数,其值与亮度调整幅度(特别是较暗部分)成反比,一般可取 5。上述亮度调整需对每个通道分别进行。

将亮度调整后的结果转换回 RGB 空间就得到最终的去雾图像。

7.3　去雾效果评价

为了衡量去雾算法的有效性,需要对去雾的效果进行评价。对去雾效果的评价与一般对图像质量的评价或对图像恢复效果的评价有所不同。实际中,与有雾图像场景完全相同的清晰参考图像常常很难获得,所以常没有理想图像作为评价参考。采用主观视觉评价容易受到观测者个人因素的影响,而且人类视觉感受本身就不是一个确定性的过程。

现有的客观评价方法按照对参考信息的需求程度可分为全参考、半参考和无参考三大类。其中前两类需要借助参考图像。而针对图像去雾的效果评价这一具体应用而言,已有的客观评价方法主要分为两类:一类仅从图像对比度角度进行衡量,但这类方法无法正确评价存在过度增强的图像；另一类是从图像对比度和颜色两方面综合考虑，但组合两方面的因素比较复杂。

7.3.1 可见边缘梯度法

可见边缘梯度法[Hautière 2008]是一种去雾的领域中常用的盲评价方法。它借助能见度（VL），也称可视度的概念，来评价去雾图像的视觉质量。能见度与目标与背景间的亮度差异有关，是一个相对的概念。借助能见度可将图像对比度复原方法的性能评估问题转化为对一个相关对比度系数 R 的求取问题。R 可表示为

$$R = \frac{\Delta \mathrm{VL}_J}{\Delta \mathrm{VL}_I} = \frac{\Delta J}{\Delta I} \tag{7.3.1}$$

式中，VL_J 和 VL_I 分别代表去雾图像和有雾图像中目标物的能见度水平，ΔJ 和 ΔI 分别代表去雾图像 J 和有雾图像 I 中属于可见边缘的像素的梯度（灰度差异）。可见，R 借助了去雾图像和有雾图像的相关梯度来衡量去雾方法所导致的能见度水平的提升程度（对应对比度的增加）。

借助去雾图像和有雾图像可计算相关对比度图，并可定义以下 3 个评价（对比度的）指标：

（1）去雾后新增可见边缘之比 E

$$E = \frac{N_J - N_I}{N_J} \tag{7.3.2}$$

式中，N_J 和 N_I 分别代表去雾图像和有雾图像中可见边缘的数目。E 的值越大，表明去雾图像中可见边缘的数量越多。

（2）可见边缘的梯度均值 G

$$G = \exp\left[\frac{1}{N_J}\sum_{q_i \in Q_J} \log G_i\right] \tag{7.3.3}$$

式中，Q_J 为 J 中可见边缘的集合，q_i 为 J 中一个具体可见边缘，G_i 为在 q_i 处 ΔJ 与 ΔI 的梯度比值。G 的值越大，表明去雾图像中可见边缘的强度越大。

（3）饱和黑色或白色像素的百分比 S

$$S = \frac{N_s}{N} \tag{7.3.4}$$

式中，N_s 为 J 中饱和的黑色或白色像素的数目，实际中可通过计算灰度化后去雾图像中像素亮度值为 255 或 0 的像素数目之和来确定；N 为相关对比度图中的像素总数。S 的值越大，表明去雾图像的对比度越低。

7.3.2 基于视觉感知的评价

前面讨论的三个评价指标均围绕图像对比度计算，主要反映了去雾算法的对比度复原能力。然而，人类视觉系统在判断算法的去雾的效果时，还要考虑去雾图像的色彩质量。这里借助人类视觉所感知的色彩自然度和色彩丰富度来判断图像色彩质量。

色彩自然度指标（CNI）N 是人类视觉度量图像场景是否真实自然的指标[Huang 2006]。该指标主要用于对去雾图像 J 进行评判，其取值范围为[0　1]。N 越接近于 1，图像越自然。

色彩丰富度指标(CCI)C 是衡量色彩鲜艳生动程度的指标[Huang 2006]。该指标同样用于评判去雾图像 J。当 C 位于某一特定取值范围内时,人类视觉对图像色彩的感知最为适度。C 与图像内容相关,主要用于衡量同一场景、相同景物在不同去雾效果下的色彩丰富程度。

将去雾后新增可见边缘之比的指标 E 与色彩自然度 N 和色彩丰富度 C 结合就可对去雾效果进行较全面的定量评价,总体流程如图 7.3.1 所示[郭 2012]。

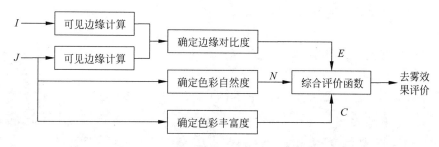

图 7.3.1 基于视觉感知的综合评价流程

综合评价函数的确定要考虑各个指标在不同雾霾情况下的数值变化情况,从而确定不同指标的各自权重。为此,通过模拟不同程度的雾霾情况(从浓雾、大雾到薄雾,直到无雾)以及不同程度的去雾情况(从去雾不足、逐步清晰到去雾恰当,甚至到去雾过度),并计算和统计各个指标的数值,得到各个指标的总体变化趋势。三个指标都基本呈现数值随着去雾情况先由小到大然后又由大到小的变化(虽然有一些波动起伏)。其中,指标 E 和 C 的值在波动中稳步上升,直到过度增强达到一定程度后才急剧下降(即最佳去雾的效果在曲线达到峰值前取得)。而指标 N 的值在波动中上升较快,在到达最佳去雾的效果前就会出现几个局部峰值,而且到达最佳去雾效果后就开始下降。由于实际中存在少量雾气时图像的色彩可能较为自然,所以最自然的图像并不一定清晰化效果最好,但最清晰的图像必定具有较高的 N 值。综合看来,要使综合评价函数的曲线峰值与图像实际最佳去雾的效果相接近,需要使 E 和 C 曲线在达到最佳去雾的效果后直到其峰值的高数值尽可能地被 N 曲线在这段范围的下降变化所抵消。所以,可取综合评价函数为如下形式:

$$S(I,J) = \sqrt[a]{E(I,J)}N(J) + \sqrt[b]{C(I,J)}N(J) \tag{7.3.5}$$

其中,a 和 b 分别是减弱 E 和 C 变化幅度影响的调节参数。

7.3.3 主客观结合的评价实例

主观评价指标反映视觉质量更直接,而客观评价指标更便于定量计算。选用比较符合主观质量的客观评价指标(即两者相关比较密切的指标)是一种思路。

1. 指标和计算

这里考虑采用**结构相似度**(SSIM)[Wang 2004]作为客观评价图像质量的指标。结构相似度借助了图像中的协方差等信息,对图像中的结构有一定的描述作用。由于人眼对结构信息比较敏感,所以结构相似度应反映一定的主观视觉感受。结构相似度衡量的是两幅(灰度)图像之间的相似度,其值可归一化到[0 1]区间,两幅图像相同时,有 SSIM＝1。对彩色图像,可将图像转换到 Lab 空间[赵 2013],计算 L 通道的 SSIM,因为 L 通道的 SSIM 相比 a 和 b 通道的 SSIM 更有代表性。

为衡量结构相似度与图像主观视觉质量之间的相关性，可考虑对原始图像采取加雾的方法来获得不同的加雾图像作为参考，从而计算各种情况下的结构相似度。具体可使用蓝色通道[Wang 2014]加雾算法对去雾的结果进行加雾。归一化的蓝色通道 $B(x)$ 与图像深度之间存在对数关系，可表示为

$$d(x) = -\log(1 - B(x)) \tag{7.3.6}$$

用引导滤波去掉 $B(x)$ 的细节（虚化）得到 $B_d(x)$。根据式(7.1.3)和式(7.3.6)，透射率与蓝色通道为线性关系。透射率可写为

$$t(x) = 1 - 0.95 \times B_d(x) \tag{7.3.7}$$

选图中最亮的像素值为 A，利用式(7.1.2)就可恢复有雾的 $I'(x)$。

例 7.3.1 图像加雾示例

一个图像加雾示例如图 7.3.2，其中图(a)是 $I(x)$，图(b)是 $J(x)$，图(c)是 $B_d(x)$，图(d)是 $I'(x)$。

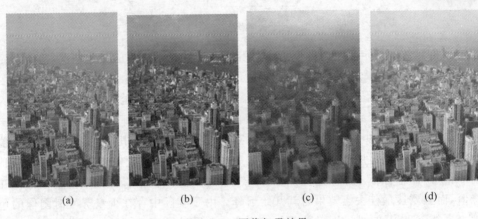

图 7.3.2　图像加雾效果

利用加不同程度雾的图像进行的实验表明，去雾的结果与原图像之间的 SSIM 值越大（即越相似）的，加雾的结果与原图像之间的 SSIM 值也越大。这说明 SSIM 越大则图像失真越小，主观质量更高。加雾前后的 SSIM 数据点标在图 7.3.3 中，其中横轴指示去雾图像与原图像之间的 SSIM，竖轴指示加雾图像与原图像之间的 SSIM。图 7.3.3 最右的一串红色点指示原图像经过加雾后得到的 SSIM，其横轴坐标为 1。

如图 7.3.3 所示，蓝色点表示的去雾图像的 SSIM 与加雾图像的 SSIM 的相关系数高达 0.8708。当去雾图像的 SSIM 较大时，加雾图像的 SSIM 的增长变慢。根据红色的数据点，如果去雾图像的 SSIM 继续增加，加雾图像的 SSIM 增长会进一步变慢甚至下降，直至红色点。虽然 SSIM 过高时的图像主观质量可能下降，但在蓝色点区间，即各种实际去雾结果中，SSIM 越大，失真越小，图像有更高的主观质量。这表明结构相似度与图像的主观视觉质量具有较强的正相关。□

2. 实验和结果

为进行实验，使用了文献[He 2009]网站和 PPT 中展示的图像作为测试图像的一部分，这些图像的大小约为 400×600。另外，还在 PM2.5 约为 300 时拍摄了一些有雾霾的图像来扩展数据集，这些图像的大小为 2448×3264。从这两部分共选了 50 幅测试图像。测试

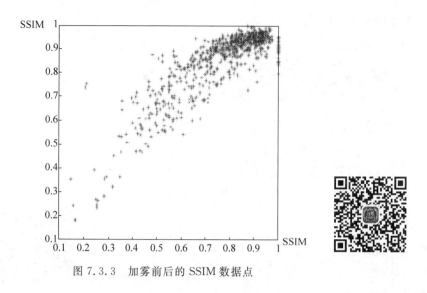

图 7.3.3　加雾前后的 SSIM 数据点

图像内容种类比较分散,其中有自然风光也有城市景象,也有存在高光区域的图像和逆光条件下拍摄的图像。

为具体进行主客观评价,选择了 5 个算法参与比较实验:算法 A[甘 2013](参见 7.2.5 小节),算法 B[褚 2013](参见 7.2.4 小节),算法 C[史 2013](参见 7.2.2 小节),算法 D(结合了算法 A 和算法 B),算法 E[李 2017](参见 7.2 节)。求大气散射图时引导滤波的引导图和输入图均为归一化到[0,1]的 $W(x)$,滤波后将结果映射放大回[0,255]区间。图像加雾时也同样处理。令 W_r 表示半径为 r 的方形引导滤波窗口,对 400×600 的图像取 $W_r = 12$,正则化平滑因子 $\varepsilon = 0.04$;对 2448×3264 的图像,取 $W_r = 70$,$\varepsilon = 0.04$。计算天空区域时,对 400×600 图像,取 $T_v = 0.88 \times \max(I_{dark}(x))$;对 2448×3264 图像,取 $T_v = 0.6 \times \max(I_{dark}(x))$。对 400×600 的图像,取暗通道的邻域大小为 30,边缘邻域的大小为 15;对 2448×3264 图像,取暗通道的邻域大小为 120,边缘邻域的大小为 60。图像加雾时,对 400×600 的图像,取 $W_r = 5$,$\varepsilon = 0.04$;对 2448×3264 的图像,取 $W_r = 30$,$\varepsilon = 0.04$。

取上述 50 幅有雾原图作为参照,使用 5 个算法分别进行去雾,一共得到了 250 幅结果图。请了 10 人对这些图像进行了主观评价[李 2017]。每次呈现 1 幅有雾原图和分别使用 5 个算法对该图获得的去雾结果图。为保证公平性,随机打乱了各个算法结果显示的顺序。对每幅结果图,均分别根据对失真和去雾两个方面的评判进行打分。每个打分标准都分为低、中、高 3 档。失真越低越好,去雾越高越好。为拉开 3 档之间的差距,将低、中、高失真项的权重分别设为 3,2,1;将低、中、高去雾项的权重分别设为 1,2,3。两项的得分都是越高越好。失真总分和去雾总分的权重均为 1。

实际中,由于结果图的质量总体较好,所以参与评价人对图像的质量比较容易达成共识。最后,打分结果较集中,峰值较明显。这说明 10 人已经能帮助找到打分的统计分布。

参与比较的 5 个算法的失真评分如图 7.3.4 所示。5 个算法 L 通道的 SSIM 值如图 7.3.5 所示。由这两图可见,SSIM 对最高分和最低分的识别较好。SSIM 值最高的粉色点在失真得分图中也排在前面,SSIM 值最低的蓝色点在失真得分图中也排在后面。在参与比较的 5 个算法中,这两个算法(排名最前的算法和排名最后的算法)平均有 40% 的图的

SSIM 值与失真得分排序相同。

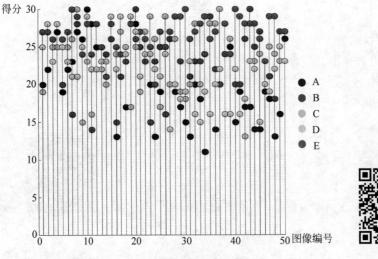

图 7.3.4　5 个算法的失真得分

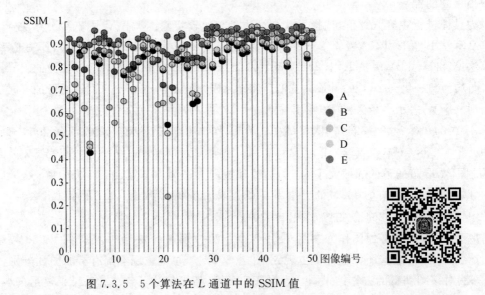

图 7.3.5　5 个算法在 L 通道中的 SSIM 值

总结和复习

　　为更好地学习,下面对各小节给予概括小结并提供一些进一步的参考资料;另外给出一些思考题和练习题以帮助复习(文后对加星号的题目还提供了解答)。

1. 各节小结和文献介绍

　　7.1 节概括介绍了一种典型的基于图像恢复思路的去雾方法,以及人们针对它的不足所进行的多方面改进。对该方法的全面介绍可见[He 2011]。对该方法改进的综述可见[Liu 2015]、[Lee 2016]。对不同方法的比较可见[Yadav 2014]。对单幅图像去雾的综述可见[何 2015]，而对视频图像去雾的综述可见[胡 2015]。对大气光值估计的一种改进方法可见[谭 2013]。

7.2 节具体介绍一种对基本去雾方法综合改进的算法，其改进的出发点主要是减少去雾时对图像的失真影响，保持一定的视觉效果。所采用的技术有些与 7.1 节介绍的技术有相关性，所以也可以参见那里的参考文献。

7.3 节讨论了对图像去雾效果进行评价的问题。虽然有一些客观的指标可用来评价恢复图像，但去雾的结果图主要还是让人用来进行观察的，所以基于视觉感知的主观指标也很重要。关于图像质量的讨论还可见 9.1.3 小节和 14.2 节。需要注意，并不是所有图像质量评价指标都可用于图像去雾效果的评价。例如，去雾前后增加的边缘数在有些评价情况下会失效。如果在去雾后图像变得更清晰时许多可见边缘连成一体，边缘数反而有可能比有雾的原图更少，算出来是负数。另外，标准差和熵这些指标也会出现去雾后反而减少的情况[李 2017]。当然，主客观相结合的评价也是一个方向。实际进行算法比较时，可采用数理统计学中的成对 t 检验方法[数 2000]。

2. 思考题和练习题

7-1 从式(7.1.1)到式(7.1.2)的简化过程中使用了什么假设？

7-2 暗通道先验模型做了什么假设？举例说明哪些情况下暗通道先验模型有可能不精确。

7-3 7.1.1 小节介绍的基本方法与第 5 章介绍的无约束恢复方法及有约束恢复方法有什么联系，有什么区别？

7-4 讨论 7.1.4 小节中两种大气光区域确定方法的优缺点。

7-5 比较 7.1.5 小节中两种大气光值校正方法的异同。它们各适合什么应用场合？

*7-6 如果将能见度为 150～500m 视为有雾天气，

(1) 此时式(7.1.35)成为什么形式？

(2) 考虑波长为 $0.38～0.76\mu m$ 的可见光，给出粒子的尺度特征范围。

*7-7 试分析/证明：选取有雾图像中最亮的 0.1‰像素来计算大气光值时，去雾后图像的平均亮度会低于原图像。

7-8 比较 7.1.4 小节中和 7.2.4 小节中大气光区域确定方法的各自特点。

7-9 对一幅有雾图像及利用基本方法消除雾霾的结果图像分别计算它们的能见度，并进一步计算 3 个评价(对比度的)指标。它们的变化趋势/比例一致吗？为什么？

7-10 查阅结构相似度的定义，讨论为什么结构相似度与图像失真有联系？分析一下它对什么失真更敏感。

7-11 分别讨论为什么方形滤波窗口的半径和正则化平滑因子的取值要根据图像的尺寸进行调整？这两个参数过大或过小会对去雾效果带来什么影响？

7-12 编程练习(可使用任何语言)。

(1) 实现 7.1 节的基本方法，选取一些有雾图像来验证效果。

(2) 实现若干个 7.1 节和 7.2 节介绍的改进方法，并比较哪些方法在哪些情况下所得到的改进效果最明显。

(3) 查阅文献，选取近期进一步改进的方法，并比较改进的效果。

第8章　图像投影重建

图像投影重建是一类特殊的图像处理方法。这里投影重建是指从一个物体的多个（径向）投影结果重建该物体图像的过程。此时输入是（一系列）投影图，而输出是重建图。通过投影重建，从重建图就可以直接看到原来被投影物体某种特性的空间分布，这要比观察投影图直观得多。如果将投影看作一个图像退化过程，则重建就是一个图像恢复过程。

投影重建与**计算机层析成像**（CT）技术有密切的联系。在这种技术中，一个 X 射线发射源与接收器以相对相反的方向运动，借助穿透物体的投影结果，可以获取物体的剖面图像。实际上还有许多利用类似投影重建图像原理的技术，如合成孔径雷达（SAR）、磁共振成像（MRI）等。

从数学原理上讲，拉东（Radon）早在 1917 年就建立了投影图与重建图之间的联系（拉东变换），并指出可通过用反变换方法解决这个问题。但对拉东反变换的计算从技术上讲是一个病态问题（ill-posed problem），变换函数计算中的一点小错误都会导致重建函数产生很大的误差。所以基于 Radon 理论的实用重建算法近年还一直在研究和改进中，一些典型的基本方法见后面几节。值得指出，获得 CT 图像也被认为是第一次通过解决一个属于逆问题和病态问题（inverse and ill-posed problems）的数学问题来获得图像的成功实例［Bertero 1998］。

图像重建算法除了以拉东变换为理论基础的解析类算法外，还有以解线性方程组为代表的迭代类算法。前者还可以进一步分为直接傅里叶变换重建算法和间接逆投影重建算法。

根据上述的讨论，本章各节将安排如下。

8.1 节先介绍一些典型的投影重建方式，包括各种 CT、MRI、电阻抗断层成像等。

8.2 节对 2-D 和 3-D 投影重建的原理进行分析和讨论，并给出由拉东变换得到的中心层定理。

8.3 节介绍借助中心层定理所实现的傅里叶反变换重建法。它从原理上讲比较清晰直接，虽然重建图像的质量较差，但所需要的计算量较小。

8.4 节讨论几种很容易用软件和硬件实现，且重建效果比较准确清晰的逆投影重建法。

8.5 节介绍与解析的反变换重建法和逆投影重建法相对立的迭代重建法，它可以通过迭代计算直接得到数值解。典型的方法包括代数重建和最大似然-最大期望重建。

8.6 节对将变换法和级数展开法相结合的综合重建方法给予了示例介绍。

8.1　投影重建方式

如果传感器测量到的数据具有物体某种感兴趣物理特性在空间分布的积分形式，那么就可以用投影重建的方法来获得物体内部的、反映不同物理特性的图像［Kak 1988］。投影重建方式有许多种类[Committee 1996]，下面是一些最常见和典型的方式。

8.1.1　透射断层成像

在**透射断层成像**（TCT，简称 CT）中，发射源射出的射线穿透被检测物体到达接收器。射线在通过物体时被物体吸收一部分，余下部分被接收器接收。由于物体各部分对射线的吸收不同，所以接收器所获得的射线强度实际上反映了物体各部分对射线的吸收情况。

如果用 I_0 代表射线源的强度，$A(s)$ 代表在沿射线方向物体点 s 的线性衰减系数/因子，L 代表辐射的射线，I 代表穿透物体的射线强度，那么有

$$I = I_0 \exp\left\{-\int_L A(s)\mathrm{d}s\right\} \tag{8.1.1}$$

如果物体是均匀的，则

$$I = I_0 \exp\{-AL\} \tag{8.1.2}$$

式中，L 是射线在物体内部的长度，A 代表物体的线性衰减系数（单位是长度单位的倒数）。

例 8.1.1　CT 值

实用中，CT 所成图像中的灰度值反映的是相对于水的衰减系数值，称为 CT 值：

$$\mathrm{CT} = k\frac{A - A_\mathrm{w}}{A_\mathrm{w}}$$

其中，A_w 为水的线性衰减系数，k 为归一化系数（一般取 1000）。CT 值的单位是 HU（Hounsfield Unit）。对水，CT＝0HU；对空气，CT＝－1000HU；对骨头，CT＝1000HU。

□

CT 系统的结构经过几十年的发展已有 5 代。第 1 代到第 4 代的 CT 系统的扫描成像结构示意图分别如图 8.1.1(a)～图 8.1.1(d)所示。图中的圆代表拟成像的区域，经过发射源（X 射线管）的虚线直线箭头表示发射源可沿箭头方向移动，而从一个发射源到另一个发射源的虚线曲线箭头表示发射源可沿曲线转动。第 1 代系统的发射源和接收器是一对一的，同时相向移动（产生平行投影光束）以覆盖整个拟成像的区域，再同时圆周旋转以获得多个方向的投影。第 2 代系统中对应每个发射源的是若干个接收器（分布在窄扇形上），也同时相向移动以覆盖整个拟成像的区域，以及同时圆周旋转以获得多个方向的投影。第 3 代系统中对应每个发射源的是一个接收器阵（可分布在直线上，也可分布在宽扇形的圆弧上），由于每次发射的射线都可覆盖整个拟成像的区域，所以发射源不需移动，只需转动。第 4 代

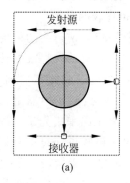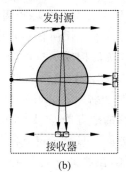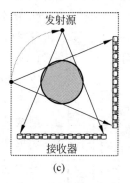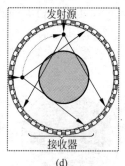

图 8.1.1　CT 系统扫描成像结构示意

系统中的接收器构成完整的圆环,工作时没有运动,只有发射源转动(第5代系统结构相似,仅采用电子束旋转实现发射源转动,在电子射线系统中,运动的是聚焦点)。第3代以后的系统中都采用了**扇束投影**方式,这样可以尽量缩短投影的时间,减少由于物体在投影期间的运动而造成的图像失真以及对患者的伤害。近来许多系统更采用了螺旋扫描投影方式,利用2-D多行接收器,进行锥形束投影,以直接获得有一定厚度的3-D图像。

8.1.2 发射断层成像

在**发射断层成像**(ECT)中,发射源被放在被检测的物体内部。一般是将具有放射性的离子注入物体内部,从物体外接收其辐射,这样可以了解离子在物体内的运动情况和分布,从而获得生理信息。现在常用的ECT主要有两种:**正电子发射CT**(PET)和**单光子发射CT**(SPECT)。PET与SPECT所成像都反映了成像物体中放射性离子的空间分布信息。相对来说,SPECT可利用寿命(半衰期)较长因而比较容易获得的试剂,而PET因为所用离子寿命短,所以需要结合使用加速器。

正电子发射成像的历史可追溯到20世纪50年代,当时放射性物质的成像刚开始得到使用。作为发射断层成像的PET成像系统的构成示意图可参见图8.1.2。

PET采用在衰减时放出正电子的放射性离子,所放出的正电子很快与物体内的负电子相撞湮灭而产生一对光子并以相反方向射出,所以相对放置的两个接收器接收到由一对正负电子产生的两个光子就可以确定一条射线。

图 8.1.2 PET 成像系统构成示意图

如果两个光子被一对接收器同时记录下来,那么产生这两个光子的湮灭现象肯定发生在连接两个接收器的直线上。为避免散射的影响,一般要在接收到10万或更多的湮灭事件后才用断层重建方法计算正电子发射的轨迹。对事件的投影记录数据可表示为

$$P = \exp\left(-\int A(s)\mathrm{d}s\right) \cdot \int f(s)\mathrm{d}s \tag{8.1.3}$$

式中,P是投影数据;$A(s)$是对γ射线的线性衰减系数;$f(s)$是同位素的分布函数。与前面介绍的CT和后面介绍的MRI相比,PET具有很大的敏感度,具有检测和显示纳摩尔(nanomolar)级精度的能力。但PET成像的分辨率还不如CT,噪声也比较明显。

SPECT结合了核医学成像技术和断层重建技术。任何在衰减中能产生γ射线的放射性离子在SPECT中都可使用。SPECT成像系统的构成示意如图8.1.3所示。将放射性物质注入物体内,不同的材料(如组织或器官)吸收后会发射γ射线。为确定射线方向,要使用能阻止射线偏移的准直器(collimator)来定向采集光子以确定射线方向。只有一定方向的γ射线可穿过准直器到达晶体,在那里γ射线光子转化为能量较低的光子并由光电倍增器转化为电信号。这些电信号提供了光子与晶体作用的位置,所以放射性物质的3-D

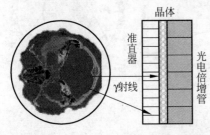

图 8.1.3 SPECT 成像系统构成示意图

分布就转化为 2-D 的投影图像。

一般发射断层成像的敏感度 S 可表示为

$$S \propto \frac{A e^n k}{4\pi r^2} \qquad (8.1.4)$$

式中，A 是接收器的面积；e 是接收器的效率（n 对 SPECT 是 1 而对 PET 是 2）；k 是衰减系数（一般为 $0.2 \sim 0.6$）；r 是断层的半径。一般 PET 的敏感度与 SPECT 的敏感度之比约为 150 除以分辨率，当分辨率为 7.5mm 时这个比值约为 20。SPECT 的敏感度比 PET 低是因为确定射线方向需要使用铅制造的准直器，这样就限制了断层成像装置的立体角。

8.1.3　反射断层成像

反射断层成像（RCT）也是利用投影重建的原理工作的。常见的一个例子是雷达系统，其中的雷达图是物体反射的回波所产生的。例如在前视雷达（FLR）中，雷达发射器从空中向地面发射无线电波。雷达接收器在特定角度所接收到的回波强度是地面反射量在一个扫描阶段中的积分。

非聚焦**合成孔径雷达**（SAR）成像的示意如图 8.1.4 所示。在 SAR 成像中，雷达是运动的而目标是不动的（利用它们之间的相对运动产生较大的相对孔径以提高横向分辨率）。设 v 为雷达（载体）沿 Y 轴的运动速度，T 为有效积累时间，λ 为电波波长。考虑两个点目标沿雷达运动方向分布，目标 A 位于雷达孔径正侧视（雷达波束指向与雷达运动方向互相垂直）的中心线上（X 轴），目标 B 与目标 A 间的位移量为 d。雷达与目标 A 间的最近距离为 R，此时定义为时间零点，$t=0$。设在 $t=0$ 前后距离的变化量为 δR。当 $R \gg \delta R$ 时有 $\delta R = (y-d)^2/2R$。

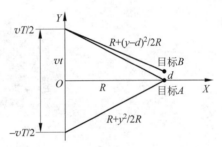

图 8.1.4　非聚焦合成孔径雷达
成像的示意图

在目标 A 处回波信号的双程（电波在天线和目标间来回传播）超前相位为

$$\theta_A(t) = -\frac{4\pi y^2}{2R\lambda} = -\frac{4\pi}{\lambda}\frac{v^2 t^2}{2R} \qquad (8.1.5)$$

在目标 B 处回波信号的双程超前相位为

$$\theta_B(t,d) = -\frac{4\pi}{\lambda}\frac{(vt-d)^2}{2R} \qquad (8.1.6)$$

如果发射信号频率足够高，回波信号可认为是连续的，此时可对时间段 $-T/2 \sim T/2$ 进行积分来处理回波信号 $\exp[\mathrm{j}\theta_B(t,d)]$。进一步设在积分时间内为均匀发射，则在目标 B 处的回波响应为

$$E(d) = \int_{-T/2}^{T/2} \exp\left[-\frac{\mathrm{j}4\pi}{2R\lambda}(vt-d)^2\right]\mathrm{d}t \qquad (8.1.7)$$

8.1.4　电阻抗断层成像

电阻抗断层成像（EIT）采用交流电场对物体进行激励。这种方法对电导或电抗的改变比较敏感。通过将低频率的电流注入物体内部并测量在物体外表处的电势场（根据电导率

分布利用有限元计算电势场的边界电压），再采用图像重建算法就可以重建出物体内部区域的电导和电抗的分布或变化图像（即基于边界测量值估计电势场的电导率分布）。

目前，EIT 是仅有的能对电导成像的方法。由于不同的生物组织或器官在不同的生理、病理条件下其电阻抗特性不同，所以 EIT 图像能反映组织或器官携带的病理和生理信息。EIT 不使用核素或射线，只需要较少的电流，无毒无害，可作为一种无损伤检测技术对病人进行长期、连续的图像监护。

常用 EIT 系统的工作模式分两类：注入电流式和感应电流式。注入电流式 EIT 采用注入激励和测量技术对成像区域的阻抗分布信息进行测量：在物体外表驱动电极上施加恒定交流激励，成像区域的等效阻抗反映在不同测量电极上测到的电压信号的幅值和相位上。采用解调技术可解调出被测信号中反映成像区域阻抗分布的部分信息。感应电流式 EIT 采用与物体外表非接触的激励线圈进行交流激励，从而在成像目标内部产生感应电流（涡流），从外表检测到感应电流场并由此计算出物体内部相应的阻抗分布或变化。

例 8.1.2　注入电流式 EIT 图像示例

图 8.1.5 给出两幅利用注入电流式 EIT 重建出的图像，其中灰度取决于各处电阻抗的数值。

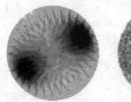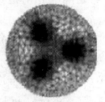

图 8.1.5　电阻抗断层成像结果　　　　□

从数学角度来讲，EIT 与各种 CT 有类似之处，因为它们都需要处理外部数据以获得反映物体内部结构的图像，而且成像常常针对穿过物体的一个 2-D 截面进行。区别是 EIT 借助电流的扩散来获得电导的分布，这点与 CT 等都不同。EIT 有一些很吸引人的特征，包括用于 EIT 成像的技术很安全、简便。但相对于 CT、PET、SPECT、MRI 等技术，EIT 的分辨率要差。EIT 的分辨率依赖于电极的数量，不过可以同时接触到物体的电极数量常受到许多限制。EIT 成像方式的主要缺点源于其非线性的病态问题，如果测量有很小的误差就有可能导致对电导的计算产生很大的影响。

8.1.5　磁共振成像

磁共振成像（MRI）在早期称为**核磁共振**（NMR）。它的工作原理简介如下。氢核以及其他具有奇数个质子或中子的核包含具有一定磁动量或旋量的质子。如果把它们放在磁场中，它们就会像陀螺在地球重力场中一样在磁场中进动。一般情况下质子在磁场中是随意排列着的，当一个适当强度和频率的共振场信号作用于物体时，质子吸收能量并转向与磁场相交的朝向。如果此时将共振场信号除去，质子吸收的能量将释放并可被接收器检测到。根据检测到的信号就可以确定质子的密度。通过控制所用共振场信号和磁场的强度，可每次检测到沿着通过目标中一条线的信号。换句话说，检测到的信号是 MRI 信号沿直线的积分。

每个 MRI 成像系统都包含有磁场子系统、发射/接收子系统、计算机图像重建和显示子系统。在磁场子系统中，有纵向的主磁场、非均匀磁场和横向的射频磁场，在它们的共同作用下，成像物体会产生磁共振信号，该信号能够被检测设备中的检测线圈所测得。假设射频场的作用时间远小于自旋原子核的横向和纵向弛豫时间常数，则可以将磁共振信号表示成

$$S(t) = \iiint_V R(x,y,z) f(x,y,z) \exp\left[j\theta \int_0^t w(x,y,z,\tau)\mathrm{d}\tau\right]\mathrm{d}x\mathrm{d}y\mathrm{d}z \qquad (8.1.8)$$

式中，$R(x,y,z)$ 是被横向和纵向弛豫时间常数等物理参数加权的原子核自旋密度分布函数；$f(x,y,z)$ 是磁共振信号的射频接收线圈的灵敏度分布函数；$w(x,y,z,t)$ 是原子核自旋进动的拉莫尔(Larmor)频率的空间分布随时间变化的函数，这里 $w(x,y,z,t) = g[B_0 + B(x,y,z,t)]$，$g$ 是原子核的旋磁比，B_0 是主磁场强度，$B(x,y,z,t)$ 是时变的非均匀磁场；V 是成像物体所处的空间区域。

磁共振成像根据时变非均匀磁场和射频磁场及其激励而产生的磁共振信号来重建物体的自旋密度分布函数。数学上将磁共振成像看作是一个逆问题，即在已知 $S(t)$、$w(x,y,z,t)$、$f(x,y,z)$ 的条件下求解 $R(x,y,z)$ 的积分方程式(8.1.8)。最早提出的磁共振成像方法将非均匀磁场设计为线性梯度磁场，从而把积分方程式(8.1.8)简化为拉东变换(见下一节)，然后通过求解拉东逆变换重建物体的自旋密度图像。

8.2　投影重建原理

虽然投影重建的方式有多种，但它们所依据的重建原理是比较一致的。

8.2.1　基本模型

一个简单的从投影重建图像模型见图 8.2.1。这里用图像 $f(x,y)$ 代表某种物理量在 2-D 平面上的分布。将需要投影重建的物质材料限制在一个无限薄的平面上，使得重建图像在任意点的灰度值正比于射线投影到的那个点所固有的相对线性衰减系数。

为讨论方便(且也符合实际情况)，设 $f(x,y)$ 在一个以原点为圆心的圆 Q 外为 0。现在考虑有一条由发射源到接收器的直线在平面上与 $f(x,y)$ 在 Q 内相交。这条直线可用两个参数来确定：①它与原点的距离 s；②它与 Y 轴的夹角 θ。如果用 $g(s,\theta)$ 表示沿直线 (s,θ) 对 $f(x,y)$ 的积分，借助坐标变换可得

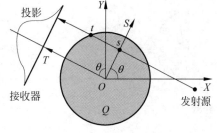

图 8.2.1　投影重建示意图

$$g(s,\theta) = \int_{(s,\theta)} f(x,y)\mathrm{d}t = \int_{(s,\theta)} f(s\cos\theta - t\sin\theta, s\sin\theta + t\cos\theta)\mathrm{d}t \qquad (8.2.1)$$

这个积分就是 $f(x,y)$ 沿 t 方向的投影，其中积分限取决于 s、θ 和 Q。当 Q 的半径为 1 时，设积分上下限分别为 t 和 $-t$，则有

$$t(s) = \sqrt{1-s^2} \quad |s| \leqslant 1 \qquad (8.2.2)$$

如果直线 (s,θ) 落在 Q 外(与 Q 不相交)，则

$$g(s,\theta) = 0 \quad |s| > 1 \tag{8.2.3}$$

可见式(8.2.1)表示的积分方程是有定义并可计算的。

在实际的投影重建环境中,用 $f(x,y)$ 表示需要被重建的目标,由 (s,θ) 确定的积分路线对应一条从发射源到接收器的射线。接收器所获得的积分测量值是 $g(s,\theta)$。在这些定义下,从投影进行重建可描述为:对给定的 $g(s,\theta)$,要确定 $f(x,y)$。从数学上讲就是要解积分方程(8.2.1)。

需要注意,一个定义在有限区间的函数 $f(x,y)$ 可被无穷个投影所唯一确定,但不一定能被任何有限个投影所唯一确定[Herman 1980]。

8.2.2 拉东变换

解积分方程(8.2.1)的问题可借助**拉东变换**来解决。参见图8.2.2,对 $f(x,y)$ 的拉东变换 $R_f(s,\theta)$ 定义为沿图中直线 l(由 s 和 θ 定义,点 (x,y) 在该直线上)的线积分(直线方程为 $s = x\cos\theta + y\sin\theta$):

$$R_f(s,\theta) = \int_{-\infty}^{\infty} f(x,y)\mathrm{d}l = \int_{-\infty}^{\infty}\int_{-\infty}^{\infty} f(x,y)\delta(s - x\cos\theta - y\sin\theta)\mathrm{d}x\mathrm{d}y \tag{8.2.4}$$

可以证明,对 $f(x,y)$ 的2-D傅里叶变换与对 $f(x,y)$ 先进行拉东变换后再进行1-D傅里叶变换得到的结果相等[章2006b]。即(其中 $\mathcal{R}$ 代表拉东变换,$\mathcal{F}$ 代表傅里叶变换,下标括号内的数字代表变换的维数)

$$\mathcal{F}_{(1)}\{\mathcal{R}[f(x,y)]\} = \mathcal{F}_{(1)}\{R_f(s,\theta)\} = \mathcal{F}_{(2)}[f(x,y)] = F(u,v) \tag{8.2.5}$$

上式也称**中心层定理**,即对 $f(x,y)$ 沿一个固定角度投影结果的1-D傅里叶变换对应 $f(x,y)$ 的2-D傅里叶变换中沿相同角度的一个剖面/层,如图8.2.3所示。

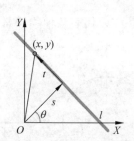

图8.2.2　用于定义拉东变换的坐标系统

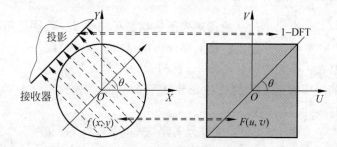

图8.2.3　中心层定理示意图

8.3　傅里叶反变换重建

傅里叶反变换重建是一种基于变换的重建方法,它是首先在投影重建中得到应用的方法。

1. 基本步骤和定义

变换重建方法主要包括以下3个步骤:

(1)建立数学模型,其中已知量和未知量都是连续实数的函数;

（2）利用反变换公式解未知量；

（3）调节反变换公式以适应离散、有噪声应用的需求。

注意上面第（2）步中在解未知量时理论上可以有多个等价的公式来解。而第（3）步中，由于离散化时可采用不同的近似，所以理论上等价的方法对实际数据应用的结果会不同。在具体应用中，所测量到的数据对应于许多个离散点 (s,θ) 上的估计值 $g(s,\theta)$，而所重建的图像也是一个离散的 2-D 数组。

在以下的讨论中，先考虑在 s 和 θ 上都均匀采样的情况。设在 N 个相差 $\Delta\theta$ 的角度上进行投影，在每个方向（对应某个投影角度）上用 M 个间距为 Δs 的射线测量，定义整数 M^+ 和 M^- 为

$$\begin{cases} M^+ = (M-1)/2 \\ M^- = -(M-1)/2 \end{cases} \quad M \text{ 为奇数}$$
$$\begin{cases} M^+ = (M/2)-1 \\ M^- = -M/2 \end{cases} \quad M \text{ 为偶数} \tag{8.3.1}$$

参照图 8.2.1 的模型，为了保证一系列射线 $\{(m\Delta s,n\Delta\theta)\colon M^-\leqslant m\leqslant M^+,1\leqslant n\leqslant N\}$ 覆盖单位圆，需要选 $\Delta\theta=\pi/N$ 和 $\Delta s=1/M^+$。此时 $g(m\Delta s,n\Delta\theta)$ 为平行投影的射线数据。设图像区域被一个直角网格覆盖，其中 K^+ 和 K^- 用类似于式（8.3.1）的方法定义（K 为 X 方向上的点数），L^+ 和 L^- 也用类似于式（8.3.1）的方法定义（L 为 Y 方向上的点数）。根据这些定义，一个重建算法就是要通过 $M\times N$ 个测量值 $g(m\Delta s,n\Delta\theta)$ 估计出在 $K\times L$ 个采样点的 $f(k\Delta x,l\Delta y)$。

2. 傅里叶变换投影定理

变换方法的基础是**傅里叶变换投影定理**。设 $G(w,\theta)$ 是 $g(s,\theta)$ 对应第一个变量 s 的（1-D）傅里叶变换，即

$$G(w,\theta) = \int_{(s,\theta)} g(s,\theta)\exp[-\mathrm{j}2\pi ws]\mathrm{d}s \tag{8.3.2}$$

$F(u,v)$ 是 $f(x,y)$ 的 2-D 傅里叶变换：

$$F(u,v) = \iint_Q f(x,y)\exp[-\mathrm{j}2\pi(xu+yv)]\mathrm{d}x\mathrm{d}y \tag{8.3.3}$$

那么可以证明如下傅里叶变换投影定理：

$$G(w,\theta) = F(w\cos\theta,w\sin\theta) \tag{8.3.4}$$

即 $f(x,y)$ 以 θ 角进行投影的傅里叶变换等于 $f(x,y)$ 的傅里叶变换在傅里叶空间 (w,θ) 处的值。换句话说，$f(x,y)$ 在与 X 轴成 θ 角直线上投影的傅里叶变换是 $f(x,y)$ 的傅里叶变换在朝向角 θ 上的一个截面。

上述结果在前面讨论拉东变换时也涉及了（参见 8.2.2 小节）。对投影的 1-D 傅里叶变换可得到定义在傅里叶空间的极坐标网格。这样就需要进行插值以获得直角坐标系统中的 $F(u,v)$，然后才能通过 2-D 傅里叶反变换得到 $f(x,y)$。整个过程可见图 8.3.1，其中 $\mathcal{R}$ 代表拉东变换，$\mathcal{F}$ 代表傅里叶变换，$\mathcal{F}^{-1}$ 代表傅里叶反变换。

尽管这个方法看起来最简单直观，但由于它需要进行插值和 2-D 傅里叶反变换，所以计算量会相当大。另外由于需要用到 2-D 变换，所以不能根据所获得的部分投影数据重建图像，必须在获得全部投影数据后再重建图像。

3. 模型重建

为了检验重建公式的正确性和把握重建算法中各个参数对重建效果的影响,人们常设计并合成出各种**幻影模型**图像进行实验。一幅常用的实验图像是 Shepp-Logan 头部模型图[Shepp 1974]。图 8.3.2 给出它的一幅改进结果图(尺寸为 115×115,256 级灰度),其中各部分的参数(设图的边长为 1,坐标原点在图中心)见表 8.3.1[Toft 1996]。原 Shepp-Logan 图的对比度比较小,图中小的椭圆看不太清楚,改进图调整了各个椭圆的密度,使得各部分的对比度有所增强,视觉效果更好了一些。

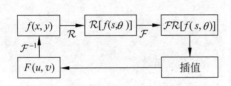

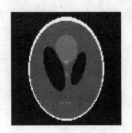

图 8.3.1　直接傅里叶反变换重建流程图　　　　图 8.3.2　改进的 Shepp-Logan
头部模型图

表 8.3.1　改进的 Shepp-Logan 头部模型图的参数

椭 圆 序 号	中心 X 轴坐标	中心 Y 轴坐标	短轴半径	长轴半径	长轴相对 Y 轴倾角/(°)	相对密度
A(外大椭圆)	0.0000	0.0000	0.6900	0.9200	0.00	1.0000
B(内大椭圆)	0.0000	−0.0184	0.6624	0.8740	0.00	−0.9800
C(右斜椭圆)	0.2200	0.0000	0.1100	0.3100	−18.00	−0.2000
D(左斜椭圆)	−0.2200	0.0000	0.1600	0.4100	18.00	−0.2000
E(上大椭圆)	0.0000	0.3500	0.2100	0.2500	0.00	0.1000
F(中上小圆)	0.0000	0.1000	0.0460	0.0460	0.00	0.1000
G(中下小圆)	0.0000	−0.1000	0.0460	0.0460	0.00	0.1000
H(下左小椭圆)	−0.0800	−0.6050	0.0460	0.0230	0.00	0.1000
I(下中小椭圆)	0.0000	−0.6060	0.0230	0.0230	0.00	0.1000
J(下右小椭圆)	0.0600	−0.6050	0.0230	0.0460	0.00	0.1000

例 8.3.1　傅里叶反变换重建示例

在实际重建中,需要在许多方向上获得足够多的投影以恢复空间图像。图 8.3.3 和图 8.3.4 所示为借助图 8.3.2 的模型图像用傅里叶反变换重建方法得到的一组例子。图 8.3.3(a)～图 8.3.3(e)依次为对图 8.3.2 沿圆周等角度分别进行 4 次投影、8 次投影、16 次投影、32 次投影和 64 次投影得到的 2-D 频率空间图像。由图 8.3.3 可见频率空间的放射性分布随投影次数增加而逐渐向中心聚集,会导致高频信息相对缺失,且在插值到直角坐标系中时的误差也比较大。图 8.3.4(a)～图 8.3.4(e)依次为与图 8.3.3(a)～图 8.3.3(e)对应的重建结果图像。由图 8.3.4 可看出重建图像的质量(包括受到不均匀和模糊两方面的影响)随投影次数增加有所改善,但仍然不够很清晰。另外,实际应用中投影数量总是有限的。

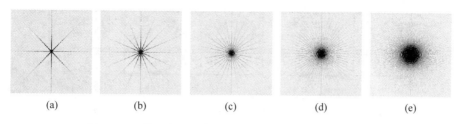

(a)　　　(b)　　　(c)　　　(d)　　　(e)

图 8.3.3　傅里叶反变换重建中得到的 2-D 频率空间图像

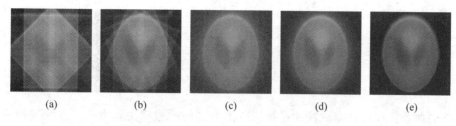

(a)　　　(b)　　　(c)　　　(d)　　　(e)

图 8.3.4　傅里叶反变换重建得到的结果

8.4　逆投影重建

逆投影重建也是一类解析的重建方法,它目前在实际投影重建中应用较多。

8.4.1　逆投影重建原理

逆投影的原理是将从各个方向得到的投影逆向返回到该方向的各个位置,如果对多个投影方向中的每个方向都进行这样的逆投影并叠加结果,就有可能建立平面上的一个分布。先来看看图 8.4.1。图(a)分别给出水平投影和逆投影的示意图,投影时发射源发出均匀射线,由于所穿透物体各处密度不同,各接收器得到的响应不同;逆投影将各响应均匀返回到投影方向上。图(b)分别给出垂直投影和逆投影的示意图,与水平方向的效果类似。

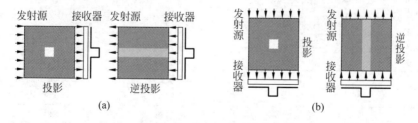

图 8.4.1　投影和逆投影

再来看图 8.4.2,图(a)表示物体密度分布,图(b)和(c)分别对应水平和垂直逆投影结果,图(d)表示将水平和垂直逆投影结果叠加的效果,图(e)表示将更多逆投影结果叠加的效果。由这一系列图可知随着逆投影结果不断叠加,将越来越反映原始物体的相对密度分布。

严格地说,逆投影并不是投影的逆运算。如果将图像表示成一个矢量 f,投影的结果表示成一个矢量 g,则投影矩阵 A 满足 $g = Af$。逆投影矩阵 B 是投影矩阵 A 的伴随矩阵(当 A 为实数方阵时,B 就是它的转置 A^T)。

(a)　　　　　　(b)　　　　　　(c)　　　　　　(d)　　　　　　(e)

图 8.4.2　逆投影的叠加结果

逆投影可以将从不同方向得到的投影数据构成一幅比较接近原始物体物理特性强度的图像,但要比期望的图像模糊一些。这是因为在 2-D 傅里叶域(即 (u, v) 平面)中有反比于 $|w| = (u^2 + v^2)^{1/2}$ 的密度分布。为矫正这个密度分布可以对投影数据 $g(s, \theta)$ 的 1-D 傅里叶变换 $G(w, \theta)$ 进行滤波,即在频域将投影数据乘以 $|w| = (u^2 + v^2)^{1/2}$,这个操作在投影重建中称为斜坡滤波(ramp-filtering)。对滤波后的数据再进行逆投影就可得到比较精确的重建图像。

重建的两个主要操作是滤波和逆投影。因为在频域做乘法相当于在空域进行卷积,所以在频域(w 域)的滤波也可以用在空域(s 域)做卷积来实现。所以,也可以说重建的两个主要操作是卷积和逆投影。另外,滤波/卷积与逆投影的顺序也可以倒过来进行。事实上,改变不同操作(逆投影和卷积/滤波)的顺序,就可得到不同的重建方法。进一步,这里的滤波操作还可以分解为两个子操作:求导(运算)和希尔伯特变换。在空域中的求导相当于在频域中乘以 $j2\pi w$,而在空域中与 $-j\mathrm{sgn}(w)$ 的傅里叶反变换 $1/(\pi s)$ 进行卷积就是希尔伯特变换。这两步操作互相之间也可以调换顺序,而且它们的组合还可以与逆投影调换顺序。借助这些顺序变换,可得到具有不同特点、适合于不同用途的多种重建方法,如表 8.4.1 所示[曾 2010]。

表 8.4.1　多种逆投影重建方法步骤一览

方 法 序 号	第 一 步	第 二 步	第 三 步
1	(空域)卷积	逆投影	—
2	(频域)滤波	逆投影	—
3	逆投影	(空域)卷积	—
4	逆投影	(频域)滤波	—
5	逆投影	求导	希尔伯特变换
6	逆投影	希尔伯特变换	求导
7	求导	逆投影	希尔伯特变换
8	求导	希尔伯特变换	逆投影
9	希尔伯特变换	逆投影	求导
10	希尔伯特变换	求导	逆投影

8.4.2　卷积逆投影重建

先来详细介绍一下**卷积逆投影**重建法,它是逆投影重建中最典型的方法。

1. 连续公式推导

卷积逆投影方法的公式也可根据傅里叶变换投影定理推出来。不过这里将每个投影得到的数据逆着图像采集方向扩散回图像,并不需要像傅里叶反变换方法那样存储复频率空间图。在极坐标系中计算式(8.3.4)的反变换：

$$f(x,y) = \int_0^\pi \int_{-\infty}^\infty G(w,\theta)\exp[\mathrm{j}2\pi w(x\cos\theta + y\sin\theta)]|w|\mathrm{d}w\mathrm{d}\theta \qquad (8.4.1)$$

如将 $G(w,\theta)$ 用式(8.3.2)代入就得到由 $g(s,\theta)$ 重建 $f(x,y)$ 的公式。实际应用时如同在傅里叶反变换重建法中一样也需要在傅里叶空间引入一个窗 W。根据采样定理，只能在有限带宽 $|w| < 1/(2\Delta s)$ 的情况下对 $G(w,\theta)$ 进行估计。如果定义 $(s = x\cos\theta + y\sin\theta)$

$$h(s) = \int_{-1/(2\Delta s)}^{1/(2\Delta s)} |w|W(w)\exp[\mathrm{j}2\pi ws]\mathrm{d}w \qquad (8.4.2)$$

则代入式(8.4.1)并交换对 s 和 w 的积分次序可得到一幅加窗处理的图像

$$f_W(x,y) = \int_0^\pi \int_{-1/(2\Delta s)}^{1/(2\Delta s)} G(w,\theta)W(w)\exp[\mathrm{j}2\pi w(x\cos\theta + y\sin\theta)]|w|\mathrm{d}w\mathrm{d}\theta$$

$$= \int_0^\pi \int_{-1}^1 g(s,\theta)h(x\cos\theta + y\sin\theta - s)\mathrm{d}s\mathrm{d}\theta \qquad (8.4.3)$$

也可将上式分解成以下两个顺序的操作来完成：

$$g'(s',\theta) = \int_{-1}^1 g(s,\theta)h(s' - s)\mathrm{d}s \qquad (8.4.4)$$

$$f_W(x,y) = \int_0^\pi g'(x\cos\theta + y\sin\theta,\theta)\mathrm{d}\theta \qquad (8.4.5)$$

式中，$g'(s',\theta)$ 是 $f(x,y)$ 在 θ 角方向的投影与 $h(s)$ 的卷积结果，可称为在 θ 角方向上卷积了的投影，而 $h(s)$ 称为卷积函数。式(8.4.4)代表的过程是一个卷积过程，而式(8.4.5)代表的过程称为逆投影，所以卷积逆投影重建的流程如图8.4.3所示，其中 $\mathcal{R}$ 代表拉东变换。因为 $g'(\cdot)$ 中的参数是一条以 θ 角通过 (x,y) 点的射线的参数，所以 $f_W(x,y)$ 是将所有与过 (x,y) 的射线对应的卷积结果再进行投影的积分。

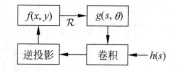

图 8.4.3 卷积逆投影重建流程图

2. 离散计算

实际中，式(8.4.5)代表的逆投影过程可用下式近似计算：

$$f_W(k\Delta x, l\Delta y) \approx \Delta\theta \sum_{n=1}^N g'(k\Delta x\cos\theta_n + l\Delta y\sin\theta_n, \theta_n) \qquad (8.4.6)$$

对每个 θ_n，需要对 $K\times L$ 个 s' 计算 $g'(s',\theta_n)$。因为 K 和 L 一般都很大，所以如果直接计算其工作量是很大的。有一种实用的方法是对 $M^- \leq m \leq M^+$ 计算 $g'(m\Delta s, \theta_n)$，然后根据 M 个 g' 值以插值方法获得 $K\times L$ 个 g' 值。这样式(8.4.4)的卷积在离散域中由两步操作完成：先是一个离散卷积，其结果用 g'_C 表示；然后是一次插值，其结果用 g'_I 表示。它们分别由下面两式给出：

$$g'_C(m'\Delta s, \theta_n) \approx \Delta s \sum_{m=M^-}^{M^+} g(m\Delta s, \theta_n)h[(m' - m)\Delta s] \qquad (8.4.7)$$

$$g'_I(s', \theta_n) \approx \Delta s \sum_{n=1}^N g'_C(m\Delta s, \theta_n)I(s' - m\Delta s) \qquad (8.4.8)$$

式中，$I(\cdot)$ 是插值函数。

例 8.4.1 卷积逆投影重建示例

图8.4.4所示为借助图8.3.2的模型图像用卷积逆投影重建方法得到的一组例子。

图 8.4.4(a)～图 8.4.4(e)依次为对图 8.3.2 沿圆周等角度分别进行 4 次投影、8 次投影、16 次投影、32 次投影和 64 次投影得到的重建结果。由这些图可看出当投影次数比较少时，重建图像中沿投影方向有很明显的亮线，这是逆投影造成的结果。图 8.4.4 各幅图像比图 8.3.4 各幅图像的对比度要更强，也更清晰。

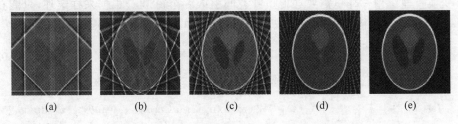

| (a) | (b) | (c) | (d) | (e) |

图 8.4.4　卷积逆投影重建中投影数量的影响

3. 扇束投影重建

在实际应用中常需要尽量缩短投影的时间，这样可以减少由于物体在投影期间的运动而造成的图像失真以及对患者的伤害。**扇束投影**方式是一种有效的方法，常用的主要有两种几何测量类型，分别对应图 8.1.1(c)和图 8.1.1(d)的第 3 代 CT 系统和第 4 代 CT 系统。

要在扇束投影的情况下进行重建，可通过将中心投影转化为平行投影再用平行投影重建技术来进行重建。下面讨论接收器在一段弧上等角度间隔排列的情况下，如何调整前面推导出的平行投影重建公式以用于这里的扇束投影情况。

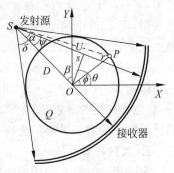

如图 8.4.5 所示，前面讨论中用 (s,θ) 所指定的一条射线可看作是这里一组用 (α,β) 指定的射线中的一条，其中 α 是该条源射线与中心射线的离散角，β 是源和原点连线与 Y 轴间的夹角，它确定了源的方向。线积分 $g(s,\theta)$ 现在记为 $p(\alpha,\beta)$（对 $|s|<D,D$ 是源到原点的距离）。这里假设源处在物体的外部，所以对所有的 $|\alpha|>\delta$，有 $p(\alpha,\beta)=0$，这里 δ 是与目标相切的射线与中心射线的夹角。由图 8.4.5 可得下面关系：

图 8.4.5　扇束投影示意图

$$s = D\sin\alpha \quad \theta = \alpha+\beta \quad g(s,\theta) = p(\alpha,\beta) \tag{8.4.9}$$

另外设 U 是从源到需重建点 P 的距离（P 的位置可用 r 和 ϕ 表示），ψ 是从源到 P 的连线与中心发射线的夹角，则如图有

$$U^2 = \left[r\cos(\beta-\phi)\right]^2 + \left[D+r\sin(\beta-\phi)\right]^2 \tag{8.4.10}$$

$$\psi = \arctan\left[\frac{r\cos(\beta-\phi)}{D+r\sin(\beta-\phi)}\right] \tag{8.4.11}$$

这样可以得到

$$r\cos(\theta-\phi) - s = U\sin(\psi-a) \tag{8.4.12}$$

利用式(8.4.9)～式(8.4.12)，可将式(8.4.3)写为

$$f_W(r\cos\varphi,r\sin\varphi) = \frac{1}{2}\int_{-\infty}^{\infty}\int_{-\infty}^{\infty}\int_0^{2\pi} g(s,\theta)\exp\{j2\pi w[r\cos(\theta-\varphi)-s]\}W(w)|w|\,d\theta ds dw$$

$$\tag{8.4.13}$$

将 (s,θ) 换成 (α,β)：

$$f_W(r\cos\varphi, r\sin\varphi) = \frac{D}{2}\int_{-\infty}^{\infty}\int_{-\delta}^{\delta}\int_{-\alpha}^{2\pi-\alpha} p(\alpha,\beta)\cos\alpha\exp[\mathrm{j}2\pi wU\sin(\psi-\alpha)]W(w)\,|w|\,\mathrm{d}\beta\mathrm{d}\alpha\mathrm{d}w$$

$$(8.4.14)$$

将式(8.4.2)代入,并把对 β 积分的上下限换为 2π 和 0,则上式可仿照从式(8.4.3)到式(8.4.4)和式(8.4.5)的分解转化成两步:

$$p(\psi,\beta) = \int_{-\delta}^{\delta} p(\alpha,\beta)h[U\sin(\psi-\alpha)]\cos\alpha\mathrm{d}\alpha \qquad (8.4.15)$$

$$f_W(r\cos\phi, r\sin\phi) = \frac{D}{2}\int_0^{2\pi} p(\psi,\beta)\mathrm{d}\beta \qquad (8.4.16)$$

例 8.4.2 扇束投影重建示例

图 8.4.6 所示为借助图 8.3.2 的模型图像进行扇束投影重建的一组结果。扇束投影中接收器间的夹角影响重建质量。图 8.4.6(a)~图 8.4.6(e)依次是夹角为 $5°$、$1°$、$0.5°$、$0.1°$、$0.05°$ 得到的结果。由这些图可看出当夹角小于 $0.5°$ 后,重建图像的质量均比较好,减小夹角的改善不太明显了。

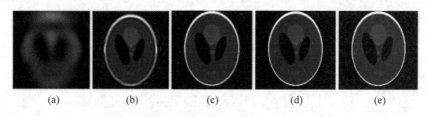

(a)　　　　(b)　　　　(c)　　　　(d)　　　　(e)

图 8.4.6　卷积逆投影重建中投影数量的影响

4. 傅里叶反变换重建法和卷积逆投影重建法的比较

傅里叶反变换重建法和卷积逆投影重建法都基于傅里叶变换投影定理。不同的是,在推导傅里叶反变换重建公式时,2-D 傅里叶反变换是用直角坐标表示的;而在推导卷积逆投影重建公式时,2-D 傅里叶反变换是用极坐标表示的。尽管看起来它们源出一辙,但傅里叶反变换重建法实际中较少应用,而卷积逆投影法则大量实用。其两个主要原因如下。

(1) 卷积逆投影的基本算法很容易用软件和硬件实现,而且在数据质量高的情况下可重建出准确清晰的图像。而傅里叶反变换重建法由于需要 2-D 插值,所以实现不易,且重建的图像质量很差。但是傅里叶反变换重建法所需的计算量比较小,所以当数据量和图像尺寸较大时比较有吸引力。在射电天文学研究中,傅里叶反变换重建法得到广泛的应用。这是因为测量到的数据直接对应于目标空间分布的傅里叶变换采样点。另外在 MRI 中,投影的傅里叶变换可直接测量到,所以可直接使用傅里叶反变换重建法。

(2) 在平行投影时导出的卷积逆投影公式可以用不同的方法修改以适用于扇形扫描投影的情况(式(8.4.14)给出一个例子)。但在平行投影时导出的傅里叶反变换重建公式还不能在保持原有效率的条件下进行修改以适用于扇形扫描投影的情况。这时需要在投影空间利用 2-D 插值重新组织扇形投影数据以利用平行投影算法重建图像[Lewitt 1983]。

8.4.3　其他逆投影重建方法

除卷积逆投影方法外,下面再介绍两种典型的逆投影方法。

1. 逆投影滤波

先进行逆投影，然后进行滤波，就构成**逆投影滤波**[Deans 2000]。对投影进行逆投影操作得到的结果是模糊了的图像，它是真实图像与 $1/w = 1/(u^2 + v^2)^{1/2}$ 的傅里叶反变换进行 2-D 卷积的结果。令对投影结果进行逆投影操作得到的模糊图像为

$$b(x,y) = \mathcal{B}[R_f(p,\theta)] = \int_0^\pi R_f(x\cos\theta + y\sin\theta, \theta)\mathrm{d}\theta \tag{8.4.17}$$

则真实图像与模糊图像由下式联系（用 $\bigotimes_{(2)}$ 代表 2-D 卷积）：

$$b(x,y) = f(x,y) \bigotimes_{(2)} \frac{1}{z} = \int_{-\infty}^{\infty}\int_{-\infty}^{\infty} \frac{f(x',y')\mathrm{d}x'\mathrm{d}y'}{[(x-x')^2 + (y-y')^2]^{1/2}} \tag{8.4.18}$$

为推导上式，可从式(8.2.5)出发：

$$\mathcal{R}[f(x,y)] = \mathcal{F}_{(1)}^{-1}\,\mathcal{F}_{(2)}[f(x,y)] \tag{8.4.19}$$

再利用逆投影得到

$$b(x,y) = \mathcal{B}[R_f(x,y)] = \mathcal{B}\mathcal{F}_{(1)}^{-1}\,\mathcal{F}_{(2)}[f(x,y)] \tag{8.4.20}$$

注意在上式中 1-D 傅里叶反变换是在傅里叶空间对径向变量的操作，这表明 $F(u,v)$ 必须要先转换为极坐标 $F(w,\theta)$。变量 w 就是傅里叶空间的径向变量，$w^2 = u^2 + v^2$。如果令 $F(w,\theta)$ 的 1-D 傅里叶反变换是 $f(s,\theta)$，那么

$$b(x,y) = \mathcal{B}[f(s,\theta)] = \mathcal{B}\int_{-\infty}^{\infty} F(w,\theta)\exp(\mathrm{j}2\pi sw)\mathrm{d}w \tag{8.4.21}$$

如果将 s 映射为 $x\cos\theta + y\sin\theta$，得到

$$b(x,y) = \int_0^\pi\int_{-\infty}^{\infty} F(w,\theta)\exp[\mathrm{j}2\pi w(x\cos\theta + y\sin\theta)]\mathrm{d}w\mathrm{d}\theta$$

$$= \int_0^{2\pi}\int_{-\infty}^{\infty} \frac{1}{w}F(w,\theta)\exp[\mathrm{j}2\pi wz\cos(\theta-\phi)]w\mathrm{d}w\mathrm{d}\theta \tag{8.4.22}$$

其中，用 $x = z\cos\phi$ 和 $y = z\sin\phi$ 进行了替换；径向积分对 w 的正值部分进行。注意到等式右边的表达是 2-D 傅里叶反变换：

$$b(x,y) = \mathcal{F}_{(2)}^{-1}\{|w|^{-1}F\} \tag{8.4.23}$$

根据卷积定理：

$$b(x,y) = \mathcal{F}_{(2)}^{-1}\{|w|^{-1}\} \bigotimes_{(2)} \mathcal{F}_{(2)}^{-1}\{F\} \tag{8.4.24}$$

因为等号右边第 1 项等于 $|z|^{-1}$，所以式(8.4.18)得到验证。

根据式(8.4.19)，可通过取 2-D 傅里叶变换得到重建算法：

$$\mathcal{F}_{(2)}[b(x,y)] = |w|^{-1}F(u,v) \tag{8.4.25}$$

或可写成

$$F(u,v) = |w|\,\mathcal{F}_{(2)}[b(x,y)] \tag{8.4.26}$$

将 b 用 $\mathcal{B}[F(u,v)]$ 替换，并取上式的 2-D 傅里叶反变换，得到

$$f(x,y) = \mathcal{F}_{(2)}^{-1}\{|w|\,\mathcal{F}_{(2)}\mathcal{B}[F(u,v)]\} \tag{8.4.27}$$

这是用于对投影进行逆投影滤波以实现重建的基本公式。引进 2-D 窗口函数：

$$G(u,v) = |w|\,W(u,v) \tag{8.4.28}$$

可把式(8.4.27)写成

$$f(x,y) = \mathcal{F}_{(2)}^{-1}\{G(u,v)\,\mathcal{F}_{(2)}\mathcal{B}[F(u,v)]\} = \mathcal{F}_{(2)}^{-1}[G(u,v)] \bigotimes_{(2)} \mathcal{B}[F(u,v)]$$

$$= g(x,y) \bigotimes_{(2)} b(x,y) \tag{8.4.29}$$

一旦确定了窗函数,通过 2-D 傅里叶反变换就可得到 $g(x, y)$,再经过与逆投影进行 2-D 卷积就可实现重建。

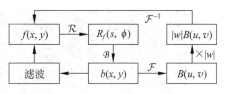

图 8.4.7　逆投影滤波重建流程图

实现上述算法在空域和在频域的流程分别如图 8.4.7 的左右部分所示,其中$\mathcal{R}$代表拉东变换,$\mathcal{F}$代表傅里叶变换,$\mathcal{B}$代表逆投影。

例 8.4.3　逆投影滤波重建示例

图 8.4.8 所示为一组逆投影滤波重建的示例,其中所用的原始图像仍如图 8.3.2 所示。在图 8.4.8 中,沿圆周等角度分别进行 4 次投影、8 次投影、16 次投影、32 次投影和 64 次投影得到的重建结果分别显示在图 8.4.8(a)~图 8.4.8(e)中。该结果比图 8.3.4 要好一些。

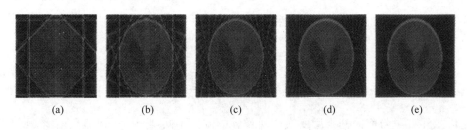

(a)　　　　　(b)　　　　　(c)　　　　　(d)　　　　　(e)

图 8.4.8　逆投影滤波重建结果

2. 滤波逆投影

滤波逆投影也称**滤波投影的逆投影**。该方法的基本思路是:每条投影中的衰减(由目标吸收造成)与沿每条投影线的目标结构有关,如果仅从一个投影是无法获得沿该方向各个位置的吸收的,但可把对吸收值的测量平均分布到该方向上,要是能对多个方向中的每个都进行这样的分派,则将吸收值叠加起来就可得到反映目标结构的特征值。这种重建方法与收集足够多的投影并进行傅里叶空间重建是等价的,但计算量要少得多。

滤波逆投影重建方法可看作对拉东反变换的一种近似的计算机实现方法。它利用傅里叶反变换将对 w 函数的计算转化成对径向量 s 的计算。该算法在空域和在频域的实现流程分别如图 8.4.9 的左右部分所示,其中$\mathcal{R}$代表拉东变换,$\mathcal{F}$代表傅里叶变换,$\mathcal{B}$代表逆投影。

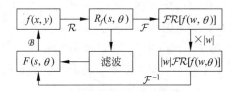

图 8.4.9　滤波投影的逆投影重建流程图

例 8.4.4　滤波逆投影重建示例

图 8.4.10 所示为借助图 8.3.2 的模型图像用滤波逆投影重建方法得到的一组例子。图 8.4.10(a)~图 8.4.10(e)依次为对图 8.3.2 沿圆周等角度分别进行 4 次投影、8 次投影、16 次投影、32 次投影和 64 次投影得到的重建结果。由这些图可看出滤波逆投影与卷积逆投影的效果比较接近,但重建图像的对比度较强,尤其当投影次数比较少时更为明显。

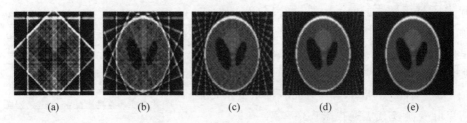

(a)	(b)	(c)	(d)	(e)

图 8.4.10　滤波逆投影重建示例

需要指出,随着投影数量的增加,图像的主要结构越来越明显,但原来密度均匀的区域现在密度不再均匀而有些从中心向周围逐渐减弱。另外,原来比较清晰的区域边缘也变得有些模糊了。这里的原因主要是在滤波逆投影中从各个方向来的投影在中心区域比在周围区域叠加得比较密集。这种效果与失焦光学系统产生的效果有些类似,那里点扩散函数与频率的倒数(或与频率变换中心的距离)是成正比的。　　　　　　　　　　　　　　　□

8.5　迭 代 重 建

迭代重建方法与前面基于反变换或逆投影的方法不同,它从一开始就在离散域中建模,且求解是迭代进行的。这类方法在空域中进行重建,比较容易调整以适应新的应用环境,常在利用新物理原理和新数据采集方法的重建,以及 3-D 重建中使用。借助多次迭代,可实现从较少次投影(<10)来重建图像,也更适合于不完整投影时的重建工作。

8.5.1　迭代重建模型

根据 8.2.1 小节的基本模型,重建的输入数据是沿每条射线的投影积分,在沿射线方向上每个像素位置对线性衰减系数贡献的求和值(可用实际路线的长度加权)就等于测量到的吸收数值,即投影结果。在投影已知的情况下,对每条射线的积分都能提供一个方程,合起来构成一组齐次方程。方程组中未知数的数量就是图像平面中像素的数量,方程的数量就是线积分的数量。这样,重建可以看作是要解一组齐次方程。迭代重建就是要借助迭代来解决这样一个问题。

如图 8.5.1 所示,将要重建的目标放在一个直角坐标网格中,发射源和接收器都考虑成是点状的,它们之间的连线对应一条射线(设共有 M 条射线)。将每个像素按扫描次序排为 1 到 N(N 为网格总数)。在第 j 个像素中,射线吸收系数可认为是常数 x_j,第 i 条射线与第 j 个像素相交的长度为 a_{ij},代表第 j 个像素沿第 i 条射线所做贡献的权值。

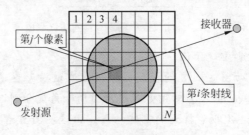

图 8.5.1　迭代重建示意图

如果用 y_i 表示沿射线方向的总测量值（通路上各像素测量值的总和），则

$$y_i \approx \sum_{j=1}^{N} x_j a_{ij} \quad i = 1, 2, \cdots, M \tag{8.5.1}$$

写成矩阵形式：

$$y = Ax \tag{8.5.2}$$

式中，y 是测量矢量，x 是图像矢量，$M \times N$ 矩阵 A 是投影矩阵。为了获得高质量的图像，M 和 N 都至少需在 10^5 量级，所以 A 是个非常大的矩阵。考虑尺寸为 256×256 的图像，为求解式(8.5.2)，射线数要至少与像素数相当，所以有 $N \times M \approx 4.3 \times 10^9$。要将有这么多元素的矩阵整个存储在计算机中就是一个挑战。另外可以证明，要计算有 D 个元素的矩阵的逆，需要的运算次数为 $D^{3/2}$。所以对 256×256 的图像，运算次数会达到约 2.8×10^{14}，这对计算机的运算能力也提出了挑战。

8.5.2　代数重建技术

尽管 A 是个非常大的矩阵，由于对每条射线来说，它只与很少的像素相交，因此 A 中常只有少于 1% 的元素不为 0。所以，实际中常使用迭代的技术来进行重建。**代数重建技术**（ART）[Gordon, 1974] 也称为迭代算法或优化技术，是最先得到应用的迭代重建方法。

1. 基本算法

基本代数重建算法比较简单。首先初始化一个图像矢量 $x^{(0)}$ 作为迭代起点，然后如下迭代：

$$x^{(k+1)} = x^{(k)} + \frac{y_i - a^i \cdot x^{(k)}}{\| a^i \|^2} a^i \tag{8.5.3}$$

其中，y_i 是第 i 个接收器测得的数值；$a^i = [a_{i1}, a_{i2}, \cdots, a_{iN}]^T$ 是一个矢量，"•"表示内积，所以 $a^i \cdot x^{(k)}$ 对应沿第 i 条射线的投影；$\| a^i \|^2 = \Sigma_j a_{ij}^2$ 是沿第 i 条射线上各像素与射线相交长度的平方和；a^i 与分式的乘积相当于把分式值沿第 i 条射线进行逆投影。这个方法的思路为：每次取一条射线，改变图像中与该线相交的像素的值，从而把当前的图像矢量 $x^{(k)}$ 更新为 $x^{(k+1)}$。具体运算中就是将测量值与由当前算得的投影数据的差正比于 a_{ij} 重新分配到射线经过的各个像素上去。这里迭代的主要步骤包括：①计算上一轮（或初始估计）迭代的投影值；②比较算得的投影值与实际的测量值；③把这两个值之间的差异反投影映射回到图像空间；④通过修正当前估计的图像值来更新图像。

这个算法可借助图 8.5.2 给以一个几何解释。图中 3 条直线代表 3 条射线，也对应方程组的 3 个方程。图(a)中 3 条直线有公共交点，表示该方程组是相容的，交点就是方程组的解。图(b)中 3 条直线没有公共交点，表示该方程组是不相容的，即没有解。图中考虑的图像只有两个像素，这样构成一个 2-D 坐标系。代数重建算法的基本思路是从任意初始值 x^0 出发，依次向各条直线进行垂直投影，得到 $x^1, x^2, \cdots$。算法的一次迭代定义为向每条直线都投影了一次。如果方程组是相容的，则算法会逐步收敛，迭代投影的最终结果 x^∞ 是直线的公共交点。如果方程组是不相容的，则算法的"解"在各条直线间跳动，无法收敛。

代数重建技术采用逐线迭代，避免了直接对矩阵求逆，减少了计算量；而且在每次迭代中只需用到矩阵中某一行的数据，也节省了存储空间。

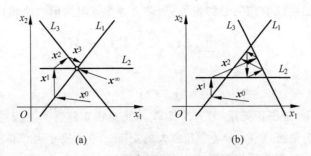

图 8.5.2 基本代数重建算法的迭代示意图

2. 松弛代数重建技术

松弛代数重建技术是对基本代数重建技术的一种改进。在基本算法的迭代式(8.5.3)中加一个控制收敛速度的松弛因子 $r(0<r<2)$ 可得到松弛代数重建算法的迭代式(当 $r=1$ 时就是式(8.5.3))

$$x^{(k+1)} = x^{(k)} + r^{(k)} \frac{y_i - a^i \cdot x^{(k)}}{\| a^i \|^2} a^i \tag{8.5.4}$$

算法的主要步骤为(取 $r=r^{(k)}$)

(1) 对图像的各个像素赋初值，$x^{(k)}=x^{(0)}$，初始化指针 $i=k=0$。

(2) $i=i+1$，利用式(8.5.1)计算第 i 个投影的估计值 y_i'。

(3) 计算误差 $\Delta_i = y_i - y_i'$。

(4) 计算修正因子 $c_i = \Delta_i a^i / \| a^i \|^2$。

(5) 修正更新图像，$x^{(k+1)} = x^{(k)} + rc_i$。

(6) $k=k+1$，返回(2)，并重复(2)~(5)，直到 $i=M$，完成一轮算法的迭代。

(7) 以上一轮算法迭代结果为像素初值，$i=k=0$，重复(2)~(6)，直到结果满足收敛要求。

3. 联合代数重建技术

联合代数重建技术/同时代数重建技术(SART)也是对代数重建技术的一种改进。代数重建技术采用逐线迭代更新的方式，即每计算一条射线，就将与该条射线相关的像素值都更新一次。而联合代数重建技术把沿一个投影角度的所有射线结合考虑，即利用穿过同一个像素的所有射线的测量值来更新该像素的像素值(其结果不随使用射线测量值的次序变化)。换句话说，在联合代数重建技术中，一次迭代涉及多条射线，利用它们的平均值可以较好地压制一些干扰因素的影响。它的迭代公式可写为

$$x^{(k+1)} = x^{(k)} + \frac{\sum_{i \in I_\theta} \left[\frac{y_i - a^i \cdot x^{(k)}}{\| a^i \|^2} a^i \right]}{\sum_{i \in I_\theta} a^i} \tag{8.5.5}$$

其中，I_θ 代表对应某个投影角度的射线集合。

联合代数重建技术的主要迭代步骤包括：

(1) 初始化一个图像矢量 $x^{(0)}$ 作为迭代起点。

(2) 计算一个投影角度 θ 下的第 i 个投影的投影值。

(3) 计算实际测量值与投影值之间的差异。

（4）$i=i+1$，重复步骤（2）～（3），把该投影方向下的所有投影差异累加求和。

（5）计算对图像矢量 $x^{(k)}$ 的修正值。

（6）对图像矢量 $x^{(k)}$ 进行修正。

（7）$k=k+1$，重复步骤（2）～（6），直到所有投影角度，即完成一轮迭代。

（8）以上一轮迭代结果为初值，重复步骤（2）～（7），直到收敛。

4. 级数法的一些特点

上面介绍的代数重建技术利用了级数展开的方法，也称为**级数法**。一般变换法比级数法所需的计算量要小得多，因而大多数实用系统都采用变换法。但与变换法相比，级数法有一些独特的优点[Censor 1983]：

（1）由于在空域中进行重建比较容易调整以适应新的应用环境，所以级数法比较灵活，常在利用新物理原理和新数据采集方法的重建中使用。

（2）级数法能重建出相对较高对比度的图像（特别是对密度突变的材料）。

（3）借助多次迭代可用于从较少投影（<10）重建图像的工作。

（4）比变换法更适合于 ECT。

（5）比变换法更适合于 3-D 重建问题（也是由于在空域中比较灵活，所以易推广）。

（6）比变换法更适合于不完整投影情况，这是因为变换法要求对每个投影均匀采样并对每个采样点赋值，所以不完整投影必须首先完整化，而级数法将重建问题转化为用松弛法解线性方程组的问题，把丢失投影值看作缺少方程，因而可以忽略这个问题。

8.5.3 最大似然-最大期望重建算法

ART 算法使用测量值与投影数据的差异作为修正因子，借助加法（减法）来调整投影数据。下面介绍的算法则使用测量值与投影数据的比值作为修正因子，借助乘法来进行迭代更新。它是一种统计迭代重建算法，一般采用泊松噪声模型（光子的辐射满足泊松随机过程），或仅使用非负约束。非负性是该算法的一个重要特点，如果原始图像中没有负值，则迭代的结果中也不会出现负值。

该算法的目标函数是一个似然函数，即泊松随机变量的联合概率密度函数。算法的重建图像应使该似然函数取得最大值。由于对泊松似然函数很难通过一般的求偏导方法来获得极值，所以要把目标函数中的一些随机变量用它们的期望值（即统计均值）来代替以简化求解，这是一个"E"（expectation）步骤。接下来要计算这个（用期望值表示的）似然函数的极大值，这是一个"M"（maximization）步骤。所以，该重建算法的本质是利用求最大期望值来求最大似然函数，所以称为**最大似然-最大期望**（ML-EM）重建算法。

ML-EM 算法的迭代式可写成：

$$x^{(k+1)} = \frac{\mathcal{B}[y_i / x^{(k)}]}{\mathcal{B}[1]} \tag{8.5.6}$$

式中，$\mathcal{B}$ 代表逆投影；1 为元素均为 1 的矢量，其元素个数与投影数据矢量的元素个数相同。

将式（8.5.6）写开来，对第 j 个像素得到

$$x_j^{(k+1)} = \frac{x_j^{(k)}}{\sum_i a_{ij}} \sum_i a_{ij} \frac{y_i}{\sum_l a_{il} x_l^{(k)}} \tag{8.5.7}$$

其中，对 l 的求和是投影运算，对 i 的求和是逆投影运算。

算法的主要步骤为

(1) 对图像的各个像素赋初值，$x^{(k)} = x^{(0)}$，初始化指针 $i = k = 0$。

(2) 利用式(8.5.1)计算所有投影的估计值 y_i'，$i = 1, 2, \cdots, M$。

(3) 计算各个误差 $\Delta_i = y_i / y_i'$，$i = 1, 2, \cdots, M$。

(4) 计算修正因子 $c = \| \Delta_i a^i \| / \| a^i \|$。

(5) 使用穿过每个像素的所有射线来修正和更新图像，$x^{(k+1)} = x^{(k)} \times c$，完成一轮算法的迭代。

(6) $k = k + 1$，以上一轮算法迭代结果为像素初值，并重复步骤(2)～(5)进行新一轮迭代，直到结果满足收敛要求。

例 8.5.1 ML-EM 算法的计算步骤示例

假设对一幅 2×2 的图像所获得的投影结果(测量值)如下(先令图像中像素迭代初值均为 1)：

$$
\begin{array}{cc}
4 & 0 \\
\left[\begin{array}{cc} 1 & 1 \\ 1 & 1 \end{array}\right] & \begin{array}{c} 8 \\ 4 \end{array}
\end{array}
$$

采用 ML-EM 算法进行一次迭代包括如下步骤：

(1) 计算当前图像的投影，得到

$$
\begin{array}{cc}
2 & 2 \\
\left[\begin{array}{cc} 1 & 1 \\ 1 & 1 \end{array}\right] & \begin{array}{c} 2 \\ 2 \end{array}
\end{array}
$$

(2) 计算给定的测量值与当前图像的投影数据的比值，得到

$$(4 \quad 0)/(2 \quad 2) = (2 \quad 0) \qquad (8 \quad 4)/(2 \quad 2) = (4 \quad 2)$$

(3) 对比值进行逆投影，得到

$$
\begin{array}{cc}
2 & 0 \\
\left[\begin{array}{cc} 6 & 4 \\ 4 & 2 \end{array}\right] & \begin{array}{c} 4 \\ 2 \end{array}
\end{array}
$$

(4) 对常数 1 进行逆投影，得到

$$
\begin{array}{cc}
1 & 1 \\
\left[\begin{array}{cc} 2 & 2 \\ 2 & 2 \end{array}\right] & \begin{array}{c} 1 \\ 1 \end{array}
\end{array}
$$

(5) 计算(3)所得图像与(4)所得图像的比值，即对应像素相除，得到

$$\left[\begin{array}{cc} 6 & 4 \\ 4 & 2 \end{array}\right] \Big/ \left[\begin{array}{cc} 2 & 2 \\ 2 & 2 \end{array}\right] = \left[\begin{array}{cc} 3 & 2 \\ 2 & 1 \end{array}\right]$$

(6) 用(5)的结果与当前图像对应像素相乘(相当于数组相乘而不是矩阵相乘)，得到

$$\left[\begin{array}{cc} 1 & 1 \\ 1 & 1 \end{array}\right] \times \left[\begin{array}{cc} 3 & 2 \\ 2 & 1 \end{array}\right] = \left[\begin{array}{cc} 3 & 2 \\ 2 & 1 \end{array}\right]$$

可以证明，每次 ML-EM 算法迭代后，新投影结果的总和与原投影结果的总和是相等的。 □

在 ART 算法中，对每一条射线投影后，图像就会被更新一次。如果一共有 M 条射线，

一轮算法的迭代中图像会被更新 M 次。在最大似然重建算法中,对 M 条射线投影后,图像才会被更新一次。另外还有**有序子集-最大期望**(OS-EM)重建算法,它将数据分成多个子集,算法按给定的顺序访问各个子集,并按子集计算期望值的极大值,并据此对图像进行更新,这样做可使收敛速度加快。

8.6 综合重建方法

将前 3 节介绍的方法综合起来可构成综合重建法。这里"综合"有时体现在公式的推导中,有时体现在实现的方法上,还有时体现在实际的应用中。

下面介绍一个例子——**迭代变换**重建法。它也被称为连续 ART 法,它基于在希尔伯特空间的连续正交投影。从先连续推导然后离散化的角度看这种方法可算是一种变换法,但它迭代的计算方法和对图像的表达又与级数展开法有许多相似之处[Lewitt 1983]。

参照图 8.2.1,设 $f(x,y)$ 在物体 Q 外为 0,$L(s,\theta_n)$ 是直线 (s,θ_n) 与 Q 相交段的长度。重建工作可描述为:给定一个函数 $f(x,y)$ 的投影 $g(s,\theta_n)$,其中 s 可以取所有实数,θ_n 是一组 N 个离散的角度,要重新得到 $f(x,y)$。对 $i \geqslant 0$,第 $(i+1)$ 步产生的图像 $f^{(i+1)}(x,y)$ 可由从对当前的估计图像 $f^{(i)}(x,y)$ 迭代得到:

$$f^{(i+1)}(x,y) = \begin{cases} 0 & (x,y) \notin Q \\ f^{(i)}(x,y) + \dfrac{g(s,\theta_n) - g^{(i)}(s,\theta_n)}{L(s,\theta_n)} & 其他 \end{cases} \tag{8.6.1}$$

式中,$n = (i \bmod N) + 1$,$s = x\cos\theta_n + y\sin\theta_n$,$g^{(i)}(s,\theta_n)$ 是 $f^{(i)}(x,y)$ 沿 θ_n 的投影,$f^{(0)}(x,y)$ 是一个给定的初始函数。可以证明,图像序列 $\{f^{(i)}(x,y), i=1,2,\cdots\}$ 将收敛到一个满足所有投影的图。

式(8.6.1)中的 $g(\cdot,\theta_n)$ 是一个"半离散"函数,因为它的两个自变量中的一个在有限集合内取值,而另一个则在无穷集合中取值。现借助 8.3 节中的方法推导它的离散形式。为了从采样 $g(m\Delta s,\theta_n)$ 估计 $g(s,\theta_n)$,可引进一个插值函数 $q(\cdot)$,使得

$$g(s,\theta_n) \approx \sum_{m=M^-}^{M^+} g(m\Delta s,\theta_n) q(s - m\Delta s) \tag{8.6.2}$$

类似地,为了从采样 $f(k\Delta x, l\Delta y)$ 估计 $f(x,y)$,可引进一个基函数 $B(x,y)$,使得

$$f(x,y) \approx \sum_{k=K^-}^{K^+} \sum_{l=L^-}^{L^+} f(k\Delta x, l\Delta y) B(x - \Delta x, y - l\Delta y) \tag{8.6.3}$$

现将式(8.6.3)中的 f 用 $f^{(i)}$ 代替并代入式(8.2.1),得到

$$g^{(i)}(s,\theta) = \sum_{k,l} f^{(i)}(k\Delta x, l\Delta y) G_{k,l}^{(B)}(s,\theta) \tag{8.6.4}$$

其中

$$G_{k,l}^{(B)}(s,\theta) = \int B(s \times \cos\theta - t \times \sin\theta - k\Delta x, s \times \sin\theta + t \times \cos\theta - l\Delta y) \mathrm{d}t \tag{8.6.5}$$

根据以上介绍的插值原理可将连续 ART 离散化,利用式(8.6.2)和式(8.6.4)可将式(8.6.1)用离散变量写出:

$$f_{k,l}^{(i+1)} = \begin{cases} 0 & (k\Delta x, l\Delta y) \notin Q \\ f_{k,l}^{(i)} + \dfrac{\sum\limits_m \left[g(m\Delta s, \theta_n) - \sum\limits_{k,l} f_{k,l}^{(i)} \times G_{k,l}^{(B)}(m\Delta s, \theta_n) \right] \cdot q[s_{k,l}(\theta_n) - m\Delta s]}{L[s_{k,l}(\theta_n), \theta_n]} & \text{其他} \end{cases}$$

$$(8.6.6)$$

其中，$n = (i \bmod N) + 1$，$s_{k,l}(\theta) = (k\Delta x)\cos\theta + (l\Delta y)\sin\theta$，且

$$f_{k,l}^{(i)} = f^{(i)}(k\Delta x, l\Delta y) \tag{8.6.7}$$

根据式(8.6.6)就可通过离散迭代进行重建。

总结和复习

为更好地学习，下面对各小节给予概括小结并提供一些进一步的参考资料；另外给出一些思考题和练习题以帮助复习(文后对加星号的题目还提供了解答)。

1. 各节小结和文献介绍

8.1节介绍了一些投影重建的概况。从历史上看，第一个基于 X 射线的用于门诊以检测头部肿瘤的 CT 机器于 1971 年在英国的 Atkinson Morley 医院安装[Bertero 1998]。正式公布这台机器是在 1972 年。这件事被认为是自 1895 年发现 X 射线以来放射学方面最大的成就和进展。1979 年，发明人豪斯费尔德(G. H. Hounsfield)和柯马克(A. M. Cormack)因此获得了诺贝尔生理和医学奖。1981 年的诺贝尔化学奖[Herman 1983]、[Bertero 1998]，1991 年的诺贝尔化学奖也与此有关[Committee 1996]。

核磁共振现象于 1946 年为美国斯坦福大学的 F. Bloch 和哈佛大学的 M. Purcell 分别发现，他们并因此获得了 1952 年诺贝尔物理学奖。1973 年 P. C. Lauterbur 首次在《自然》杂志上发表论文，提出了利用梯度磁场进行空间编码的概念，并获得了第一帧磁共振图像。1978 年，MRI-CT 的图像质量已达到初期 X 射线 CT 的水平；1981 年，完成了 MRI 的全身扫描图像。近年扫描一帧图像的时间已缩短到了几十毫秒[Committee 1996]。

新型 CT 还在不断涌现，例如光学断层成像(optical CT)是将传统的光测技术和 CT 技术结合的产物，它利用光的传播规律，通过检测光的调制效应来反映被测物体的光学特性和空间分布。又如光学相干断层成像(optical coherence tomography, OCT)广泛用于对视网膜的成像[Russ 2016]。它利用弱相干光干涉仪的基本原理，检测生物组织不同深度层面对入射弱相干光的背向反射或几次散射信号，通过扫描，可得到生物组织二维或三维结构图像。

8.2节介绍了投影重建的原理模型，并对作为基础的拉东变换简单进行了概述，对拉东变换及其反变换的更全面介绍可见文献[章 2006b]。

8.3节介绍的反变换重建方法(还可参见文献[Russ 2006])用到了 2-D 傅里叶变换，还有一种也使用 2-D 傅里叶变换的重建方法是 ρ 滤波法(rho-filtered layergrams)[Herman 1980]。对傅里叶反变换公式的推导和对重建中由极坐标向直角坐标的插值可见文献[章 2006b]。早期为研究 CT 重建算法而精心构建的一个人体头部模型 phantom 可见文献[Herman 1980]。对 phantom 的应用和讨论介绍可见文献[Moretti 2000]。对 3-D 的 Shepp-Logan 头部模型的介绍可见文献[闫 2014]。

8.4 节介绍的逆投影重建方法可用比较低的成本获得质量较高的重建图像,而且该方法比其他方法更适用于平行方式的数据采集[Herman 1980]。有关各种逆投影方法(包括滤波逆投影方法)的一个近期讨论可见文献[Wei 2005]。

8.5 节对级数展开重建法的介绍主要强调了原理,具体细节和其他相关方法还可见文献[Herman 1980]、[Censor 1983]、[Lewitt 1983]、[Russ 2006]。对松弛因子取值的详细解释和效果可见文献[Herman 1980]。如果在 ML-EM 算法公式的分母中增加一个惩罚项就可得到贝叶斯算法[曾 2010]。

8.6 节介绍的综合重建法涉及范围比较广,另外还有一些特殊的方法,如二次最优化方法和非迭代级数展开法可见文献[Herman 1980]和[Herman 1983]。

2. 思考题和练习题

8-1 设两幅 3×3 的图像分别如图题 8-1 所示。

(1) 对它们分别计算沿 $\theta=0°,45°,90°$ 这 3 个方向各 5 个间距为 1 的投影(设中间一个投影穿过图像中心);

4	3	2
5	9	1
6	7	8

1	2	3
4	5	6
7	8	9

图题 8-1

(2) 能根据这些投影将图像重建吗?为什么?

*8-2 一个 5×5 矩阵中的元素根据 $99/[1+(5|x|)^{1/2}+(9|y|)^{1/2}]$ 算得(取最近的整数),其中 x 和 y 的取值为 $-2\sim2$。计算对该矩阵沿 $\theta=0°,45°,90°$ 这 3 个方向的投影。

8-3 设要自动地读出用 7×5 点阵构成的大写英文字母(见图题 8-3)。如果用一条窄缝进行水平扫描就可得到字母的垂直投影,但有些字母会有相同的投影,如 M 和 W,S 和 Z。如果再加一个水平投影就有可能解决这个问题。现在要问:

(1) 仅两个投影就够了吗?

(2) 你有什么建议可以进一步完善方案?

8-4 设对一幅 3×3 的图像从 3 个方向(0°,45°,90°)进行投影,每个方向有 3 条平行射线,如图题 8-4 所示。试写出反映投影值与图像值之间关系的线性方程组。

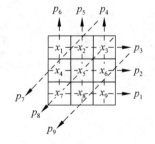

图题 8-3

图题 8-4

8-5 试证明:根据图 8.2.1,式(8.2.1)也可等价写成下面两种形式:

(1) $g(s,\theta)=\int_{-\infty}^{\infty}\int_{-\infty}^{\infty}f(x,y)\delta(x\cos\theta+y\sin\theta-s)\mathrm{d}x\mathrm{d}y$。

(2) $g(s,\theta)=\int_{-\infty}^{\infty}f_{\theta}(s,t)\mathrm{d}t$,其中 f_{θ} 表示将 f 旋转了 θ 角。

8-6 证明:

(1) 如果 $f(x,y)$ 是旋转对称的,那么它可以由单个投影重建;

(2) 如果 $f(x,y)$ 可以分解成两个函数 $g(x)$ 和 $h(y)$ 的乘积,那么它可以由两个与坐标轴垂直的投影进行重建。

*8-7 对 $f(x,y) = \begin{cases} p & x^2+y^2 \leqslant 1 \\ 0 & x^2+y^2 > 1 \end{cases}$,计算 $R_f(s,\theta)$ 。

8-8 对单位脉冲 $\delta(x-1,y)$ 和 $\delta(x,y-1)$,分别计算它们的 $R_f(s,\theta)$ 。

8-9 将 $f(x,y)$ 的拉东变换用 $R_f(s,\theta)$ 表示,

(1) 证明如果 $f(x,y)$ 是 $f_1(x,y)$ 和 $f_2(x,y)$ 的卷积时,则 $f(x,y)$ 的拉东变换是 $R_{f1}(s,\theta)$ 和 $R_{f2}(s,\theta)$ 对于 s 的卷积;

(2) 如果 $R_f(s,\theta)$ 对 s 的 1-D 傅里叶变换是 $G(w,\theta)$, $G(0,\theta)$ 的物理意义是什么?

8-10 试证明下面两种逆投影表达式是等价的:

$$b_1(x,y) = \int_0^\pi g(x\cos\theta + y\sin\theta,\theta)\mathrm{d}\theta$$

$$b_2(x,y) = \frac{1}{2}\int_0^{2\pi} g(x\cos\theta + y\sin\theta,\theta)\mathrm{d}\theta$$

8-11 试证明,每次 ML-EM 算法迭代后,新投影结果的总和与原投影结果的总和是相等的。

8-12 讨论各种逆投影重建方法之间的联系和区别。试分别根据算法流图和重建公式进行分析,并列表进行比较。

第3单元 图 像 编 码

本单元包括 3 章,分别为

第 9 章 图像编码基础

第 10 章 图像变换编码

第 11 章 更多图像编码方法

图像编码是图像处理中的一大类技术。图像处理的目的除了改善图像的视觉效果外,还有在保证一定视觉质量的前提下减少数据量(从而也减少图像存储需要的空间和传输所需要的时间),这也可看作使用较少的数据量来获得较好的视觉效果。在单独讨论图像编码时,主要考虑减少数据量的问题,而认为图像已具有需要的视觉质量。

一幅 2-D 数字图像可表示为将一个 2-D 函数通过采样和量化而得到的一个 2-D 数组(矩阵)。这样一个 2-D 数组的数据量通常很大,从而对存储、传输和处理都带来许多问题,提出了许多新的要求。为此人们试图采用新的图像表达方法以减小表示一幅图像所需的数据量,这就是图像编码要解决的主要问题。需要注意数据和信息不是等同的概念。数据是信息的载体,对给定量的信息可用不同的数据量来表示。对给定量的信息,数据压缩指设法减少表达这些信息所用的数据量。

图像编码以信息论为基础,以压缩数据量为主要目的,所以图像编码也常被称为图像压缩。事实上,编码压缩的直接结果常常不再是图像形式,此时直接显示会没有意义或不能反映图像的全部性质和内容,所以编码后要使用图像还常需将编码结果转换回图像形式,这就是图像解码,也被称为图像解压缩。图像压缩和图像解压缩都是图像编码要研究的问题。

第 9 章中先介绍图像编码的一些基础概念。图像编码的基本思路是要尽可能地消除原始图像表达中各种形式的数据冗余,包括心理视觉冗余、像素间冗余和编码冗余。图像编码很有理论性,该章将给出两个基本的编码定理。在此基础上,将介绍位平面分解和位平面编码的方法,以及一些典型的变长编码方法,包括哥伦布编码、哈夫曼编码、香农-法诺编码和算术编码。

第 10 章讨论得到广泛应用的一大类图像编码方法,即图像变换编码。它充分利用了一些特定图像变换的性质。该章将对离散余弦变换和基于离散余弦变换的正交变换编码及系统进行详细分析;还对小波变换,包括 1-D 小波变换、2-D 小波变换以及快速小波变换的基本原理,以及基于小波变换的编码及系统给予全面讨论。

第 11 章将集中介绍一些其他类型的常用图像编码方法以及多种正在研究的图像编码技术,这包括基于符号的编码、LZW 编码、预测编码、矢量量化编码、准无损编码,以及子带编码、分形编码、基于内容的编码和分层编码等。

图像编码已得到比较深入的研究和广泛的应用,国际上也制定了许多有关图像编码的国际标准,以规范图像编码的方式和设备。附录 A 中对多种图像编码国际标准进行了介绍,其中许多地方使用了本单元介绍的各种图像编码技术,可以结合学习。

第9章 图像编码基础

图像编码的目的是要减少图像的数据量。压缩数据量的重要方法是消除各种冗余数据,前提是尽可能地减少数据量,并保持图像中的原有信息或者让信息虽有损失但仍满足应用的要求。前者一般称为信息保存型编码,而后者一般称为信息损失型编码。它们的区别体现在解码结果对原图像的保真程度上。信息保存型常用于图像存档,在压缩和解压缩过程中没有信息损失(图像质量没有改变)。目前技术所能提供的压缩率一般为 2~10[Zhang 1999c]。信息损失型常能取得较高的压缩率(可达几十甚至几百),但图像经过压缩后并不能通过解压缩完全恢复原状,所以只能用于可以允许一定信息损失但图像质量仍满足要求的应用场合。有许多编码方法既可用于信息保存型编码,也可用于信息损失型编码。所以,并不能单纯根据信息损失与否来区别所有编码方法。

对图像数据量的压缩是有一定限度的,这由一些涉及信息论的编码定理所保证。从图像统计的角度看,由于图像中不同灰度值出现的概率不同,需要对它们采用不同的表达方式以减小数据量。这种思路既可用于直接对灰度图像进行编码,也可用于将灰度图像分解为二值图像后分别编码然后再合起来。

根据上述的讨论,本章各节内容将安排如下。

9.1 节先介绍一些有关图像编解码的基本概念,分析讨论 3 种数据冗余形式,给出几种评判图像编解码质量的方法,并介绍通用图像编码系统模型。

9.2 节对信息论的几个概念给予介绍,包括信息测量和单位、自信息和互信息以及信源的描述方法,并借此推出两个基本的编码定理。

9.3 节介绍位平面编码的方法。首先讨论将图像按位进行分解的方法,包括二值分解和灰度码分解。然后介绍对二值图像的基本编码方法,包括常数块编码、1-D 游程编码和 2-D 游程编码。

9.4 节介绍几种常用的减少编码冗余的变长编码方法,包括哈夫曼编码、哥伦布编码、香农-法诺编码和算术编码。

9.1 图像压缩原理

图像编码的主要目的是压缩数据,所以需要知道为什么可以压缩、如何进行压缩,以及怎样判断压缩后图像的质量。下面先来介绍几个基本的概念和术语。

9.1.1 数据冗余

数据是用来表示信息的。如果为表示给定量的信息在不同的表达方法中使用了不同的数据量,那么在使用较多数据量的方法中,有些数据可能是代表了人不关心因而无用的信息;有些数据是重复地表示了其他数据已表示的信息;有些数据是由于对有用信息的表达没有最优而多余使用的。这些数据就是**冗余数据**,而冗余数据的存在表明在表达中有数据冗余现象。

数据冗余是图像压缩中的一个关键概念,但并不是一个抽象的概念,它可用数学来定量地描述。假如用 n_1 和 n_2 分别代表用来表达相同信息的两个数据集合中的信息载体单位的个数,那么第 1 个数据集合(相对于第 2 个数据集合)的相对数据冗余 R_r 定义为

$$R_r = 1 - 1/C_r \tag{9.1.1}$$

其中 C_r 称为(相对)**压缩率**(越大越高):

$$C_r = n_1/n_2 \tag{9.1.2}$$

C_r 和 R_r 分别在开区间 $(0, \infty)$ 和 $(-\infty, 1)$ 中取值。

由上面的讨论可知,图像中的数据冗余主要有 3 种基本的形式:①心理视觉冗余;②像素间冗余;③编码冗余。下面分别介绍这 3 种基本的数据冗余形式。

1. 心理视觉冗余

首先眼睛并不是对所有视觉信息有相同的敏感度。有些信息在通常的视感觉过程中与另外一些信息相比来说不那么重要,或者是人们所不太关注的,这些信息可认为是在心理视觉上冗余的,去除这些信息并不会明显地降低所感受到的图像的质量或所认知的图像内容。许多称之为"第二代编码技术"的方法就是基于这个原理的[Kunt 1985]。

心理视觉冗余从本质上说与下面两种冗余不同,它是与实在的视觉信息联系着的。只有在这些信息对正常的视感觉过程来说并不是必不可少时才可能被去除掉。因为去除心理视觉冗余数据能导致定量信息的损失,所以也有人称这个过程为量化(指由多到少的映射)。考虑到这里视觉信息有损失,所以量化是不可逆转的操作,它用于数据压缩会导致有损压缩。根据心理视觉冗余与人类视觉系统特性相关的特点,可以采取一些有效的措施来压缩数据量。电视广播中的隔行扫描就是一个常见的例子(利用了视觉暂留效应以减少数据量)。

心理视觉冗余的存在与人观察图像的方式有关。人在观察图像时会寻找某些比较明显的目标特征,而不是定量地考虑图像中每个像素的亮度,或至少不是对每个像素等同地考虑。人通过在大脑中分析这些特征并与先验知识结合以完成对图像的认知和解释过程。由于每个人所具有的先验知识不同,对同一幅图的心理视觉冗余也就因人而异。

2. 像素间冗余

考虑图 9.1.1(a)和(b)所示的两幅简单示意图像。它们包含相同的目标(一系列圆环),但是这两幅图像中像素之间的相关性大不相同。设用下式来计算沿图像某一行(其中有 N 个像素)的自相关系数,以表示同一行中相距为 $\Delta n (\Delta n < N)$ 的两个像素间的相关性:

$$A(\Delta n) = \frac{1}{N - \Delta n} \sum_{x=0}^{N-1-\Delta n} f(x) f(x + \Delta n) \tag{9.1.3}$$

则对图 9.1.1(a)和(b)中过垂直中心的水平行算得的自相关系数曲线分别如图 9.1.1(c)和(d)所示。

由图 9.1.1(c)和(d)可见,两曲线的形状相当不同,这个区别是与图 9.1.1(a)和(b)中的目标分布结构的区别紧密相关的。由于图 9.1.1(a)中的目标分布比较规则,所以图 9.1.1(c)中

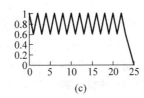 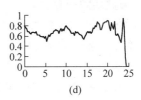

(a)　　　　　(b)　　　　　(c)　　　　　　　(d)

图 9.1.1　两幅图像和它们沿同一行的自相关系数曲线

的曲线也比较规则。这表明,相邻像素的灰度值密切相关,变化有一定的规律,可以较方便地表达描述。

由上可知图像中有一种与像素间相关性直接联系着的数据冗余——**像素间冗余**。像素间冗余常称为空间冗余或几何冗余,随着运动图像或视频的广泛应用,也称为**时空冗余**。因为图 9.1.1(a)中各像素的值可以比较方便地由其邻近像素的值估计或预测出来,每个像素所携带的独立信息相对较少。换句话说,单个像素对图像的视觉贡献有很多是冗余的,因为其灰度常能借助其邻近像素的值来推断。在连续序列图像或视频图像中,像素间还有时间上的联系,此时的像素间冗余也常称为时间冗余或者帧间冗余(见第 14 章)。

3. 编码冗余

为表达图像数据需要使用一系列符号(如字母、数字等),这些符号的集合构成一个**码本**。用码本中的符号根据一定的规则来表达图像数据就是对图像编码。这里对每个数据所赋的符号或符号序列称为**码字**,而每个码字里的符号个数称为码字的长度(**码长**)。当使用不同的编码方法时,得到的码字类别及其序列长度都可能不同。

设定义在[0,1]区间的离散随机变量 s_k 代表图像的灰度值,每个 s_k 以概率 $p_s(s_k)$ 出现:

$$p_s(s_k) = n_k/N \quad k = 1, 2, \cdots, L-1 \qquad (9.1.4)$$

式中,L 为灰度级数;n_k 是第 k 个灰度级出现的次数;N 是图像中的像素总个数。设用来表示 s_k 的每个数值的比特数是 $l(s_k)$,那么为表示每个像素所需的平均比特数是

$$L_{avg} = \sum_{k=0}^{L-1} l(s_k) p_s(s_k) \qquad (9.1.5)$$

根据式(9.1.5),为表示一幅图像中每个像素而所需的平均比特数是每个灰度的像素数与用来表示这些灰度值所需比特数的乘积的总和。可见,如果能用较少的比特数来表示出现概率较大的灰度级,而用较多的比特数来表示出现概率较小的灰度级,就能达到减少平均比特数的效果。

如果编码所用的码本不能够使得式(9.1.5)达到最小,就说明其中存在**编码冗余**。一般来说,如果编码时没有充分利用编码对象的概率特性就会产生编码冗余。在多数图像中由于存在尺寸远大于像素的具有特定形状和反射率的目标,所以某些灰度级出现的概率必定要大于其他灰度级,即灰度直方图不是水平的。如果用等长码,就会产生编码冗余。

9.1.2　图像编解码

图像编码是要把图像转换为另一种表达形式以减小所需的数据量,在需要使用图像形式的场合还需要通过图像解码将图像恢复回来。图像编码和图像解码合起来就是图像编解码。

1. 图像编解码过程

对图像数据的压缩可借助对图像的编解码来实现,这个过程可用图 9.1.2 表示,它实际上包含两个步骤。首先通过对原始图像的**编码**以达到减少数据量的目的(压缩过程),不过所获得的编码结果并不一定是图像形式,但因其数据量小,可有效地用于存储和传输;然后为了实际应用的需要对编码结果进行**解码**,得到解码图像(恢复了图像形式)以使用。

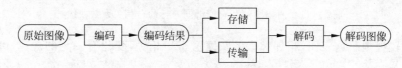

图 9.1.2　图像编解码过程

例 9.1.1　图像编解码示意

图 9.1.3 所示为一个图像编解码的示意图。首先,原始图像经编码后成为一串特定的码流(非图像形式),这串码流经解码又重新成为一幅图像。表示编码结果所需的数据量一般比表示原始图像所需的数据量少。解码图像根据应用需要可以与原始图像相同,也可以与原始图像不同。如果是前者,则可称编解码过程是无损的,解码图像相对于原始图像没有失真;如果是后者,则可称编解码过程是有损的,解码图像相对于原始图像有失真。

原始图像　　　　　　　　编码结果　　　　　　　解码图像

图 9.1.3　图像编解码示意

图像能压缩是由于存在数据冗余。9.1.1 小节介绍了 3 种基本的数据冗余,如果能减少或消除其中的一种或多种冗余,就能取得数据压缩的效果。心理视觉冗余的存在是由于没有考虑人眼视觉特性、心理因素以及应用要求,所以可借助观察和考虑应用要求去除不需要的数据(不需要表达的数据)来减少或消除。像素间冗余的存在是由于没有利用数据特性,所以可利用需表达信息之间的特性或联系减少表达所需的数据量(因为有些可从现有表达推断出)来减少或消除。编码冗余的存在是由于未能最优地表达需要的信息,所以可通过有效地表达需要的信息来减少或消除。

2. 图像编解码系统

图像编码系统可以设计成能减少或消除输入图像中的心理视觉冗余、像素间冗余及编码冗余的系统。一般情况下完整的图像编码系统包括编码器和解码器,编码器包括顺序地完成 3 个独立操作的模块,而对应的解码器仅包含反序的完成两个独立操作的模块(见图 9.1.4)。

在编码器中,映射器将输入数据变换以减少像素间冗余。这个操作一般是可反转的,它可以直接减少也可以不直接减少表达图像的数据,这与具体编码技术有关。量化器根据需要的保真度(见下节)减少映射器输出的精度。这个操作可以减少心理视觉冗余,但不可

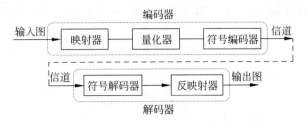

图 9.1.4 编码器和解码器及其模块

反转(见 9.1.1 小节),所以不可以用在无失真压缩编码器中。符号编码器产生表达量化器输出的码本,并根据码本映射输出。一般情况下采用变长码(见 9.4 节)来表达映射和量化后的数据。它通过将最短的码赋给最频繁出现的输出值以减少编码冗余。这个操作是可反转的。

在解码器中,只包括两个子模块。它们以与编码器中相反的排列次序分别进行符号编码和映射的逆操作(符号解码和反映射)。因为量化操作是不可反转的,所以解码器中没有对量化的逆操作。

9.1.3 图像保真度和质量

在图像压缩中为增加压缩率有时会放弃一些图像细节或其他不太重要的内容,再如前面指出的去除心理视觉冗余数据能导致实在的信息损失,所以在图像编码中解码图像与原始图像可能会不完全相同。在这种情况下常常需要有对信息损失的测度以描述解码图像相对于原始图像的偏离/失真程度(或者说需要有测量图像质量的方法),这些测度一般称为保真度(逼真度)。常用的主要可分为两大类:①客观保真度;②主观保真度。还有其他类方法可参阅[Cosman 1994]。

1. 客观保真度

当所损失的信息量能用编码输入图与解码输出图的函数表示时,可以得到**客观保真度**。常用的一个客观保真度是输入图和输出图之间的均方根(rms)误差。令 $f(x,y)$ 代表输入图,$g(x,y)$ 代表对 $f(x,y)$ 先压缩后又解压缩得到的对 $f(x,y)$ 的近似,对任意 x 和 y,$f(x,y)$ 和 $g(x,y)$ 之间的误差定义为

$$e(x,y) = g(x,y) - f(x,y) \tag{9.1.6}$$

如两幅图尺寸均为 $M \times N$,则它们之间的总误差为

$$\sum_{x=0}^{M-1} \sum_{y=0}^{N-1} |g(x,y) - f(x,y)| \tag{9.1.7}$$

这样 $f(x,y)$ 和 $g(x,y)$ 之间的均方根误差 e_{rms} 为

$$e_{\text{rms}} = \left[\frac{1}{MN} \sum_{x=0}^{M-1} \sum_{y=0}^{N-1} [g(x,y) - f(x,y)]^2 \right]^{1/2} \tag{9.1.8}$$

另一个常用的客观保真度与压缩-解压缩图的**均方信噪比**(SNR)有关。如果将 $g(x,y)$ 看作原始图 $f(x,y)$ 和噪声信号 $e(x,y)$ 的和,那么输出图的均方信噪比 SNR_{ms} 为

$$\text{SNR}_{\text{ms}} = \sum_{x=0}^{M-1} \sum_{y=0}^{N-1} g^2(x,y) \bigg/ \sum_{x=0}^{M-1} \sum_{y=0}^{N-1} [g(x,y) - f(x,y)]^2 \tag{9.1.9}$$

如果对上式求平方根,就得到**均方根信噪比** SNR_{rms}。

实际使用中常将 SNR 归一化并用分贝（dB）表示[Cosman 1994]。令图像灰度均值为

$$h = \frac{1}{MN} \sum_{x=0}^{M-1} \sum_{y=0}^{N-1} f(x,y) \tag{9.1.10}$$

则有

$$SNR = 10\lg \left[\frac{\displaystyle\sum_{x=0}^{M-1} \sum_{y=0}^{N-1} [f(x,y) - h]^2}{\displaystyle\sum_{x=0}^{M-1} \sum_{y=0}^{N-1} [g(x,y) - f(x,y)]^2} \right] \tag{9.1.11}$$

如果令 $f_{max} = \max\{f(x,y), x=0,1,\cdots,M-1, y=0,1,\cdots,N-1\}$，还可得到**峰值信噪比**（PSNR）：

$$PSNR = 10\lg \left[\frac{f_{max}^2}{\dfrac{1}{MN} \displaystyle\sum_{x=0}^{M-1} \sum_{y=0}^{N-1} [g(x,y) - f(x,y)]^2} \right] \tag{9.1.12}$$

2. 主观保真度

尽管客观保真度提供了一种简单和方便的评估信息损失的测度，但很多解压图像最终是供人看的。在这种情况下，用主观的测度常常更为合适。

主观保真度可分 3 种。第 1 种称为损伤检验（impairment tests），其中观察者对图像根据其损伤程度打分。第 2 种称为质量检验（quality tests），其中观察者对图像根据其质量排序。第 3 种称为对比测试（comparison tests），其中对图像进行两两比较。前两种是绝对的，一般很难做到无偏向地确定。第 3 种提供一种相对的结果，这对大部分人不仅更加容易，也常常更为有用。表 9.1.1 所示为对上述 3 种主观保真度的一种评价尺度[Umbaugh 2005]。

表 9.1.1　主观保真度的评价尺度

损　伤	质　量	对　比
5-感知不到	A-优秀	+2 很好
4-能感知但不讨厌	B-良好	+1 好
3-有点讨厌	C-可用	0 同样
2-严重烦人	D-差	−1 差
1-不可用	E-糟糕	−2 很差

主观保真度准则使用起来比较复杂和困难。另外，利用主观保真度准则与利用目前已提出的客观保真度准则还并没有在所有情况下都得到很好的吻合。

9.2　编　码　定　理

信息论是图像编码的基础，下面先简单介绍与编码密切相关的信息论的一些定义和概念，再引出两个基本编码定理。

9.2.1　信息单位和信源描述

对一个随机事件 E，如果它的出现概率是 $P(E)$，那么它包含的信息

$$I(E) = \log \frac{1}{P(E)} = -\log P(E) \qquad (9.2.1)$$

$I(E)$ 称为 E 的**自信息**。如果 $P(E)=1$（即事件总发生），那么 $I(E)=0$。

式(9.2.1)中所用对数的底数确定了用来测量信息的单位。如果底数是 2，得到的信息单位就是 1 个比特（注意比特也是数据量的单位）。当两个相等可能性的事件之一发生时，其信息量就是 1 比特。

信息论中的一个重要概念是熵，它是对随机变量的平均不确定性的一个测度，也是对信息内容的一个测度。一个随机变量 X 的熵定义为

$$H(X) = -\sum P(x)\log_2 P(x) \qquad (9.2.2)$$

其中 $P(x)$ 是 X 的概率密度函数。这里对数以 2 为底，这样熵就用比特来测量，它在数值上等于为描述随机变量所需的平均比特数。例如，设一个随机变量有 16 个概率相同的取值，如对每个取值赋一个标记，就需要用一个 4 比特的字符串。该随机变量的熵为 4 比特，与需要描述该随机变量的比特数相同。

一幅图像各像素的灰度值可看作一个具有随机离散输出的**信源**。信源能从一个有限或无穷可数的符号集合中产生一个随机符号序列，即信源的输出是一个离散随机变量。这个集合 $\{s_1, s_2, \cdots, s_J\}$ 称为信源符号集 S，其中每个元素 s_j 称为信源符号。信源产生符号 s_j 这个事件的概率是 $P(s_j)$，且

$$\sum_{j=1}^{J} P(s_j) = 1 \qquad (9.2.3)$$

如再令 $\boldsymbol{u} = [P(s_1)\ P(s_2)\ \cdots\ P(s_J)]^{\mathrm{T}}$，则用 $(S, \boldsymbol{u})$ 可以完全描述信源。

产生单个信源符号 s_j 时的自信息是 $I(s_j) = -\log P(s_j)$。如果产生 k 个信源符号，符号 s_j 平均来说将产生 $kP(s_j)$ 次，而由此得到的自信息将是 $-kP(s_1) \times \log P(s_1) - kP(s_2) \times \log P(s_2) \cdots - kP(s_J) \times \log P(s_J)$。如将每个信源符号输出的平均信息记为 $H(\boldsymbol{u})$，则

$$H(\boldsymbol{u}) = -\sum_{j=1}^{J} P(s_j)\log P(s_j) \qquad (9.2.4)$$

$H(\boldsymbol{u})$ 称为信源的熵，它定义了观察到单个信源符号输出时所获得的平均信息量。如果信源各符号的出现概率相等，则式(9.2.4)的熵达到最大，信源此时提供最大可能的每信源符号平均信息量。

例 9.2.1 二元信息函数

对一个具有符号集 $S = \{s_1, s_2\} = \{0, 1\}$ 的二元信源，设信源产生两个符号的概率分别为 $P(s_1) = p_{\mathrm{bs}}$ 和 $P(s_2) = 1 - p_{\mathrm{bs}}$，由式(9.2.4)可知信源的熵（也称二元熵函数）为

$$H(\boldsymbol{u}) = -p_{\mathrm{bs}}\log_2 p_{\mathrm{bs}} - (1 - p_{\mathrm{bs}})\log_2 (1 - p_{\mathrm{bs}})$$
$$(9.2.5)$$

这里 $H(\boldsymbol{u})$ 只是 p_{bs} 的函数，它具有如图 9.2.1 所示的曲线形状，它在 $p_{\mathrm{bs}} = 1/2$ 时取到最大值(1b)。

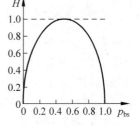

图 9.2.1　二元信息函数　□

因为信源的输出是一个离散随机变量，所以编码后的输出也是一个离散随机变量，它也从一个有限或无穷可数的符号集合中得到。这个集合 $\{t_1, t_2, \cdots, t_K\}$ 可称为编码输出符号集 T。某个符号 t_k 输出的概率是 $P(t_k)$。如再令 $\boldsymbol{v} = [P(t_1)\ P(t_2)\ \cdots\ P(t_K)]^{\mathrm{T}}$，则 $(T, \boldsymbol{v})$ 能完全描述编码输出的信息。

编码输出的概率 $P(t_k)$ 和信源 u 的概率分布是由下式联系在一起的：

$$P(t_k) = \sum_{j=1}^{J} P(t_k \mid s_j) P(s_j) \tag{9.2.6}$$

式中，$P(t_k|s_j)$ 是在信源符号 s_j 产生条件下得到编码输出符号 t_k 的概率。如果将式(9.2.6)中的条件概率放入一个 $K \times J$ 的传递矩阵 Q（其元素 $q_{kj} = P(t_k|s_j)$ 为条件概率）：

$$Q = \begin{bmatrix} P(t_1 \mid s_1) & P(t_1 \mid s_2) & \cdots & P(t_1 \mid s_J) \\ P(t_2 \mid s_1) & \ddots & \cdots & P(t_2 \mid s_J) \\ \vdots & \vdots & \ddots & \vdots \\ P(t_K \mid s_1) & P(t_K \mid s_2) & \cdots & P(t_K \mid s_J) \end{bmatrix} \tag{9.2.7}$$

则编码输出符号集的概率分布可由下式计算：

$$v = Qu \tag{9.2.8}$$

式(9.2.6)确定了编码输出任意符号 t_k 时信源的分布，所以对应每个 t_k 有一个条件熵函数：

$$H(u \mid t_k) = -\sum_{j=1}^{J} P(s_j \mid t_k) \log P(s_j \mid t_k) \tag{9.2.9}$$

其中 $P(s_j|t_k)$ 是编码输出符号 t_k 的条件下信源符号 s_j 产生的概率。$H(u|t_k)$ 对所有 t_k 的期望值是

$$H(u \mid v) = \sum_{k=1}^{K} H(u \mid t_k) P(t_k) = -\sum_{j=1}^{J} \sum_{k=1}^{K} P(s_j, t_k) \log P(s_j \mid t_k) \tag{9.2.10}$$

式中，$P(s_j, t_k)$ 是 s_j 和 t_k 的联合概率，即 s_j 产生且 t_k 输出的概率。对一个信源符号来说，$H(u|v)$ 是产生一个信源符号，并获得由此而产生的输出符号的平均信息（条件信息量总平均值）。$H(u)$ 和 $H(u|v)$ 的差是获得单个输出符号而接收到的平均信息，也称为 u 和 v 的**互信息**，可以记为

$$I(u, v) = H(u) - H(u \mid v) = \sum_{j=1}^{J} \sum_{k=1}^{K} P(s_j, t_k) \log \frac{P(s_j, t_k)}{P(s_j) P(t_k)}$$

$$= \sum_{j=1}^{J} \sum_{k=1}^{K} P(s_j) q_{kj} \log \frac{q_{kj}}{\sum_{i=1}^{J} P(s_i) q_{ki}} \tag{9.2.11}$$

上式表明互信息是 u 和 Q 的函数。当输入和输出符号统计独立时 $I(u, v)$ 取得最小值 0。

9.2.2　无失真编码定理

无失真编码定理给出在没有失真的条件下（无损压缩），编码表达每个信源符号时可达到的最小平均码字长度。

用 (S, u) 描述，且信源符号统计独立的信源称为零记忆信源。如果它的输出是由信源符号集中得到的一组 n 个符号（而不是单个符号），则信源输出是一个块（组）随机变量。它取所有 n 个元素系列的集合 $S' = \{\sigma_1, \sigma_2, \cdots, \sigma_{Jn}\}$ 的 J^n 个值中的一个。这个值记为 σ_i，σ_i 由 S 中的 n 个符号组成。信源产生 σ_i 的概率是 $P(\sigma_i)$，它与单符号概率 $P(s_j)$ 的关系为

$$P(\sigma_i) = P(s_{j1}) P(s_{j2}) \cdots P(s_{jn}) \tag{9.2.12}$$

其中增加的第 2 个下标 $1, 2, \cdots, n$ 是为了指示要组成一个 σ_i 而由 S 中取的 n 个符号。如果令 $u' = [P(\sigma_1) \quad P(\sigma_2) \quad \cdots \quad P(\sigma_{Jn})]^{\mathrm{T}}$，则信源的熵为

$$H(u') = -\sum_{i=1}^{J^n} P(\sigma_i) \log P(\sigma_i) = n H(u) \tag{9.2.13}$$

由此可见,产生块随机变量的零记忆信源的熵是对应单符号信源的 n 倍。它也可看作是单符号信源的 n 阶扩展。

因为信源输出 σ_i 的自信息是 $\log[1/P(\sigma_i)]$,所以可用长度为 $l(\sigma_i)$ 的整数码字来对 σ_i 编码,$l(\sigma_i)$ 需满足:

$$-\log P(\sigma_i) \leqslant l(\sigma_i) < -\log P(\sigma_i) + 1 \tag{9.2.14}$$

根据式(9.1.5)和式(9.2.13),将式(9.2.14)各项乘以 $P(\sigma_i)$ 并对所有 i 求和可得

$$H(\boldsymbol{u'}) \leqslant L'_{\text{avg}} = \sum_{i=1}^{J^n} P(\sigma_i)\, l(\sigma_i) < H(\boldsymbol{u'}) + 1 \tag{9.2.15}$$

式中,L'_{avg} 代表对应单符号信源的 n 阶扩展信源的码字平均长度。参见式(9.2.13),将式(9.2.15)除以 n,并取极限得到

$$\lim_{n \to \infty} \left[\frac{L'_{\text{avg}}}{n} \right] = H(\boldsymbol{u}) \tag{9.2.16}$$

式(9.2.16)表明通过对信源的无穷长扩展的编码,可以使 L'_{avg}/n 任意接近 $H(\boldsymbol{u})$。尽管在以上推导中假设信源符号统计独立,但结果也很容易推广到更一般的信源,例如 m 阶马尔科夫源(源中每个信源符号的产生与先前 m 个有限数量的符号有关)。因为 $H(\boldsymbol{u})$ 是 L'_{avg}/n 的下限,所以一个给定编码方案的效率 η 可定义为

$$\eta = n \frac{H(\boldsymbol{u})}{L'_{\text{avg}}} \tag{9.2.17}$$

效率总是小于等于 1 的,所以也可以说无损信源编码的平均码字长度(平均比特率)可以接近信源的熵,但不能小于信源的熵。这就是无损信源压缩的极限。

例 9.2.2 一阶和二阶扩展编码

设有一个零记忆信源,它的信源符号集为 $S = \{s_1, s_2\}$,各符号产生概率分别为 $P(s_1) = 2/3$,$P(s_2) = 1/3$。根据式(9.2.4),信源的熵是 0.918 比特/符号。如果用二元码字 0 和 1 分别代表符号 s_1 和 s_2,由式(9.2.15)可知 $L'_{\text{avg}} = 1$,由式(9.2.17)知 $\eta = 0.918$。

对二阶扩展编码来说,信源符号集中有 4 个符号 σ_1、σ_2、σ_3 和 σ_4。根据式(9.2.15),可算得二阶扩展码的平均字长是 1.89 比特/符号。二阶扩展码的熵是一阶扩展码的熵的 2 倍,即 1.83 比特/符号。这样二阶扩展编码的效率是 $\eta = 1.83/1.89 = 0.97$,它比一阶扩展编码的效率稍高。对信源的二阶扩展编码可将每信源符号的平均码比特数从 1 比特/符号减为 0.945 比特/符号。

表 9.2.1 所示为上述一阶和二阶扩展编码的情况。

表 9.2.1 一阶和二阶扩展编码示例

	σ_i	源符号	$P(\sigma_i)$	$I(\sigma_i)$	$l(\sigma_i)$	码字	码长
一阶扩展	σ_1	s_1	2/3	0.59	1	0	1
	σ_2	s_2	1/3	1.58	2	1	1
二阶扩展	σ_1	$s_1 s_1$	4/9	1.17	2	0	1
	σ_2	$s_1 s_2$	2/9	2.17	3	10	2
	σ_3	$s_2 s_1$	2/9	2.17	3	110	3
	σ_4	$s_2 s_2$	1/9	3.17	4	111	3

借助熵的概念和无失真编码定理的推导思路,还可以用另一种方式来定义压缩率。

考虑一幅有 G 个灰度级的图像 $f(x,y)$,如果灰度级 k 的出现概率为 $P(k)$,则根据式(9.2.4),该图像的熵为

$$H = -\sum_{k=0}^{G-1} P(k) \log P(k) \tag{9.2.18}$$

如果表示该图像所需的最小数据量或比特数为 B,则(绝对的)冗余 R_a 应该是

$$R_a = B - H \tag{9.2.19}$$

现设用图像的灰度直方图来估计图像的熵,即设灰度级 k 的出现频率为 $h(k)$,则熵的估计为

$$H_e = -\sum_{k=0}^{2^B-1} h(k) \log h(k) \tag{9.2.20}$$

这样,冗余 R_a 可表示为

$$R_a \approx B - H_e \tag{9.2.21}$$

一个(绝对的)压缩率 C_a 可定义为

$$C_a \approx B/H_e \tag{9.2.22}$$

9.2.3 率失真编码定理

率失真编码定理简称率失真定理,也称信源编码定理。该定理将对固定字长编码方案的失真(重建误差)D 与编码所用的数据率(如每像素比特数)R 联系在一起。它给出由于压缩而产生的平均误差被限制在某个最大允许水平 D 时的最小的 R。

考虑有损压缩的情况,令 $f(x,y)$ 代表原始图,$\hat{f}(x,y)$ 代表重建的图,可以使用重建的均方误差作为失真度来表示失真:

$$D = E\{[\hat{f}(x,y) - f(x,y)]^2\} \tag{9.2.23}$$

可以证明,重建误差的熵有如下的上限[Blahut 1972]:

$$H[f(x,y) - \hat{f}(x,y)] \leqslant \frac{1}{2} \log[2\pi e D_{max}] \tag{9.2.24}$$

上式等号仅在差值图像具有统计上独立的像素和满足高斯概率密度函数时成立。换句话说,最好的编码方案将产生仅具有高斯白噪声的差值图像。所以,可以通过检查原始图和重建图的差值图像来主观地评价编码的效果,如果在差值图像中能看到任何可辨别的结构,则说明编码没有达到最优。

要使对信源编码的平均误差小于 D,需建立将失真数值定量赋给每个信源近似输出的规则。在简单情况下,可用一个称为失真量度的非负函数 $\rho(s_j, t_k)$ 去确定利用解码输出 t_k 以重新产生信源输出 s_j 的代价。因为信源输出是随机的,所以失真也是一个随机变量。失真的平均值 $d(\boldsymbol{Q})$ 可表示为

$$d(\boldsymbol{Q}) = \sum_{j=1}^{J} \sum_{k=1}^{K} \rho(s_j, t_k) \, P(s_j, t_k) = \sum_{j=1}^{J} \sum_{k=1}^{K} \rho(s_j, t_k) \, P(s_j) q_{kj} \tag{9.2.25}$$

当且仅当 $\boldsymbol{Q}$ 对应的平均失真小于或等于 D 时,可以说编码-解码过程的允许失真是 D。

所有允许失真为 D 的编码-解码过程的集合是

$$Q_D = \{\, q_{kj} \mid d(Q) \leqslant D\}$$ (9.2.26)

因而可进一步定义一个率失真函数:

$$R(D) = \min_{Q \in Q_D}[I(u,v)]$$ (9.2.27)

它对所有允许失真为 D 的码本会取式(9.2.11)的最小值。因为 $I(u,v)$ 是矢量 u 中概率和矩阵 Q 中元素的函数,所以最小值是对整个 Q 取的。如果 $D=0$,$R(D)$ 小于或等于信源的熵。

式(9.2.27)给出了在平均失真小于或等于 D 时,信源可以传送给编码输出的最小平均信息量。为计算 $R(D)$,可通过合理选择 Q 以求取 $I(u,v)$ 的最小值,此过程要满足以下 3 个约束条件:

$$q_{kj} \geqslant 0$$ (9.2.28)

$$\sum_{k=1}^{K} q_{kj} = 1$$ (9.2.29)

$$d(Q) = D$$ (9.2.30)

式(9.2.28)和式(9.2.29)给出 Q 的基本性质:①Q 的元素必须是正的;②因为对任意产生的输入符号总会接收到一些输出,所以 Q 的任一列之和为 1。式(9.2.30)指出,如果允许最大可能的失真,就可获得最小的数据率。这就是率失真定理。

例 9.2.3 **扩展编码的率失真函数**

设有一个零记忆信源,它的信源符号集为 $S=\{0,1\}$,且两个符号的概率相等。现设失真量度函数为 $\rho(s_j,t_k)=1-\delta_{jk}$,其中 δ_{jk} 为脉冲函数,则每个编码-解码误差都记为单位失真。令 $\lambda_1,\lambda_2,\cdots,\lambda_{J+1}$ 为拉格朗日乘数,可构建扩展准则函数:

$$J(Q) = I(u,v) - \sum_{j=1}^{J}\lambda_j \sum_{k=1}^{K} q_{kj} - \lambda_{J+1}d(Q)$$ (9.2.31)

将其对 q_{kj} 的求导置为 0,并与对应式(9.2.29)和式(9.2.30)的 $J+1$ 个方程联解,最后可得

$$Q = \begin{bmatrix} 1-D & D \\ D & 1-D \end{bmatrix}$$ (9.2.32)

因为信源符号概率相等,所以最大失真为 1/2,由此可知 $0\leqslant D\leqslant 1/2$,且 Q 对所有 D 满足式(9.2.11)。根据 Q 和二元对称信道矩阵的相似性,有 $I(u,v)=1-H_{bs}(D)$,再根据式(9.2.27)可得率失真函数:

$$R(D) = \min_{Q \in Q_D}[\,1-H_{bs}(D)] = 1-H_{bs}(D)$$ (9.2.33)

式(9.2.33)中第 2 个等号成立是由于对给定 D,$1-H_{bs}(D)$ 只有一个值,所以也是最小值。典型的 $R(D)$ 曲线可参见图 9.2.2:$R(D)$ 总是正的,单减的,在 $[0,D_{max}]$ 区间下凸。另外 $R(D)$ 在 $D<0$ 时不存在,而在 $D\geqslant D_{max}$ 时有 $R(D)=0$。如果一种编码方法的数据率 R 小于率失真函数 $R(D)$,那么平均失真一定会大于 D。所以率失真曲线给出了编码码率的下限。

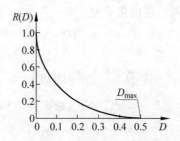

图 9.2.2　零记忆二元对称信源的率失真函数

9.3　位平面编码

二值图像是一类比较简单的图像,文档图像是一个典型的示例。二值图像可看作灰度值图像的一个特例。二值只需要用一个比特来表示,而灰度值则需要用多个比特来表示。灰度值图像可以分解成一系列二值图像,每一幅二值图像可看作对应灰度值图像的一个比特平面,也称位平面。位平面编码的直接对象是二值图像,但也可用于灰度图像。

对灰度图像的**位平面编码**先将多灰度值图像分解成一系列二值图,然后对每一幅二值图像再用二元压缩方法(这里常借助对二值图像的统计知识)进行压缩。它不仅能消除或减少编码冗余也能消除或减少图像中的像素间冗余。下面分别介绍基本的位平面分解方法和几种典型的位平面编码方法。

9.3.1　位平面的分解

对灰度值图像的基本位平面分解方法主要有两种:二值分解和灰度码分解。

1.　二值分解

对一幅用多个比特表示其灰度值的图像来说,其中的每个比特可看作表示了一个二值的平面,也称位平面(简称位面)。一幅其灰度级用 8 比特表示的图像有 8 个位面,一般用位面 0 代表最低位面,位面 7 代表最高位面(见图 9.3.1)。

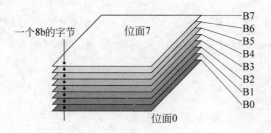

图 9.3.1　图像的位面表示

例 9.3.1　位面图实例

图 9.3.2 给出一组位面图实例,其中图(a)～图(h)是图 3.3.1(a)图像的 8 个位面图(从位面 7 依次排到位面 0)。这里基本上仅 5 个最高位面包含了视觉可见的有意义信息,其他位面只是很局部的小细节,许多情况下也常认为是噪声。

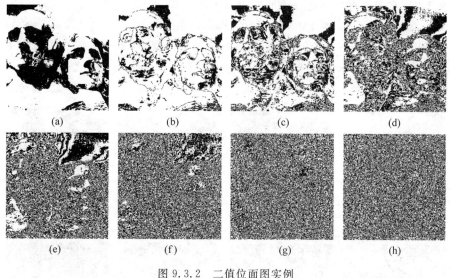

(a)　　　　　　(b)　　　　　　(c)　　　　　　(d)

(e)　　　　　　(f)　　　　　　(g)　　　　　　(h)

图 9.3.2　二值位面图实例

对一幅 8 比特灰度级的图像,当代表一个像素灰度值字节的最高比特为 1 时,该像素的灰度值必定大于或等于 128,而当这个像素的最高比特为 0 时,该像素的灰度值必定小于或等于 127。所以,图 9.3.2(a)相当于把原图灰度值分成 0～127 和 128～255 这两个范围,并将前者标为黑而后者标为白而得到。同理,图 9.3.2(b)相当于把原图灰度值分成 0～63 及 128～191 和 64～127 及 192～255 这 4 个范围,并将前两者标为黑而后两者标为白而得到。其他各图可依次类推。

根据前面的讨论,可用如下多项式:

$$a_{m-1}2^{m-1} + a_{m-2}2^{m-2} + \cdots + a_1 2^1 + a_0 2^0 \tag{9.3.1}$$

来表示具有 m 比特灰度级的图像中像素的灰度值。根据这个表示,把一幅灰度图分解成一系列二值图集合的一种简单方法就是把上述多项式的 m 个系数分别分到 m 个 1 比特的位面中去,称为**二值分解**。这种分解方法的一个固有缺点是像素点灰度值的微小变化有可能对位平面的复杂度产生较明显的影响。例如,当空间相邻的两个像素的灰度值分别为 127（01111111$_2$）和 128（10000000$_2$）时,图像的每个位面上在这个位置处都将有从 0 到 1（或从 1 到 0）的过渡。

2. 灰度码分解

另一种可减少上述小灰度值变化影响的位面分解法是先用一个 m 比特的灰度码表示图像。对应式(9.3.1)中多项式的 m 比特的灰度码可以由下式计算:

$$g_i = \begin{cases} a_i \oplus a_{i+1} & 0 \leqslant i \leqslant m-2 \\ a_i & i = m-1 \end{cases} \tag{9.3.2}$$

其中 $\oplus$ 代表异或操作。按上述方式分解称为**灰度码分解**,其结果仍是二值的位面。这样得到的码的独特性质是相连的码字只有 1 个比特的区别,这样,像素点灰度值的小变化就不易影响所有位面。仍考虑上述空间相邻的两个像素的灰度值分别为 127 和 128 的例子,如用式(9.4.2)的灰度码来表示的话,这里只有第 7 个位面有从 0 到 1 的一个过渡,而其他位面并没有变化。此时对应 127 和 128 的灰度码分别是 01000000$_2$ 和 11000000$_2$。

例9.3.2 利用灰度码表达图像的位面图实例

图9.3.3(a)~图9.3.3(h)所示为用灰度码来表达的图3.3.1(a)图像的8个位面(从高位到低位)图。由这些图可见,低位面图比高位面图更复杂,即低位面图比高位面图包括的细节要多,但也更随机。如将这里的8个灰度码位面图与图9.3.2中的8个二值位面图相比较,可见用灰度码表达的位面图复杂度较低,但具有视觉意义信息的位面图数量更多。

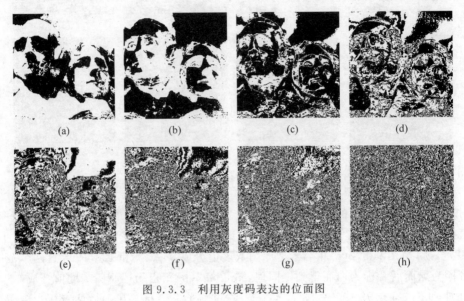

图9.3.3 利用灰度码表达的位面图

9.3.2 位平面的编码

位平面分解后得到的是二值图,即像素值只有0或1两种。如前面图9.3.2和图9.3.3所示,许多位面图中有大片的连通区域。另外,像素值为0或1的两种像素在平面上是互补的。这些特性都可用来帮助进行编码。

1. 常数块编码

压缩二值图像或位平面图的一种简单而有效的方法是用专门的码字表达全是0或1的连通区域。**常数块编码**(CAC)是其中的一种技术。它将图像分成全黑、全白或混合的尺寸为$m \times n$尺寸的块。出现频率最高的类赋予1比特码字0,其他两类分别赋予2比特码字10和11。由于原来需用mn比特表示的常数块现在只用1比特或2比特码字表示,就达到了压缩的目的。当然这里赋给混合块的码字只是作为前缀,后面还需跟上该块的用mn比特表示的模式。

当需压缩的图像主要由白色部分组成时(例如文档),更简单的方法是将白色块区域编为0,而将所有其他块(包括实心黑色块)区域都用1接上该块的位模式编码。这种方法称为**跳跃白色块**(WBS),它利用了对所需压缩图像已知的结构信息。将很少出现的全黑块与混合块组合在一起,就可把1比特码字腾出来用于较多出现的白色块。对这种方法的进一步改进(当块尺寸为$1 \times n$的线时)是将白线编为0而将所有其他线用1接上普通WBS码表示。另一种改进的方法是将二值图像或位平面迭代地分解成尺寸越来越小的子块。对2-D块,全白图编为0;其他图分解成子块,加上为1的前缀后再类似地编码。这样,如果一个子块全白,它就由前缀1(表明它是第1次迭代子块)和紧接的0(表明是实心白色)表示。如果子块还不是实心白,就继续分解,直至某个事先确定的子块尺寸。如果这个子块全白,就编为0,反之就编为1加上该块的位模式。

2. 1-D 游程编码

另一种对常数区编码的有效方法是用一系列描述黑或白像素游程的长度来表示二值图像或位平面的每一行。这种称为**游程编码**(RLC)的方法(结合其2-D扩展)已成为对传真图像的标准压缩方法。它的基本思路是对一组从左向右扫描得到的连续的0或1游程用它们的长度来编码。这里需要建立确定游程值的协定,常用的方法有:①指出每行第一个游程的值;②设每行都由(其长度可以是0)白色游程开始。

通过用变长码对游程的长度编码有可能取得更高的压缩率。这里可将黑和白的游程长度分开,并根据它们的统计特性分别用变长码编码。例如令符号 s_j 代表长度为 j 的一个黑色游程,用图像中长度为 j 的黑色游程个数去除以图像中所有黑色游程的总个数就可近似得到符号 s_j 是由某个想象中的黑色游程信源产生出来的概率。将这些概率代入式(9.2.4)就可得到上述黑色游程源的熵的估计 H_b。用类似方法可得白色游程信源的熵的估计 H_w。这样,图像的游程熵就近似为

$$H_{RL} = \frac{H_b + H_w}{L_b + L_w} \tag{9.3.3}$$

式中,变量 L_b 和 L_w 分别代表黑色和白色游程长度的平均值。当使用变长码对二值图像的游程长度进行编码时,可用式(9.3.3)来估计每个像素所需的平均比特数。

3. 2-D 游程编码

许多2-D编码方法可由上述1-D游程编码进行概念推广得到。有一种常用的方法称为**相对地址编码**(RAC),它的基本原理是跟踪各个黑色和白色游程的起始和终结过渡点。图9.3.4给出具体实现这种方法时计算游程的一个示意图。图中 ec 是从当前过渡点 c 到当前行的前一个过渡点 e 的距离,cc' 是从 c 到上一行在 e 之后的第一个与过渡点 c 类似过渡点 c' 的距离(c' 有可能在 c 的右边)。如果 $ec \leqslant cc'$,取 RAC 距离 d 为 ec;反之,如果 $ec > cc'$,取 RAC 距离 d 为 cc'。

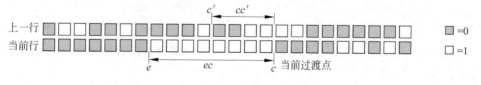

图 9.3.4   RAC 编码示意图

与游程编码类似,RAC也需要建立确定游程值的方法。此外还需要设定想象的起始行以及每行的起始和终结点以正确管理图像边界。由于对大多数图像来说RAC距离的概率分布不是均匀的,所以还要用合适的变长码(如下节的哥伦布码)来对RAC距离进行编码。

例 9.3.3 对 RAC 距离进行变长编码示例

表9.3.1给出一种对RAC距离编码的方法。最短的距离用最短的码字来编,而所有其他距离都用如下方法编:用第1个前缀表示最短的RAC距离,第2个前缀将 d 赋给某个距离范围,再加上 d 减去范围下限的二进制表示(表9.4.1中的 $xxx\cdots$)。例如图9.3.4中

ec 和 cc' 分别等于 $+8$ 和 $+4$,那么正确的 RAC 码字为 1100011_2。这里首先取 cc'(因为 cc' 为 $+4$,小于为 $+8$ 的 ec),即第 1 前缀码为 1100;然后第 2 前缀码 $h(d)$ 应该为 $0xx$ 的形式(RAC 距离为 4);最后 xx 为 11(因为 RAC 距离 d 减去距离范围下限是 $4-1=3$,写成二进制为 11)。最后,如果 $d=0$,c 就在 c' 的正上方(注意 e 和 c 不可能重合);而如果 $d=1$,由于码 100_2 不能反映测量是对应当前行还是上一行,解码器就必须确定最近的过渡点。

表 9.3.1 对 RAC 距离进行变长编码

测量距离	RAC 距离	第 1 前缀码	距离范围	第 2 前缀码 $h(d)$
cc'	0	0	1~4	$0xx$
ec 或 cc'(左)	1	100	5~20	$10xxxx$
cc'(右)	1	101	21~84	$110xxxxxx$
ec	$d(d>1)$	$111h(d)$	85~340	$1110xxxxxxxx$
cc'(c' 在左)	$d(d>1)$	$1100h(d)$	341~1364	$11110xxxxxxxxxx$
cc'(c' 在右)	$d(d>1)$	$1101h(d)$	1365~5460	$111110xxxxxxxxxxxx$

4. 编码方法比较

对同一幅灰度图像用前面介绍的 3 种位平面编码方法得到的结果见表 9.3.2,其中用游程编码的熵的一阶估计作为变长码所能达到的压缩性能(H)的近似。由表可以看出以下几点。

表 9.3.2 不同方法的编码结果比较($H \approx 6.82$ 比特/像素)

位平面编码	编码方法	位平面码率/(比特/像素)								编码结果	
		7	6	5	4	3	2	1	0	码率	压缩率
二值	CAC(4×4)	0.14	0.24	0.60	0.79	0.99	—	—	—	5.75	1.4:1
	RLC	0.09	0.19	0.51	0.68	0.87	1.00	1.00	1.00	5.33	1.5:1
	RAC	0.06	0.15	0.62	0.91	—	—	—	—	5.74	1.4:1
灰度值	CAC(4×4)	0.14	0.18	0.48	0.40	0.61	0.98	—	—	4.80	1.7:1
	RLC	0.09	0.13	0.40	0.33	0.51	0.85	1.00	1.00	4.29	1.9:1
	RAC	0.06	0.10	0.49	0.31	0.62	—	—	—	4.57	1.8:1

(1) 各方法得到的码率都比一阶熵估计要小,这说明各方法都能消除一定的像素间冗余,其中游程编码效果最好。

(2) 灰度编码能得到的(比二值编码的)改进约为 1 比特/像素。

(3) 所有 3 种方法的压缩率都仅为 1~2,这主要是因为它们对低位面的压缩效果差。表中横杠代表此处数据量反而膨胀了。

9.4 变长编码

变长编码是一种统计编码压缩方式,可减少编码冗余。变长编码通过分配给出现概率较高的符号以较短的码字而出现概率较低的符号以较长的码字来降低平均比特率。恰当地设计变长编码器,可使编码比特率接近信源的熵,所以变长编码也称**熵编码**。在变长编码中,从符号到码字的映射是一一对应的,所以变长编码是一种信息保存型的编码方式。

9.4.1 哥伦布编码

哥伦布编码是一种比较简单的变长编码方法。考虑到像素间的相关性,相邻像素灰度值的差将会呈现小值出现多、大值出现少的特点,这种情况比较适合用哥伦布编码方法。如果非负整数输入中各符号的概率分布是指数递减的,则根据无失真编码定理,用哥伦布编码方法可达到优化编码。

例 9.4.1 取整函数

取整函数可将实数值转为整数值,常用的包括:

(1) 取整函数:记为 round($\cdot$),即常说的四舍五入函数。如果 x 是个实数,则 round(x) 是整数且 $x-1/2 <$ round(x) $\leqslant x+1/2$。

(2) 上取整函数:也称为顶函数,记为 $\lceil \cdot \rceil$。如果 x 是个实数,则 $\lceil x \rceil$ 是整数且 $x \leqslant \lceil x \rceil <$ $x+1$。

(3) 下取整函数:也称为底函数,记为 $\lfloor \cdot \rfloor$。如果 x 是个实数,则 $\lfloor x \rfloor$ 是整数且 $x-1 <$ $\lfloor x \rfloor \leqslant x$。 □

以下讨论中,设 $\lceil x \rceil$ 代表大于等于 x 的最小整数,$\lfloor x \rfloor$ 代表小于等于 x 的最大整数。给定一个非负整数 n 和一个正整数除数 m,n 相对于 m 的哥伦布码记为 $G_m(n)$,它是对商 $\lfloor n/m \rfloor$ 的一元码和对余数 $n \bmod m$ 的二值表达的组合。$G_m(n)$ 可根据以下 3 个步骤计算:

(1) 构建商 $\lfloor n/m \rfloor$ 的一元码(整数 I 的一元码定义为 I 个 1 后面跟个 0)。

(2) 令 $k = \lceil \log_2 m \rceil$,$c = 2^k - m$,$r = n \bmod m$,计算截断的 r':

$$r' = \begin{cases} r \text{ 截断到 } k-1 \text{ 比特} & 0 \leqslant r < c \\ r+c \text{ 截断到 } k \text{ 比特} & \text{其他} \end{cases} \tag{9.4.1}$$

(3) 将上面两个步骤的结果拼接起来得到 $G_m(n)$。

例 9.4.2 $G_m(n)$ 的计算

设要计算 $G_4(9)$。根据步骤(1),先确定 $\lfloor 9/4 \rfloor = 2$ 的一元码,即 110。再根据步骤(2),有 $k = \lceil \log_2 4 \rceil = 2$,$c = 2^2 - 4 = 0$,$r = 9 \bmod 4$,即二值表达 1001 mod 0100,结果为 0001。根据式(9.4.1),将 $r(+c)$ 截断到 2 个比特得到 r',即 01。最后根据步骤(3),得到 $G_4(9)$ 为 11001。 □

在 $m = 2^k$,$c = 0$ 时,$r' = r = n$ 对所有的 n 都截断到 k 比特。为获得哥伦布码的除法变成二值移位操作,这样得到的计算简便的码称为**哥伦布-莱斯码**。表 9.4.1 中的第 2、第 3 和第 4 列分别给出前 10 个非负整数的 G_1、G_2 和 G_4。它们的共同特点都是码字长度单增,所以在小的整数出现概率大、大的整数出现概率小时比较有效。另外,G_1 是非负整数的一元码($\lfloor n/1 \rfloor = n$,$n \bmod 1 = 0$)。

表 9.4.1 中的第 5 列给出前 10 个非负整数的零阶指数的哥伦布码。**指数哥伦布码**适合对游程长度的编码(见 9.4.2 小节),对长短游程都很有效。阶为 k 的指数哥伦布码 $G_{\exp}^k(n)$ 采用以下 3 个步骤计算:

(1) 确定满足下式的整数 $i \geqslant 0$

$$\sum_{j=0}^{i-1} 2^{j+k} \leqslant n < \sum_{j=0}^{i} 2^{j+k} \tag{9.4.2}$$

并构建 i 的一元码。

（2）计算下式的二值表达：

$$n - \sum_{j=0}^{i-1} 2^{j+k} \tag{9.4.3}$$

并将其截断到最低的 $k+i$ 比特。

（3）将上两个步骤的结果拼接起来得到 $G_{exp}^k(n)$。

表 9.4.1　若干哥伦布码示例

n	$G_1(n)$	$G_2(n)$	$G_4(n)$	$G_{exp}^0(n)$
0	0	00	000	0
1	10	01	001	100
2	110	100	010	101
3	1110	101	011	11000
4	11110	1100	1000	11001
5	111110	1101	1001	11010
6	1111110	11100	1010	11011
7	11111110	11101	1011	1110000
8	111111110	111100	11000	1110001
9	1111111110	111101	11001	1110010

例 9.4.3 $G_{exp}^k(n)$ 的计算

设要计算 $G_{exp}^0(8)$。根据步骤（1），因为 $k=0$，令 $i=\lfloor \log_2 9 \rfloor = 3$。此时，式（9.4.2）成为

$$\sum_{j=0}^{i-1} 2^{j+k} = \sum_{j=0}^{i-1} 2^{j+0} = 2^0 + 2^1 + 2^2 = 7 \leqslant n = 8 < 15$$

$$= 2^0 + 2^1 + 2^2 + 2^3 = \sum_{j=0}^{i} 2^{j+0} = \sum_{j=0}^{i} 2^{j+k}$$

可见，式（9.4.2）得到满足，$i=3$ 的一元码是 1110。再根据步骤（2），式（9.4.3）成为

$$n - \sum_{j=0}^{i-1} 2^{j+k} = 8 - \sum_{j=0}^{2} 2^j = 8 - (2^0 + 2^1 + 2^2) = 8 - 7 = 1 = 0001$$

如果将结果截断到它的最低 $3+0$ 比特为 001。最后根据步骤（3），得到 $G_{exp}^0(8)$ 为 1110001。

9.4.2　哈夫曼编码

哈夫曼编码是消除编码冗余最常用的技术。当对信源符号逐个编码时，哈夫曼编码能给出最短的码字。根据无失真编码定理（见 9.2.2 小节），哈夫曼编码方式对固定阶数的信源是最优的。

下面结合一个例子介绍用哈夫曼编码方式进行二元编码的过程。这个过程主要有两个步骤，为解释清晰分开来介绍。第一个步骤是缩减信源符号数量。在图 9.4.1 中，最左边是

一组信源符号，它们的概率从大到小排列。为削减信源(符号)，先将概率最小的两个符号结合得到一个组合符号(见图中削减步骤第 1 列)。如果剩下的符号多于两个，则继续以上过程直到信源中只有两个符号为止。在这个过程中每次都要将符号(包括组合符号)按概率从大到小排列。

初始信源
信源消减步骤
符号 概率
1 2 3 4
s_2 0.4 0.4 0.4 0.4 0.6
s_6 0.3 0.3 0.3 0.3 0.4
s_1 0.1 0.1 0.2 0.3
s_4 0.1 0.1 0.1
s_3 0.06 0.1
s_5 0.04

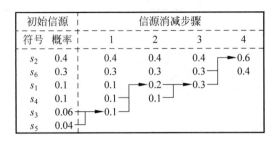

图 9.4.1　哈夫曼编码中的信源削减图解

第二个步骤是对每个信源符号赋值。先从(削减到)最小的信源开始，逐步回到初始信源，这个过程如图 9.4.2 所示。对一个只有两个符号的信源，最短长度的二元码由符号 0 和 1 组成。将它们赋予对应最右列两个概率的符号。这里赋 0 或 1 完全是随机的，不影响结果。由于对应概率为 0.6 的符号是由左边两个符号结合而成，所以先将 0 赋予这两个符号，然后再随机地将 0 和 1 接在后面以区分这两个符号。继续这个过程直到初始信源。最终得到的码字见图中“码字”一列所示。

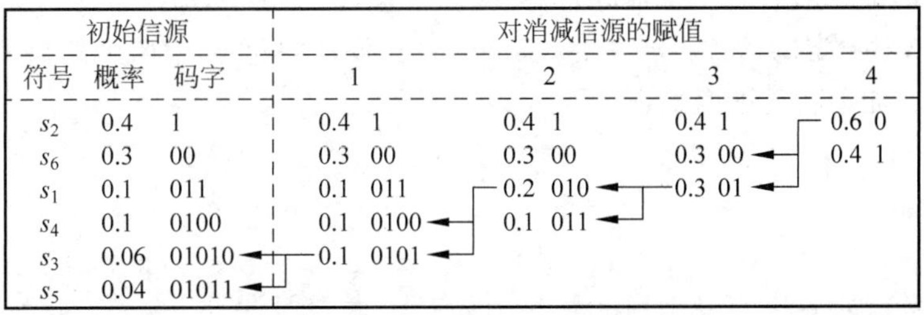

初始信源
对消减信源的赋值
符号 概率 码字
1 2 3 4
s_2 0.4 1 0.4 1 0.4 1 0.4 1 0.6 0
s_6 0.3 00 0.3 00 0.3 00 0.3 00 0.4 1
s_1 0.1 011 0.1 011 0.2 010 0.3 01
s_4 0.1 0100 0.1 0100 0.1 011
s_3 0.06 01010 0.1 0101
s_5 0.04 01011

图 9.4.2　哈夫曼码赋值过程图解

这组码字的平均长度可由式(9.1.5)算得为 2.2 比特/符号。因为信源的熵可由式(9.2.4)算得为 2.14 比特/符号，所以根据式(9.2.17)，这样得到的哈夫曼码的效率为 0.973。

前面将两个步骤分别图解，实际中只需参照图 9.4.2，在削减信源时从左向右进行，留下码字的空位；在符号赋值时从右向左进行，将码字填满即可。一旦获得哈夫曼码以后，编码或解码都可用简单的查表方式实现。

例 9.4.4　哈夫曼码的特点

哈夫曼码是一种即时且唯一可解(见 11.6.1 小节)的块码(组码，即每个信源符号都映射成一组码符号)。给定一个哈夫曼码串，对它的解码可通过从头向尾逐个检查每个码并查表来进行，每读够一个信源符号的码字，就可把这个符号解出来。例如，给定一个码串 1000100，先读出 1，就得到符号 s_2；再读出 00，就得到符号 s_6；最后读出 0100，就得到符号 s_4。整个码串对应的符号组为 $s_2s_6s_4$。再如，码串 00010010100 对应的符号组为 $s_6s_4s_2s_4$；码串 0110101001011 对应的符号组为 $s_1s_3s_5$。□

虽然哈夫曼码是唯一可解的,但对同一个信源的符号组却可编出不同的哈夫曼码来。这是由于在对每个信源符号赋值时,赋 0 或 1 可以是随机的,并不影响压缩结果。一个示例见表 9.4.2,其中得到的 4 种哈夫曼码的效率都一样。

表 9.4.2　4 种效率一样的哈夫曼码

符　　号	概　　率	码 A	码 B	码 C	码 D
s_1	0.5	0	0	1	1
s_2	0.3	10	11	00	01
s_3	0.2	11	10	01	00

9.4.3　香农-法诺编码

香农-法诺编码也是一种常用的变长编码技术,其码字中的 0 和 1 是独立的,并且基本上等概率出现。它与哈夫曼编码一样都是所谓的块(组)码,将每个信源符号映射成一组固定次序的码符号,这样在编码时可以一次编一个符号;也都需知道各个信源符号产生的概率。香农-法诺编码的主要步骤为

(1) 将信源符号依其概率从大到小排列;

(2) 将尚未确定其码字的信源符号分成两部分,使两部分信源符号的概率和尽可能接近;

(3) 分别给两部分的信源符号组合赋值(可分别赋 0 和 1,也可分别赋 1 和 0);

(4) 如果两部分均只有一个信源符号,编码结束,否则返回(2)继续进行。

可以证明,对给定的信源符号集 $\{s_1, s_2, \cdots, s_J\}$,设信源符号 s_j 产生的概率是 $P(s_j)$,其码字长度为 L_j,如果满足下两式:

$$P(s_j) = 2^{-L_j} \tag{9.4.4}$$

$$\sum_{j=1}^{J} 2^{-L_j} = 1 \tag{9.4.5}$$

则香农-法诺编码的效率可达到 100%。例如对信源符号集 $\{s_1, s_2, s_3\}$,设 $P(s_1) = 1/2$,$P(s_2) = P(s_3) = 1/4$,则香农-法诺编码得到的码字集为 $\{0, 10, 11\}$,其效率为 100%。

下面以对图 9.4.1 的信源为例进行香农-法诺编码,所得到的两种不同的结果分别见图 9.4.3 和图 9.4.4。注意虽然两图的编码结果不尽相同,但码字的平均长度是相同的,均为 2.2 比特/符号,效率也是相同的,均为 0.973。在这个例子中,香农-法诺编码的结果与哈夫曼编码的结果本质上是等价的,当然实际中两种编码的效果是与信源有关的,并不总是这样的结果。

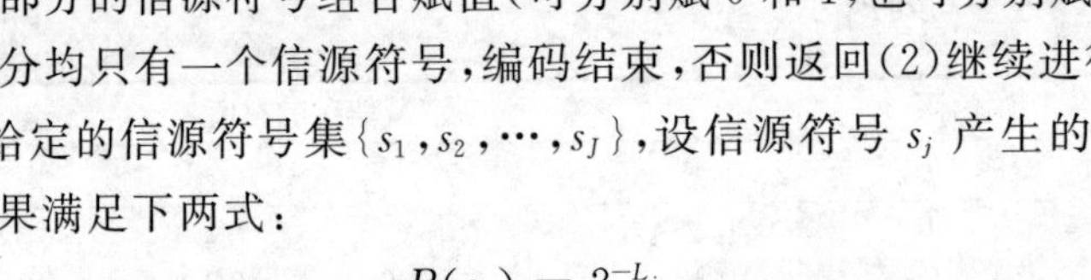

初始信源		对信源符号逐步赋值					得到的码字
符号	概率	1	2	3	4	5	
s_2	0.4	0					0
s_6	0.3		0				10
s_1	0.1			0			110
s_4	0.1	1	1		0		1110
s_3	0.06			1	1	0	11110
s_5	0.04					1	11111

图 9.4.3　香农-法诺编码示例之一

初始信源		对信源符号逐步赋值				得到的码字
符号	概率	1	2	3	4	
s_2	0.4	0				0
s_6	0.3		0			10
s_1	0.1			0	0	1100
s_4	0.1	1		0	1	1101
s_3	0.06		1	1	0	1110
s_5	0.04			1	1	1111

图 9.4.4 香农-法诺编码示例之二

类似于哈夫曼码,给定一个香农-法诺码串,对它的解码也可通过从头向尾逐个检查每个码并查表来进行。香农-法诺码也是唯一可解的,但对同一个信源的符号组也可编出不同的香农-法诺码来。图 9.4.3 和图 9.4.4 就给出一个示例。

9.4.4 算术编码

算术编码是一种从整个符号序列出发,采用递推形式连续编码的方法。它将需编码的所有符号统一考虑,建立的是整个符号序列与一个实数区间的映射关系。在算术编码中,一个算术码字要赋给整个信源符号序列,而码字本身确定 0 和 1 之间的一个实数区间。随着符号序列中的符号数量增加,用来代表它的区间减小而用来表达区间所需的信息单位(如比特)的数量变大。每个符号序列中的符号根据出现的概率而减少区间的长度,概率大的保留较大的区间,概率小的保留较小的区间。

算术编码与哈夫曼编码均基于概率模型,虽然相对复杂,但容易适应信号统计特性的变化。与哈夫曼码不同,算术码不是块码,编码时不需要将每个信源符号转换为整数个码字(源符号和码字间并没有一一对应的关系),所以在理论上它可达到无失真编码定理给出的极限。

图 9.4.5 给出一个算术编码过程的示例(参见[Witten 1987]),其中信源符号集 $S = \{s_1, s_2, s_3, s_4\}$,$\boldsymbol{u} = [0.2 \quad 0.2 \quad 0.4 \quad 0.2]^T$。现在考虑所要编的符号序列为:$s_1 s_2 s_3 s_3 s_4$。在编码开始时设符号序列占据整个半开区间 $[0,1)$,这个区间先根据各个信源符号的概率分成 4 段。序列第一个符号 s_1 对应 $[0, 0.2)$,编码时将这个区间扩展为整个高度。这个新区间再根据各个信源符号的概率分成 4 段,然后对序列中第 2 个符号 s_2 编码。它所对应的区间为 $[0.04, 0.08)$,将这个区间也扩展为整个高度。继续这个过程直到序列中最后一个符号(这里最后一个符号 s_4 也用来作为符号序列结束的标志符号)。编完最后一个符号后得到一个区间 $[0.067\,52, 0.068\,8)$,任何一个该区间内的实数都可代表这个区间从而代表对应的符号序列,如 0.068 就可用来表示整个符号序列 $s_1 s_2 s_3 s_3 s_4$。

在算术编码过程中只用到加法和移位运算,这就是其名称的由来。在图 9.4.3 中由算术编码得到的符号序列里使用了有 3 位有效数字的一个十进制数来表示有 5 个符号的符号序列。这对应平均每个信源符号用 0.6 个十进制数,相当接近信源的熵。当需要编码的符号序列的长度增加时,运用算术编码得到的码字将会更接近由无失真编码定理确定的极限(有关讨论可参见文献[Langdon 1981])。需要注意,在实际应用中有两个因素会影响编码性能而达不到理论极限:①为了分开各个符号序列需要加序列结束标志符号;②算术操作的计算精度是有限的。

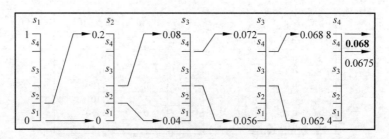

图 9.4.5　算术编码过程图解

最后,在上面的编码过程中,符号序列中的符号是按序号从 0 到 1 排列的。实际中这个顺序可任意选择,而且也可从 1 到 0 排列,这并不影响编码的效率,只是得到的码字会有所不同。

例 9.4.5　二元序列的二进制算术编码

设有一个零记忆信源,它的信源符号集为 $S = \{s_1, s_2\} = \{0, 1\}$,符号产生概率分别为 $P(s_1) = 1/4, P(s_2) = 3/4$。对序列 11111100,它的二进制算术编码码字为 0.1101010_2。因为这里需编码的序列长为 8 位,所以一共要把半开区间 $[0, 1)$ 分成 256 个小区间,以对应任一个可能的序列。　　　　　　　　　　　　　　　　　　　　　　　　　□

算术编码的结果与前几种编码方法的结果不同,并不是得到对信源中单个符号的码字,而是对整个符号序列的一个码字。因此,算术解码的方法与前几种解码的方法也不同,不是依次对码字序列中的每个码字解出其对应的符号,而是要从得到的单个码字逐次解出整个符号序列的每个符号。实际中,算术解码的输入是信源各符号的概率和表示整个符号序列的一个实数(码字)。解码过程借助了编码的过程,先将各符号根据某种顺序(与编码时选择的顺序一致)排好,然后根据所给码字选择信源符号进行算术编码,即依次取符号对应的区间,逐步接近所给的码字,直到编到给定的码字,取出编码所用的符号序列,就是解码结果。

仍参见图 9.4.5,解码从实数 0.068 开始,因为 0.068 在 $[0, 0.2)$,所以解出的第 1 个符号为 s_1;接下来,在 $[0, 0.2)$ 中,0.068 又属于 $[0.04, 0.08)$,所以解出的第 2 个符号为 s_2,继续这个过程直到解出符号 s_4,因为 s_4 是符号序列结束的标志符号,所以解码结束;将历次解出的符号依次排起来,就得到解码序列 $s_1 s_2 s_3 s_3 s_4$。

由上可见,为确定解码结束,需要在每个原始符号序列后面加一个特殊的结束符号(也称终结符号),解码到该符号出现即可停止解码。除这个方法外,如已知原始符号序列的长度,则也可采用解码到获得等长的符号序列时停止;或也可考虑对符号序列的编码结果的小数位数,当解码得到相同精度时停止解码。由于编码结果是对区间划分而得到的,任一个码字必在某个特定的区间,所以解码具有唯一性(即码字和符号序列一一对应)。

例 9.4.6　算术解码过程示例

仍考虑图 9.4.5 的信源符号集。设编码得到码字为 0.2235,这里不考虑结束符号,但已知原始符号序列长度为 5。

算术解码的过程如图 9.4.6 所示。第一列先选择符号 s_2,因为仅有它对应的区间包含了码字 0.2235。第二列选择符号 s_1,因为也仅有它对应的区间包含了码字。接下来分别选择符号 s_3 和 s_4,均因为它们能继续包含码字。最后,与在 0.2331 和 0.2337 之间能包含码字的区间对应的符号是 s_3,而且这是第 5 个符号,所以解码停止,解码出来的符号序列

是 $s_2 s_1 s_3 s_4 s_3$。

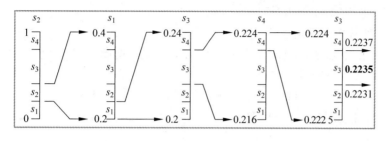

图 9.4.6　算术解码过程示例

总结和复习

为更好地学习,下面对各小节给予概括小结并提供一些进一步的参考资料;另外给出一些思考题和练习题以帮助复习(文后对加星号的题目还提供了解答)。

1. 各节小结和文献介绍

9.1 节概括介绍了图像编码中数据冗余、图像质量评判等内容。在图像处理中,关心的主要是图像的视觉质量。虽然有许多评判图像质量的主观标准和客观标准(第 12 章还给出了一些其他失真测度),但它们往往不能统一,或者说会分别给出不一致的评判结果。结合图像编码应用,以应用结果来评判的方法在一定程度上绕开了这个问题[Cosman 1994]。另外,基于对频率敏感的结构相似模型评价图像质量的一种方法可见文献[Tsai 2010]。

9.2 节仅结合图像编码介绍了一些信息论的基本概念,更全面的信息论内容可见专门的书籍,如文献[朱 2001]。用信息论研究编码问题需建立图像的统计模型,有关内容可见文献[Gonzalez 2008]。对率失真编码定理的更多讨论可见文献[章 2006b]。

9.3 节介绍的位平面编码方法思路比较特殊,它先将图像按位进行分解,得到二值图像后,再分别利用位面性质进行编码。值得指出,当把图像分解为二值面后,一方面可利用此时灰度值只有 0 和 1 的特点通过简化表达来获得压缩效果;另一方面,有些图像应用中(如传真)原始图像就是二值的,此时则可直接利用位平面编码方法。有关内容还可参见附录A。有关 1-D 和 2-D 游程编码方法的比较可见文献[Alleyrand 1992]。

9.4 节介绍了一些常用的变长编码方法,它们均以图像熵为极限,所以也称熵编码。哥伦布编码方法在国际标准 JPEG-LS 和中国音视频标准 AVS 中都得到了采用。哈夫曼码的快速简化版本,如截断哈夫曼码和平移哈夫曼码可见[章 2006b]。其他变长编码方法还有许多,如**灰度游程编码**(GLRLC)和**块截断编码**(BTC)[Umbaugh 2005]。有人将图像编码分为源编码和熵编码。源编码考虑源的特征,采用信息有损的算法。熵编码通过利用图像的统计信息进行压缩,理论上是无损的。这部分内容在各种图像处理和编码的书籍中都有介绍,如可参见文献[Salomon 2000]、[Gonzalez 2008]、[Sonka 2008]等。

2. 思考题和练习题

9-1　试分析 3 种基本数据冗余的共同点和不同点。列表给出它们的来源、特点、表现、消除方法的原理等。

*9-2 假设图题 9-2 的左右图分别给出编码输入图和解码输出图,计算输出图的 SNR_{ms}、SNR_{rms}、SNR 和 PSNR。

*9-3 用灰度剪切变换函数 $T(r)=0, r \in [0,127]$;$T(r)=255$,$r \in [128,255]$ 能从一幅 8 位面图像中提取出第 7 面。据此给出一组变换函数以提取该图像的其他各个位面。

2	4	8
3	5	0
3	7	8

2	4	6
3	4	0
4	7	8

图题 9-2

9-4 对一幅 64×64 二值图用每块有 4 个像素的 1-D WBS 法进行编码,已知对图像某一行的编码为 0000110010000001000010010000,其中 0 代表黑色像素。

(1) 将这行码解出来;

(2) 设计一个 1-D 的迭代 WBS 方法,开始先搜索所有白线(64 个像素的块),然后连续地将非白色区间二等分,直至达到 4 个像素的块;

(3) 使用(2)中的方法对(1)中解码出来的行进行编码,并与 1-D WBS 法比较所用的比特数。

9-5 在表 9.3.2 中,为什么在有些位面上 CAC 和 RAC 的数据量反而膨胀了,而 RLC 的数据量并不膨胀?各举一个简单的例子来说明。

9-6 试根据哥伦布编码方法计算:

(1) $G_4(9)$ 和 $G_2(8)$;

(2) $G_{exp}^0(12)$ 和 $G_{exp}^1(12)$。

9-7 参照表 9.4.1 进行讨论,什么灰度值分布类型的图像适合采用哥伦布编码?趋向性地、定性地说明 m 取值的影响。

9-8 给定信源符号集 $S=\{s_1, s_2, s_3, s_4, s_5, s_6\}$,且已知 $\boldsymbol{u}=[0.15\quad 0.4\quad 0.05\quad 0.05$ $0.15\quad 0.2]^T$,进行哈夫曼编码,并给出码字、平均比特数和编码效率。

9-9 已知符号 a、b、c 的出现概率分别是 0.6、0.3、0.1,对由它们组成的一系列符号进行哈夫曼编码,得到结果为 10111011001011,求最可能的原符号系列。

9-10 对图 9.4.5 中所用信源的符号分别进行哈夫曼编码和香农-法诺编码,给出码字、码字的平均长度和编码效率(并与算术编码结果进行比较)。

9-11 已知符号 a、e、i、o、u、x 的出现概率分别是 0.1、0.3、0.1、0.2、0.1、0.2,对 0.23355 进行算术解码。

9-12 将给定图像(图题 9-12)分解成 3 个位平面,然后用游程编码方法逐行编码,给出码字。进一步对码字进行哈夫曼编码,计算编码效率。

7	0	0	0	4	0	0	0
4	0	0	7	4	4	4	0
1	2	0	1	6	5	4	3
2	2	2	2	3	4	5	6

图题 9-12

第10章　图像变换编码

图像变换编码是得到广泛应用的一大类图像编码方法。该类方法首先将图像进行变换,接着借助变换结果进行编码。要压缩数据量需要消除冗余数据,从数学角度来说是要将原始图像转化为从统计角度看尽可能不相关的数据集,从而可以有效地选择和消除冗余数据。图像变换编码主要消除像素间冗余和心理视觉冗余,是信息损失型编码。

图像变换编码的效率和性能与所采用的图像变换密切相关。图像变换要帮助减少或消除图像数据之间的相关性,并要将图像信息集中到较少的变换系数上,另外还需要具有一定的优良特性。目前已得到广泛应用的是以离散余弦变换为代表的正交变换(被许多已有的图像编码国际标准采用),但近年来离散小波变换由于其优越的特性也越来越在图像变换编码中得到研究和应用。

根据上述的讨论,本章各节内容将安排如下。

10.1 节先介绍可分离图像变换的定义和一些性质,并引出正交变换的定义。

10.2 节介绍已得到广泛使用的离散余弦变换的定义、计算及特点。

10.3 节讨论正交变换编码及系统,详细分析其中的各个步骤,包括子图像尺寸选择、变换选择和比特分配。

10.4 节介绍小波变换的基本原理,并举例讨论 1-D 小波变换、2-D 小波变换以及快速小波变换。

10.5 节讨论小波变换编码及系统,一方面讨论影响其性能的几个因素,另一方面以基于提升小波的编码为例具体介绍主要的步骤。

10.1　可分离和正交图像变换

不同的图像变换具有不同的性质,**可分离性**是变换的一种重要性质,实际中常用于简化计算。在 4.2 节中介绍的傅里叶变换就是一种常用的可分离变换。

直接考虑 2-D 图像 $f(x,y)$,其正向变换(结果记为 $T(u,v)$)和反向变换分别表示为

$$T(u,v) = \sum_{x=0}^{N-1}\sum_{y=0}^{N-1} f(x,y)h(x,y,u,v) \quad u,v = 0,1,\cdots,N-1 \tag{10.1.1}$$

$$f(x,y) = \sum_{u=0}^{N-1}\sum_{v=0}^{N-1} T(u,v)k(x,y,u,v) \quad x,y = 0,1,\cdots,N-1 \tag{10.1.2}$$

式中,$h(x,y,u,v)$ 和 $k(x,y,u,v)$ 分别称为正向变换核和反向变换核。这两个变换核只依赖于 x、y、u、v 而与 $f(x,y)$ 或 $T(u,v)$ 的值无关。

下面的一些讨论对正向变换核和反向变换核都适用,但仅以正向变换核为例。首先,如

果下式成立：

$$h(x,y,u,v) = h_1(x,u)h_2(y,v) \tag{10.1.3}$$

则称正向变换核是可分离的。进一步，如果 h_1 与 h_2 的函数形式一样，则称正向变换核具有**对称性**。此时式(10.1.3)可写成

$$h(x,y,u,v) = h_1(x,u)h_1(y,v) \tag{10.1.4}$$

可见具有可分离变换核的 2-D 变换可分成两个步骤计算，每个步骤用一个 1-D 变换(参见4.2.1 小节)。而当可分离变换核具有对称性时，两个步骤的变换是相同的。

当 $h(x,y,u,v)$ 是可分离的和对称的函数时，式(10.1.1)也可写成矩阵形式：

$$T = AFA \tag{10.1.5}$$

式中，F 是对应图像 $f(x,y)$ 的 $N \times N$ 图像矩阵；A 是对应变换核 $h(x,y,u,v)$ 的 $N \times N$ 对称变换矩阵(所以在上式中不用转置)，其元素为 $a_{ij} = h_1(i,j)$；T 是对应变换结果 $T(u,v)$ 的 $N \times N$ 输出矩阵。利用矩阵形式除表达简洁外，另一个优点是所得到的变换矩阵可分解成若干个具有较少非零元素的矩阵的乘积，这样可减少冗余并减少操作次数。

为了得到反变换，对式(10.1.5)的两边分别前后各乘一个反变换矩阵 B 得

$$BTB = BAFAB \tag{10.1.6}$$

如果 $B = A^{-1}$，则

$$F = BTB \tag{10.1.7}$$

这表明图像 F 可完全由其变换结果来恢复。

在 $B = A^{-1}$ 的基础上，如果有(* 代表共轭)

$$A^{-1} = A^{*T} \tag{10.1.8}$$

则称 A 为酉矩阵(相应的变换称为酉变换，是线性变换的一种特殊类型)。进一步，如果 A 为实矩阵，且

$$A^{-1} = A^{T} \tag{10.1.9}$$

则称 A 为正交矩阵，相应的变换称为**正交变换**。此时，正反变换式(10.1.1)和式(10.1.2)合起来构成一个正交变换对。

10.2　离散余弦变换

离散余弦变换(DCT)是一种可分离和正交变换，并且是对称的。

1. 变换定义

离散余弦变换有 4 种定义[Rao 1998]，可记为 DCT-I、DCT-II、DCT-IIII、DCT-IV。下面仅讨论最有代表性的 DCT-II。

1-D 离散余弦变换和其反变换由以下两式定义：

$$C(u) = a(u) \sum_{x=0}^{N-1} f(x) \cos\left[\frac{(2x+1)u\pi}{2N}\right] \quad u = 0,1,\cdots,N-1 \tag{10.2.1}$$

$$f(x) = \sum_{u=0}^{N-1} a(u)C(u) \cos\left[\frac{(2x+1)u\pi}{2N}\right] \quad x = 0,1,\cdots,N-1 \tag{10.2.2}$$

其中 $a(u)$ 为归一化加权系数，由下式定义：

$$a(u) = \begin{cases} \sqrt{1/N} & u = 0 \\ \sqrt{2/N} & u = 1, 2, \cdots, N-1 \end{cases} \tag{10.2.3}$$

2-D 的 DCT 对由下面两式定义：

$$C(u,v)$$

$$= a(u)a(v) \sum_{x=0}^{N-1} \sum_{y=0}^{N-1} f(x,y) \cos\left[\frac{(2x+1)u\pi}{2N}\right] \cos\left[\frac{(2y+1)v\pi}{2N}\right] \quad u,v = 0,1,\cdots,N-1$$

$$\tag{10.2.4}$$

$$f(x,y)$$

$$= \sum_{u=0}^{N-1} \sum_{v=0}^{N-1} a(u)a(v)C(u,v) \cos\left[\frac{(2x+1)u\pi}{2N}\right] \cos\left[\frac{(2y+1)v\pi}{2N}\right] \quad x,y = 0,1,\cdots,N-1$$

$$\tag{10.2.5}$$

例 10.2.1 离散余弦变换示例

图 10.2.1 所示为离散余弦变换的一个示例，其中图(a)是原始图像，图(b)是对其离散余弦变换的结果(变换幅值)。图(b)中坐标原点在左上角，由图可见，原始图像中的大部分能量在低频部分。

(a)　　　(b)

图 10.2.1　离散余弦变换示例　□

2. 变换计算

由上面离散余弦变换的定义可见，对离散余弦变换的计算可借助离散傅里叶变换的实部计算来进行。以 1-D 为例，可以写出($\mathcal{F}$ 代表傅里叶变换)：

$$C(u) = a(u)\{\exp[-\mathrm{j}\pi u/(2N)]\mathcal{F}[g(x)]\} \quad u = 0,1,\cdots,N-1 \tag{10.2.6}$$

其中 $g(x)$ 表示对 $f(x)$ 的如下重排：

$$g(x) = \begin{cases} f(2x) & x = 0,1,\cdots,N/2-1 \\ f[2(N-1-x)+1] & x = N/2, N/2+1, \cdots, N-1 \end{cases} \tag{10.2.7}$$

可见，$g(x)$ 的前半部分是 $f(x)$ 的偶数项，$g(x)$ 的后半部分是 $f(x)$ 的奇数项的逆排。式(10.2.6)将对 N 点离散余弦变换的计算转化为对 N 点的离散傅里叶变换计算。因为后者有快速算法 FFT(见 4.2.3 小节)，所以利用 N 点的快速傅里叶变换就可快速计算离散余弦变换所有 N 个系数。不过直接使用 FFT 来计算 DCT 浪费了其中与 DCT 无关的复数运算，所以也可直接设计快速 DCT 算法。

直接计算一个 1-D 的 N 点 DCT 需要 N^2 次乘法和 $N(N-1)$ 次加法，将 1 个 $N \times N$ 的图像块用 1-D 形式(N 行然后 N 列)计算需要 $2N^3$ 次乘法和 $2N^2(N-1)$ 次加法。举例来说，对 1 个 8×8 图像块，需要 1024 次乘法和 896 次加法。如果采用代数分解并借助 DCT 定义中的对称性，可以将计算量降到计算 1 个 8 点的 DCT 只需要 22 次乘法和 28 次加法。如果进一步改进代数分解的方法，还可以将计算量降到计算 1 个 8 点的 DCT 只需要 13 次乘法和 29 次加法。

图 10.2.2 给出 $N=4$ 时 DCT 基本函数的图示，其中用不同阴影代表不同数值。例如，在 $(x,y,u,v) = (0,0,3,3)$ 处的值要大于在 $(x,y,u,v) = (0,1,3,3)$ 处的值。

余弦函数是偶函数，所以 N 点的离散余弦变换中隐含了 $2N$ 点的周期性[Gonzalez

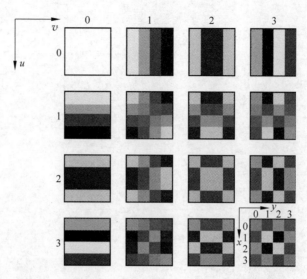

图 10.2.2　$N=4$ 时经过排序的 DCT 基本函数的图示

2008]。与隐含 N 点周期性的傅里叶变换不同,余弦变换可以减少在图像分块边界处的间断(所产生的高频分量),这是它在图像压缩中,特别是 JPEG 标准中得到应用的重要原因之一。离散余弦变换的基本函数与傅里叶变换的基本函数类似,都是定义在整个空间的,在计算任意一个变换域中点的变换时都需要用到所有原始数据点的信息,所以也常被认为具有全局的本质特性或被称为全局基本函数。

10.3　正交变换编码

正交变换编码是得到广泛使用的变换编码方法,如在 JPEG 和 MPEG-1、MPEG-2 中(见附录 A)。它利用正交变换将图像映射成一组变换系数,然后将这些系数量化和编码。对自然图像,采用变换得到的系数中大多数值都很小,对这些系数可较粗地量化或甚至完全忽略掉而对图像的质量产生很小的影响,这样就可取得数据压缩的效果并只产生很少的图像失真。不过虽然失真很小,信息仍没有完全保持,所以正交变换编码方法总是非信息保持型的。

10.3.1　正交变换编码系统

如图 10.3.1 所示为一个典型的**正交变换编解码系统**框图。编码部分由 4 个操作模块构成:分解(构造)子图像、变换、量化和符号编码。首先,一幅 $N \times N$ 的图像先被分解成 $(N/n)^2$ 个尺寸为 $n \times n$ 的子图像,然后通过变换这些子图像得到 $(N/n)^2$ 个 $n \times n$ 的子图像变换数组。这里变换的目的是解除每个子图像内部像素之间的相关性或将尽可能多的信息集中到尽可能少的变换系数上。接下来的量化步骤有选择性地消除或较粗地量化携带信息最少的系数,因为它们对重建子图像的质量影响最小。最后的步骤是符号编码,即(常利用变长码)对量化了的系数进行变长编码。解码部分由与编码部分相反排列的一系列逆操作模块构成。由于量化是不可逆的,所以解码部分没有对应的模块。

当上述任一个或全部变换编码步骤都可以根据图像局部内容调整时称为自适应变换编

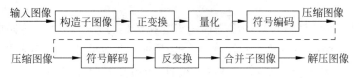

图 10.3.1 典型的正交变换编解码系统框图

码。如果所有步骤对所有子图像都固定,那么就称为非自适应变换编码。

在变换编码的 4 个步骤中,符号编码方法已在第 9 章介绍过,下面分别讨论另外 3 个步骤。

10.3.2 子图像尺寸选择

利用正交图像变换来进行变换编码都需要将图像分解为子图像集合,这里可有不同的方法,一般均分解为尺寸相同的一组子图像。子图像尺寸是影响变换编码误差和计算复杂度的一个重要因素。在一般情况下,压缩量和计算量都随子图像尺寸的增加而增加,所以子图像尺寸要综合考虑各方面的因素来确定。常用的两个选择子图像尺寸的基本条件是:①相邻子图像之间的相关(冗余)能减少到某种可接受的水平;②子图像的长和宽都是 2 的整数次幂。第 2 个条件主要是为了简化对子图像变换的计算。

例 10.3.1 子图像尺寸的影响

图 10.3.2 给出反映子图像尺寸变化对不同变换编码重建误差影响的一个示意图。这里的数据是由对同一幅图像用傅里叶变换和余弦变换分别作为变换方法得到的。具体步骤是将图像分成 $n \times n$ 的子图像,$n = 2, 4, 8, 16, 32$,计算各个子图像的变换,截除掉 75% 的所得系数(量化),并求取截除后数组的反变换。

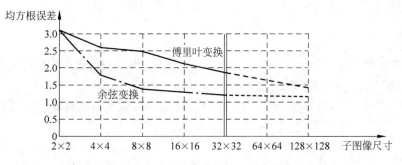

图 10.3.2 变换编码重建误差与子图像尺寸的关系

由图 10.3.2 可见余弦变换所对应的曲线在子图像尺寸大于 8×8 时已变得比较低且平缓,而傅里叶变换所对应的曲线则在这个区间仍在高位下降。将这些曲线对更大的 n 值进行外插表明,傅里叶曲线将逼近余弦曲线(见图中对应 32×32 的竖直双实线右边的虚线部分)。

由图 10.3.2 还可见,当子图像尺寸为 2×2 时,两条曲线交于同一个点。此时对各变换来说都只保留了 4 个系数中的 1 个(25%)。这个保留的系数对两种变换都代表直流分量,所以反变换只需简单地对每 4 个子图像像素用它们的平均值(直流分量值)替换即可。上述情况反映在重建图像上就是每个像素在横竖两个方向的尺寸各增加 1 倍(这类似于亚抽样的效果)。

考虑到不同变换的计算特性和将它们用于变换编码方法中所产生的误差,最常用的子图像尺寸是 8×8 和 16×16(再大对用硬件实现不利),其他尺寸(如 4×8,8×16)原来仅在一些特殊场合得到应用,现在也成了国际标准 H.264 的一部分(见附录 A)。

10.3.3 变换选择

许多正交变换都可用于图像变换编码,那么应如何选择呢? 在变换编码中,压缩并不是在变换步骤取得的,而是在量化变换的系数时取得的。对一个给定的编码应用,如何选择变换取决于可容许的重建误差和计算要求等。

1. 重建均方误差

参照式(10.1.2),一幅图像 $f(x,y)$ 可表示成它的 2-D 变换 $T(u,v)$ 的函数。如果用 n 替换那里的 N 来表示子图像,则对每个子图像有:

$$f_n(x,y) = \sum_{u=0}^{n-1} \sum_{v=0}^{n-1} T(u,v) h(x,y,u,v) \quad x,y = 0,1,\cdots,n-1 \quad (10.3.1)$$

上式的反变换核 $h(x,y,u,v)$ 只依赖于 x、y、u、v,所以可看作由式(10.3.1)所定义的子图像序列的一组基本函数。将图像映射成一组变换系数也可看作将图像表示成一组基本函数(基本图)的线性组合,如图 10.3.3 所示。每个基本函数的贡献大小取决于对应的变换系数。

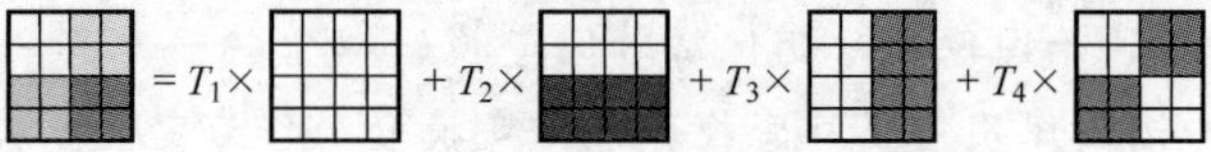

图 10.3.3 将图像映射成一组变换系数和一组变换基本图

在子图像重建式(10.3.1)的基础上考虑整幅图像的重建:

$$\mathbf{F} = \sum_{u=0}^{n-1} \sum_{v=0}^{n-1} T(u,v) \mathbf{H}_{uv} \quad (10.3.2)$$

式中,$\mathbf{F}$ 是一个由所有 $f(x,y)$ 组成的 $n \times n$ 矩阵,而 $\mathbf{H}_{uv}$ 为反变换核所构成的 $n \times n$ 矩阵。

如果现在定义一个变换系数的模板函数

$$m(u,v) = \begin{cases} 0 & \text{如果 } T(u,v) \text{ 满足特定的截断准则} \\ 1 & \text{其他情况} \end{cases} \quad (10.3.3)$$

那么对 $\mathbf{F}$ 的一个截断近似为

$$\hat{\mathbf{F}} = \sum_{u=0}^{n-1} \sum_{v=0}^{n-1} T(u,v) m(u,v) \mathbf{H}_{uv} \quad (10.3.4)$$

其中 $m(u,v)$ 的设计原则是要把对式(10.3.2)的求和贡献最少的基本函数消除掉。子图像 $\mathbf{F}$ 和其近似 $\hat{\mathbf{F}}$ 之间的均方误差可表示为

$$e_{ms} = E\{\|\mathbf{F} - \hat{\mathbf{F}}\|^2\} = E\left\{\left\|\sum_{u=0}^{n-1} \sum_{v=0}^{n-1} T(u,v) \mathbf{H}_{uv}[1 - m(u,v)]\right\|^2\right\}$$

$$= \sum_{u=0}^{n-1} \sum_{v=0}^{n-1} \sigma_{T(u,v)}^2 \mathbf{H}_{uv}[1 - m(u,v)] \quad (10.3.5)$$

式中,$\|\mathbf{F} - \hat{\mathbf{F}}\|$ 代表矩阵($\mathbf{F} - \hat{\mathbf{F}}$)的范数,$\sigma_{T(u,v)}^2$ 是系数在变换位置(u,v)的方差。式(10.3.5)

的最后一步简化基于变换基本函数的正交归一化性质以及 F 中的像素是由零均值和已知方差的随机过程所产生的假设。另外，根据在推导式(10.3.5)时的假设可知，一幅 $N \times N$ 图像中的所有$(N/n)^2$ 个子图像的均方误差是相同的，所以 $N \times N$ 图像的均方误差等于其中单幅子图像的均方误差。

图像与其近似表达之间的总均方误差是所有被截除变换系数的方差之和。变换具有将图像能量或信息集中于某些系数的能力，如果变换后在较少几个系数上的方差越大，那么在变换域进行压缩的可能性就越大。一个能把最多的信息集中到最少的系数上去的变换所产生的重建均方误差会最小。

2. 两种变换对比

从重建均方误差的角度考虑，DFT 和 DCT 都属于正弦类变换，都有较高的信息集中能力，所以都能取得较小的重建均方误差。

从计算复杂性的角度考虑，DFT 和 DCT 均有与输入数据无关的固定的基本核函数，且都有快速算法，且已被设计在单个集成块上。

相对于 DFT，DCT 还能给出最小的使子图像边缘可见的**块效应**（这是由于它的偶函数性质，所以在子图像边缘是连续的，如 10.2 节所述）。所以，DCT 在变换编码中得到了广泛应用。

10.3.4　比特分配

变换后需要量化，这是通过对变换系数进行截断来实现的。与式(10.3.5)对应的截断误差和两个因素有关：①截除的变换系数的数量和相对重要性（与所携带的能量成比例）；②用来表示所保留系数的精度。在多数变换编码系统中，保留的系数根据下列两个准则之一来确定：①最大方差准则，此时称为分区编码；②最大幅度准则，此时称为阈值编码。而整个对变换子图像的系数截断、量化和编码的全过程称为**比特分配**（包括图 10.3.1 中编码器的后两个模块）。

1. 分区编码

分区编码的基础是信息论中的不确定性原理。根据这个原理，具有最大方差的变换系数带有最多的图像信息，它们最应当保留在编码过程中。这里方差既可直接从$(N/n)^2$ 个变换后的子图像算得，也可基于某个图像模型（如马尔科夫自相关函数）算得。在这两种情况下，根据式(10.3.5)都可将分区采样过程看作用 $T(u,v)$ 与一个分区模板中的对应元素相乘。在这个分区模板中，取对应最大方差位置的一些系数为 1，而其他位置的系数为 0。一般具有最大方差的系数集中于接近图像变换的原点处（左上角为原点），所以典型的分区模板常如图 10.3.4(a)所示。

在分区采样过程中保留的系数需要量化和编码，所以分区模块中的每个元素也可用对每个系数编码所需的比特数表示，一个典型示例见图 10.3.4(b)。这里一般有两种分配策略：①给各系数分配相同数量的比特；②给不同系数分配总数固定的比特数。在第一种情况，常将系数用它们的均方差归一化，然后均匀量化。在第二种情况，要对每个系数设计一个量化器。为构造所需的量化器，可将零阶或直流分量系数模型化为一个瑞利密度函数（非负图像的直流分量总是正的），而其他系数模型化为拉普拉斯或高斯密度函数。因为每个系数都是子图像中像素的线性组合，所以根据中心极限定理，随着子图像尺寸的增加，系数趋向于高斯分布。由于一个高斯随机变量所含的信息内容是正比于其方差的，因此对式(10.3.5)中基于最大方差而保留的系数，必须分配正比于这些系数的方差(对数)的比特数。

1	1	1	1	1	0	0	0
1	1	1	1	0	0	0	0
1	1	1	0	0	0	0	0
1	1	0	0	0	0	0	0
1	0	0	0	0	0	0	0
0	0	0	0	0	0	0	0
0	0	0	0	0	0	0	0
0	0	0	0	0	0	0	0

(a)

8	7	6	4	3	2	1	0
7	6	5	4	3	2	1	0
6	5	4	3	3	1	1	0
4	4	3	3	2	1	0	0
3	3	3	2	1	1	0	0
2	2	1	1	1	0	0	0
1	1	1	0	0	0	0	0
0	0	0	0	0	0	0	0

(b)

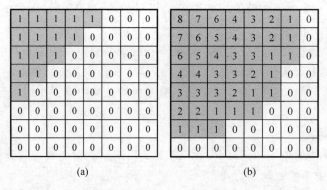

图 10.3.4　典型的分区模板和分区比特分配(有阴影的系数为保留的系数)

2. 阈值编码

上述分区编码一般对所有子图像用一个固定的模板。**阈值编码**在本质上是自适应的，为各个子图像保留的变换系数的位置随子图像的不同而不同。事实上由于阈值编码计算简单，所以是实际中最常用的自适应变换编码方法。对任意子图像，值最大的变换系数对重建子图像的质量贡献最大。因为最大系数的位置随子图像变化，所以 $T(u,v)m(u,v)$ 的元素常(以某种预先确定的方式)重新排列以构成一个 1-D 的游程编码序列。如图 10.3.5(a)所示为一个典型的阈值模板例子。借助这个模板可以直观了解阈值编码过程和利用式(10.3.5)数学化描述该过程。当将模板用于子图像并且将所得到的 $n \times n$ 数组借助图 10.3.5(b)所示的之字形(zig-zag)方式扫描(从位置 0 到位置 63)以组成 n^2 元素的系数序列后，重新排序的 1-D 序列将包含若干个较长的 0 游程。可把这些游程用游程码编码。此时，所剩下的对应模板位置是 1 的系数可用 9.4 节的变长码来编码表达。

1	1	1	1	0	1	0	0
1	1	0	1	0	0	0	0
1	1	0	0	0	0	0	0
1	0	0	0	0	0	0	0
1	0	0	0	0	0	0	0
0	1	0	0	0	0	0	0
0	0	0	0	0	0	0	0
0	0	0	0	0	0	0	0

(a)

0	1	5	6	14	15	27	28
2	4	7	13	16	26	29	42
3	8	12	17	25	30	41	43
9	11	18	24	31	40	44	53
10	19	23	32	39	45	52	54
20	22	33	38	46	51	55	60
21	34	37	47	50	56	59	61
35	36	48	49	57	58	62	63

(b)

图 10.3.5　典型的阈值模板和取阈值系数序列(有阴影的系数为保留的系数)

图 10.3.5(b)所示的之字形(zig-zag)方式扫描首先获取的是直流分量(位置 0)。如果用 ACuv 表示在(u,v)处的交流分量，则接下来扫描到的系数依次为 AC01，AC10，AC20，AC11，AC02，…，AC67，AC76，AC77。按这种方式扫描，既可将 2-D 频域矩阵的系数排成 1-D 矢量形式，又可保证低频分量在 1-D 矢量中先于高频分量出现(一般图像中低频系数的量级要大于高频系数，且对图像重建的质量影响也要更大)。

所选系数的数量与图像质量的一个联系例子如图 10.3.6 所示,图(a)是原始图像,每个 8×8 的块用 64 个系数,图(b)用 16 个系数,图(c)用 8 个系数,图(d)用 4 个系数。系数多的细节更清晰。

(a)   (b)   (c)   (d)

图 10.3.6　系数数量与图像质量的联系

有 3 种对变换子图像取阈值(即产生式(10.3.3)所示模板函数)的方法:

(1) 对所有子图像用一个全局阈值;

(2) 对各个子图像分别用不同的阈值;

(3) 根据子图像中各系数的位置选取阈值。

在第 1 种方法中,压缩的程度随不同图像而异(码率是变化的),取决于超过全局阈值的系数数量。在第 2 种方法中,采用一种称为 N-largest 的编码对每个子图像舍去相同数量的系数。用这种方法,码率是个常数并且事先知道。在第 3 种方法中,与在第 1 种方法中类似,码率也是变化的。但第 3 种方法与第 1 种方法相比的优点是可将取阈值和量化结合起来,即可将式(10.3.4)中的 $T(u,v)m(u,v)$ 用下式代替:

$$T_{\mathrm{N}}(u,v) = \mathrm{round}\left[\frac{T(u,v)}{N(u,v)}\right] \tag{10.3.6}$$

式中,$T_{\mathrm{N}}(u,v)$ 是 $T(u,v)$ 的取阈值和量化(归一化)后的近似,$N(u,v)$ 是变换归一化矩阵 $\boldsymbol{N}$ 的元素:

$$\boldsymbol{N} = \begin{bmatrix} N(0,0) & N(0,1) & \cdots & N(0,n-1) \\ N(1,0) & \ddots & \cdots & \vdots \\ \vdots & \vdots & \ddots & \vdots \\ N(n-1,0) & N(n-1,1) & \cdots & N(n-1,n-1) \end{bmatrix} \tag{10.3.7}$$

在归一化(取阈和量化)的变换子图像 $T_{\mathrm{N}}(u,v)$ 被反变换以得到 $F(u,v)$ 的近似前,需要先将 $T_{\mathrm{N}}(u,v)$ 与 $N(u,v)$ 相乘。这样所得到的解除了归一化的数组记为 $T_{\mathrm{A}}(u,v)$,是 $T_{\mathrm{N}}(u,v)$ 的一个近似:

$$T_{\mathrm{A}}(u,v) = T_{\mathrm{N}}(u,v)N(u,v) \tag{10.3.8}$$

对 $T_{\mathrm{A}}(u,v)$ 求反变换就得到解压缩的近似子图像。

如图 10.3.7 所示为对 $N(u,v)$ 赋予某个常数值 c 时得到的量化曲线,其中 $T_{\mathrm{N}}(u,v)$ 当且仅当 $kc-c/2 \leqslant T(u,v) < kc+c/2$ 时取整数值 k。当 $N(u,v) > 2T(u,v)$ 时 $T_{\mathrm{N}}(u,v) = 0$,此时变换系数完全被截掉。当使用随 k 的值增加而长度增加的变长码表示 $T_{\mathrm{N}}(u,v)$ 时,用来表示 $T(u,v)$ 的比特数由 c 的值所控制。这样可根据需要通过增减 $\boldsymbol{N}$ 中的不为零的元素值以获得不同的压缩量。

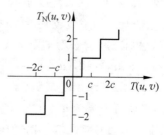

图 10.3.7　取阈值编码量化曲线示例

10.4 小 波 变 换

小波变换是近年来在图像编码及许多领域得到广泛应用的一种变换。

10.4.1 小波变换基础

小波变换的基础主要是 3 个概念,即序列展开、缩放函数(也称尺度函数)和小波函数。以下讨论中均只考虑所定义函数成立的情况,而不去考虑函数成立的条件。

1. 序列展开

先考虑 1-D 函数 $f(x)$,它可用一组**序列展开**函数的线性组合来表示:

$$f(x) = \sum_k a_k u_k(x) \tag{10.4.1}$$

式中,k 是整数,求和可以是有限项或无限项;a_k 是实数,称为展开系数;$u_k(x)$ 是实函数,称为展开函数。如果对各种 $f(x)$,均有一组 a_k 使式(10.4.1)成立,则称 $u_k(x)$ 是基本函数,而展开函数的集合 $\{u_k(x)\}$ 称为基(basis)。所有可用式(10.4.1)表达的函数 $f(x)$ 构成一个函数空间 U,它与 $\{u_k(x)\}$ 是密切相关的。如果 $f(x) \in U$,则 $f(x)$ 可用式(10.4.1)表达。

为计算 a_k,需要考虑 $\{u_k(x)\}$ 的对偶集合 $\{u'_k(x)\}$(具体见下文)。通过求 $f(x)$ 和对偶函数 $u'_k(x)$ 的积分内积,就可得到 a_k:

$$a_k = \langle f(x), u'_k(x) \rangle = \int f(x) u'^*_k(x) \mathrm{d}x \tag{10.4.2}$$

其中 $*$ 代表复共轭。下面仅考虑两种比较特殊的情况。

(1) 展开函数构成 U 的正交归一化基,即

$$\langle u_j(x), u_k(x) \rangle = \delta_{jk} = \begin{cases} 0 & j \neq k \\ 1 & j = k \end{cases} \tag{10.4.3}$$

此时基函数和其对偶函数相等,即 $u_k(x) = u'_k(x)$,式(10.4.2)成为

$$a_k = \langle u_k(x), f(x) \rangle \tag{10.4.4}$$

(2) 展开函数仅构成 U 的正交基,但没有归一化,即

$$\langle u_j(x), u_k(x) \rangle = 0 \quad j \neq k \tag{10.4.5}$$

此时可考虑基函数和其对偶函数的**双正交**,即(仍按式(10.4.2)计算 a_k)

$$\langle u_j(x), u'_k(x) \rangle = \delta_{jk} = \begin{cases} 0 & j \neq k \\ 1 & j = k \end{cases} \tag{10.4.6}$$

例 10.4.1 双正交性示例

可借助 2-D 矢量空间的几何矢量来解释双正交性。在一般情况下,如果双正交基是 u_1 和 u_2,它们的对偶基是 u'_1 和 u'_2,它们满足:$\langle u_1, u'_1 \rangle = 1$,$\langle u_1, u'_2 \rangle = 0$,$\langle u_2, u'_1 \rangle = 0$,$\langle u_2, u'_2 \rangle = 1$。

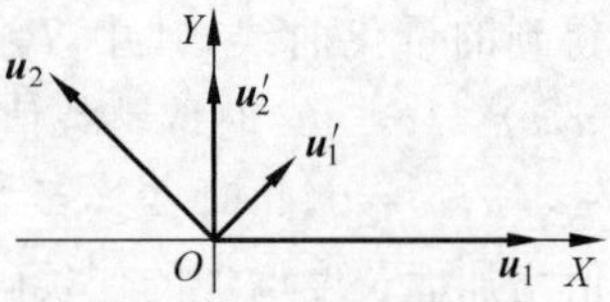

通过求解上述线性方程组可得到各个对偶基的元素。例如,假设两个矢量 $u_1 = [2 \quad 0]^T$ 和 $u_2 = [-1 \quad 1]^T$ 为 2-D 矢量空间中的双正交基,则它们的对偶为 $u'_1 = [1/2 \quad 1/2]^T$ 和 $u'_2 = [0 \quad 1]^T$,如图 10.4.1 所示。 □

图 10.4.1 双正交性示例

2. 缩放函数

现在考虑用上面的展开函数作为**缩放函数**,并对缩放函数进行平移和二进制缩放,即考虑集合$\{u_{j,k}(x)\}$,其中

$$u_{j,k}(x) = 2^{j/2}u(2^j x - k) \tag{10.4.7}$$

可见,k确定了$u_{j,k}(x)$沿X轴的位置,j确定了$u_{j,k}(x)$沿X轴的宽度(所以$u(x)$也可称为尺度函数),系数$2^{j/2}$控制$u_{j,k}(x)$的幅度。给定一个初始j(下面常取为0),就可确定一个缩放函数空间U_j,U_j的尺寸随j的增减而增减。另外,各个缩放函数空间U_j,$j=-\infty,\cdots,0$,$1,\cdots,\infty$是嵌套的,即$U_j \subset U_{j+1}$。

根据上面的讨论,U_j中的展开函数可以表示成U_{j+1}中展开函数的加权和。设用$h_u(k)$表示缩放函数系数,并考虑到$u(x)=u_{0,0}(x)$,则有

$$u(x) = \sum_k h_u(k)\sqrt{2}u(2x-k) \tag{10.4.8}$$

上式表明任何一个子空间的展开函数都可用其下一个分辨率(1/2分辨率)的子空间的展开函数来构建。该式称为**多分辨率细化方程**,它建立了相邻分辨率层次和空间之间的联系。

3. 小波函数

类似地,设用$v(x)$表示**小波函数**,对小波函数进行平移和二进制缩放,得到集合$\{v_{j,k}(x)\}$:

$$v_{j,k}(x) = 2^{j/2}v(2^j x - k) \tag{10.4.9}$$

与小波函数$v_{j,k}(x)$对应的空间用V_j表示,如果$f(x)\in V_j$,则类似式(10.4.1),可将$f(x)$用下式表示:

$$f(x) = \sum_k a_k v_{j,k}(x) \tag{10.4.10}$$

空间U_j、U_{j+1}和V_j之间有如下关系(见图10.4.2所给$j=0,1$的示例):

$$U_{j+1} = U_j \oplus V_j \tag{10.4.11}$$

图10.4.2 与缩放函数和小波函数相关的函数空间之间的关系

式中,$\oplus$表示空间的并(类似于集合的并)。由此可见在U_{j+1}中,U_j和V_j互补。每一个V_j空间是与其同一级的U_j空间和上一级的U_{j+1}空间的差。

另外,U_j中的所有缩放函数与V_j中的所有小波函数是正交的,可以表示为

$$\langle u_{j,m}(x), v_{j,n}(x)\rangle = 0 \tag{10.4.12}$$

根据式(10.4.10)和图10.4.2,如果考虑把j取到趋近$-\infty$,则有可能仅用小波函数,而完全不用缩放函数来表达所有的$f(x)$。

与上面对缩放函数的讨论对应,如用$h_v(k)$表示小波函数系数,则可以把小波函数表示成其下一个分辨率的各位置缩放函数的加权和:

$$v(x) = \sum_k h_v(k)\sqrt{2}u(2x-k) \tag{10.4.13}$$

进一步,可以证明缩放函数系数$h_u(k)$和小波函数系数$h_v(k)$具有如下联系:

$$h_v(k) = (-1)^k h_u(1-k) \tag{10.4.14}$$

4. 缩放函数和小波函数示例

先考虑单位高度和单位宽度的缩放函数:

$$u(x) = \begin{cases} 1 & 0 \leqslant x < 1 \\ 0 & \text{其他} \end{cases} \qquad (10.4.15)$$

很容易证明这样的函数构成空间 U 中的正交归一化基,因为

$$\langle u_j(x), u_k(x) \rangle = \int_{-\infty}^{\infty} u(x-j)u(x-k)\mathrm{d}x = \delta_{jk} = \begin{cases} 0 & j \neq k \\ 1 & j = k \end{cases} \qquad (10.4.16)$$

图 10.4.3 的(a)~(d)分别给出将上述缩放函数代入式(10.4.7)所得到的 $u_{0,0}(x) = u(x), u_{0,1}(x) = u(x-1), u_{1,0}(x) = 2^{1/2}u(2x), u_{1,1}(x) = 2^{1/2}u(2x-1)$。其中,$u_{0,0}(x)$ 和 $u_{0,1}(x)$ 在 U_0 中,$u_{1,0}(x)$ 和 $u_{1,1}(x)$ 在 U_1 中。由图 10.4.3 可以看出,随着 j 的增加,缩放函数变窄变高,能表达更多的细节。

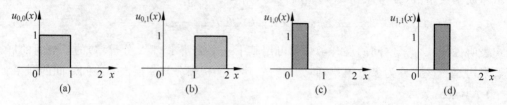

图 10.4.3 U_0 和 U_1 中的缩放函数

例 10.4.2 用缩放函数表示 1-D 函数 $f(x)$

对给定的 1-D 函数 $f(x)$,要根据其特点采用相应空间中的缩放函数来表示。例如对图 10.4.4 中的 $f(x)$,仅用 $j=0$ 的缩放函数是不能表达的,需要使用 $j=1$ 的缩放函数。换句话说,图 10.4.4 中的 $f(x)$ 是属于 U_1 的,而不是属于 U_0 的。

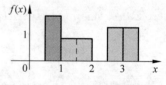

图 10.4.4 用缩放函数表示属于 U_1 的 $f(x)$

对图 10.4.4 中的 $f(x)$ 可用 5 个 U_1 中的缩放函数的组合来表示,即

$$f(x) = u_{1,1}(x) + 0.5[u_{1,2}(x) + u_{1,3}(x)] + 0.75[u_{1,5}(x) + u_{1,6}(x)]$$

注意这里 $u_{1,2}(x) + u_{1,3}(x)$ 的组合可用 $u_{0,1}(x)$ 来表示(将它们中间的虚线除去并与图 10.4.3(b)对照就可看出),但 $u_{1,5}(x) + u_{1,6}(x)$ 的组合不能用 U_0 中的缩放函数表示。□

与式(10.4.15)对应的小波函数为(见图 10.4.5(a))

$$v(x) = \begin{cases} 1 & 0 \leqslant x < 0.5 \\ -1 & 0.5 \leqslant x < 1 \\ 0 & \text{其他} \end{cases} \qquad (10.4.17)$$

图 10.4.5 的(a)~(d)分别给出将上述缩放函数代入式(10.4.9)所得到的 $v_{0,0}(x) = v(x), v_{0,1}(x) = v(x-1), v_{1,0}(x) = 2^{1/2}v(2x), v_{1,1}(x) = 2^{1/2}v(2x-1)$。其中,$v_{0,0}(x)$ 和 $v_{0,1}(x)$ 在 V_0 中,$v_{1,0}(x)$ 和 $v_{1,1}(x)$ 在 V_1 中。由图 10.4.5 可以看出,随着 j 的增加,小波函数也变窄变高,同样能表达更多的细节。

上述小波函数也有人称为**沃尔什函数**,是一种最简单的母小波函数,也称**哈尔小波**函数。母小波函数是一类具有快速衰减且有限长的波函数,将其进行平移和二进制缩放就可得到一系列小波基函数来构建各种信号。平移和二进制缩放可表示为

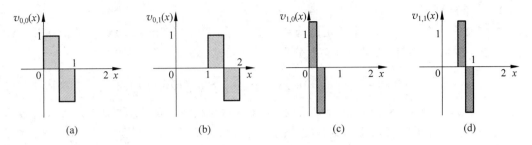

(a)　　　　　　　(b)　　　　　　　(c)　　　　　　　(d)

图 10.4.5　V_0 和 V_1 中的小波函数

$$v_{j,k}(x) = v\left(\frac{x+k}{2^j}\right) \tag{10.4.18}$$

而对它们的双重求和就可表达需要的信号 $f(x)$

$$f(x) = \sum_{j=0}^{J} \sum_{k=0}^{K} a_{j,k} v_{j,k}(x) \tag{10.4.19}$$

根据式(10.4.11),对属于 U_{j+1} 的 $f(x)$,可结合使用 U_j 中的缩放函数和 V_j 中的小波函数来表达。这里需要先将 $f(x)$ 分解成两部分:

$$f(x) = f_a(x) + f_d(x) \tag{10.4.20}$$

式中,$f_a(x)$ 是用 U_j 中的缩放函数得到的对 $f(x)$ 的一个逼近(approximation),而 $f_d(x)$ 是 $f(x)$ 和 $f_a(x)$ 的差(difference),可表示为 V_j 中的小波函数的和。

例 10.4.3　用缩放函数和小波函数表示 1-D 函数 $f(x)$

现在再考虑图 10.4.4 给出的 $f(x)$,它属于 U_1,但可根据式(10.4.20)将 $f(x)$ 分解成两部分并分别使用 U_0 中的缩放函数和 V_0 中的小波函数来表达。其中

$$f_a(x) = \frac{\sqrt{2}}{2} u_{0,0}(x) + \frac{\sqrt{2}}{2} u_{0,1}(x) + \frac{3\sqrt{2}}{8} u_{0,2}(x) + \frac{3\sqrt{2}}{8} u_{0,3}(x)$$

$$f_d(x) = -\frac{\sqrt{2}}{2} v_{0,0}(x) - \frac{3\sqrt{2}}{8} v_{0,2}(x) + \frac{3\sqrt{2}}{8} v_{0,3}(x)$$

它们的示意图分别见图 10.4.6(a)和(b),它们的和给出图 10.4.4。

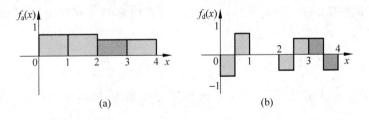

(a)　　　　　　　　　　　(b)

图 10.4.6　用缩放函数和小波函数表示属于 U_1 的 $f(x)$

10.4.2　1-D 小波变换

基于上面介绍的概念,下面先讨论 1-D 时的小波变换,并仅考虑两种情况:

(1) **小波序列展开**:它将连续变量函数映射为一系列展开系数;

(2) **离散小波变换**:它将一系列离散数据变换为一系列系数。

1. 小波序列展开

由前面的讨论可知,对一个给定的函数 $f(x)$,可以用 $u(x)$ 和 $v(x)$ 对它进行展开。设起始尺度 j 取为 0,则有(两组展开系数分别用 a 和 d 表示)

$$f(x) = \sum_k a_0(k)u_{0,k}(x) + \sum_{j=0}^{\infty} \sum_k d_j(k)v_{j,k}(x) \tag{10.4.21}$$

一般将 $a_0(k)$ 称为缩放系数(也称近似系数),$d_j(k)$ 称为小波系数(也称细节系数),前者是对 $f(x)$ 的近似(如果 $f(x) \in U_0$,则是准确的),后者则表达了 $f(x)$ 的细节。$a_0(k)$ 和 $d_j(k)$ 可分别按下式计算:

$$a_0(k) = \langle f(x), u_{0,k}(x) \rangle = \int f(x)u_{0,k}(x)\mathrm{d}x \tag{10.4.22}$$

$$d_j(k) = \langle f(x), v_{j,k}(x) \rangle = \int f(x)v_{j,k}(x)\mathrm{d}x \tag{10.4.23}$$

如果展开函数仅构成 U 和 V 的双正交基(如 10.4.1 节中的第 2 种情况),则 $u(x)$ 和 $v(x)$ 要用它们的对偶函数 $u'(x)$ 和 $v'(x)$ 来替换。

2. 离散小波变换

如果 $f(x)$ 是一个离散序列(如对一个连续函数的采样),则对 $f(x)$ 展开得到的系数称为 $f(x)$ 的离散小波变换(DWT)。此时前面的式(10.4.21)～式(10.4.23)分别成为(现在 $f(x)$、$u_{0,k}(x)$ 和 $v_{j,k}(x)$ 均代表离散变量的函数):

$$f(x) = \frac{1}{\sqrt{M}} \sum_k W_u(0,k)u_{0,k}(x) + \frac{1}{\sqrt{M}} \sum_{j=0}^{\infty} \sum_k W_v(j,k)v_{j,k}(x) \tag{10.4.24}$$

$$W_u(0,k) = \frac{1}{\sqrt{M}} \sum_x f(x)u_{0,k}(x) \tag{10.4.25}$$

$$W_v(j,k) = \frac{1}{\sqrt{M}} \sum_x f(x)v_{j,k}(x) \tag{10.4.26}$$

一般选 M 为 2 的整数次幂,所以上述求和对 $x = 0, 1, 2, \cdots, M-1, j = 0, 1, 2, \cdots, J-1, k = 0, 1, 2, \cdots, 2^j - 1$ 进行。系数 $W_u(0,k)$ 和 $W_v(j,k)$ 分别对应小波序列展开中的 $a_0(k)$ 和 $d_j(k)$,且分别称为近似系数和细节系数。同样,如果展开函数仅构成 U 和 V 的双正交基(如 10.4.1 节中的第 2 种情况),则 $u(x)$ 和 $v(x)$ 要用它们的对偶函数 $u'(x)$ 和 $v'(x)$ 来替换。

10.4.3 快速小波变换

小波变换在实现上有快速算法(Mallat 小波分解算法[Mallat 1989b]),即**快速小波变换**(FWT)。

再次考虑多分辨率细化方程,即式(10.4.8),并暂改用 m 表示求和变量:

$$u(x) = \sum_m h_u(m)\sqrt{2}\,u(2x-m) \tag{10.4.27}$$

如果对 x 用 2^j 进行缩放,用 k 进行平移,并令 $n = 2k+m$,则可得到

$$u(2^j x - k) = \sum_m h_u(m)\sqrt{2}\,u[2(2^j x - k) - m] = \sum_n h_u(n-2k)\sqrt{2}\,u(2^{j+1}x - n) \tag{10.4.28}$$

与此相对应,如果考虑式(10.4.13),对 x 用 2^j 进行缩放,用 k 进行平移,并令 $n = 2k +$

m,则可类似地得到

$$v(2^j x - k) = \sum_n h_v(n-2k)\sqrt{2}u(2^{j+1}x-n) \tag{10.4.29}$$

如果将式(10.4.9)代入式(10.4.26),可以得到

$$W_v(j,k) = \frac{1}{\sqrt{M}}\sum_x f(x)2^{j/2}v(2^j x - k) \tag{10.4.30}$$

再将式(10.4.29)代入,得到

$$W_v(j,k) = \frac{1}{\sqrt{M}}\sum_x f(x)2^{j/2}\sum_n h_v(n-2k)\sqrt{2}u(2^{j+1}x-n) \tag{10.4.31}$$

将两个求和交换次序,可把上式写成

$$W_v(j,k) = \sum_n h_v(n-2k)\left[\frac{1}{\sqrt{M}}\sum_x f(x)2^{(j+1)/2}u(2^{j+1}x-n)\right] \tag{10.4.32}$$

参考式(10.4.7),如果用 $j+1$ 替换式(10.4.25)中的0(预选的起始尺度,本来应是个变量),则可将上式右边方括号中看作 $j+1$ 时的式(10.4.25),换句话说,离散小波变换在尺度 j 的细节系数是离散小波变换在尺度 $j+1$ 的近似系数的函数,即

$$W_v(j,k) = \sum_n h_v(n-2k)W_u(j+1,n) \tag{10.4.33}$$

类似地,离散小波变换在尺度 j 的近似系数也是离散小波变换在尺度 $j+1$ 的近似系数的函数,即

$$W_u(j,k) = \sum_n h_u(n-2k)W_u(j+1,n) \tag{10.4.34}$$

式(10.4.33)和式(10.4.34)揭示了相邻尺度间离散小波变换系数的联系,在尺度 j 上的系数 $W_u(j,k)$ 和 $W_v(j,k)$ 都可用在尺度 $j+1$ 的近似系数 $W_u(j+1,k)$ 分别与缩放函数系数 h_u(构成缩放矢量)和小波函数系数 h_v(构成小波矢量)卷积再进行亚抽样得到。这可用如图10.4.7所示的分析方框图表示,其中"↓"表示亚抽样。

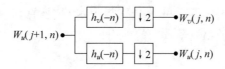

图10.4.7　正变换的分析方框图

图10.4.7所示的计算方式可以循环使用以计算多级尺度间的离散小波变换系数。计算原始函数最高两级变换的流图如图10.4.8所示。这里设最高级的尺度为 J,则原始函数 $f(n)=W_u(J,n)$。第1级计算将原始函数分解为低通的近似部分和高通的细节部分,第2级计算再将第1级得到的近似部分进一步分解为两部分(下一个尺度上的近似部分和细节部分)。这种结构可用二叉树来表示。

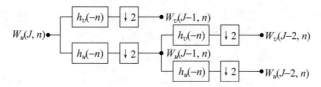

图10.4.8　两级小波变换系数的计算

上述分解效果也可借助图 10.4.9 在频谱空间来形象地解释。原始函数的尺度空间 U_J 先被第一级计算分解为两半，即小波子空间 V_{J-1} 和尺度子空间 U_{J-1}。第 2 级计算再将其中频率较低的一半，即尺度子空间 U_{J-1}，再分成小波子空间 V_{J-2} 和尺度子空间 U_{J-2}。

反过来，利用近似系数 $W_u(J,n)$ 和细节系数 $W_v(J,n)$ 重建 $f(x)$ 也有快速的算法，称为**快速小波反变换**（FWT^{-1}）。它利用正变换中的缩放函数系数和小波函数系数以及在尺度 j 上的近似系数和细节系数来产生在尺度 $j+1$ 上的近似系数。与图 10.4.7 所示的变换分析方框图对应，反变换所需的合成方框图如图 10.4.10 所示，其中"↑"表示插值/上采样。

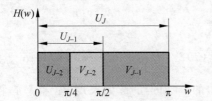

图 10.4.9　频谱空间两级计算效果示意

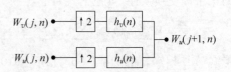

图 10.4.10　反变换的合成方框图

合成函数与分析函数互相在时域反转（参见式(10.4.14)），因为分析函数分别为 $h_u(-n)$ 和 $h_v(-n)$，所以合成函数分别为 $h_u(n)$ 和 $h_v(n)$。

类似于循环使用图 10.4.7 所示的流图来计算多级尺度间的离散小波变换系数，也可对图 10.4.10 所示的流图循环使用以计算多级尺度间的离散小波反变换系数。

10.4.4　2-D 小波变换

可以方便地将 1-D 快速（离散）小波变换推广到 2-D 情况。

1. 2-D 变换函数

为计算 2-D 变换，需要一个 2-D 缩放函数 $u(x,y)$ 和三个 2-D 小波函数 $v^H(x,y)$、$v^V(x,y)$、$v^D(x,y)$（其中上标 H、V 和 D 分别指示水平、垂直和对角方向）。它们每一个都是 1-D 缩放函数 u 和对应的小波函数 v 的乘积：

$$u(x,y) = u(x)u(y) \tag{10.4.35}$$

$$v^H(x,y) = v(x)u(y) \tag{10.4.36}$$

$$v^V(x,y) = u(x)v(y) \tag{10.4.37}$$

$$v^D(x,y) = v(x)v(y) \tag{10.4.38}$$

式中，$u(x,y)$ 是一个可分离的缩放函数，而 $v^H(x,y)$、$v^V(x,y)$、$v^D(x,y)$ 是三个对方向敏感（directionally sensitive）的小波函数。这些小波分别测量图像沿不同方向灰度的变化：$v^H(x,y)$ 测量（水平边缘）沿列的变化，$v^V(x,y)$ 测量（垂直边缘）沿行的变化，$v^D(x,y)$ 测量沿对角线的变化。

有了 $u(x,y)$ 和 $v^H(x,y)$、$v^V(x,y)$、$v^D(x,y)$，将 1-D 离散小波变换推广到 2-D 离散小波变换是很直接的。先定义缩放和平移的基函数：

$$u_{j,m,n}(x,y) = 2^{j/2}u(2^j x - m, 2^j y - n) \tag{10.4.39}$$

$$v^{(i)}_{j,m,n}(x,y) = 2^{j/2}v^{(i)}(2^j x - m, 2^j y - n) \quad (i) = \{H, V, D\} \tag{10.4.40}$$

然后就可得到尺寸为 $M \times N$ 的 2-D 图像 $f(x,y)$ 的离散小波变换：

$$W_u(0,m,n) = \frac{1}{\sqrt{MN}} \sum_{x=0}^{M-1} \sum_{y=0}^{N-1} f(x,y) u_{0,m,n}(x,y) \qquad (10.4.41)$$

$$W_v^{(i)}(j,m,n) = \frac{1}{\sqrt{MN}} \sum_{x=0}^{M-1} \sum_{y=0}^{N-1} f(x,y) v_{j,m,n}^{(i)}(x,y) \quad (i) = \{H,V,D\} \quad (10.4.42)$$

一般选择 $N=M=2^J$，这样 $j=0,1,2,\cdots,J-1,m,n=0,1,2,\cdots,2^j-1$。有了 W_u 和 $W_v^{(i)}$，就可通过离散小波反变换得到 $f(x,y)$：

$$f(x,y) = \frac{1}{\sqrt{MN}} \sum_m \sum_n W_u(0,m,n) u_{0,m,n}(x,y)$$

$$+ \frac{1}{\sqrt{MN}} \sum_{(i=H,V,D)} \sum_{j=0}^{\infty} \sum_m \sum_n W_v^{(i)}(j,m,n) v_{j,m,n}^{(i)}(x,y) \qquad (10.4.43)$$

2. 2-D 变换实现和结果

因为缩放函数和小波函数都是可分离的，所以可对 $f(x,y)$ 的行先进行 1-D 变换再对结果进行列变换。图 10.4.11 所示为 2-D 小波变换的方框图。与 1-D 时的方法类似，这里也是用尺度 $j+1$ 的近似系数来得到尺度 j 的近似系数和细节系数，只是这里有 3 组细节系数。

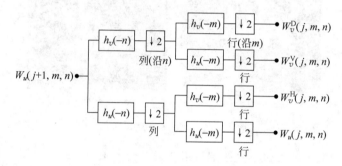

图 10.4.11　2-D 小波变换的方框图

小波变换的结果是将图像进行了（多尺度）分解，这种分解是从高尺度向低尺度进行的。对 2-D 图像的二级小波分解示意图见图 10.4.12，先从尺度 $j+1$ 分解到尺度 j，再分解到尺度 $j-1$。

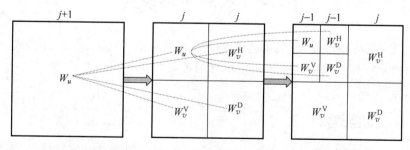

图 10.4.12　2-D 图像的二级小波分解示意图

小波分解的结果是将图像划分成了子图像的集合。在第 1 级小波分解时，原始图像被划分成了 1 个低频子图像 LL（对应 W_u）和 3 个高频子图像 HH、LH 和 HL（分别对应 W_v^D、W_v^V 和 W_v^H）的集合。在第 2 级小波分解时，低频子图像 LL 被继续划分成了 LL 的 1 个低频子图像和 3 个(较)高频子图像的集合,而原来第 1 级分解得到的 3 个高频子图像不变(参见图 10.4.12)。上述分解过程可以这样继续下去,得到越来越多的子图像。

例 10.4.4 图像小波分解图示例

图 10.4.13 给出对两幅图像进行 3 级小波分解得到的最终结果。最左上角的是一个低频子图像,它是原图像在低分辨率上的一个近似,其余各个不同分辨率的子图像均含有较高频率成分,它们在不同的分辨率和不同的方向上反映了原图像的高频细节。其中在各个 LH 子图像,主要结构均是沿水平方向的,反映了图像中的水平边缘情况(水平方向低频,垂直方向高频);在各个 HL 子图像,主要结构均是沿垂直方向的,反映了图像中的垂直边缘情况(水平方向高频,垂直方向低频);而在各个 HH 子图像,沿水平方向的和沿垂直方向的高频细节均有体现。

图 10.4.13 只在左上角给出了第 3 级小波分解后得到的一个低频子图像。事实上,在每级分解过程中都可得到该级的一个低频子图像,这样的低频子图像序列可参见图 15.4.1。

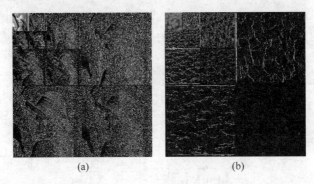

图 10.4.13 小波分解图实例

图 10.4.13 中显示的图像小波分解结果从右下向左上频率逐渐降低。两图比较,图(a)的原始图像含有较多的高频成分,所以在第 1 级的 HH 子图像就有很多分量;而图(b)的原始图像中高频成分较少,所以第 1 级的 HH 子图像几乎空白(黑色对应的像素值为 0,白色对应高的像素值)。

10.5 小波变换编码

基于小波变换的特性可构建小波变换编码系统进行小波变换编码。小波变换编码在静止图像编码国际标准 JPEG-2000 及运动图像编码国际标准 MPEG-4,H. 264 和 H. 265 中都得到了应用(见附录 A)。

10.5.1 小波变换编解码系统

小波变换编码的基本思路也是通过变换减小像素间的相关性以获得压缩数据的效果。一个典型的**小波变换编解码系统**框图见图 10.5.1。对比图 10.3.1,这里用小波变换替代了正交变换(如 DCT)。因为小波变换将图像分解为低频子图像和许多(对应水平方向和垂直方向的)高频子图像,而对应高频子图像的系数多数仅含有很少的可视信息,所以可通过对这些系数进行较大量化等而获得需要的数据压缩效果。

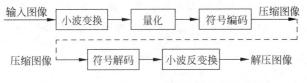

图 10.5.1 典型的小波变换编解码系统框图

由图 10.5.1 可见，与采用正交变换的编解码系统（如图 10.3.1 所示）不同，小波变换编解码系统中没有图像分块的模块。这是因为小波变换的计算效率很高，且本质上具有局部性（小波基在时—空上有限），对图像的分块就不需要了。这样小波变换编码就不会产生如果使用 DCT 变换而在高压缩比时出现的块效应，更适合于需要高压缩比的应用。有实验表明，采用小波变换编码不仅比一般的变换编码在给定压缩率的情况下有较小的重建图像误差，而且能明显提高重建图像的主观质量。

下面讨论小波变换编码中需考虑的几个影响因素。

1. 小波选择

小波的选择会影响小波变换编码系统设计和性能的各个方面。小波的类型直接影响变换计算的复杂性，并间接地影响系统压缩和重建可接受误差图像的能力。当变换小波带有尺度函数时，变换可通过一系列数字滤波器操作来实现。另外，小波将信息集中到较少的变换系数上的能力决定了用该小波进行压缩和重建的能力。

基于小波的压缩中最广泛使用的小波包括哈尔小波、Daubechies 小波和双正交小波。

2. 分解层数选择

分解层数也影响小波编码计算的复杂度和重建误差。由于 P 个尺度的快速小波变换包括 P 个滤波器组的迭代，正反变换的计算操作次数均随着分解层数的增加而增加。再有，随着分解层数的增加，对低尺度系数的量化也会逐步增加，而这将会对重建图像越来越大的区域产生影响。在很多实际应用中（如图像数据库搜索，为渐进重建而传输图像等），为确定变换的分解层数常需要根据存储或传输图像的分辨率以及最低可用近似图像的尺度综合考虑。

3. 量化设计

对小波编码压缩和重建误差影响最大的是对系数的量化。尽管最常用的量化器是均匀进行量化的，但量化效果还可通过以下两种方法进一步改进[Gonzalez 2008]。

（1）引入一个以 0 为中心的扩大的量化间隔，以这个量化间隔为半径而确定的区域可称为"死区"（dead zone）。因为量化间隔增大会使截除的变换系数的数量也增加，但这会有一定的极限。当量化间隔增大到一定程度时，可截除的变换系数的数量几乎不变化，此时的量化间隔就对应死区。采用接近于死区的量化间隔可取得较好的压缩率。

（2）在不同尺度间调整量化间隔。小波变换的不同分解层次对应图像的不同尺度，不同尺度图像的灰度分布和动态范围都不同，所以最合适的量化间隔也应不同。

在这两种情况下，所选择的量化间隔都必须随着编码图像的比特流传输给解码器。量化间隔本身可以根据待压缩图像的内容特点通过启发性试探或自动计算来确定。例如，可用第 1 级细节系数的绝对值的中值作为一个全局的系数阈值，也可根据舍去的 0 的数目和保留在重建图像中的能量来计算这样一个全局系数阈值。以 512×512 的 Lena 图像为例，如果对它进行 7 级 Daubechies 9/7 小波变换并取阈值为 8,则在 262 144 个小波系数中只有 32 498 个系数需要保留,压缩率为 8:1,此时压缩重建图像的 PSNR=39.14dB。

10.5.2 基于提升小波的编码

提升方法是一种不依赖于傅里叶变换的新的小波构造方法[Sweldens 1996]。基于提升方法的小波变换可以在当前位置实现整数到整数的变换,这样如果对变换后的系数直接进行符号编码,就可以得到无损压缩的效果。提升方法可以实现小波快速算法,所以运算速度快且节约内存。提升小波变换的分解和重建过程可分别用图 10.5.2(a)和(b)来表示。

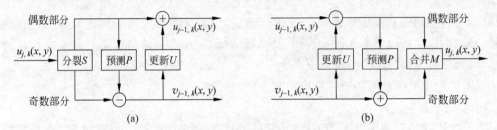

图 10.5.2 提升小波的分解与重建

它的分解过程包括 3 个步骤。

(1) 分裂(split)

分裂是指将图像数据分解。设原始图像为 $f(x,y)=u_{j,k}(x,y)$,将其分解成偶数部分 $u_{j-1,k}(x,y)$ 和奇数部分 $v_{j-1,k}(x,y)$,即分裂操作为(用" := "表示赋值)

$$S[u_{j,k}(x,y)] := [u_{j-1,k}(x,y), v_{j-1,k}(x,y)] \qquad (10.5.1)$$

其中

$$u_{j-1,k}(x,y) = u_{j,2k}(x,y) \qquad (10.5.2)$$

$$v_{j-1,k}(x,y) = u_{j,2k+1}(x,y) \qquad (10.5.3)$$

(2) 预测(predict)

在预测步骤,保持偶数部分 $u_{j-1,k}(x,y)$ 不变并用偶数部分来预测奇数部分 $v_{j-1,k}(x,y)$,然后用奇数部分与预测值的差(称为细节系数)替代奇数部分 $v_{j-1,k}(x,y)$。这个步骤可写为

$$v_{j-1,k}(x,y) := v_{j-1,k}(x,y) - P[u_{j-1,k}(x,y)] \qquad (10.5.4)$$

式中,$P[\cdot]$ 为预测函数/算子,实现的是插值运算(可用 6.2.2 小节介绍的各种方法)。如果细节系数越小则预测得越准确。

(3) 更新(update)

更新的目的是确定一个更好的子图像集合 $u_{j-1,k}(x,y)$,使之能保持原始图像 $u_{j,k}(x,y)$ 的一些特性 Q,如均值、能量等。这个操作可表示为

$$Q[u_{j-1,k}(x,y)] = Q[u_{j,k}(x,y)] \qquad (10.5.5)$$

在更新过程中,需要构造一个作用于细节函数 $v_{j-1,k}(x,y)$ 的算子 $U[\cdot]$,并将作用结果叠加到偶数部分 $u_{j-1,k}(x,y)$ 上以获得近似图像:

$$u_{j-1,k}(x,y) := u_{j-1,k}(x,y) + U[v_{j-1,k}(x,y)] \qquad (10.5.6)$$

与分解过程的 3 个步骤或 3 个运算,即式(10.5.1)、式(10.5.4)、式(10.5.5)相对应,提

升小波变换的重建过程也包括 3 个运算：

$$u_{j-1,k}(x,y) := u_{j-1,k}(x,y) - U[v_{j-1,k}(x,y)] \qquad (10.5.7)$$

$$v_{j-1,k}(x,y) := v_{j-1,k}(x,y) + P[u_{j-1,k}(x,y)] \qquad (10.5.8)$$

$$u_{j,k}(x,y) := M[u_{j-1,k}(x,y), v_{j-1,k}(x,y)] \qquad (10.5.9)$$

式中，$M[u_{j-1,k}(x,y), v_{j-1,k}(x,y)]$ 表示把偶数部分 $u_{j-1,k}(x,y)$ 和奇数部分 $v_{j-1,k}(x,y)$ 合并以构成原始图像 $u_{j,k}(x,y)$。

总结和复习

为更好地学习，下面对各小节给予概括小结并提供一些进一步的参考资料；另外给出一些思考题和练习题以帮助复习（文后对加星号的题目还提供了解答）。

1. 各节小结和文献介绍

10.1 节介绍了图像变换中可分离、对称和正交的概念，具有这些性质的变换在计算上有明显优势，特别是可将高维计算转化为低维计算，这对图像尤为重要。另外，具有这些性质的变换可采用矩阵形式描述，形式上也比较简单清晰。相关讨论还可见文献［Pratt 2007］。

10.2 节介绍的离散余弦变换已在图像编码中有广泛的应用，有关内容在许多书籍（如［Salomon 2000］、［Gonzalez 2008］）和国际标准（参见附录 A）中都有介绍。

10.3 节所介绍的基于图像变换的编码方法是近年使用最多的方法，也被许多图像编码国际标准所采纳（见附录 A）。事实上，近年来得到广泛研究和应用的一些编码方法也直接或间接地与变换编码相关。例如，分形编码［Barnsley 1988］、矢量量化［Gersho 1982］等，一些概况将在下一章讨论。

10.4 节详细地介绍了近年在许多图像技术中都得到应用的小波变换。有许多专门介绍小波变换的书籍，如［Chui 1992］、［赵 1997］、［Rao 1998］、［Goswami 1999］等，有些还附有 MATLAB 等程序。小波变换除在图像编码中外，还在图像水印技术（见第 12 章）和许多其他图像技术中得到了应用，可参见文献［Mallat 1989a］、［Mallat 1989b］、［Yao 1999］、［杨 1999］、［姚 2000］等。

10.5 节仅仅讨论了基于提升小波变换的图像编码方法。小波编码方法还有许多种（如可见文献［Said 1996］、［Salomom 2000］），比较典型的有嵌入式零树小波（embedded zerotree wavelet，EZW）编码，等级树分集（set partitioning in hierarchical tree，SPIHT）等。另外，基于提升小波构建多描述编码解决不可靠信道传输问题的一个工作可见［徐 2016］。

2. 思考题和练习题

10-1　试证明：离散余弦变换是正交变换；离散余弦变换核是可分离的和对称的。

10-2　根据图 10.2.2，不考虑 $a(u)$，算出对应 $u=v=1$ 块中的各值。

10-3　试证明离散余弦变换和反变换都是周期函数（为简便可以用 1-D 函数）。

*10-4　给定 $f(0)=0, f(1)=1, f(2)=1, f(3)=2$，计算其离散余弦变换。

10-5　将图 10.3.4(b)看作一幅 8×8 的图像，计算其 DCT 系数。分别用保留最大的 6 个、10 个和 15 个系数的分区模板进行编码，给出分区模板图并计算重建误差。

10-6　缩放函数和小波函数都可以是基本的单元函数：

（1）参照图 10.4.3，画出 $u_{2,3}(x)$ 和 $u_{3,2}(x)$。它们各属于哪个空间？

（2）参照图 10.4.5，画出 $v_{2,3}(x)$ 和 $v_{3,2}(x)$。它们各属于哪个空间？

10-7 讨论如何说明如果 $f(x)$ 属于 U_0，那它也属于 U_1。

10-8 如果一幅 2×2 图像 $f(x,y)$ 的 $f(0,0)=1, f(1,0)=4, f(0,1)=-3, f(1,1)=1$。

（1）计算其离散余弦变换。

（2）计算其 2-D 哈尔小波变换。

（3）计算其离散小波变换的近似系数和细节系数。

（4）利用上面的结果，计算离散小波反变换。

*10-9 根据式（10.4.15）和式（10.4.17），设起始尺度为 0，计算如下函数的缩放系数和小波系数：

$$y = \begin{cases} x^2 & 0 \leqslant x < 1 \\ 0 & \text{其他} \end{cases}$$

10-10 解释为什么在计算图像的小波变换时，缩放系数的作用如同一个低通滤波器，而小波系数的作用如同一个带通滤波器。

10-11 给定一个 8 点的离散序列：$[1,8,3,4,7,2,6,5]$，计算它的哈尔小波变换系数。通过比较原始序列和对应的小波系数，讨论小波变换在压缩中的优点。

10-12 根据基于提升方法的小波变换的分解步骤，讨论是如何实现整数到整数的变换的。

第 11 章　更多图像编码方法

图像编码作为一大类图像处理技术,多年来已研究出许多各具特色的方法。它们有些基于特殊的理论和技术,有些则服务于特定的领域。图像编码方法的研究得到许多其他数学工具和其他图像技术的支持,同时,新的应用领域又对图像编码提出了更高的要求。近年来,新的工作还在继续。

与图像增强技术类似,在图像编码中既有以像素为单元的方法也有以像素集合为单元的方法;既有对应频域技术的变换编码方法,还有对应空域技术的预测编码方法和其他方法。

在图像编码中,压缩率和失真是一对矛盾,对它们的折中考虑也是许多编码方法的初衷。

根据上述的讨论,本章各节内容将安排如下。

11.1 节介绍基于符号的编码方法,它比较适合对文本图像的压缩。

11.2 节介绍一种信息保存型的编码方式——LZW 编码方式,它已用在许多图像文件格式中。

11.3 节介绍目前广泛使用的预测编码方法,包括无损预测编码和有损预测编码。

11.4 节介绍矢量量化编码方法,它既可以结合空域技术也可结合变换域技术。

11.5 节介绍准无损编码思路,它试图在无损压缩和有损压缩之间找到一种适合特定应用的折中。

11.6 节总结比较一些常用方法及其特性,还简单概括介绍若干其他类型的编码方法。

11.1　基于符号的编码

在文本图像编码中,由于许多文字位图会多次反复出现,所以可考虑将每个文字看作一个基本符号或子图像,而将文本图像看作这些子图像的集合,把子图像作为单元进行编码。这就是**基于符号编码**的基本思路。为此,需要建立一个符号字典,存储所有可能出现的符号。如果对每个符号赋一个码,则对图像的编码工作就成为确定每个符号的码字以及确定符号在图像中的空间位置。这样,一幅图像可用一系列三元组来表示,即 $\{(x_1, y_1, l_1), (x_2, y_2, l_2), \cdots\}$,其中,$(x_i, y_i)$ 表示符号在图像中的坐标位置,l_i 代表该符号在符号字典中的位置标号。

下面结合一个示例来解释基于符号编码的过程。设需编码的图像如图 11.1.1 所示,其中有一个字母序列 ABABAB。每个字母由一个 7×5 的像素矩阵来表示。设将像素矩阵用位图来表示,则每个字母对应一个包含 35 个像素的位图。

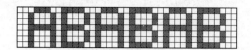

图 11.1.1 基于符号编码的示例图像

现在来看表 11.1.1。将每个字母看作一个基本符号,则符号字典中有两个符号 A 和 B。它们的标号分别为 0 和 1,而它们对应的位图就是 A 和 B 的有 35 个像素的位图。以图 11.1.1 所示图像的左上角为坐标的起点,则该字母序列 ABABAB 可用一个三元组(前两个表示符号左上角的坐标,第 3 个表示符号的标号)序列来表示,这就是对字母序列 ABABAB 的编码结果,它给出了各个符号在图像中的位置。

表 11.1.1 基于符号编码的结果

标号	0	1	三元组序列
符号			(0,2,0),(0,8,1),(0,14,0), (0,20,1),(0,26,0),(0,32,1)

现在来考虑这个例子中编码的压缩率。原始图像共有 7 行 39 列,因为每个像素的灰度是二值的,所以可用 1 个比特来表示,这样原始图像需 7×39＝273 个比特。经基于符号的编码后,原始图像被表示成一个三元组序列,设每个位置用一个字节(8 个比特)来表示,每个三元组需 24 个比特,现有 6 个符号,所以需要 144 个比特。另外,字典本身需要 70 个比特,所以编码结果需 214 个比特。此时压缩率约为 1.2757。这个压缩率并不高,但对长的字母序列,压缩率会有提高。例如将此字母序列的长度增加一倍,则压缩率会增加到 525/358≈1.4665。这是因为仅存储相同的符号一次,对反复出现的情况压缩率就会提高。另外,对分辨率较高的图像,压缩率也会有提高。仍考虑字母序列中有 6 个字母的情况,但将图像在水平和垂直方向的分辨率都增加一倍,则压缩率会增加到 1092/424≈2.5755。最后,如果对位图和三元组也进行编码,则总的压缩率还可提高。

基于符号的解码非常简单,比编码要快得多。只要读出三元组序列中的坐标和标号,根据符号字典将对应标号的位图写在相应的坐标位置就可得到解码的图像。

可以看出,基于符号的编码方法借助了属于符号的像素之间的空间关系信息,所以可消除或减少像素间冗余;也可看作对出现较多的符号使用了较短的码字,所以可消除或减少编码冗余。

在国际标准 JBIG-2 中(见附录 A),要编码的图像先被分割成重叠或不重叠的三种区域:文字区域、半调区域和一般其他区域。对前两种区域的编码都使用了基于符号的编码方法。

11.2 LZW 编码

LZW 编码以 3 个发明人的姓氏(Lempel-Ziv-Welch)的首字母命名。它能消除或减少图像中的像素间冗余,同时也能减少编码冗余,是一种信息保存型的编码方式。LZW 编码对信源输出的不同长度的符号序列分配固定长度的码字,且不需要有关符号出现概率的知识。这种编码方法是 UNIX 操作系统中的标准文件压缩方法,也用在图形交换格式(GIF)、标记图像文件格式(TIFF)、可移植文件格式(PDF)中。LZW 方法已获专利(Unisys,优利系统公司),使用该方法的压缩软件需要获得专利许可证,但存储和传输用其压缩的图像或文件是合法的。

1. LZW 编码过程

LZW 编码方法是一种字典方法,在编码的开始阶段要构造一个对信源符号进行编码的码本(字典)。以 8 比特的灰度图像为例,字典中前 256 个位置/码字被分配给对应的灰度值 0,1,…,255。在编码器顺序地扫描排成串的像素的灰度时,算法要确定字典中还没有出现的灰度值序列的位置(如取下一个尚未用的位置),并建立一个新的码字。举例来说,如果图像的前两个像素灰度均为 0,则将"0-0"这个序列赋给标有 256 的位置,即码字 256 代表"0-0";如果接下来的两个像素灰度分别为 0 和 1,则将"0-1"赋给标有 257 的位置;以此类推。在后面的扫描中,如果识别出连续两个灰度值均为 0,就用码字 256(包含"0-0"位置的地址)表示它们,而如果识别出前后两个灰度值分别为 0 和 1,就用码字 257 表示它们。如果使用一个 9 比特 512 个字的字典,那么上面用来表示两个像素的(8+8)比特码字可用单个 9 比特码字代替。由此可见,字典的尺寸是一个重要的编码器参数。如果太小,可用于匹配灰度值序列的位置会不够用;如果太大,表达码字的比特数增加将影响对图像压缩的性能。

下面举一个例子来解释 LZW 编码的过程。考虑如图 11.2.1 所示的一幅 4×4 图像:

$$\begin{bmatrix} 91 & 91 & 91 & 0 \\ 91 & 91 & 0 & 0 \\ 91 & 0 & 0 & 0 \\ 0 & 0 & 0 & 0 \end{bmatrix}$$

编码开始时假设有一个包含 512 字(位置,对应指针,也就是码字)的字典(其中位置 0~255 已有对应内容,位置 256~511 还没有用到,用"—"表示),如表 11.2.1 所示。

图 11.2.1　一幅 4×4 的示例图像

表 11.2.1　初始字典

字典位置	0	1	…	91	…	255	256	257	…	511
字典条目	0	1	…	91	…	255	—	—	…	—

编码的各个步骤和结果如表 11.2.2 所示,为方便说明起见,对各步骤进行了编号。编码器从左向右、从上向下对每个输入像素扫描,作为编码输入,其灰度值如表中第 2 列所示。第 3 列的识别序列依次读取上一个编码输入(开始为空)。第 4 列的拼接序列是由第 2 列的编码输入与第 3 列同行中的识别序列相拼接(识别序列在前,称为前缀串;编码输入在后,称为扩展字符)而成,该序列开始时也为空。对每个拼接序列都在字典中搜索,根据搜索结果可分两种情况。

(1) 如果找不到/尚没有(如表中步骤 2 里用"—"表示),就将字典下一个还没有使用的位置(如表中步骤 2 里从 256 开始)赋以这个拼接序列作为字典中的一个新条目,并将同行的识别序列作为(第 5 列的)编码输出(如表中步骤 2 里是 91)。

(2) 如果能找到/已有(如表中步骤 3 里用"+"表示),就既不输出码字也不改变字典,而将这个拼接序列作为下一个识别序列(如表中步骤 4),并继续考虑下一步骤的编码输入。如果拼接了下一个编码输入后在字典中搜索不到这个新的拼接序列(如表中步骤 4 里仍用"—"表示),那就将此时的识别序列用字典中相应的码字表示并作为编码输出,同时在字典中下一个还没有使用的位置(如表中步骤 4 里是 257)加一个新条目,以放置这个新的拼接序列(同样可利用已在字典中的码字,如表中步骤 4 最后一列)。

根据搜索结果分别按上述两种情况进行,直到识别序列不再读到新的编码输入,则将识别序列已有的字符作为最后一个编码输出(如表中步骤 17)。最后的编码输出序列为第 5 列的 9 个码字。

表 11.2.2 LZW 编码的步骤和结果

步骤	编码输入	识别序列	拼 接 序 列	编码输出	字典位置	字典条目
1	91	—	—	—	—	—
2	91	91	91-91(—)	91	256	91-91
3	91	91	91-91(+)	—	—	—
4	0	91-91	91-91-0(—)	256	257	256-0
5	91	0	0-91(—)	0	258	0-91
6	91	91	91-91(+)	—	—	—
7	0	91-91	91-91-0(+)	—	—	—
8	0	91-91-0	91-91-0-0(—)	257	259	257-0
9	91	0	0-91(+)	—	—	—
10	0	0-91	0-91-0(—)	258	260	258-0
11	0	0	0-0(—)	0	261	0-0
12	0	0	0-0(+)	—	—	—
13	0	0	0-0-0(—)	261	262	261-0
14	0	0	0-0(+)	—	—	—
15	0	0-0	0-0-0(+)	—	—	—
16	0	0-0-0	0-0-0-0(—)	262	263	262-0
17	—	0	0(+)	0	—	—

表 11.2.2 中最后两列给出了在上述过程中所有加到字典中的码字和它们所表示的序列。可见在这个例子中,一共增加了 8 个新码字(其中 3 个码字还没有得到使用)。在编码结束时,字典中共有 264 个码字,每个码字需用 9 个比特来表示。用这 264 个码字可对全图进行编码。原始图像共有 16 个像素,每个像素需用 8 个比特来表示,所以全图共需 128 个比特来表示。现第 5 列编码输出为 9 个码字,每个码字需用 9 个比特来表示,所以共需 81 个比特。这样,该例中压缩率为 128/81≈1.58,或者说压缩比为 1.58∶1。

顺便指出,LZW 编码有一个重要的特性称作前缀性,即如果一个码字在字典中,那么它的前缀串也已在字典里,即新码字多是已有码字之后接一个字符而构成的,这也可从表 11.2.2 中最后两列多次看到(如码字 257 的前缀串 256 已先在字典中,257 是 256 接一个 0 而构成的)。

LZW 编码方法是一种自适应的压缩方法,但它对输入数据的适应比较慢,因为每次字典中的条目只增加一个,而且这个条目只比原有的条目增加了一个字符。例如考虑一个由 100 万个相同字母组成的字符串,这肯定是高度冗余的,但如用 LZW 方法来编码,所产生的最长的字典条目也只含有 1414 个字符。这点在表 11.2.2 中也可看出一点端倪,最后 7 个编码输入的灰度值均为0,但最后所产生的最长的字典条目(263)也只含有4个0。

LZW编码中字典的尺寸与要编图像的尺寸和内容需要配合。一方面在编码初期,由于字典中的码字较少,字典对压缩效果的贡献也很少,此时主要是进行字典的扩充;另一方面在编码后期,如果字典的容量有限,图像太大时字典满了,编码效率也将受到限制。

2. LZW解码过程

由上可见,LZW编码的特点是在编码的同时建立了一个码本。在LZW解码时也会建立一个同样的解码码本(即字典,所以不需将编码器建立的字典提供给解码器。也有人称其为编码器和解码器同步)。

下面接着利用前述LZW编码的结果(即编码输出序列91,256,0,257,258,0,261,262,0,现称解码输入序列)来解释LZW解码的过程。解码开始时的字典与编码开始时相同,均有512字(位置0~255用于灰度值0~255,位置256~511还没有用到),仍如表11.2.1所示。LZW解码的步骤和结果如表11.2.3所示。首先依次读取各个解码输入并判断该码字是否已在字典中(如第2列),然后构建拼接序列(如第3列),在构建字典(见最后两列)的同时依次进行解码(解码输出在第4列)。

表11.2.3　LZW解码的步骤和结果

步骤	解码输入	拼接序列	解码输出	字典位置	字典条目
1	91	—	91	—	—
2	256(—)	91-91	91-91	256	91-91
3	0(+)	91-91-0	0	257	256-0
4	257(+)	0-91	91-91-0	258	0-91
5	258(+)	91-91-0-0	0-91	259	257-0
6	0(+)	0-91-0	0	260	258-0
7	261(—)	0-0	0-0	261	0-0
8	262(—)	0-0-0	0-0-0	262	261-0
9	0(+)	0-0-0-0	0	263	262-0

具体解码时,先将第1个解码输入直接作为解码输出(如表中步骤1)。然后从第2个解码输入开始,先考察其是否已在字典中(在用"+"表示,不在用"—"表示),根据结果有两种情况。

(1)如果尚不在字典中(如表中步骤2),则根据编码过程和规则可知,一方面该码字应是上1个解码输入的扩展(比上1个解码输入多一个字符,因为如前所述,字典中的条目每次只比原有的条目增加一个字符),所以其前缀串应与上1个解码输入相同;另一方面其扩展字符也应与当前解码输入中的(从左数)第1个字符相同,因为如果不同,则当前解码输入应是已在字典中的码字。所以如果当前解码输入为一个新码字,则此时的拼接序列由上1个解码输入之后接上当前解码输入中的(从左数)第1个字符(或唯一字符)而构成。据此就可在字典中加入对应当前解码输入的新条目,同时也可得到对应该解码输入码字的解码输出(还可见步骤7和步骤8)。

(2)如果已在字典中,就将其直接作为解码输出(如步骤3~步骤6);此时拼接序列也由上1个解码输入之后接当前解码输入的第1个字符而构成,并将其放入字典新位置作为条目。

依次对第 2 个以后的解码输入根据搜索考察结果分别按上述两种情况进行,直到处理完最后一个解码输入(如表中步骤 9)。此时得到的解码输出序列为第 4 列的 16 个字符。

表 11.2.3 中最后两列给出的解码字典中的码字和它们所表示的序列与表 11.2.2 中最后两列给出的编码字典中的码字与它们所表示的序列完全一致。这也是对编码器和解码器同步性的一个验证。

由表 11.2.3 还可见,在解码时,除了解第 1 个码字外(步骤 1),每个步骤都要对字典进行更新。尽管这样,LZW 解码比 LZW 编码的计算量还是要小很多。

11.3　预　测　编　码

预测编码利用了像素间的相关性直接在图像空间进行编码,能消除或减少图像中的像素间冗余。它可分为无损预测编码和有损预测编码两种,分别对应信息保存型或信息损失型的编码方式。

11.3.1　无损预测编码

预测编码的基本思想是通过仅提取每个像素中的新信息并对它们编码来消除像素间的冗余。这里一个像素的新信息定义为该像素的当前或现实值与预测值的差。注意这里正是由于像素间有相关性,所以才使预测成为可能。

图 11.3.1 所示为一个**无损预测编码系统**,主要由一个编码器(上部)和一个解码器(下部)组成。它们各有一个相同的预测器。在无损预测编码中,3 个基本的步骤/模块是:预测、误差映射、编码。首先根据某个像素的周边条件即上下文对该像素的值进行预测,然后计算真实值与预测值的差,将差值进行一定映射后得到映射值。最后对该映射值进行编码。

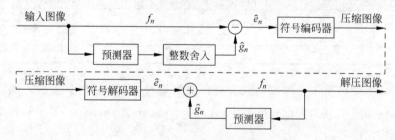

图 11.3.1　无损预测编码系统

当输入图像的像素序列 $f_n (n=1,2,\cdots)$ 逐个进入编码器时(往往是按照光栅扫描顺序逐点进行),预测器根据若干个过去的输入产生对当前输入像素的预测(估计)值。预测器的输出舍入成最近的整数 $\hat{g}_n$ 并被用来计算预测误差(误差映射):

$$\hat{e}_n = f_n - \hat{g}_n \tag{11.3.1}$$

这个误差用符号编码器借助变长码进行编码以产生压缩数据流的下一个元素。然后解码器根据接收到的变长码字重建 $\hat{e}_n$,并执行下列操作:

$$f_n = \hat{e}_n + \hat{g}_n \tag{11.3.2}$$

在多数情况下,可通过将 m 个先前的像素进行线性组合以得到预测:

$$\hat{g}_n = \mathrm{round}\left[\sum_{i=1}^{m} a_i f_{n-i}\right] \tag{11.3.3}$$

式中,m 是线性预测器的阶,round 是舍入函数,a_i 是预测系数。在式(11.3.1)~式(11.3.3)中的 n 可认为指示了图像的空间坐标,这样在 1-D 线性预测编码中,式(11.3.3)可写为

$$\hat{g}_n(x,y) = \text{round}\left[\sum_{i=1}^{m} a_i f(x, y-i)\right] \tag{11.3.4}$$

根据式(11.3.4),1-D 线性预测 $\hat{g}_n(x,y)$ 仅是当前行扫描到的先前像素的函数。而在 2-D 线性预测编码中,预测是对图像从左向右、从上向下进行扫描时所扫描到的先前像素的函数。在 3-D 时,预测基于上述像素和前一帧的像素。根据式(11.3.4),每行的最开始 m 个像素无法(预测)计算,所以这些像素需用其他方式编码。这是采用预测编码所需的额外操作。在高维情况时也有类似开销。

最简单的 1-D 线性预测编码是一阶的($m=1$),此时:

$$\hat{g}_n(x,y) = \text{round}[af(x, y-1)] \tag{11.3.5}$$

式(11.3.5)表示的预测器也称为前值预测器,所对应的预测编码方法也称为差值编码或前值编码。

在无损预测编码中所取得的压缩量与将输入图映射进预测误差序列所产生的熵减少量直接有关。通过预测可消除相当多的像素间冗余,所以预测误差的概率密度函数一般在零点有一个高峰,并且与输入灰度值分布相比其方差较小。

例 11.3.1　线性预测编码示例

表 11.3.1 所示为用最简单的 1-D 线性预测编码得到的结果。第一行是需编码序列的标号,第二行是需编码序列的灰度值,第三行是需编码序列的前值,第四行是预测值,第五行是预测误差序列。

表 11.3.1　线性预测编码示例

n	0	1	2	3	4	5	6	7	8	9	10	11	12	13	14	15
f_n	10	10	12	15	19	24	30	37	45	54	64	74	83	91	98	104
f_{n-1}	—	10	10	12	15	19	24	30	37	45	54	64	74	83	91	98
$\hat{g}_n$	—	10	10	12	15	19	24	30	37	45	54	64	74	83	91	98
$\hat{e}_n$	—	0	2	3	4	5	6	7	8	9	10	10	9	8	7	6

由表可见,需编码序列的灰度动态范围远大于预测误差序列的灰度动态范围(用于表达灰度值的比特数就可取得较小,从而获得压缩的效果),即预测误差序列灰度值分布的方差要远小于原始序列灰度值分布的方差。 ▱

11.3.2　有损预测编码

预测编码也可以是有损的,此时虽然解码图像有些失真但可获得较大的压缩率。

1. 有损预测编码系统

在图 11.3.1 无损预测编码系统的基础上加一个量化器就构成**有损预测编码系统**,见图 11.3.2。量化器插在符号编码器和预测误差产生处之间,把原来无损编码器中的整数舍入模块吸收了进来。它将预测误差映射进有限个输出 $\dot{e}_n$ 中,$\dot{e}_n$ 确定了有损预测编码中的压缩量和失真量。

为接纳量化步骤,需要改变图 11.3.1 中的无损编码器以使编码器和解码器所产生的预

测能相等。为此在图 11.3.2 中将有损编码器的预测器放在一个反馈环中。这个环的输入是过去预测和与其对应的量化误差的函数：

$$\dot{g}_n = \dot{e}_n + \hat{g}_n \tag{11.3.6}$$

这样一个闭环结构能防止在解码器的输出端产生误差。这里解码器的输出(即解压图像)也由式(11.3.6)给出。

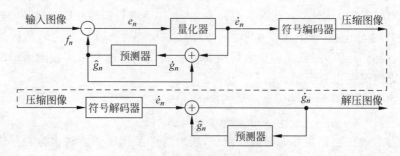

图 11.3.2 有损预测编码系统

德尔塔调制(DM)是一种简单的有损预测编码方法,其预测器和量化器分别定义为

$$\hat{g}_n = a\,\dot{g}_{n-1} \tag{11.3.7}$$

$$\dot{e}_n = \begin{cases} +c & e_n > 0 \\ -c & \text{其他} \end{cases} \tag{11.3.8}$$

式中,a 是预测系数(一般$\leqslant 1$),c 是一个正的常数。因为量化器的输出可用单个位符表示(输出只有两个值),所以图 11.3.2 编码器中的符号编码器只用长度固定为 1 比特的码。由 DM 方法得到的码率是 1 比特/像素。

例 11.3.2 DM 编码示例

表 11.3.2 所示为 DM 编码的 1 个例子。这里,取式(11.3.7)和式(11.3.8)中的 $a=1$ 和 $c=5$。编码开始时先将第 1 个输入像素直接传给编码器。在编码器和解码器两端都建立了初始条件$\hat{g}_0 = f_0 = 12$ 后,其余的$\hat{g}$、e、$\dot{e}$ 和$\dot{g}$ 可分别用式(11.3.7)、式(11.3.1)、式(11.3.8)和式(11.3.6)算得。

表 11.3.2 一个 DM 编码例子

输	入	编		码	器	解	码 器	误差
n	f	$\hat{g}$	e	$\dot{e}$	$\dot{g}$	$\hat{g}$	$\dot{g}$	$[f - \dot{g}]$
0	12	—	—	—	12	—	12	0
1	16	12.0	4	5	17	12	17	-1
2	14	17	-3	-5	12	17	12	2
3	18	12	6	5	17	12	17	1
4	22	17	5	5	22	17	22	0
5	32	22	10	5	27	22	27	5
6	46	27	19	5	32	27	32	14
7	52	32	20	5	37	32	37	15
8	50	37	13	5	42	37	42	8
9	51	42	9	5	47	42	47	4
10	50	47	3	5	52	47	52	-2

图 11.3.3 所示为对应表 11.3.2 的输入和输出（f_n 和 $\dot{g}_n$），其中有两种有损预测编码典型的失真现象。其一，当 c 远大于输入中的最小变化时，如在 $n=0$ 到 $n=3$ 的相对平滑区间，DM 编码会产生**颗粒噪声**，即误差正负波动。其二，当 c 远小于输入中的最大变化时，如在 $n=5$ 到 $n=9$ 的相对陡峭区间，DM 编码会产生**斜率过载**，即 $\dot{g}_n$ 的变化跟不上 f_n 的变化，有较大的正误差。对大多数图像来说，上述两种情况分别会导致图像中目标边缘发生模糊和整个图像产生纹状表面。

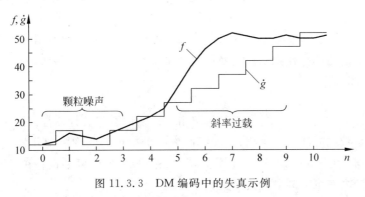

图 11.3.3　DM 编码中的失真示例

上例中的两种失真现象是有损预测编码的共同问题。这些失真的严重程度与所用量化和预测方法及它们的相互作用有关，尽管有上述相互作用，但预测器和量化器在设计中通常是独立进行的。预测器在设计中认为量化器没有误差，而量化器在设计中则需要最小化自身的误差。

2. 最优预测

在绝大多数预测编码中用到的**最优预测器**在满足限制条件

$$\dot{g}_n = \dot{e}_n + \hat{g}_n \approx e_n + \hat{g}_n = f_n \tag{11.3.9}$$

$$\hat{g}_n = \sum_{i=1}^{m} a_i f_{n-i} \tag{11.3.10}$$

的情况下能最小化编码器的均方预测误差：

$$E\{e_n^2\} = E\{[f_n - \hat{g}_n]^2\} \tag{11.3.11}$$

这里最优准则是最小化均方预测误差，设量化误差可以忽略（$\dot{e}_n \approx e_n$），并用 m 个先前像素的线性组合进行预测。上述限制并不是必需的，但它们都极大地简化了分析，也减少了预测器的计算复杂性。基于这些条件的预测编码方法称为**差值脉冲码调制法**（DPCM）。在满足这些条件时最优预测器设计的问题简化为比较直观地选择 m 个预测系数以最小化下式的问题：

$$E\{e_n^2\} = E\left\{\left[f_n - \sum_{i=1}^{m} a_i f_{n-i}\right]^2\right\} \tag{11.3.12}$$

如果对式（11.3.11）中每个系数求导，使结果等于 0，并在设 f_n 均值为零和方差为 σ^2 的条件下解上述联立方程就可得到

$$a = R^{-1}r \tag{11.3.13}$$

其中 R^{-1} 是下列 $m \times m$ 自相关矩阵的逆矩阵：

$$R = \begin{bmatrix} E\{f_{n-1}f_{n-1}\} & E\{f_{n-1}f_{n-2}\} & \cdots & E\{f_{n-1}f_{n-m}\} \\ E\{f_{n-2}f_{n-1}\} & \ddots & \cdots & \vdots \\ \vdots & \vdots & \ddots & \vdots \\ E\{f_{n-m}f_{n-1}\} & E\{f_{n-m}f_{n-2}\} & \cdots & E\{f_{n-m}f_{n-m}\} \end{bmatrix} \tag{11.3.14}$$

r 和 a 都是具有 m 个元素的矩阵：

$$r = \begin{bmatrix} E\{f_n f_{n-1}\} & E\{f_n f_{n-2}\} & \cdots & E\{f_n f_{n-m}\} \end{bmatrix}^T$$

$$a = \begin{bmatrix} a_1 & a_2 & \cdots & a_m \end{bmatrix}^T \tag{11.3.15}$$

可见,对任意输入图,能最小化式(11.3.12)的系数仅依赖于原始图中像素的自相关,可通过一系列基本的矩阵操作得到。当使用这些最优系数时,预测误差的方差为

$$\sigma_e^2 = \sigma^2 - a^T r = \sigma^2 - \sum_{i=1}^{m} E\{f_n f_{n-i}\} a_i \tag{11.3.16}$$

尽管式(11.3.13)相当简单,但为获得 R 和 r 所需的自相关计算常很困难。实际中逐幅图像计算预测系数的方法很少采用,一般都假设一个简单的图像模型并将其对应的自相关代入式(11.3.14)和式(11.3.15)以计算全局(所有图)系数。例如设一个 2-D 马尔科夫源(见 9.2.2 小节)具有可分离自相关函数：

$$E\{f(x,y)f(x-i,y-j)\} = \sigma^2 \rho_v^i \rho_h^j \tag{11.3.17}$$

并设用一个四阶线性预测器

$$\hat{g}(x,y) = a_1 f(x,y-1) + a_2 f(x-1,y-1) + a_3 f(x-1,y) + a_4 f(x-1,y+1) \tag{11.3.18}$$

来预测,那么所得的最优系数为

$$a_1 = \rho_h, \quad a_2 = -\rho_v \rho_h, \quad a_3 = \rho_v, \quad a_4 = 0 \tag{11.3.19}$$

式中,ρ_h 和 ρ_v 分别是图像的水平和垂直相关系数。

通过给式(11.3.18)中的系数赋予不同的值,可得到不同的预测器。4 个例子如下：

$$\hat{g}_1(x,y) = 0.97 f(x,y-1) \tag{11.3.20}$$

$$\hat{g}_2(x,y) = 0.5 f(x,y-1) + 0.5 f(x-1,y) \tag{11.3.21}$$

$$\hat{g}_3(x,y) = 0.75 f(x,y-1) + 0.75 f(x-1,y) - 0.5 f(x-1,y-1) \tag{11.3.22}$$

$$\hat{g}_4(x,y) = \begin{cases} 0.97 f(x,y-1) & |f(x-1,y) - f(x-1,y-1)| \\ & \leqslant |f(x,y-1) - f(x-1,y-1)| \\ 0.97 f(x-1,y) & \text{其他} \end{cases} \tag{11.3.23}$$

其中式(11.3.23)给出的是一个自适应预测器,它通过计算图像的局部方向性来选择合适的预测值以达到保持图像边缘的目的。

式(11.3.10)中的系数之和一般设为小于或等于 1,即

$$\sum_{i=1}^{m} a_i \leqslant 1 \tag{11.3.24}$$

这个限制是为了使预测器的输出落入允许的灰度值范围和减少传输噪声的影响。传输噪声常使重建的图像上出现水平的条纹。减少 DPCM 解码器对输入噪声的敏感度是很重要的,因为在一定的条件下只要有一个误差就能影响其后所有的输出而使输出不稳定。限定式(11.3.24)中的不等式为绝对不等式可以保证将输入误差的影响仅局限于若干个输出上。

例 11.3.3 DPCM 编码中不同预测器的效果比较

图 11.3.4(a)～图 11.3.4(d) 分别为用式(11.3.20)～式(11.3.23)的 4 个预测器对图 1.1.1(a)进行编码后的解码图(量化器均用式(11.3.9)所给的德尔塔 2 级量化器)。

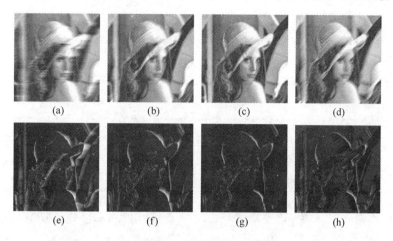

图 11.3.4　预测器效果比较图

由这些图可以看出,视觉感受到的误差随预测器阶数的增加而减少。具体说来,图(c)(三阶)的质量好于图(b)(二阶),而图(b)的质量又好于图(a)(一阶)。注意图(d)为(一阶)自适应预测的结果,它的图像质量比图(a)好但比图(b)差。类似的结论从图(e)～图(h)所给的对应误差图(原图和编码解码图的差)也可以看出来。 □

3. 最优量化

先来看图 11.3.5,它给出一个典型的量化函数。这个阶梯状的函数 $t = q(s)$ 是 s 的奇函数。这个函数可完全由在第 I 象限的 $L/2$ 个 s_i 和 t_i 所描述。这些值给出的转折点确定了函数的不连续性并被称为量化器的判别和重建电平。按照惯例,将在半开区间 $(s_i, s_{i+1}]$ 的 s 映射给 t_{i+1}。

根据以上定义,量化器的设计就是要在给定优化准则和输入概率密度函数 $p(s)$ 的条件下选择最优的 s_i 和 t_i。优化准则可以是统计的或心理视觉的准则。如果用最小均方量化误差(即 $E\{(s - t_i)^2\}$)作为准则,且 $p(s)$ 是一个偶函数,那么最小误差条件为

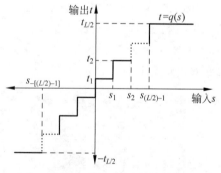

图 11.3.5　一个典型的量化函数

$$\int_{s_{i-1}}^{s_i} (s - t_i) p(s) \mathrm{d}s = 0 \quad i = 1, 2, \cdots, L/2 \tag{11.3.25}$$

其中

$$s_i = \begin{cases} 0 & i = 0 \\ (t_i + t_{i+1})/2 & i = 1, 2, \cdots, L/2 - 1 \\ \infty & i = L/2 \end{cases} \tag{11.3.26}$$

$$s_i = -s_{-i} \quad t_i = -t_{-i} \tag{11.3.27}$$

式(11.3.25)表明重建电平是所给定判别区间的 $p(s)$ 曲线下面积的重心,式(11.3.26)指出

判别值正好为两个重建值的中值,式(11.3.27)可由 $q(s)$ 是一个奇函数而得到。对任意 L,满足式(11.3.25)~式(11.3.27)的 s_i 和 t_i 在均方误差意义下最优。与此对应的量化器称为 L 级(level)Lloyd-Max 量化器。表 11.3.3 给出对单位方差拉普拉斯概率密度函数的 2、4、8 级 Lloyd-Max 判别和重建值。

表 11.3.3　具有单位方差拉普拉斯概率密度函数的 Lloyd-Max 量化器

级	2		4		8	
i	s_i	t_i	s_i	t_i	s_i	t_i
1	∞	0.707	1.102	0.395	0.504	0.222
2			∞	1.810	1.181	0.785
3					2.285	1.576
4					∞	2.994
d	1.414		1.087		0.731	

因为对大多数 $p(s)$ 来说,要获得式(11.3.25)~式(11.3.27)的显式解是很困难的,所以表 11.3.3 是由数值计算得到的。这 3 个量化器分别给出 1、2 和 3 比特/像素的固定输出率。对判别和重建值的方差 $\sigma \neq 1$ 的情况,可用表 11.3.3 给出的数据乘以它们的概率密度函数的标准差。表 11.3.3 的最后一行给出满足式(11.3.25)~式(11.3.27)和下列附加限制条件的步长 d:

$$d = t_i - t_{i-1} = s_i - s_{i-1} \tag{11.3.28}$$

对实际图像的应用结果表明,2 级量化器所产生的由于斜率过载而造成的解码图中边缘模糊的程度比 4 级和 8 级量化器的程度要高。

例 11.3.4　DPCM 编码中不同量化器的效果比较

图 11.3.6(a)~图 11.3.6(c)给出用与图 11.3.4 同样的一阶预测器但量化器级数分别是 5、9 和 17 级而得到的编码解码图。图 11.3.6(d)和图 11.3.6(e)分别为对应图 11.3.6(a)和图 11.3.6(b)的误差图。事实上,当量化器级数取 9 级时误差已几乎看不出,更多级的量化效果在视觉上并不能分辨。

(a)　　　　　(b)　　　　　(c)　　　　　(d)　　　　　(e)

图 11.3.6　DPCM 编码中不同量化器的效果比较

在图 11.3.2 给出的有损预测编码器中,如果在符号编码器里使用变长码,那么具有步长 d 的**最优均匀量化器**在具有相同输出可靠性的条件下能提供比固定长度编码的 Lloyd-Max 量化器更低的码率。尽管 Lloyd-Max 量化器和最优均匀量化器本身都不是自适应的,但如果根据图像局部性质调节量化值也能提高效率。理论上讲,可以较细量化缓慢变化区域而较粗量化快速变化区域(这也是一种形式的自适应)。这样做可同时减少颗粒噪声和斜率过载,且码率增加很少。当然这样也会增加量化器的复杂性。

表 11.3.4 所示为用预测器和量化器的不同组合对同一幅图像编码所得到的均方根误差。可看出 2 级自适应量化器与 4 级非自适应量化器的性能差不多,而 4 级自适应量化器比 8 级非自适应量化器的性能要好。在 4 个预测器中,与式(11.3.22)对应的预测器(三阶)性能最好(见例 11.3.3)。

表 11.3.4　预测器和量化器不同组合的性能(均方根误差)比较

预　测　器	Lloyd-Max 量化器			自适应量化器		
	2 级	4 级	8 级	2 级	4 级	8 级
式(11.3.20)	30.88	6.86	4.08	7.49	3.22	1.55
式(11.3.21)	14.59	6.94	4.09	7.53	2.49	1.12
式(11.3.22)	9.90	4.30	2.31	4.61	1.70	0.76
式(11.3.23)	38.18	9.25	3.36	11.46	2.56	1.14
压缩率	8.00∶1	4.00∶1	2.70∶1	7.11∶1	3.77∶1	2.56∶1

11.4　矢　量　量　化

矢量量化(VQ)指将一个有多个分量的矢量映射为一个只有较少分量的矢量的过程。原则上讲空域和频域都可使用这个过程。矢量量化既可以用于图像编码系统的量化模块中,也可以用作一种独立的图像编码方法。矢量量化的理论基础是率失真定理,其基本思路是把信源符号序列分组作为矢量看待进行编码,当组内符号较多或矢量维数较高时,其率失真函数将逼近于信源的率失真函数。事实上矢量量化考虑了以下两个因素:

(1) 对符号串的压缩比对单符号的压缩更能取得好的效果(矢量编码比标量编码好);

(2) 对自然图像,空间上相邻的像素之间有较大的相关性。

1. 矢量量化流程

对图像用矢量量化进行编解码的过程如图 11.4.1 所示。在编码端,编码器先将原始图像划分成小块(例如划分成尺寸为 $K = n \times n$ 的小块,这与正交变换编码方法中类似),用矢量来表示这些小块并对矢量进行量化。接着,构建一个码本(即一个矢量列表,可用作查找表),将前面量化得到的图像块矢量通过搜索用码本中唯一的码字来编码。编好码后,将矢量码字的标号(与码本同时)进行传输或存储。在解码端,解码器根据矢量码字的标号借助码本获得码矢量,利用码矢量重建出图像块并进而组成解码图像。由上流程可见,虽然编码端和解码端的模块一一对应,但工作步骤是非对称的。矢量量化要完成的工作很多(见下),所以编码端工作量很大;但解码端的工作量很小,实际上只需对查找表进行操作。这种非对称性在只需要一次编码但需要多次解码的应用(如制作多媒体百科全书和无印刷出版)中比较有利,但在编码和解码对称的应用(如视频电话/会议)中并不太合适。

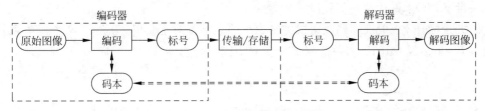

图 11.4.1　矢量量化编解码流程

2. 矢量量化原理

矢量量化方法在 K 维空间进行以下两个操作。

(1) 将矢量空间分割为有限个子空间（子集），它们覆盖整个矢量空间且互相不相交。常用的一种方法是使用最近域分割，得到的是 Voronoi 多边形区域划分。

(2) 对每个子空间选择一个代表矢量，即码矢量，作为量化结果。实际中可取子空间的质心。

例 11.4.1 Voronoi 多边形

Voronoi 多边形可看作是对图像进行划分得到的。参见图 11.4.2(a)，假设一幅图像可分为若干个区域，现已知这些区域的重心，那么对任意两个重心点 p 和 q，在它们之间都可画一条对分线（bisector）。这条对分线将图像分成两半，其中一半包含与 p 比较近的点而另一半包含与 q 比较近的点。如果以 p 为参考，对所有的其他重心点都当作 q 如上进行，就可得到一个包含 p 的多边形，如图 11.4.2(b)所示，这就是 Voronoi 多边形。

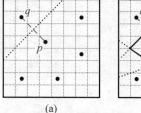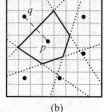

(a)　　　　　　　(b)

图 11.4.2　Voronoi 多边形

对每个输入矢量 x，令 y 是其对应的码矢量，定义失真测度为 $d(x, y)$，则矢量量化就是要选择一组空间分割和一组码矢量，使总的失真（即 d 的数学期望）$T = E(d)$ 最小。这里的失真测度常使用平方误差和，定义为

$$d(\boldsymbol{x}, \boldsymbol{y}) = (\boldsymbol{x} - \boldsymbol{y})^{\mathrm{T}}(\boldsymbol{x} - \boldsymbol{y}) = \sum_{i=1}^{L}(x_i - y_i)^2 \tag{11.4.1}$$

令 x 为 L 维矢量，矢量量化可看作由 L 维矢量空间 $\mathbf{R}^L$ 到其中一个子集 Y 的映射，Y 中的分量是码矢量，个数用 N 表示。Y 称为矢量量化的码本（即一个矢量列表）。矢量量化的映射将属于第 i 个子空间的输入矢量映射为对应该子空间的码矢量。

矢量量化过程可由码本 Y 和对输入矢量空间的分割 $S = \{\boldsymbol{R}_1, \boldsymbol{R}_2, \cdots, \boldsymbol{R}_N\}$ 来描述，其中 $\boldsymbol{R}_i$ 是分割成的子空间，$i = 1, 2, \cdots, N$。矢量量化的映射函数为

$$Q(\boldsymbol{x}) = \boldsymbol{y}_i \quad \boldsymbol{x} \in \boldsymbol{R}_i \quad i = 1, 2, \cdots, N \tag{11.4.2}$$

一个完整的矢量量化过程可看作由编码器 C 和解码器 D 两个映射联合构成，可分别写为

$$C: \mathbf{R}^L \rightarrow I \quad D: I \rightarrow Y \tag{11.4.3}$$

其中 $I = \{i \mid i = 1, 2, \cdots, N\}$ 是标号集，每个标号对应一个码矢量 $\boldsymbol{y}_i$。

编码器 C 计算输入矢量 x 与码本中的每一个码矢量间的失真（误差），然后输出一个由映射确定的码矢量 $\boldsymbol{y}_i$ 的标号 i。解码器 D 根据接收到的标号 i 从与编码器相同的码本中找到码矢量 $\boldsymbol{y}_i$，并用 $\boldsymbol{y}_i$ 代替输入矢量 x 作为输出矢量 y。

码矢量标号 i 一般被编码成由二进制表示的码字。对定长码，为表示 N 个码矢量标号需要有 $B = \log_2 N$ 个比特。因此，对 L 维矢量，比特率（每像素的比特数）为

$$r = \frac{1}{L}\log_2 N \tag{11.4.4}$$

例如将图像划分成 4×4 的块，则构成长度为 $L = 16$ 的矢量。如果采用 $2^8 = 256 = N$ 个

码字的码本，则 $B = \log_2 256 = 8$，即每个矢量编成 8 比特，每个像素需 $8/16 = 0.5$ 比特。

如果对码矢量标号还采用变长码编码，码率有可能进一步降低。

3. 最优码本设计

最优的矢量量化应设计成能将平均失真降为最小的包含 N 个码矢量的码本。这里要考虑两个条件：

(1) 给定需量化的矢量 x，最优量化选择的码矢量 y_i 应能使 x 和 y_i 间的失真最小；

(2) 最优量化选择的码矢量 y_i 应能使对应子空间内的平均失真最小，即 y_i 为子空间的质心。

这两个条件表明，对给定的失真测度，确定码矢量和分割子区间是相关的。确定了码矢量，子区间的分割就确定了。反过来，分割了子区间，码矢量也就确定了。所以在码本中只需有码矢量，不再需要显式地存储分割子区间的信息。

典型的码本设计方法是 **LBG 算法**，也称 K-means 算法。为获得信源发出信息矢量的概率分布函数，需先用典型图像的信息矢量进行训练。设有 M 个训练矢量构成训练集 $X = \{x_m \mid m = 1, 2, \cdots, M\}$，$M \gg N$（$M$ 为 N 的几十倍）。码矢量由最小化训练集 X 中的平均失真 T 得到

$$T = \frac{1}{M} \sum_{i=1}^{N} \sum_{x_m \in R_i} d(x_m, y_i) \tag{11.4.5}$$

在 LBG 算法中，从一个初始码本开始，将 M 个训练矢量分类到 N 个不同的子空间中，每个子空间对应一个码矢量。然后，借助分到各个子空间的训练矢量来确定一组新的码矢量。新估计出来的码矢量 y_i 是所在子空间 R_i 的质心。

总体来说，LBG 算法包括 4 个步骤。

(1) 初始化

置迭代次数 $j = 0$，选择一组初始码矢量。初始码本对训练结果很重要，选不好会收敛到局部最小。为此可先计算训练数据的质心，过质心将数据分成两部分，对每部分再分别计算质心，得到两个码字，继续下去直到获得 2^B 个码字。

(2) 码矢量赋区间

根据最近邻准则，将训练集 $X = \{x_m \mid m = 1, 2, \cdots, M\}$ 中的矢量 x_m 划到子区间 $R_i(j)$：

$$x \in R_i(j) \quad \text{iff} \quad d[x, y_i(j)] \leqslant d[x, y_l(j)] \quad \forall i \neq l \tag{11.4.6}$$

(3) 码字更新

将迭代次数加 1，通过计算子空间中训练矢量的质心来更新各个子空间的码矢量：

$$y_i(j) = \text{cent}[R_i(j)] \quad 1 \leqslant i \leqslant N \tag{11.4.7}$$

(4) 中断检查

如果总失真减少率 $[T(j) - T(j-1)]/T(j)$ 低于预定的阈值，则迭代结束，得到最优设计的码本，否则返回步骤 (2) 继续进行。

在矢量量化编码中，对每个输入矢量都需要搜索一个码矢量，当码本尺寸较大时，计算量也会比较大。因为计算 L 维矢量的平方误差需要 L 次乘法和 $2L-1$ 次加法，又考虑码本中有 N 个码字，则如果采用全搜索一共需要 NL 次乘法，$N(2L-1)$ 次加法，$N-1$ 次比较运算；如果使用四叉树搜索，则 N 成为 $4\log_4 N$。

11.5 准无损编码

在图像编码压缩中,压缩率和保真度常是一对矛盾。提高压缩率常使解码图像的失真加大,而要求高保真度又常使压缩率受到限制。常见的无损编码方法能保证重建图像没有失真但压缩率一般小于3;许多有损编码方法常可使压缩率达到几十甚至上百,但重建图像的失真度也常比较高和明显。**准无损编码**可看作对无损编码和有损编码的一种折中,其一般期望是能在信息损失相对有损编码不太大的情况下能达到比无损编码更高的压缩性能,实际中的主要目标是在对信息损失有一定限制的条件下尽可能提高压缩率(常可达到信息保存型压缩率的好几倍),一个应用见文献[Zhang 2000]。

目前对准无损(也称近无损)编码并没有严格的定义,国际上大多以 L_∞ 范数来限定准无损编码的压缩率,即要使任意一个像素在压缩前后其灰度差的绝对值都不大于某一个预先给定的容限值。需要指出,传统的有损图像压缩算法主要针对 L_2 误差和人眼主观视觉特性而设计,而对利用计算机等对重建图像进行客观分析和计算时会发生什么问题考虑较少。例如,在处理医学和指纹图像等并非供主观观赏而是供高精度的分析时,单纯基于 L_2 准则的有损图像压缩算法难以准确地控制每个像素值的误差范围,这就有可能丢失某些重要的特殊细节。

1. 准无损压缩算法分类

常见的准无损压缩算法主要可以分成三类。

(1)基于预测编码的方法

预测编码方法可以实现无损压缩或有损压缩。在准无损预测编码中,如同有损预测编码那样在预测和误差映射之间插入误差量化环节,即将误差值 e 量化为 $\hat{e}$,然后对 $\hat{e}$ 进行误差映射和熵编码。误差量化的一个例子如下

$$\hat{e} = \left\lfloor \frac{e+\delta}{2\delta+1} \right\rfloor (2\delta+1) \tag{11.5.1}$$

其中 δ 为根据 L_∞ 准则定义的误差容限(这是与一般有损预测的主要区别)。在 δ 值较小的情况下,误差 e 经过均匀量化后的熵值更小,因而更有利于压缩。

(2)基于可逆变换的方法

典型的方法基于可逆小波变换进行无损图像压缩,如在 JPEG-2000 标准中。由于无法将最大允许误差的限制转换为变换域内的限制,所以不能通过直接对变换后的小波系数进行加工来实现。但小波变换是针对图像全局的变换,可以通过对原图像进行预处理,例如滤波等使其变换后的小波系数更有利于压缩。在这种方法中,小波变换部分是无损的,但预处理过程及其逆过程中允许出现误差,不过要保证经过预处理及接续的逆过程后得到的图像与原图像的误差不超过设定的容限值。

(3)有损加准无损的方法

有损加准无损方法是先对图像进行有损压缩,然后对差值部分进行准无损压缩。这种方法将图像编码分为两层处理,在网络浏览中可以先为用户提供一个浏览用的粗略图,然后根据需要再传输精细部分。这种方法中的准无损压缩部分可选用任何有效的有损算法,如

果选择嵌入式编码算法还可以实现渐进传输。有损压缩部分的压缩比通常由具体应用的保真度和需要的压缩比来决定。

2. JPEG-LS

JPEG-LS 是一种基于上下文模型的空域压缩算法(也是一种国际标准,见附录 A),可以支持无损及 L_∞ 约束下的准无损压缩。JPEG-LS 算法的工作流程如图 11.5.1 所示:各像素以光栅扫描顺序依次送入编码器进行压缩编码,上下文模型根据先前处理过的数据序列,按统计特性差异来对当前像素进行分类,用以选择编码方式及控制编码各环节。由于常规编码方式采用逐像素预测编码,每像素比特数不会小于 1,因此,常规编码方式不能实现较高的压缩比。为此,JPEG-LS 算法对量化误差为 0 的像素采用游程编码,游程编码过程由游程检测及游程长度编码两步完成(图中最下一行)。

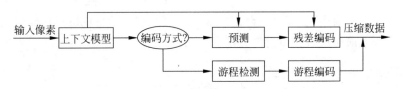

图 11.5.1　JPEG-LS 算法流程框图

图 11.5.2 所示为当前编码像素的上下文位置关系。进入游程编码的上下文条件是

$$|\dot{x}_{i-1,j+1} - \dot{x}_{i-1,j}| \leqslant E_{\max}$$

$$|\dot{x}_{i-1,j} - \dot{x}_{i-1,j-1}| \leqslant E_{\max}$$

$$|\dot{x}_{i-1,j-1} - \dot{x}_{i,j-1}| \leqslant E_{\max}$$

$$(11.5.2)$$

式中,$\dot{x}$ 为重建像素值,$E_{\max}$ 为最大允许误差。

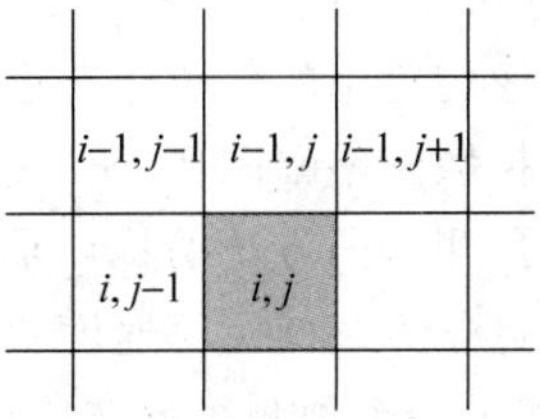

图 11.5.2　JPEG-LS 算法中的
上下文位置关系

3. 准无损 CALIC 算法

基于上下文的自适应图像编码(CALIC)是一种典型的无损/准无损压缩方法,也称基于上下文分类的自适应预测熵编码,其基本算法流程框图如图 11.5.3 所示。图像中的各像素按光栅扫描的顺序依次处理;处理当前像素 $I(x,y)$ 时,根据先前已处理并存储下来的像素来获取先验知识即各种上下文。根据其功能这些上下文可以分为预测上下文:水平方向的 d_h 和垂直方向的 d_v;误差修正上下文 w 和熵编码上下文 s。先根据预测上下文确定对当前像素的预测算法,获得初步预测值 $\dot{I}(x,y)$;然后通过误差修正上下文获得修正值 $c(\hat{e}|w)$,并对初次预测误差 $\dot{I}(x,y)$ 进行修正,得到新的预测值 $\hat{I}(x,y) = \dot{I}(x,y) + c(\hat{e}|w)$;将残差 $e = I(x,y) - \hat{I}(x,y)$ 经量化器量化,由熵编码上下文 s 驱动,分配到相应的熵编码器编码输出。同时,根据量化后的残差 $\hat{e}$ 和像素重建值 $\widetilde{I}(x,y) = \hat{I}(x,y) + \hat{e}$ 反馈更新各类上下文。由于解码器可以同样获得预测值 $\hat{I}$,重建误差完全由量化误差决定,即 $I - \widetilde{I} = e - \hat{e}$。因此对于给定的每像素最大绝对误差 δ,设计量化器满足 $\|e - \hat{e}\|_\infty \leqslant \delta$ 即可保证 $\|I - \widetilde{I}\|_\infty \leqslant \delta$。

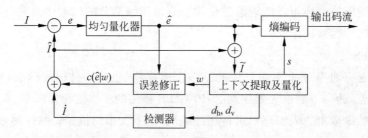

图 11.5.3　CALIC 基本算法流程框图

11.6　比较和评述

图像编码的方法很多,下面对已介绍的几类方法及它们的特性进行比较讨论,另外还简单概述或评述若干前面没有介绍过的方法。

11.6.1　不同方法特性的比较

一般认为变换编码方法可以较好地保持图像的主观质量。相对于借助图像局部信息的方法,由于变换编码利用了图像的全局特性,对图像内或图像间的统计特性变化不太敏感,对图像传输中的信道噪声也不太敏感(如果一个变换系数在传输中发生变化,所导致的失真将被扩散到整幅图像,所以看起来干涉不那么明显)。

预测编码方法的特点是用较小的计算代价就可取得较高的压缩率,比变换编码方法和矢量量化方法都运算速度快,而且容易用硬件实现。但它对图像传输中的信道噪声比较敏感(如果一个预测系数在传输中发生变化,它不仅导致一个像素的误差还会影响到该像素的邻域,即误差会扩散)。

矢量量化方法需要使用比较复杂的编码器,且系数对图像数据比较敏感。另外,它常会模糊图像中的边缘。

在各种熵编码方法中,哈夫曼编码把固定数目的符号转变成可变长度的码字,而算术编码把可变数目的符号转变成可变长度的码字。与它们相反,LZW 编码则把可变数目的符号转变成固定长度的码字。LZW 编码不需要信号的统计特性,所以普遍适用,但效率比哈夫曼和算术编码都低。

下面再来讨论一下熵编码方法中对图像解码时要考虑的两个特性:即时性和唯一性。

(1) 解码的即时性指对任意一个有限长的码符号串,可以对每个码字分别解码,即读完一个码字就能将其对应的信源符号确定下来,不需要考虑其后的码字。解码的即时性也有称非续长性的,即符号集中的任意一个码字都不能用其他码字在后面添加符号来构成。

满足即时性的码称为**即时码**。哈夫曼码以及它的各种变型均为即时码。算术码不是即时码,它并没有建立码字与单个信源符号的联系。

(2) 解码的唯一性也称单义性,指对任意一个有限长的码符号串,只有一种将其分解成各个码字的解码方法。换句话说,用其他方法分解都会产生不属于原来符号集的码字。满足唯一性的码称为**唯一可解码**(简称**唯一码**)。哈夫曼码以及它的各种变型均为唯一可解码。具有这个特点的码,可通过从左到右逐次检查各个符号进行解码。

解码的唯一性和即时性有一定的联系。即时码一定是唯一可解码,但唯一可解码不一定是即时码(例如,用算术编码得到的是唯一可解码但它并不是即时码)。反过来,不是唯一可解码肯定也不是即时码,但不是即时码并不能确定该码是否为唯一可解码。设以图9.3.1所给的初始信源为例,如果对符号 a_2、a_6、a_1、a_4、a_3、a_5 分别赋码字 1、11、010、0100、01010、11010,则对码符号串110101既可以解为符号串 $a_2a_2a_1a_2$,也可以解为符号串 $a_6a_1a_2$,还可以解为符号串 a_5a_2,可见不满足唯一性。又如果对符号 a_2、a_6、a_1、a_4、a_3、a_5 分别赋码字 1、10、100、1000、10000、01010,此时虽然满足唯一性,但不满足即时性。例如当获得码符号 1时并不能马上将它解为符号 a_2,必须要先获得下一个码符号,如果下一个码符号也是 1,则才能判断第一个符号为 a_2,但如果下一个码符号是 0,则必须还要先获得再下一个码符号才有可能进行解码。

11.6.2 其他编码方法

除去前两章和本章前 5 节介绍的编码方法外,还有许多其他编码方法,下面对其中一些给予简单的介绍和评述。

1. 子带编码

子带编码在 1986 年被引入图像编码[Woods 1986]。在子带编码中,一幅图像被分解成一系列带限分量的集合,称为子带。将它们重新组合起来可以无失真地重建原始图像。这里每个子带都可以借助带通滤波来得到。因为所获得的子带的带宽比原始图像要小,所以可对子带进行抽样(down-sampling)而不丢失信息。而为了重建原始图像,可以对各个子带进行内插/上采样(up-sampling)、滤波然后叠加求和来完成。

从图像分解的角度看,子带编码的思路与小波变换编码是类似的。图 11.6.1 所示为一个具有两个子带的子带编码和解码系统的主要组成部分。系统的输入是 1-D 的带限离散时间信号 $x(n)$,其中 $n=0,1,2,\cdots$。系统的输出序列 $x^*(n)$ 是先通过将 $x(n)$ 用分析滤波器 $h_0(n)$ 和 $h_1(n)$ 分解为 $y_0(n)$ 和 $y_1(n)$,再借助合成滤波器 $g_0(n)$ 和 $g_1(n)$ 进行重建得到的。需要注意 $h_0(n)$ 和 $h_1(n)$ 都是半带(half-band)滤波器,其中 $h_0(n)$ 对应一个低通滤波器,其输出是 $x(n)$ 的近似部分,$h_1(n)$ 对应一个高通滤波器,其输出是 $x(n)$ 的细节部分。由于两个滤波器分别允许一半频带内的频率通过,所以就将图像分解为两个带限分量的集合。如果继续分解,就可将图像逐步分解为多个带限分量的集合。上述滤波操作都是通过将每个滤波器的输入与它的脉冲响应(对单位强度脉冲函数 $\delta(n)$ 的响应)在时域卷积而得到的。对 $h_0(n),h_1(n),g_0(n)$ 和 $g_1(n)$ 的选择要使得原始的输入可以完全重建,即使得 $x(n)=x^*(n)$。

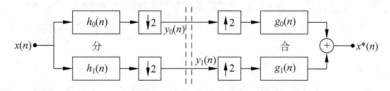

图 11.6.1　具有两个子带的滤波器组

原始图像可分解成子带,而由子带又可以重建原始图像,所以对图像的编码可借助子带进行。虽然子带分解本身相当于对图像进行了变换,即并没有直接消除图像中的冗余,但将图像分解为子带后进行编码有多个好处:

（1）不同子带内的图像能量和统计特性不同，所以可以采取不同的变长码甚至不同的编码方法分别进行编码，从而提高编码效率。

（2）通过频率分解，可以减少或消除不同频率之间的相关性，有利于减少图像数据的冗余。

（3）将图像分解为子带后，量化等操作可在各子带内分别进行，避免了互相干扰和噪声扩散。

2. 分形编码

分形编码是一种能提供很高压缩率和高质量重建图像的方法。将图像分成子集（分形）并判断其自相似性是分形方法的基本思路（对分形的进一步介绍可见中册 10.6 节），这与采用线性变换的方法有本质的区别。在自动化的编码过程中，先将图像分解成不互相重叠的尺寸常为 8×8 或 4×4 的块，称为值域（range），然后对每个值域在图像中搜索比较相像的、常为值域 4 倍大（即 16×16 或 8×8）的定义域（domain），最后对定义域进行迭代仿射变换使其逼近值域。分形图像编码的主要工作就是选取定义域和确定仿射系数。

分形编码是一种有损编码方法。分形在不同尺度下保持相似几何形式的能力可用一组仿射变换来描述。所以，对图像的分形编码就是要确定一组描述图像的仿射变换，或者说要建立一个**迭代函数系统**（IFS），从而得到一组编码来表示图像。由于分形压缩的图像要用可迭代的算法来构建图像，所以需要很大的计算量。但解压缩很简单和快速。它是一种典型的压缩-解压缩不对称的方法。

因为分形可以无穷放大，所以分形编码独立于分辨率，单个压缩的图像可在任何分辨率的显示设备上显示（甚至可在比原始分辨率高的设备上显示）。

3. 基于内容的编码

前面介绍的方法多属于**波形编码**，其共同特点是在编码时主要考虑各个像素的灰度值或颜色值，而没有利用更高层的一组像素对应场景中一个物理实体的概念，相对效率较低。在波形编码最简单的情况下，假设各像素在统计上是独立的，此时的编码技术称为**脉冲编码调制**（PCM）。预测编码利用了相邻像素间的相关性，减小了预测编码值和已编码值间的预测误差，也减少了数据量。变换编码则通过去除相关性，将图像的能量集中到较少的变换系数上，从而减少数据量。目前的许多编码国际标准都采用了结合变换编码和预测编码的基于块的混合编码技术，但效率还不够高。

基于内容的编码试图将图像根据内容分成不同的区域，分别进行编码。对一个区域不仅要考虑其中每个像素的灰度或颜色值，还要考虑区域中的纹理和形状信息，而在划分区域时还常考虑其运动信息。基于内容的编码更关注图像中的景物概念和高层含义，也更关注观察者的视觉心理感受。在基于内容的编码中，模型起到重要的作用，所以也称模型基编码。

模型基编码是一类参数编码方法，它利用对图像内容的先验知识，构建基于景物的 3-D 模型，并对图像内容进行描述。根据模型，在编码端对图像进行分析，提取景物参数（如颜色、纹理、形状、运动等参数）；在解码端则根据这些参数，利用图像合成/综合技术来重建图像。所以，模型基编码也称分析-合成/综合编码，其原理流程如图 11.6.2 所示。在编码过程中，主要从左向右进行；而在解码过程中，主要从右向左进行。

根据所用先验知识的具体内容不同，模型基编码可分为 3 个层次：①最低层，称为**物体**

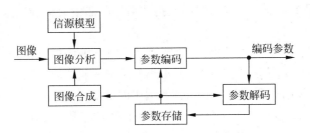

图 11.6.2　分析-合成/综合编码流程框图

基编码或**目标基编码**,这里需要将图像中的目标提取出来,并实时构造未知景物的几何模型;②中间层,称为**知识基编码**,利用对景物的先验知识,识别出目标的类型,构建已知景物严格的 3-D 模型(如用于可视电话或视频会议中的头肩像的编码);③最高层,称为**语义基编码**,借助复杂的学习推理,获取目标空间分布和行为的知识,获取场景的语义(如用于面部表情的编码)。上面所述的 3 个层次,从低到高,编码效率会逐渐增加,但普适性则会越来越差。

4. 分层编码

分层编码与其说是一种编码方法不如说是一种编码框架。分层编码系统允许采用不同的信源模型和对场景不同层次的理解来进行编码以获得最好的性能,其框图如图 11.6.3 所示。第 1 层仅传输统计上依赖于像素的彩色参数,第 2 层还允许传输具有固定尺寸和位置的块运动参数。这样,第 1 层对应图像编码器或混合编码器的 I 帧编码器,第 2 层对应混合编码器的 P 帧编码器。第 3 层是分析合成编码器,允许传输目标形状参数。第 4 层传输目标模型和场景内容的知识。第 5 层传输描述目标行为的抽象高层符号。利用这样一个框架,还有可能实现**渐进压缩**。

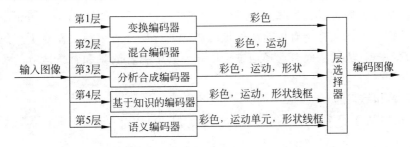

图 11.6.3　分层编码系统框图

总结和复习

为更好地学习,下面对各小节给予概括小结并提供一些进一步的参考资料;另外给出一些思考题和练习题以帮助复习(文后对加星号的题目还提供了解答)。

1. 各节小结和文献介绍

11.1 节介绍了基于符号的编码方法,也可看作借助字典进行编码的方法,其基本思路对其中有反复出现模式的图像也应有效。基于符号的编码方法可以看作是目标基编码的一种特殊情况,每个符号就是一个目标。另外,根据类似的思路,如果对二值图像中的目标进行距离变换(见中册 1.4 节)后,仅取距离变换结果的局部极大值和其坐标也可实现对目标的高效表达。

11.2 节介绍的 LZW 编码方法是一种借助字典进行编码的方法,其他的字典方法还可见文献[Salomon 2000],那里还有对 LZW 编码方法发展演变的详细介绍。

11.3 节介绍了无损预测编码和有损预测编码的基本方法。作为一种空域方法,预测编码的原理和效果都很直观。预测方法也可用于对视频的编码(类似于向 3-D 图像的推广)。在对视频的编码中,一般进一步划分为帧内预测编码和帧间预测编码[Wang 2002]。一般帧内预测编码常用于视频序列的第 1 帧,而帧间预测编码则将预测方法用于相邻的帧之间(可以有目标随时间的运动),以消除帧之间的(时间上的)相关冗余。顺便指出,帧间编码所用的运动补偿在变换域很难实现。有关视频编码的一个综述可见[邹 2016]。

11.4 节讨论的矢量量化作为一种量化技术,不仅可以直接用于图像编码[Gersho 1982],也可以结合进其他图像编码方法中。例如,可将它用于预测编码方法中对预测误差进行量化,也可以用于变换编码方法中对变换系数进行量化[姚 2006]。LBG 算法的初始化方法很多[张 2006]。矢量量化中,码本设计和码矢量搜索的计算量均与失真测度的维数成正比。利用子空间方法减少失真测度维数的方法可见文献[张 2006]。

11.5 节所介绍的准无损编码方法与现有的无损编码和有损编码方法都有密切的联系,其基本思路有广泛的应用空间。有关对 JPEG-LS 图像压缩算法进行基于 FPGA 的硬件设计与实现的细节可参见[牛 2013]。

11.6 节对前面章节未及介绍的编码方法进行了概述。分形编码还可参见文献[Barnsley 1988]。对立体视频(3-D video)编码的一个综述可见[覃 2015]。

有人曾将图像编码根据技术的发展划分为 5 代:①直接波形变化(如 PCM);②消除冗余(如预测编码、变换编码等);③目标分割(如 VOP);④分析综合(如模型基编码);⑤识别理解重建(如知识编码、语义编码)。另外,也有人提出智能压缩(smart compression)的概念,主要是考虑人眼视觉特性有仅对所聚焦的局部进行高分辨率观察而对不聚焦的区域并不需要全分辨率的显示,从而有选择地进行压缩。其中结合前景和背景区分的一个工作可见文献[Fabrizio 2002]。

2. 思考题和练习题

11-1 试用基于符号编码的方法对字母序列 AABBAABBBB 进行编码,并计算压缩率。

*11-2 假设将一幅图像从左向右、从上向下扫描得到的序列为 255,0,0,0,0,0,0,0,0,0,0,0,0,0,0,0,0。用 LZW 编码得到的输出码字是什么?

11-3 考虑将图 11.2.1 的 4×4 图像右边再拼接一个相同的 4×4 图像,得到一幅 4×8 的图像。对该图像进行 LZW 编码,并计算其压缩率。

11-4 给定一幅 4×4 图像的图像如下,直接写出进行 LZW 编码时,字典中增加的新码字。

$$\begin{bmatrix} 0 & 52 & 0 & 52 \\ 52 & 52 & 0 & 0 \\ 0 & 52 & 0 & 0 \\ 0 & 0 & 0 & 0 \end{bmatrix}$$

11-5 假设将一幅图像从左向右、从上向下扫描得到的序列为 $0,0,0,0,255,255,255,$ $255,0,0,0,0,0,0,0,0$。用 LZW 编码得到的输出码字是什么？对输出码字进行解码，列表给出解码的步骤和结果。

11-6 对下面的 4 幅 2×2 图像，列表依次进行 LZW 编码和 LZW 解码。

$$\begin{bmatrix} 1 & 2 \\ 3 & 4 \end{bmatrix} \quad \begin{bmatrix} 1 & 1 \\ 3 & 4 \end{bmatrix} \quad \begin{bmatrix} 1 & 1 \\ 1 & 4 \end{bmatrix} \quad \begin{bmatrix} 1 & 1 \\ 1 & 1 \end{bmatrix}$$

11-7 对表 11.3.1 给出的需编码序列，设 $a=1,c=6$，填写表 11.3.2。

11-8 如果将式(11.3.7)的预测器改为

$$\hat{g}_n = (\dot{g}_{n-1} + g_{n-1})/2$$

重新填写表 11.3.2 的后 7 列，做出与图 11.3.3 相对应的图，并分析失真的情况。

＊11-9 对 $L=4$ 和如下均匀概率密度函数，推导 Lloyd-Max 判断和重建值：

(1) $p(s) = \begin{cases} 1/(2A) & -A \leqslant s \leqslant A \\ 0 & \text{其他} \end{cases}$

(2) $p(s) = \begin{cases} s+k & -k \leqslant s \leqslant 0 \\ k-s & 0 \leqslant s \leqslant k \\ 0 & \text{其他} \end{cases}$

11-10 矢量量化编码方法和分形编码方法各有什么特点？它们两者有什么相似和联系之处？

11-11 从压缩率和误差大小两个方面对常见的三类准无损压缩算法进行比较。

11-12 分别考虑常数块码、分形码、哥伦布码、哈夫曼码、LZW 码、算术码、矢量量化码、香农-法诺码、游程码、预测码、子带码的特点，它们哪些是即时码？哪些是唯一可解码？

第4单元　拓展技术

本单元包括 4 章,分别为

第 12 章　图像信息安全
第 13 章　彩色图像处理
第 14 章　视频图像处理
第 15 章　多尺度图像处理

　　对图像的研究和应用一直是一个活跃的领域,新的理论、新的方法不断涌现,新的技术、新的手段也在不断拓展。前三个单元介绍了三大类基本的图像处理技术,奠定了图像处理的基础。本单元则介绍一些在这些技术的基础上进一步拓展的图像处理技术。这里的拓展体现在多个方面,包括处理的目标、手段、数据、方法、思路等。另外,对这些拓展技术的学习也有利于对前面介绍的基本技术进行复习,深化理解。

　　第12章介绍图像信息安全方面的进展。图像处理的主要目的是通过对图像进行各种加工以提高图像质量、改善视觉效果,或减少图像存储所需的空间并减少图像传输所需的时间。但近年来,随着图像的广泛应用,保护图像版权、判别图像真伪的需求也越来越大。图像水印就是在这样的大环境下从传统图像技术中衍生出来的一种新的图像处理技术。它在保证图像视觉质量的前提下,通过将特定的信息"编"入图像数据来实现对图像的加工,将特定信息与图像联系在一起。该章将介绍图像水印技术,包括水印嵌入和检测的原理、方法、性能和特点等。除了图像水印技术,图像认证和取证对保障图像的真实性和完整性也非常重要,而且是被动性的,不易受到攻击。最后,图像信息隐藏也要把信息嵌入图像,但与水印技术又不同。水印技术是用嵌入信息保护被嵌入信息的载体,而图像信息隐藏则要用载体来保护嵌入的信息。

第 13 章介绍彩色图像处理。彩色图像是对静止灰度图像的扩展,它将图像从标量图像拓展为矢量图像。对彩色图像的处理涉及对彩色的感知、表示,彩色空间和模型的建立等。在此基础上,可以利用彩色信息(包括单个分量和多个分量)对图像进行增强(包括伪彩色增强和真彩色增强),以及对彩色图像滤波和消噪等。有些图像处理技术可推广到矢量图像,但也有些图像处理技术无法直接向矢量图像推广,所以需要新的技术。

第 14 章介绍视频图像处理。视频图像也是对静止灰度图像的扩展,它将图像从一般的空间域拓展到了时间域。视频图像是 3-D 的,具体包括了 2-D 的空间和 1-D 的时间。该章将介绍对视频图像的表达方法,视频中运动信息的检测和表示,以及各种视频图像处理的一般原理。这些内容既借助了静止灰度图像的处理方法,也结合视频图像的特点有所改进和扩展。

第 15 章介绍多尺度图像处理。多尺度图像是对基本图像表达在图像表达方式上的拓展,其目标是要充分挖掘图像内部的结构信息,在不同的表达层次上进行处理。通过综合利用图像内容在多个尺度上的联系,有望得到对图像更全面的表达、更有效的处理并获得更好的结果。该章将介绍多尺度图像处理的原理,包括图像的多尺度表达方式和相应的金字塔结构、图像的多尺度表达变换和多尺度小波变换处理技术,以及结合不同尺度的超分辨率技术(包括基于单幅图像的超分辨率复原以及基于多幅图像的超分辨率重建)。

第 12 章　图像信息安全

随着图像在许多领域得到应用,对图像内容的保护,对**图像信息安全**的研究也得到了广泛的关注[章2017a]。安全有多方面的含义,目前的工作主要考虑:如何控制和把握对特定图像的使用,如何保护图像内容不被篡改伪造,如何保护图像中的特定信息不被未允许的人发现和窃取。

要控制和把握对特定图像的使用与对知识产权的保护密切相关,目前得到较多研究和应用的是图像水印技术。数字水印是一种数字标记,将它秘密地内嵌到数字产品(如数字视频、数字音频、数字相片、电子出版物等)中可以帮助识别产品的所有者、使用权、内容完整性等[Hanjalic 2000]。在水印中一般包含版权所有者的标记或代码以及能证实用户合法拥有相关产品的用户代码等基本信息,这些信息借助水印将数字产品与其所有者或使用者建立了对应关系,所以也有人称数字水印技术为数字指纹技术。

对图像加入水印也是一种图像处理技术,对原始的输入图像,处理的结果是嵌入水印的输出图像。根据其处理域不同,可分为在图像空间域进行的空域法和在其他变换域中进行的变换域法。由于许多关于图像表达和编码的国际标准采用了离散余弦变换(DCT)和离散小波变换(DWT)(见附录A),所以许多图像水印也是在DCT域和DWT域中工作的。

要保护图像内容不被篡改或伪造也可以使用图像水印技术。借助水印,可对图像的真实性进行确认。水印技术基本是主动的,与水印载体自身相关的。要对图像的来源、产生设备进行鉴定,还需要对图像的认证和取证技术。图像认证和取证技术多是被动的,可以与载体无关。认证和取证技术更关心图像的完整性,以及与设备的关联性。

水印是嵌入图像的额外信息,它的存在性有可能受到外来的攻击。利用水印嵌入的思路,也可以将拟保密的信息嵌入到图像中,实现秘密信息的传输和发送,这就是图像信息隐藏。此时,不仅这些信息的存在性,而且这些信息的内容都有可能受到外来的攻击。为抗击攻击,对保密信息的存在性,特别是保密信息的内容都需要进行保护。图像信息隐藏从将信息嵌入载体的角度是对水印技术的推广,从保护信息的角度也是一种图像信息安全技术。

根据上述的讨论,本章各节内容将安排如下。

12.1 节先对有关水印原理和特性的内容,包括水印的嵌入和检测以及主要水印特性进行介绍。另外,还对各种水印分类方法进行介绍。

12.2 节介绍DCT域的图像水印技术,先讨论其特点和原理,然后分别给出了一种无意义水印算法和一种有意义水印算法的具体步骤。

12.3 节介绍DWT域图像水印技术,首先对其特点(对比DCT域)进行了概述,然后着重讨论人眼视觉特性及在水印算法中的应用问题,最后给出一种小波水印算法作为示例。

12.4 节集中讨论对水印性能的评判问题,包括给出多种图像失真测度,分析对水印攻击的一些手段和基准测量的方法，还对前两小节水印算法的性能进行了测试。

12.5节讨论图像认证和取证方法，先介绍了常见的图像篡改类型和认证系统所关心的特性，然后依次列举了多种图像被动取证、图像可逆认证、图像反取证技术。

12.6节从更高的层次来讨论图像信息隐藏技术及其分类，对水印与信息隐藏的关系进行了辨析，还描述了一种基于迭代混合的图像隐藏方法。

12.1　水印原理和特性

"水印"一词的出现和使用已有几百年历史（纸张上的水印至少从13世纪就开始使用了，信笺和钞票上的水印就是典型的例子），但"数字水印"术语的出现还是20世纪80年代末的事，而对图像水印的广泛研究和使用应该说是从20世纪90年代中期才开始的。

图像水印的主要用途包括以下几种。

(1) 版权鉴定：当所有者的权利受到侵害时水印可以提供证明所有者的信息，从而保护图像产品的版权（著作权）。

(2) 使用者鉴定：可将合法用户的身份记录在水印中，并用来确定非法复制的来源。

(3) 真实性确认：水印的存在可以保证图像没有被修改过。

(4) 自动追踪：可以通过系统来追踪水印，从而知道何时何地图像被使用（如用程序上网寻找放在网页上的图像），这对版税征收和定位非法用户都很重要。

(5) 复制保护：利用水印可以规范对图像的使用，如仅播放而不复制。

从使用水印的角度看，对水印的操作主要是嵌入和检测（提取）；从水印的性能看，不同的水印有不同的特点，根据这些特点，还可将水印进行分类。

12.1.1　水印的嵌入和检测

为利用水印对数字产品进行保护需进行两个操作：一个是为了保护而在产品使用前将水印加入，一般称其为**水印嵌入**；另一个是为验证或表明产品的版权，需要将嵌入到产品中的水印提取出来，一般称其为**水印检测**。

为有效地实现水印的嵌入和检测，人们利用了许多模型和技术[Cox 2002]。对水印嵌入和检测的基本流程可借助图12.1.1来介绍。图像中加入的水印实际上也可看作图像。将水印通过内嵌而加入到原始图像中去，就可得到嵌水印图像（这可看作图像的组合过程）；对需检测图像进行相关检验，可判断图像中是否嵌入了水印以及获得判断的置信度（这里有一个图像分离的过程）。这里对水印的检测既需要原始图像也需要原始水印（但并不是对所有水印的检测都这样）。

图 12.1.1　水印的嵌入和检测示意图

设原始图像为 $f(x, y)$,水印图像为 $W(x, y)$,嵌入水印后的嵌水印图像为 $g(x, y)$,则水印嵌入的过程可表示为

$$g = E(f, W) \qquad (12.1.1)$$

其中 $E(\cdot)$ 代表嵌入函数。如果给出待检测图像 $h(x, y)$(它可能是嵌水印图像 $g(x, y)$ 受传输等影响后的一个退化版本),那么从中抽取待验证的可能水印 $w(x, y)$ 的过程可表示为

$$w = D(f, h) \qquad (12.1.2)$$

其中 $D(\cdot)$ 代表检测函数。考虑原始水印和可能水印的相关函数 $C(\cdot, \cdot)$,如果预先设定阈值 T,则

$$C(W, w) > T \qquad (12.1.3)$$

表示水印存在,否则认为水印不存在。实际中,除了给出存在或不存在的二值判断,也可以根据相关程度确定相应的置信度,给出一个模糊的判断。

从信号处理的角度看,嵌入水印的过程可看作是在强背景下叠加一个弱信号的过程;而检测水印的过程则是一个在有噪信道中检测弱信号的过程。从数字通信的角度看,嵌入水印的过程可看作在一个宽带信道上用扩频通信技术传输一个窄带信号的过程。从图像编码的角度看,嵌入水印可看作将水印编码到原始图像中,而抽取水印可看作将水印从水印图像中解出来。

12.1.2 水印特性

对图像嵌入的水印根据其不同的使用目的有一定的要求,一般最重要的特性有下面两个。

(1) 显著性

显著性衡量水印的(不可)感知性或(不易)察觉性,对图像水印,也就是不可见性。这里不可见性包括两个含义:一是水印不易被接收者或使用者察觉,二是水印的加入不影响原产品的视觉质量。从人的感知角度来说,图像水印的嵌入应以不使原始图像有可察觉的失真为前提。

与显著性密切相关的是保真度。一幅嵌水印图像的保真度可以用它与原始(不含水印)图像的差别来判断。如果考虑到嵌水印图像在传输过程中可能有退化的情况(见上),则该幅嵌水印图像的保真度需用其经过传输后与原始图像也经过传输后的结果之间的差别来判断。

显著性是一个相对的概念,水印的显著性与水印本身及与原始图像的对比性有关。如图 12.1.2 所示,左图为原始图像;中图将不太透明的水印加在原图背景较简单的位置,水印比较明显;右图将比较透明的水印加在原图背景较复杂的位置,水印很不明显。

图 12.1.2　水印嵌入位置和背景影响显著性

（2）稳健性

稳健性指图像水印抵御外界干扰，尤其在图像产生失真（这里一般指失真并没有超出使图像因此不能使用的极限）的条件下仍能保证其自身完整性和对其检测准确性的能力。换句话说，图像水印应能被以极低的差错率检测出来，所以稳健性也称可靠性或鲁棒性。水印的稳健性与嵌入信息量和嵌入强度（对应嵌入数据量）都有关系。

与要求水印的稳健性相反，在需要验证原始数字产品是否被变动或破坏时可使用易损（fragile）水印（也称为脆弱性水印，指稳健性非常有限的水印）。易损水印可用于检测是否对水印所保护的数据进行了改变。易损水印对外界处理有较敏感的反应（也称敏感性），它会随着媒体被修改而发生变化。这样就可以根据所检测到的水印变化而确定数字产品的变化，达到确定数字产品是否受到了改动的结论。

除以上两个重要的特性外，根据具体应用特点，水印还常有如下一些特性需要考虑。

（1）安全性

安全性主要指水印不易被复制、篡改和伪造的能力，以及不易被非法检测和解码消除的能力。后者也有人称其为不可检测性或隐蔽性，即防止所有者外的其他人确定或判断是否嵌有水印。它与前面介绍的显著性和稳健性都有密切的联系。

（2）低复杂性

低复杂性指使用水印（对水印进行嵌入和检测）的计算复杂度低，计算速度快。图像由于其数据量大，所以低复杂性对图像水印的应用尤为重要。

（3）唯一性

唯一性指从对水印的检测或判断结果可以得到对所有权具有唯一性的判断，或者说水印应明确反映或表明所有者的身份，不出现歧义以致引起多重所有权的纠纷。

（4）通用性

通用性指同样的水印技术是否可适用于不同的数字产品，包括音频、图像和视频等；也可以指同样的水印技术是否可适用于同一类数字产品的不同形式。

上述特性中有些是互相制约的，需要权衡利弊来做出选择。如稳健性要求加强水印的强度，但水印强度太大则会使水印可见，这又会使水印的安全性降低，同时还会导致产品的视觉质量降低。

12.1.3　水印分类

根据用途、技术、特性等，对水印和水印技术有许多不同的分类方法。下面讨论典型的几种。

1. 公开性分类

考虑水印的公开性，水印可分为以下 4 种。

（1）私有水印

对私有水印的检测需要提供原始数字产品，借此作为提示以寻找水印嵌入的位置，或从嵌水印图像中将水印部分区别出来。这时所用的检测器也有人称其为含辅助信息的检测器。在图 12.1.1 中体现为需借助原始图像和/或原始水印进行检测。

（2）半私有水印

对半私有水印的检测不需要使用原始数字产品，但须提供需检测产品中是否有水印的信息。

（3）公有水印（盲水印）

对公有水印的检测既不要求提供原始数字产品，也不要求提供嵌入水印后的数字产品。这种水印可直接从接收到的数字产品中检测出来。在图 12.1.1 中相当于不需借助原始图像或原始水印进行检测。与盲水印相对来说，私有水印和半私有水印都可称为非盲水印。

（4）不对称水印（公钥水印）

这是指任何数字产品用户都能看到却去不掉的水印（如果去掉水印则会导致数字产品损伤），此时水印嵌入与水印检测过程中使用的密钥是不同的。

2. 感知性分类

考虑水印的**感知性**（对图像水印也就是可见性），水印可分为以下两种。

（1）**可感知水印**

可感知的图像水印是可见的，如覆盖在图像上的可见图标（用于标记网上图像以防止商业使用）。另一个可见水印的例子是电视屏幕四角可看到的电视台标识或栏目标识。这种水印使人一目了然地得知这是某个电视台的频道，播放的是某个栏目的节目。这种水印既要证明产品的归属，又要不太妨碍对产品的欣赏。可感知水印的另一个重要应用是在数字产品出售前，将一个加有可感知数字水印的产品在互联网上分发。该水印往往是版权信息，它提供了寻找原作品的线索，待消费者购买时，在付费后用专业软件能去掉可感知的水印。

（2）**不可感知水印**

不可感知的图像水印也称隐形水印，就像隐形墨水技术中将看不见的文字隐藏那样在数字产品中加入水印。这种水印常用于表示原产品的身份，造假者应轻易去不掉。它主要用于检测非法产品复制和鉴别产品的真伪等。不易感知的水印并不能阻止合法产品被非法复制和使用，但是由于水印在产品中存在，在法庭上可被用作证据。

图像水印是一种特殊的水印，对一般的数字产品，可以在产品上加入可见的标识以表明其所有权，但对图像来说，这样可能影响图像的视觉质量和完整性。所以图像水印常指隐形水印，即水印对版权所有者是确定的，而对一般的使用者是隐蔽的。

3. 含义/内容分类

考虑所嵌入水印本身的含义或内容，水印还可分为以下两种。

（1）无意义水印

无意义水印常利用伪随机序列（Gauss 序列、二进制序列、均匀分布序列）来表达信息的有无。伪随机序列由伪随机数组成，其特点是比较难以仿造，可以保证水印的安全性。对无意义水印，在检测时常使用假设检验：

无水印（n 为噪声）

$$H0: g - f = n \tag{12.1.4}$$

有水印（w 为待验证的可能水印）

$$H1: g - f = w + n \tag{12.1.5}$$

用伪随机序列作为水印，只能给出"有"和"无"水印两种结论，相当于嵌入的信息为一个比特。伪随机序列不能代表具体的和特定的信息，或者说其本身并没有具体的含义，所以在使用中有一定的局限性。

（2）有意义水印

有意义水印可以是文字串、绘图、印鉴、图标、图像等，本身有确切的语义含义，且不易被伪造或篡改。在许多鉴定或辨识应用中，水印信息包括所有者的名字、称号或印鉴。有意义水印可提供的信息量比无意义水印的要多，具有明显的唯一性，但对其嵌入和检测的要求也高。图 12.1.2 中嵌入的文字水印即为有意义水印，较明确地表明了所有者。

顺便指出，版权保护除了识别版权之外，有时还需要追究盗版责任。此时采用的水印技术常称为**数字指纹**。数字指纹是指一个客体所具有的、能够把自己和其他相似客体区分开的数字特征。在数字指纹中嵌入到图像中的信息不是（或者不只是）版权拥有者的信息，而是包含了拥有使用权的用户的信息。数字指纹具有唯一性，即对每个用户所拥有的作品中所嵌入的数字指纹是不一样的。数字指纹的目的不仅要证明作品的版权拥有者是谁，更要证明作品的使用者是谁，这样就可以防止图像产品被非法复制或者追踪非法散布数据的授权用户。

4. 变换域水印

尽管图像水印的嵌入可在空域，即图像域中进行，但大多数图像水印的嵌入都是在变换域中进行的。变换域水印也是目前主要使用的图像水印技术。变换域方法的主要优点包括：

（1）水印信号的能量可广泛分布到所有像素上，有利于保证不可见性；

（2）可以比较方便地结合人类视觉系统的某些特性，有利于提高稳健性；

（3）变换域方法与大多数图像（视频）编码国际标准兼容，可直接实现压缩域内的水印算法（此时的水印也称比特流水印），从而提高工作效率。

12.2　DCT 域图像水印

在 DCT 域中，图像可被分解为 DC（直流）系数和 AC（交流）系数。从稳健性的角度看（在保证水印不可见性的前提下），水印应该嵌入到图像中对人感觉最重要的部分[Cox 2002]。因此 DC 系数比 AC 系数更适合嵌入水印。这一方面是由于与 AC 系数相比，DC 系数的绝对振幅大得多，所以感觉容量大；另一方面是根据信号处理理论，嵌入水印的图像最有可能遭遇到的信号处理过程，如压缩、低通滤波、亚抽样、插值等，对 AC 系数的影响都比对 DC 系数的影响要大。如果将水印同时嵌入到 AC 系数和 DC 系数中，那么通过利用 AC 系数可加强嵌入的秘密性，而通过利用 DC 系数可增加嵌入的数据量。

在 DCT 域中的 AC 系数又有高频系数和低频系数之分。将水印嵌入高频系数可获得较好的不可见性，但稳健性较差。另一方面，将水印嵌入低频系数可获得较好的稳健性，但对视觉观察有较大影响。为调和这两者之间的矛盾，可使用扩频技术[Kutter 2000]。

12.2.1　无意义水印算法

先考虑无意义水印。各种水印算法都包括两个步骤：嵌入和检测。

1. 水印嵌入

下面介绍一种综合利用 DC 系数和 AC 系数的**无意义水印**方案[Zhang 2001]。**水印嵌入**的算法流程框图如图 12.2.1 所示。在嵌入水印前，先对原始图像进行预处理，把原始图像划分为小块,并将所有小块先根据纹理分为两类:具有简单纹理的小块或具有复杂纹理的小块。再对各小块进行 DCT,通过对各小块 DCT 直流系数(亮度)的分析,结合上面纹理分类的结果,将图像小块分为 3 类:①具有低亮度且纹理简单的块;②具有高亮度且纹理复杂的块;③不满足上两类条件的其他块。根据不可见性原则,在第①类小块中嵌入的水印量应较少,而在第②类小块中嵌入的水印量可较大,在第 3 类小块中嵌入的水印量则居中。

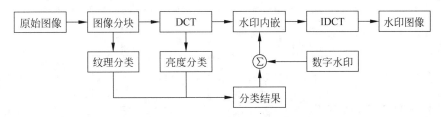

图 12.2.1　DCT 域水印嵌入流程

已经证明:高斯随机序列所构成的水印具有最好的稳健性[Cox 2002]。所以,产生一个服从高斯分布 $N(0,1)$ 的随机序列 $\{g_m: m=0,1,2,\cdots,M-1\}$ 作为水印。该序列的长度 M 要根据水印的稳健性和不可见性综合考虑,并要与所用的 DCT 系数个数相匹配。如果对每个小块 i 使用 4 个 DCT 系数,即 $F_i(0,0)$、$F_i(0,1)$、$F_i(1,0)$ 和 $F_i(1,1)$,此时可取长度 M 为图像分块数的 4 倍。将该序列根据对图像块的分类结果分别乘以合适的拉伸因子后嵌入 DCT 系数。嵌入时对 DC 和 AC 系数采用不同的嵌入公式,对 AC 系数采用线性公式,而对 DC 系数则采用非线性公式,综合如下:

$$F'_i(u,v) = \begin{cases} F_i(u,v) \times (1+ag_m) & m=4i & (u,v)=(0,0) \\ F_i(u,v) + bg_m & m=4i+2u+v & (u,v) \in \{(0,1),(1,0),(1,1)\} \\ F_i(u,v) & \text{其他} \end{cases}$$

(12.2.1)

式中,a 和 b 为拉伸因子。根据 Weber 定律(人类视觉系统对相对亮度差的分辨率),ag_m 理论上应小于 0.02。实际中,对纹理简单的块,取 $a=0.005$;对纹理复杂的块,取 $a=0.01$。拉伸因子 b 的值可根据前面对块的分类来选取,第①类选 3,第②类选 9,第③类选 6。最后,对 DCT 域中系数调整后的图像进行 IDCT,得到有水印的图像。

例 12.2.1　水印不可见性示例

图 12.2.2 给出用上面方法嵌入水印得到的一组示例结果,其中图(a)为 512×512 的 Lena 图像,图(b)为嵌入水印后的图像。比较两图可见,即使将添加水印后的图像与原图像放在一起比较,从视觉效果看也很难感觉到水印的存在。进一步从图(c)的差值图像可见两图几乎没有差别,这表明该算法嵌入的水印具有较好的不可见性。

(a)　　　　　　　(b)　　　　　　　(c)

图 12.2.2　水印嵌入前后的对比

2. 水印检测

水印检测的算法流程框图如图 12.2.3 所示。水印的检测采用假设相关检测方法。即将待测图像与原始图像相减后的结果进行分块 DCT,再从中获得待测试水印序列与原始水印作相关性检测,以认定是否含有水印。

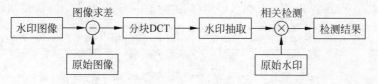

图 12.2.3 水印检测流程

水印检测的具体步骤如下。

(1) 计算原始图像 $f(x,y)$ 和待检测图像 $h(x,y)$ 之间的差图像(这里设将图像分成 I 块,尺寸均为 8×8)

$$e(x,y) = f(x,y) - h(x,y) = \bigcup_{i=0}^{I-1} e_i(x',y') \quad 0 \leqslant x',y' < 8 \tag{12.2.2}$$

(2) 对差图像的每个小块计算 DCT:

$$E_i(u',v') = \text{DCT}\{e_i(x',y')\} \quad 0 \leqslant x',y' < 8 \tag{12.2.3}$$

(3) 从 DCT 图像小块中提取可能的水印序列:

$$w_i(u',v') = \{g_m, m = 4i + 2u' + v'\} = E_i(u',v') \tag{12.2.4}$$

(4) 用下列函数计算可能的水印和原嵌入水印的相关性:

$$C(W,w) = \sum_{j=0}^{4I-1} (w_j g_j) \bigg/ \sqrt{\sum_{j=0}^{4I-1} w_j^2} \tag{12.2.5}$$

对给定阈值 T,如果 $C(W,w) > T$,表明检测到所需水印,否则认为没有水印。在选择阈值 T 时,既要考虑误检也要考虑虚警。对 $N(0,1)$ 分布,如果取阈值为 5,则水印序列的绝对值大于 5 的概率将小于等于 10^{-5}。

12.2.2 有意义水印算法

无意义水印只含 1 比特的信息,而有意义水印含多个比特的信息。

1. 水印嵌入

下面介绍对上述无意义水印算法进行改进得到的一种可用于**有意义水印**的算法 [Zhang 2001]。首先构造符号集(有意义符号),长度为 L,将每个符号对应一个二值序列,长度为 M。例如,对每个图像块,可以取前 4 个系数作为嵌入位置使用,那么对 256×256 的图像最多可嵌入的比特数为 $4 \times (256 \times 256)/(8 \times 8) = 4096$。如果用 32 个比特表示一个符号,则 4096 个比特可表示 128 个符号。其次让二值序列中"0"和"1"出现服从 Bernoulli 分布,以使整个序列具有相当的随机性。最后在需嵌入的符号数小于最多可嵌入的比特数所能表示的符号数时,将符号重复展开,将二值序列扩展成符号数量的整倍数长度,并将扩展序列加到 DCT 块的系数中。

水印嵌入的具体步骤如下。

(1) 将原始图像 $f(x,y)$ 分解为许多个 8×8 的图像块,将各个块记为 $b_i, i = 0, 1, \cdots, I-1$;

$$f(x,y) = \bigcup_{i=0}^{I-1} b_i = \bigcup_{i=0}^{I-1} f_i(x',y') \quad 0 \leqslant x',y' < 8 \tag{12.2.6}$$

（2）对每个块计算 DCT：

$$F_i(u',v') = \mathrm{DCT}\{f_i(x',y')\} \quad 0 \leqslant x',y' < 8 \tag{12.2.7}$$

（3）根据需嵌入的符号序列的长度 L，选择一个合适的匹配滤波器的维数 M。

（4）将扩展序列嵌入到 DCT 块中。令 $W = \{w_i \mid w_i = 0,1\}$ 为对应有意义符号的扩展序列，则可将加水印的系数表示为

$$F_i' = \begin{cases} F_i + s & w_i = 1 \\ F_i - s & w_i = 0 \end{cases} \quad F_i \in D \tag{12.2.8}$$

其中，D 代表前 4 个 DCT 系数，s 是水印的强度。

2. 水印检测

对有意义**水印检测**的前 3 个具体步骤与对无意义水印的检测相同。在第 4 个步骤中，设对第 i 次提取，w_i^* 是提取出的信号强度，w_i^k 是第 k 个匹配滤波器的输出，它们之间的相关为

$$C_k(w^*,w^k) = \sum_{i=0}^{M-1}(w_j^* \cdot w_i^k) \Big/ \sqrt{\sum_{i=0}^{M-1}(w_i^*)^2} \tag{12.2.9}$$

其中 M 是匹配滤波器的维数。对给定的 $j,1 \leqslant j \leqslant L$，如果

$$C_j(w^*,w^j) = \max[C_k(w^*,w^k)] \quad 1 \leqslant k \leqslant L \tag{12.2.10}$$

那么对应 j 的符号就是检测出的符号。

12.3 DWT 域图像水印

与 DCT 域图像水印相比，DWT 域图像水印技术的优越之处来自于小波变换（见 9.4 节）的一系列特性。

（1）小波变换具有空间-频率的多尺度特性，对图像的分解可以连续地从低分辨率到高分辨率进行。这有利于帮助确定水印的分布和位置以提高水印的稳健性并保证不可见性。

（2）DWT 有快速算法，可对图像整体进行变换，对滤波和压缩处理等外界干扰也有较好的抵御能力。而 DCT 变换需对图像进行分块，因而会产生马赛克现象。

（3）DWT 的多分辨率特性可以较好地与**人类视觉系统**（HVS）特性相匹配（见下节），易于调整水印嵌入强度以适应人眼视觉特性，从而更好地平衡水印稳健性和不可见性之间的矛盾。

12.3.1 人眼视觉特性

通过对人眼某些视觉现象的观察分析，并结合视觉生理、心理学等方面研究成果，人们已发现了多种 HVS 的特性和掩盖效应（对不同亮度/亮度比的不同敏感度），并在图像水印技术中得到了应用。常见的特性和掩盖效应包括以下几种。

（1）亮度掩蔽特性：人眼对高亮度区域所附加噪声的敏感性较小。这表明图像背景亮度越高，HVS 的**对比度门限**（CST）越大，所能嵌入的附加信息就越多。

（2）纹理掩蔽特性：若将图像分为平滑区和纹理区，那么 HVS 对平滑区的敏感性要远

高于纹理区。换句话说,图像背景纹理越复杂,HVS可见度阈值越高,越无法感觉到干扰信号的存在,这样所能嵌入的信息就越多。

（3）频率特性：人眼对图像不同频率成分具有不同的灵敏度。实验表明,人眼对高频内容敏感性较低而对低频区（对应图像的平滑区）分辨能力较强。

（4）相位特性：人眼对相角的变化要比对模的变化敏感性低。例如在基于离散傅里叶变换的水印技术中,常将水印信号嵌入到相角信息中,可以提高不可见性。

（5）方向特性：人眼在观察景物时,HVS对水平和垂直方向的光强变化感知最敏感,而对斜方向光强变化的感知最不敏感。

借助 HVS 特性和视觉掩盖效应方法的基本思想是利用 HVS 导出**视觉阈值**（JND）[Branden 1996],并用来确定在图像各个部分所能容忍的水印信号的最大强度,从而避免水印的嵌入破坏图像的视觉质量。换句话说,就是利用人类视觉模型来确定与图像相关的调制掩模。这一方法既能提高水印的不可见性,也有助于提高水印的稳健性。

下面介绍 3 个人眼视觉掩盖特性,以及据此确定的视觉阈值[Barni 2001]。这里可设对图像进行了 L 级小波分解（得到了 $3L+1$ 个子图像）,小波域的基于人眼视觉掩盖特性的视觉阈值可表示为 $T(u,v,l,d)$,其中 u 和 v 表示小波系数位置,整数 $l(0 \leqslant l \leqslant L)$ 表示小波分解层次,$d \in \{\text{LH}, \text{HL}, \text{HH}\}$ 表示高频子图像的方向。

（1）人眼对不同方向不同层次的高频子图像的噪声都不太敏感,另外对 $45°$ 方向子图像（如 HH 子图像）的噪声也不太敏感。不同子图像对噪声的敏感度与该子图像的掩盖因子成反比,设在 l 层沿 d 方向的子图像对噪声的掩盖因子为 $M(l,d)$,则 $M(l,d)$ 可由下式估计：

$$M(l,d) = M_l \times M_d \tag{12.3.1}$$

其中 M_l 和 M_d 分别考虑了不同分解尺度和不同分解朝向子图像的掩盖特性：

$$M_l = \begin{cases} 1 & l=0 \\ 0.32 & l=1 \\ 0.16 & l=2 \\ 0.1 & l=3 \end{cases} \tag{12.3.2}$$

$$M_d = \begin{cases} \sqrt{2} & d \in \text{HH} \\ 1 & \text{其他} \end{cases} \tag{12.3.3}$$

M_l 对高频子图像取较大的值,对低频子图像取较小的值；M_d 对 $45°$ 方向的子图像取较大的值,而对其他朝向的子图像取较小的值。大的 $M(l,d)$ 表明该子带对噪声的敏感度比较低,可以在其上叠加较多的水印。

（2）人眼对不同亮度区域噪声的视觉敏感性不同,通常对中等灰度最为敏感（在围绕中等灰度很宽的范围中 Weber 比保持常数 0.02）,而朝低灰度和高灰度两个方向的敏感度都非线性下降。实际应用中可将这种非线性用关于灰度的二次曲线来表示。例如对 256 级灰度图像,将其灰度范围分成 3 段,可认为低灰度和中等灰度的分界线在灰度为 85 处（取阈值 $T_1 = 85$）,而高灰度和中等灰度的分界线在灰度为 170 处（取阈值 $T_2 = 170$）。则归一化敏感度曲线应如图 12.3.1 中凸实

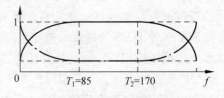

图 12.3.1　归一化敏感度曲线

线所示,其中横轴为灰度轴。在低灰度区,敏感度随灰度增加以二次函数形式增加;在高灰度区,敏感度随灰度增加以二次函数形式减少;在中等灰度区,敏感度保持常数。

进一步借助敏感度曲线定义掩盖因子。考虑将图像分成小块,块灰度均值为 m,该块各点对噪声的掩盖因子为 $B(u,v)$:

$$B(u,v) = \begin{cases} \dfrac{(0.2-0.02)[m-T_1]^2}{T_1^2}+0.02 & m \leqslant T_1 \\ 0.02 & T_1 < m \leqslant T_2 \\ \dfrac{(0.2-0.02)[m-T_2]^2}{(255-T_2)^2}+0.02 & m > T_2 \end{cases} \qquad (12.3.4)$$

这样得到的 B 曲线为凹曲线,如图 12.3.1 中的点画线所示。由 B 曲线可知,低灰度和高灰度处对噪声的敏感度较低,可以叠加较多的水印。

(3) 人眼对图像平滑区噪声较敏感而对纹理区噪声较为不敏感。为此,可对图像各区域计算其熵值,熵值较小表示对应灰度平滑区,而熵值较大表示对应图像纹理区。所以,可根据图像各分块的熵值来计算该块的纹理掩盖效应。如果将块的熵值记为 H,将块的熵值归一化并乘以系数 k 以与其他掩盖效应因子相匹配,即得到块图像纹理掩盖效应因子:

$$H(u,v) = k \frac{H-\min(H)}{\max(H)-\min(H)} \qquad (12.3.5)$$

在掩盖效应大的区域可以叠加较多的水印。

综合考虑上述 3 种特性,小波域的视觉掩盖特性值可由下式来表示[Barni 2001]:

$$T(u,v,l,d) = M(l,d)B(u,v)H(u,v) \qquad (12.3.6)$$

式(12.3.6)给出的人眼视觉掩盖特性的视觉阈值 $T(u,v,l,d)$ 综合考虑了人类视觉系统在不同分辨率和不同方向特性的敏感性,以及图像块在不同亮度下的对比度掩盖效应和对不同纹理的屏蔽效应。根据该视觉阈值可控制水印嵌入的强度和嵌入水印的不可见性,以保证在水印不可见的前提下尽可能增加嵌入水印的强度从而提高水印的稳健性。

12.3.2 小波水印算法

下面分别讨论一种小波水印算法[王 2005]中水印的嵌入和检测过程。

1. 水印嵌入

小波域图像水印方法的基本嵌入流程可见图 12.3.2,与图 12.2.1 有许多类似之处。

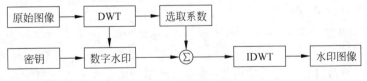

图 12.3.2 小波域水印嵌入流程

这里选用具有高斯分布 $N(0,1)$,长度为 M 的实数随机序列作为水印 W,即 $W = \{w_1, w_2, \cdots, w_M\}$。

水印嵌入算法的主要过程如下。

(1) 确定小波基,对原始图像 $f(x,y)$ 进行 L 级快速小波变换,分别得到一个最低频子图像和 $3L$ 个不同的高频子图像。

（2）根据式(12.3.6)计算高频子图像内的人眼视觉掩盖特性的视觉阈值 $T(u,v,l,d)$。再根据 $T(u,v,l,d)$ 对高频子图像内的小波系数进行降序排列，进而选择前 N 个小波系数作为水印插入位置。

（3）按下式嵌入水印（即用水印序列来调制前 N 个小波系数）：

$$F'(u,v) = F(u,v) + qw_i \qquad (12.3.7)$$

其中，$F(u,v)$ 和 $F'(u,v)$ 分别为原始图像和嵌入水印图像的（前 N 个）小波系数；q 为嵌入强度系数，且 $q \in (0,1]$；w_i 是长度为 M 的水印序列的第 i 个水印分量。这里嵌入是在 DWT 域中进行的。在嵌入水印的过程中同时生成了提取水印信息的密钥 K，该密钥记录了用于嵌入水印信息的前 N 个小波系数的位置。

（4）将嵌入水印的高频子图像结合低频子图像一起进行快速小波反变换，从而得到嵌入水印后的图像 $f'(x,y)$。

2. 水印检测

水印检测的过程可以近似看作是上述水印嵌入的反过程。

（1）首先选择嵌入过程中采用的小波基，对原始图像 $f(x,y)$ 和待检测图像 $f''(x,y)$（这里待测图像 $f''(x,y)$ 有可能与原嵌水印图像 $f'(x,y)$ 不同）都进行 L 级小波分解，得到各自的一个最低频子图像和 $3L$ 个高频子图像。

（2）根据水印嵌入过程中生成的密钥 K，从原始图像 $f(x,y)$ 的小波高频子图像中得到重要系数集 $\{S_i, i=1,2,\cdots\}$，并以这些值的地址为索引，从待测图像 $f''(x,y)$ 的小波高频子图像中选择相应的系数作为待测重要系数集 $\{S_i'', i=1,2,\cdots\}$。依次比较各 S_i 和 S_i'' 的值，从而提取水印信息 W''。当 S_i 和 S_i'' 之差大于某个阈值时，可认为该位置上存在水印分量 w_i'，其值设为 1，否则置为 0。

对待测水印序列和原始水印之间相似性的定量评价可以使用归一化相关系数 C_N：

$$C_N(W,W'') = \frac{\sum\limits_{i=1}^{L}(w_i - W_m)(w_i'' - W_m'')}{\sqrt{\sum\limits_{i=1}^{L}(w_i - W_m)^2}\sqrt{\sum\limits_{i=1}^{L}(w_i'' - W_m'')^2}} \qquad (12.3.8)$$

式中，W 和 W'' 分别为原始水印和待判决水印序列，W_m 和 W_m'' 则分别为 W 和 W'' 的均值。$C_N \in [-1,1]$。如果 C_N 的值超过某一阈值，则判定 W 和 W'' 为相关水印序列，即图像中存在先前嵌入的水印。判断阈值可通过后验估计嵌入水印图像的统计值而得到。

例 12.3.1　水印分布示例

图 12.3.3 给出水印分布和不可见性的一组实验结果。这里所用水印为符合高斯分布 $N(0,1)$，长度 $M=1000$ 的随机序列。图(a)为原始图像，图(b)为含水印图像（PSNR = 38.52dB），图(c)为两图的绝对差值图像（适当增强了对比度以更易看到有差别处）。

由图 12.3.3 可以看出以下两点。

（1）从视觉效果上看不出嵌入水印前后两幅图的差别，这说明该算法嵌入水印具有很好的不可见性。事实上，对两幅图的归一化相关系数计算结果为 0.999，表明两幅图相关性很高，这与两幅图很相似的主观感觉也是吻合的。

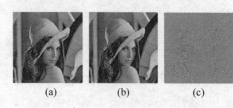

| (a) | (b) | (c) |

图 12.3.3　水印分布和不可见性效果

（2）从差值图像可以看出，水印嵌入强度在纹理区、低亮度区和高亮度区要大些，而在图像平滑区和中等亮度区相对要弱些，水印嵌入强度具有自适应调节性能。 □

12.4　水印性能评判

对水印性能的检测和评价与所关心的水印特性和指标密切相关。下面先介绍一些衡量失真程度的测度，接下来讨论性能评价的基准方法，最后结合对前几节所介绍的水印算法的性能验证来举例讨论对水印性能的检测和评判。

12.4.1　失真测度

图像水印的不可见性是一个主观指标，比较容易受到观测者的经验和状态、实验环境和条件等因素的影响，所以也常用客观指标（**失真测度**）来衡量。如果用 $f(x,y)$ 代表原始图像，用 $g(x,y)$ 代表嵌入水印的图像，图像尺寸均为 $N \times N$，那么可定义不同的失真测度。常见的**差失真测度**包括以下两种。

（1）L^p **范数**：

$$D_{Lp} = \left\{ \frac{1}{N^2} \sum_{x=0}^{N-1} \sum_{y=0}^{N-1} | g(x,y) - f(x,y) |^p \right\}^{1/p} \tag{12.4.1}$$

当 $p=1$ 时，就得到**平均绝对差**；当 $p=2$ 时，就得到**均方根误差**。

（2）**拉普拉斯均方误差**：

$$D_{\text{lmse}} = \frac{\sum_{x=0}^{N-1} \sum_{y=0}^{N-1} [\nabla^2 g(x,y) - \nabla^2 f(x,y)]^2}{\sum_{x=0}^{N-1} \sum_{y=0}^{N-1} [\nabla^2 f(x,y)]^2} \tag{12.4.2}$$

其他差失真测度还包括 8.1.3 小节介绍过的信噪比和峰值信噪比等。

常见的**相关失真测度**包括以下两种。

（1）**归一化互相关**：

$$C_{\text{ncc}} = \frac{\sum_{x=0}^{N-1} \sum_{y=0}^{N-1} g(x,y) f(x,y)}{\sum_{x=0}^{N-1} \sum_{y=0}^{N-1} f^2(x,y)} \tag{12.4.3}$$

（2）**相关品质**：

$$C_{\text{cq}} = \frac{\sum_{x=0}^{N-1} \sum_{y=0}^{N-1} g(x,y) f(x,y)}{\sum_{x=0}^{N-1} \sum_{y=0}^{N-1} f(x,y)} \tag{12.4.4}$$

12.4.2　基准测量和攻击

除了设计水印技术外，对水印技术的评价和基准的制定及使用也得到了许多研究。

1. 基准测量方法

有许多衡量水印性能的**基准测量方法**。一般来说，水印的稳健性与水印的可见性以及

有效载荷有关。为公平地评价不同的水印方法,可先确定一定的图像数据,在其中嵌入尽可能多但还不至于导致非常影响视觉质量的水印。然后,对嵌入水印的数据进行处理或攻击,通过测量所产生误差的比例来估计水印方法的性能。由此可见,衡量水印性能的基准方法将与选用的有效载荷、视觉质量测度以及处理或攻击方法有关。下面介绍两种典型的基准测量方法。

(1) 稳健性基准测量

在这种基准测量方法中[Fridrich 1999],有效载荷固定为 1 个比特或 60 个比特;视觉质量测度采用了**空间掩模模型**[Girod 1989]。该模型基于人类视觉系统,精确描述了在边缘和平滑区域产生视觉失真/退化/伪像(artefact)等的情况。水印的强度被调节到根据上述模型只有不到 1% 的像素能看出有变化。选用的处理方法和相关的参数见表 12.4.1,视觉失真的比率是相关处理参数的函数。

表 12.4.1　用于检测稳健性的处理方法和相关参数

序　号	处　理　操　作	参　数	序　号	处　理　操　作	参　数
1	JPEG 压缩	质量因子	5	像素对换	模板尺寸
2	模糊	模板尺寸	6	马赛克(滤波)	模板尺寸
3	噪声	噪声幅度	7	中值滤波	模板尺寸
4	伽马校正	伽马指数	8	直方图均衡化	

(2) 感知性基准测量

在这种基准测量方法中[Kutter 1999],有效载荷固定为 80 个比特;视觉质量测度采用了失真测度[Branden 1996]。该失真测度考虑了人类视觉系统的对比敏感度和掩模特性,对超过**视觉阈值**(JND)的点进行计数。

2. 攻击类型

对图像的外界干扰可以有很多种,从讨论水印稳健性的角度常分成两类。第一类是常规的图像处理手段(并非针对水印),如采样、量化、数/模与模/数转换、扫描、低通滤波、几何校正、有损压缩编码、打印等,图像水印抵御这些外界干扰的能力更常用鲁棒性来表示。第二类指恶意的攻击模式(针对水印),如对水印的非法探测和解码、重采样、剪切,以及特殊的位移、尺度变化等,图像水印抵御这些外界干扰的能力也常用抗攻击性来衡量。

对水印的攻击是未经授权的操作,常分为 3 种类型。

(1) 检测:例如一个水印产品的使用者试图检测本应由所有者才检测的水印,这也称**被动攻击**。

(2) 嵌入:例如一个水印产品的使用者对产品试图嵌入一个本应由所有者才能嵌入的水印,这也称**伪造攻击**。

(3) 删除:例如一个水印产品的使用者试图删除本应由所有者才有权删除的水印,这也称**删除攻击**,且还可进一步分为**消除攻击**和**掩蔽攻击**。

上述几种类型的攻击手段也可能结合使用。如先试图删除产品中原有的水印再试图嵌入(攻击者)需要的水印,这称为**改变攻击**。

所谓水印攻击分析,就是设计方法对现有的水印系统进行攻击,以检验其稳健性。攻击的目的在于使相应的水印系统无法正确地恢复水印信号,或检测工具不能检测到水印信号的存在。这样通过分析系统的弱点及其易受攻击的原因,就可改进对水印系统的设计。

用来进行模拟攻击的工具称为 StirMark,是一个水印攻击软件。人们可以利用它通过考察水印检测器能否从遭受攻击的水印载体中提取或检测出水印信息来评定不同水印算法抗攻击的能力。StirMark 可以模拟许多种处理方法和攻击手段,如几何失真(拉伸、剪切、旋转等)、非线性的 A/D 和 D/A 转换、打印输出、扫描仪扫描、重采样攻击等。另外,StirMark 还可以将各种处理方法和攻击手段结合起来构成新的攻击。

12.4.3　水印性能测试示例

下面给出对前面介绍的水印算法的一些性能的测试过程和结果。

1. DCT 域无意义水印性能的测试

(1) 稳健性

对 12.2.1 小节中无意义水印算法的稳健性测试使用了几种常见的图像处理操作和干扰。图 12.4.1 给出对加水印后的 Lena 图像进行处理后得到的结果。图(a)是对水印图像用 5×5 模板均值滤波的结果(PSNR=21.5dB)。图(b)是对水印图像在水平和垂直方向均 2∶1 亚采样(在 2×2 的小区域中取一个)的结果(PSNR=20.8dB)。图(c)是对水印图像采用仅保留前 4 个 DCT 系数的方法实现压缩后的结果(PSNR=19.4dB)。图(d)是对水印图像加高斯白噪声后得到的结果(PSNR=11.9dB,噪声的影响比较明显)。这 4 种情况下图像都有较大失真,但水印均能正确地检测出来。

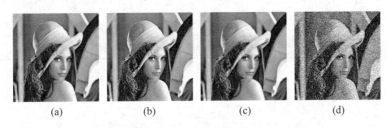

图 12.4.1　水印对图像处理操作稳健性的检验示例

(2) 唯一性

给定一个作为水印的随机序列,其他可由相同的概率分布所产生的序列也可当作水印。根据这个思想,由 N(0,1) 的高斯分布产生了 10 000 个随机序列,选其中一个序列作为嵌入水印而将其他序列作为对比水印进行相关测试。对均值滤波、亚抽样和压缩处理的试验结果见表 12.4.2,由于用真水印和用假水印得到的结果有很大区别,真水印很易与假水印区别开。

表 12.4.2　对水印唯一性的测试结果

图像处理操作	原　始　图	均值滤波	亚　抽　样	压　　缩
与嵌入水印的相关	114.5	13.8	23.6	12.4
与其他序列的相关(最大值)	3.82	4.59	3.58	3.98

2. DCT 域有意义水印性能的测试

对 12.2.2 小节中有意义水印算法的性能测试除使用了 Lena 图像,还使用了另外两幅图像：花(flower)和人群(person)，分别如图 12.4.2(a) 和 (b)所示。

（1）对均值滤波的稳健性

对每幅实验图像嵌入了一个有 8 个符号的水印序列。均值滤波分别采用了 3×3、5×5 和 7×7 的模板。图 12.4.3 给出几幅均值滤波的结果图，其中图(a)和图(b)分别为对 Lena 图用 5×5 和 7×7 的模板滤波得

图 12.4.2　两幅实验图像

到的结果，图(c)和图(d)分别为对 Flower 图用 5×5 和 7×7 的模板滤波得到的结果。

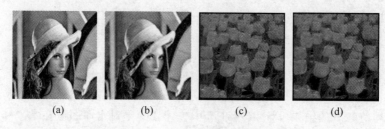

(a)　　　　　　(b)　　　　　　(c)　　　　　　(d)

图 12.4.3　几幅均值滤波的结果图

对有意义水印不仅需要正确检测出各个符号而且要正确检测出各个符号的位置。表 12.4.3 给出对应的测试结果，这里正确符号数指既符号内容正确也位置正确的符号个数。表中将各种情况下水印图像低通滤波后的峰值信噪比(PSNR)也列出来以给出对图像质量的一个指示。

表 12.4.3　对均值滤波稳健性的测试结果

图像	3×3		5×5		7×7	
	峰值信噪比/dB	正确符号数	峰值信噪比/dB	正确符号数	峰值信噪比/dB	正确符号数
Lena	25.6	8	21.5	8	19.4	3
Flower	31.4	8	25.6	8	22.5	3
Person	19.3	8	12.4	4	9.4	1

由图 12.4.3 和表 12.4.3 可见，随着模板尺寸的增加，图像变得更为模糊，而水印抵抗均值滤波的能力也随之下降。由于 Lena 图和 Flower 图的细节比 Person 图的细节要少，所以在用 5×5 模板滤波后仍能正确检测出所有符号，但此时对 Person 图中嵌入的符号就已不能完全正确检测出来了。

（2）对亚采样的稳健性

这里对每幅实验图像嵌入的也是一个有 8 个符号的序列。考虑了 3 种亚采样率，分别为(同时在水平和垂直方向)1：2 亚采样，1：4 亚采样，1：8 亚采样。图 12.4.4 给出几幅亚采样的结果图，其中图(a)和图(b)分别为对 Lena 图用 1：2 和 1：4 亚采样结果的局部图，图(c)和图(d)分别为对 Person 图用 1：2 和 1：4 亚采样结果的局部图。对比两组图，Person 图受亚采样的影响更为明显。

表 12.4.4 列出对应的测试结果。表中将各种情况下水印图像亚采样后的峰值信噪比 PSNR 也列出来以给出对图像质量的一个指示。相比均值滤波的情况，3 种亚采样导致的图像失真要严重得多。

| (a) | (b) | (c) | (d) |

图 12.4.4　几幅亚采样的结果图

表 12.4.4　对亚采样稳健性的测试结果

图像	1:2		1:4		1:8	
	峰值信噪比/dB	正确符号数	峰值信噪比/dB	正确符号数	峰值信噪比/dB	正确符号数
Lena	20.8	8	15.5	4	12.0	1
Flower	24.2	8	17.2	5	13.5	1
Person	12.8	8	6.6	0	4.6	0

（3）对 JPEG 压缩的稳健性

在这个实验中，对每幅实验图像嵌入的符号序列尺寸是变化的，从 1 到 128。表 12.4.5 给出对应的测试结果。表中给出的数值是能将整个符号序列完全正确检测出来时的图像峰值信噪比（PSNR）的最低值。由表可以看出嵌入符号序列的长度与图像峰值信噪比的关系。由于匹配滤波器的维数是自动调整的，所以对不同长度的符号序列，可以容忍的噪声水平也是不同的。

表 12.4.5　对 JPEG 压缩稳健性的测试结果（单位：dB）

序列长度 图像	1	2	4	8	16	32	64	128
Lena	23.4	25.4	26.5	27.2	28.3	30.5	34.5	36.5
Flower	15.4	20.4	20.6	20.6	21.6	22.2	35.3	38.3
Person	23.3	24.3	25.8	26.7	26.8	26.8	26.9	38.4

3. 小波域水印性能的测试

对 12.3.2 小节中介绍的小波域水印算法的稳健性测试仍然使用了 Lena 图像。所嵌入水印对一些图像处理和攻击的抵抗能力见表 12.4.6，如果选择判决门限为 0.2，则根据归一化相关系数值，水印都能被正确检测出来。

表 12.4.6　水印对一些图像处理和攻击的抵抗能力

处理/攻击方式	图像的 PSNR/dB	归一化相关系数 C_N
均值滤波	19.35	0.908
高斯噪声	16.78	0.537
JPEG 压缩（压缩比为 37:1）	27.15	0.299
中值滤波	32.00	0.689
锐化	34.19	0.969
2×2 马赛克效果	29.62	0.531

12.5　图像认证和取证

近年来有关图像认证和取证的技术研究和应用,包括判别图片真伪、检测是否经过加工置换篡改甚至伪造(forgery)、确定图片来源、设备鉴别等都得到很大关注。这些技术与水印技术有密切联系,但又有所不同。简单地说,水印技术基本是主动的,有可能会降低图像质量且容易受到各种外来攻击;而图像认证和取证技术多是被动的,更关心对图像真实性和完整性的鉴别。

12.5.1　基本概念

先对几个基本概念加以说明。

1. 图像篡改

图像篡改指对图像内容未经所有者允许的修改。常用的篡改手段主要包括 6 类:

(1)合成:利用来自同一幅图像内的不同区域或不同图像上的特定区域,借助复制-粘贴操作以构成新的图像。为消除如此伪造图像中的篡改痕迹,往往还会对篡改部分进行缩放、旋转和修饰等处理。

(2)增强:通过改变图像特定部位的颜色、对比度等来着重加强某部分内容,这种操作虽然不明显改变图像的结构内容,但可弱化或突出某些细节。

(3)修整:本质上是借助图像修补技术来改变图像的面貌,除了复制-粘贴操作外,还可能对一些局部区域进行空间调整,用模糊操作消除边缘拼接的痕迹等。

(4)变形:将一幅图像(源图像)渐变演变成另一幅图像(目标图像)。常见的方法是找出源图像和目标图像对应的特征点,以不同的权重混合叠加这两幅图像,使目标图像兼具两幅图像的特征。

(5)计算机生成:借助计算机软件生成新的图像,进一步可以分为真实感图像和非真实感图像。

(6)绘画:由专业人员或艺术家利用 Photoshop 等图像处理软件进行图像制作。

上述 6 种篡改方式都属于图像真实性篡改。其他还有图像完整性篡改(如图像水印对图像加入了信息,破坏了初始图像的完整性),图像原始性篡改(如照片的扫描图、照片的照片等),图像版权篡改(如通过修改图像的文件格式保留图像内容但篡改所有者的版权信息等)。

2. 图像认证

图像认证是要确定图像的身份。一方面关注图像的真实性,有没有被篡改过;另一方面,关注图像的来源,由哪类或哪个设备产生。许多图像真实性鉴别技术也可应用于图像来源鉴别。

对图像真实性的鉴别要考虑场景的属性,特别是一致性。因为篡改所造成的场景内容不一致问题是不能或者很难去掩盖的,所以可通过对图像不同部分的特征进行比较来检测篡改。例如,可估计不同物体表面的光照方向,通过判断其光照方向是否具有一致性来实现对图像的认证;再如,可通过分析图像中各部分颜色的分布来检测图像是否被裁剪过。另外,还可将图像分块,比较各图像块之间的相似性或压缩质量因子的不一致性,确定篡改手段并定位篡改区域。

对图像来源的鉴别要考虑图像获取设备(包括相机、扫描仪、手机等)和显示设备(如打印机)。由于这些设备具有不同的特征,其采集或输出的图像也会具有不同的内在特征。图像来源认证就是要通过分析提取这些能够区别图像来源的特征从而对图像的来源进行认证。

例如,基于相机属性的相机来源认证就是常见的一种图像来源鉴别。它又可分为设备分类认证和特定设备认证。设备分类认证是要确定产生图像的相机的模型或者生产厂商,而特定设备认证是要确定拍摄图像的具体相机。事实上,每个相机都具有以分辨率、模糊度、块效应、噪声水平、几何失真以及统计特性等形式呈现的属性特征,这些特征常不被人眼轻易发现,但有可能被特定的设备和专门的技术所检测出来。

根据图像认证的目的,认证还可以分为**完整性认证**和**鲁棒性认证**。完整性认证又称"硬"认证,对任何图像变化都很敏感,其认证的目标为图像内容的表述形式,图像像素的颜色值和格式等。鲁棒性认证又称"软"认证,只对图像内容的变化敏感,其认证的目标为图像内容的表达结果。对于完整性认证,不管图像遭遇的是一般的图像处理操作(合法的压缩、滤波等)还是恶意的攻击,只要是图像发生了变化,就认为它是不完整不可信的;而对于鲁棒性认证,需要区分一般的图像处理操作和恶意的攻击,前者主要改变图像的视觉效果,而后者可能改变图像内容。一般来说,只有当图像内容发生了变化,信息才是不完整、不可信的。早期的信息认证技术大部分属于完整性认证。

另外,一般的图像认证系统还要求系统具有以下特征:篡改敏感性、鲁棒性、安全性、篡改定位性、篡改可修复性等。有的应用系统还要求系统具有可逆性(见12.5.3小节)。

3. 图像取证

图像取证是对源于图像的证据进行确定、收集、识别、分析,以及出示法庭的过程。图像取证技术通过对图像统计特征的分析来检测图像是否被篡改,判断图像内容的真实性、可信性、完整性和原始性。

从技术角度来看,图像取证的类型可分为3类。

(1) 主动方法:典型的方法是预先将脆弱水印嵌入图像中,如果篡改了图像就会破坏水印从而暴露篡改的行为。其中还可进一步划分为基于易损性水印的方法和基于半易损性水印的方法。这类方法的局限性在于水印嵌入会对载体图像造成轻微变化且无法保护大量未嵌入水印的图像。

(2) 半主动方法:典型的方法是借助数字签名,其中还可进一步划分为基于"硬"签名和"软"签名的方法。先基于图像内容生成长度很短的数字签名(认证码或视觉哈希),在认证时可通过确认图像内容与数字签名的匹配来进行。这类方法虽然没有改动图像,但需预先产生辅助数据。

(3) 被动方法:这类方法既不需要事先在图像中嵌入水印(或其他信息),也不依赖于辅助数据(及提取),仅根据待取证的图像自身来判断其真伪和鉴别其来源。

目前当讨论图像取证时主要指图像的被动取证,其主要方法可分为以下3类。

(1) 图像真实性取证:判断图像从最初获取之后是否经历过任何形式的修改或处理,这也称为防伪检测。根据进行鉴别所用的特征,目前的检测技术可基于图像篡改过程所遗留的痕迹、基于成像设备的一致性、以及基于自然图像的统计特性等。

（2）图像来源取证：判断生成图像数据的获取或输出设备（如相机、手机、打印机等），即通过对图像生成设备内在特征的分析，提取图像中对应的表观特征，从而对图像的来源进行认证。

（3）图像隐写取证：不仅要判断图像中是否嵌入了秘密信息，而且还需要提取秘密信息作为呈堂证据。目前的隐写分析研究基本集中在检测图像中是否隐藏有秘密信息（还可见下一节），进一步的工作还要考虑如何确定隐写所用的方法、嵌入软件、密钥等，从而实现对秘密信息的正确提取。

12.5.2　图像被动取证

图像被动取证也称图像盲取证，它在不依赖任何预签名或预嵌入信息提取的前提下，对待检测图像内容的真伪和来源进行鉴别和取证。图像盲取证技术实现的可行性基于这样一个事实：任何来源的图像都有自身的统计特征，而任何对图像的篡改都会不可避免地引起图像统计特征上的变化。因此，可以通过检测图像统计特征的变化，来判断图像的原始性、真实性和完整性。

根据图像鉴别的目的需求，数字图像盲取证技术的研究主要集中在图像来源认证、图像篡改检测和图像隐秘分析三个方面。

（1）图像来源认证

图像的来源众多，可以是由数码相机拍摄的自然图像、也可以是扫描仪扫描的平面图像，还可以是创作人员借助计算机生成的图像。不同的电子设备具有不同的物理特征，其生成的数字图像也具有相互不同的数字特征。图像来源认证就是通过提取、分析这些能够说明图像来源的特征，建立各类设备的图像特征库，试图对数字图像的来源进行认证。这类取证是基于成像设备的图像特征一致性认证。

（2）图像篡改检测

图像篡改的方法技术繁多，通常图像篡改者会同时使用多种技术来对图像进行篡改。最常见的是复制-粘贴操作、模糊润饰操作和篡改之后的重新存储操作，尤其是修改后的重新存储操作是一个必经的操作，否则篡改就无法最终完成。这些操作都将改变数字图像的统计特征，在篡改后的图像中留下蛛丝马迹。比如在 Photoshop 中对篡改好的图像进行重新存储操作，如果图像以 JPEG 格式存储，由于 JPEG 格式是一种不可逆的有损压缩格式，每一次存储过程都是一次不可逆的有损压缩过程，经过双重 JPEG 压缩图像，将包含单次 JPEG 压缩所没有的特征。通过统计检测可以很容易检测图像是否仅过了双重压缩。

（3）图像隐秘分析

图像隐秘分析是针对图像完整性的一种检测方法。它是对数字图像中是否嵌入了秘密信息、嵌入在什么位置，嵌入量有多大等问题进行分析检测的数字图像盲取证技术。图像隐秘分析起初是出于信息安全的需要而发展起来的一种技术。图像隐秘分析检测目前能够较好地判断图像中是否隐藏有秘密信息，但要对秘密信息准确定位并正确提取还有一定差距。

12.5.3　图像可逆认证

现实应用中，一些重要的载体如医学诊断图片、军事图像及法律公文图片等对图像的完整性要求异常严格，不允许有任何改变。这里要求不仅能够对图像进行精确的认证，包括识别对图像的恶意篡改,而且要求认证过后,必须对原始图像进行无损还原/完全恢复,即认证过程需要可逆。借助脆弱水印技术就可以实现**可逆认证**,该技术可以广泛适用于保密性强、安全密级高以及精度要求高的图像。

这些技术的算法基础可以简单分为三类:即基于数据压缩的可逆水印算法、基于差数扩展的可逆水印算法及其**图像认证**技术以及基于直方图修改的可逆水印及其认证算法[顾2008]。

(1)基于数据压缩的可逆水印及其图像认证技术

为了从含有水印的图像中完全恢复出原始图像,一个很直观的做法就是向原始图像中嵌入恢复信息。因为在向原始图像中嵌入恢复信息的同时还要嵌入水印信息,所以嵌入信息的尺寸会比传统水印方案大得多。为了能够向原始图像中嵌入更多的信息,最简单做法就是压缩要嵌入的信息。

这种类型的可逆水印方案的鲁棒性比较弱。因为大部分的压缩技术都不能承受数据的损失,所以,即使是压缩数据中很小一部分受到破坏,都会影响到整个压缩数据的解压缩,同时也就会导致嵌入信息的丢失。

(2)基于差数扩展的可逆水印及其图像认证算法

基于差数扩展的可逆水印算法主要利用原始图像的像素特征进行水印的可逆嵌入和提取。先将水印嵌入到一些像素值的最不重要位面(LSB)上,然后用这些修改后的像素值重构图像,即可得到嵌入水印的图像。

上述算法在进行水印嵌入时,需要保存一个嵌入水印的位置图,这无形中增加了内存的空间。为解决这个问题,需要在上述算法的基础上提出新的算法。例如,有的新算法可不保存占用大量空间的嵌入位置图,但缺点是嵌入容量比较小[Gao 2008]。

(3)基于直方图修改的可逆水印算法及其图像认证技术

基于直方图修改的可逆水印算法选择图像直方图中若干个最大点和最小点进行信息隐藏。通过恰当地选择,有可能在实现较大水印嵌入容量的同时还能使得嵌入水印后的图像保持一个良好的视觉效果(具有较高的峰值信噪比)。

12.5.4 图像取证示例

作为图像取证的示例,下面介绍一个根据打印的文档、对打印机进行鉴别取证的工作[刘2016]。具体就是将纸质打印文档扫描为图像,通过对图像的分析,确定打印出该文档的打印机。这种方法既可确定文档的来源,也可帮助辨别文档的真伪。

该方法的流程如图12.5.1所示,主要包括3个步骤:

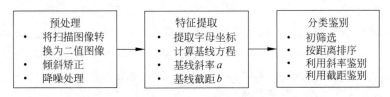

图 12.5.1 打印机鉴别取证流程图

(1)预处理:这包括将待鉴别文档扫描为灰度图像,再转换成二值图像,接下来对扫描时纸张边缘与扫描平台边缘不能很好平行而产生的倾斜文档进行矫正操作,最后对图像进行降噪处理以提升后续特征提取的准确度。

（2）特征提取：这包括从预处理得到的降噪二值图像中提取每个字符的坐标位置，并计算相应的鉴别特征。对英文字符，取其边框底边的中点作为参考点。对参考点在基线上的字符，计算它们的基线方程；对参考点在底线上的字符，进行纵向偏移使其参考点移到基线上。最后计算出文本行的基线方程 $y=ax+b$，以基线方程的斜率 a 与截距 b 作为文档页的特征。

（3）分类鉴别：在训练阶段，先利用基线斜率对训练集样本进行初始筛选，再用基线截距进行进一步鉴别。对测试样本，提取特征后与训练集的特征相比较，根据它们之间的距离差来确定最终的鉴别结果。

如果文档中有不同字号的字符，则需要记录每行文字中各个字符的边框长度，以此判断每行字符的字号大小。对测试样本，可以根据排版经验计算测试样本中每行在训练样本下的"行号"。经过转换后，计算两者的截距之差，并进行比较。

该方法对分属 7 个型号的 8 台打印机（其中有两个打印机是同一型号但不同个体）打印出来的文档进行了实验。使用了共有 70 页的同一篇文档进行数据采集。文档的前 50 页的字号全部为 12pt，后 20 页的字号为 12pt 与 18pt 混合文档，其中约有 25％ 的行的字号为 18pt 字号，每个页面上均含有两种不同字号。对打印文档使用扫描仪以 1200dpi 的分辨率得到其灰度图像集。取前 30 页 12pt 文档为训练集，测试集 A 为 12pt 的后 20 页文档，测试集 B 为混合字号的 20 页文档。

上述方法对测试集 A 可达到 83.75％ 的鉴别准确率，对测试集 B 可达到 91.88％ 的鉴别准确率。之所以在测试集 B 上的准确率更高是由于测试集 B 中有较大字号的字符，计算行间距特征时更为准确，导致鉴别准确率稍高。如果仅考虑分属不同型号的 7 台打印机，鉴别准确率可达到 93.57％；但如果仅考虑属同一型号的 2 台打印机，鉴别准确率只有 67.50％。这表明该方法能较好地区分不同打印机型号，但对于相同型号的打印机鉴别能力还有不足。

12.5.5　图像反取证

随着图像取证技术的发展，**反取证**技术也逐渐得到关注[王 2016]。

1. 反取证

图像取证的基本依据是：图像的成像过程或者处理过程都会留下特殊的痕迹，而取证技术通过识别待取证图像中是否存在相应痕迹而判定其原始性和真伪。图像反取证就是试图运用相应的后处理操作来消除或掩盖篡改的遗留痕迹，使与之对应的取证技术的检测性能大大下降或失效。

图像取证和图像反取证之间的关系相当于矛和盾的关系。现有的取证技术大都假设篡改者没有刻意掩盖自己的篡改行为，即在篡改图像内容的同时并没有隐匿伪造操作留下的痕迹。如果篡改者根据可能使用的图像取证技术，利用相应的反取证技术对篡改痕迹进行消除或伪造，那么就有可能使取证技术失效。

对反取证技术的研究有多方面的应用。一方面，评价一个取证技术的优劣往往是从其检测率、复杂度和鲁棒性等角度出发，而利用反取证技术可以测试现有取证技术的安全性，使得取证技术所得出的结论更加客观可靠。另一方面，研究反取证技术本身也可以进一步揭示取证技术的不足,使取证者针对其存在的漏洞或缺点进行修复和补强,以提高其自身的抗攻击能力。

反取证技术目前主要用于对取证技术进行攻击,以此来测试取证算法的安全性和可靠性。但有些技术也可用于很多正面场合,如隐私和产权保护等方面。

2. 反取证技术

通过隐藏遗留痕迹的反取证技术可分为隐藏对比度增强痕迹、隐藏几何变换痕迹、隐藏锐化处理痕迹、隐藏压缩痕迹以及隐藏中值滤波操作痕迹等多种。它们的一些概括情况如表 12.5.1 所示。

表 12.5.1　隐藏遗留痕迹的反取证技术概况

技　　术	典　型　手　段	具　体　挑　战
隐藏对比度增强痕迹	(1) 利用重采样或噪声调整图像直方图 (2) 通过伪造痕迹抵消原有遗留痕迹 (3) 利用图像复原恢复引入的失真	(1) 如何保持视觉效果的一致性 (2) 如何避免在伪造痕迹和原有痕迹间引入失真
隐藏几何变换痕迹	(1) 利用中值滤波消除重采样周期性 (2) 利用添加噪声扰乱插值过程	(1) 如何保持图像的视觉效果 (2) 如何避免引入新的遗留痕迹
隐藏锐化处理痕迹	通过添加抖动噪声掩盖遗留痕迹	如何消除图像质量失真
隐藏压缩操作痕迹	(1) 通过添加噪声重新分配 DCT 系数 (2) 利用中值滤波消除块痕迹 (3) 利用全变分方法建立抖动噪声模型	(1) 如何减小图像的质量损失 (2) 如何平衡原有痕迹和引入失真 (3) 如何避免留下新的痕迹
隐藏中值滤波痕迹	(1) 利用优化方法来消除遗留痕迹 (2) 通过添加噪声改变图像像素分布	(1) 如何扩展算法适用于压缩图像 (2) 如何避免噪声影响图像质量

在获取图像的过程中,常会将获取设备的一些固有特征信息(指纹)带入到自然图像中去。通过检测成像设备固有特征的一致性即可判断是否发生了篡改。根据固有"指纹"的不同,目前的反取证技术主要包括伪造**彩色滤波器阵**(CFA)特征和伪造**模式噪声**(PN)特征两类。它们的一些概括情况如表 12.5.2 所示。

表 12.5.2　基于固有特征信息(指纹)的反取证技术概况

技　　术	典　型　手　段	具　体　挑　战
伪造彩色滤波器阵特征	(1) 使用 CFA 插值改变图像像素值 (2) 利用最小二乘恢复篡改引入的失真 (3) 利用非线性滤波干扰像素间相关性	(1) 如何进一步提高图像伪造后的视觉效果 (2) 如何避免滤波操作留下新痕迹
伪造模式噪声特征	(1) 替换图像中原有的模式噪声 (2) 向图像中添加新的模式噪声	(1) 如何高效压缩原始图像的真实模式噪声 (2) 如何有效提取图像的模式噪声

3. 反取证检测

需要指出,反取证技术也要对图像进行处理,所以也会遗留下新的痕迹。如同对图像的编辑操作会留下痕迹一样,反取证操作在攻击原取证算法的同时也可能会对图像内容产生一些新的痕迹。如果这些新痕迹可以被识别,则依然能够辨识图像内容的原始性和真实性。该痕迹也会被当作新的判断依据用来辨识图像的真伪。

取证与反取证两者的相互攻防和互相博弈过程一方面能提升图像的安全信誉,另一方面也间接提高了恶意篡改的成本。

相比于成果本身就不太多的反取证技术来说,目前针对反取证所产生痕迹的检测方法就更少。表 12.5.3 汇总了 5 种主要检测方法的一些概况。

表 12.5.3　反取证检测概况

技　　术	典 型 手 段	具 体 挑 战
检测几何变换反取证	(1) 利用遗留的中值滤波痕迹 (2) 计算像素间的局部相关系数	(1) 如何在遗留痕迹,如中值滤波和添加噪声等痕迹被隐藏的情况下提高算法的检测正确率觉效果 (2) 如何准确识别出反取证攻击后的新遗留痕迹 (3) 如何进一步降低三角测试法的计算复杂度 (4) 如何进一步发展具有更强稳健性的反取证检测方法
检测压缩操作反取证	(1) 利用最大似然估计添加噪声的分布 (2) 利用转移概率矩阵检测抖动操作 (3) 利用感知度量方式辨识图像失真 (4) 计算 DCT 系数相位的一致性	
检测中值滤波反取证	利用像素间的统计相关性	
检测伪造彩色滤波器阵反取证	利用图像频谱存在的剧烈局部抖动	
检测伪造模式噪声反取证	三角测试法	

12.6　图像信息隐藏

信息隐藏是一个比较广泛的概念,一般指将某些特定的信息有意地和隐蔽地嵌入某种载体,以达到某种保密的目的。图像水印在更广泛的意义上也可看作是一种信息隐藏的方式(将某些信息隐蔽地嵌入某种载体)。

12.6.1　信息隐藏技术分类

根据是否对特定信息本身存在性的保密或不保密,信息隐藏可以是隐秘的或非隐秘的。另外,一般根据这些特定信息与载体相关或不相关,信息隐藏又可分为水印类型的或非水印类型的,水印类型的特点是其所隐藏信息是与载体相关的。

根据上面的讨论,可将信息隐藏技术分成 4 类,如表 12.6.1 所示[Cox 2002]。

表 12.6.1　信息隐藏技术分类

	与载体相关	与载体不相关
隐藏信息存在性	(1) 隐秘水印	(3) 秘密通信
已知信息存在性	(2) 非隐秘水印	(4) 秘密嵌入通信

下面对这些类型技术的特点和区别进行一些讨论。

(1) 隐秘水印

隐秘术/匿名术是信息隐藏中一种重要的方法,可看作将(需保密的)信息隐藏在另一(可公开的)信息/数据中[Petitcolas 2000]。隐秘术可用来隐藏信息的发送者、接收者或两者。隐秘水印在这点上符合隐秘术的特征。不过与隐秘术相比,水印常还多一个要求,即抗击可能攻击的稳健性/鲁棒性。另外,两者所采用的"稳健性"的准则也不完全相同,因为隐秘术主要考虑保护所隐藏的信息不被检测到,而水印主要考虑不让潜在的盗版者消除水印,所以水印方法一般只需在载体中嵌入远少于隐秘术方法的信息。

水印和隐秘术的另一个基本区别是水印系统所隐藏的信息总是与被保护的产品结合在一起的,而隐秘术系统仅考虑隐藏信息而不关心载体[Petitcolas 2000]。从通信角度看,水印技术常是一对多的,而隐秘术常是一对一的(在发送者和接受者之间),所以隐秘术在抗击传输和存储中的变化,如格式转换/压缩或数/模转换的稳健性方面是比较有限的[Kutter 2000]。

另一方面,水印需要抗击试图将隐藏信息除去的企图。为抵御攻击方知道载体中存在隐藏信息且试图除去这些信息的攻击时,常使用水印而不是隐秘术。水印的一个常见应用是通过嵌入版权信息以证明数据的所有权。很明显,对这样的应用,必须对试图去除嵌入信息的攻击有稳健性。水印技术与一般为保密而使用的密码技术也不同,密码技术在数据被接收及解密后就无法保护数据了,而水印不仅在数据传输过程中能对数据进行保护以防止遗失或泄密,而且在数据的整个使用过程中都可保证数据使用的合法性。

(2)非隐秘水印

水印并不总需要隐藏,尽管大多数文献的研究集中在不可见水印上。从信息存在性的角度看,水印与**密码学**有一些相通之处,密码技术可用来隐藏信息,所以也可作为一种著作权保护技术。水印与密码学均强调保护信息内容本身,而隐秘术则强调保护信息内容的存在性。

(3)秘密通信

秘密通信时常采用**隐蔽信道**,而且嵌入的信息是与载体无关的,这里嵌入的信息是接收方需要的而载体并不是接收方需要的,载体只是用来帮助传输嵌入的信息。

(4)秘密嵌入通信

秘密嵌入通信指通过公开通道传输秘密信息,该信息被嵌入到公开的信号中但与该信号无关,所以不是水印。嵌入通信与**信息伪装**密切相关。与保护信息内容的密码学不同,信息伪装保护的是信息的存在性。

12.6.2 基于迭代混合的图像隐藏

图像隐藏可看作是一种特殊的信息伪装,它将拟隐藏的图像嵌入到载体图像中传递。实际使用中,载体图像一般是常见的图像,可以公开传递而不受到怀疑。下面介绍一种图像隐藏的方法。

1. 图像混合

考虑**载体图像** $f(x,y)$ 和(拟)**隐藏图像** $s(x,y)$,如果 α 为满足 $0 \leqslant \alpha \leqslant 1$ 的任一实数,则称图像

$$b(x,y) = \alpha f(x,y) + (1-\alpha)s(x,y) \tag{12.6.1}$$

为图像 $f(x,y)$ 和 $s(x,y)$ 的参数 α 混合,当 α 为 0 或 1 时称为平凡混合。

在需要拟隐藏图像的情况下,可从式(12.6.1)中恢复出 $s(x,y)$:

$$s(x,y) = \frac{b(x,y) - \alpha f(x,y)}{1-\alpha} \tag{12.6.2}$$

通过图像混合,可以利用人类视觉特性,将一幅图像隐藏在另一幅图像之中。两幅图像的一个混合实例如图 12.6.1 所示。其中图(a)为载体图像(这里为 Lena 图),图(b)为隐藏

图像(这里为 Girl 图),取 α 为 0.5,得到的恢复图像见图(c)。此例中,混合图像与载体图像有明显的差别。

(a)　　　　　(b)　　　　　(c)

图 12.6.1　图像混合示例

从伪装的角度考虑,所得到的**混合图像**应与载体图像在视觉上尽量接近。根据混合图像的定义,当混合参数 α 更接近 1 时,混合图像 $b(x,y)$ 就会更接近于载体图像 $f(x,y)$;而当混合参数 α 更接近 0 时,混合图像 $b(x,y)$ 就会更接近于隐藏图像 $s(x,y)$。

为描述混合图像与载体图像以及混合图像与隐藏图像之间的接近程度,可计算相应两幅图像之间的均方根误差。均方根误差越小,说明两幅图像越相似。该误差的大小与两幅图像本身及混合参数均有关。当两幅图像确定后该误差仅是混合参数的函数。图 12.6.2 给出分别以图 12.6.1(a)和(b)作为载体图像和隐藏图像而算得的均方根误差为混合参数的函数曲线[张 2003a]。这里载体图像均方根误差指载体图像与混合图像之间的均方根误差,而恢复图像均方根误差指隐藏图像与混合图像之间的均方根误差。

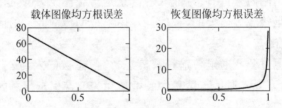

图 12.6.2　载体图像及恢复图像与混合图像之间的均方根误差随混合参数的变化曲线

从图 12.6.2 中可以看出,混合参数越接近 1,图像隐藏的效果就越好,但恢复图像的质量就越差。反之,如果要求恢复图像的效果好,则混合参数就不能太接近 1,但这样图像隐藏的效果可能不太好。因此应该存在最佳的混合隐藏,即能使混合图像均方根误差与恢复图像均方根误差之和最小的图像混合情况,这如图 12.6.3 中曲线的谷所示。

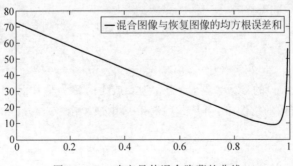

图 12.6.3　确定最佳混合隐藏的曲线

综上所述,隐藏图像的一般性原则为,首先应选取与需要隐藏的图像尽可能相像的载体图像,然后在视觉允许的范围内选取尽可能大的混合参数,这样就可以最大程度地保证恢复图像的质量。需要指出,对数字图像,在进行图像隐藏与恢复的计算过程中会产生取整(数)造成的一些误差。所以,虽然当混合参数越接近 1 时隐藏效果越好,但舍入误差可能会导致混合参数太接近 1 时的恢复图像质量下降,不能准确恢复甚至无法辨认。

2. 图像的单幅迭代混合

上述基本的图像混合算法仅进行了一次简单的叠加,效果还需改进。图像混合的核心是混合参数,如果将上面的方法进行推广,利用多个参数进行多次混合,就得到**迭代混合**。

设 $\{\alpha_i \mid 0 \leqslant \alpha_i \leqslant 1, i=1,2,\cdots,N\}$ 为给定的 N 个实数,对图像 $f(x,y)$ 和 $s(x,y)$ 先进行 α_1 混合得 $b_1(x,y) = \alpha_1 f(x,y) + (1-\alpha_1)s(x,y)$,再对图像 $f(x,y)$ 和 $b_1(x,y)$ 进行 α_2 混合得 $b_2(x,y) = \alpha_2 f(x,y) + (1-\alpha_2)b_1(x,y)$,依次进行混合可得 $b_N(x,y) = \alpha_N f(x,y) + (1-\alpha_N) b_{N-1}(x,y)$,此时称图像 $b_N(x,y)$ 为图像 $f(x,y)$ 和 $s(x,y)$ 的关于 $\{\alpha_i\}$ 的 N 重迭代混合图像。可以证明,在非平凡混合情况下,$b_N(x,y)$ 单调收敛于载体图像 $f(x,y)$:

$$\lim_{N \to \infty} b_N(x,y) = f(x,y) \tag{12.6.3}$$

图 12.6.4 给出利用上述迭代算法并分别以图 12.6.1(a)和(b)分别作为载体图像和隐藏图像进行图像隐藏与恢复的几个例子。其中图(a)、(b)、(c)的上一行分别为迭代 1 次、2 次、3 次的混合图像(所用混合参数分别为 0.8、0.7、0.6),下一行分别为从对应迭代混合图像中恢复出来的隐藏图像。

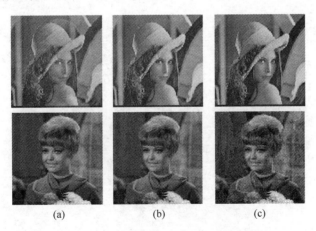

(a)   (b)   (c)

图 12.6.4　单幅迭代混合隐藏实验结果

与用上述迭代算法获得的结果相关的参数和误差的数据均列在表 12.6.2 中。

表 12.6.2　单幅迭代混合实例相关参数

混 合 参 数	0.8	0.7	0.6
混合图像峰值信噪比/dB	24.9614	35.4190	43.3778
混合图像均方根误差	14.4036	4.3211	1.7284
恢复图像峰值信噪比/dB	45.1228	34.5148	26.3956
恢复图像均方根误差	1.4138	4.7951	12.2112

3. 图像的多幅迭代混合

上述图像混合算法及单幅迭代混合算法将一幅秘密图像隐藏在一幅载体图像中，如果攻击者截获了载体图像和混合图像并产生了怀疑，则攻击者借助原始载体图像就有可能通过相减恢复出秘密图像。这样的隐藏系统的安全性完全依赖于一幅载体图像，所以是比较脆弱的。为了解决这个问题，可再将图像混合的思想推广，利用多个混合参数以及多幅图像来隐藏一幅图像，这就是**图像的多幅迭代混合**。

设 $f_i(x,y)(i=1,2,\cdots,N)$ 为一组载体图像，$s(x,y)$ 为一幅隐藏图像，$\{\alpha_i\mid 0\leqslant \alpha_i\leqslant 1, i=1,2,\cdots,N\}$ 为给定的 N 个实数。对图像 $f_1(x,y)$ 和 $s(x,y)$ 进行 α_1 混合得 $b_1(x,y)=\alpha_1 f_1(x,y)+(1-\alpha_1)s(x,y)$，对图像 $f_2(x,y)$ 和 $b_1(x,y)$ 进行 α_2 混合得 $b_2(x,y)=\alpha_2 f_2(x,y)+(1-\alpha_2)b_1(x,y)$，依次进行混合可得 $b_N(x,y)=\alpha_N f_N(x,y)+(1-\alpha_N)b_{N-1}(x,y)$，则图像 $b_N(x,y)$ 称为图像 $f(x,y)$ 和 $s(x,y)$ 的关于 α_i 和 $f_i(x,y)(i=1,2,\cdots,N)$ 的 N 重迭代混合图像。

根据图像多幅迭代混合的定义，可以得到一个将一幅图像与多幅图像进行迭代混合，利用人类视觉的掩盖特性，将它隐藏在 N 幅图像中的方案。对这样的隐藏图像进行恢复时，需要使用 N 幅混合图像和 N 个混合参数，并且还需要知道图像的混合次序，由此可见这种对图像的多幅迭代隐藏方案是一种非常安全的隐藏方案。

图 12.6.5 给出多幅迭代隐藏的一个例子。其隐藏过程是将如图(c)的 Couple 图混合在如图(b)的 Girl 图中(使用混合参数 $\alpha_2=0.9$)，再混合到如图(a)的 Lena 图中(使用混合参数 $\alpha_1=0.85$)。这样，图(a)为公开图像，图(b)为中间结果图，图(c)为隐藏图像。

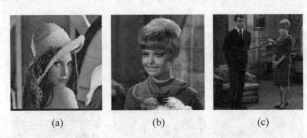

(a)　　　　　　　　(b)　　　　　　　　(c)

图 12.6.5　多幅迭代隐藏的一个例子

总结和复习

为更好地学习，下面对各小节给予概括小结并提供一些进一步的参考资料；另外给出一些思考题和练习题以帮助复习(文后对加星号的题目还提供了解答)。

1. 各节小结和文献介绍

12.1 节主要介绍了水印的原理和特性。事实上，水印有广泛的用途，它可以用于数字产品所有权的认定和版权保护、原版数字产品的真伪鉴别、数字产品的防拷贝保护、非法拷贝媒体数据的检测、保密通信，以及给数字产品附加描述和参考信息等。数字水印比较具体的应用包括：在 CD 音乐中隐藏该乐曲的简介、相关作者、定购信息、访问链接等操作代码；在 DVD 内容数据中嵌入水印信息，DVD 播放机通过检测 DVD 数据中的水印信息来判断其合法性和能否拷贝；在图像中隐藏图像的名称、图像内容简介、创作作者姓名及相关联系信息、发布免费样图等信息。对水印技术的全面介绍还可见文献[Cox 2002]。

国际标准 MPEG-4 中提供了一个框架以允许将密码和水印加入。DVD 产业标准也包括复制控制和保护机制,它使用水印以表明数字产品的复制状态,如"可复制一次"或"不能复制"等。国际标准 MPEG-21 中知识产权保护也是重要的内容[章 2000e],它也推动和促进了数字水印技术的研究和应用[李 2001]。对水印发展前景的讨论还可见文献[Barni 2003a]和[Barni 2003b]。

可见水印和不可见水印可以结合使用,例如可在彩色图像的不同区域分别嵌入一个可见水印和一个不可见水印,以同时实现版权通知和版权保护功能。

12.2 节介绍了 DCT 域图像水印的特点和原理,其中关于无意义水印和有意义水印的区别在其他图像水印方法中也适用。本节仅讨论了嵌入一次水印的方法,实际应用中也可嵌入多次水印。多重水印是解决多著作权问题的一种方案,例如可将原创者、出版商、授权使用者的三方信息作为多重水印信息。采用压缩域水印对减少计算量很有帮助。

12.3 节介绍了 DWT 域图像水印的特点,其中之一是易于结合人眼视觉特性[Barni 2001],因此近年随着小波技术的应用,基于视觉系统特性的水印算法也越来越多,还可见文献[潘 2002]。考虑到水印嵌入与压缩编码国际标准的结合,所以 DCT 域和 DWT 域水印算法比较普遍,但由于多数水印算法在图像经过仿射变换后提取有困难,因而梅林-傅里叶变换[O'Ruanaidh 1997]被提出以克服这个问题。

12.4 节中讨论了水印性能的评判问题,针对不同的对水印攻击手段,研究相应的抗攻击手段,提高水印的稳健性是近年考虑较多的。除去那里介绍的基准测量方法外,还有一些可公开获得的工具能测试图像水印技术的稳健性。例如,有一个可用于 JPEG 格式图像的工具叫 Unzign [Unzign 1997]。它结合使用像素跳动(jitter)和图像微平移可以去除用某些水印技术嵌入图像中的水印,但同时也会对图像造成一定的失真。更多的内容可参见文献[Petitcolas 1997]、[Petitcolas 1999]、[Cox 2002]。

12.5 节概括介绍了图像取证的相关内容,一方面,它可实现图像水印保护图像真实性的功能,虽然侧重点不同;另一方面,它也试图检测图像内信息的隐藏,与下一节的图像信息隐藏有些矛与盾的关系。近期进展比较快,其发展值得关注。有关根据打印文档对打印机进行鉴别取证工作的细节还可见[刘 2017]。

12.6 节关于信息隐藏的介绍是比较初步的,主要围绕与水印技术的对比进行。值得指出,隐秘术和水印虽然有区别,但隐秘术和水印互补的成分比互相竞争的成分更多[Kutter 2000]。对图像混合信息隐藏技术中一些性质和定理的证明可见[张 2003b]。

2. 思考题和练习题

12-1 对水印的嵌入和提取需要注意的问题有什么不同?

12-2 图像水印技术和图像编码技术有什么联系?有什么相同和不同之处?

*__12-3__ 水印的特性除文中已介绍的外还有哪些?举几个例子。

12-4 如果将图像块中的亮度分成 3 等:低亮度、中亮度、高亮度,纹理也分成 3 等:简单纹理、中等纹理、复杂纹理,那么它们的组合有 9 种。分别从不可见性的角度分析这 9 种情况下水印的嵌入所造成的影响。

*__12-5__ 如要将 TSINGHUA UNIVERSITY 重复 4 次用 12.2.2 小节介绍的方法嵌入一幅 256×256 的图像中,则最少要使用每个图像块的前几个系数?

12-6 对 12.3.1 小节介绍的 3 种人眼视觉掩盖特性各举一个日常生活中的示例,并说明它们各可能在哪些图像处理应用中得到使用。

12-7 试分析 12.4.1 小节中的各个失真测度具有什么特点(优点、缺点),分别适合用于哪些场合。将一定量的水印信息加到一幅图像中,用各个失真测度测量加水印图像的失真情况。然后根据失真测度的(相对)数值进行排序,并与主观感觉进行比较。

12-8 对水印的恶意攻击和常规的图像处理操作有什么不同? 各举一些例子。

12-9 收集建立一个对水印进行恶意攻击的列表,讨论它们是如何影响水印的存在和检测的。

12-10 许多水印技术应用的工作也可能使用其他技术来完成,试举两个例子。分析一下,采用水印技术相对于采用其他技术有什么优势。

12-11 将图像水印、图像取证和图像信息隐藏两两对比,哪些地方是相同或相似的?哪些地方是不同但互补的?

12-12 在图像的单幅迭代混合中,增加迭代次数应有利于信息的隐藏;在图像的多幅迭代混合中,增加图像的数量也应有利于信息的隐藏。分析一下,增加迭代次数和增加图像数量哪个效果更明显? 它们各自会受到哪些限制?

第13章 彩色图像处理

对彩色的感知是人类视觉系统的固有能力。虽然色觉是主观的,人们还不能完全解释,但通过理论研究和实践结果,人们现在对颜色的物理本质已有了一定的掌握和了解。例如,对色觉的许多属性如波长分辨、色的饱和度、色觉与亮度的关系以及色混合的规律等已了解得比较清楚了。另外,随着技术的进展,近年彩色图像采集设备和处理设备得到广泛的普及和应用。所以,彩色图像也逐渐成为图像处理的对象。

彩色图像比黑白图像包含有更多的信息。为了有效地表达和处理彩色信息,需要建立相应的彩色表达模型,也需要研究对应的彩色图像处理技术。

彩色图像处理技术可分成两大类。一方面,由于人对彩色的分辨能力和敏感程度都要比灰度强,所以可将灰度图像转化为彩色图像以提高人们对图像内容的观察效率。这类图像处理技术常称为伪彩色处理技术。另一方面,现代图像采集设备直接获得的就是彩色图像,可以也需要对这些图像进行各种处理以获得需要的效果,与此相关的图像处理技术属于真彩色处理技术。

根据上述的讨论,本章各节内容将安排如下。

13.1 节先分析彩色视觉的原理和对彩色的描述方法,包括彩色视觉的基础、三基色与色匹配,以及描述各种彩色的色度图。

13.2 节介绍基本的和常用的彩色模型,包括面向硬设备的 RGB、CMY,以及彩色电视颜色等模型和面向视觉感知的 HSI 等模型以及它们之间的联系。

13.3 节介绍几种基本的伪彩色图像增强技术,其中既有空域技术也有频域技术。

13.4 节讨论真彩色图像处理的策略,并介绍对彩色图像的各个彩色分量分别进行变换增强的方法和同时考虑彩色所有分量的滤波增强技术(既包括线性方法也包括非线性方法)。

13.1 彩色视觉和色度图

要进行彩色图像处理,先要了解彩色的感知原理和表达方法。

13.1.1 彩色视觉基础

彩色视觉涉及人类视觉系统、颜色的物理本质等方面。颜色的本质是牛顿最早系统研究和发现的。早在 17 世纪,牛顿通过用三棱镜研究对白光的折射就已发现白光可被分解成一系列从紫色到红色的连续光谱,从而证明白光是由不同颜色(而且这些颜色并不能再进一步被分解)的光线相混合而组成的。这些不同颜色的光线实际上是不同频率的电磁波。人的视觉不仅能感知光的刺激,还能将不同频率的电磁波感知为不同的颜色。在物理世界中,辐射能量的分布是客观的,但彩色仅存在于人的眼睛和大脑中。牛顿曾说过:"正确地讲,光线并不是彩色的。"("Indeed rays,properly expressed,are not colored.")[Poynton 1996]

颜色和**彩色**严格来说并不等同。颜色可分为非彩色和有彩色两大类。非彩色指白色、黑色及它们之间各种深浅程度不同的灰色。能够同样地吸收所有波长光的表面(对光谱的反射没有选择性)看起来就是灰色的,如果反射的光多则显浅灰色,而反射的光少则显深灰色,一般如果反射的光少于入射光的 4% 则看起来是黑色的,而在 80%~90% 则看起来是白色的。理想的完全反射体是纯白的(氧化镁接近纯白),而理想的无反射体是纯黑的(黑绒接近纯黑)。以白色为一端,通过一系列从浅到深排列的各种灰色,可到达另一端的黑色,它们可以组成一个黑白系列。彩色则指除去上述黑白系列以外的各种颜色。不过人们通常所说的颜色一般多指彩色。本章后面如不加说明时,也不做特别的区分。

彩色视觉的物理基础是人类视网膜中有 3 种感受彩色的锥细胞,它们对入射的辐射有不同的频谱响应曲线,或者说它们分别对不同波长的辐射比较敏感(近年来在基因研究中已获得了一些支持这种观点的证据)。

彩色视觉的生理基础与视觉感知的化学过程有关,并与大脑中神经系统的神经处理过程有关。总的来说,人类色觉的产生是一个复杂的过程,它有一系列要素。首先,色觉的产生需要一个发光光源。光源的光通过反射或透射方式传递到眼睛,被视网膜细胞接收并引起神经信号,然后人脑对此加以解释从而产生色觉。人感受到的物体颜色主要取决于反射光的特性,如果物体比较均衡地反射各种光谱,则人看起来物体是白的。而如果物体对某些光谱反射的较多,则人看起来物体就呈现相对应的颜色。

例 13.1.1 几种彩色对比度

灰度图像中的**对比度**主要描述局部范围内相邻两部分之间的亮度差别(见 1.1.3 小节)。在彩色图像中,有更多的对比度定义(有些主观性更强):

(1) **相对彩色对比度**:在具有低亮度反差的彩色图像中,基于对彩色饱和度的区别可以辨别出一定的细节来,这种彩色图像中饱和度值之间的联系就称为相对彩色对比度。

(2) **同时彩色对比度**:人对一个物体表面区域的彩色观察结果会依赖于围绕该区域的周围区域表面的彩色。例如,由红色区域所环绕的一个灰色区域表面看起来是带蓝色的绿色,这被称为**诱导色**。这种类型的对比度也被称为同时彩色对比度。为描述诱导色受所环绕彩色的影响常使用对立色模型(见 13.2 节)。

(3) **连续彩色对比度**:如果一个人长时间观察一个彩色区域然后转到观察一个黑白区域时就会发生。此时,先前观察区域的**残留影像**或者显示为对立色(负的残留影像)或接近原来的彩色(正的残留影像)。

13.1.2 三基色与色匹配

三基色是色彩的基本单元,它们的组合可产生许多彩色,这称为**色匹配**。

1. 三基色

与视网膜中三种不同的感受彩色的锥细胞相对应的三种彩色称为三基色,也称三原色(由其中任两色的混合并不能生成第三色),即常说的**红**(R)、**绿**(G)、**蓝**(B)三色。实际上,这只能说是一种有些误导的近似。三种锥细胞一般根据其感知波长的范围分为:短(S),中(M)和长(L)。它们对外来辐射光具有不同的波长响应曲线,其最大敏感度分别出现在 $S\approx$ 430nm,$M\approx 560$nm 和 $L\approx 610$nm 处,如图 13.1.1 所示。

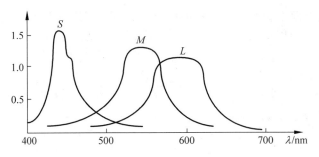

图 13.1.1　三种感受细胞的波长响应曲线

需要指出,图 13.1.1 中三条反应曲线均有较宽的分布,且互相有重叠。换句话说,某一波长的光可同时刺激两到三种细胞使之兴奋响应。所以,即使入射光是单一波长的,人的视觉系统的反应并不单纯,人的色觉是不同类型细胞综合反应的结果。为了建立技术标准,国际照度委员会(CIE)早在 1931 年就规定了一个 XYZ 彩色空间,其三种基本色的波长分别为 700nm、546.1nm、435.8nm。在刻画理想光时,可粗略地认为 X、Y、Z 对应红、绿、蓝(R、G、B)。注意这里 R、G、B 的波长值与 S、M、L 的峰值并不完全相同。

2. 色匹配

把红、绿、蓝三色光混合时,通过改变三者各自的强度比例能得到的颜色 C 可表示为

$$C \equiv rR + gG + bB \tag{13.1.1}$$

式中,$\equiv$ 表示匹配;r、g、b 分别表示 R、G、B 的比例系数,且有 $r+g+b=1$。

考虑到人类视觉和显示设备对不同彩色的不同敏感程度,在匹配时各个比例系数的取值是不同的,其中绿系数相当大,红系数居中,蓝系数最小[Poynton 1996]。例如,国际标准 Rec. ITU-R BT. 709 标准化了对应 CRT 显示器的红、绿、蓝系数。根据红、绿、蓝的线性组合来计算真实的适合于现代摄像机和显示器的亮度公式为

$$Y_{709} = 0.2125R + 0.7154G + 0.0721B \tag{13.1.2}$$

虽然蓝色对亮度感觉的贡献最小,但人类视觉对蓝色调有特别好的颜色区分能力。如果赋给蓝色的比特数少于赋给红色或绿色的比特数,则图像中的蓝色区域有可能出现虚假轮廓效应。

在匹配某些颜色时,只靠把 R、G、B 相加并不总能得出相等的配对,此时可将三原色之一加到被匹配颜色一方(即写成负值),以达到相等的颜色配对,例如:

$$C \equiv rR + gG - bB \tag{13.1.3}$$

$$bB + C \equiv rR + gG \tag{13.1.4}$$

以上讨论中,颜色匹配指颜色在视觉感受上一致,也称"同貌异质"(metameric)的颜色配对,此时对彩色的光谱能量分布情况并没有限制。

13.1.3　色度图

为表达彩色,人们使用了色度的概念。而为表示色度,人们引入了**色度图**的表示方法。

1. 色度和色系数

人在区分或描述彩色时常使用亮度、色调和饱和度来表示彩色特性。**亮度**对应色的明亮程度。**色调**与光谱中主要光的波长相联系,或者说表示观察者感受到的主要颜色。**饱和度**与一定色调的纯度有关,纯光谱色是完全饱和的,随着白光的加入饱和度逐渐减少。

色调和饱和度合起来称为**色度**。彩色可用亮度和色度共同表示。设为组成某种彩色 C 所需的 3 个刺激量分别用 X、Y、Z 表示,则 3 个刺激值与 CIE 的 R、G、B 有如下关系:

$$\begin{bmatrix} X \\ Y \\ Z \end{bmatrix} = \begin{bmatrix} 0.4902 & 0.3099 & 0.1999 \\ 0.1770 & 0.8123 & 0.0107 \\ 0.0000 & 0.0101 & 0.9899 \end{bmatrix} \begin{bmatrix} R \\ G \\ B \end{bmatrix} \tag{13.1.5}$$

反之,根据 X、Y、Z 这 3 个刺激值,也可得到 3 种基色:

$$\begin{bmatrix} R \\ G \\ B \end{bmatrix} = \begin{bmatrix} 2.3635 & -0.8958 & -0.4677 \\ -0.5151 & 1.4264 & 0.0887 \\ 0.0052 & -0.0145 & 1.0093 \end{bmatrix} \begin{bmatrix} X \\ Y \\ Z \end{bmatrix} \tag{13.1.6}$$

对白光,有 $X=1, Y=1, Z=1$。如果每种刺激量的比例系数为 x、y、z,则有 $C=xX+yY+zZ$。比例系数 x、y、z 也称为**色系数**,表示为

$$x = \frac{X}{X+Y+Z} \quad y = \frac{Y}{X+Y+Z} \quad z = \frac{Z}{X+Y+Z} \tag{13.1.7}$$

由式(13.1.7)可看出

$$x + y + z = 1 \tag{13.1.8}$$

2. 色度图

同时使用 3 种基色表示颜色需使用 3-D 空间,在作图和显示方面都有一定难度。为此,1931 年 CIE 制定了一个舌形色度图(也有人称鲨鱼翅形状),把 3 种基色投影到 2-D 色度平面上。借助色度图,可方便地以 2-D 形式表现组成某种彩色的三基色的比例。色度图的一个示意图见图 13.1.2,图中波长单位是 nm,横轴对应红色系数,纵轴对应绿色系数,蓝色系数值可由 $z=1-(x+y)$ 求得,其方向对应由纸里出来。图中舌形轮廓上各点给出光谱中各饱和彩色的色度坐标,对应蓝紫色的光谱在图的左下部,绿色的光谱在图的左上部,红色的光谱在图的右下部。舌形轮廓可以考虑成用一个仅在单个波长上包含能量的窄带光谱穿过 $380 \sim 780 \text{nm}$ 的波长范围而留下的轨迹。

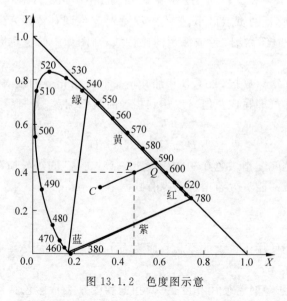

图 13.1.2 色度图示意

需要指出,连接 380nm 和 780nm 的直线是光谱上所没有的由蓝到红的紫系列。从人类视觉的角度说,对紫色的感觉不能由某个单独的波长产生,它需要将一个较短波长的光和

一个较长波长的光进行混合。在色度图上,对应紫色的线将极限的蓝色(仅包含短波长的能量)和极限的红色(仅包含长波长的能量)连起来了。

3. 对色度图的讨论

通过对色度图的观察分析可知:

(1) 在色度图中每点都对应一种可见的颜色。反过来,任何可见的颜色都在色度图中占据确定的位置。例如,图13.1.2中P点的色度坐标$x=0.48$,$y=0.40$。在$(0,0)$,$(0,1)$,$(1,0)$为顶点的三角形内且舌形轮廓外的点对应不可见的颜色。

(2) 在舌形轮廓上的点代表纯颜色,移向中心表示混合的白光增加而纯度减少。中心点C处各种光谱能量相等,由三原色各$1/3$组合产生白色,此处纯度为0。某种彩色的纯度一般称为该彩色的饱和度。如图13.1.2中的P点位于从C到纯橙色点的66%的地方,所以P点的饱和度是66%。

(3) 在色度图中,过C点直线端点的两彩色为互补色,例如对一个紫红色段的非光谱颜色,可用直线另一端光谱颜色的补色(C)来表示,写成510C。

(4) 在色度图边界上的各点具有不同的色调。连接中心点和边界点的直线上的各点有相同的色调。如图13.1.2中由C通过P画一条直线至边界上的Q点(约590nm),P点颜色的主波长即为590nm,此处光谱的颜色即Q点的色调(橙色)。

(5) 在色度图中连接任两端点的直线上的各点表示将这两端点所代表的彩色相加可组成的一种新彩色。如果要确定由3个给定彩色所组成的颜色范围只需将这3种彩色对应的3个点连成三角形。例如在图13.1.2中,由红、绿、蓝3点为顶点的三角形中的任意颜色都可由这三色组成,而在该三角形外的颜色则不能由这三色组成。可以看到,由于给定3个固定颜色而得到的三角形并不能包含色度图中所有的颜色,所以只用(单波长的)三基色并不能组合得到所有可视的颜色。

例 13.1.2 PAL和NTSC两种制式的色度三角形

对各种彩色显示系统,需要选择合适的R、G、B作为基本色。例如PAL和NTSC两种电视制式使用的色度三角形分别见图13.1.3。这里为选择R、G、B而考虑的因素主要有:

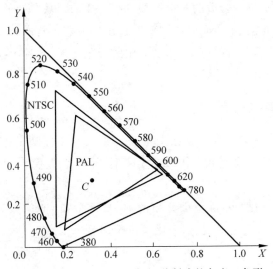

图 13.1.3 PAL 和 NTSC 两种制式的色度三角形

（1）技术上产生高饱和度颜色较困难，所以基本色均非完全饱和色；

（2）以 R、G、B 作为顶点的三角形应较大，以包括较大面积，即包含较多的各种不同的彩色；

（3）饱和的蓝绿色不常用到，所以三角形的红色顶点最靠近光谱饱和轨迹，而蓝绿色顶点离完全饱和有较大距离（NTSC 制式比 PAL 制式的蓝绿色要多些）。　　□

再回到前面关于"同貌异质"颜色配对的讨论，可以认为在色度图中，颜色的色度坐标只表达了一个颜色的外貌，而不能表达它的光谱能量分布情况。

13.2　彩色模型

为正确有效地表达彩色信息，需要建立和选择合适的彩色表达模型。**彩色模型**建立在彩色空间中，也有直接称**彩色空间**的。在建立彩色模型时，由于一种彩色可用 3 个基本量来描述，所以建立彩色模型可看作建立一个 3-D 的空间坐标系统，其中每个点都代表某一种特定的彩色。

CIE 已定义了若干种彩色模型，但至今还没有一种模型能满足所有彩色使用者的全部要求。从物理学的观点看，对彩色的感知源于刺激视网膜的电磁辐射的谱能量分布。但人类对彩色的感觉还与许多物理现象、神经心理学效果和生理行为都有关，且关系是比较复杂的。

目前所提出的彩色模型根据其基础原理的不同可以分成 4 大类[Plataniotis 2000]：

（1）**比色模型/色度模型**，基于对光谱反射的物理测量。

（2）**生理学模型**，基于人类视网膜中存在 3 种基本的颜色感知锥细胞，如 **RGB 模型**。

（3）**心理物理模型/精神物理学模型**，基于人类对颜色的感知，如 **HSI 模型**；以及 **HCV 模型**、**HSV 模型**、**$L^*a^*b^*$ 模型**等。

（4）**对立模型**，基于感知实验，如 **HSB 模型**。

在彩色图像处理中，选择合适的彩色模型是很重要的。从应用的角度看，人们所提出的众多彩色模型可分成两类：一类面向诸如彩色显示器或彩色打印机之类的硬设备；另一类面向视觉感知或彩色处理分析的应用，如动画中的彩色图形、各种图像处理的算法中等。下面分别介绍。

13.2.1　面向硬设备的彩色模型

面向硬设备的彩色模型非常适合在图像采集输入和图像输出显示的场合使用。最典型、最常用的面向硬设备的彩色模型是 RGB 模型，如电视摄像机和彩色扫描仪等都根据 RGB 模型工作。

面向硬设备的彩色模型中，除下面介绍的 RGB 模型和 CMY 模型外，还有彩色电视颜色模型（见第 14 章），I_1、I_2、I_3 模型、归一化颜色模型等。

1. RGB 模型

RGB 模型是一种与人的视觉系统结构密切相连的模型。RGB 模型可以建立在笛卡儿坐标系统中,其中三个轴分别为 R、G、B,见图 13.2.1。RGB 模型的空间是个正方体,原点对应黑色,离原点最远的顶点对应白色。在这个模型中,从黑到白的灰度值分布在从原点到离原点最远顶点间的连线上,而立方体内其余各点对应不同的彩色,可用从原点到该点的矢量表示。一般为方便起见,总将立方体归一化为单位立方体,这样所有的 R、G、B 的值都在区间[0,1]之中。

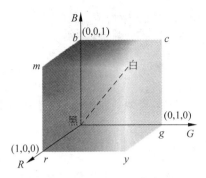

图 13.2.1　RGB 彩色立方体

根据这个模型,每幅彩色图像包括三个独立的基色平面,或者说可分解到三个平面上。反过来,如果一幅图像可被表示为三个平面,使用这个模型就比较方便。

例 13.2.1　彩色滤波器阵

彩色滤波器阵(CFA)是一种为了节约空间和费用而对彩色图像进行亚采样的器件,常用于单芯片的 CCD 相机中。一种典型的彩色滤波器阵采用了**拜尔模式**,图 13.2.2 给出一个 8×8 阵的示例,其中每个像素的颜色只对应**三基色**之一,即每个像素都是单色的。要构建滤色阵列,可在摄像机的电子传感器阵表面涂一层可起到**带通滤波**作用的光学材料,仅让对应某一种彩色分量的光穿过。

	1	2	3	4	5	6	7	8
1	G	R	G	R	G	R	G	R
2	B	G	B	G	B	G	B	G
3	G	R	G	R	G	R	G	R
4	B	G	B	G	B	G	B	G
5	G	R	G	R	G	R	G	R
6	B	G	B	G	B	G	B	G
7	G	R	G	R	G	R	G	R
8	B	G	B	G	B	G	B	G

图 13.2.2　一个 8×8 的拜尔模式

虽然每个像素的颜色只对应三基色之一,但结合成 2×2 的方块(也称宏像素)就可给出全彩色。每个块中红色和蓝色单元各只有一个,而绿色单元有两个,这是因为人眼对绿色最敏感。使用拜尔模式,图像水平和垂直方向上的空间分辨率都会减半。　□

例 13.2.2　可靠 RGB 彩色

一般真彩色 RGB 图用 24 比特表示,R、G、B 各 8 比特,即将 R、G、B 的值都量化成 256 级,这时它们的组合可构成 1600 多万种颜色。显示这么多种颜色对显示系统的要求会很高,而实际中常不需要区分或使用这么多种颜色。于是人们设计了**调色板图像**,从 1600 多万种颜色中根据需要选取其一个彩色子集,以简化显示系统。

一个典型的彩色子集称为**可靠 RGB 彩色**,如图 13.2.3 所示。它可在不同系统上可靠地显示,也称所有系统可靠的彩色。

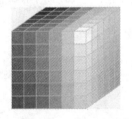

图 13.2.3　可靠 RGB 彩色

这个子集共有 216 种彩色,是将 R、G、B 的值都各取 6 个值组合而得到的。这 6 个值用幅值表示为 0,51,102,153,204,255;用十六进制表示为 00,33,66,99,CC,FF。　□

2. CMY 模型

利用三基色光两两叠加可产生光的三补色:**蓝绿**(C,即绿加蓝),**品红**(M,即红加蓝),**黄**(Y,即红加绿)。如果按一定的比例混合三基色光或将一个补色光与相对的基色光混合就可以产生白色光。需要指出,除了光的三基色外还有颜料的三基色。颜料中的基色是指吸收一种光基色并让其他两种光基色反射的颜色,所以颜料的三基色正好是光的三补色,它们组成 CMY 模型：

$$\begin{bmatrix} C \\ M \\ Y \end{bmatrix} = \begin{bmatrix} 1 \\ 1 \\ 1 \end{bmatrix} - \begin{bmatrix} R \\ G \\ B \end{bmatrix} \tag{13.2.1}$$

CMY 模型主要用于彩色打印。理论上说，CMY 是 RGB 的补色，它们的叠加应可输出黑色。但实际中，它们的叠加只输出浑浊的深色。所以，出版界单独加一个黑色，使用所谓的**四色打印**，即 **CMYK 模型**。

13.2.2 面向视觉感知的彩色模型

面向硬设备的彩色模型与人的视觉感知有一定区别且使用时不太方便，例如给定一个彩色信号，人很难分别判定其中 R、G、B 分量的值，这时使用面向视觉感知的颜色模型比较方便。

在面向视觉感知的颜色模型中，HSI 模型是一个基本的模型。这类模型都是非线性的，既与人类颜色视觉感知比较接近，又独立于显示设备。也有人称其为面向用户的彩色模型。

1. HSI 模型

面向彩色处理的最常用模型是 **HSI 模型**，其中 H 表示色调，S 表示饱和度，I 表示强度（对应亮度或灰度），这与人描述彩色所使用的 3 种基本特性量相符。亮度与物体的反射率成正比，如果非彩色就只有亮度一维的变化。色调和饱和度合起来称为色度。所以颜色可用亮度和色度共同表示。

HSI 模型有其独特的优点：第一，在 HSI 模型中，亮度分量与色度分量是分开的，I 分量与图像的彩色信息无关；第二，在 HSI 模型中，色调 H 和饱和度 S 的概念互相独立并与人的感知紧密相连。这些特点使得 HSI 模型非常适合基于人的视觉系统对彩色感知特性进行处理分析的图像算法。

前面讨论色度图时已经提到过，由 3 种颜色组合成的新颜色处在以这 3 种颜色为顶点的三角形中。HSI 模型中的颜色分量常定义在如图 13.2.4(a) 所示的三角形中。对其中的任一个色点 P，其 H 的值对应指向该点的矢量与 R 轴的夹角。这个点的 S 与指向该点的矢量长度成正比，越长越饱和。在这个模型中，I 的值是沿一根通过三角形中心并垂直于三角形平面的直线来测量的（该线上的点只有不同的灰度而没有彩色）。从纸面出来越多越白，进入纸面越多越黑。当仅使用平面坐标时，图 13.2.4(a) 中所示的 HSI 颜色三角形只表示了色度。

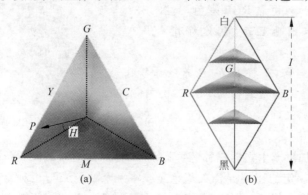

图 13.2.4　HSI 颜色三角形和 HSI 颜色实体

如果将 HSI 的 3 个分量全考虑上而构成 3-D 颜色空间，则得到如图 13.2.4(b)中所示的双棱锥结构。该结构外表面上的色点具有纯的饱和色。在双棱锥中任一横截面都是一个色度平面，与图 13.2.3(a)类似。在图 13.2.3(b)中，任一色点的 I 可用与最下黑点的高度差来表示(常取黑点处的 I 为 0 而白点处的 I 为 1)。需要指出，如果色点在 I 轴上，则其 S 值为 0 而 H 没有定义，这些点也称为奇异点。奇异点的存在是 HSI 模型的一个缺点，而且在奇异点附近，R、G、B 值的微小变化会引起 H、S、I 值的明显变化。

2. HSI 模型和 RGB 模型的转换

在 RGB 空间的彩色图像可以方便地转换到 HSI 空间。对任何 3 个归一化到[0,1]范围内的 R、G、B 值，其对应的 HSI 模型中的 H、S、I 分量可由下面的公式计算：

$$H = \begin{cases} \arccos\left\{ \dfrac{(R-G)+(R-B)}{2\sqrt{(R-G)^2+(R-B)(G-B)}} \right\} & R \neq G \text{ 或 } R \neq B \\ 2\pi - \arccos\left\{ \dfrac{(R-G)+(R-B)}{2\sqrt{(R-G)^2+(R-B)(G-B)}} \right\} & B > G \end{cases} \tag{13.2.2}$$

$$S = 1 - \frac{3}{(R+G+B)}\min(R,G,B) \tag{13.2.3}$$

$$I = (R+B+G)/3 \tag{13.2.4}$$

对 S 的计算也可使用下式：

$$S = \max(R,G,B) - \min(R,G,B) \tag{13.2.5}$$

注意当 $S=0$ 时，对应无色，这时 H 没有意义，此时定义 H 为 0。另外当 $I=0$ 或 $I=1$ 时，讨论 S 也没有意义。

在式(13.2.2)中，对 H 的计算既要用到三角函数又要用到求平方根，为减少计算量可用下列公式[Palus 1998]。这里对算得的 H 要乘以 360°以转换为角度。

(1) 如果 $B = \min(R,G,B)$，则

$$H = \frac{G-B}{3(R+G-2B)} \tag{13.2.6}$$

(2) 如果 $R = \min(R,G,B)$，则

$$H = \frac{B-R}{3(G+B-2R)} + \frac{1}{3} \tag{13.2.7}$$

(3) 如果 $G = \min(R,G,B)$，则

$$H = \frac{R-G}{3(B+R-2G)} + \frac{2}{3} \tag{13.2.8}$$

另一方面，如果已知 HSI 空间色点的 H、S、I 分量，也可将其转换到 RGB 空间[章 2006b]。若设 S、I 的值在[0,1]之间，R、G、B 的值也在[0,1]之间，则从 HSI 到 RGB 的转换公式如表 13.2.1 中所示。

表 13.2.1 从 HSI 到 RGB 的转换

$H \in [0°,120°]$	$H \in [120°,240°]$	$H \in [240°,360°]$
$B=I(1-S)$	$R=I(1-S)$	$G=I(1-S)$
$R=I\left[1+\dfrac{S\cos H}{\cos(60°-H)}\right]$	$G=I\left[1+\dfrac{S\cos(H-120°)}{\cos(180°-H)}\right]$	$B=I\left[1+\dfrac{S\cos(H-240°)}{\cos(300°-H)}\right]$
$G=3I-(B+R)$	$B=3I-(R+G)$	$R=3I-(G+B)$

例 **13.2.3** 彩色图像的 R、G、B 和 H、S、I 各分量的图示

彩色图像中的各个分量也可以用灰度图形式表示,例如浅色表示分量值较大,而深色表示分量值较小。不过这种表达法仅表示了各分量的幅度值,而它们所代表的频率或波长在这里反映不出来,需要另外指定。图 13.2.5 给出一组用灰度图形式表示彩色图像的例子,其中图(a)～(c)分别为一幅彩色图像的 R、G、B 分量(每个分量用 8 比特表示),图(d)～(f)分别为这幅彩色图像的 H、S、I 分量(每个分量也各用 8 比特表示)。将前 3 幅图或后 3 幅图的 3 个分量组合起来都可得到相同的彩色图像。注意 H 和 S 分量图与 I 分量图看起来很不相同,表示 H、S、I 的三个分量之间的区别比表示 R、G、B 的三个分量之间的区别要大。

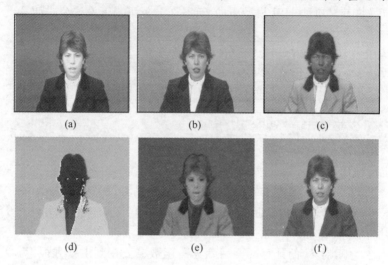

图 13.2.5 彩色图像的 R、G、B 和 H、S、I 各分量图

3. HSB 模型

HSB 模型的基础是对立色理论[Hurvich 1957]。对立色理论来源于人们对对立色调(红和绿,黄和蓝)的观察事实(如果将对立色调的颜色叠加,则它们会互相抵消)。对给定频率的刺激,可以推出其中 4 种基本色调(红 r、绿 g、黄 y 和蓝 b)所占的比例,并建立色调响应方程。另外,也可以推出与某个光谱刺激中所感受到的明度相对应的无色调响应方程。根据这两种响应方程,可以获得色调系数函数和饱和度系数函数。色调系数函数表示每个频率的色调响应与所有色调响应的比值,而饱和度系数函数表示每个频率的色调响应与所有无色调响应的比值。

从 RGB 模型出发,可以根据线性变换公式:

$$I = wb = R + G + B \tag{13.2.9}$$
$$rg = R - G \tag{13.2.10}$$
$$yb = 2B - R - G \tag{13.2.11}$$

获得对立色空间的 3 个量,其中 I 是无色调的(w 和 b 在式(13.2.9)中分别表示白和黑),rg 和 yb 具有对立的色调。

4. $L^* a^* b^*$ 模型

在对彩色的感知、分类和鉴别中,对彩色的描述应该是越准确越好。从图像处理的角度看,对彩色的描述应该与人对彩色的感知越接近越好。从视觉感知均匀的角度看,人所感知

到的两个颜色之间的距离（差别）应该与这两个颜色在表达它们的颜色空间中的距离越成比例越好。换句话说，如果在一个彩色空间中，人所观察到的两种彩色的区别程度与该彩色空间中两点间的欧氏距离对应，则称该空间为均匀彩色空间。均匀彩色空间模型本质上仍是面向视觉感知的彩色模型，只是在视觉感知方面更为均匀。有些均匀彩色空间模型是在非均匀模型的基础上进行变换而得到的。

$L^* a^* b^*$ **模型** 是 CIE 确定的一种均匀彩色空间模型。该模型也是基于对立色理论和参考白点的[Wyszecki 1982]。它与设备无关，适用于接近自然光照明的应用场合。

从 3 个刺激量 X, Y, Z 到 $L^* a^* b^*$ 模型的转换公式如下：

$$L^* = \begin{cases} 116\,(Y/Y_0)^{1/3} - 16 & Y/Y_0 > 0.008\,856 \\ 903.3\,(Y/Y_0)^{1/3} & Y/Y_0 \leqslant 0.008\,856 \end{cases} \tag{13.2.12}$$

$$a^* = 500[f(X/X_0) - f(Y/Y_0)] \tag{13.2.13}$$

$$b^* = 200[f(Y/Y_0) - f(Z/Z_0)] \tag{13.2.14}$$

其中：

$$f(t) = \begin{cases} t^{1/3} & t > 0.008\,856 \\ 7.787t + 16/116 & t \leqslant 0.008\,856 \end{cases} \tag{13.2.15}$$

各式中的下标 0 表示对应的参考白色，对应图 13.1.2 中的 $x = 0.3127$ 和 $y = 0.3290$（相当于 CIE 的标准 D65 照明条件下的完全漫反射的白色）。

$L^* a^* b^*$ 模型覆盖了全部的可见光色谱，并可以准确地表达各种显示、打印和输入设备中的彩色。它比较强调对绿色的表示（即对绿色比较敏感），接下依次是红色和蓝色。不过它没有提供直接显示的格式，必须要转换到其他彩色空间来显示。

13.3　伪彩色增强

虽然人的眼睛仅能分辨几十种不同深浅的灰度级，但却能分辨几千种不同的彩色，因此在图像处理中常可利用彩色来增强图像以给人眼更好的视觉效果。一般采用的彩色增强方法可分为**伪彩色增强**方法和**真彩色增强/全彩色增强**方法。虽然只有一字之差，它们所依据的原理却有很大不同。本节仅讨论伪彩色增强方法，真彩色增强方法将在下节讨论。

在图像中的相对颜色比较重要但特定表达并不重要的场合，例如对卫星图像、显微镜图像或 X 光图像，可以使用伪彩色技术来增强[Umbaugh 2005]。伪彩色技术既可用在空间域也可用在频率域。

伪彩色增强处理的输入是灰度图像，而输出是彩色图像。伪彩色增强把原来灰度图像中不同灰度值的区域用人工赋予不同的颜色以更明显地区分它们。这个赋色过程实际是一种着色过程，即把原来没有彩色的图赋予各种彩色。以下讨论 3 种根据图像灰度的特点而赋予伪彩色的方法。

1. 亮度切割

一幅灰度图可看作一个 2-D 的亮度函数。用一个平行于图像坐标 XY 平面的平面去切割图像亮度函数 L，从而把亮度函数分成两个灰度值区间。图 13.3.1 给出一个**亮度切割**的剖

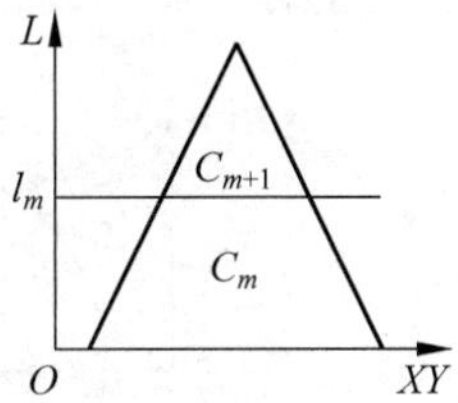

图 13.3.1　亮度切割示意图

面示意图(横轴为坐标轴,纵轴为灰度值轴)。

根据图 13.3.1,对每一个输入灰度值,如果它在切割灰度值 l_m(它对应切割平面的剖面线)之下就被赋予某一种颜色 C_m,如果它在 l_m 之上就被赋予另一种颜色 C_{m+1}。这相当于定义了一个从灰度到彩色的变换。通过这种变换,在特定灰度范围内的灰度转换成给定的彩色,原来的多灰度值图像就变成了一幅有两种彩色的图像,此时原来灰度值大于 l_m 和小于 l_m 的像素很容易被区分开。如果上下平移切割平面就可得到不同的区分结果。

这种方法还可推广总结如下:设在灰度级 $l_1,l_2,\cdots,l_M$ 处定义了 M 个平面,令 l_0 代表黑 ($f(x,y)=0$),l_L 代表白($f(x,y)=L$),在 $0<M<L$ 的条件下,M 个平面将把图像灰度值分成 $M+1$ 个区间,对每个灰度值区间内的像素可赋一种颜色,即

$$f(x,y)=C_m \begin{cases} f(x,y) \in R_m \\ m=0,1,\cdots,M \end{cases} \tag{13.3.1}$$

其中 R_m 为切割平面限定的灰度值区间,而 C_m 是所赋的颜色。利用式(13.3.1)可获得对图像亮度分层的结果。

例 13.3.1 基于亮度切割的伪彩色映射

赋给一定灰度范围的彩色是由 3 个分量所决定的,对每个分量可设计不同的映射函数。参见图 13.3.2,其中横轴对应灰度。图(a)表示将图像的整个灰度范围[0,1]平均分成 4 份,分别映射为不同的彩色(0~1/4 映射为 C_1,1/4~2/4 映射为 C_2,2/4~3/4 映射为 C_3,3/4~4/4 映射为 C_4)。如果定义 C_i 代表(R_i,G_i,B_i),可设计图(b)~(d)的映射函数分别对应 R_i、G_i、B_i。这样得到的 C_1 为深蓝色,C_2 偏中褐色,C_3 偏浅蓝色,C_4 为亮黄色,如图(a)最左一列圆所示(转换成灰度显示时分别对应黑、深灰、浅灰、白)。

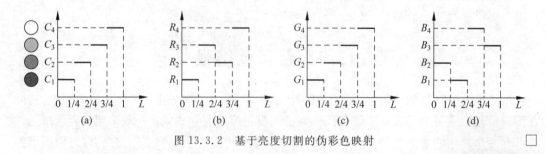

图 13.3.2 基于亮度切割的伪彩色映射

2. 伪彩色变换映射

亮度切割将一个范围内的灰度都映射为一个固定的彩色。**伪彩色变换映射**通过对每个原始图中像素的灰度值分别用三个独立的连续变换来处理(见图 13.3.3),从而将各个灰度都映射为不同的彩色。根据图 13.3.3

的变换函数,灰度值偏小的像素将主要呈现蓝色,灰度值偏大的像素将主要呈现红色,而中间灰度值的像素将呈现偏绿色且饱和度较低。

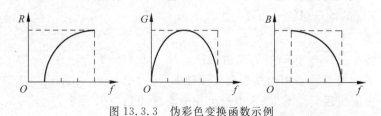

图 13.3.3 伪彩色变换函数示例

如果将上述三个变换的结果分别输入彩色电视屏幕的三个电子枪,就可得到其颜色内容由三个变换函数调制的混合图像。整个流程见图13.3.4,注意这里受到调制的是图像各分量的灰度值而不是像素的位置。

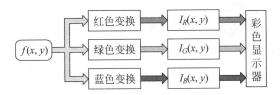

图 13.3.4　伪彩色变换流程

前面讨论的亮度切割方法可看作是用一个分段线性函数实现从灰度到彩色的变换,所以可看作本方法的一个特例。本方法还可以使用光滑的、非线性的变换函数,所以更加灵活。实际中变换函数常使用取绝对值的正弦函数,其特点是在峰值处会比较平缓而在低谷处会比较尖锐。通过改变每个正弦波的相位和频率就可以改变相应灰度值所对应的彩色。例如,当三个变换具有相同的相位和频率时,输出的图仍是灰度图。当三个变换间的相位发生一点小变化时,其灰度值对应正弦函数峰值处的像素受到的影响很小(特别当频率比较低、峰比较宽时),但其灰度值对应正弦函数低谷处的像素受到的影响较大。特别在三个正弦函数都为低谷处,相位变化导致幅度变化更大。换句话说,在三个正弦函数的数值变化比较剧烈处,像素灰度值受到彩色变化的影响比较明显。这样不同灰度值范围的像素就得到了不同的伪彩色增强效果。

3. 频域滤波

上述伪彩色变换映射是在图像域中进行的,伪彩色增强也可在频域借助各种滤波器进行。**频域滤波**的基本思想是根据图像中各区域的不同频率含量给区域赋予不同的颜色。一种基本的流程框图如图13.3.5所示。输入图像的傅里叶变换通过三个不同的滤波器(可分别使用低通、带通和高通滤波器,且可让它们分别覆盖整个频谱的1/3)以获得不同的频率分量。对每个范围内的频率分量先分别进行傅里叶反变换以转化回图像域,其结果还可进一步处理(如直方图均衡化或规定化)。将各通路的结果分别输进彩色显示器的红、绿、蓝输入口就能得到增强后的图像。

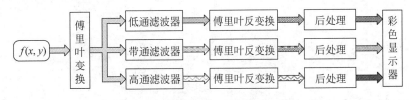

图 13.3.5　用于伪彩色增强的频域滤波框图

13.4　真彩色处理

真彩色图像处理中,被处理的图像原来就是彩色的,输出结果也常需要彩色的。对24比特的真彩色RGB图,R、G、B各8比特,如果将R、G、B都归一化到$[0,1]$范围,这样相邻数值之间的差是 1/255。真彩色图也可用 H、S、I 各 8 比特的三个分量图表示。这里不同的是色调(H)图中的像素值是用角度作单位的,当用 8 比特表示时,256 个值分布在 $[0°, 360°]$ 之间,所以相邻数值的差是 $(360/255)°$,或者说 256 个值分别为 $n(360/255)°$,其中 $n=0,1,\cdots,255$,但色调对应的度数不是连续的。

下面先讨论真彩色图像处理的两种策略,再分别介绍基于这两种策略进行图像增强和滤波消噪的一些具体技术。

13.4.1　处理策略

彩色图像是一种矢量图像。如果用 $C(x,y)$ 表示一幅彩色图像或一个彩色像素,则有 $C(x,y)=[R(x,y)\ G(x,y)\ B(x,y)]^{\mathrm{T}}$。对这样的矢量图像的处理策略可分为两种。一种是将其看作三幅分量图像的组合体(每幅分量图像都是标量图像),在处理过程中先对每幅图像(按照对灰度图像处理的方法)单独处理,再将处理结果合成为一幅彩色图像。另一种是将一幅彩色图像中的每个像素看作具有三个属性值,即直接用对矢量的表达方法进行处理。

根据上述两种策略进行处理的结果有可能相同也有可能不同,主要取决于处理操作的特性。要让两种处理的结果相同,则对处理的方法和处理的对象都有一定的要求。首先,采用的处理方法应该既能用于标量又能用于矢量。其次,对一个矢量中每个分量的处理要与其他分量独立。例如,对图像进行简单的邻域平均是满足这两个条件的一个典型情况。对一幅灰度图像,邻域平均的具体操作就是将一个中心像素的由模板覆盖的像素值加起来再除以模板所覆盖的像素个数。对一幅彩色图像,邻域平均既可直接对各个属性矢量进行(矢量运算),也可对各个属性矢量的每个分量分别进行(如同对灰度图像采用标量运算)后再合起来。分别按分量进行邻域平均再将结果结合起来可表示为(设邻域平均模板所对应的邻域为 $N(x,y)$,其中有 n^2 个像素)

$$C_s(x,y)=\begin{bmatrix}\dfrac{1}{n^2}\displaystyle\sum_{(s,t)\in N(x,y)}R(s,t)\\[2ex]\dfrac{1}{n^2}\displaystyle\sum_{(s,t)\in N(x,y)}G(s,t)\\[2ex]\dfrac{1}{n^2}\displaystyle\sum_{(s,t)\in N(x,y)}B(s,t)\end{bmatrix}\tag{13.4.1}$$

而直接按矢量进行邻域平均可表示为

$$C_v(x,y)=\frac{1}{n^2}\sum_{(s,t)\in N(x,y)}C(s,t)\tag{13.4.2}$$

可见两者是等同的。上述方法对加权平均也适用。同理,在用拉普拉斯算子进行的彩色图像锐化中,因为

$$\nabla^2[C(x,y)]=\begin{bmatrix}\nabla^2[R(x,y)]\\\nabla^2[G(x,y)]\\\nabla^2[B(x,y)]\end{bmatrix}\tag{13.4.3}$$

所以直接按矢量进行锐化滤波和分别按分量进行锐化滤波再结合起来也是等价的。

这里需要注意,并不是任何处理操作都满足上述情况,只有线性处理操作两种结果才会

等价。

13.4.2 单分量变换增强

一幅彩色图像可看作是由三幅分量图像结合而成。对任何一幅分量图像的增强都会使其所属的彩色图像的视觉效果发生变化。由于人眼对 H、S、I 这 3 个分量的感受是比较独立的,所以在 HSI 空间有可能通过仅仅增强一幅分量图像来改善彩色图像的视觉效果,这也比较符合人的视觉感知。

1. 基本原理和步骤

对灰度图像的映射增强可用式(2.3.1)表示,而对彩色图像的映射变换增强可用下式表示

$$g_i(x,y) = T_i[f_i(x,y)] \quad i = 1,2,3 \tag{13.4.4}$$

式中 $[T_1, T_2, T_3]$ 给出对 $f_i(x,y)$ 进行变换而产生 $g_i(x,y)$ 的映射函数集合,实际中这些函数可以相同也可以不相同。

参照例 13.2.1,一幅彩色图像既可以分解为 R、G、B 这 3 个分量图也可以分解为 H、S、I 这 3 个分量图,不过两种情况下各个分量图之间的相关性是不同的。例如,考虑用线性变换增强(设变换直线斜率为 k)的方法来提高一幅图像的亮度的问题,此时 $[T_1, T_2, T_3]$ 均等于斜率,即

$$g_i(x,y) = k_i \cdot f_i(x,y) \quad i = 1,2,3 \tag{13.4.5}$$

如果在 RGB 空间进行增强,则需要对 R、G、B 这 3 个分量都进行变换。但如果在 HSI 空间进行增强,则只需要对亮度分量进行上述变换。换句话说,对 H、S、I 这 3 个分量的变换可分别表示为

$$g_1(x,y) = f_1(x,y) = H(x,y) \tag{13.4.6}$$

$$g_2(x,y) = f_2(x,y) = S(x,y) \tag{13.4.7}$$

$$g_3(x,y) = k \cdot f_3(x,y) = k \cdot I(x,y) \tag{13.4.8}$$

由于只需考虑一个分量的变换,那么第 2 章和第 3 章以及第 4 章讨论的对灰度图像的空域增强和频域增强方法都可以直接使用。一种简便常用的真彩色增强方法的基本步骤为

(1) 将 R、G、B 分量图转化为 H、S、I 分量图;

(2) 利用对灰度图像增强的方法增强其中的一个分量图;

(3) 再将结果转换为用 R、G、B 分量图来显示。

上述第(2)步增强的分量图可以是亮度图、饱和度图或色调图,下面分别介绍。

2. 亮度增强

亮度增强可通过在上述第(2)步通过增强亮度分量图来实现。这里可使用灰度变换、直方图均衡化等方法,所得到的结果将是图像的亮度增强(图中的可视细节亮度增加)。如果在 RGB 彩色空间对 1-D 亮度直方图均衡化并反变换,则由于有量化误差,当把改变后的亮度值再反变换回 RGB 彩色空间时有可能导致彩色失真。

有一种增强**相对亮度对比度**(见 1.1.3 小节)的方法如下。设原始亮度分量为 $I(x,y)$,对其用灰度增强方法增强后为 $I'(x,y)$。令它们的比值为 $L(x,y)$,即 $L(x,y) = I'(x,y)/I(x,y)$,则增强后(变换回到 RGB 空间)的 3 个分量分别为原始 3 个分量的函数:

$$\begin{bmatrix} R'(x,y) \\ G'(x,y) \\ B'(x,y) \end{bmatrix} = \begin{bmatrix} L(x,y) \cdot R(x,y) \\ L(x,y) \cdot G(x,y) \\ L(x,y) \cdot B(x,y) \end{bmatrix} \qquad (13.4.9)$$

这里只有图像亮度发生了变化。

在 HSI 模型中,三个分量在理论上是互相独立的,所以仅对亮度的增强应不改变原图的色度内容。但实际观察中发现,增强后的彩色图看起来还可能会有些色感不同,即三个分量(在主观上)还是互相影响的。这是因为尽管色调和饱和度没有变化,但亮度分量得到的增强会使得人对色调或饱和度的感受有所不同。例如,可通过将 I 分量进行直方图处理(如直方图均衡化)来不改变色度分量地增强图像亮度,但整幅图像的彩色感觉还是会有变化,此时需要把饱和度也增加一些才能保持对彩色的感受。事实上,人对给定光谱能量分布的色彩的感知与视觉环境和人对场景/背景的适应状态都密切相关,当一幅图像的整体亮度发生变化时,人会感到色度也发生了一些变化。

3. 饱和度增强

饱和度增强的实现方法与亮度增强的实现方法类似。例如,可以通过对图像中每个像素的饱和度分量乘以一个大于 1 的常数来使图像中的彩色更鲜明,而如果乘以一个小于 1 的常数则会使图像的彩色感减少。

例 13.4.1 饱和度增强示例

图 13.4.1 给出一组饱和度改变的效果示例图像,图(a)给出一幅原始彩色图像;图(b)是仅增加饱和度分量得到的结果,增强后图像的彩色更为饱和,且有反差增加(更加艳丽)、边缘清晰(轮廓凸显)的感觉;图(c)是减小饱和度得到的结果,增强后图像中对应原始彩色图像饱和度较低的部分已成为灰色,整幅图像看起来比较平淡(灰暗)。

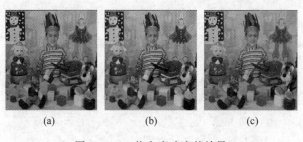

（a）　　　　　　　（b）　　　　　　　（c）

图 13.4.1　饱和度改变的效果

在保持色调的基础上扩散彩色饱和度有可能增加图像的对比度。例如,先构建一个色度的 2-D 直方图,对直方图中各个色调,考虑最小的饱和度。然后使用整个饱和度范围,将与这个色调对应的所有饱和度都乘以一个对应系数。如此,原来仅占据不饱和区域的色调不会扩散得太粗,而饱和度值小于给定阈值范围的饱和度也不会被扩散。这样增加饱和度并保持色调和亮度可使对图像的视觉感受得到增强。

在 RGB 彩色空间对彩色饱和度的增强可由对每个像素进行下列变换得到:

$$\begin{bmatrix} R' \\ G' \\ B' \end{bmatrix} = \frac{\max\{R,G,B\}}{\max\{R,G,B\} - \min\{R,G,B\}} \begin{bmatrix} R - \min\{R,G,B\} \\ G - \min\{R,G,B\} \\ B - \min\{R,G,B\} \end{bmatrix} \qquad (13.4.10)$$

4. 色调增强

色调增强有其特殊性,与对亮度或饱和度的增强有所不同。根据 HSI 模型的表示方法,色调对应一个角度且是循环的。如果在增强时对每个像素的色调值加一个常数(角度值),将会使其颜色在色谱上移动。当这个常数比较小时,一般会使彩色图像的色调变"暖"或变"冷";而当这个常数比较大时,则有可能会使对彩色图像的感受发生比较激烈的变化,使得增强图中景物的色调出乎意料,甚至有可能完全没有意义。

例 13.4.2 色调增强示例

图 13.4.2 的一组图像给出饱和度和色调都产生变化的效果。图(a)是一幅原始图像;图(b)和(c)分别是饱和度增加和减少得到的图像,其效果可参见前面对图 13.4.1(b)和(c)的讨论;图(d)是对色调分量减去一个较小数值后的结果,红色有些变紫而蓝色有些变绿;图(e)是对色调分量加了一个较大值后的结果,此时图像基本反色,类似图像求反(参见2.3.2 小节)。

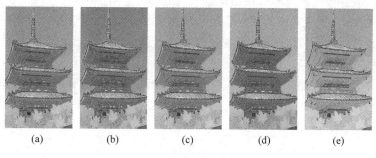

图 13.4.2　一组饱和度和色调都有变化的图像

13.4.3　全彩色增强

单分量变换增强的优点是由于使用 HSI 彩色空间将亮度、饱和度和色调分解开来,对增强的操作比较简单易行;但缺点是总会产生整体彩色感知(尤其是视觉感知色调)的变化,且变化的效果不易控制。所以,在有的增强工作中,需要同时考虑彩色的所有分量。本小节仅介绍一种类似伪彩色增强中的方法——彩色切割增强,这是一种基于点操作的方法。另外,本小节还介绍一类特殊的全彩色增强方法——**假彩色增强**。

1. 彩色切割增强

在彩色空间里,任意一种颜色总占据空间中的一个位置。对自然图像中对应同一个物体或物体部分的像素,它们的颜色在彩色空间中应该是聚集在一起的。考虑图像中对应一个物体的区域 W,如果能在彩色空间里将其对应的聚类确定出来,让与这个聚类对应的像素保持原来的颜色(或赋予增强的颜色),而让图像中的其他像素取某个单一的颜色(如取白色或黑色),就能将区域 W 与其他区域更容易地区别开来或突出出来,达到增强图像视觉效果的目的。这种方法与 13.3 节中伪彩色增强中的亮度切割方法有类似之处,所以可称为**彩色切割**。

下面以采用 RGB 彩色空间为例来具体介绍,如采用其他彩色空间方法也类似。设与一个图像区域 W 对应的 3 个彩色分量分别为 $R_w(x,y)$、$G_w(x,y)$、$B_w(x,y)$。首先计算它们各自的平均值(即彩色空间的聚类中心坐标):

$$m_R = \frac{1}{\# W} \sum_{(x,y) \in W} R_W(x,y) \qquad (13.4.11)$$

$$m_G = \frac{1}{\# W} \sum_{(x,y) \in W} G_W(x,y) \qquad (13.4.12)$$

$$m_B = \frac{1}{\# W} \sum_{(x,y) \in W} B_W(x,y) \qquad (13.4.13)$$

上面 3 式中 $\# W$ 代表区域 W 中的像素个数。算得平均值后可确定各个彩色分量的分布宽度 d_R、d_G、d_B。根据平均值和分布宽度可确定对应区域 W 的彩色空间中的彩色包围矩形 $\{m_R - d_R/2 : m_R + d_R/2 ; m_G - d_G/2 : m_G + d_G/2 ; m_B - d_B/2 : m_B + d_B/2\}$。实际中，平均值和分布宽度常需借助交互操作来获得。

2. 假彩色增强

假彩色增强与伪彩色增强不同，其输入和输出均为彩色图像。在假彩色增强中，原始彩色图像中每个像素的彩色值都被线性或非线性地逐个映射到彩色空间里不同的位置。根据需要，可以使原始彩色图像中一些感兴趣的部分呈现与原来完全不同的且与人们的预期也很不相同的（非自然）假颜色，从而可以使其更容易得到关注。例如要从一排树木中提取出一棵树来介绍，可将这棵树的树叶变换成红色以更吸引观察者的注意力。

如果用 R_O、G_O、B_O 分别代表原始图像中的 R、G、B 分量，用 R_E、G_E、B_E 分别代表增强图像中的 R、G、B 分量，则使用线性假彩色增强的方法可表示为

$$\begin{bmatrix} R_E \\ G_E \\ B_E \end{bmatrix} = \begin{bmatrix} m_{11} & m_{12} & m_{13} \\ m_{21} & m_{22} & m_{23} \\ m_{31} & m_{32} & m_{33} \end{bmatrix} \begin{bmatrix} R_O \\ G_O \\ B_O \end{bmatrix} \qquad (13.4.14)$$

一种简单的线性假彩色增强方法将绿色映射为红色，将蓝色映射为绿色，将红色映射为蓝色：

$$\begin{bmatrix} R_E \\ G_E \\ B_E \end{bmatrix} = \begin{bmatrix} 0 & 1 & 0 \\ 0 & 0 & 1 \\ 1 & 0 & 0 \end{bmatrix} \begin{bmatrix} R_O \\ G_O \\ B_O \end{bmatrix} \qquad (13.4.15)$$

假彩色增强可利用人眼对不同波长的光有不同敏感度的特性。例如，将红褐色的墙砖转换为绿色（人眼对绿光的敏感度最高），则能使对其细节的辨识力得到提高。实际中，如果图像采集时使用了对可见光和相近光谱（如红外或紫外）都敏感的传感器，那么为区别显示各种光谱，对像素值进行假彩色增强是必不可少的。

13.4.4　全彩色滤波和消噪

上一小节介绍的是基于点操作的方法，本节讨论更一般的基于模板或邻域的方法。

消除图像中的噪声常能明显地改善图像的视觉效果。对图像滤波是消除噪声的重要手段。为此，除可采用 13.4.1 小节讨论的彩色邻域平均等线性方法外，还可使用中值滤波等非线性方法。

1. 彩色图像中的噪声

用于灰度图像的噪声模型也可用于彩色图像。彩色图像有 3 个通道，所以受到噪声影响的可能性比灰度图像要大。许多情况下各个彩色分量中的噪声特性是相同的，但也有可

能各个彩色分量受噪声的影响是不同的,例如某个分量的通道工作不正常。另外,如果各个通道所受照明情况不同,则也会导致不同通道有不同的噪声水平,例如使用了红色滤光器,则红色通道的噪声会比其他两个通道强,从而使得红色分量图的质量受到更大影响。

假设 R、G、B 通道都受到噪声影响,它们合成的彩色图像中的噪声看起来会比单个通道中的噪声要弱一些(因为三个通道叠加构成彩色图像,所以相当于进行了一次相加平均)。如果将有随机噪声的 RGB 图像转换为 HSI 图像,则由于余弦计算和最小值计算的非线性性,色调图和饱和度图中的噪声会更明显些;而亮度图中的噪声由于相加计算的平均作用而有所平滑。假设 R、G、B 通道中只有一个受到噪声影响,则将 RGB 图像转换为 HSI 图像后,H、S、I 通道都会受到噪声影响。

2. 矢量数据亚排序

中值滤波(以及更一般的百分比滤波)都是基于数据排序的。由于彩色图像是矢量图像,而矢量既有大小又有方向,所以对彩色图像中像素值的排序不能由将灰度图像排序方法直接推广而得到。不过,虽然现在还没有无歧义的、通用的和广泛接受的矢量像素排序方法,但还是可以定义一些称为**亚排序/次排序**的方法,包括**边缘排序**、**条件排序**、**简化排序/合计排序**等。

在边缘排序中,需对每个分量都独立地排序,而最终的排序是根据所有分量的同序数值构成的像素值来进行的。在条件排序中,选取其中一个分量进行标量排序(如果该分量的值相同时还可考虑第二个分量),像素值(包括其他分量的值)根据该顺序而排序(称为共存(concomitant))。在简化/合计排序中将所有像素值(矢量值)用给定的简化函数组合转化为标量再进行排序。不过要注意,简化/合计的排序结果不能与标量排序结果相同地解释,因为对矢量并没有绝对的最大或最小。如果采用相似函数或距离函数作为简化函数并将结果按上升序排序,则排序结果里排在最前面的与参加排序的数据集的"中心"最近,而排在最后的则是"外野点"。

例 13.4.3 亚排序方法示例

给定一组 $N = 7$ 个彩色像素:$f_1 = [7,1,1]^T, f_2 = [4,2,1]^T, f_3 = [3,4,2]^T, f_4 = [6,2,6]^T, f_5 = [5,3,5]^T, f_6 = [3,6,6]^T, f_7 = [7,3,7]^T$。根据边缘排序,得到($\Rightarrow$指示排序结果)

$$\{7,4,3,6,5,3,7\} \Rightarrow \{3,3,4,5,6,7,7\}$$
$$\{1,2,4,2,3,6,3\} \Rightarrow \{1,2,2,3,3,4,6\}$$
$$\{1,1,2,6,5,6,7\} \Rightarrow \{1,1,2,5,6,6,7\}$$

即所得到的排序矢量为:$f_1 = [3,1,1]^T, f_2 = [3,2,1]^T, f_3 = [4,2,2]^T, f_4 = [5,3,5]^T, f_5 = [6,3,6]^T, f_6 = [7,4,6]^T, f_7 = [7,6,7]^T$。这样中值矢量为 $[5,3,5]^T$。

根据条件排序,如果选第三个分量用于排序(接下来选第二个分量),所得到的排序矢量为:$f_1 = [7,1,1]^T, f_2 = [4,2,1]^T, f_3 = [3,4,2]^T, f_4 = [5,3,5]^T, f_5 = [6,2,6]^T, f_6 = [3,6,6]^T, f_7 = [7,3,7]^T$。这样中值矢量为 $[5,3,5]^T$。

根据简化/合计排序,如果用距离函数作为简化函数,即 $r_i = \{[f - f_m]^T [f - f_m]\}^{1/2}$,其中 $f_m = \{f_1 + f_2 + f_3 + f_4 + f_5 + f_6 + f_7\}/7 = [5,3,4]^T$,可得到 $r_1 = 4.12, r_2 = 3.32, r_3 = 3, r_4 = 2.45, r_5 = 1, r_6 = 4.12, r_7 = 3.61$,所得到的排序矢量为:$f_1 = [5,3,5]^T, f_2 = [6,2,6]^T, f_3 = [3,4,2]^T, f_4 = [4,2,1]^T, f_5 = [7,3,7]^T, f_6 = [7,1,1]^T, f_7 = [3,6,6]^T$。这样中值矢量为 $[5,3,5]^T$。

在上面一组彩色像素的条件下采用三种排序方式得到的中值矢量均为$[5,3,5]^T$，且是原始矢量之一，但实际中并不总是如此。例如将原始彩色像素组中第 1 个像素值改为$f_1 = [7,1,7]^T$，则用边缘排序得到的中值矢量为$[5,3,6]^T$，不是原始矢量；用条件排序得到的中值矢量为$[6,2,6]^T$，虽然是原始矢量，但与前面条件下的结果不同，表明在像素值发生变化时，中值矢量也改变了；而用简化/合计排序得到的中值矢量仍为$[5,3,5]^T$，虽然也是原始矢量，但与前面条件下的结果比较可见，此时在像素值发生变化时，中值矢量并没有变。这里三种排序方式给出了不同的结果。☐

上述三种排序方法各有特点。例如，边缘排序的结果与原始数据常没有一对一的对应关系（例如，中值可以不是原始数据中的一个）。又如，条件排序对各个分量没有同等看待（仅考虑了三个分量中的一个分量），所以会有偏置带来的问题。

3. 其他矢量数据排序方法

在 HSI 空间对彩色矢量排序可先在色度（包括色调和饱和度）平面搜索均值，以保证输出图像的值与输入图像里特定模板的值相同。然后搜索模板里与其他像素的平方距离最小的像素，从而在输出图像中确定该像素的色度。需要注意，这个最小值有可能有若干个，此时可选取与原始值最接近的色度值。

在 HSI 空间进行条件排序，可以根据如下 3 个准则进行：

(1) 先将矢量从具有最小 I 值的向具有最大 I 值的进行排列；

(2) 将具有相同 I 值的矢量从具有最大 S 值的向具有最小 S 值的进行排列；

(3) 将具有相同 S 值的矢量从具有最小 H 值的向具有最大 H 值的进行排列。

令$C(H_i, S_i, I_i) = C_i, i = 1, \cdots, N$ 代表模板中要排序的一组 N 个矢量，可定义两个彩色操作符（$<_c$ 和 $=_c$）以用数学表示上面 3 个准则：

$$C(H_i, S_i, I_i) <_c C(H_j, S_j, I_j)$$
$$\Leftrightarrow (I_i < I_j) \vee (I_i = I_j \wedge S_i > S_j) \vee (I_i = I_j \wedge S_i = S_j \wedge H_i < H_j)$$
$$(13.4.16)$$

$$C(H_i, S_i, I_i) =_c C(H_j, S_j, I_j) \Leftrightarrow (I_i = I_j) \wedge (S_i = S_j) \wedge (H_i = H_j) \quad (13.4.17)$$

将 $C_1, C_2, \cdots, C_N$ 按升序排列，即 $C_1 <_c C_2 <_c \cdots <_c C_N$，取处在中间的矢量作为中值矢量。

另外，在简化/合计排序的基础上，利用相似测度还可得到一种称为"**矢量排序**"的方法如下。首先计算

$$R(f_i) = \sum_{j=1}^{N} s(f_i, f_j) \quad (13.4.18)$$

式中，N 为矢量个数，s 为相似函数（也可借助距离定义）。根据 $R_i = R(f_i)$ 的值就可将对应矢量排序。该方法主要考虑了各矢量间的内部联系。根据矢量排序而获得的**矢量中值滤波器**的输出是一组矢量中与其他矢量的距离和为最小的矢量，即在升序排列中排在最前面的矢量。矢量中值滤波器所采用的距离范数与噪声类型有关，如果噪声与信号相关，则应采用 L_2 范数；如果噪声与信号不相关，则应采用 L_1 范数。

上述矢量中值滤波器的一种具体形式如下[科 2010]。给定模板中要排序的一组 N 个矢量，令 $\| \cdot \|_L$ 代表 L 范数，则矢量中值滤波器

$$V\{f_1, f_2, \cdots, f_N\} = Vf \in \{f_1, f_2, \cdots, f_N\} \quad (13.4.19)$$

满足

$$\sum_{i=1}^{N} \| Vf - f_i \|_L \leqslant \sum_{i=1}^{N} \| f_j - f_i \|_L \quad j=1,2,\cdots,N \tag{13.4.20}$$

可见,用该滤波器操作得到的结果是在模板中选出能最小化与其他 $N-1$ 个矢量(在 L 范数下)的距离之和的矢量。

进一步,还可以考虑对每个矢量中值滤波器进行加权。一般情况下,可以使用距离权重 $w_i, i=1,\cdots,N$ 和分量权重 $v_i, i=1,\cdots,N$。加权矢量中值滤波器的结果是矢量

$$fWV \in \{f_1, f_2, \cdots, f_N\} \tag{13.4.21}$$

满足(用 $\otimes$ 表示逐点的乘法,即如果 $c = a \otimes b$,那么对所有矢量分量有 $c_i = a_i \cdot b_i$)

$$\sum_{i=1}^{N} w_i \| v_i \otimes (fV - f_i) \|_L \leqslant \sum_{i=1}^{N} w_i \| v_i \otimes (f_j - f_i) \|_L \quad j=1,2,\cdots,N$$

$$\tag{13.4.22}$$

如果有若干个矢量满足式(13.4.16)或式(13.4.18),那么就选择最接近窗中心的矢量。上述操作的特点是不会产生新增加的彩色矢量,即不会产生原来图像中没有的像素值。

4. 彩色中值滤波

中值滤波基于排序操作进行,所以在 3-D 彩色空间中无法唯一定义。如果对每个彩色分量使用一个标准的中值滤波器(进行标量中值滤波),然后再组合彩色图像,则至少会出现两类彩色失真问题。首先,灰度中值滤波器的一个重要特性是它不产生原来图像中没有的像素值,但这个特性在对彩色图像的标量中值滤波中并不总能保证(见上文)。另外一个相关联的问题是在输出图中会产生彩色"**渗色**"的问题。该问题可借助图 3.4.2(b)来说明。如果一个脉冲噪声点只出现在一个彩色分量中且处在接近边缘的位置,则使用中值滤波器能消除脉冲噪声点

图 13.4.3　渗色现象示意

但同时会将边缘向噪声点移动(如图 3.4.2 所示)。对彩色图像,如果不是每个分量都受到相同噪声的影响,则上述滤波的结果将会导致组合的彩色图像中的边缘处出现原来图像中没有的、带有脉冲噪声点干扰的新颜色。一个示例如图 13.4.3,左图为具有不同颜色块状物体的原始图;右图为用彩色中值滤波得到的结果,在一些物体的边界处出现了原图中没有的新颜色。

对该问题已有一个标准的解决方案,首先,可以将单分量的中值滤波描述成对一个距离测度进行最小化的问题,且这个测度可以简单地扩展到 3 个彩色分量(甚至任何数量的分量)的情况。对单分量的测度可表示为

$$\text{median} = \min_i \sum_j |d_{ij}| \tag{13.4.23}$$

其中 d_{ij} 是单分量(灰度级)空间中采样点 i 和 j 之间的距离。在彩色空间中相应的测度可扩展为

$$\text{median} = \min_i \sum_j |\tilde{d}_{ij}| \tag{13.4.24}$$

其中 $\tilde{d}_{ij}$ 是采样点 i 和 j 之间的推广距离,一般使用 2 范数来定义

$$\tilde{d}_{ij} = \left[\sum_{k=1}^{3} (I_{i,k} - I_{j,k})^2 \right]^{1/2} \qquad (13.4.25)$$

这里 $I_{i,k}$ 和 $I_{j,k}(k=1,2,3)$ 分别是 RGB 矢量 $\boldsymbol{I}_i$ 和 $\boldsymbol{I}_j$ 的彩色分量。

尽管这样所获得的矢量中值滤波器不再对各个彩色分量分别处理,但它并不保证可以完全消除彩色渗色这个问题。类似于标准的中值,它仍然用同一个窗口中的另一个像素的灰度 I_j(而不是原始的灰度 I)来替换噪声灰度 I_n。所以,这种方法可以减弱彩色渗色,但并不总能使其完全被消除掉。如果在图像中的任一个点出现不同彩色交汇的情况,甚至在没有任何脉冲噪声时,这类算法都可能难以做出判断而导入一定量的彩色渗色。这种问题本质上是由数据维数增加而导致的。同样的问题也会发生在将剪切均值滤波器(见 5.2.4 小节)推广到彩色图像时。

例 13.4.4　彩色中值滤波实例

利用前面介绍的 3 类矢量数据排序方法,用彩色中值滤波消除噪声的一组实例见图 13.4.4。其中图(a)为原始图像,图(b)为叠加了 10% 的相关椒盐噪声的结果,图(c)是用一种基于边缘排序的中值滤波器得到的结果,图(d)是图(a)与图(c)的差图像,图(e)是用一种基于条件排序的中值滤波器得到的结果,图(f)是图(a)与图(e)的差图像,图(g)是用一种基于简化排序的中值滤波器得到的结果,图(h)是图(a)与图(g)的差图像。

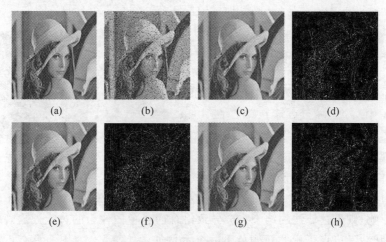

图 13.4.4　彩色中值滤波实例

由图 13.4.4 可见,基于简化排序的效果相对好于基于条件排序的效果,而基于边缘排序的效果又略好于基于简化排序的效果。不过,各类排序方法都有许多具体技术,其消除噪声的效果常随图像变化,这里只各选取了一种,并不能代表所有情况。　□

总结和复习

为更好地学习,下面对各小节给予概括小结并提供一些进一步的参考资料;另外给出一些思考题和练习题以帮助复习(文后对加星号的题目还提供了解答)。

1. 各节小结和文献介绍

13.1 节介绍了一些彩色视觉的基本概念及常用的表达各种颜色的色度图。传统的三基色理论在彩色视觉中起着重要作用,但也有一些其他理论,如可参见文献[Plataniotis 2000]。国际照度委员会 CIE 为规范对光谱颜色的匹配并消除有些匹配中可能出现的负值问题,设定了三个设想的 R、G、B 响应曲线(一个示意图见[章 2006b],相当于标准化了另外的三种基色)。有关彩色视觉和成像的进一步内容还可参见文献[MarDonald 1999]和[科 2010]。彩色不仅能对感观产生刺激,而且对人们理解场景的内容、气氛等都起着重要的作用[Xu 2005]。对彩色的感知与光源色度密切相关,为估计光源的真实颜色,可以利用(基于物理成像模型和基于统计学习的)颜色恒常性[周 2014]。

13.2 节介绍了一些基本的和常用的彩色模型。从 RGB 空间向 HSI 空间的转换公式的证明可见文献[章 2002b]。在 HSI 模型中通过向其中一个轴投影可得到一系列 2-D 彩图,见文献[刘 1998]。在 HSI 模型中,H 分量对彩色描述的能力相对来说最与人的视觉接近,区分力也比较强。在许多应用中当将彩色图像由 RGB 空间转换到 HSI 空间进行检索时,可仅利用 H 分量而将检索缩小到 1-D 空间,从而简化运算,加快计算速度[刘 2000]。顺便指出,HCV 模型与 HSI 模型概念上比较接近但定义不完全相同,其中 H 分量仍表示色度,V(value)分量对应亮度,而 C(chroma)分量表示色品,它也比较适合于借助人的视觉系统来感知彩色特性的图像处理算法[Zhang 1998]。

RGB 空间与 HSI 空间的优劣与采取的操作有关。例如,要增加图像亮度,那么在 HSI 空间只需调整一个 I 分量,而在 RGB 空间,三个分量都需要(相同)调整。但在对彩色图像取补色时,在 HSI 空间三个分量都需要不同调整,而在 RGB 空间,三个分量的调整是相同的。

在艺术和印刷领域,常使用 Munsell 模型。在 **Munsell 彩色模型**中,不同颜色用多个具有唯一色调(hue)、色纯度(chroma)及它们变化值(value)的颜色片来表示,这三者合起来也构成一个 3-D 实体[章 2003b]。不过 Munsell 空间在感知上并不是均匀的,也不能直接根据加色原理进行组合[Plataniotis 2000]。

13.3 节介绍的伪彩色增强方法既包括空域方法也包括频域方法,但它们的共同特点都是把原来灰度图像中某一种灰度值的像素或灰度值在某一个范围中的像素用某种颜色来表示。利用这种原理的伪彩色增强技术在医学、遥感、监控等领域都已得到广泛使用[科 2010]。与伪彩色字面意思很相近但实际意义很不同的是假彩色或伪造彩色(false color),进一步还可见文献[Pratt 2007]。

13.4 节介绍的各种真彩色图像处理技术中其输入和输出都是彩色图像,换句话说,均是矢量图像(每个像素的属性需用矢量来表示)。在处理时,既可以针对整个矢量的所有分量进行,也可以仅针对矢量中的一个或部分分量进行(还可参见文献[Zhang 1997])。从这个意义上讲,对彩色图像的处理也可看作对多光谱图像处理的一种特殊情况。真彩色图像处理技术近年逐步得到重视,研究和应用越来越多,进一步内容还可参见文献[Pratt 2007]和[Gonzalez 2018]以及专门的彩色图像处理书籍[科 2010]。关于彩色直方图的介绍和应用还可参见文献[Dai 2003]。有关假彩色增强的内容可参见文献[Pratt 2007]。对彩色图像处理中矢量排序方法的一个比较研究可见文献[刘 2010]。

2. 思考题和练习题

*13-1 有许多方法可以获得与三基色直接混合相同的视觉效果,例如:①将三基色光按一定顺序快速轮流地投射到同一表面；②将三基色光分别投射到同一表面上相距很近的三个点；③让两只眼睛分别观测不同颜色的同一图像。这些方法分别利用了人类视觉系统的哪些性质？

13-2 比较和讨论图题 13-2 中色度图里标为 A、B、D 的点处的颜色特点。

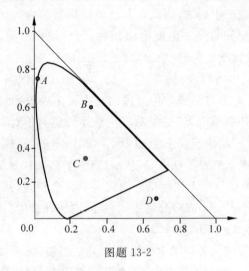

图题 13-2

13-3 在 RGB 彩色立方体上：

(1) 标出灰度值为 0.5 的所有点的位置。

(2) 标出饱和度值为 1 的所有点的位置。

13-4 在 HSI 双棱锥结构中：

(1) 标出亮度值为 0.25 且饱和度值为 0.5 的所有点的位置。

(2) 标出亮度值为 0.25 且色调值为 0.5（将角度用弧度表示）的所有点的位置。

13-5 证明式(13.2.3)计算 S 的公式对所有在图 13.2.3(a)中 HSI 颜色三角形里的点都成立。

13-6 本书讨论 HSI 空间中的 HS 平面时使用了三角形区域，也有使用圆形区域的，此时的 HSI 空间是类圆柱或纺锤形的。比较两者的特点。还可以选择哪些形状的区域？为什么？

*13-7 给定两个在 RGB 坐标系中坐标分别为(0.2, 0.4, 0.6)和(0.3, 0.2, 0.1)的点 A 和 B，试讨论点 $C = A + B$ 的 HSI 坐标和 A、B 的 HSI 坐标之间的关系。

13-8 RGB 空间中的点和 HSI 空间中的点有对应关系：

(1) 试计算图 13.2.1 中 RGB 彩色立方体的 6 个顶点 r、g、b、c、m、y 的 H、S、I 值；

(2) 将表示上述 6 个顶点的字母或文字标在如图 13.2.4(b)中 HSI 颜色实体的相应位置上。

13-9 考虑有一张早年用黑白相机拍摄的全国地图照片，各省的灰度不同。现在分析一下，如采用 13.3 节介绍的三种伪彩色增强方法将其转换为伪彩色照片，三种结果各有什么特点。

13-10 试分析讨论用饱和度增强方法和用色调增强方法所得到的结果图像中的对比度与原图像中的对比度相比各有什么变化。

13-11 如何对彩色图像进行求反操作？分别给出在 RGB 和 HSI 空间的变换曲线。

13-12 分析边缘排序、条件排序和简化/合计排序的原理,讨论:

(1) 什么情况下边缘排序和条件排序的结果不同？举一个具体的数值实例。

(2) 什么情况下边缘排序和简化/合计排序的结果不同？举一个具体的数值实例。

(3) 什么情况下条件排序和简化/合计排序的结果不同？举一个具体的数值实例。

第14章 视频图像处理

视频一般代表一类特殊的序列图像,它描述了在一段时间内 3-D 景物投影到 2-D 图像平面且由 3 个分离的传感器获得的场景辐射强度。平常视频是彩色的、每秒变换超过 20 多幅的(有连续动感)、间隔规律的图像。

数字视频可借助使用 CCD 传感器等的数字摄像机来获取。数字摄像机的输出在时间上分成离散的帧,而每帧在空间上与静止图像类似都分成离散的行和列,所以是 3-D 的。每帧图像的基本单元仍用像素表示,如果考虑上时间,视频的基本单元类似于体素。本章主要讨论数字视频图像,在不引起混淆的情况下均称为视频图像或视频。

从学习图像技术的角度,视频可看作是对(静止)图像的扩展。事实上,静止图像是时间给定(为常量)的视频。除了原来图像的一些概念和定义仍然保留外,为表示视频还需要一些新的概念和定义。视频相对图像最明显的一个区别就是含有场景中的运动信息,这也是使用视频的一个主要目的。针对含有运动信息的视频的特点,原来的图像处理技术也需要相应的推广。

根据上述的讨论,本章各节内容将安排如下。

14.1 节先介绍对视频的表达、模型、显示和格式等基本内容,还对典型的视频——彩色电视的制式给予了介绍。

14.2 节先讨论对视频中相比静止图像所多出来的运动信息的分类问题。然后,分别介绍了前景运动和背景运动的特点和表达方法。

14.3 节讨论对运动信息的检测问题。分别介绍了利用图像差的运动检测、基于模型的运动检测和在频率域的运动检测原理。

14.4 节以滤波手段为例,介绍对视频的处理方法。视频滤波要考虑运动信息,所以分别讨论了运动检测滤波和运动补偿滤波,并以消除匀速直线运动模糊作为一个实例。

14.5 节对视频中的预测编码原理进行了介绍,这是对图像预测编码的一个直接推广,不仅考虑图像内像素的相关性,还要考虑图像间像素的相关性。

14.1 视频表达和格式

要讨论视频图像处理,首先要讨论视频的表示或表达,以及视频的格式和显示等。

14.1.1 视频基础

从学习图像技术的角度,**视频**可看作是对(静止)图像的扩展。视频是在有规律间隔拍摄得到的图像序列,所以视频相对于图像在时间上有了扩展。讨论视频时,一般均认为视频图像是彩色的,所以还要考虑由灰度到彩色的扩展。

下面仅介绍从一般的灰度(静止)图像向视频扩展时的一些特殊之处。

1. 视频表达函数

如果对图像用函数 $f(x,y)$ 来表示,则考虑到视频的时间扩展,视频可用函数 $f(x,y,t)$ 来表示,它描述了在时间 t 投影到图像平面 XY 的 3-D 景物的某种性质(如辐射强度)。换句话说,视频表示在空间和时间上都有变化的某种物理性质,或者说是在时间 t 投影到图像平面的时空 3-D 空间中的某种物理性质。进一步,如果对彩色图像用函数 $f(x,y)$ 来表示,则考虑到视频灰度到彩色的扩展,视频可用函数 $f(x,y,t)$ 来表示,它描述了在特定时间和空间的视频的颜色性质。实际的视频具有一个有限的时间和空间范围,性质也是有限的。空间范围取决于摄像机的观测区域,时间范围取决于场景被摄取的持续时间,而颜色性质也取决于场景或景物的特性。

理想情况下,由于各种彩色模型都是 3-D 的,所以彩色视频都应该由 3 个函数(它们组成一个矢量函数)来表示,每个函数描述一个彩色分量。这种格式的视频称之为**分量视频**,只在专业的视频设备中使用,这是因为分量视频的质量较高,但其数据量也比较大。实际中常使用各种**复合视频**格式,其中的 3 个彩色信号被复用成一个单独的信号。构造复合信号时都考虑到这样一个事实,即色度信号具有比亮度分量小得多的带宽。通过将每个色度分量调制到一个位于亮度分量高端的频率上,并把已调色度分量加到原始亮度信号中,就可产生一个包含亮度和色度信息的复合视频。复合视频格式数据量小但质量较差。为平衡数据量和质量,可采用 S-video 格式,其中包括 1 个亮度分量和由两个原始色度信号复合成的 1 个色度分量。复合信号的带宽比两个分量信号带宽的总和要小,因此能被更有效地传输或存储。不过,由于色度和亮度分量会串扰,所以有可能出现伪影。

2. 视频彩色模型

视频中常用的一种**彩色模型**是 YC_BC_R 模型(有时缩写为 YCC,是与 14.1.2 小节要介绍的 YUV 或 YIQ 对应的数字形式),其中 Y 代表亮度分量,C_B 和 C_R 代表色度分量。亮度分量可借助彩色的 RGB 分量来获得:

$$Y = rR + gG + bB \tag{14.1.1}$$

其中 r、g、b 为比例系数。色度分量 C_B 表示蓝色部分与亮度值的差,而色度分量 C_R 表示红色部分与亮度值的差(所以它们也称色差分量):

$$C_B = B - Y$$
$$C_R = R - Y \tag{14.1.2}$$

另外还有 $C_G = G - Y$,但可由 C_B 和 C_R 得到。由 Y、C_B、C_R 到 R、G、B 的反变换可表示为

$$\begin{bmatrix} R \\ G \\ B \end{bmatrix} = \begin{bmatrix} 1.0 & -0.000\,01 & 1.402\,00 \\ 1.0 & -0.344\,13 & -0.714\,14 \\ 1.0 & 1.772\,00 & 0.000\,04 \end{bmatrix} \begin{bmatrix} Y \\ C_B \\ C_R \end{bmatrix} \tag{14.1.3}$$

在实用的 YC_BC_R 彩色坐标系中,Y 的取值范围为 $[16,235]$;C_B 和 C_R 的取值范围均为 $[16,240]$。C_B 的最大值对应蓝色($C_B = 240$ 或 $R = G = 0$,$B = 255$),最小值对应黄色($C_B = 16$

或 $R=G=255, B=0$)。C_R 的最大值对应红色($C_R=240$ 或 $R=255, G=B=0$),最小值对应蓝绿色($C_B=16$ 或 $R=0, G=B=255$)。

例 14.1.1 从 RGB 到 YC_BC_R 的转换

在将 RGB 彩色坐标系统转化到 YC_BC_R 彩色坐标系统时,需对每个 RGB 值进行伽马变换(参见 2.3.2 小节所介绍的伽马校正)。这是一个根据基于幂律表达 $V'=V^\gamma$ 的非线性操作,其中 V 的数值在 0 和 1 之间。实际上,这个过程包括两个互补的操作,分别称为编码和解码。大部分计算机使用伽马值 $\gamma=2.2$ 进行编码,而解码时 $\gamma=1/2.2$,变换曲线如图 14.1.1 所示。伽马校正后的 R、G、B 值,记为 R'、G'、B',可用来计算 Y、C_B、C_R:

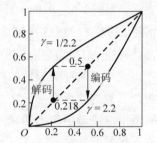

图 14.1.1 伽马变换中的编码
和解码曲线

$$Y = K_R R' + K_G G' + K_B B' \qquad (14.1.4)$$

$$C_B = 0.5 \frac{B'-Y}{1-K_B} \qquad (14.1.5)$$

$$C_R = 0.5 \frac{R'-Y}{1-K_R} \qquad (14.1.6)$$

其中,各个 K 的值随显示器的种类和电视标准而变化,如表 14.1.1 所示。

表 14.1.1 各个 K 的不同取值

	K_R	K_G	K_B
广播电视	0.299	0.587	0.114
计算机显示器	0.2126	0.7152	0.0722

3. 视频空间采样率

视频的**空间采样率**指的是对亮度分量 Y 的采样率。考虑到人眼对彩色的空间分辨能力要小于对亮度的空间分辨能力,一般对色度分量进行下采样,即通过用比亮度数据更低的分辨率来表示彩色数据以减少数据量。常见对色度分量(也称色差分量)C_B 和 C_R 的采样率常只有对亮度分量的二分之一。这样可使每行的像素数减半,但每帧的行数不变。这种格式被称为 4:2:2,即每 4 个 Y 采样点对应 2 个 C_B 采样点和 2 个 C_R 采样点。比这种格式数据量更低的是 4:1:1 格式,即每 4 个 Y 采样点对应 1 个 C_B 采样点和 1 个 C_R 采样点。不过在这种格式中水平方向和垂直方向的分辨率很不对称。另一种数据量相同的格式是 4:2:0 格式,仍然是每 4 个 Y 采样点对应 1 个 C_B 采样点和 1 个 C_R 采样点,但对 C_B 和 C_R 均在水平方向和垂直方向取二分之一的采样率。最后,对需要高分辨率的应用,还定义了 4:4:4 格式,即对亮度分量 Y 的采样率与对色度分量 C_B 和 C_R 的采样率相同。上述 4 种格式中亮度和色度采样点的对应关系如图 14.1.2 所示。

总结一下,4:4:4 格式表达的是没有被压缩的彩色。4:2:2 格式的数据压缩率只有 33%,广泛用于专业和广播视频。4:2:0 格式中对每 4 个亮度采样进行每隔一行两个色度采样,其数据压缩率为 50%,它是国际标准 MPEG 采用的彩色空间,也用于多数 DVD 中。4:1:1 格式的数据压缩率与 4:2:0 格式的数据压缩率相同,多用于数字录像机中

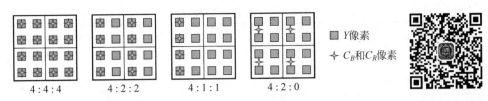

$$4:4:4 \qquad 4:2:2 \qquad 4:1:1 \qquad 4:2:0$$

图 14.1.2　4 种采样格式(两个相邻行属于两个不同的场)示例

的数字视频(digital video,DV)。它的主要问题是其彩色单元只有一个像素高但有 4 个像素宽,所以在水平方向上的渗色(bleeding)现象比在垂直方向上要严重得多。顺便指出,网络上视频压缩中使用很广泛的彩色格式称为 YUV-9,它在 4×4 像素块的 16 个亮度 Y 采样中,只有一个(彩色)U 和一个(彩色)V 采样,所以数据压缩率更大,但色彩保真度也更低。一般在明亮(特别是红色)的目标边缘处很容易观察到彩色失真。

4. 视频显示

显示视频的显示器的宽高比主要有 4:3 和 16:9 两种。另外,显示时可有两种光栅扫描方式:逐行扫描和隔行扫描。**逐行扫描**是以帧为单位的,显示时从左上角逐行进行到右下角。**隔行扫描**是以场为单位的(一帧分为两场:顶场包含所有奇数行,底场包含所有偶数行),场的垂直分辨率是帧的一半,显示时顶场和底场交替,借助人类视觉系统的视觉暂留特性使人感知为一幅图。逐行扫描的清晰度高,但数据量大;隔行扫描数据量只需一半,但有些模糊。各种标准电视制式,如 NTSC、PAL、SECAM,以及高清电视系统都采用了隔行扫描。

观看视频时需要有一定的显示帧率,即相邻两帧出现的频率。根据人眼的视觉暂留特性,帧率需要高于 25 帧/秒,低了会出现闪烁和不连续的感觉。

5. 视频码率

视频的数据量由视频的时间分辨率、空间分辨率和幅度分辨率共同决定。设视频的帧率为 L,即时间采样间隔为 $1/L$,空间分辨率为 $M \times N$,幅度分辨率为 $G(G = 2^k$,对黑白视频 $k = 8$ 而对彩色视频 $k = 24$),则存储一秒钟视频图像所需的位数 b(也称为**视频码率**,单位是 b/s)为

$$b = L \times M \times N \times k \tag{14.1.7}$$

视频的数据量也可由行数 f_y、每行样本数 f_x 和帧频 f_t 来定义。这样,水平采样间隔为 $\Delta_x = $ 像素宽$/f_x$,垂直采样间隔为 $\Delta_y = $ 像素高$/f_y$,时间采样间隔为 $\Delta_t = 1/f_t$。如果用 K 表示视频中一个像素值的比特数,它对单色视频为 8 而对彩色视频为 24,这样视频码率也可表示成

$$b = f_x f_y f_t K \tag{14.1.8}$$

6. 视频格式

由于历史的原因和应用的不同,实际应用中的视频有许多不同的格式。一些常用的**视频格式**如表 14.1.2 所示,其中在帧率列中用 P 表示逐行,用 I 表示隔行(常用的普通电视格式见下一小节)。

表 14.1.2　一些实际应用中的视频格式

应用及格式	名　称	Y尺寸/像素	采样格式	帧　率	原始码率/Mbps
地面、有线、卫星 HDTV，MPEG-2，20~45Mbps	SMPTE 296M	1280×720	4:2:0	24P/30P/60P	265/332/664
	SMPTE 296M	1920×1080	4:2:0	24P/30P/60I	597/746/746
视频制作，MPEG-2，15~50Mbps	BT.601	720×480/576	4:4:4	60I/50I	249
	BT.601	720×480/576	4:2:0	60I/50I	166
高质量视频发布(DVD，SDTV)MPEG-2,4~8Mbps	BT.601	720×480/576	4:2:0	60I/50I	124
中质量视频发布（VCD，WWW)MPEG-1,1.5Mbps	SIF	352×240/288	4:2:0	30P/25P	30
ISDN/因特网视频会议，H.261/H.263,128~384kbps	CIF	352×288	4:2:0	30P	37
有线/无线调制解调可视电话，H.263,20.~64kbps	QCIF	176×144	4:2:0	30P	9.1

例 14.1.2　BT.601 标准的系统格式

国际电信联盟的无线电部(ITU-R)制订的 BT.601 标准(原称 CCIR601)给出了两种宽高比的视频格式,分别为 4:3 和 16:9。对 4:3 格式,采样频率定为 13.5MHz。此时对应 NTSC 制式的称为 525/60 系统,对应 PAL/SECAM 制式的称为 625/50 系统。525/60 系统中有 525 行,每行的像素数为 858。625/50 系统中有 625 行,每行的像素数为 864。实际中考虑到需要一些行以用于消隐,525/60 系统中的有效行数为 480,625/50 系统中的有效行数为 576,分别如图 14.1.3(a)和(b)所示。两种系统的每行有效像素数均为 720,其余为落在无效区的回扫点。

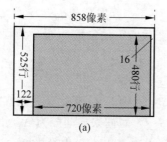
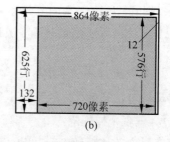

图 14.1.3　BT.601 标准中的 4:3 系统格式

例 14.1.3　BT.601 标准的采样格式

BT.601 标准可有不同的采样格式。图 14.1.4 对比给出 4:2:2 采样格式和 4:2:0 采样格式的色度采样点分布示例。在这两种采样格式中,Y 分量是相同的,但 4:2:0 格式中的 C_B 和 C_R 分量所具有的行数只是 4:2:2 格式中的一半。由于两种格式都是隔行的,所以这并不是一个简单的 2:1 下采样问题。如果在场 1 中进行 2:1 下采样,则在场 2 中要错位进行下采样。

```
          4:2:2 格式              4:2:0 格式
          场1      场2           场1      场2
        A ○        ● B         P ○
        C ○        ● D                  ● Q
        E ○        ● F         R ○
        G ○        ● H                  ● S
        I ○        ● J         T ○
        K ○        ● L                  ● U
        M ○        ● N         V ○
                                        ● W
```

图 14.1.4　BT.601 标准中的 4：2：2 和 4：2：0 格式

14.1.2　彩色电视制式

彩色电视是一类特殊的视频。常用**彩色电视制式**包括 NTSC(由美国开发,用于美国和日本等国)、PAL(由德国开发,用于德国和中国等国)和 SECAM(由法国开发,用于法国和俄罗斯等国)。

彩色电视系统中所采用的颜色模型也基于 RGB 的不同组合,虽然借助了面向视觉感知的彩色模型的一些概念。在 PAL 制和 SECAM 制系统中使用的是 **YUV 模型**,其中 Y 代表亮度分量,U 和 V 分别正比于色差 $B-Y$ 和 $R-Y$,称为色度分量。Y、U、V 的值可由 PAL 制系统中(经过伽马校正的)归一化 R'、G'、B' 经过下面计算得到($R'=G'=B'=1$ 对应基准白色):

$$\begin{bmatrix} Y \\ U \\ V \end{bmatrix} = \begin{bmatrix} 0.299 & 0.587 & 0.114 \\ -0.147 & -0.289 & 0.436 \\ 0.615 & -0.515 & -0.100 \end{bmatrix} \begin{bmatrix} R' \\ G' \\ B' \end{bmatrix} \tag{14.1.9}$$

由 Y、U、V 得到 R'、G'、B' 的反变换为

$$\begin{bmatrix} R' \\ G' \\ B' \end{bmatrix} = \begin{bmatrix} 1.000 & 0.000 & 1.140 \\ 1.000 & -0.395 & -0.581 \\ 1.000 & 2.032 & 0.001 \end{bmatrix} \begin{bmatrix} Y \\ U \\ V \end{bmatrix} \tag{14.1.10}$$

在 NTSC 制系统中使用的是 **YIQ 模型**,其中 Y 仍然代表亮度分量,I 和 Q 分别是 U 和 V 分量旋转 $33°$ 后的结果。经旋转后,I 对应在橙色和青色间的彩色,而 Q 对应在绿色和紫色间的彩色。因为人眼对在绿色和紫色间的彩色变化不如在橙色和青色间的彩色敏感,所以在量化时 Q 分量所需的比特数可比 I 分量的少,而在传输时 Q 分量所需的带宽可比 I 分量的窄。Y、I、Q 的值可由 NTSC 制系统中(经过伽马校正的)归一化 R'、G'、B' 经过下面计算得到($R'=G'=B'=1$ 对应基准白色):

$$\begin{bmatrix} Y \\ I \\ Q \end{bmatrix} = \begin{bmatrix} 0.299 & 0.587 & 0.114 \\ 0.596 & -0.275 & -0.321 \\ 0.212 & -0.523 & 0.311 \end{bmatrix} \begin{bmatrix} R' \\ G' \\ B' \end{bmatrix} \tag{14.1.11}$$

由 Y、I、Q 得到 R'、G'、B' 的反变换为

$$\begin{bmatrix} R' \\ G' \\ B' \end{bmatrix} = \begin{bmatrix} 1.000 & 0.956 & 0.620 \\ 1.000 & -0.272 & -0.647 \\ 1.000 & -1.108 & 1.700 \end{bmatrix} \begin{bmatrix} Y \\ I \\ Q \end{bmatrix} \qquad (14.1.12)$$

需要指出,PAL 制系统中的基准白色与 NTSC 制系统中的基准白色是略有不同的。借助 NTSC 制系统中的 R'、G'、B',还可以得到

$$\begin{bmatrix} Y \\ C_B \\ C_R \end{bmatrix} = \begin{bmatrix} 0.257 & 0.504 & 0.098 \\ -0.148 & -0.291 & 0.439 \\ 0.439 & -0.368 & -0.071 \end{bmatrix} \begin{bmatrix} R' \\ G' \\ B' \end{bmatrix} + \begin{bmatrix} 16 \\ 128 \\ 128 \end{bmatrix} \qquad (14.1.13)$$

由于人眼对色度信号的分辨能力较低,所以在普通电视制式中均对色度信号采用比对亮度信号更低的空间采样率以降低视频数据量。各种电视制式的空间采样率如表 14.1.3 所示。

表 14.1.3　普通电视制式的空间采样率

电 视 制 式	亮 度 分 量		色 度 分 量		$Y:U:V$
	行数	像素/行	行数	像素/行	
NTSC	480	720	240	360	$4:2:2$
PAL	576	720	288	360	$4:2:2$
SECAM	576	720	288	360	$4:2:2$

14.2　运动分类和表达

视频图像可以记录景物的运动情况,运动信息也是视频中特有的。

1. 运动分类

在对图像的研究和应用中,人们常把图像分为前景(目标)和背景。同样在对视频的研究和应用中,也可把其每一帧分为前景和背景两部分。这样在视频中,就需要区分前景运动和背景运动。**前景运动**指目标在场景中的自身运动,又称为局部运动;而**背景运动**主要是由进行拍摄的摄像机的运动所造成的帧图像内所有像素的整体移动,又称为**全局运动**或**摄像机运动**。

例 14.2.1　摄像机的运动

摄像机的运动有许多种,可借助图 14.2.1 来介绍。假设将摄像机安放在 3-D 空间坐标系原点,镜头光轴沿 Z 轴,空间点 $P(X,Y,Z)$ 成像在图像平面点 $p(x,y)$ 处。摄像机可以有分别沿 3 个坐标轴的移动,沿 X 轴的运动称为**平移**运动或跟踪运动,沿 Y 轴的运动称为**升降**运动,沿 Z 轴的运动称为**进退/推拉**运动。摄像机还可以有分别绕 3 个坐标轴的旋转运动,绕 X 轴的旋转运动称为**倾斜**运动,绕 Y 轴的运动称为**扫视**运动,绕 Z 轴的运动称为(绕光轴)**旋转**运动。最后,摄像机镜头的焦距也可以变化,称为**变焦**运动或缩放运动。变焦运动可分两种,即**放大镜头**,用于将摄像机对准/聚焦感兴趣的目标;**缩小镜头**,用于给出一个场景逐步由细到粗的全景展开过程。

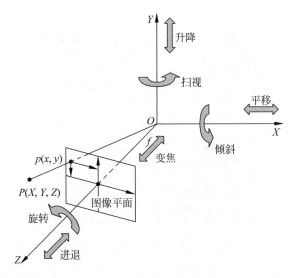

图 14.2.1　摄像机的运动

上述两类运动各有其自身特点。全局运动一般具有整体性强、比较规律的特点,有可能仅用一些特征或一组含若干个参数的模型就可表达。局部运动常比较复杂,特别在运动目标比较多的时候,各目标可做不同的运动。目标的运动仅在空间小范围内表现出一定的一致性,需要有比较精细的方法才能够准确地表达。

在图像中,前景和背景的运动或静止可能有 4 种组合情况,即两者均有运动或均静止以及其中之一静止而另一者运动。由于对全局运动常可建立模型,所以在两者均有运动的情况下,局部运动可看作与全局运动模型不相符合的部分。

2. 运动矢量场表达

由于运动既可能包括全局运动又可能包括局部运动,所以对整个运动场的表达不能仅采用全局模型的方法(虽然此时可能只用很少几个模型参数就够了)。在极端的情况下,可以考虑对每个像素分别描述其运动,但这样需要在每个像素位置计算一个矢量且结果并不一定满足实际物体的物理约束。一种综合折中考虑精确性和复杂性的**运动矢量场表达**方法是将整幅图像分成许多固定大小的块。在块尺寸的选择上,需根据应用的要求来确定。如果块尺寸比较小,则块中的运动可用单个模型来表示并得到较高的精确度。如果块尺寸比较大,则运动检测的整体复杂度会比较小。例如,在图像编码的国际标准 H. 264/AVC 中使用了从 4×4 到 16×16 的块。

对图像块的运动,既要考虑大小也要考虑方向,所以需用矢量来表示。为表示瞬时运动矢量场,实际中常将每个运动矢量用(有起点)无箭头的线段(线段长度与矢量大小亦即运动速度成正比)来表示,并叠加在原始图像上。这里不使用箭头只是为了使表达简洁,减小箭头叠加到图像上对图像的影响。由于起点确定,所以方向是明确的。

例 14. 2. 2　运动矢量场的表达实例

如图 14.2.2 所示为一幅足球比赛时的场景图,对运动矢量场的计算采用了先对图像分块(均匀分布)然后计算各块图像综合运动矢量的方法。这样由每块图像获得一个运动矢量,用一条由起点(起点在块的中心)射出的线段来表示。将这些线段叠加在场景图上得到运动矢量场的图。

图 14.2.2 全局运动矢量叠加在原图上

由图 14.2.2 中大部分运动矢量线段的方向和大小可见,摄像机在拍摄时具有以球门为起点逐步变焦(缩小镜头,运动矢量的方向大部离球门而去)的运动。

3. 运动直方图表达

局部运动主要对应场景中目标的运动。目标的运动情况常比摄像机的运动情况更不规范。虽然同一刚性目标上各点的运动常具有一致性,但不同目标间还可以有相对运动,所以局部运动矢量场常要比全局运动矢量场复杂。

由摄像机造成的全局运动所延续的时间常常比目标运动变化的间隔长,利用这个关系,可借助一个全局运动矢量场来代表一段时间内的视频。而为表示目标运动的复杂多变性,需要获得连续的短时段的稠密局部运动矢量场。这样带来的问题是数据量会相当大,需要更紧凑的方式来表达局部运动矢量场。

一种紧凑的表达方式是**运动矢量方向直方图**(MDH)[俞 2002]。这种方法的基本思路是仅保留运动方向信息以减少数据量,其依据是人们分辨不同运动首先是根据运动方向,而运动幅度的大小则需要较多的注意力才能够区分,所以可认为运动的方向是最基本的运动信息。MDH 通过对运动矢量场中数据的统计,提取出场中的运动方向分布,以表达视频中主要目标的运动情况。具体可将从 0~360°的运动方向划分成若干个间隔,把运动矢量场上每一点的数据归到与它的运动方向最为接近的间隔。最后的统计结果就是运动矢量方向直方图。一个 MDH 示例如图 14.2.3 所示。

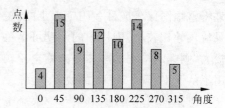

图 14.2.3 运动矢量方向直方图

具体计算时,考虑到局部运动矢量场中可能存在很多静止或基本静止的点,在这些位置计算出的运动方向通常是随机的,并不一定能够代表该点的实际运动方向。为避免错误数据影响直方图的分布,在统计运动矢量方向直方图前,可先对矢量大小取一个最低幅度阈值,不把小于最低幅度阈值的点计入运动矢量方向直方图。

另一种紧凑的表达方式是**运动区域类型直方图**(MRTH)[俞 2002]。根据局部运动矢量场可实现对其的分割,并得到具有不同仿射参数模型的各个运动区域。这些仿射参数可看作表达运动区域的一组运动特征,所以可借助对区域参数模型的表示来表达运动矢量场中各种运动的信息。具体就是对运动模型进行分类,统计各个运动区域满足不同运动模型的像素数量。一个 MRTH 示例如图 14.2.4 所示。对每一个运动区域用一个仿射参数模型来表达既能够比较符合人们主观上所理解的局部运动,又能够减少描述运动信息所需要的数据量。

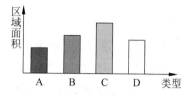

图 14.2.4　运动区域类型直方图

对运动模型分类就是根据描述运动参数模型的运动矢量将运动模型分为各种不同的类型。例如,一个仿射运动模型有 6 个参数,对于它的分类也就是对 6-D 参数空间的一个划分,这种划分可以采用矢量量化的方法。具体先根据每一个运动区域的参数模型,用矢量量化器找到对应的运动模型类型,然后统计满足该运动模型类型的运动区域的面积值,这样得到的统计直方图表示了每个运动类型所覆盖的面积。不同的局部运动类型不仅可以表示不同的平移运动,还可以表示不同的旋转运动、不同的运动幅度等,因此相比运动矢量方向直方图,运动区域类型直方图的描述能力更强。

4. 运动轨迹表达

目标的运动轨迹表达了目标在运动过程中的位置信息。当在一定环境或条件下对动作和行为进行高层解释时可以使用运动物体的轨迹。为描述目标的运动轨迹,国际标准 MPEG-7(见附录)推荐了一种专门的描述符,见文献[Jeannin 2000]、[ISO/IEC 2001c]。这种**运动轨迹描述符**由一系列关键点和一组在这些关键点间进行插值的函数构成。根据需要,关键点用 2-D 或 3-D 坐标空间中的坐标值表达,而插值函数则分别对应各个坐标轴,$x(t)$ 对应水平方向的轨迹,$y(t)$ 对应垂直方向的轨迹,$z(t)$ 对应深度方向的轨迹。图 14.2.5 所示为 $x(t)$ 的一个示意图,图中有 4 个关键点 t_0、t_1、t_2、t_3,另外在两两关键点之间共有 3 个不同的插值函数。

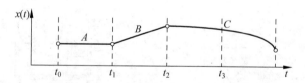

图 14.2.5　轨迹描述中关键点和插值函数示意图

插值函数的一般形式是二阶多项式:
$$f(t) = f_p(t) + v_p(t - t_p) + a_p(t - t_p)^2/2 \tag{14.2.1}$$
式中,p 代表时间轴上一点;v_p 代表运动速度;a_p 代表运动加速度。对应图 14.2.5 中 3 段轨迹的插值函数分别为零次函数、一次函数和两次函数,A 段是 $x(t) = x(t_0)$,B 段是 $x(t) = x(t_1) + v(t_1)(t - t_1)$,$C$ 段是 $x(t) = x(t_2) + v(t_2)(t - t_2) + a(t_2)(t - t_2)^2/2$。

根据轨迹中的关键点坐标和插值函数形式,可以确定目标沿特定方向的运动情况。综合沿三个方向的运动轨迹,可确定场景中目标随时间变化而在空间的运动情况。注意在两个关键点间的水平轨迹、垂直轨迹和深度轨迹插值函数可以是不同阶次的函数。这种描述符是紧凑的和可扩展的,而且根据关键点的数量,可以确定描述符的粒度,既可描述时间间隔接近的细腻运动,也可粗略地描述大时间范围内的运动。在最极端的情况下,可以仅保留关键点而不用插值函数,因为关键点序列已是对轨迹的一个基本描述。

14.3 运 动 检 测

要理解场景变化的情况,首先需要对运动进行检测,即确定是否有运动,哪些景物有运动;其次要对运动进行估计,即确定运动的情况(速度和方向等)。第2步也有可单独称为运动估计,但很多情况下两步仍合称运动检测。运动检测是视频图像处理中特有的,也是许多视频图像处理的基础。

对运动的检测指对整个图像中的运动信息的检测。如上节所述,视频中包括前景运动和背景运动,所以**运动检测**既要检测场景整体运动造成的变化,也要检测具体景物运动造成的变化。

14.3.1 利用图像差的运动检测

在视频中,通过逐像素比较可直接求取前后两帧图像之间的差别图像。假设照明条件在多帧图像间基本不变化,那么**差图像**的像素值不为零处表明该处的景物发生了移动(需要注意,像素值为零处的景物也可能发生了移动)。换句话说,对时间上相邻的两幅图像求差,将可以将图像中运动目标的位置和形状变化突现出来。

1. 差图像的计算

参见图14.3.1(a),设目标的灰度比背景亮,借助差分,可以得到图像中在运动前方为正值的区域和在运动后方为负值的区域。这样可以获得目标的运动情况,也可得到目标上面某些部分的形状。如果对一系列图像两两求差,并把差分图像中值为正或负的区域逻辑"与"起来就可以得到整个目标的形状。图14.3.1(b)给出一个示例,将长方形区域逐渐向下移动,依次划过椭圆目标的不同部分,将各次结果组合起来,就得到完整的椭圆目标。

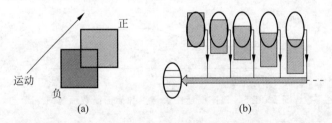

图14.3.1　利用差分图像提取目标

如果在图像采集装置和被摄场景间有相对运动的情况下采集一系列图像,则可根据其中存在的运动信息帮助确定图像中有变化的像素。设在时刻 t_i 和 t_j 采集到两幅图像 $f(x,y,t_i)$ 和 $f(x,y,t_j)$,则据此可得到差图像:

$$d_{ij}(x,y) = \begin{cases} 1 & |f(x,y,t_i) - f(x,y,t_j)| > T_g \\ 0 & \text{其他} \end{cases} \tag{14.3.1}$$

式中,T_g 为灰度阈值。差图像中灰度值为0的像素对应在前后两时刻间没有发生(由于运动而产生的)变化的地方。差图像中灰度值为1的像素对应两图之间发生变化的地方,这常常是由于该处景物运动而产生的。不过差图像中像素的灰度值为1也可能源于多种不同的情况：① $f(x,y,t_i)$ 是一个运动目标的像素而 $f(x,y,t_j)$ 是一个背景像素或反过来，② $f(x,y,t_i)$ 是一个运动目标的像素而 $f(x,y,t_j)$ 是另一个运动目标的像素，③ $f(x,y,t_i)$ 是一个运动目标的像素而 $f(x,y,t_j)$ 是同一个运动目标上但不同部分/位置的像素（可能它们灰度不同）。例 2.2.4 已给出了使用对图像求差的方法来检测图像中目标运动信息的示例。

式(14.3.1)中的阈值 T_g 用来确定两时刻图像的灰度是否存在比较明显的差异。另一种灰度差异显著性的判别方法是使用如下的似然比：

$$\frac{\left[\frac{\sigma_i + \sigma_j}{2} + \left(\frac{\mu_i - \mu_j}{2}\right)^2\right]^2}{\sigma_i \cdot \sigma_j} > T_s \tag{14.3.2}$$

式中，各 μ 和 σ 分别是在时刻 t_i 和 t_j 采集到的两幅图像的均值和方差；T_s 是显著性阈值。

在实际情况中，由于随机噪声的影响，没有发生像素移动的地方也会出现图像间差别不为零的情况。为把噪声的影响与像素的移动区别开来，可对差别图像取较大的阈值，即当差别大于特定的阈值时才认为是像素发生了移动。另外在差图像中由于噪声产生的为 1 的像素一般比较孤立，所以也可根据连通性分析而将它们除去。但这样做有时也会将尺寸较小和运动较慢的目标除去。

2. 累积差图像的计算

为克服上述随机噪声的问题，可以考虑利用多幅图像。如果在某一个位置的变化只偶尔出现，就可判断为噪声。设有一系列图像 $f(x,y,t_1), f(x,y,t_2), \cdots, f(x,y,t_n)$，并取第一幅图 $f(x,y,t_1)$ 作为参考图。通过将参考图与其后的每一幅图比较就可得到**累积差图像**（ADI）。这里设该图像中各个位置的值是在每次比较中发生变化的次数总和。

参见图 14.3.2，图(a)表示在 t_1 时刻采集的图像，其中有一个方形目标，设它每单位时间向右水平移动 1 个像素；图(b)和图(c)分别为接下来在 t_2 和 t_3 时刻采集的图像；图(d)和图(e)分别给出与 t_2 和 t_3 时刻对应的图像累积差值(d)。图(d)就是前面讨论的普通差，左边标为 1 的方形表示图(a)目标后沿和图(b)背景之间的灰度差（为一个单位），右边标为 1 的方形对应图(a)背景和图(b)目标前沿之间的灰度差（也为一个单位）。图(e)可由图(a)和图(c)的灰度差（为一个单位）加上图(d)得到，其中在 0 到 1 之间的灰度差为两个单位，在 2 到 3 之间的灰度差也为两个单位。

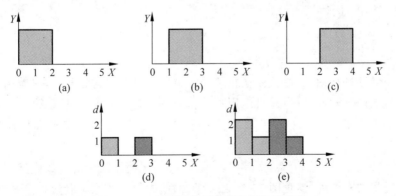

图 14.3.2　利用累积差图像确定目标移动

参照上述示例可知累积差图像 ADI 有三个功能。

(1) ADI 中相邻像素数值间的梯度关系可用来估计目标移动的速度矢量，这里梯度的方向就是速度的方向,梯度的大小与速度成正比。

(2) ADI 中像素的数值可帮助确定运动目标的尺寸和移动的距离。

(3) ADI 中包含了目标运动的全部历史资料,有助于检测慢运动和尺寸较小目标的运动。

实际应用中,可区分三种 ADI 图像[Gonzalez 2008]:绝对 ADI($A_k(x,y)$)、正 ADI($P_k(x,y)$)和负 ADI($N_k(x,y)$)。假设运动目标的灰度大于背景灰度,则对 $k>1$,可得到如下三种 ADI 的定义(取 $f(x,y,t_1)$ 为参考图):

$$A_k(x,y) = \begin{cases} A_{k-1}(x,y)+1 & |f(x,y,t_1)-f(x,y,t_k)| > T_g \\ A_{k-1}(x,y) & \text{其他} \end{cases} \quad (14.3.3)$$

$$P_k(x,y) = \begin{cases} P_{k-1}(x,y)+1 & [f(x,y,t_1)-f(x,y,t_k)] > T_g \\ P_{k-1}(x,y) & \text{其他} \end{cases} \quad (14.3.4)$$

$$N_k(x,y) = \begin{cases} N_{k-1}(x,y)+1 & [f(x,y,t_1)-f(x,y,t_k)] < -T_g \\ N_{k-1}(x,y) & \text{其他} \end{cases} \quad (14.3.5)$$

上述三种 ADI 图像的值都是对像素的计数结果,初始时均为零。由它们可获得下列信息:

(1) 绝对 ADI 图像包含了正 ADI 图像和负 ADI 图像中的所有目标区域;

(2) 正 ADI 图像中的非零区域面积等于运动目标的面积;

(3) 正 ADI 图像中对应运动目标的位置也就是运动目标在参考图中的位置;

(4) 当正 ADI 图像中运动目标移动到与参考图中的运动目标不重合时,正 ADI 图像停止计数;

(5) 根据绝对 ADI 图像和负 ADI 图像可确定运动目标的运动方向和速度。

14.3.2 基于模型的运动检测

对运动的检测也可借助模型进行,下面仅考虑对摄像机建模来进行全局运动检测。

假设图像中点 (x,y) 的全局运动矢量 (u,v) 可以由它的空间坐标和一组模型参数 $(k_0,k_1,k_2,\cdots)$ 计算得出,则通用的模型可表示为

$$\begin{cases} u = f_u(x,y,k_0,k_1,k_2,\cdots) \\ v = f_v(x,y,k_0,k_1,k_2,\cdots) \end{cases} \quad (14.3.6)$$

在对模型参数进行估计时,首先从相邻的帧中选取足够多的观测点,接着用一定的匹配算法求出这些点的观测运动矢量,最后用参数拟合的方法来估计模型参数。对全局运动模型的估计已经提出了许多方法,它们在观测点选取、匹配算法、运动模型和估计方法等方面都各有特点。

式(14.3.6)代表通用的模型,实际中,常可根据情况使用简化的参数模型。一般考虑摄像机的运动类型共有 6 种(参见图 14.2.1):①扫视,即摄像机水平旋转;②倾斜,即摄像机垂直旋转;③变焦,即摄像机改变焦距;④跟踪,即摄像机水平(横向)移动;⑤升降,即摄像机垂直(横向)移动;⑥推拉,即摄像机前后(水平)移动。它们的结合构成 3 类操作:①平移操作;②旋转操作;③缩放操作[Jeannin 2000]。对于一般的应用,常采用线性的 **6 参数仿**

射模型,即

$$\begin{cases} u = k_0 x + k_1 y + k_2 \\ v = k_3 x + k_4 y + k_5 \end{cases} \tag{14.3.7}$$

仿射模型属于线性多项式参数模型,在数学上比较容易处理。为了提高全局运动模型的描述能力,还可以在仿射模型的基础上进行一些扩展,例如在模型的多项式中加入二次项 xy,则可得到 **8 参数双线性模型**:

$$\begin{cases} u = k_0 xy + k_1 x + k_2 y + k_3 \\ v = k_4 xy + k_5 x + k_6 y + k_7 \end{cases} \tag{14.3.8}$$

一种基于双线性模型的全局运动矢量检测方法如下[俞 2001]。要对双线性模型的 8 个参数做出估计,需要求出一组(大于 4 个)运动矢量观测值(这样可得 8 个方程)。在获取运动矢量观测值时,考虑到全局运动中的运动矢量常比较大,可以将整幅帧图像划分为一些正方形小块(如 16×16),然后用块匹配法求取观测运动矢量。通过选取较大的匹配块尺寸,可以减少由于局部运动造成的匹配运动矢量与全局运动矢量的偏差,以获得较为准确的全局运动观测值。

例 14.3.1 基于双线性模型的全局运动检测

图 14.3.3 给出一幅基于双线性模型的全局运动检测实例,其中在原始图像上叠加了用块匹配算法得到的运动矢量来表达各个块的运动情况。

图 14.3.3 直接用块匹配算法得到的运动矢量值

由图可见,图中右边部分的运动速度较快,这是由于摄像机的缩放是以守门员所在的图中左方为中心的。另外,因为原图中还存在一些局部目标的运动,所以在有局部运动的位置,用块匹配法计算出的运动矢量会与全局运动矢量不完全相符(如图中各个足球运动员所在位置附近)。最后,块匹配法在图像的低纹理区域可能会产生随机的误差数据,如在图中背景处(接近看台处)。这些误差的存在也造成了图中的异常数据点。 □

14.3.3 频率域运动检测

借助傅里叶变换可把对运动的检测工作转到频率域中进行。**频率域运动检测**的好处是可以分别处理平移、旋转和尺度的变化。

(1) 对平移的检测

假设在时刻 t_k 目标点的位置为 (x,y)，在时刻 t_{k+1} 目标点的位置移动到 $(x+\mathrm{d}x, y+\mathrm{d}y)$。一般假设在这段时间目标自身灰度保持不变，即

$$f(x+\mathrm{d}x, y+\mathrm{d}y, t_{k+1}) = f(x,y,t_k) \tag{14.3.9}$$

则根据傅里叶变换

$$F_k(u,v) \Leftrightarrow f(x,y,t_k) \tag{14.3.10}$$

$$F_{k+1}(u,v) \Leftrightarrow f(x+\mathrm{d}x, y+\mathrm{d}y, t_{k+1}) \tag{14.3.11}$$

得到（可借助平移性质）

$$F_{k+1}(u,v) = F_k(u,v)\exp[\mathrm{j}2\pi(u\mathrm{d}x + v\mathrm{d}y)] \tag{14.3.12}$$

上式表明在时刻 t_k 和时刻 t_{k+1} 的两幅图像的傅里叶变换的相位角之差为

$$\mathrm{d}\theta(u,v) = 2\pi(u\mathrm{d}x + v\mathrm{d}y) \tag{14.3.13}$$

考虑到傅里叶变换的分离性，可以分别得到

$$\mathrm{d}x = \frac{\mathrm{d}\theta_x(u)}{2\pi u} \tag{14.3.14}$$

$$\mathrm{d}y = \frac{\mathrm{d}\theta_y(v)}{2\pi v} \tag{14.3.15}$$

式中，$\mathrm{d}\theta_x(u)$ 和 $\mathrm{d}\theta_y(v)$ 分别为 $f(x,y,t_k)$ 和 $f(x,y,t_{k+1})$ 在 X 轴上和 Y 轴上投影的傅里叶变换的相位角之差。由于相位角的不唯一性，在计算 $\mathrm{d}\theta_x(u)$ 和 $\mathrm{d}\theta_y(v)$ 时可采用下列方法。设 $\mathrm{d}x$ 的变化范围满足

$$\left|\frac{\mathrm{d}x}{L_x}\right| < \frac{1}{2K} \tag{14.3.16}$$

式中，K 为正常数；L_x 为 X 方向的像素个数。将 $u = K/L_x$ 代入式(14.3.14)，对 $\mathrm{d}\theta_x(u)$ 取绝对值，由式(14.3.16)得到

$$\left|\mathrm{d}\theta_x\left(\frac{K}{L_x}\right)\right| = 2\pi\frac{K}{L_x}\mid \mathrm{d}x\mid < \pi \tag{14.3.17}$$

在式(14.3.17)的限制下，将 $f(x,y,t_k)$ 和 $f(x,y,t_{k+1})$ 在 X 轴上和 Y 轴上投影的傅里叶变换的相位角各自加上 2π 的整数倍，可得到 $\mathrm{d}\theta_x(u)$ 的唯一值。

(2) 对旋转的检测

对旋转运动的检测可借助傅里叶变换后得到的功率谱进行，因为图像中的直线模式（如直的边缘）在傅里叶变换后的功率谱中对应过频谱原点的直线模式，两直线模式相交。

具体可对 $f(x,y,t_k)$ 和 $f(x,y,t_{k+1})$ 分别进行傅里叶变换，并计算它们的功率谱

$$P_k(u,v) = \mid F_k(u,v)\mid^2 \tag{14.3.18}$$

$$P_{k+1}(u,v) = \mid F_{k+1}(u,v)\mid^2 \tag{14.3.19}$$

在 $P_k(u,v)$ 和 $P_{k+1}(u,v)$ 中分别搜索对应的过原点的直线模式，例如 L_k 和 L_{k+1}。将 L_k 投影到 $P_{k+1}(u,v)$ 上，这个投影与 L_k 的夹角就是目标旋转的角度。

(3) 对尺度变化的检测

对尺度变化的检测也可借助傅里叶变换后得到的功率谱进行。图像空间的尺度变化对应傅里叶变换域中频率高低的变化。当图像空间中目标的尺寸变大时，频域中功率谱的低频分量会增加。当图像空间中目标的尺寸变小时，则频域中功率谱的高频分量会增加。

具体也是先获得 $f(x,y,t_k)$ 和 $f(x,y,t_{k+1})$ 傅里叶变换后的功率谱，然后在 $P_k(u,v)$ 和

$P_{k+1}(u,v)$ 中分别搜索方向相同的直线模式 L_k 和 L_{k+1},并将 L_k 投影到 $P_{k+1}(u,v)$ 上,得到 L_k'。现在测量 L_k' 和 L_{k+1} 的长度,分别为 $|L_k'|$ 和 $|L_{k+1}|$。尺度变化可用

$$S = \frac{|L_k'|}{|L_{k+1}|}$$

(14.3.20)

来表示。如果 $S<1$,则表明从时刻 t_k 到 t_{k+1},目标图像尺寸增加了 S 倍。如果 $S>1$,则表明从时刻 t_k 到 t_{k+1},目标图像尺寸减少了 S 倍。

14.4 视 频 滤 波

滤波在这里代表多种处理过程和手段(可以用于增强、恢复、滤除噪声等)。相对静止图像滤波,视频滤波还可考虑借助运动信息进行。运动检测滤波和运动补偿滤波都是常见的方式。另一方面,由于人们对视频更关注其中的运动物体或目标,如何消除目标运动造成的模糊等失真问题也是视频滤波要解决的主要问题之一。

对视频进行滤波的滤波器可分为空域滤波器(仅考虑帧内)和时空滤波器(还考虑帧间)两类。空域滤波器可独立地对各帧分别进行滤波(类似对**静止图像**的滤波),但一般需要在消除噪声和模糊图像空间的细节之间很好地权衡。时空滤波器是 3-D 滤波器(两个空间加一个时间),不仅利用了帧内的空间相关性而且利用了帧间的时间相关性。在视频处理中,时空滤波常比空域滤波有更多的优点。

14.4.1 基于运动检测的滤波

视频中比静止图像多了随时间变化的运动信息,所以对视频的滤波可在对静止图像滤波的基础上考虑运动带来的问题,即**基于运动检测的滤波**需要在运动检测的基础上采用**运动适应**的技术。

1. 直接滤波

先考虑将运动适应性隐含在滤波器设计中的技术,称为**直接滤波**。最简单的直接滤波方法是使用**帧平均**技术,通过将不同帧图像中同一位置的多个样本进行平均可在不影响帧图像空间分辨率的情况下消除噪声,如第 2 章在介绍算术运算时给出的示例。可以证明,对加性高斯噪声的情况,帧平均技术对应计算最大似然估计,且可将噪声方差降为 $1/N$(N 是参与平均的帧数)。这种方法对场景中的固定部分很有效。

帧平均在本质上进行沿着时间轴的 1-D 滤波,即进行时域平均,所以可看作一种时间滤波方法,而时间滤波器是时空滤波器的一种特殊类型。原则上讲,使用时间滤波器可以避免空间上的模糊。不过与空域平均会导致空域模糊类似,时域平均在场景中有突然的随时间变化处也会导致时域模糊。这里可采用与空域中的边缘保持滤波相对应的运动适应滤波,它利用相邻帧之间的运动信息来确定滤波方向。运动适应滤波器可参照空域中的边缘保持滤波器来构建。例如,在某一帧的一个特定像素处,可假设接下来有 5 种可能的运动趋势:无运动,向 X 正方向运动,向 X 负方向运动,向 Y 正方向运动,向 Y 负方向运动。如果使用最小均方误差估计判断出实际的运动趋势,从而将由于运动造成的沿时间轴的变化与噪声导致的变化区别开来,那就可仅在对应的运动方向上进行滤波而取得总体较好的滤波效果。

2. 利用运动检测信息

也可借助对运动的检测来确定滤波器中的参数,从而使设计的滤波器适应运动的具体情况。此时的**有限脉冲响应**(FIR)滤波器和**无限脉冲响应**(IIR)滤波器分别为

$$\hat{f}(x,y,t) = (1-\beta)g(x,y,t) + \beta g(x,y,t-1) \qquad (14.4.1)$$

$$\hat{f}(x,y,t) = (1-\beta)g(x,y,t) + \beta \hat{f}(x,y,t-1) \qquad (14.4.2)$$

其中

$$\beta = \max\left\{0, \frac{1}{2} - \alpha \,|\, g(x,y,t) - g(x,y,t-1)\,|\right\} \qquad (14.4.3)$$

就是对运动进行检测得到的信号,而 α 是一个标量常数。这些滤波器都会在运动幅度很大时(上式右边第 2 项会小于零)关掉(β 取 0)以避免产生人为的误差。

例 14.4.1 有限脉冲响应(FIR)滤波器和无限脉冲响应(IIR)滤波器

有限脉冲响应滤波器也称有限长脉冲响应滤波器,具有严格的线性相位,其设计方式是线性的,硬件容易实现。无限脉冲响应滤波器也称递归型滤波器,即结构上带有反馈环路。相对来说,FIR 滤波器具有有限的噪声消除能力,特别在仅进行时域滤波且参与滤波的帧数较少时。IIR 滤波器具有更强的噪声消除能力,但一般会导致傅里叶相位失真的发生。FIR 相对 IIR 滤波器而言,在相同性能指标时,阶次较高,对 CPU 的性能要求比较高。 □

14.4.2 基于运动补偿的滤波

时空滤波器除了运动适应滤波器外,还有**运动补偿滤波器**。前者要借助运动检测但不需要显式地估计帧间的运动,而后者作用于运动轨迹上,需要利用在运动轨迹上每个像素处的准确信息。运动补偿的基本假设是像素灰度在确定的运动轨迹上保持不变。

1. 运动轨迹和时空频谱

在图像平面上的运动对应场景点在投影下的 2-D 移动或移动速率。在各帧图像里,场景中的点都在 XYT 空间沿曲线运动,该曲线称为**运动轨迹**。运动轨迹可用一个矢量函数 $M(t; x,y,t_0)$ 来描述,它表示了 t_0 时刻的参考点 (x,y) 在 t 时刻的水平和垂直坐标。一个解释性的示意图如图 14.4.1 所示,其中在 t' 时刻,$M(t'; x,y,t_0) = (x',y')$。

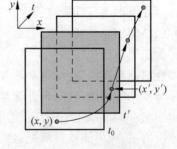

图 14.4.1 运动轨迹

给定场景中点的运动轨迹 $M(t; x,y,t_0)$,在 t' 时刻 (x', y') 处沿轨迹的速度定义为

$$s(x',y',t') = \frac{dM}{dt}(t; x,y,t_0)\bigg|_{t=t'} \qquad (14.4.4)$$

其中,s 是运动矢量,其两个分量为 s_x 和 s_y。

下面考虑视频中仅有匀速全局运动的情况。当图像平面上有 (s_x, s_y) 的匀速运动时,帧-帧之间的灰度变化可表示为

$$f_M(x,y,t) = f_M(x-s_x t, y-s_y t, 0) \approx f_0(x-s_x t, y-s_y t) \qquad (14.4.5)$$

其中,参考帧选在 $t_0 = 0$ 处,$f_0(x,y)$ 表示在参考帧内的灰度分布。

为了推导这种视频的**时空频谱**,先定义任意一个时空函数的傅里叶变换为

$$F_M(u,v,w) = \iiint f_M(x,y,t)\exp[-\mathrm{j}2\pi(ux+vy+wt)]\mathrm{d}x\mathrm{d}y\mathrm{d}t \qquad (14.4.6)$$

再将式(14.4.5)代入式(14.4.6),得到

$$F_M(u,v,w) = \iiint f_0(x-s_x t, y-s_y t)\exp[-\mathrm{j}2\pi(ux+vy+wt)]\mathrm{d}x\mathrm{d}y\mathrm{d}t$$
$$= F_0(u,v) \cdot \delta(us_x + vs_y + w) \qquad (14.4.7)$$

德尔塔函数表明时空频谱的定义域(支撑集)是满足下式的过原点平面(如图14.4.2所示):

$$us_x + vs_y + w = 0 \qquad (14.4.8)$$

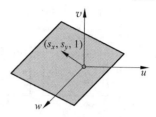

图 14.4.2　全局匀速运动的定义域

2. 沿运动轨迹的滤波

沿运动轨迹的滤波是指在沿运动轨迹的每一帧上的每个点的滤波。先考虑沿任意运动轨迹的情况。定义在(x,y,t)处的滤波器的输出为

$$g(x,y,t) = \mathcal{F}\{f_1[q; M(q; x,y,t)]\} \qquad (14.4.9)$$

式中,$f_1[q; M(q; x,y,t)] = f_M[M(q; x,y,t), q]$表示沿过$(x,y,t)$的运动轨迹在输入图像中的 1-D 信号;$\mathcal{F}$代表沿运动轨迹的 1-D 滤波器(可以是线性的或非线性的)。

沿一个匀速运动轨迹的线性、空间不变滤波可表示为

$$g(x,y,t) = \iiint h_1(q)\delta(z_x - s_x q, z_y - s_y q)f_M(x-z_x, y-z_y, t-q)\mathrm{d}z_x\mathrm{d}z_y\mathrm{d}q$$
$$= \int h_1(q)f_M(x-s_x q, y-s_y q, t-q)\mathrm{d}q = \int h_1(q)f_0(t-q; x,y,t)\mathrm{d}q$$

$$(14.4.10)$$

式中,$h_1(q)$是沿运动轨迹所使用的 1-D 滤波器的脉冲响应。上述时空滤波器的脉冲响应也可表示为

$$h(x,y,t) = h_1(t)\delta(x-s_x t, y-s_y t) \qquad (14.4.11)$$

对上式进行 3-D 傅里叶变换,就可得到运动补偿滤波器的频率响应

$$H(u,v,w) = \iiint h_1(t)\delta(x-s_x t, y-s_y t)\exp[-\mathrm{j}2\pi(ux+vy+wt)]\mathrm{d}x\mathrm{d}y\mathrm{d}t$$
$$= \int h_1(t)\exp[-\mathrm{j}2\pi(us_x + vs_y + w)t]\mathrm{d}t = H_1(us_x + vs_y + w)$$

$$(14.4.12)$$

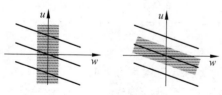

图 14.4.3　运动补偿滤波器的频率
响应的定义域

将运动补偿滤波器的频率响应的定义域投影到 uw 平面,如图 14.4.3 中阴影所示,图中斜线代表运动轨迹。左图对应 $s_x = 0$,即没有运动补偿时的纯时间滤波情况,而右图则代表有运动补偿且正确时的情况,此时 s_x 与输入视频中的速度匹配。

3. 运动补偿滤波器

这里假设在沿运动轨迹 $M(q; x,y,t)$ 的路径上,像素灰度的变化主要源于噪声。由于所采用的运动估计方法不同,滤波器的定义域不同(如空域或时空域),滤波器结构不同(如FIR 或 IIR),运动补偿滤波器可有许多种。

如图 14.4.4 所示为在时空域的采样序列中对运动轨迹估计的示意,其中以 5 帧图为例。假设要使用 N 帧图来对第 k 帧图进行滤波,这 N 帧图可记为 $k-M, \cdots, k-1, k, k+1, \cdots, k+M$,其中 $N=2M+1$。首先在第 k 帧的 (x,y) 处估计离散运动轨迹 $\boldsymbol{M}(l; x, y, t)$,$l=k-M, \cdots, k-1, k, k+1, \cdots, k+M$。函数 $\boldsymbol{M}(l; x, y, t)$ 是一个连续的矢量函数,它给出与在第 k 帧图中 (x,y) 处的像素所对应的第 l 帧图中的像素坐标。图 14.4.4 中的实线箭头表示运动轨迹。在估计轨迹时,要参考第 k 帧图来估计偏移矢量,如虚线箭头所示。

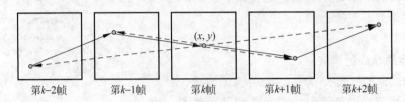

图 14.4.4　运动轨迹估计

考虑噪声为零均值、加性时空噪声的情况,此时需滤波的有噪声视频图像为

$$g(x, y, t) = f(x, y, t) + n(x, y, t) \tag{14.4.13}$$

如果噪声在时空上是白色的,则它的频谱是均匀分布的。根据式(14.4.8),视频的定义域是一个平面,设计一个恰当的运动补偿滤波器就能有效地消除平面外的所有噪声能量而不产生模糊。等价地,在时空域中,只要沿着正确的运动轨迹就能将具有零均值的白噪声完全滤除掉。

确定了运动补偿滤波器的定义域后,可使用各种滤波方式进行滤波。下面介绍两种基本的方式。

4. 时空自适应线性最小均方误差滤波

时空自适应的**线性最小均方误差**(LMMSE)滤波可如下进行。在 (x, y, t) 处的像素估计值为

$$f_e(x, y, t) = \frac{\sigma_f^2(x, y, t)}{\sigma_f^2(x, y, t) + \sigma_n^2(x, y, t)} [g(x, y, t) - \mu_g(x, y, t)] + \mu_f(x, y, t)$$

$$\tag{14.4.14}$$

式中,$\mu_f(x, y, t)$ 和 $\sigma_f^2(x, y, t)$ 分别对应无噪声图像的均值和方差,$\mu_g(x, y, t)$ 代表有噪声图像的均值,$\sigma_n^2(x, y, t)$ 代表噪声的方差。考虑平稳噪声,还可得到

$$f_e(x, y, t) = \frac{\sigma_f^2(x, y, t)}{\sigma_f^2(x, y, t) + \sigma_n^2(x, y, t)} g(x, y, t) + \frac{\sigma_n^2(x, y, t)}{\sigma_f^2(x, y, t) + \sigma_n^2(x, y, t)} \mu_g(x, y, t)$$

$$\tag{14.4.15}$$

由上式可看出滤波器的自适应能力。当时空信号的方差远小于噪声方差时,$\sigma_f^2(x, y, t) \approx 0$,上述估计逼近时空均值,$\mu_g = \mu_f$。而在另一个极端情况下,当时空信号的方差远大于噪声方差时,$\sigma_f^2(x, y, t) \gg \sigma_n^2(x, y, t)$,上述估计将逼近有噪声图像值以避免模糊。

5. 自适应加权平均滤波

自适应加权平均(AWA)滤波在时空中沿运动轨迹计算图像值的一个加权平均。权重通过优化一个准则函数来确定,其值依赖于对运动估计的准确性和围绕运动轨迹区域的空间均匀性。在对运动的估计足够准确时,权重趋向一致,AWA 滤波器进行直接的时空平均。当时空中一个像素的值与要滤波像素的值之间的差大于一个给定阈值时,对该像素的

权重下降,而加强其他像素的作用。因此,AWA 滤波器特别适用于如快速变焦或摄像机视角变化而造成的同一图像区域中包含不同场景内容时的滤波,此时效果比时空自适应的线性最小均方误差滤波器的效果要好。

AWA 滤波器可如下定义:

$$\hat{f}(x,y,t) = \sum_{(r,c,k)\in(x,y,t)} w(r,c,k)g(r,c,k) \tag{14.4.16}$$

其中

$$w(r,c,k) = \frac{K(x,y,t)}{1+\alpha\max\{\varepsilon^2,[g(x,y,t)-g(r,c,k)]^2\}} \tag{14.4.17}$$

是权重,$K(x,y,t)$ 是归一化常数

$$K(r,c,k) = \left\{\sum_{(r,c,k)\in(x,y,t)} \frac{1}{1+\alpha\max\{\varepsilon^2,[g(x,y,t)-g(r,c,k)]^2\}}\right\}^{-1} \tag{14.4.18}$$

$\alpha(\alpha>0)$ 和 ε 都是滤波器的参数,它们根据如下原则来确定。

(1) 当时空区域中像素的灰度差主要由噪声所导致时,最好将加权平均转化为直接平均,这可通过恰当地选择 ε^2 来达到。事实上,当差的平方小于 ε^2 时,所有的权重都取相同的值 $K/(1+\alpha\varepsilon^2)=1/L$,且 $\hat{f}(x,y,t)$ 退化成为直接平均。所以,可将 ε^2 的值设为两倍的噪声方差。

(2) 当 $g(x,y,t)$ 和 $g(r,c,k)$ 之间的差大于 ε^2 时,则 $g(r,c,k)$ 的贡献由 $w(r,c,k)<w(x,y,t)=K/(1+\alpha\varepsilon^2)$ 来加权。参数 α 起"惩罚"项的作用,它决定了权重对平方差 $[g(x,y,t)-g(r,c,k)]^2$ 的敏感程度。一般可将其设为 1。此时,各帧之间灰度差大于 $\pm\varepsilon$ 的像素才会参加平均。

14.4.3 消除匀速直线运动模糊

前面 5.3 节介绍无约束恢复时指出,如果能获得或设计出恰当的滤波函数,就可用逆滤波方法恢复退化的图像。在有些实际应用中,滤波函数 $H(u,v)$ 可以解析地得到。例如,在图像和视频处理中,消除**匀速直线运动模糊**就是一个典型的例子。考虑连续的情况,假设对在平面上匀速运动的景物采集一幅图像 $f(x,y)$,并设 $x_0(t)$ 和 $y_0(t)$ 分别是景物在 x 和 y 方向的运动分量(如果景物静止但采集器运动,情况也类似),T 是采集时间长度。忽略其他因素,实际采集到的模糊图像 $g(x,y)$ 为

$$g(x,y) = \int_0^T f[x-x_0(t),y-y_0(t)]\mathrm{d}t \tag{14.4.19}$$

它的傅里叶变换可表示为

$$\begin{aligned} G(u,v) &= \int_{-\infty}^{\infty}\int_{-\infty}^{\infty} g(x,y)\exp[-\mathrm{j}2\pi(ux+vy)]\mathrm{d}x\mathrm{d}y \\ &= F(u,v)\int_0^T \exp\{-\mathrm{j}2\pi[ux_0(t)+vy_0(t)]\}\mathrm{d}t \end{aligned} \tag{14.4.20}$$

如果定义

$$H(u,v) = \int_0^T \exp\{-\mathrm{j}2\pi[ux_0(t)+vy_0(t)]\}\mathrm{d}t \tag{14.4.21}$$

就可将式(14.4.20)写成适合使用逆滤波方法的形式:

$$G(u,v) = H(u,v)F(u,v) \qquad (14.4.22)$$

可见如果能够确定或估计出运动分量 $x_0(t)$ 和 $y_0(t)$，则根据式(14.4.21)就可直接得到滤波函数 $H(u,v)$。当景物在平面上的匀速运动沿直线进行时，$x_0(t)$ 和 $y_0(t)$ 均是 t 的线性函数(且可从模糊视频中估计出来)，式(14.4.21)中的积分可解析计算，由运动造成的模糊就可以消除。

例 14.4.2　消除匀速直线运动造成的模糊

图 14.4.5 所示为用逆滤波消除匀速直线运动造成的模糊的一个示例。图(a)为由于摄像机与被摄物体之间存在相对匀速直线运动而造成模糊的一帧 256×256 图像。这里在拍摄期间物体水平移动的距离为图像在该方向尺寸的 1/8，即 32 个像素。图(b)为将移动距离估计为 32 而得到的结果，图像得到了较好的恢复。图(c)和图(d)分别为取移动距离为 24 和 40 而得到的结果，由于对运动速度估计得不准，所以恢复效果均不好。

（a）　　　　　　（b）　　　　　　（c）　　　　　　（d）

图 14.4.5　消除匀速直线运动造成的模糊

14.5　视频预测编码

视频编码是视频处理中的重要内容，其目的是降低视频的码率以减少存储量和加快在信道中的传输，这与静止图像编码类似/并行。许多图像编码的方法可以直接用于视频帧的编码，或者推广到 3-D 而用于视频序列(此时将视频帧叠加构成立体图像)。

在视频编码的很多情况下，时域和空域的处理各有特点。如在视频中，不仅在**帧内**可使用预测编码方法(如同静止图像，见 11.3 节)，而且在**帧间**也可使用预测编码方法，即利用前后帧之间的相关性。下面仅讨论**帧间**预测编码的基本原理(其在国际标准中的应用见附录 A)。

1. 预测基础

在视频中相邻帧之间有较大的相关性时，采用预测编码方法是比较有效的。但当场景变化或景物运动或摄像机的各种运动(见例 14.2.1)较快时，视频中相邻帧之间的相关性会变小，预测编码方法就不太适合了。此时常采用基于子图像(视频中一般称为**宏块**)的正交变换编码方法进行**帧内编码**，这样得到的编码帧称为**独立帧**(I-frame)。独立帧在编解码中都不依赖于其他帧，也适合于作为进行预测编码的起始帧。另外，它们也提供了一些使用方面的好处，包括方便随机读取、简化编辑工作、防止误差扩展等。独立帧在所有编码国际标准中都得到了应用。

2. 单向时间预测

基于独立帧，可对其相邻帧进行预测编码。最简单的方法是将当前帧内的一个像素值由它所对应的前一帧的像素来预测。这可以写成

$$f(x,y,t) = f(x,y,t-1) \qquad\qquad (14.5.1)$$

这是线性预测,仅当相邻帧之间没有运动变化时才成立。

真实世界中,场景和景物以及摄像机都可能有运动,这会使得相邻帧中具有相同空间位置的像素灰度/颜色发生变化,此时需要使用**运动补偿预测**(MCP),可表示为

$$f_p(x,y,t) = f(x-\mathrm{d}x, y-\mathrm{d}y, t-1) \qquad\qquad (14.5.2)$$

式中,$(\mathrm{d}x,\mathrm{d}y)$表示从 $t-1$ 到 t 的运动矢量,$f(x,y,t-1)$称为参考帧,$f(x,y,t)$称为编码帧,$f_p(x,y,t)$称为**预测帧**(P-frame)。参考帧必须在编码帧之前被编码并重建,而编码帧要借助预测帧进行编码。

实用中,把一定数量的连续帧构成一组,并分别采用两种不同的方式对组内两种类型的帧图像进行编码(以 H.261 为例,见 A.4 节)。

(1) I 帧:每组的第一帧,将其作为初始帧按独立帧进行编码以减少帧内冗余度,这种编码方式称为**帧内编码**。

(2) P 帧:同组的剩余帧,对它们进行预测编码,即通过计算当前帧与下一帧间的相关,预测估计帧内目标的运动情况,以确定如何借助运动补偿来压缩下一帧以减少帧间冗余度。这种编码方式称为**帧间编码**。

根据上面的编码方式,编(解)码序列的结构如图 14.5.1 所示。在每个 I 帧后面接续若干个 P 帧,I 帧独立编码,而 P 帧则参照上一帧编码。

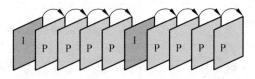

图 14.5.1　单向时间预测序列示意图

3. 双向时间预测

在双向时间预测中,当前帧内的一个像素值可结合其前一帧的像素和后一帧的像素来预测。这可以写成

$$f_p(x,y,t) = af(x-\mathrm{d}_a x, y-\mathrm{d}_a y, t-1) + bf(x+\mathrm{d}_b x, y+\mathrm{d}_b y, t+1)$$

$$(14.5.3)$$

式中,$(\mathrm{d}_a x, \mathrm{d}_a y)$表示从 $t-1$ 到 t 的运动矢量(用于前向运动补偿),$(\mathrm{d}_b x, \mathrm{d}_b y)$表示从 t 到 $t+1$ 的运动矢量(用于后向运动补偿),用 $f(x,y,t-1)$来预测 $f(x,y,t)$称为前向预测(对应前面的单向时间预测),而用 $f(x,y,t+1)$来预测 $f(x,y,t)$称为后向预测。权重系数 a 和 b 满足 $a+b=1$。

实用中,把一定数量的连续帧构成一组,并分别采用 3 种不同的方式对组内 3 种类型的帧图像进行编码(以 MPEG-1 为例,见 A.4 节)。

(1) I 帧:它借助 DCT 算法仅用本身信息进行压缩,即仅进行**帧内编码**,不参照其他帧图像。每个输入的视频信号序列将包含至少两个 I 帧。

(2) P 帧:它参照前一幅 I 帧或 P 帧并借助运动估计进行**帧间编码**。P 帧的压缩率约为 60:1。

(3) B 帧:也称**双向预测帧**,参照前一幅和后一幅 I 帧或 P 帧进行双向运动补偿。B 帧

的压缩率最大。

需要注意的是,使用双向时间预测时、对帧的编码顺序要与原来的视频序列不同。例如,先用单向预测借助独立帧来编码一些帧,然后再用双向预测编码其余的帧,即先编 P 帧再编 B 帧。根据上面的编码方式,编(解)码序列的结构如图 14.5.2 所示。

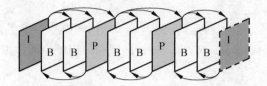

图 14.5.2　双向时间预测序列示意图

当物体在场景中运动时,一些物体会移进图像而另一些物体会移出图像。如果在当前编码帧中有物体移动时,该物体在前一帧中没有对应的区域而仅在后一帧中有对应的区域,此时使用双向时间预测就可有效地预测该区域。不过尽管双向预测可以提高预测精度和编码效率,但它会引入编码延迟,所以一般不用于实时系统(如视频会议),但主要用于视频播放的国际标准 MPEG 系列中既采用了单向预测也采用了双向预测。

总结和复习

为更好地学习,下面对各小节给予概括小结并提供一些进一步的参考资料;另外给出一些思考题和练习题以帮助复习(文后对加星号的题目还提供了解答)。

1. 各节小结和文献介绍

14.1 节介绍了视频中有关表达和格式的基本概念。视频中信息内容很多,对其的表达相比图像有了更多要求,格式种类也更多。更多内容可参见文献[Tekalp 1995]等。

14.2 节将运动划分为全局运动和局部运动,它们分别对应背景运动和前景运动。背景运动的表达常采用运动矢量场表达,而前景运动的表达比较复杂,需根据情况采用运动矢量场表达、运动直方图来表达或运动轨迹表达。可见区别这两种运动对采用不同方法来处理运动信息有重要意义。对视频中运动的一个估计算法可见文献[陈 2010b]。

14.3 节讨论对整幅图像中运动信息或运动矢量的估计和检测。利用图像差、基于模型和在频率域的运动检测都是比较基本的,近年随着视频图像的广泛应用,新的方法层出不穷,还可参见文献[Hartley 2004]、[Forsyth 2012]、[Sonka 2014]等。一种将运动轨迹的曲线拟合与相关运动检测跟踪相结合的对运动目标快速预测定位的方法可见文献[秦 2003]。有关全局运动检测和应用的讨论还可见文献[Yu 2001]。一种自适应亚采样检测运动目标的方法可见文献[Paulus 2009]。

14.4 节通过增加对运动信息的处理,将图像处理推广到了视频处理。运动检测滤波和运动补偿滤波是比较常用和典型的技术,而消除匀速直线运动模糊是一个应用的例子[Gonzalez 2008]。

14.5 节将空域预测编码推广到时域预测编码,实现了对视频图像的预测编码,其具体应用可见各种有关运动图像的国际标准(附录 A[MPEG])。

2. 思考题和练习题

14-1 在图 14.1.1 中,如果 4:4:4 格式的数据量为 1MB,那么另 3 种格式的数据量是多少?

*__14-2__ (1) 对 RGB 坐标系中的下列彩色,分别给出它们在 YC_BC_R 坐标系中的值。

(a) (255,255,255);(b) (0,255,0);(c) (255,255,0);(d) (0,255,255)。

(2) 对 RGB 坐标系中的下列彩色,分别给出它们在 YIQ 和 YUV 坐标系中的值。

(a) (1,1,1);(b) (0,1,0);(c) (1,1,0);(d) (0,1,1)。

14-3 试比较运动矢量场表达和运动直方图表达两种对运动的表达形式,它们各有什么特点,各适合哪些应用?

14-4 设一个点在空间的运动分 5 个等间隔的阶段,在第 1 个阶段沿 X 轴方向匀速运动,在第 2 个阶段沿与 Y 轴和 Z 轴角分线平行的方向匀加速运动,在第 3 个阶段沿 Y 轴方向匀减速运动,在第 4 个阶段沿 Z 轴方向匀速运动,在第 5 个阶段沿与 X 轴和 Z 轴角分线平行的方向匀减速运动。试分别做出该点沿 3 个轴的运动轨迹的示意图。

14-5 试比较式(14.3.1)与式(14.3.2)中的判断条件,它们各有什么特点,各适合什么场合?

14-6 当所观察的目标区域移动时,正 ADI 图像中的非零区域的位置如何变化?

14-7 如果一物体做匀速直线运动,其方向与水平夹角为 $45°$,在该方向上速度为 2,写出对应的转移函数。

*__14-8__ 对在 x 和 y 方向上任意的匀速直线运动,推导对应的转移函数。

14-9 考虑只有 y 方向上的匀速直线运动,推导计算图像恢复的近似公式。

14-10 设一幅图像的模糊是由物体在 x 方向的匀加速运动产生的。当 $t=0$ 时物体静止,在 $t=0$ 到 $t=T$ 间物体加速度是 $x_0(t)=at^2/2$,求转移函数 $H(u,v)$,并讨论匀速运动和匀加速运动所造成的模糊的不同特点。

14-11 场景中有一物体沿与 X 轴成 $30°$ 的方向做直线运动,计算下列两种情况下在 $[0,8]$ 区间内的单向预测值:

(1) 如果物体的运动为匀速,速度 $v=2$;

(2) 如果物体的运动为匀加速,加速度 $a_v=3$。

14-12 场景中有一物体沿 x 方向做直线运动,取权重系数 $a_v=0.3$,计算下列两种情况下在 $[0,10]$ 区间内的双向预测值:

(1) 如果物体的运动为匀速,速度 $v=1$;

(2) 如果物体的运动为匀加速,加速度 $a=2$。

第15章 多尺度图像处理

多尺度图像处理指对图像采用多尺度的表达,并在不同尺度下分别进行处理。多尺度技术也称为多分辨率技术(在很多情况下,多尺度和多分辨率也常换用)。在实际应用中,图像里有些内容或特点在某个种尺度下不容易看出来或获得,但在另外的尺度下却很容易看出来或检测到。所以利用多尺度技术常可以更有效地提取图像特征,获取图像内容。

要进行多尺度图像处理需要有对图像进行多尺度表达的结构和获得多尺度表达的多尺度变换技术,从而把图像转换到多尺度空间。在多尺度空间里对图像的处理既要基于前面各章对图像处理的技术也要考虑到图像多尺度表达后的特点。尺度的变化也给图像处理提供了新的可能和效果。

根据上述的讨论,本章各节内容将安排如下。

15.1节先介绍多尺度表达的一些概念以及常用的金字塔表达的数据结构和特点,还对使用多尺度表达后形成的尺度空间进行概况介绍。

15.2节先介绍如何将图像分解以分别构建多尺度高斯金字塔和拉普拉斯金字塔,然后讨论如何利用它们来重建原始图像。

15.3节对三大类多尺度变换技术,即尺度-空间技术、时间-频率技术和时间-尺度技术进行讨论,并借助一个典型的信号对三类技术进行分析比较。

15.4节介绍基于多尺度小波的图像处理技术,分别以噪声消除和边缘增强为例具体描述和讨论了多尺度图像处理技术的特点。

15.5节介绍超分辨率技术,这是结合图像多尺度表达进行图像处理特别是图像恢复的典型技术。一般超分辨率处理的输入图像是较大尺度的,而输出是较小尺度的,细节信息有所增加。

15.1 多尺度表达

要在多尺度下对图像进行处理,首先需对图像进行多尺度表达,并建立各个尺度间的联系。

1. 多尺度信号表达

图像的**多尺度表达**指对同一幅图像采用多个不同尺度的表达。先举一个 1-D 信号的例子,如图 15.1.1 所示。上一行是对同一个函数采用不同分辨率表达得到的结果,其中由左向右随尺度增加而细节逐步减少。每次通过将步长(h)加倍都会去除掉函数的一些部分

（见对应的第 2 行）。

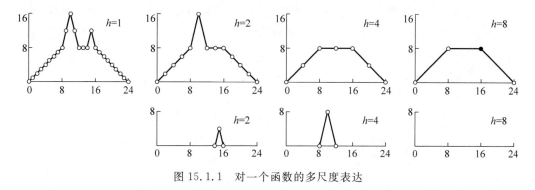

图 15.1.1　对一个函数的多尺度表达

2. 金字塔

图像是 2-D 的,其多尺度表达可借助在两个正交方向上的多尺度表达获得。当在这两个方向上的尺度均 2 倍变化时,图像的尺寸将以 4 倍变化,此时的多尺度表达将构成金字塔状的结构。

对一幅 $N \times N$ 的图像 M（其中 N 为 2 的整数次幂,$N = 2^n$）,如果将其在两个方向上各隔一个像素后取出一个像素（例如,每行连续两个像素中取第 2 个而每连续两行中取第 2 行）,这些取出的像素将构成一幅 $N/2 \times N/2$ 的图像。换句话说,通过在两个方向上进行 1:2 的亚抽样,可以得到原始图像的一个（较粗略的）缩略图。这个过程可重复进行,直到原始的 $N \times N$ 图像变为一幅 $N/N \times N/N$,即 1×1 的图像。通过这个过程可得到一系列不同尺度的图像,可记为 $\{M_0, M_1, \cdots, M_n\}$,其分辨率分别为 $N \times N, N/2 \times N/2, N/2^2 \times N/2^2, \cdots, N/2^n \times N/2^n$。上述过程和结果如图 15.1.2 所示。所得到的一系列图像构成一个**金字塔**的结构,原始图像对应第 0 层,$N/2 \times N/2$ 的图像对应第 1 层,直到 $N/2^n \times N/2^n$ 的图像对应第 n 层。

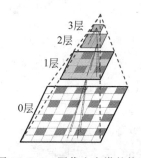

图 15.1.2　图像金字塔的构成

图 15.1.2 金字塔中的各层图像具有不同的尺寸和分辨率。第 0 层的尺寸最大,分辨率最高。随着向图像金字塔的上层移动,图像的尺寸和分辨率都降低,直到第 n 层。一个完整的图像金字塔共有 $n+1$ 层图像,或者说由 $n+1$ 幅不同分辨率的图像组成。

上述构建的图像金字塔中,从下一层到上一层,行和列的分辨率都以因子 2 而减少,图像的尺寸也相应减少。存储金字塔结构所需的空间可如下计算。对一个共有 $n+1$ 层的完整的 2-D 图像金字塔,其中单元（可代表像素或像素集合）的总数为

$$N^2 \left(1 + \frac{1}{4} + \frac{1}{4^2} + \cdots\right) \leqslant \frac{4}{3} N^2 \tag{15.1.1}$$

一般来说,给定一幅每个方向上有 N 个像素的 k-D 图像,如果考虑用亚采样因子 2 来构建金字塔,则金字塔总的单元数为

$$N^k \left(1 + \frac{1}{2^k} + \frac{1}{2^{2k}} + \cdots\right) < \frac{2^k}{2^k - 1} N^k \tag{15.1.2}$$

例如对一幅 3-D 图像,整个金字塔只需要比原图像多 1/7 的空间就可以了。

回到前面的序列图像 $\{M_0, M_1, \cdots, M_n\}$,其中 M_{i+1} 是 M_i 的 2×2 缩减,可用**缩减窗**来标记:对 M_{i+1} 中的每个单元 u,缩减窗代表其在 M_i 中的单元的集合,$S(u)$。另外,图像面积在各层之间减少的速率可用**缩减因数** λ 表示:

$$\lambda \leqslant \frac{|M_i|}{|M_{i+1}|} \quad i = 0, 1, \cdots, n \tag{15.1.3}$$

在缩减窗不互相重叠且为 2×2 的简单情况下,$\lambda = 4$;如果让缩减窗重叠,这个因数将减小。可见,对金字塔的命名可借助缩减窗/缩减因数来进行。图 15.1.3 给出一些简单的例子,其中实心点处于较高的层,即较低分辨率的层。图(a)可用 $(2 \times 2)/4$ 命名(这是最广泛使用的金字塔,也常称为"图像金字塔"),图(b)可用 $(2 \times 2)/2$ 命名,图(c)可用 $(3 \times 3)/2$ 命名。后两种都称为"重叠金字塔"。

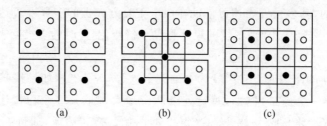

图 15.1.3　具有不同缩减窗/缩减因数的金字塔

同一金字塔里不同层次的图像看起来可以有很大的不同。接近底层的图像(对应细的尺度)可以给出图像中的许多小尺度的细节而接近顶层的图像(对应粗的尺度)可能仅表达了图像中(大尺度)主要目标的特点。进一步的讨论可见《图像工程》中册。

3. 尺度空间

对同一幅图像采用不同的尺度表达后,相当于给图像数据的表达增加了一个新的坐标 [Jähne 1997]。即除了一般使用的空间分辨率(像素数)外,现在又多了一个刻画当前层次的新参数。如果用 s 来标记这个新的尺度参数,则包含一系列有不同分辨率图像的数据结构可被称为**尺度空间**。可用 $f(x, y, s)$ 来表示图像 $f(x, y)$ 的尺度空间。在 $s \to \infty$ 的极限情况下,尺度空间会收敛到一个具有原始图像平均灰度的常数图像。

要满足哪些条件才能生成一个尺度空间呢?其中有两个基本的要求:第一个要求是当增加尺度参数值时,并不会增加新的细节。从信息论的角度看,图像内的信息内容应该随着尺度参数值的增加而连续地减少。第二个要求与尺度不变性的通用原理有关,即可以在尺度空间的任意尺度参数开始对图像进行平滑而仍能得到同样的尺度空间。

通过使用这样增加的尺度参数实际上给图像增加了一个新的维数,并导致对数据存储需求以及产生和处理尺度空间所需计算量的极大增加。解决这个问题导致提出了一种新的数据结构以在不同尺度表达图像,称为多格(multi-grid)表达 [Jähne 1997]。这里的基本想法是相当简单的。细尺度的表达需要使用全分辨率,而粗尺度可在较低的分辨率上表达。在这样的尺度空间中,随着尺度参数的增加,图像会变得越来越小(分辨率降低)。

15.2　高斯和拉普拉斯金字塔

将高斯金字塔和拉普拉斯金字塔结合起来就可进行对图像的多分辨率分解和重建。

15.2.1　高斯金字塔

借助亚采样可以获得一幅图像的一个缩略图。但如果需要减少一幅图像的尺寸,仅仅依靠亚采样会丢失许多信息。从理论上来说,亚采样后的图像有可能是按不满足采样定理的条件获得的图像,所以其质量不能保证。根据采样定理,需要让所有以小于最短波长的 1/4 采样而得到的精细结构能通过平滑滤波器来消除掉,这样才能获得一幅正确的亚采样图像[Jähne 1997]。从尺度空间的角度说,这表明减小图像尺寸需要与恰当的对图像的平滑同步进行。如果将平滑和亚采样重复进行,就可得到能构成金字塔的一系列图像(对一幅图像进行表达的集合)。在金字塔图像系列中,每一层的图像是下一层的图像宽度和高度的一半,即随着层次增加,图像尺寸减小。

对图像的平滑可以借助各种低通滤波器进行。下面讨论使用高斯平滑滤波器的情况,这时得到的金字塔称为**高斯金字塔**,其各层图像可简称为高斯图像。

高斯平滑滤波器利用高斯核进行平滑。一个 2-D 的可分离和对称的 5×5 高斯平滑模板可分解为两个 1-D 的滤波核[Jähne 2004]

$$h = [\gamma/2 \quad \beta/2 \quad \alpha \quad \beta/2 \quad \gamma/2] \tag{15.2.1}$$

其**转移函数**为

$$H = \alpha + \beta\cos(\pi k) + \gamma\cos(2\pi k) \tag{15.2.2}$$

可根据下面几个准则来推断恰当的(偶数)滤波系数 α、β 和 γ。

(1)归一化:一个恰当的平滑模板需要保持平均灰度值,即 $H(0)=1$。这样由式(15.2.2)可得

$$\alpha + \beta + \gamma = 1 \tag{15.2.3}$$

(2)相同贡献:奇数点和偶数点应该对更高一层有相同贡献,即有

$$\alpha + \gamma = \beta \tag{15.2.4}$$

(3)恰当平滑:一个有用的平滑模板应该将最大的波数消除,这与式(15.2.4)给出相同的条件。

根据式(15.2.3)和式(15.2.4)来选择滤波系数还剩下一个自由度。满足条件的模板包括双线性滤波器($\alpha=6/16$)

$$h_b = \frac{1}{16}[1 \quad 4 \quad 6 \quad 4 \quad 1] \tag{15.2.5}$$

和级联盒滤波器($\alpha=1/4$)

$$h_c = \frac{1}{8}[1 \quad 2 \quad 2 \quad 2 \quad 1] = \frac{1}{4}[1 \quad 1 \quad 1 \quad 1] \otimes \frac{1}{2}[1 \quad 1] \tag{15.2.6}$$

当使用高斯平滑滤波器时,平滑和亚采样的过程可借助压缩平滑算子 $S_{(\downarrow 2)}$ 的单个操作用下式来表示:

$$G^{(k+1)} = S_{(\downarrow 2)}G^{(k)} \tag{15.2.7}$$

式(15.2.7)表明可以用第 k 层的高斯图像 $G^{(k)}$ 来计算第 $k+1$ 层的高斯图像 $G^{(k+1)}$。下标中"↓"后的数字表示亚采样率(这里为 2);S 表示压缩平滑算子。金字塔的第 0 层就是原始图像,即 $G^{(0)}=G$。随着平滑过程由低层向高层进行,输出图像得到越来越多的平滑。最小的图像具有最多的平滑,对应图像的最粗尺度。

对高斯金字塔的构建过程可借助图 15.2.1 来介绍。将第 k 层的高斯图像经过高斯平滑和亚采样就可获得第 $k+1$ 层的高斯图像。

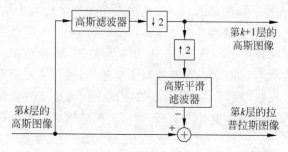

图 15.2.1　金字塔的构建

高斯金字塔包括了一系列高斯低通滤波的图像,其中截止频率从上一层到下一层是以因子 2 逐渐增加的。这种逐次加倍的变化使得只需要金字塔的很少几层就可以跨越很宽的频率范围。

图 15.2.2 给出一个高斯金字塔的示例。图中从左到右依次为 0 层(也就是原始图像)、1 层、2 层和 3 层高斯图像。

0层　　　　　1层　　　2层　3层

图 15.2.2　一个高斯金字塔的示例

15.2.2　拉普拉斯金字塔

拉普拉斯金字塔包含一系列带通滤波的图像。在金字塔的每一层中仅包含与部分频率的少数几个采样匹配的尺度,所以拉普拉斯金字塔是一种有效的数据结构,与不确定性所给出的极限(等于波长和空间分辨率的乘积)相适应[Jähne 1997]。拉普拉斯金字塔仅能产生比较粗的频率分解而没有方向分解,所有同一个倍频程(因子 2)内的频率都包含在金字塔的同一层中,完全独立于它们的方向。

拉普拉斯金字塔中的图像可用对高斯金字塔中相邻两层图像的相减而近似得到。为此,需先将图像在较粗的尺度(较高的层次)上扩展。这个操作可用扩展插值算子 $E_{(\uparrow 2)}$ 来进行。与压缩平滑算子类似,扩展的程度用下标↑后的数字来表示(这里为2)。

扩展比减少尺寸的压缩困难,因为缺少的信息需要通过插值来得到,否则有可能出现块效应。要在所有方向增加一倍尺寸,每行任两个像素间需要插一个值而每两行间需要插一行。利用前面的标记,所生成的拉普拉斯金字塔的第 k 层图像可写成(参见图15.2.1)

$$L^{(k)} = G^{(k)} - E_{(\uparrow 2)} G^{(k+1)} \qquad (15.2.8)$$

对拉普拉斯金字塔的构建过程也可借助图15.2.1来说明。将第 $k+1$ 层的高斯图像经过插值扩展后再用高斯平滑滤波器滤波,将这样得到的结果从第 k 层的高斯图像中减去,就可以得到第 k 层的拉普拉斯图像。

因为拉普拉斯图像是两个不同层次低通滤波器图像(有不同的截止频率)的差,所以拉普拉斯金字塔是一种有效地对图像进行带通分解的方案。从下一层到上一层,中心频率逐次减半。拉普拉斯金字塔序列中的最后一幅图像是一幅低通滤波的仅包含最粗结构的图像。

图15.2.3给出一个拉普拉斯金字塔的示例。图中从左到右为依次0层、1层、2层和3层。前3幅图像均为带通滤波图像,而第4幅图像为低通滤波图像。

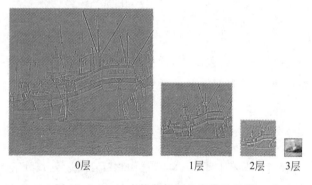

图15.2.3　一个拉普拉斯金字塔的示例

15.2.3　原始图像的重建

借助高斯金字塔和拉普拉斯金字塔可以将原始图像很快地从两个金字塔构成的图像序列中通过反复扩展并将结果相加而重建出来。这里的反复扩展过程是式(15.2.8)的逆过程。在一个具有 $k+1$ 层的拉普拉斯金字塔中,其第 k 层(从0层开始算起)既是拉普拉斯金字塔的最粗一层也与高斯金字塔的最粗一层相同。而高斯金字塔的第 $k-1$ 层可如下重建:

$$G^{(k-1)} = L^{(k-1)} + E_{(\uparrow 2)} G^{(k)} \qquad (15.2.9)$$

注意这里正好是拉普拉斯金字塔重建的逆过程。尽管用来扩展图像的插值算法包含误差,它们仅影响拉普拉斯金字塔而不影响从拉普拉斯金字塔重建高斯金字塔,这是因为使用了同一个算法。式(15.2.9)的迭代需要对更低的层重复进行直到第0层,即原始图像。

图15.2.4给出一个重建示例。图中右上角是第3层的高斯图像,将其以因子2进行扩展(图中用了双线箭头)再加上第2层的拉普拉斯图像就得到第2层的高斯图像(第1行右边第2幅图)。类似地,将第2层的高斯图像以因子2进行扩展、再加上第1层的拉普拉斯图像就得到第1层的高斯图像,而将第1层的高斯图像以因子2进行扩展、再加上第0层的拉普拉斯图像就得到第0层的高斯图像,也就是原始图像(左边第1幅图)。

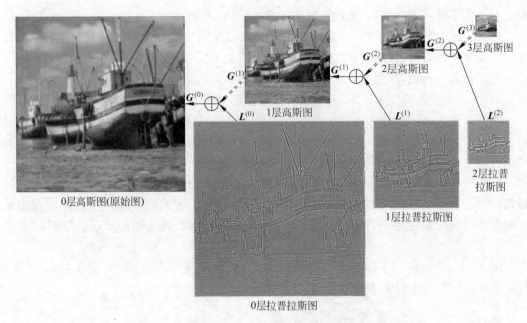

图 15.2.4 金字塔构建的示例

由图 15.2.4 可见,在重建的过程中,图像中越来越细的细节变得逐渐清晰起来。因为细节是逐渐重建出来的,所以拉普拉斯金字塔也可作为图像压缩的一个框架。

15.3 多尺度变换技术

用多尺度变换 $U(b,s)$ 来分析信号 $u(t)$ 可看作将 1-D 信号 $u(t)$ 用 2-D 变换 $U(b,s)$ 展开,这样就可将在信号 $u(t)$ 中包含的不同尺度的特征和结构信息变成显式信息。同时需要指出,将 1-D 信号用 2-D 变换展开会导致数据的冗余。当然付出这种冗余代价的结果是可以通过分析 $U(b,s)$ 来检测和提取尺度信息。

15.3.1 3 类多尺度变换技术

多尺度变换技术的特点与多尺度变换 $U(b,s)$ 相关[Costa 2001]。$U(b,s)$ 有两个参数,b 与 $u(t)$ 的时间变量 t 相关,s 则与图像的尺度相关。一般把尺度参数 s 看作与信号频率 f 的倒数相关,即 $1/s \approx f$。

对多尺度变换技术可分成 3 大类:**尺度-空间技术**,**时间-尺度技术**(小波变换是一个典型代表),**时间-频率技术**(下面介绍的盖伯变换是一个典型代表)。

1. 尺度-空间分析

尺度-空间中的一个关键概念是信号中的重要特征往往与一些极值点(如局部极大极小点)相关联。信号 $u(t)$ 的局部极大点对应其导数 $u'(t)$ 的零交叉点,所有零交叉点的集合可记为 $\{u'(t)\}_{zc}$。因为微分会增强噪声,所以使用 $u'(t)$ 时需要滤除噪声。如果将 $u'(t)$ 与高斯函数 $g(t)$ 卷积,得到

$$u'(t) \otimes g(t) = [u(t) \otimes g(t)]' = u(t) \otimes g'(t) \tag{15.3.1}$$

上式表明将 $u'(t)$ 与高斯函数 $g(t)$ 卷积等于将信号 $u(t)$ 与高斯函数的一阶微分 $g'(t)$ 卷积,这样对 $u(t)$ 极值点的检测就成为检测卷积结果的零交叉点。高斯函数的宽度是用标准方差这个参数来控制的,如果将其定义为尺度参数,则大的方差对应大的尺度,小的方差对应小的尺度。对每个尺度,都可确定一组平滑后的 $u(t)$ 的极值点。这样,$u(t)$ 的尺度-空间就可定义为随尺度参数变化的一组极值点。

如果设 $g_s(t)$ 是一个标准方差为 $s(s>0)$ 的高斯函数:

$$g_s(t) = \frac{1}{s\sqrt{2\pi}}\exp(-t^2/2s^2) \tag{15.3.2}$$

信号 $u(t)$ 与高斯函数 $g_s(t)$ 的卷积可定义为

$$U(t,s) = u(t) \otimes g_s(t) \tag{15.3.3}$$

在一个给定的观察尺度 s_0,$U(t,s_0)$ 是 $u(t)$ 平滑的结果。$U(t,s)$ 的极值点就是 $U'(t,s_0)$ 的零交叉点:

$$U'(t,s) = u(t) \otimes g'_s(t) \tag{15.3.4}$$

信号 $u(t)$ 的尺度-空间可定义为 $U'(t,s_0)$ 的零交叉点的集合($\mathbf{R}$ 为实数集合):

$$\{(b_0,s_0) \mid s_0,b_0 \in \mathbf{R}, \quad 并且 \quad s_0 > 0 \quad b_0 \in [U'(t,s_0)]\}_{zc} \tag{15.3.5}$$

更一般地,$U^{(n)}(t,s)$ 的极值点可根据由 $g_s^{(n+1)}$ 生成的尺度-空间的零交叉点来定义。

上面讨论的尺度与信号的特征密切相关,所以也常称为特征尺度。

2. 时间-频率分析和盖伯变换

借助上面对多尺度变换的讨论可将傅里叶变换表示为

$$U(f) = F\{u(t)\} = \int_{-\infty}^{\infty} u(t)\exp[-j2\pi ft]dt \tag{15.3.6}$$

如果在变换中加一个窗函数,就构成加窗(短时)傅里叶变换

$$U(b,f) = \int_{-\infty}^{\infty} g^*(t-b)u(t)\exp[-j2\pi ft]dt \tag{15.3.7}$$

式中,$g(t)$ 为窗函数。如果 $g(t)$ 为高斯函数(实函数),就得到**盖伯变换**。

盖伯变换将信号在时间和频率上都规则地进行采样。时间上的间隔为 T 而频率上的间隔为 Ω,它们的关系为 $T\Omega=2\pi$。

可以从以下两个角度分析盖伯变换。

(1) 假设 $g(t)$ 以时间原点($t=0$)为中心,对每个 b,窗口都移到 b 处。这样 $u(t)$ 与 $g(t-b)$ 相乘表示仅将通过窗 $g(t-b)$ 可看到的那部分 $u(t)$ 选出来。如果计算 $u(t)g(t-b)$ 的傅里叶变换,那只有上述选出来的部分才会被变换,这就是盖伯变换 $U(b,f)$ 的定时局部化(time localization)特性。

(2) 将盖伯变换用信号的傅里叶变换 $U(w)$ 和高斯窗口的傅里叶变换 $G(w)$ 的平移来表示。因为乘积 $G(w-f)U(w)$ 表示围绕频率 f 选择了一个窗口,所以盖伯变换 $U(b,f)$ 在频率域也有定频局部化(frequency localization)特性。

需要指出,在定时局部化中计算了 $u(t)g(t-b)$ 的傅里叶变换,而在定频局部化中计算了乘积 $G(w-f)U(w)$。这里在时域和频域有对应的局部化表达。这是因为在时域计算的是两个函数的乘积(不是卷积)的傅里叶变换,借助巴斯韦尔公式,有 $<u(t),g(t)>\approx<U(w),G(w)>$,两边只差一个系数。

基于盖伯变换可构建盖伯滤波器(更全面的介绍见中册 9.4.2 小节)。对每个固定的 f

值,可以考虑核 $h_f(t)=g(t)\exp[-\mathrm{j}2\pi ft]$,并将其与 $u(t)$ 卷积:

$$U(b,f) = \int_{-\infty}^{\infty} h_f(t-b)u(t)\mathrm{d}t \tag{15.3.8}$$

上式表明可将 $U(b,f)$ 看作 $u(t)$ 和围绕频率 f 的核的卷积。

3. 时间-尺度分析和小波变换

考虑连续小波变换。对实函数 $u(t)$ 来说,如果它的傅里叶变换 $U(f)$ 满足下列允许性条件(admissibility criterion):

$$C_u = \int_{-\infty}^{\infty} \frac{|U(f)|^2}{|f|}\mathrm{d}f < \infty \tag{15.3.9}$$

那么就称 $u(t)$ 为"基小波"(basic wavelet)。根据 $U(f)$ 的有限性,可知 $U(0)=0$,即有

$$\int_{-\infty}^{\infty} u(t)\mathrm{d}t = 0 \tag{15.3.10}$$

式(15.3.9)表明,小波应具有速降特性,即具有小的支撑区(也称紧支撑,compact support),这样才会有较好的局部特性。式(15.3.10)表明,小波应在 t 轴上取值有正有负。所以小波是具有振荡性和迅速衰减的波。

对基小波进行平移和放缩可得到一组小波基函数 $\{u_{b,s}(t)\}$,也称积分核,如下所示:

$$u_{b,s}(t) = \frac{1}{\sqrt{s}}u\left(\frac{t-b}{s}\right) \tag{15.3.11}$$

式中,定位参数(也称平移参数)b 为实数,指示了沿 t 轴的平移位置;缩放参数(也称尺度参数)s 为正实数,指示某个小波基函数的宽度。参数空间定义为超半平面 $H=\{(b,s)|s>0\}$。

函数 $f(t)$ 相对于小波 $u(t)$ 的连续小波变换的定义可写为

$$\mathcal{W}\{f(t)\} = W_f(b,s) = \int_{-\infty}^{\infty} f(t)u_{b,s}(t)\mathrm{d}t = \int_{-\infty}^{+\infty} f(t)\frac{1}{\sqrt{s}}u\left(\frac{t-b}{s}\right)\mathrm{d}t \tag{15.3.12}$$

反变换为

$$\mathcal{W}^{-1}\{W_f(b,s)\} = f(t) = \frac{1}{C_u}\int_{-\infty}^{\infty}\int_{-\infty}^{\infty} W_f(b,s)u_{b,s}(t)\mathrm{d}b\frac{\mathrm{d}s}{s^2} \tag{15.3.13}$$

连续小波变换的积分相当于使用一组作用在 $f(t)$ 上的线性卷积滤波器,每一个 s 的值确定一个不同的带通滤波器,将所有滤波器的输出合起来就构成小波变换。注意前面介绍的盖伯变换也有这样的性质,但盖伯变换的时间窗和频率窗是固定的,而小波变换的时间窗和频率窗具有自适应性,例如在中心频率增加时带宽也加大,见图 15.3.1。图中对应盖伯变换的各个带通滤波器除中心频率外均是相同的,而对应小波变换的各个带通滤波器的宽度则随着中心频率的增加而增加。

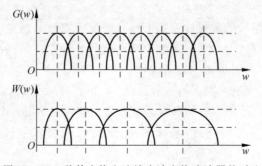

图 15.3.1　盖伯变换和连续小波变换滤波器的对比

如果设 $u(t)$ 为一个复信号，则 $u(t)$ 的连续小波变换为

$$U_W(b,s) = \sqrt{s} \int_{-\infty}^{\infty} W^*(sf)U(f)\exp[\mathrm{j}2\pi fb]\mathrm{d}f \qquad (15.3.14)$$

注意分析小波 $W(t)$ 中没有直流分量，它保证了信号可以准确地重建：

$$u(t) = c_W \int_{-\infty}^{\infty}\int_{-\infty}^{\infty} \sqrt{s}U_W(b,s)\Psi\left(\frac{t-b}{s}\right)\frac{\mathrm{d}b\mathrm{d}s}{a^2} \qquad (15.3.15)$$

式中，c_W 是重建常数，只取决于分析小波。

上述重建公式表明信号 $u(t)$ 可用小波 $W_{(b,s)}(t) = s^{1/2}W[(t-b)/s]$（这是母小波 W 的平移和缩放）展开。

15.3.2 多尺度变换技术比较

不同的多尺度变换技术有各自的特点，也有各自适用的范围。

1. 显示

$U(b,s)$ 可看作一个取值为实数或复数的 2-D 函数，但由于所用变换的不同，所得结果的特点也不同。举例来说，在尺度-空间的情况，变换借助一系列信号和高斯微分的卷积进行。如果信号为实数，变换结果将是实数；而如果信号为复数，变换结果也将是复数。在盖伯变换的情况，变换利用了信号和用高斯调制的复指数函数间的内积，所以变换结果一般是复数。在小波变换的情况，根据母小波的不同和信号的不同，变换结果可以是实数或者是复数。

如果 $U(b,s)$ 取实数值，变换结果可以有两种显示方式。一种是显示成一个曲面，其中 (b,s) 给出其在 XY 平面的坐标，实数 $U(b,s)$ 给出曲面在 Z 轴的高度。另一种是显示成一幅灰度图像，其中 (b,s) 对应像素坐标，实数 $U(b,s)$ 代表像素灰度。如果 $U(b,s)$ 取复数值，则变换必须用两个实数分量来显示，即对每对 (b,s)，要显示出 $U(b,s)$ 的实部和虚部或幅度和相位。

2. 对比

下面借助一个例子来比较上面三种多尺度变换技术。图 15.3.2 所示为一个需要分析的信号（纵轴表示信号的强度），它沿（水平）时间轴由三部分组成。左边部分和右边部分均为单频率的正弦波。中间部分为一段频率线性增加的正弦波（chirp），可用 $\cos[(mt+n)t]$ 表示，其中 mt 随时间线性增加。在中间部分的中段还加了一个脉冲。这样在整个需要分析的信号中有三个奇异点。对这样的信号，如果采用全局变换（如傅里叶变换），由于三个奇异点都会影响整个变换，所以无法从变换表达中确定三个奇异点在时间轴上的位置。

先考虑尺度-空间变换。如果用一个高斯函数作为核来对图 15.3.2 的信号进行变换，得到的结果显示在图 15.3.3 的尺度-空间平面上。图中横轴对应空间参数 b，纵轴对应尺度参数 s（尺度向下增加）。图中的结果用 $U(b,s)$ 的局部极值曲线表示。由图可见，对应高频率的小尺度细节部分随着尺度的增加而逐渐消失，这是它们与有较大方差的高斯函数卷积的结果。另外，尺度-空间变换检测出原信号中的 3 个奇异点，分别对应两处频率变化过渡位置和一处脉冲位置。

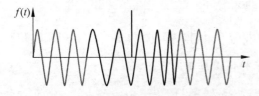
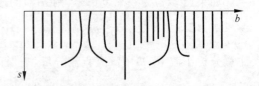

图 15.3.2　有 3 个奇异点的信号　　　　　　　图 15.3.3　尺度-空间变换结果

　　再来考虑时间-频率变换。如果用盖伯变换对图 15.3.2 的信号进行变换,得到的结果显示在图 15.3.4 的时间-频率平面上。图 15.3.4 的横轴和纵轴与图 15.3.3 的相同(由于尺度参数 s 与信号频率 f 基本互为倒数,即 $1/s \approx f$,也可认为频率沿纵轴向上增加)。这里由于盖伯变换结果是复数,所以图 15.3.4 中显示的是 $|U(b, s)|$ 的局部极值曲线。由于盖伯变换可以调整到信号的局部频率,所以在奇异点有比较明显的响应。另外,盖伯变换在平面中部随频率变化的斜线上也有较强的响应。

　　最后考虑时间-尺度变换。如果用小波变换(Morlet 母小波)对图 15.3.2 的信号进行变换,得到的结果显示在图 15.3.5 的时间-尺度平面上。图 15.3.5 的横轴和纵轴与图 15.3.3 的相同。这里母小波取复数(用复指数调制的高斯函数),所以图 15.3.5 中显示的与盖伯变换时的情况相同,也是 $|U(b, s)|$ 的局部极值曲线。不过,尽管结果与盖伯变换结果有相似之处,由于小波变换中核的尺寸是随频率变化的(低频时的频率分辨率高),所以在每个奇异点,$|U(b, s)|$ 的局部极值呈现一个随尺度减小指向奇异点的漏斗状(频率沿纵轴向上增加)。

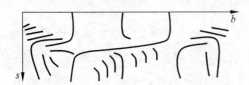
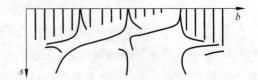

图 15.3.4　盖伯变换结果　　　　　　　　　　图 15.3.5　小波变换结果

3. 分析讨论

　　一旦对一个信号进行了多尺度变换,就有可能用不同的方法从中提取信息。下面讨论几种最常用的技术。

　　(1) 局部极大极小值和零值

　　该方法的基础是信号中总有些点比其他点重要,而多尺度变换对这些点会有比较强的响应。

　　(2) 频率调整或尺度选择

　　该方法也称**自然尺度检测变换**或**小波校正**。其基本思路是并不分析整个变换而仅在某个事先固定的尺度或一组尺度上进行分析,这与分析信号的线性滤波结果等价。这里线性滤波器是由调整到某个固定尺度或频率的变换核所定义的。

　　实现该方法要解决的最重要问题是正确地调整变换参数,即分析尺度。解决的一个方法是用一组滤波器并比较它们的输出。第二个问题是每个滤波器的响应强度可能会有很大变化,仅仅比较滤波器的响应强度可能会产生较大误差。

　　(3) 投影到时间和尺度或频率轴

　　从多尺度变换中提取信息的一种直接方法是将变换系数投影到时间或尺度参数轴。在投影到尺度轴的情况,投影结果直接与傅里叶变换相关,在投影过程中时间信息完全丢失了。不过,对局部极大值的投影可用来检测全局的自然尺度。另一方面,投影到时间轴上将可揭示在不同的尺度上哪个时间区带有更多的信号能量。

15.4　基于多尺度小波的处理

对图像的小波变换或小波分解是获得图像多尺度表达的一种方法,在此基础上,可以进行各种对图像的多尺度处理。

1. 多尺度小波分解

在小波分解过程中,其低频子图像逐次分解,在此过程中可得到一系列分辨率逐次降低的子图像。与图 10.4.12 的分解对应的子图像如图 15.4.1 所示。图中最左方的是原始图像,由它得到的一级分解低频子图像在它的右方,尺寸(与分辨率对应)在两个方向上均减半。由一级低频子图像分解得到的二级低频子图像又在它的右方,尺寸在两个方向上又均减半。这样依次类推,图中最右方的是三级低频子图像。

图 15.4.1　小波分解得到的低频子图像序列示例

在小波分解过程中得到的各高频子图像仍保留在小波分解的结果中,如图 10.4.13(a)所示。

2. 多尺度小波特点

多尺度小波的尺度变化使得对图像的小波分析可以聚焦到间断点、奇异点和边缘,也可以获得全局的视点。这个特性是小波变换独有的,对非稳定和快速变化信号的分析很有用。

小波变换相当于一组多分辨率的带通滤波器。利用这个特点,可以将图像信号分解到不同的频率子带。在每个子带中,图像信号可用一个与小波尺度对应的分辨率来进行分析。当尺度变化时,小波变换滤波器的带宽$(\Delta w)_s$满足

$$(\Delta w)_s^2 = \frac{\int w^2 \mid H(sw) \mid^2 \mathrm{d}w}{\int \mid H(sw) \mid^2 \mathrm{d}w} = \frac{\int (sw)^2 \mid H(sw) \mid^2 \mathrm{d}(sw)}{s^2 \int \mid H(sw) \mid^2 \mathrm{d}(sw)} = \frac{1}{s^2} (\Delta w)^2$$

$$(15.4.1)$$

在讨论滤波器时,常用到**保真度因子**。它指滤波器的带宽除以中心频率,所以是相对带宽的倒数。小波变换滤波器的相对带宽 Q 是常数,因为下式:

$$\frac{1}{Q} = \frac{(\Delta w)_s}{1/s} = (\Delta w)$$

$$(15.4.2)$$

与尺度 s 是独立的,因此,小波变换可看作是一种常数 Q 的分析。在对应大尺度因子的低频率时,小波变换滤波器具有小的带宽,即时间窗比较宽而时间分辨率比较低。在对应小尺度因子的高频率时,小波变换滤波器具有大的带宽,即时间窗比较窄而时间分辨率比较高。小波分析的时间分辨率随窗口尺寸的减少而增加,该自适应窗口特性很适合于时-频分析。

当式(15.4.2)中的常数 Q 条件满足时,频率带宽 Δw 随小波变换滤波器中心频率 $1/s$ 而变化。乘积仍满足不确定性原理。在小波变换中,时间窗口 Δt 的尺寸在小尺度上可以任意小而频率窗口 Δw 的尺寸在大尺度上可以任意小。上述特性可用来构建长度不同的自适应滤波器以改进滤波收敛性能。

3. 基于小波变换的噪声消除

基于小波变换的**噪声消除**主要包括 3 个步骤。

(1) 确定一个小波和分解级数(对应尺度 s),对含有噪声的图像进行小波变换,获得不同尺度的子图像。

(2) 在尺度 J-1 到 J-S 上对细节系数取阈值。这里阈值可以是硬阈值也可以是软阈值。如果是硬阈值,将绝对值小于阈值的系数置为 0。如果是软阈值,先将绝对值小于阈值的系数置为 0,然后将非零系数缩放到零值附近,这样可消除在阈值附近的不连续性(取硬阈值时的固有问题)。

(3) 根据在尺度 J-S 的近似系数和从尺度 J-1 到 J-S 的取阈值后的细节系数进行小波反变换重建。

根据上面的过程,由于仅将高分辨率的细节系数取阈值置 0,所以在消除噪声的同时仅对图像中的边缘有轻微的影响。

4. 基于小波分解的边缘增强

对图像的小波分解结果是不同频率子图像的集合,一个两级分解后的示意如图 15.4.2 所示(参见图 10.4.12)。**边缘增强**需要加强高频或消减低频,所以如果将对应低频子图像(标为 W_u)的系数置为 0(见图(a)中阴影部分)然后再重建,得到的结果中高频分量会得到增强,即图像中的边缘将更为明显。在此基础上,如果将两级分解得到的各高频子图像里对应水平方向高频、垂直方向低频(标为 W_v^{H})的系数置为 0(见图(b)中阴影)然后再重建,得到的结果中仅垂直边缘会得到增强;而如果将两级分解得到的各高频子图像里对应垂直方向高频、水平方向低频(标为 W_v^{V})的系数置为 0(见图(c)中阴影)然后再重建,得到的结果中仅水平边缘会得到增强。

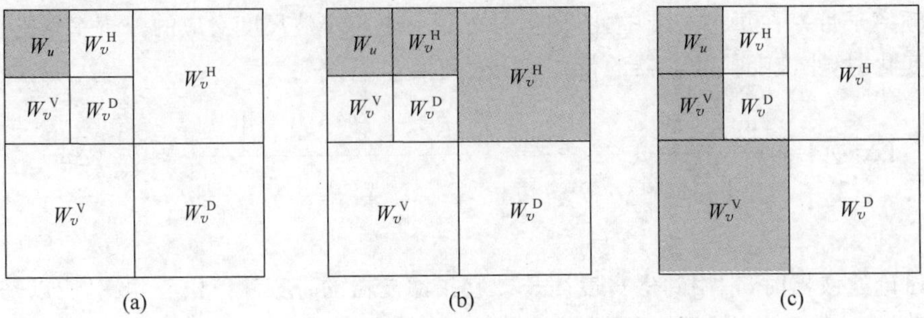

(a)　　　　　　　　　(b)　　　　　　　　　(c)

图 15.4.2　将小波分解结果中低频系数置为 0 以增强边缘

15.5 超分辨率技术

超分辨率(SR)这个词一般认为在 1990 年出现(尽管相关工作在 20 世纪 80 年代就已开始)[Tekalp 1995],开始主要指可以提高光学成像系统分辨率的技术。现在超分辨率一般代表一类放大(较小的)尺寸图像或视频并增加其分辨能力的方法。事实上,有些 SR 技术突破了成像系统的衍射极限,而有些技术提高了数字影像传感器的分辨率。

15.5.1 基本模型和技术分类

各种超分辨率技术都希望从低分辨率图像出发获得高分辨率图像,或更确切地说,要从单幅或多幅退化的、混叠的低分辨率图像去恢复高分辨率图像。所以,超分辨率重建不是简单地放大图像。

1. 图像观测模型

超分辨率技术所依据的图像成像模型一般称**图像观测模型**,它描述的是期望的理想图像与所获得或观测到的图像之间的关系。在超分辨率重建中,观测图像为(一系列的)低分辨率图像,而理想图像即为所求的高分辨率图像。

从期望的高分辨率理想图像 f 到实际的低分辨率观测图像 g 有一个退化过程,其中可以包括亚采样、光学模糊、几何运动以及附加噪声等。这样,超分辨率技术的图像模型可表示为

$$g = SBTf + n \tag{15.5.1}$$

式中,S 代表亚采样矩阵,B 代表模糊矩阵,T 代表扭曲矩阵(包括各种使像素坐标发生相对偏移的运动),n 代表噪声。与其对应的高分辨率图像向低分辨率图像的退化过程如图 15.5.1 所示。

图 15.5.1 高分辨率图像向低分辨率图像的退化过程

2. 超分辨率技术辨识

如果令 $H = SBT$,则超分辨率技术的图像模型成为如式(5.1.7)所示的图像恢复模型,所以有人也称超分辨率技术为第二代的图像恢复技术[Park 2003]。传统的图像恢复技术与超分辨率技术的主要区别是前者在处理后图像中的像素数并不增加。

事实上,图像恢复的一些特例也是超分辨率重建的特例。例如,有加性噪声时的图像退化模型

$$g = f + n \tag{15.5.2}$$

可看作超分辨率重建在没有扭曲、模糊和亚采样时的一种特殊情况。又如,图像模糊时的退化模型为(参见图 5.1.2 和图 5.1.3)

$$g = Bf + n \tag{15.5.3}$$

这可看作超分辨率重建在仅有模糊和噪声,没有扭曲和亚采样时的一种特殊情况。事实上

超分辨率可提高图像的清晰度,这也是图像去模糊或去卷积的主要目的(消除点扩散函数对图像的影响)。

另外,图像插值或图像放大时的图像模型可表示为

$$g = S^{-1}f + n \tag{15.5.4}$$

这里有类似的形式,但没有考虑模糊和扭曲。不过,一般的插值并不能恢复出在图像亚采样过程中丢失的高频信息,所以图像插值和图像超分辨率重建还是有区别的。

图像锐化可以提升高频信息,但仅是增强了已有的高频成分,但超分辨率技术则可估计出原始图像中没有表现出来的高分辨率细节。这可借助图 15.5.2 中不同空间频率 p 的幅度 A 的变化来描述,图(a)对应图像锐化技术,而图(b)对应超分辨率技术。在图(a)中仅原有的幅度较小的频率分量得到了提升,而在图(b)中不仅原有的幅度较小的频率分量得到了提升,而且还有更高的频率分量产生出来。

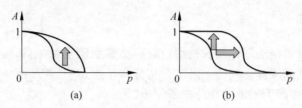

图 15.5.2　图像锐化和超分辨率的区别

最后要说明,图像拼接虽可以将多幅图像结合成更大的图像,包含了更多的像素,但并没有提供更细的细节,所以并不能算超分辨率技术。

3. 技术方法分类

超分辨率实现技术有多种,根据不同的分类准则可划分为不同的类别。

首先,根据处理的领域,超分辨率技术可分为基于频域的方法和基于空域的方法。频域方法主要基于傅里叶变换和逆变换来进行图像复原。以典型的消混叠重建方法为例,由于图像细节是通过高频信息反映出来的,所以消除低分辨率图像里的频谱混叠就可以获得更多被掩盖掉的高频信息,从而增加图像细节,提高图像的分辨率。相对来说,频域方法原理清晰,计算复杂度较低;而空域方法种类较多(一些方法将在 15.5.3 小节概括介绍),均将各种退化因素综合考虑,灵活性强,但设计复杂,计算量较大。

其次,根据所用低分辨率图像的数量,超分辨率技术可分为基于单幅图像的方法(见15.5.2 小节)和基于多幅图像的方法(见 15.5.3 小节)。早期的超分辨率技术主要基于单幅图像,改善的就是该图像的分辨能力,但一般效果不够理想。近期的研究主要围绕基于多幅图像的方法展开,其中多幅图像既可以是一组静止图像,也可以是一个系列图像(视频),还可以是多个系列图像(视频)。对视频,超分辨率方法常基于(帧内)空间尺度放大或上采样(upscaling)和帧间运动补偿(在相邻帧之间发现对应区域)。

最后,根据技术本身的特点,超分辨率技术主要可分为基于重建的方法和基于学习的方法。**基于重建的方法**主要有配准和重建两个关键步骤。在配准时,利用低分辨率的多帧图像作为数据一致性的约束,这样可以获得其他低分辨率的图像和参考低分辨率图像之间的亚像素精度的相对运动。重建时,可以利用图像的先验知识对目标图像进行优化。**基于学习的方法**(见 15.5.4～15.5.6 小节)认为低分辨率的图像完全拥有用于推理预测其所对应

的高分辨率部分的信息。这样就可以对一个低分辨率图像集进行训练,产生一个学习模型,从这个模型可以推算出图像高频细节信息。

15.5.2 基于单幅图像的超分辨率复原

基于单幅图像的方法借助一幅低分辨率图像本身所含的信息,或也借助由其他类似图像得到的先验信息,来估计高分辨率图像应该具有的内容,以达到在不引入模糊的基础上放大图像(增加或改善分辨率)的目的。

1. 图像放大

使用超分辨率技术进行处理的一个结果就是图像尺寸(分辨率)的增加,即放大了图像。放大图像有很多方法。

当用一个整数放大因子对图像进行放大时,对像素灰度的计算分两步。例如考虑放大因子是 2,第一步是将输入图像转换成一个数组,其中行和列中任两个原始数据之间都加个零。图 15.5.3(a)和(b)所示分别为放大前和放大后;第二步是将插入零后的图像与如图 15.5.3(c)所示的离散插值核进行卷积,得到的近似结果如图 15.5.3(d)所示。

对更大的放大因子和更精确的插值,还可使用如图 15.5.4 所示的各个卷积核。对更大的核,为有效计算还可不用卷积而通过在频域的滤波来实现。

$$\begin{bmatrix} a & b \\ c & d \end{bmatrix} \quad \begin{bmatrix} a & 0 & b \\ 0 & 0 & 0 \\ c & 0 & d \end{bmatrix} \quad \begin{bmatrix} 1 & 1 \\ 1 & 1 \end{bmatrix} \quad \begin{bmatrix} a & b & b \\ c & d & b \\ c & 0 & d \end{bmatrix}$$
$$\text{(a)} \qquad \text{(b)} \qquad \text{(c)} \qquad \text{(d)}$$

图 15.5.3 图像整倍数放大示例

$$\frac{1}{4}\begin{bmatrix} 1 & 2 & 1 \\ 2 & 4 & 2 \\ 1 & 2 & 1 \end{bmatrix} \qquad \frac{1}{16}\begin{bmatrix} 1 & 3 & 3 & 1 \\ 3 & 9 & 9 & 3 \\ 3 & 9 & 9 & 3 \\ 1 & 3 & 3 & 1 \end{bmatrix} \qquad \frac{1}{64}\begin{bmatrix} 1 & 4 & 6 & 4 & 1 \\ 4 & 16 & 24 & 16 & 4 \\ 6 & 24 & 36 & 24 & 6 \\ 4 & 16 & 24 & 16 & 4 \\ 1 & 4 & 6 & 4 & 1 \end{bmatrix}$$
$$\text{(a)} \qquad\qquad \text{(b)} \qquad\qquad \text{(c)}$$

图 15.5.4 离散插值卷积核

2. 超分辨率复原

最早的超分辨率技术是要恢复单幅图像中由于超出光学系统传递函数的极限而丢失的信息。为此,需要估计出该幅图像在衍射极限之上的频谱信息,并进行频谱外推。这个过程也可被认为是一个图像退化的逆过程,可以利用线性解卷积或盲解卷积来实现。此时要利用点扩散函数和对目标的先验知识,在图像系统的衍射极限之外复原图像信息也称**超分辨率复原**。

基于单幅图像的超分辨率复原可借助如下的模型来介绍:

$$g = DSf + n \tag{15.5.5}$$

式中,S 代表亚采样矩阵,D 代表衍射(对应模糊)矩阵,n 一般设为加性白噪声。这里因为只考虑单幅图像,所以与式(15.5.1)相比,没有扭曲矩阵 T。

直接解式(15.5.5)在实际中常不太可能,一是矩阵 DS 常是奇异的,即不可逆;二是矩阵 DS 常常阶数很大,计算复杂。根据上述模型,可以考虑对亚采样和衍射分级处理。如果记 $Sf = e$,则式(15.5.5)等价于

$$g = De + n \tag{15.5.6}$$

$$e = Sf \qquad\qquad (15.5.7)$$

解式(15.5.6)需要消除噪声和插值,而解式(15.5.7)可以利用梯度迭代法(如梯度下降法)。

15.5.3　基于多幅图像的超分辨率重建

基于多幅图像(或序列图像)的超分辨率技术需要利用对同一个场景获取的多幅图像。这样的多幅图像可以采用三类方法获得:①用一个相机在不同位置拍摄多幅图像;②用放在不同位置的多个相机同时拍摄;③用与场景有相对运动的摄像机连续拍摄。

这里的多幅图像应该是多幅略有差别的低分辨率图像(相互间应有亚像素级的偏移,如果是整像素级的则没有用处),它们含有类似而又不完全相同的互补信息,所以多幅图像的总信息多于其中任何一幅图像的信息。这个问题也可以这样来理解:每幅低分辨率的图像包含较少的细节信息,但如果可以得到一系列包含不同部分细节信息的低分辨率的图像,则通过相互补充可以得到一幅分辨率较高、包含信息较多的图像。需要指出,虽然一般情况下增加输入图像的数量可以使放大倍数进一步提高,但是放大倍数有一定上限,分辨率并不能无限提高。

根据上面的分析,通过将多幅低分辨率图像中不重合的信息结合起来,就可以构建出较高分辨率(大尺寸)的图像。这类方法一般称为**超分辨率重建**。基于重建的超分辨率技术通常包含以下步骤:①图像的预处理,包括配准等;②图像退化模型的建立;③图像的恢复与重建,包括去噪声、去模糊、高分辨率图像估计等。如果多幅低分辨率图像是从图像序列中获得的,则可以借助运动检测(见13.3节)来实现超分辨率重建。这里的核心思想就是用时间带宽换取空间分辨率,实现时间分辨率向空间分辨率的转换。当然,如果目标完全不运动且在所有帧图像中都一样,则不能获得额外的信息。另一方面,如果目标运动得太快而使得在不同的帧图像中看起来都很不一样,此时要实现超分辨率重建也很困难。

典型的超分辨率重建算法包括以下几种(均为空域法)。

1. 非均匀插值法

该方法的流程如图15.5.5所示,将期望的图像看成具有很高的分辨率,而将不同的低分辨率观测图像看成在其上不同位置的采样。先从配准的低分辨率图像获取相当于期望图像上非均匀间隔采样网格点上的采样值,再对这些采样值进行插值并映射以得到超分辨率图像采样网格点上的采样值。这样重建得到的高分辨率图像会存在振铃噪声、边缘模糊等问题,还需要通过图像恢复技术进行一定的修复。这种方法从原理上看比较直观,但效果常不易满足要求。

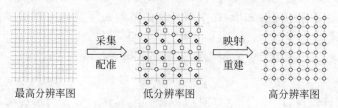

采集
配准

映射
重建

最高分辨率图　　　　　低分辨率图　　　　　高分辨率图

图 15.5.5　非均匀插值法流程

2. 迭代反投影法

该方法使用输出图像的一个初始估计值作为当前结果,并将其投影到低分辨率图像上,根据所得低分辨率图像与实际观测图像的差值调整投影直到收敛,从而获得最终输出的超分辨率图像。迭代反投影法的优点是直观上容易理解,但没有考虑到噪声的影响且它对高频噪声非常敏感。另外,这种方法也不易将先验知识和先验约束结合进来。

3. 最大后验概率法

该方法的基本思路是:在低分辨率图像已知的前提下,要使输出的高分辨率图像的后验概率达到最大。根据贝叶斯原理,高分辨率图像的后验概率等于使低分辨率图像出现的条件概率与理想高分辨率图像的先验概率的积。值得指出,这里认为超分辨率重建问题是一个病态问题,需通过对其借助先验条件加以限制来将其转化为一个良态问题。该方法能直接地引入各种图像先验知识,重建质量较好,且能保证解的存在性和唯一性。但该方法计算复杂性较高,收敛速度较慢。

4. 凸集投影法

该方法假设超分辨率重建图像存在于一个向量空间中,以超分辨率重建解的期望理想性质,如正定性、能量有界性、数据可靠性及平滑性等作为约束条件。这些条件的集合构成向量空间中的凸集合,可通过对这些集合求交,最终得到超分辨率的解空间。凸集投影过程是一个从给定向量空间中的任何点开始搜索直到发现满足所有凸约束集的解的过程。凸集投影法原理简单、直观,能够方便地加入先验信息,可以很好地保持高分辨率图像上的边缘细节。其缺点在于解并不唯一,对初始值依赖性强,收敛稳定性不高等。

上述不同方法还可结合,如最大后验概率-凸集投影法[Park 2003]。

15.5.4 基于示例的学习方法

基于学习的超分辨率方法利用了机器学习的技术,其基本思想是要寻找或建立一幅低分辨率图像与其对应的高分辨率图像之间的映射关系,从而在给定该低分辨率图像的情况下,通过优化方法获取相应的高分辨率图像。它在需要较高倍放大系数(4~16)时具备更强的高频信息恢复能力。

基于示例的超分辨率是一种典型的基于学习的方法[Freeman 2001]。其基本思想是先通过示例(样本)学习掌握低分辨率图像与高分辨率图像之间的关系,然后利用这种关系来指导对低分辨率图像进行超分辨率重建。其要点如下。

1. 基本原理和步骤

首先使用一些参考图像以学习如何锐化图像。这些参考图像构成一个训练集,包括低、中、高频率的数据。将需要锐化放大的图像称为输入图像。首先要将输入图像通过插值增加尺寸,而放大后图像中缺少的高频数据需要借助参考图像来获得。考虑到自然图像的多样性,要获得好的效果常需要大量的参考图像构成训练集。所以该方法主要有两个独立的步骤:第一个是生成训练集,第二个是构建在上采样后的输入图像中缺失的高频频带。

2. 生成训练集

假设使用金字塔图像分解获得了低(L)、中(M)、高(H)三个频带,其中低频带和高频带是条件独立的,这可以写为 $P(H|M,L)=P(H|M)$。这样一来可仅考虑两个频带,且不必考虑低频带的多样性。其次,假设中频带和高频带间的联系与图像的局部对比度无关。这样,通过将各幅图像的对比度归一化,就可减小它们之间的差异,从而提高训练集的有效性。

生成训练集是决定超分辨率结果的关键。可以在每个频带中考虑由局部邻域组成的片(patch)。每个低分辨率片都对应一个高分辨率的片,它们以相同的像素为中心,但并不一定有相同的尺寸。不过,仅局部片并不包含估计高分辨率细节的足够数据:对一个输入片,可以从训练集中选出与其最相近的低分辨率片,不过已证明它所对应的高分辨率片可以很不相同。所以,选择最相近的低分辨率片来构建输入图像的高频频带有可能导致对真正高频频带的不准确估计。为此还需要考虑空间上的邻近性。这里可使用两种不同的算法:马尔科夫网络算法和一次遍历(single pass)的算法。

3. 马尔科夫网络算法

该算法使用马尔科夫网络来对空间关系建模,即采用马尔科夫网络来学习训练库中与低分辨率图像中不同区域对应的高分辨率图像的精细细节,然后利用学习得到的关系预测图像的细节信息。如图 15.5.6 所示,把图像分成小的片,每个图像片对应马尔科夫网络上的 1 个节点。对给定的输入图像 y,要估计潜在的场景 x。图像 y 是由低分辨率片所组成的,它们可由高分辨率片来描述。

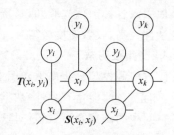

图 15.5.6 用于超分辨率的马尔科夫网络模型

在图 15.5.6 中,节点间的连线指示了节点间统计上的依赖性。使用训练集来计算概率矩阵 S 和 T,其中 S 表示高分辨率节点间的水平联系,而 T 表示高分辨率节点和低分辨率节点之间的垂直联系。根据训练库,运用传播算法(如信念传播交互算法)求解马尔科夫网络。最优的高分辨率片是能最大化马尔科夫网络概率的片。

4. 一次遍历的算法

该算法只需 3～4 次迭代就可获得较满意的高频频带。该算法的总体目标很容易理解:顺序地生成放大图像所需要的高频频带。具体步骤是:图像一旦预处理过,就分成片;对这些片,根据光栅扫描的顺序预测高分辨率的片;最后将这些高分辨率片加到先前的图像中以获得一幅锐化的、包含所有频带的图像。

对高分辨率片的预测很重要,这里有两个约束。

(1)频率约束:高频率的片在训练集中一定与一个低分辨率的片相连,而这个低分辨率片根据欧氏距离很接近输入的低分辨率片。

(2)空间约束:高频率的片要有连续性,即新的高分辨率片要与先前选择的相匹配。

第一个约束很容易满足,通过匹配图像的低分辨率片,可以在训练集中发现由高分辨率片和低分辨率片组成的对。而对第二个约束,可采用将高分辨率片重叠在所生成的图像上的技巧,如图 15.5.7 所示。

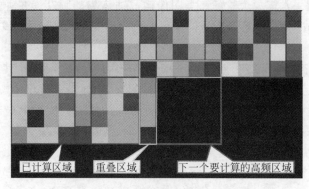

已计算区域　重叠区域　下一个要计算的高频区域

图 15.5.7 高分辨率分量的区域重叠

为了控制这两个约束的相对重要性,可使用权重 w 来调整。训练集由一个搜索矢量和一个高分辨率片组成,如图 15.5.8 所示。搜索矢量包括低分辨率片以及高分辨率片的重叠部分。

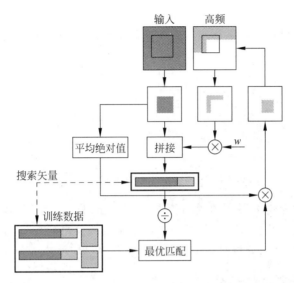

图 15.5.8　按栅格顺序对各区域处理的流程图(深灰色对应低频,浅灰色对应高频)

考虑到先前描述的两个约束,需要对构成训练集的图像先进行预处理。预处理流程和步骤如图 15.5.9 所示。通过将这些训练集里的原始图像先进行模糊、下采样并最终将它们借助插值以放大回到原来尺寸,可以获得原始图像的一个低通版本。它与原始图像的差别就是高频分量。接下来,利用另一个低通滤波器从插值图像中除去最低频的分量,就可以获得中频分量。

图 15.5.9　预处理流程和步骤

注意这里插值的图像是高分辨率图像的退化版本,而输入的图像也是如此退化的。所以对训练集的图像先进行处理后,就可以将图像分成片。所得到的高分辨率片的尺寸为 5×5,而所得到的低分辨率片的尺寸为 7×7。训练集现在就由这些片构成,对这些片还需要进行对比度归一化。可有不同的归一化方法。例如,可将各个频带的值都线性地变换到 $0 \sim 255$ 之间;也可用能量图像(描述图像各点的平均绝对值)去除各个频带。另外,还可使用局部对比度归一化的方法:将各个高分辨率片和低分辨率片都用局部能量来除。

5. 图像片的匹配

匹配过程可借助欧氏距离进行。将构成训练集的搜索矢量写成 $\boldsymbol{V} = (\boldsymbol{V}_l, \boldsymbol{V}_h)$,其中 $\boldsymbol{V}_l$ 是包含低分辨率数据的矢量,而 $\boldsymbol{V}_h$ 是包含(重叠的)高分辨率数据的矢量。这样,匹配距离可写为

$$d^2(\boldsymbol{U},\boldsymbol{V}) = |\boldsymbol{U}_\mathrm{l} - \boldsymbol{V}_\mathrm{l}|^2 + w |\boldsymbol{U}_\mathrm{h} - \boldsymbol{V}_\mathrm{h}|^2 \qquad (15.5.8)$$

直接使用式(15.5.8)需要很大的计算量。给定输入的搜索矢量,需要在整个训练集中进行搜索以找到最优匹配和返回高分辨率片。一般训练集中常有数十万的片,而搜索矢量的维数也常达几百。为此可考虑使用训练集矢量量化(TSVQ)的方法。该方法的原理如图 15.5.10 所示。这里可使用一小组搜索矢量而不是所有的训练集矢量,以找到与一个输入搜索矢量最接近的矢量。

图 15.5.10   矢量量化的原理

前面的小组可称为码本,其中的各个搜索矢量就是码字。在计算码本时,要使其中的矢量尽可能接近训练集中的矢量。这可借助树结构来实现。虽然构建码本比较慢,但这只需要算一次,其后在构建高频分量时就可以很快。

15.5.5   基于稀疏表达的超分辨率重建

基于稀疏表达的超分辨率重建也是基于学习框架下的一类方法[Yang 2010]。这里对具有较大信息量的图像借助稀疏表达用较少的非零元素进行编码(参见 6.4.2 小节),达到数据压缩的效果。由于对图像能量进行了集中,可以避免过高的空间消耗,提高数据利用效率。

具体到建立高分辨率图像块和低分辨率图像块之间关系方面,其基本思想是:利用成对的高分辨率图像块和与之对应的低分辨率图像块相结合进行词典学习,得到成对的高分辨率词典和低分辨率词典。然后根据得到的低分辨词典对输入的低分辨率图像进行稀疏编码,再依据该编码和高分辨率词典重建得到高分辨率图像。整个流程如图 15.5.11 所示。

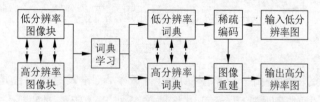

图 15.5.11   基于稀疏表达的超分辨率重建流程

由流程图可见,该方法有三个重点:稀疏编码,词典学习,图像重建。

1. 稀疏编码

设 $\boldsymbol{X}$ 表示(期望的)高分辨率图像,$\boldsymbol{Y}$ 表示(输入的)低分辨率图像。它们被划分为一系列的图像块,高分辨率图像得到的图像块记为 $\boldsymbol{x}$,低分辨率图像得到的图像块记为 $\boldsymbol{y}$。用 $\boldsymbol{D}$ 代表用于稀疏编码的词典,其中 $\boldsymbol{D}_\mathrm{h}$ 为对应高分辨率图像块的词典,$\boldsymbol{D}_\mathrm{l}$ 为对应低分辨率图像块的词典。

从低分辨率的 $\boldsymbol{Y}$ 来获得高分辨率的 $\boldsymbol{X}$ 需在一定约束条件下才有唯一解。一方面,根据图像观察模型,获得的 X 应与 Y 有一致性。另一方面,根据稀疏表达理论,高分辨率的 x 可以借助合适的过完备词典来稀疏表达。如果用 C 代表利用稀疏表达得到的稀疏编码,则 C 可从 y 获得,而 y 可借助与 D_h 对应的 D_l 得到($y = D_l C$)。具体说来,x 可以借助 D_h 表示成

$$x = D_h C \qquad (15.5.9)$$

其中 $\|C\|_0 \leqslant K$,表示 C 是稀疏的,即 C 中不为零的元素个数小于给定的正数 K(称 C 是 K 稀疏的)。

实用中,可将输入的低分辨率图像划分成一系列固定大小的小块,每个小块之间可有一定重叠。然后对划分后的小块 y 进行稀疏编码:

$$\min_C \| FD_l C - Fy \|_2^2 + \lambda \| C \|_1 \qquad (15.5.10)$$

其中,F 为特征提取算子,C 为根据 D_l 得到的对 y 的编码(系数)。L_1 范数保证了编码的稀疏性,拉格朗日乘子 λ 用于在编码的准确性和稀疏性中取得平衡。

为了同时考虑低分辨率图像和重建得到的高分辨率图像编码的准确性和稀疏性,可以如下对二者进行联合编码:

$$\min_C \| D' C - Fy' \|_2^2 + \lambda \| C \|_1 \qquad (15.5.11)$$

其中

$$D' = \begin{bmatrix} FD_l & bPD_h \end{bmatrix}^T \quad y' = \begin{bmatrix} Fy & bz \end{bmatrix}^T \qquad (15.5.12)$$

其中,b 用于在匹配低分辨率输入和获得与其邻域兼容的高分辨率块之间取得折中,矩阵 P 用于提取当前块与已经重建好的高分辨率图像块之间的重叠区域,以保证重建的连续性,z 包含重叠区域中已重建好的高分辨率图像块。如果满足式(15.5.10)的最优稀疏表达是 C^*,则最优的高分辨率块可借助式(15.5.9)由 $x^* = D_h C^*$ 重建。

2. 词典学习

为实现稀疏表达编码,需要构建基函数较大的过完备词典。通过灵活地选用基函数,可以利用尽可能少的基函数准确地表示待编码图像。现在需要构建对应高分辨率图像块的词典 D_h 和对应低分辨率图像块的词典 D_l。令 D_h 的大小为 $N \times K$,D_l 的大小为 $M \times K$,这里 N 和 M 分别为高分辨率图像中分块和低分辨率图像中分块的块尺寸(块中的像素数)。如果在对 N 和 M 的选择时,使 $K \gg N$ 且 $K \gg M$,则这样两个词典就都是过完备的词典。原则上讲,稀疏先验指出:成对的高分辨率和低分辨率图像块相对于 D_h 和 D_l 具有相同的稀疏表达,所以可通过直接采样对应的高分辨率和低分辨率图像块来训练词典。不过,这样得到的词典会很大,需要很多计算。

实际中,对联合词典的训练可转化为下列优化问题:

$$D^* = \arg \min_{D,C} \| X - DC \|_2^2 + \lambda \| C \|_1 \quad \text{s.t.} \ \| D_i \|_2^2 \leqslant 1 \quad i = 1, 2, \cdots, K$$

$$(15.5.13)$$

其中

$$X = \begin{bmatrix} \dfrac{1}{\sqrt{N}} X_h & \dfrac{1}{\sqrt{M}} Y_l \end{bmatrix}^T \quad D = \begin{bmatrix} \dfrac{1}{\sqrt{N}} D_h & \dfrac{1}{\sqrt{M}} D_l \end{bmatrix}^T \qquad (15.5.14)$$

其中 X_h 为高分辨率图像块,Y_l 为对应的低分辨率图像块。在对式(15.5.13)的计算中,需要同时对 D 及 C 进行优化,实际求解过程中可采用迭代算法,固定其中一项,对另一项进行求解,通过反复迭代就可求得满足条件的解。

3. 图像重建

根据编码得到的系数 C 和高分辨率词典 D_h，则利用式(15.5.9)就可以重建得到高分辨率图像块。将这些高分辨率图像块再拼接到一起，即可得到一个初步的高分辨率图像 X_0。

需要指出，根据式(15.5.10)，低分辨率图像块 y 和重建的 D_lC 并不完全相同。另外，还有噪声的影响，所以初步的高分辨率图像 X_0 可能不能完全准确地满足(参见式(15.5.1))

$$Y = SBX \tag{15.5.15}$$

其中，S 为降采样矩阵，B 为模糊矩阵。

所以，需要将 X_0 再投影到式(15.5.15)的解空间，得到最后的高分辨率图像 X^*：

$$X^* = \arg\min_X \| SBX - Y \|_2^2 + \lambda \| X - X_0 \|_2^2 \tag{15.5.16}$$

15.5.6　基于局部约束线性编码的超分辨率重建

这是一种用**局部约束线性编码**(LLC)代替稀疏编码的方法[卜 2013]。

1. 局部约束线性编码

LLC 也是一种对图像表达编码的方法[Wang 2010]，它侧重于局部的约束，而非稀疏性。已经证明，局部性可以带来稀疏性，但稀疏性未必满足局部性[Yu 2009]。从这方面而言，局部性约束比稀疏性约束更为重要。如果用 C 代表利用 LLC 得到的编码，则它满足

$$\min_C \sum_{i=1}^N \| x_i - DC_i \|^2 + \lambda \| v_i \cdot C_i \|^2 \quad \text{s.t.} \quad \mathbf{1}^T C_i = 1, \forall i \tag{15.5.17}$$

其中，x_i 为待编码的向量，D 为词典，v_i 为不同编码的权重，用于权衡编码中每个元素和词典 D 中相应列的关系。v_i 可通过下式计算得到：

$$v_i = \exp\left(\frac{\text{dis}(x_i, D)}{u}\right) \tag{15.5.18}$$

其中，u 为控制 v_i 大小的可调参数；$\text{dis}(x_i, D)$ 为矢量，每个元素代表 x_i 与 D 中每列向量的欧氏距离。

稀疏编码时，为了满足稀疏性，相似的像素块给出的结果有可能差异较大，而词典的过完备性更加剧了这一差异。相比而言，LLC 编码能够保证相似的像素块获得相近的编码，从而可保证重建出的像素块的相似性，局部更为平滑。另外，稀疏编码需要迭代优化，带来较高的计算量，而 LLC 算法有解析解，能够降低运算消耗，加快运算速度，对大尺寸图像效果更明显。

2. 基于 LLC 的超分辨率重建算法

算法主要步骤如下：

(1) 图像分块

对图像适当进行分块可以降低计算复杂度，加快运算速度，提高重建的精度，保证图像重建的效果。这里可首先将输入图像按照从上到下、从左到右的顺序划分成一系列 3×3 的小块，同行邻近的像素块之间有一列重叠，同列邻近像素块之间有一行重叠，以保证像素块之间的连续性，防止像素块边缘因不连续而导致的突变。

(2) 联合词典训练

为加强词典训练中高分辨率词典和低分辨率词典之间的相关性，训练集中的低分辨率图像是由高分辨率图像经过亚采样和模糊后得到的。为保证词典训练的效果，将低分辨率

图像经过上采样之后再与高分辨率图像进行联合训练,这样有利于更好地找到二者之间的对应关系。

超分辨率重建更注重于恢复图像的高频细节,因而在对上采样的低分辨率图像进行分块处理之前,先通过特征提取矩阵得到高频分量,然后对高频分量之间的对应关系进行训练,得到成对的词典 D_h 和 D_l。特征提取算子可如下设计:

$$f_1 = \begin{bmatrix} -1 & 0 & 1 \end{bmatrix} \quad f_2 = \begin{bmatrix} 1 & 0 & -2 & 0 & 1 \end{bmatrix}$$

$$f_3 = \begin{bmatrix} -1 & 0 & 1 \end{bmatrix}^T \quad f_4 = \begin{bmatrix} 1 & 0 & -2 & 0 & 1 \end{bmatrix}^T \tag{15.5.19}$$

其中,f_1 和 f_2 用于提取行特征,f_3 和 f_4 用于提取列特征。将特征提取算子与待训练的图像进行卷积,得到四幅保留了边缘信息的特征图像,对这四幅图像分块,并将对应的图像块整合成一个矢量,即可得到用于词典训练的向量。然后,就可按照式(15.5.13)进行联合词典训练。

(3) 对图像进行局部约束线性编码

图像编码前也要经过和词典训练相似的预处理过程。即对一幅输入的低分辨率图像,同样利用式(15.5.19)得到四幅特征图像。然后同样按前述图像分块方法进行分块处理,并将四幅图像中的对应块整合成一个向量 y_i,借助训练得到的低分辨率词典 D_l 进行 LLC 编码:

先计算 y 与词典 D_l 每列向量之间的距离,进而类似式(15.5.18)得到编码权重 v_i:

$$v_i = \exp\left(\frac{\mathrm{dis}(y, D_l)}{u}\right) \tag{15.5.20}$$

再根据 v_i 计算 LLC 编码后的系数 C_i:

$$C_i = \frac{[V_i + \lambda \mathrm{diag}(v)]\backslash 1}{1^T[V_i + \lambda \mathrm{diag}(v)]\backslash 1} \tag{15.5.21}$$

其中,$V_i = (D - 1x_i^T)(D - 1x_i^T)^T$ 为协方差矩阵。这里由于有解析解,可以快速计算。

(4) 超分辨率重建

利用上面得到的系数 C_i 和训练得到的高分辨率词典 D_h,即可重建高分辨率图像块 x_i:

$$x_i = D_h C_i \tag{15.5.22}$$

将高分辨率图像块 x_i 按照从左到右、从上到下的顺序拼接起来,同时考虑到低分辨率图像分块时的混叠,即可得到初步重建后的高分辨率图像 X_0。

(5) 全局约束与恢复

上述重建中考虑的都是局部约束条件,所以每个重建的图像块都是局部最优的,但不一定能满足全局最优的条件。为此,在重建得到初步的高分辨率图像 X_0 之后,还需对其进行全局的处理和恢复。这里可对 X_0 采取后向投影的方法:将 X_0 向输入的低分辨率图像 Y 上投影,得到投影后的图像 Y^+,再将 Y^+ 和 Y 的差值映射到高分辨率空间,并叠加到 X_0 上。迭代重复上述过程就可以得到加入全局约束后的高分辨率图像。

3. 多帧图像超分辨率重建

前述步骤对应**单帧图像超分辨率重建**。可以采用类似式(15.5.11)和式(15.5.12)的方法,将多帧图像的数据整合到同一个编码公式里,对整体优化,求得最优解,实现**多帧图像超分辨率重建**[卜 2013]。这里由于利用了图像序列中各图像之间的互补信息,所以能提高图像超分辨率重建的质量。

首先需对输入的多帧低分辨率图像进行运动估计和帧间配准,然后就可进行多帧超分辨率重建:

$$\min_{C_{i,j}} \parallel \widetilde{D}_1 C_{i,j} - \tilde{y} \parallel_2^2 + \lambda \parallel v \cdot C_{i,j} \parallel_2^2 \quad \text{s. t.} \quad \mathbf{1}^{\mathrm{T}} C_{i,j} = 1 \qquad (15.5.23)$$

其中

$$\widetilde{D} = \left[\sqrt{w_1} FD_1 \quad \cdots \quad \sqrt{w_n} FD_n \right]^{\mathrm{T}} \quad \tilde{y} = \left[\sqrt{w_1} \, r_1 FY_1 \quad \cdots \quad \sqrt{w_n} \, r_n FY_n \right]^{\mathrm{T}}$$
$$(15.5.24)$$

其中,$C_{i,j}$ 为中心点位于 (i,j) 处的图像块经稀疏编码后的系数,F 为特征提取矩阵,D_1 为低分辨率词典,r 为图像块提取算子,用于从低分辨率图像 Y 里提取中心位于 (i,j) 的图像块。w 为权重系数,用于控制各帧图像对于最终编码系数的约束程度:

$$w(i,j,k,l,s,t) = \exp\left(\frac{\parallel r_{i,j} Y_s - r_{k,l} Y_t \parallel_2^2}{2u^2} \right) \qquad (15.5.25)$$

得到编码系数后的超分辨率重建及全局约束和恢复步骤与单帧超分辨率重建是相同的。

4. 重建结果和方法比较

对基于稀疏编码和局部约束线性编码超分辨率重建的一些效果示例和性能比较如下。

(1) 重建效果

图 15.5.12 给出一组重建效果,其中图(a)为低分辨率图像,图(b)和图(c)分别为稀疏编码和局部约束线性编码超分辨率重建的结果,水平方向和竖直方向放大倍数均为 3。三图的 PSNR 依次为 26.8270dB、29.5986dB、29.6842dB。

(a)　　　　　　　　(b)　　　　　　　　(c)

图 15.5.12　重建效果示例

对图 15.5.13 所给一组低分辨率图像重建后得到的 PSNR 值可见表 15.5.1。

图 15.5.13　一些低分辨率图像

表 15.5.1　对图 15.5.13 图像重建的 PSNR 值/dB

图　像	输入低分辨率	稀疏编码重建	局部约束线性编码重建
年轮	27.0647	28.9136	28.9913
山峦	29.4152	31.6926	31.7836
树木	15.8358	16.1866	16.3445
网格	34.5494	37.6057	37.6887

图　　像	输入低分辨率	稀疏编码重建	局部约束线性编码重建
小孩	31.2980	33.2567	33.3019
叶子	35.0456	37.9551	38.0160
足球	29.5038	30.7550	30.7810
平均	28.9589	30.9093	30.9867

（2）抗噪性能

为测试不同算法的抗噪声性能，对原始输入的低分辨率图像先加入不同种类和强度的噪声后再进行超分辨率重建。图 15.5.14 给出一组加噪声重建效果，其中图（a）为低分辨率图像，图（b）和图（c）分别为稀疏编码和局部约束线性编码超分辨率重建的结果，所加噪声是均值为 0，归一化方差为 0.001 的高斯噪声。三图的 PSNR 依次为 26.4090dB、28.8086dB、28.8966dB。

(a) (b) (c)

图 15.5.14　加噪声重建效果示例

加其他噪声实验得到的 PSNR 值可见表 15.5.2。为便于对比，将无噪声的结果也列在了表 15.5.2 中。

表 15.5.2　对 Lena 图加噪声重建的 PSNR 值/dB

噪　　声	输入低分辨率	稀疏编码重建	局部约束线性编码重建
无噪声	26.8270	29.5986	29.6842
高斯（方差＝0.001）	26.4090	28.8086	28.8966
高斯（方差＝0.01）	22.8202	23.6923	23.7379
椒盐（密度＝0.001）	26.6695	29.2574	29.3646
椒盐（密度＝0.01）	25.3469	27.0602	27.1301

（3）多帧图像重建

这里以 4 帧图像为例进行了超分辨率重建，并与单帧超分辨率重建进行比较。图 15.5.15 给出一组结果。其中，左图为低分辨率视频序列中的一帧，接下来依次为单帧稀疏编码、多帧稀疏编码[Wang 2011b]、单帧 LLC 编码、多帧 LLC 编码的结果。

图 15.5.15　单帧与多帧重建效果示例

表15.5.3列出了对连续3帧图像用不同方法重建后得到的图像平均梯度值,其值越大指示图像的边缘和细节信息越多越清晰,主观分辨率越高。

表 15.5.3　不同方法重建后的平均梯度值

图　像	单帧稀疏编码	多帧稀疏编码	单帧 LLC 编码	多帧 LLC 编码
第 1 帧	0.0411	0.0413	0.0418	0.0422
第 2 帧	0.0400	0.0404	0.0403	0.0414
第 3 帧	0.0401	0.0400	0.0403	0.0407

总结和复习

为更好地学习,下面对各小节给予概括小结并提供一些进一步的参考资料;另外给出一些思考题和练习题以帮助复习(文后对加星号的题目还提供了解答)。

1. 各节小结和文献介绍

15.1 节介绍的图像多尺度表达概念与图像多分辨率表达密切相关,并构成图像的尺度空间表达。表达多尺度图像的主要结构是金字塔结构,这在许多文献中都有详细介绍,如[Pavlidis 1982]、[Kropatsch 2001]等。

15.2 节具体讨论了图像多尺度表达中的高斯金字塔和拉普拉斯金字塔。它们之间的分解组合与小波多尺度表达是平行的,但利用滤波概念来解释更直观些。借助高斯金字塔和拉普拉斯金字塔对图像的多尺度表达可以无损地重建图像。

15.3 节给出了对尺度-空间、时间-频率和时间-尺度 3 类多尺度技术的对比讨论。更多的内容可见文献[Costa 2001]。这 3 类技术对一般信号都可使用,但对奇异信号,它们有不同的表现,需根据信号特点来选用。对盖伯变换的更详细介绍可见文献[章 2006b]。

15.4 节介绍了几种具体的基于多尺度小波(参见 10.4 节)的处理技术,展示了多尺度技术的一些特点。这里仅以噪声消除和边缘增强为例,更多的技术可查阅近年文献[章 2017a]。

15.5 节介绍超分辨率技术,10 多年前多分辨率处理(包括超分辨率技术)方面的研究就已开始形成热点[章 2006a]。近年来,超分辨率技术仍向不同方向发展[章 2017a],除稀疏编码外,局部自相似性和非局部相似性等也得到关注。一个早期较全面的超分辨率技术综述可见文献[Park 2003],近期的一个相关综述可见文献[李 2016]。有关图像插值和图像超分辨率重建的区分和比较的讨论可参见[钟 2016]。

2. 思考题和练习题

15-1　第 1 章图 1.1.4 给出的一组不同空间分辨率的图像与本章按图 15.1.2 获得的一组不同空间分辨率的图像有什么联系和不同?

15-2　考虑图 10.4.8 的两级滤波器组,如果输入信号为 $f(x)=0,x=0,1,2,3$; $f(x)=1,x=4,5,6,7$,那么 $W_v(J-1,n)$、$W_u(J-1,n)$、$W_v(J-2,n)$、$W_u(J-2,n)$各为多少? 这时对信号的表达有多少个尺度?

15-3　将图 10.4.8 的两级滤波器组扩展为三级滤波器,如果输入信号为 $f(x)=1,x=0,1,2,3,4,5,6,7$,那么 $W_v(J-3,n)$、$W_u(J-3,n)$各为多少?

15-4 设起始尺度为 1,计算 $f(0)=1, f(1)=4, f(2)=-3, f(3)=0$ 构成的 4 点序列的离散小波变换的近似系数和细节系数,并画出对应的滤波器组。利用所得到的系数,可对序列进行几个尺度的表达?

*15-5** 回答下面的问题:

(1) 对一幅 256×256 的图像,其完整的图像金字塔共有多少层?

(2) 如果用不考虑第 0 层的图像金字塔来表示该图像,获得的数据压缩率是多少(这里设表达每个单元都用一个字节)?

15-6 在获得一幅图像的高斯金字塔和拉普拉斯金字塔后,如果丢失了高斯金字塔中的一层,能否将其恢复出来?如果丢失了拉普拉斯金字塔中的一层,能否将其恢复出来?如能恢复出来,描述一下其具体步骤。

*15-7** 给定如下图像,构建其高斯和拉普拉斯金字塔(这里设 2×2 的高斯滤波器为一个均值滤波器,而拉普拉斯滤波器为一个直通滤波器):

$$\begin{bmatrix} 0 & 1 & 2 & 3 \\ 4 & 5 & 6 & 7 \\ 8 & 9 & 10 & 11 \\ 12 & 13 & 14 & 15 \end{bmatrix}$$

15-8 证明高斯函数 $\phi(t) = \exp(-t^2)$ 不是多分辨率分析中的尺度函数。(提示:假设 $\exp(-t^2)$ 可以写成 $\exp(-t^2) = \sum_{k=-\infty}^{\infty} a_k \exp[-(2t-k)^2]$,其中 $\{a_k\}_{k \in I}$ 是实数序列。上述表达在 $\exp(-t^2) \in V_0 \subset V_1$ 时成立。然后证明如果对上述表达的两边进行傅里叶变换并比较结果就会导致产生一个矛盾。)

15-9 分析借助小波表达为什么能够和如何区分图像中边缘的位置、尺度和朝向的。

15-10 具体讨论一下如何使用小波特性以从图像中检测和消除边缘,其中频率和尺度可起什么作用?

15-11 在多尺度表达中,时间、频率和尺度有了更多的联系,它们三者是对等的吗?各举一个三者之一起主要作用的图像应用例子。

15-12 列表比较和分析 15.5.3 小节介绍的四种空域超分辨率重建算法的特点。

附录A 图像国际标准

图像工程研究的深入、图像技术的快速发展和广泛应用推动了图像领域国际标准的制定。从通信交流的角度考虑，较早的图像国际标准是围绕图像存储和传输制定的。从简单到复杂，这些标准主要考虑了图像编码技术，包括对二值图像的压缩，对灰度图像的压缩，对彩色图像的压缩，对序列图像（视频）的压缩。但近年有关图像的国际标准有些已超出纯图像编码的范围，涉及许多其他图像技术，可应用于其他图像领域。

根据上述的讨论，本附录各节将安排如下。

A.1 节先对国际图像标准及其制定给予概况介绍，列举一些有关标准和国际标准化组织。

A.2 节讨论二值图像压缩国际标准，包括 G3 和 G4 以及 JBIG-1 和 JBIG-2。

A.3 节讨论静止图像压缩国际标准，主要是 JPEG 和 JPEG-2000，也简单介绍 JPEG-LS。

A.4 节讨论运动图像压缩国际标准，先简单介绍 Motion-JPEG，接着详细讨论 H.261，然后依次概述 MPEG-1、MPEG-2、MPEG-4、H.264/AVC 和 H.265/HEVC。

A.5 节介绍两个多媒体国际标准：MPEG-7 和 MPEG-21，还列出了一些其他 MPEG 标准。

A.1 国 际 标 准

标准的制定是随着技术的发展和应用的广泛而逐渐得到人们的重视的。以通信和信息系统为例，这些系统包括硬件和软件，它们均随技术进步而更新。为此需要在设计、实现、管理、控制和维护层次都标准化[Terplan 2000]。这些标准要能无疑义地描述产品的部件，使得每个部件不论放在什么地方都可以被一致的理解。因为通信和信息系统包含许多不同的部件，所以知道这些部件是否基于某种标准是非常重要的。如果它们是基于某种标准的，那就很容易维护；但如果它们不是基于某种标准的，那每个部件都需要看成是独立的产品。

再如，人们已针对电视和视频制定了许多标准和格式[Terplan 2000]。表 A.1.1 给出一个列表，其中标星号的将在以下各节给予进一步的介绍。

表 A.1.1 视频格式/制式列表(按字母顺序排列)

序号	简 称	格 式 名 称
1	CD-I	数字消费者电子格式
2	D-1/CCIR 601	电子产品标准
3	D-2	电子产品标准
4	DV	数字电视(用于家庭和半专业,摄录一体机)
5	DVD-video	数字消费者电子格式
6*	H.261	数字电视会议格式
7*	H.263	用于 LAN/IP 网络的数字电视会议格式
8	HDTV	高清晰度电视
9*	JPEG	数字压缩格式(用于静止图像)
10*	Motion-JPEG	数字压缩格式(用于某些视频)
11*	MPEG-1	数字运动视频压缩格式(低端娱乐视频和多媒体)
12*	MPEG-2	数字运动视频压缩格式(高端分辨率)
13*	MPEG-4	稳健的运动视频低码率压缩格式
14	NTSC	美国和日本的模拟电视制式(national television system committee,NTSC)
15	PAL	欧洲的模拟电视制式(phase alternate line,PAL)
16	SECAM	法国和东欧的模拟电视制式
17*	H.264/AVC	面向未来 IP 和无线环境下的视频压缩格式
18*	H.265/HEVC	适应视频高清晰度和高帧率的高效视频压缩格式
19*	MPEG-7	多媒体内容描述接口/界面
20*	MPEG-21	多媒体框架

图像技术特别是图像和视频的编码技术的发展和广泛应用促进了许多有关国际标准的制定。这方面的工作主要是由**国际标准化组织**(ISO)、**国际电工技术委员会**(IEC)和**国际电信联盟**(ITU)进行的。国际电信联盟是联合国的一个专门机构,其前身是**国际电话电报咨询委员会**(CCITT)。

到目前为止,由上述 3 个组织制定的有关图像的国际标准已覆盖了从二值到灰度(彩色)值的静止和运动图像,以及包括视频和音频的多种媒体。根据各标准所处理对象的类型不同,可将它们分成几个系列:①用于二值图像压缩;②用于静止灰度(和彩色)图像压缩;③用于运动图像(视频)压缩;④用于多媒体管理。下面将分别给予概括介绍。

A.2　二值图像压缩国际标准

二值图像指图像性质只有两种取值的图像,通常只有黑、白两种颜色。二值图像是多值图像(灰度图像和彩色图像)的特例。它既可以是由灰度图像分解得到的位面图(见 9.4 节),也可以是直接采集获得的图像(传真是一种典型的应用)。

1. G3 和 G4

这两个标准是由 CCITT 的两个小组(Group-3 和 Group-4)负责制定的(因而得名)。它们最初是 CCITT 为传真应用而设计的,现在也用于其他方面。**G3** 采用了非自适应、1-D 游程编码技术(见 9.4.2 小节)。对每组 N 行($N=2$ 或 $N=4$)扫描线中的后 $N-1$ 行也可以用 2-D 方式编码。**G4** 是 G3 的一种简化和更新版本,其中只使用 2-D 编码。G3 和 G4 所用的 2-D 非自适应编码方式与在 9.4.2 小节中介绍的 RAC(相对地址编码)很相似。

CCITT 在制定标准期间曾选择了一组共 8 幅具有一定代表性的"试验"图用来评判各种压缩方法。它们既包括打印的文字,也包括用几种语言手写的文字,另外还有少量的线绘图。G3 对它们的压缩率约为 15:1,G4 的压缩率一般比 G3 要高一倍。有关这两种二值图像压缩标准的比较可参见文献[Alleyrand 1992]。

2. JBIG

这个标准是由 ISO 和 ITU 两个组织的**二值图联合组**(JBIG)于 1991 年制定的(因而得名)。由于后面又提出了 JBIG-2,所以 JBIG 标准也称 JBIG-1。因为 G3 和 G4 是基于非自适应技术的,所以对如 1.3.3 小节所介绍的半调灰度图像编码时常会产生扩展(而不是压缩)的效果。**JBIG** 的目标之一就是要采用一种自适应技术以解决这个问题,事实上它对半调灰度图像采用了自适应模板和自适应算术编码(参见 9.3.4 小节)来改善性能。另外 JBIG 还通过金字塔式(参见 15.1 节)的分层编码(由高分辨率向低分辨率进行)和分层解码(由低分辨率向高分辨率进行)以实现渐进(累进)的传输与重建应用。

由于采用了自适应技术,JBIG 的编码效率比 G3 和 G4 要高。对于打印字符的扫描图像,压缩比可提高 1.1~1.5 倍。对于计算机生成的打印字符图像,压缩比可提高约 5 倍。对于用抖动或半调表示的"灰度"图像,压缩比可提高 2~30 倍。

3. JBIG-2

JBIG-2 也是由二值图联合组所制定的,是 JBIG 的改进版本。它在 2000 年成为国际标准 ITU 的 T.88 标准,在 2001 年成为由 ISO 和 CCITT 两个组织于 1986 年成立的**联合图像专家组**所制定的二值图像的压缩标准,编号为 ISO/IEC 14492。

JBIG-2 对不同的图像内容采用不同的编码方法,对文本和半调区域使用基于符号的编码方法(见 11.1 节),而对其他内容区域使用哈夫曼编码(见 9.3.2 小节)或算术编码(见 9.3.4 小节)。JBIG-2 编码器在对文档图像编码时先把一页图像分割成不同的数据类(如字符、半调图像等),从而可以使用一个能与数据自身结构最佳匹配的数据模型来得到最好的压缩结果。

JBIG-2 压缩可以是无损的或有损的。JBIG-2 是第一个可对二值图像进行有损压缩的国际标准。在无损模式下,一般 JBIG-2 的压缩率是 JBIG 的压缩率的 2~4 倍。

A.3 静止图像压缩国际标准

这里**静止图像**既包括灰度图像也包括彩色图像,也统称连续色调图像。

1. JPEG

JPEG 是由**联合图像专家组**所制定的静止灰度或彩色图像的压缩标准,编号为 ISO/IEC 10918。该标准于 1991 年形成草案,1994 年成为正式标准。JPEG 标准实际上定义了 3 种编码系统:

(1) 基于 DCT 的有损编码基本系统,可用于绝大多数压缩应用场合;

(2) 基于分层递增模式的扩展/增强编码系统,用于高压缩比、高精度或渐进重建应用的场合;

(3) 基于预测编码中 DPCM 方法的无损系统,用于无失真应用的场合。

在基本系统中(编码器和解码器基本框图可分别见图 A.3.1 和图 A.3.2),输入和输出数据的精度都是 8 比特,但量化 DCT 值的精度是 11 比特。压缩过程由顺序的 3 个步骤组成:①DCT 计算(可见 10.2 节);②量化;③用熵编码器进行变长码赋值(常用哈夫曼码或算术码,可见 9.3.2 小节或 9.3.4 小节)。具体过程如下:先把图像分解成一系列 8×8 的子块,然后按从左向右、从上向下的次序处理。设 2^n 是图像灰度值的最大级数,则子块中的 64 个像素都通过减去 2^{n-1} 进行灰度平移。接下来计算各子块的 2-D 的 DCT 变换,根据式(10.3.6)量化(这是有损失真的原因),并按照图 10.3.5(b)的之字形扫描方式进行重新排序,以组成一个 1-D 的量化序列。

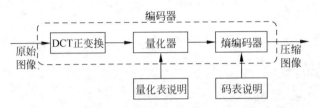

图 A.3.1　JPEG 图像压缩国际标准编码器基本系统框图

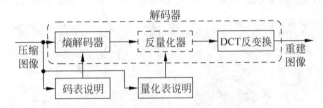

图 A.3.2　JPEG 图像压缩国际标准解码器基本系统框图

上面得到的 1-D 序列是根据频率的增加顺序排列的,JPEG 编码技巧充分利用了由于重新排序而造成的值为 0 的长游程。具体来说,非零的交流分量(AC)用变长码编码,这个变长码确定了系数的值和先前 0 的个数。而直流分量(DC)系数用相对于先前子图的 DC 系数的差值进行编码(参见 DPCM 编码,11.3.2 小节)。

需要指出,解码器基本框图中的"反量化器"并不是编码器中量化器的逆。

JPEG 标准中使用了 4 种压缩模式。

(1) 基于 DCT 的顺序压缩,其中 DC 系数用预测编码方法编码(假设相邻图像块的平均灰度比较接近)。熵编码包括两种,在基线系统中使用了哈夫曼编码,在扩展系统中使用了算术编码。

(2) 基于 DCT 的渐近压缩,其中包括 3 个算法。①渐近频谱选择:先传输直流分量,然后是各低频和高频分量;②渐近序列逼近:先传输低分辨率的所有频谱,再逐步增加;③组合渐近算法:将上两种策略组合。

(3) 顺序无损预测压缩,其中结合了无损预测和哈夫曼编码。

(4) 分层无损或有损压缩,其中通过建立金字塔图像,用低分辨率图像作为下一个高分辨率图像的预测,再用前 3 种模式对低分辨率图像进行编码。

例 A.3.1　JPEG 编码效果示例

图 A.3.3(a)为一幅 256×256,256 级灰度图(它是 JPEG 标准测试图之一),图(b)~图(h)分别为选择压缩比为 48、32、22、15、11、8 和 2.2 进行编码后又解码得到的结果。图(i)~图(l)

分别对应压缩比为 48、22、11 和 2.2 的结果与原图相比的误差图。由这些图可见,当压缩比为 48 时,失真是比较大的;压缩比为 22 时,失真基本可以容忍;压缩比为 11 时,已很难看出压缩痕迹;压缩比为 2.2 时,没有失真。

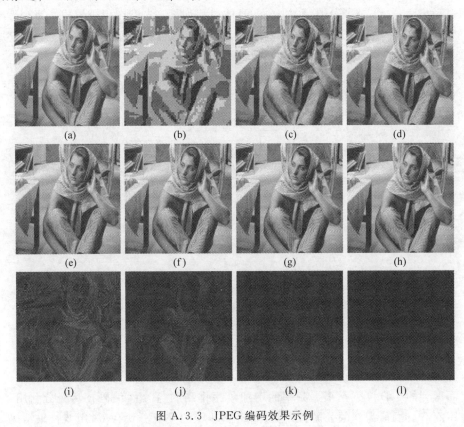

图 A.3.3　JPEG 编码效果示例

一个图像应用系统要想与 JPEG 兼容,必须支持 JPEG 基本系统。但另一方面,JPEG 标准并没有规定文件格式、图像分辨率或所用彩色空间模型,这样它就有可能适用于不同应用场合。目前 JPEG 对录像机质量的静止图像的压缩率一般可达到 25∶1。在不明显降低图像视觉质量的基础上,根据 JPEG 标准常可将图像数据压缩到只有原来的 1/10～1/50。

JPEG 标准的典型应用包括彩色传真,报纸图片传输,桌面出版系统,图形艺术,医学成像等。JPEG 所使用的 DCT(见 10.2 节)是一个对称的变换方法,编码和解码有相同的复杂度。由于 JPEG 标准性能较好,得到销售商的广泛支持,已在市场上获得很大成功。许多数码相机、数字摄像机、传真机、复印机和扫描仪都包含 JPEG 芯片。

2. JPEG-2000

JPEG-2000 是对 JPEG 标准进行更新换代的一个新标准。该标准由**联合图像专家组**于 1997 年开始征集提案,并于 2000 年问世。根据联合图像专家组确定的目标,运用新标准将不仅能提高对图像的压缩质量,尤其是低码率时的压缩质量,而且还将得到许多增加了的功能,包括根据图像质量、视觉感受和分辨率进行渐进压缩传输,对码流的随机存取和处理(可以便捷、快速地访问压缩码流的不同位置),在解压缩的同时解码器可以缩放、旋转和裁剪图像,开放结构,向下兼容等。

JPEG-2000 可以压缩各种静止图像(二值、灰度、彩色、多光谱)。JPEG-2000 将无损压缩看作有损压缩的一种扩展,采用相同的机制来进行无损压缩和有损压缩。换句话说,JPEG-2000 可先对图像进行无损压缩,然后在需要增加压缩率的时候进一步选择数据进行有损压缩。这种从同一个压缩图像的数据源中得到无损压缩和有损压缩效果被称为**质量可伸缩性**。另外,JPEG-2000 还具有**分辨率可伸缩性**选项,允许从同一个压缩图像的数据源中提取较低分辨率的图像。最后,JPEG-2000 还具有**空间可伸缩性**选项,可以从同一个压缩图像的数据源中有选择地重建图像中的局部区域。

JPEG-2000 提供了一个统一的图像压缩环境,仅指定了解压操作、比特流合成和文件格式,允许将来对编码操作的进一步改进和更新。对编码来说,有两条基本的路线(paths)。在需要无损压缩时,可以结合使用可逆分量变换(reversible component transform)和小波滤波器(参见 10.4.2 小节)。如果需要更高的压缩率,则可在量化中使用截断,得到有损压缩结果。而在仅需要有损压缩编码时,可将 RGB 图像变换(参见 14.1.1 小节)为亮度分量 Y 和两个彩色分量 C_B(蓝)和 C_R(红)。然后,借助小波变换进行截断量化。两条路线都有多个选项,用来确定感兴趣区域、平衡编码复杂性和性能、选择比特流中的可伸缩性数量。

图 A.3.4 给出 JPEG-2000 图像压缩国际标准编码部分的基本流程图[Sonka 2008],其中下部粗箭头给出主要的数据流。为进行压缩,先将图像分解为互不重叠的矩形块,块的大小可任意。分量变换模块对原始彩色图像进行解相关,以提高压缩性能。当使用无损压缩路线时,分量变换将整数映射为整数;而当使用有损路线时,就使用浮点的 YC_BC_R 变换。小波变换是 JPEG-2000 图像压缩国际标准的关键,可以用两种方式进行。使用 Gall 滤波器可提供无损压缩结果,计算复杂度也比较低;而使用 Daubechies 双正交小波滤波器则可获得高的压缩率。量化步骤提供了压缩率和图像质量间的平衡手段。上下文模型将量化后的小波系数根据其统计相似性结合起来以增加压缩效率。二值算术编码(参见 9.3.4 小节)提供了两种编码路线中的无损压缩。数据排序能方便各种渐进压缩的选项。

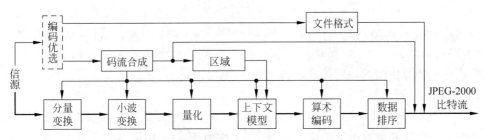

图 A.3.4　JPEG-2000 图像压缩国际标准编码部分的基本流程图

码流合成确定了相对于给定空间位置、分辨率和图像质量的编码数据。那些不直接用来重建图像的相关数据都存储在可选的文件格式数据中。

相对于 JPEG,JPEG-2000 采用小波变换克服了块效应,还提供了多分辨率渐进输出的特性,适合用于网络应用中由低到高逐渐显示的要求。当码率很低(大压缩比)时,或者对图像的质量要求非常高时,JPEG-2000 的性能要优于 JPEG,一般可提高 20%～200%。对许多图像的测试表明,在压缩率大两到三倍的情况下,JPEG-2000 编码造成的失真与 JPEG 编码造成的失真可以比拟。不过对无损或接近无损的压缩,JPEG-2000 相对于 JPEG 的优势不大。

3. JPEG-LS

JPEG-LS 是用于无损和准无损压缩的国际标准(参见 11.5 节),其第一部分于 1999 年发布,其第二部分于 2003 年发布,编号为 ISO/IEC 14495/ITU-T.78。其中采用了算术编码(参见 9.4.4 小节)、自适应预测编码(参见 11.3 节)和结合上下文建模的哥伦布编码(参见 9.4.1 小节)等。JPEG-LS 最开始是为无损压缩设计的,但它包括了一个有损(接近无损)的选项,其中最大误差可由编码器控制。在压缩方面,JPEG-LS 比 JPEG-2000 快很多,又比无损 JPEG 要好很多。它在医学图像压缩中得到大量应用。

A.4 运动图像压缩国际标准

这里**运动图像**既可指连续的视频图像(NTSC 制每秒 30 帧,PAL 制每秒 25 帧),也可指以其他速率变化的序列图像。

1. Motion-JPEG

由于 JPEG 的巨大成功和视频传输的需求(例如,在医学应用中,人们希望能在观测如 X 光图片时实时调整传输的分辨率),有些销售商也用 JPEG 的方法对运动视频/电视信号进行编码,这也称为 **Motion-JPEG**(运动 JPEG)。尽管 JPEG 并不是设计出来用于运动视频的,但在某些限制条件下也可以使用。这样使用的一个限制是它对每一帧独立工作,所以它并不能减少帧之间的冗余。不过也有人认为 JPEG 仅仅进行帧内压缩是一个优点,因为这样就提供了一种快速访问视频中任意帧的方法。其他运动视频压缩技术在进行帧间压缩时要周期性地传输一个参考帧。如果每 20 帧就要传输一个参考帧,人们就需要等 19 帧才能收到参考帧,这就相当于 0.33 秒的等待。而使用 JPEG 时,人们只需要等待对一帧的解码时间,即 0.04 秒。

在基于网络的应用中,很少用 JPEG 来对运动视频编码,这是因为 JPEG 需要较多的带宽(bandwidth intensive)。考虑以中等分辨率(640×480,24 比特)在 PC 显示器上显示视频的问题,JPEG 的压缩对象为每帧 1MB,即每秒 30MB(240Mb)。这样,对满屏视频的下载、显示和加工将是一个非常耗时的工作。所以,人们还制定了一些真正面向运动(序列)灰度图像或彩色图像压缩的国际标准以满足数字视频传输的需求。

2. H.261

H.261 是由 CCITT 于 1984 年开始工作,1990 年制定完成的运动灰度图像压缩标准。它主要为电视会议和可视电话等应用而制定,也称为 $P \times 64$ 标准($P = 1, 2, \cdots, 30$),因为其码流可为 $64, 128, \cdots, 1920$Kb/s。它可以允许通过 T1 线路(带宽为 1.544Mb/s)以小于 150ms 的延迟传输运动视频。当 $P = 1, 2$ 时,码率小于 128Kb/s,它仅能支持 QCIF(176×144)分辨率格式,用于可视电话。当 $P > 5$ 时,码率可大于 384Kb/s,它就能支持 CIF(352×288)分辨率格式,用于电视会议了。

H.261 采用的编码器和解码器框架分别见图 A.4.1 和图 A.4.2。该标准的制定对其后的一些序列图像压缩标准(如下面的 MPEG-1 和 MPEG-2)都有很大影响,它们基本上采用了类似的框架。

H.261 在编码方面与 JPEG 有些类似,采用了分块正交变换编码(见 10.3 节),但还增加了帧间预测编码(见 14.5 节)。换句话说,将基于 DCT 的压缩方法进行了扩展,并包含了

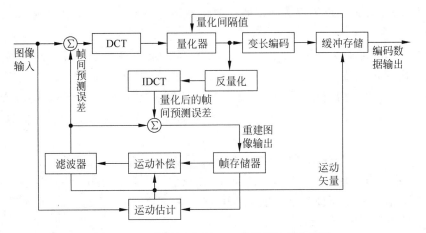

图 A.4.1 国际标准 H.261 编码器的基本框图

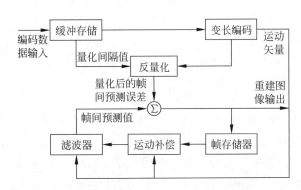

图 A.4.2 国际标准 H.261 解码器的基本框图

能减少帧间冗余的方法。具体来说，H.261 将一个图像序列分成许多组，对每组的第 1 帧和剩余帧分别采用**帧内**和**帧间**方式进行编码(可参见 14.5 节及图 14.5.1)。

需要指出，图 A.4.1 中反量化模块的作用是通过对量化结果的预测插值以使 IDCT 后的量化后的帧间预测误差尽可能接近 DCT 前的帧间预测误差，消除连续预测产生的漂移现象。由于量化损失了信息，这里反量化只是指一种估计的运算。

顺便指出，H.261 比较适合用于 ISDN、ATM 等宽带信道的视频应用。H.262(见下面的 MPEG-2)和 H.261 一样都是 H.320 的一部分，用于商业/公共(corporate)视频应用；H.263 是对 H.261 的一个增强版本(还考虑了普通电话调制解调器的带宽，即 28.8Kb/s)，适用于极低码率(低于 64Kb/s)视频服务，可满足在 PSTN 和移动通信网等带宽有限的网络上应用(分辨率还包括 128×96，即 SQCIF；704×576，即 4CIF；以及 1408×512，即 16CIF)。另外，为支持基于 IP 的多媒体业务制定了 H.323，为支持基于 IP 的移动电话业务制定了 H.324。它们的应用范围还包括基于 PC 的多媒体应用、便宜的语音/数据调制解调器、WWW 上的实时视频浏览器等。

3. MPEG-1

MPEG-1 是由 ISO 和 CCITT 两个组织的**运动图像专家组**于 1988 年开始制定的第 1 个运动图像压缩标准，也有人称其为第一个对"高质量"视频和音频进行混合编码的标准，它于 1993 年正式成为国际标准，编号为 ISO/IEC 11172。它是一种娱乐质量的视频压缩标准,主要用于数字媒体上压缩视频数据的存储和提取,在 CD-ROM 光盘视频(VCD)中得到广泛应用。

MPEG-1 标准包括 3 个部分: ① 系统; ② 视频; ③ 音频。系统部分确定对视频和音频编码的层次,描述了编码数据流的句法和语义规则。MPEG-1 系统的语义规则对解码器提出了要求,但并没有指定编码模型,或者说编码过程并没有限定,可用不同的方法实现,只要最后产生的数据流满足系统要求即可。在系统层,参考解码模型被指定为信息流的语义定义的一部分。

图 A.4.3 给出 MPEG 编码器在功能层产生码流的示意图。视频编码器接收未编码数字图像,称为**视频表达单元**(VPUs)。类似地,在离散的时间间隔中,音频数字化器接收未编码的音频采样,称为**音频表达单元**(APUs)。注意,VPUs 的到达时间并不一定要与APUs 的到达时间一致。

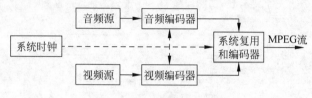

图 A.4.3　MPEG 数据流的产生

MPEG-1 标准采用的编码器和解码器的基本框图仍可分别参见图 A.4.1 和图 A.4.2,所使用的有关压缩编码的技术与 H.261 基本相同。这个标准并没有指定具体的编码程序,而只是确定了一个标准的编码码流和对应的解码器,它所压缩的码流基本上可达 $1.5 \sim 2\text{Mb/s}$。

MPEG-1 标准中考虑的是逐行扫描的图像,所以每幅图像与 H.261 标准中采用隔行扫描的帧图像不同。MPEG-1 标准中也将一个图像序列分成许多组,但它将序列图像分成 3种类型分别编码(可参见 14.5 节及图 14.5.2)。

因为 MPEG-1 允许在多帧间联合编码,所以它的压缩率可达 50∶1∼200∶1。MPEG-1是非对称的,它进行压缩的计算复杂度(硬件)比解压大很多。这在信号从一个源产生,但需要分配给许多接收者时比较适用。早在 2000 年时,市场上的 MPEG 芯片已可以在 $1.2 \sim 1.5\text{Mb/s}$ 时通过 200∶1 的压缩率产生 VHS 质量的视频。它们也可在压缩率为 50∶1 时用 6Mb/s 的带宽提供广播质量。

4. MPEG-2

MPEG-2 是**运动图像专家组**于 1990 年开始制定的第 2 个运动图像压缩标准,于 1994年完成,编号为 ISO/IEC 13818。这是一种用于视频传输的压缩标准,虽然基本结构与MPEG-1 相同(与 MPEG-1 兼容),但通过扩充扩大了应用范围。它适用于从普通电视($5 \sim 10\text{Mb/s}$)直到高清晰度电视($30 \sim 40\text{Mb/s}$,原 MPEG-3 的内容)的带宽范围(后经扩展,最高已可达 100Mb/s)。它的一个典型应用是数字视频光盘 DCD。

MPEG-2 包含 5 个档次(profile),即简单(simple)、主要(main)、SNR 可扩展(SNR scalable)、空间可扩展(spatially scalable)和高级(high)。简单档次不支持 B 图像,也不需要存储 B 图像。每个档次又分为 4 个等级(level),包括高等级、高等级 1440、主要等级和低等级。等级主要与视频的分辨率有关。例如,低等级对应标准的 352×288 分辨率,每秒 30

帧,也称源输入格式(SIF);主要等级满足 CCIR/ITU-R 601 的质量(720×576 分辨率,每秒 30 帧);而高等级均用于 HDTV,其中高等级 1440 支持的分辨率为 1440×1152,每秒 60 帧;而高等级支持的最高分辨率为 1920×1152,每秒 60 帧。

MPEG-2 具有不同的档次和等级,可见表 A.4.1。

表 A.4.1　MPEG-2 的档次和等级

	主要档次	SNR 可扩展档次	简单档次	空间可扩展档次	高级档次
高等级(high level)	√				√
高等级 1440(high 1440 level)	√			√	√
主要等级(main level)	√	√	√		√
低等级(low level)	√	√			

MPEG-2 的主要档次最受关注,它可支持从最低的具有 MPEG-1 质量的等级,通过广播质量的主要等级,一直到 HDTV 质量的最高级。MPEG-1 是为计算机应用而开发的,仅支持**渐进扫描**;MPEG-2 可用于电视播放,支持**隔行扫描**。

对 MPEG-2 编码器的输入是数字视频,标准覆盖音频压缩、视频压缩以及传输。在传输部分,它定义了以下内容。

(1) **节目流**:一组具有共同时间联系的音频、视频和数据元素,一般用于发送、存储和播放。

(2) **传输流**:一组节目流或(音频、视频和数据)元素流,它们被以非特定的联系进行调制复用(multiplex)以用于传输。

MPEG-2 标准采用的编码器和解码器的基本框图仍可分别参见图 A.4.1 和图 A.4.2,所使用的有关压缩编码的技术与 H.261 也基本相同。但由于它主要用于场景变化很快的情况,所以规定每过 15 帧图像一定要编一帧,不过并没有限定需用多少帧图像来进行运动估计。

与 MPEG-1 相比,MPEG-2 既可以处理逐行扫描图像也可以处理隔行扫描图像(既有场的概念也有帧的概念),其对运动的估计包括场预测、帧预测、双场预测和 16×8 的运动补偿。

顺便指出,历史上曾有过 MPEG-3,MPEG-3 最初设计为支持每秒 30 帧的 1920×1080 格式的 HDTV,后来因为发现只需将 MPEG-1 和 MPEG-2 略加改进就可以将 HDTV 压到 20Mb/s 和 40Mb/s。所以 HDTV 成为 MPEG-2(high 1440 level specification)的一部分。

5. MPEG-4

MPEG-4 是**运动图像专家组**为了适应在窄带宽(一般指<64Kb/s)通信线路上对动态(可低于视频)图像进行传输的要求,从 1993 年开始在 MPEG-1 和 MPEG-2 基础上制定的又一个运动图像压缩标准,主要面向于低码率图像压缩。该标准的第 1 版和第 2 版已分别在 1999 年初和 2000 年初正式公布和使用,编号为 ISO/IEC 14496。其后还做了一些进一步的改进。

在长达数年的标准制定过程中,**MPEG-4** 的目标和内容发生了一定的变化。现在它的总目标是对各种音频视频 AV,主要包括静止图像、序列图像,计算机图形、3D 模型、动画、语言、声音等进行统一有效的编码。它既支持固定码流也支持变码流,对 3 种码流范围的视频已达最优：①＜64Kb/s，②64Kb/s～384Kb/s，③384Kb/s～4Mb/s。还考虑过直到50Mb/s的码流[ISO/IEC 1998a]。它基本上能在普通CD-ROM上实现DVD的质量，所以在娱乐方面有很大的潜在市场。

MPEG-4是一个相当灵活的、低码率的多媒体编码标准，它具有：

（1）对混合媒体目标，包括视频、图形、文字、图像、音频和语音等（也称音视频目标，AVO）编码的能力；

（2）对混合媒体目标同步的能力；

（3）通过组合混合媒体目标构建恰当的多媒体表达的能力；

（4）进行误差校正以保证通过噪声信道鲁棒传输压缩数据的能力；

（5）对任意形状视频目标进行编码的能力；

（6）将与混合媒体目标相关数据进行复用（multiplex）和同步的能力，这样就可保证通过网络信道传输并提供与对应目标相应的质量保证；

（7）与在接收端生成的音视频目标进行交互的能力。

MPEG-4从技术上讲的一个特点是引入了视觉对象/目标（分层目标区域）的概念，这里的视觉对象既可指自然的也可指合成的（如各种动画图形）。它所采用的主要技术是基于目标的编码和基于模型的编码。它的特点包括高压缩率、尺度可变、存取灵活等。

MPEG-4建立在数字电视、交互图形和万维网（WWW）的成功之上，它提供了标准化的技术以把这3个领域的生产、分配和内容访问集成起来。例如，第3代手机已将它用作传输标准。它还可以支持无线视频电话、网络多媒体表示、TV广播、DVD等，并支持通过有噪信道（如无线视频连接）的稳定视频传输。由于支持的功能和应用繁多，MPEG-4相当复杂。由于它的处理对象比较广，所以MPEG-4在一定意义上可看作是一个多媒体应用的标准。

6. H.264/AVC

H.264/AVC是由ITU-T的视频编码专家组和ISO/IEC的**运动图像专家组**在2001年组成的**联合视频工作组**（JVT）（Joint Video Team）共同制定的一个面向IP和无线环境下的视频压缩的国际标准。该标准在2003年5月正式形成，其中ITU-T方面称为H.264，MPEG方面将其纳入MPEG-4的第10部分：先进视频编码（AVC）。它的目标是在提高压缩效率的同时，提供网络友好的视频表达方式，既支持"会话式"（如可视电话）也支持"非会话式"（如广播或流媒体）视频应用。

H.264/AVC以H.26L为基础，其基本的编码框架仍类似于H.261的编码框架，其中预测、变换、量化、熵编码等模块都没有发生根本的变化。但在每一个功能模块中都引入了新的技术，从而实现了更高的压缩性能。另外，在算法结构上采用了分层处理以能适应不同的传输环境，提高传输效率。

H.264/AVC原有3个档次（profile），分别是基本（baseline）、主要（main）、扩展（extend）档次。每个档次有相应的算法组成和语法结构以及应用对象。基本档次面向复杂度低、传输延迟小的应用对象；主要档次面向运动特性复杂、快速，传输延迟大的应用对象；扩展档次面向应用要求更高的对象。2004年7月JVT对H.264/AVC进行扩展以涵盖专业级的高质量视频和高分辨率视频压缩等高保真应用领域，包括High（HP）、High10（Hi10P）、High4：2：2（H422P）、High4：4：4（H444P），该扩展部分被简称为FRExt（fidelity range extensions）。

H.264/AVC 在编码方面采用的主要技术包括以下几种。

（1）多帧多模式运动预测

在 H.264/AVC 中，可以从当前帧的前几帧中选择一帧作为参考帧来对**宏块**进行运动预测。基于多参考帧的预测对周期性运动和背景切换能够提供更好的预测效果，而且有助于比特流的恢复。

对视频图像进行运动预测时要将图像分成一组 16×16 的亮度宏块和两组 8×8 的色度宏块。在 H.264/AVC 中，对 16×16 的宏块还可以继续分解为 4 种子块，这称为**宏块分解**，见图 A.4.4(a)；对 8×8 的宏块还可以继续分解为 4 种子块，这称为**宏块子分解**，见图 A.4.4(b)。

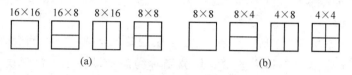

图 A.4.4　宏块分解和子分解

选用多种宏块尺寸类型可以更灵活地与图像中物体的运动特性相匹配。一般尺寸大的分解子块适用于当前帧相对于参考帧变化小的区域和比较光滑的区域，尺寸小的分解子块适用于当前帧相对于参考帧变化大的区域和细节较多的区域。同时，最小宏块尺寸比较小，可较精确地划分运动物体，减小运动物体边缘处的衔接误差，提高运动估计的精度和数据压缩效果，并能提高图像播放效果。

（2）整数变换

与上述许多标准不同，在 H.264/AVC 中使用了可分离的整数变换。一方面计算比较简单（主要进行加法和移位），另一方面，整数变换的反变换还是整数变换，可避免舍入误差。

（3）熵编码

H.264/AVC 支持两种熵编码方式：①上下文适应变长编码（CAVLC）；②**上下文适应二值算术编码**（CABAC）。CABAC 是可选项，其编码性能比 CAVLC 好，但计算复杂度也高。

（4）自适应环内消块效应滤波器

H.264/AVC 定义了**自适应环内消块效应滤波器**，用以消除基于块的编码导致的块状失真。

由上可见，H.264/AVC 标准之所以有较好的使用功能和较高的压缩率是多方面改进的结果。据统计，H.264/AVC 与 MPEG-2 编码的视频流相比要节省 64% 的比特率，与 H.263 或 MPEG-4 的简单档次的视频流相比平均可节省 40%～50% 的比特率。

7. H.265/HEVC

H.265/HEVC 也是由**联合视频工作组**（JVT）所制定的一个视频压缩的国际标准，是为了适应视频高清晰度高帧率的发展趋势而制订的。该标准在 2013 年初正式形成，其中 ITU-T 方面称为 H.265，MPEG 方面将其称为**高效视频编码**（HEVC）。

H.265/HEVC 是继 H.264/AVC 之后用了约十年时间所制定的一个新的视频编码标准。从总体编码架构上看，两者有一定的相似性，均主要包含帧内预测、帧间预测、转换、量化、去区块滤波器和熵编码等模块。从具体技术上看，H.265/HEVC 除保留了一些原来的技术外,更采用了许多新技术,如高精度运动补偿插值(对 1/4 像素采用了 7 阶插值,对 1/2 像素采用了 8 阶插值)、多视预测方法、帧内亮度预测(包括 35 种预测方式,其中包括两种平面预测方式和 33 个覆盖整个 180°范围的预测方向,以增加预测精度、减小图像残差数据的产生、增加数据压缩效率)、帧内色度预测、去块效应滤波器以及对熵编码方案 CAVLC 和 CABAC 改良的**低复杂度熵编码**(LCEC)和**高复杂度熵编码**(HCEC)概念等,算法复杂性有了大幅提升。概括说来,H. 265/HEVC 基本上用了约为 H. 264/AVC 的 2～4 倍的计算复杂度换取了 50% 左右的压缩效率提高。它可以实现利用 1～2Mb/s 的传输速度传送 720p(分辨率 1280×720)普通高清视频,也同时支持 4K(4096×2160)和 8K(8192×4320)超高清视频。H. 265 的高端类型(High Profile)还可在低于 1.5Mb/s 的传输带宽下,实现 1080p 全高清视频的传输。

H. 265/HEVC 整体上包括三类基本单元:①**编码单元**(CU);②**预测单元**(PU);③**变换单元**(TU)。这些单元中相应的像素块分别称为**编码块**(CB)、**预测块**(PB)和**变换块**(TB)。在(图像帧)预测模式下部分 CU 将转换为 PU。在对图像残差转换时 CU 转换为 TU,以进行 DCT 变换和量化。

(1) 编码单元

编码单元 CU 是 H. 265/HEVC 中用于编码的最小单位。在 H. 265/HEVC 中,图像被划分为"**编码树单元**(CTU)",其中相应的像素块称为**编码树块**(CTB)。根据不同的编码设置,CTU 由多个 CU 组成。CTU 单元的尺寸可以被设置为最大 64×64 或有限的 32×32 或 16×16 或 8×8。这种方法可减少对高分辨率视频压缩时所需要使用的宏块的个数,避免宏块级参数信息所占用的码字过多,而用于编码残差部分的码字过少的问题。此外,这样也可增加单个宏块所表示的图像内容信息,减少冗余。

在编码时,可通过四叉树结构(见中册 6.2.3 小节)借助递归分解将 CTU 转换为 CU。H. 265/HEVC 中进行编码的基本单位是每个叶子节点,编码用于指示当前块的预测模式为帧内或帧间预测。CU 的尺寸最大为 CTU 的尺寸(64×64),最小为 8×8。当 CU 有多层级时,应按照深度优先的原则逐行遍历每个叶子节点。一个示例如图 A.4.5,图(a)CU 中的箭头代表遍历的顺序;图(b)中编码标识"1"表示向下分解,"0"表示不分解,这些 0 和 1 代码从上到下、从左到右组成"1010100100100"的编码序列。在最下层(编码尺寸为 8×8 时)不再继续分解,也无须编码标识。

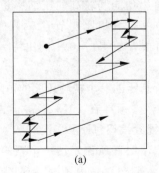
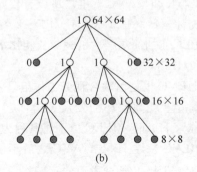

(a)　　　　　　　　　　(b)

图 A.4.5　编码单元和四叉树递归分解示例

（2）预测单元

预测单元 PU 是 H.265/HEVC 中用于预测的最小单位。PU 中包含用于方向预测的帧内预测信息，或用于选择参考帧及运动向量的帧间预测信息。H.265/HEVC 中定义了 8 种 PU 划分类型，如图 A.4.6 所示，比 H.264/AVC（图 A.4.4）更加细致，多样。作为帧内预测的 PU 应为图(a)中左边两种类型；作为帧间预测的 PU 则可以是任意的类型。图(b)中的四种非对称类型是可选的($n < N$)，可根据编码器配置决定是否使用。

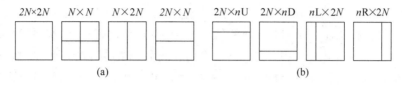

图 A.4.6　预测单元划分类型

（3）变换单元

变换单元 TU 是 H.265/HEVC 中进行整数变换或量化时，具有相同残差系数或变换系数的单元。TU 既可按照正方形划分也可按矩形划分，如图 A.4.7 所示，其中 CU 划分用实线表示，TU 划分用虚线表示。当 TU 采用图(a)的正方形划分时，其大小可从 4×4 至 32×32；当 TU 采用图(b)的矩形划分时，可沿垂直和水平方向进行。但无论 TU 选择哪种划分方式，都可以使用四叉树结构来表达，这种统一的数据结构使得 H.265/HEVC 的编码效率能比 H.264/AVC 有大幅的提高。

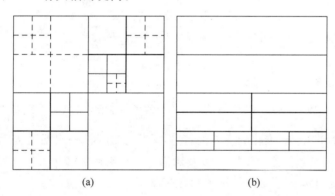

图 A.4.7　变换单元的两种划分类型示意

有关 H.265/HEVC 编码标准及其在电视监测领域的应用前景的一个综述可见［马 2016］。

A.5　多媒体国际标准

这里介绍的国际标准一方面涉及图像、视频、音频、动画等多种媒体（多媒体），另一方面即使当操作对象是图像时，所进行的也不是压缩，而是其他处理、分析和理解的工作。

1. MPEG-7

从 1996 年开始，由 ISO 和 CCITT 两个组织联合的**运动图像专家组**组成新的委员会着手进行有关多媒体信息内容描述标准的工作。MPEG-7 的正式名称是"多媒体内容描述界面"(multimedia content description interface),见[ISO/IEC 1998b]。MPEG-7 的目标是指定一组描述不同多媒体信息的标准描述符。这些描述要与信息内容相关以便能快速和有效地查询各种多媒体信息。MPEG-7 将采取的描述方案和方法与被描述内容是否编码或如何存储无关,例如视觉信号仍可以用已有的各种编码方案(如 JPEG、MPEG-1、MPEG-2、MPEG-4 等)进行编码。新的标准已在 2001 年问世,编号为 ISO/IEC 15938。关于标准的正式文件可查 MPEG 网站[MPEG]。

MPEG-7 的目标是建立对不同多媒体信息(主要为音频视频)的标准描述(包括指定一组描述符和描述方案),并且这些描述要与信息内容相关以便能用来快速和有效地查询和访问各种多媒体信息。需要注意,MPEG-7 仅是描述有关内容的信息,但并不是内容本身,所以也称为关于比特之比特(the bits about the bits)的标准。

MPEG-7 是关于内容描述的,它与基于内容的多媒体信息检索的联系可参见图 A.5.1,虚线框中对应视觉信息检索系统。由图 A.5.1 可见,MPEG-7 处在基于内容的多媒体信息检索里的中心位置。MPEG-7 的前端是对多媒体数据分析的结果,MPEG-7 的后端则提供了多媒体信息提取的基础。由这样的关系可知,MPEG-7 标准应可借助现有的特征提取技术,且应有助于提取有效和实用的信息。为此,MPEG-7 也需考虑它自身与特征提取之间和与搜索引擎之间的界面。

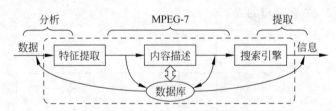

图 A.5.1　MPEG-7 与基于内容的多媒体信息检索的联系

在 MPEG-7 标准中,标准化的主要内容是:一组描述符,一组描述方案,一种指定和说明描述方案(可能还有描述符)的语言,以及对描述进行编码的若干方法。如果进一步细化,所要规范化的主要内容可分成 5 部分[ISO/IEC 2001c]:

(1) 描述符,可将特征和一组数值对应,从而定量描述内容。

(2) 描述方案,是多媒体目标及其所表达的客观世界的模型。对给定的描述,描述方案指定描述符的种类、描述符间的联系以及与其他描述方案间的联系。

(3) 描述定义语言,可以解释描述方案的句法结构。

(4) 描述,基于描述方案和描述符值来描述数据的过程。

(5) 系统工具,支持描述复用、输出同步、传输机制、文件格式等。

从内容描述的角度出发,MPEG-7 标准中一共考虑了 5 类基本的视觉特征,因而也有 5 类相应的基本描述符:颜色描述符、纹理描述符、形状描述符、运动描述符和位置描述符。另外,还有一种基于特征脸的人脸识别描述符。这些描述符的一览表见表 A.5.1[ISO/IEC 2001b],[ISO/IEC 2001d]。

表 A.5.1　MPEG-7 标准中描述符一览

类别	名　　称	功　　能
颜色	颜色空间	定义 MPEG-7 颜色描述符的颜色空间,包括 RGB、HSV、HMMD、YCbCr、单色、对应 RGB 的线性变换矩阵
	颜色量化	定义对颜色空间的均匀量化(需和主颜色等配合使用)
	主颜色	对任意形状的区域指定一组主要颜色
	可伸缩颜色	定义 HSV 空间的颜色直方图(用哈尔变换编码),它的二进制表达在 bin 的数量和 bit 表达精度上都是可伸缩的
	颜色布局	指定颜色的空间分布(帮助提高检索和浏览的速度),它既可以用于整幅图像也可以用于一幅图像的一部分
	颜色结构	既描述颜色内容本身也借助结构元素描述颜色内容的结构
	帧组/图组颜色	利用可扩展颜色定义用来表达一组图像/视频帧(Group of Frames/Group of Pictures)的结构
纹理	同质纹理	表达根据频率分布获得的能量和能量偏移
	纹理浏览	表达纹理的感知特点,如规则性、方向性、粗糙性等
	边缘直方图	对 5 种子图像中边缘的空间分布的统计
形状	基于区域的形状	可用于描述单个连通的区域或多个不连通的区域(描述基于区域的形状),由一组角放射变换系数构成
	基于轮廓的形状	可用于描述 2-D 目标封闭的轮廓(描述基于轮廓的形状),利用了轮廓的曲率尺度空间表达
	3-D 形状	提供 3-D 网格的本征形状描述,基于 3-D 形状索引(表达 3-D 曲面的局部曲率特性)的直方图
位置	区域位置	允许在图像或视频帧中通过扩展方框或多边形的表达来指定区域的位置
	时空位置	允许在视频中用一个或多个参考区域集合描述区域的时空位置,另外可用两种描述方案描述运动:目标区域轨迹和参数轨迹。如果运动目标是刚性的且运动模型已知,可使用参数轨迹;如果运动区域是弹性的,则使用目标区域轨迹
运动	摄像机运动	根据由摄像机获取的 3-D 运动参数描述摄像机的 3-D 运动,包括扫视、倾斜、变焦、跟踪、吊降、推拉、变焦等
	运动轨迹	用来描述运动物体上代表点的时空轨迹
	参数运动	以 2-D 几何变换(平移、旋转、放缩、仿射、透视、二次运动)来刻画任意形状区域随时间的变化,主要描述视频中的目标运动和全局运动
	运动活力	对应视频中直观的"动作强度"或"运动速度",包括 5 种属性:活力强度,活力方向,活力的空间位置,活力的空间分布和活力的时间分布
其他	人脸识别	描述了将一个人脸矢量投影到由一组基本矢量(它们覆盖了可能的人脸矢量空间)所定义的归一化人脸图像上的结果

要将 MPEG-7 所确定的描述符和描述方案用于对多媒体数据的规范描述,可参见图 A.5.2 的应用方式。其中,对生成的描述既可以直接利用 MPEG-7 所确定的描述符和描述方案,也可以借助编码器获得已编码的 MPEG-7 描述。对后一种情况,可以解码后再进行检索或滤波。

MPEG-7 所主要讨论的应用可以分成 3 大类,见表 A.5.2[ISO/IEC 1999]、[ISO/IEC2001a]。第 1 类是索引和检索类应用(也称 PULL 应用),这是 MPEG-7 启动的主要原

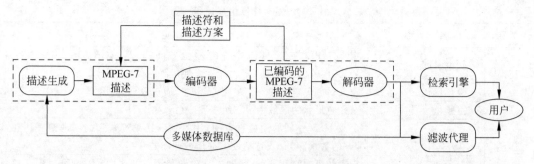

图 A.5.2　MPEG-7 的可能应用方式

因(并常被人们错误地认为是 MPEG-7 唯一的应用)。最初,MPEG-7 的构想就是要让人们实现对 AV 像文字一样快速有效地检索。事实上在 WWW 上已有许多文字搜索引擎,但无法应用于视频音频内容,因为对它们没有公认的描述。第 2 类是选择和过滤类应用(也称PUSH 应用),它与第 1 类相对应,是指帮助人们仅接受符合其需求的统一推送(如广播发送)信息服务数据的应用。第 3 类与传统的面向媒体的应用不同,是与 MPEG-7 中要定义的"元"(meta)内容表达有关的专业化的应用[ISO/IEC 1998c]。

表 A.5.2　MPEG-7 应用分类和举例

PULL 应用	PUSH 应用	专业化应用
(1) 视频数据库的存储检索	(1) 用户代理驱动的媒体选择和过滤	(1) 远程购物
(2) 向专业生产者提供图像和视频	(2) 个人化电视服务	(2) 生物医学应用
(3) 商用音乐(如 Karaoke、音乐制品销售等)	(3) 智能化多媒体表达	(3) 通用接入
(4) 音响效果库	(4) 消费者个性化的浏览、过滤和搜索	(4) 遥感应用
(5) 历史讲演库	(5) 向残疾人提供信息服务	(5) 半自动多媒体编辑
(6) 根据听觉提取影视片段		(6) 教学教育
(7) 商标的注册和检索		(7) 保安监视
		(8) 基于视觉的控制

对 MPEG-7 标准的详细介绍及在基于内容的视觉信息检索中的应用可见文献[章2003b]、[Zhang 2005b]、[Zhang 2009c]、[Zhang 2015c]。

2. MPEG-21

MPEG-21 是**运动图像专家组**于 2000 年正式启动的一个标准[章 2000e]。MPEG-21的正式名称是"多媒体框架"(multimedia framework)。MPEG-21 的口号是"将标准集成起来支持和谐/协调的技术以管理多媒体商务"。具体说来,它试图用多媒体框架将各种服务综合在一起并进行标准化。MPEG-21 的最终目标是协调不同层次间的多媒体技术标准,建立一个交互式的多媒体框架,此框架能够支持各种不同的应用领域,允许不同用户使用和传递不同类型的数据,并实现对知识产权的管理和数字媒体内容的保护。该标准的第 1 版已在 2005 年底正式公布和使用,编号为 ISO/IEC 21000。进一步的扩展和更新至今还在进行。

MPEG-21 覆盖的内容可以描述为将两种关键的技术结合:用户如何能查询和获得满意的内容(或者独立的或者通过使用智能代理),如何能将内容根据与内容结合的使用权送到用户方。目前,多媒体框架的内容至少包括以下一些方面。

(1) 数字项声明：数字项是具有 MPEG-21 框架内标准表示，识别和元数据的结构化数字对象，也是在这个框架内分配和交易的基本单位。数字项声明（DID）涉及指定数字项的资源，元数据及其相互关系。MPEG-21 应建立统一而灵活的抽象和可操作的计划来声明数字项。

(2) 数字项认证：认证系统是任何商业系统的基本组成部分。这适用于数字内容电子商务环境的物理世界以及数字内容的经济环境。对数字项认证（DII），需要能准确、可靠，认证唯一；认证方法快速有效；面向多媒体的描述应安全可靠。

(3) 知识产权管理和保护组件：MPEG-21 知识产权管理和保护（IPMP）组件的目的是允许在整个生命周期内对数字项的流量和使用情况进行控制，使用户能使用合法权益，表明身份，得到稳固的保护。

(4) 权利表达语言：权利表达语言（REL）是声明权利和权限的机器可读语言。MPEG-21 定义的权利表达语言可提供灵活的互操作机制，以支持数字资源在整个价值链中使用的透明，保护数字资源，并尊重相应指定的权利，条件和费用。

(5) 权利数据字典：ISO/IEC 在 2001 年指出，确定权利语义标准对不同数字版权管理应用程序之间的权利表达交换很重要。但此时已经有许多内容元数据方案可用，人们认为必须确保它们可以被并入到所提出的 MPEG 权限数据字典（RDD）中。MPEG 权利数据字典就是要促进参与数字项目权利和使用的有关各方之间信息的准确交换和处理。它包括一组清晰、一致、结构化，集成和唯一标识的术语，以支持 MPEG-21 权利表达语言（REL）。随着通过注册机构将更多的术语添加到词典中，字典的构建和结构也被标准化了。

(6) 数字项适配：数字项适配提供了以最低成本实现最佳质量多媒体服务的工具。

(7) 参考软件：它指实施 MPEG-21 其他部分规范性条款的参考软件。它可帮助确定可用于 MPEG-21 的参考软件模块，了解功能的可用参考软件模块，并利用这些可用参考软件模块。

(8) 文件格式：它使用 ISO 基本媒体文件格式中定义的框结构文件的结构定义，而不是基于时间的媒体的定义。它定义了对 MPEG-21 数字项的存储，以及对同一文件中的一些或全部辅助数据（如图像、电影或其他非 XML 数据）的存储。

(9) 数字项处理：数字项处理（DIP）允许数字项作者提供用户与数字项目交互的建议。

(10) 持续关联技术评估方法：它提供了描述持续关联技术（PAT）评估的工具。MPEG-21 提供了一个将许多多媒体元素汇集在一起的框架。为了处理这样的内容，已经确定了需要在 MPEG-21 内创建和管理（例如检测或提取）内容和元数据之间的关联工具。被称为"水印"和"指纹"的技术工具提供了形成这种关联的手段，由此信息可以直接嵌入到内容本身或从内容本身推断出来。这种工具在 MPEG-21 中被称为持续关联技术（PAT）。对它的评估要借助具有特定测试方法的通用评估框架来进行。

(11) 软件：实施 MPEG-21 资源交付测试平台的软件。

(12) 事件报告：事件报告的要求最初来自权利持有者对商业环境中受版权保护内容的使用要求。MPEG-21 中的事件报告为"可报告事件"提供了一个标准化的方式来进行指定，检测和采取行动，使用户能及时、准确了解发生的事件的可表征性能的语法和接口。

(13) 片段识别：它指定用于 URI 片段标识符的规范语法，可用于对各种 MPEG 标准支持的音视频等进行寻址。

（14）数字项流：数字项流（DIS）使得数字项（DID，元数据，资源）可以分段方式递增传送，接收用户也可以这样的方式递增地消费数字项。

（15）媒体价值链本体论：媒体价值链本体论（MVCO）是在 MPEG-21 框架内形式化媒体价值链的本体论。它规定了媒体价值链的机器可读本体，定义了知识产权种类的最小集合，与他们交互的用户的角色以及与知识产权相关的其他功能。它旨在表达内容创建、分发、使用和处理的共性。

（16）用户描述：它旨在描述对给定应用领域内的特定任务而量身定制的"建议"。对这些建议完整和紧凑的描述会促进匹配用户需求的应用。

MPEG-21 多媒体框架标准包括如下用户需求：①内容传送和价值交换的安全性；②数字项的理解；③内容的个性化；④价值链中的商业规则；⑤兼容实体的操作；⑥其他多媒体框架的引入；⑦对 MPEG 之外标准的兼容和支持；⑧一般规则的遵从；⑨MPEG-21 标准功能及各个部分通信性能的测试；⑩价值链中媒体数据的增强使用；⑪用户隐私的保护；⑫数据项完整性的保证；⑬内容与交易的跟踪；⑭商业处理过程视图的提供；⑮通用商业内容处理库标准的提供；⑯长线投资时商业与技术独立发展的考虑；⑰用户权利的保护，包括服务的可靠性、债务与保险、损失与破坏、付费处理与风险防范等；⑱新商业模型的建立和使用。

在应用方面，MPEG-21 和电子商务有密切的关系。MPEG-21 为电子商务提供了技术标准，电子商务应是 MPEG-21 一个巨大的应用领域。无论从 MPEG-21 的初衷——建立一个综合性的标准以协调现有多媒体技术标准，还是从 MPEG-21 所包含的内容来看，无一不在为电子商务做铺垫。因为无论电子商务将来采取何种形式，身份验证和版权保护都必不可少。因此，认证问题应是多媒体框架的重要部分，其中知识产权保护问题推动了信息隐藏技术和数字水印的研究[李 2001]。另外，对查询和信息获取问题的研究，也推动了 MPEG-7 特征描述的研究。

3. 其他 MPEG 标准

运动图像专家组还制定了和正在制定许多其他相关国际标准，其中一些与图像（包括视频）技术相关的标准如表 A.5.3 所示[MPEG]。

表 A.5.3　一些与图像技术相关的其他 MPEG 标准

名　　称	功　能　描　述
MPEG-A	一套规定了涉及多个 MPEG 应用格式，并且在需要时可以使用非 MPEG 标准应用格式的标准
MPEG-B	一套不属于其他完善的 MPEG 标准的系统技术标准
MPEG-C	一套不属于其他完善的 MPEG Video 标准的视频标准
MPEG-D	一套不属于其他 MPEG 标准的音频技术标准
MPEG-H	一套能让高效率压缩的视听信息在异构环境中传送的标准
MPEG-M MPEG-U	一套帮助轻松设计和实现其设备互操作的媒体处理价值链标准，因为它是能够在诸如广播、移动、家庭网络和 Web 域之类的异构场景中使用的通用技术标准
MPEG-V	概述了一种架构并指定了相关的信息表示，以实现虚拟世界（如虚拟世界的数字内容提供商，游戏，模拟）以及实际和虚拟世界（如传感器，执行器，视觉和渲染，机器人）之间的互操作性

部分思考题和练习题解答

第1章 绪 论

1-3 （1）因为 $256 = 2^8$，所以传输图像所需的时间为 $256 \times 256 \times (1+8+1)/9600 = 68.3\text{s}$。

（2）因为 $16\,777\,216 = 2^{24}$，所以传输图像所需的时间为 $1024 \times 1024 \times [3(1+8+1)]/38\,400 = 819.2\text{s}$。

1-6 （1）$2000 \times 1500, 2580 \times 1935$。

（2）$4000 \times 3000, 288\text{MB}$。

第2章 空域增强：点操作

2-1 旋转变换矩阵为

$$\boldsymbol{R} = \begin{bmatrix} \cos(\pi/6) & \sin(\pi/6) \\ -\sin(\pi/6) & \cos(\pi/6) \end{bmatrix} = \begin{bmatrix} \sqrt{3}/2 & \sqrt{1}/2 \\ -\sqrt{1}/2 & \sqrt{3}/2 \end{bmatrix}$$

图像点 $(2,8)$ 变换后坐标为 $(\sqrt{3}+4, 4\sqrt{3}-1)$。

2-11 计算结果见表题 2-11。

表题 2-11

序号	运 算	步骤和结果							
1	列出原始图灰度级 k	0	1	2	3	4	5	6	7
2	计算原始直方图	0.174	0.088	0.086	0.08	0.068	0.058	0.062	0.384
3	用式(2.4.4)计算原始累积直方图	0.174	0.262	0.348	0.428	0.496	0.554	0.616	1.00
4	给出规定直方图	0	0.4	0	0	0.2	0	0	0.4
5	用式(2.4.4)计算规定累积直方图	0	0.4	0	0	0.6	0	0	1.0
6S	SML 映射	1	1	1	1	1	4	4	7
7S	确定映射对应关系	0,1,2,3,4→1					5,6→4		7→7
8S	变换后直方图	0	0.496	0	0	0.12	0	0	0.384
6G	GML 映射	1	1	1	1	4	4	4	7
7G	查找映射对应关系	0,1,2,3→1				4,5,6→4			7→7
8G	变换后直方图	0	0.428	0	0	0.188	0	0	0.384

注：表中步骤 6S～8S 对应 SML 映射方法，步骤 6G～8G 对应 GML 映射方法。

SML 映射方法的误差为 $|0.4-0.496|+|0.2-0.12|+|0.4-0.384|=0.192$。

GML 映射方法的误差为 $|0.4-0.428|+|0.2-0.188|+|0.4-0.384|=0.056$。

第 3 章　空域增强：模板操作

3-2　(1) 4-连通路径长度为 ∞, 8-连通路径长度为 4。

(2) 4-连通路径长度为 6, 8-连通路径长度为 4。

3-7　(1) 滤波结果为? 0 1 2 2 3 4 5 6 6 7 8 8?。

(2) 中值滤波具有保持像素值单调增/减的趋势不变化的特点。

第 4 章　频域图像增强

4-3　分别定义 p 和 q 如下：

$$p = f \otimes h = \int_{-\infty}^{\infty} \int_{-\infty}^{\infty} h(x-m, y-n) f(x,y) \mathrm{d}m \mathrm{d}n$$

$$q = g \otimes f = \int_{-\infty}^{\infty} \int_{-\infty}^{\infty} g(x-k, y-l) f(x,y) \mathrm{d}k \mathrm{d}l$$

现在使用相同的公式计算需证明公式的左边和右边, 得到相同结果：

$$g \otimes (f \otimes h) = g \otimes p = \int_{-\infty}^{\infty} \int_{-\infty}^{\infty} p(k-m, l-n) f(m,n) \mathrm{d}m \mathrm{d}n$$

$$= \int_{-\infty}^{\infty} \int_{-\infty}^{\infty} \int_{-\infty}^{\infty} \int_{-\infty}^{\infty} p(k-m-x, l-n-y) f(m,n) f(x,y) \mathrm{d}m \mathrm{d}n \mathrm{d}x \mathrm{d}y$$

$$(g \otimes f) \otimes h = q \otimes h = \int_{-\infty}^{\infty} \int_{-\infty}^{\infty} q(k-m', l-n') h(m', n') \mathrm{d}m' \mathrm{d}n'$$

$$= \int_{-\infty}^{\infty} \int_{-\infty}^{\infty} \int_{-\infty}^{\infty} \int_{-\infty}^{\infty} q(k-m', l-n') f(m'-x, n'-y) h(x,y) \mathrm{d}x \mathrm{d}y \mathrm{d}m' \mathrm{d}n'$$

$$= \int_{-\infty}^{\infty} \int_{-\infty}^{\infty} \int_{-\infty}^{\infty} \int_{-\infty}^{\infty} q(k-m-x, l-n-y) h(m,n) f(x,y) \mathrm{d}x \mathrm{d}y \mathrm{d}m \mathrm{d}n$$

该结果可以推广到离散图像, 但对有限尺寸的图像, 依赖于如何处理图像的边界有可能会得到不同的结果。

4-12　(1) 首先要计算转移函数 $H(u,v)$ 的傅里叶反变换 $h(x,y)$, 再用 $h(x,y)$ 去拟合 $W(x,y)$。

(2) $W(x,y) = \begin{bmatrix} 1 & -0.5 & -0.5 \\ -0.5 & 0.5 & 0 \\ -0.5 & 0 & 0.5 \end{bmatrix}$。

(3) $W(x,y) = \begin{bmatrix} 1.77 & 0.3 & 0.22 & 0.22 & 0.3 \\ 0.3 & 0 & 0.04 & 0.09 & 0.22 \\ 0.22 & 0.04 & 0.04 & 0.05 & 0.09 \\ 0.22 & 0.09 & 0.05 & 0.04 & 0.04 \\ 0.3 & 0.22 & 0.09 & 0.04 & 0 \end{bmatrix}$。

第 5 章　图像消噪和恢复

5-2　对式(5.1.6)两边取傅里叶变换, 有 $G(u,v) = F(u,v) H(u,v) + N(u,v)$, 两边再

求模的平方(注意 f 与 n 不相关),就得证。

5-11 $H(u,v)=\dfrac{1}{1+[D_1(u,v)/50]^2}+\dfrac{1}{1+[D_2(u,v)/50]^2}$

其中,$D_1(u,v)=[(u-200)^2+(v-100)^2]^{1/2}$,$D_2(u,v)=[(u+200)^2+(v+100)^2]^{1/2}$。

第 6 章　图像校正和修补

6-6 $q=Ap+t=\begin{bmatrix}0.5 & -1/3\\ 0.5 & 1/3\end{bmatrix}p+\begin{bmatrix}11/6\\ 1/3\end{bmatrix}$

6-9 点 $f(2,4)$ 的灰度值为 5。

第 7 章　图 像 去 雾

7-6 (1) 式(7.1.35)成为

$$G_k=\begin{cases}8 & L<150\\ 3L-2 & 150\leqslant L\leqslant 500\\ 1 & L>500\end{cases}$$

(2) $\alpha\in[8,165]$。

7-7 将式(7.1.7)代入式(7.1.2),得到

$$I(\boldsymbol{x})=J(\boldsymbol{x})+\min_{\boldsymbol{y}\in N(\boldsymbol{x})}\left[\min_{C\in\{R,G,B\}}I_C(\boldsymbol{y})\right]\left[1-\frac{J(\boldsymbol{x})}{\min\limits_{C\in\{R,G,B\}}A_C}\right]$$

上式右边第 2 项对应雾的影响。因为 A 的取值为图像中最亮的 0.1% 像素的均值,所以对 $J(\boldsymbol{x})$ 中 99.9% 的像素都有 $J(\boldsymbol{x})\leqslant A$,进而可知第 2 项第 2 个方括号中的值大于 0,即对应雾的第 2 项为正。这样就可得到 $J(\boldsymbol{x})\leqslant I(\boldsymbol{x})$,即去雾后图像的平均亮度要小于去雾前图像的平均亮度。

第 8 章　图像投影重建

8-2 矩阵和投影分别为

$$\begin{bmatrix}12 & 13 & 19 & 13 & 12\\ 14 & 16 & 25 & 16 & 14\\ 24 & 31 & 99 & 31 & 24\\ 14 & 16 & 25 & 16 & 14\\ 12 & 13 & 19 & 13 & 12\end{bmatrix}$$

$\theta=0^\circ$: 　0　76　89　187　89　76　0

$\theta=45^\circ$: 　13　46　92　219　92　46　13。

$\theta=90^\circ$: 　0　69　85　209　85　69　0

8-7 $R_f(s,\theta)=\begin{cases}2p\sqrt{1-s^2} & |s|\leqslant 1\\ 0 & |s|>1\end{cases}$

第 9 章　图像编码基础

9-2 $\mathrm{SNR_{ms}}=35$,$\mathrm{SNR_{rms}}=5.92$,$\mathrm{SNR}=8.5\mathrm{dB}$,$\mathrm{PSNR}=19.8\mathrm{dB}$。

9-3 设要提取第 n 个位面,则有通式:

$$T_n(r)=\begin{cases}0 & \mathrm{int}[r/2^n]\text{ 为偶数或零}\\ 255 & \mathrm{int}[r/2^n]\text{ 为奇数}\end{cases}$$

第10章 图像变换编码

10-4 $C(0)=2, C(1)=-2^{1/2}\cos(\pi/8), C(2)=2^{1/2}\cos(\pi/4), C(3)=-2^{1/2}\sin(\pi/8)$。

10-9 $a_0(0)=\displaystyle\int_0^1 x^2 u_{0,0}(x)\mathrm{d}x=\int_0^1 x^2\mathrm{d}x=\dfrac{1}{3}$。

$b_0(0)=\displaystyle\int_0^1 x^2 v_{0,0}(x)\mathrm{d}x=\int_0^{0.5} x^2\mathrm{d}x-\int_{0.5}^1 x^2\mathrm{d}x=\dfrac{1}{4}$。

$b_1(0)=\displaystyle\int_0^1 x^2 v_{1,0}(x)\mathrm{d}x=\int_0^{0.5}\sqrt{2}\,x^2\mathrm{d}x-\int_{0.25}^{0.5}\sqrt{2}\,x^2\mathrm{d}x=-\dfrac{\sqrt{2}}{32}$。

$b_1(1)=\displaystyle\int_0^1 x^2 v_{1,1}(x)\mathrm{d}x=\int_{0.5}^{0.75}\sqrt{2}\,x^2\mathrm{d}x-\int_{0.75}^1 \sqrt{2}\,x^2\mathrm{d}x=-\dfrac{3\sqrt{2}}{32}$。

第11章 其他图像编码方法

11-2 输出码字：255,0,257,258,259,260。其中码字257对应0-0,258对应0-0-0,259对应0-0-0-0,260对应0-0-0-0-0。可见,码字逐步适应了输入数据,效率不断提高。

11-9 (1) 判别值 $s_0=0, s_1=A/2, s_2=\infty$,重建值 $t_1=A/4, t_2=3A/4$。

(2) 判别值 $s_0=0, s_1=k, s_2=\infty$,重建值 $t_1=k/3, t_2=5k/3$。

第12章 图像信息安全

12-3 如嵌入有效性,这指在嵌入水印后马上进行检测并检测到水印的概率。由于保真度要求等原因,有些水印不易嵌入到图像中,因而会导致嵌入有效性小于 100%。又如虚警率,它指从实际中不含水印的载体中检测到水印响应的概率。

12-5 前3个。

第13章 彩色图像处理

13-1 ① 视觉惰性(时间混色法的基础);② 人眼分辨率的有限性(空间混色法的基础);③ 生理混色。

13-7 C 点在 RGB 坐标系中位于 $(0.5,0.6,0.7)$,则由 $I_A=(0.2+0.4+0.6)/3=0.4$, $I_B=(0.3+0.2+0.1)/3=0.2, I_{A+B}=(0.5+0.6+0.7)/3=0.6$,可知 $I_{A+B}=I_A+I_B$。类似地,由 $S_A=0.5, S_B=0.5, S_{A+B}=0.167$,可知 S_A、S_B、S_{A+B} 之间并不存在叠加关系。根据同样的理由,$H_A=193.33°, H_B=33.33°, H_{A+B}=166.67°$,可知 H_A, H_B, H_{A+B} 之间也不存在叠加关系。

第14章 视频图像处理

14-2 (1) (a) $(235,128,128)$; (b) $(144,54,34)$; (c) $(210,16,146)$; (d) $(170,166,16)$。

(2) 对 YIQ: (a) $(1,0,0)$; (b) $(0.587,-0.274,-0.523)$; (c) $(0.886,0.321,-0.321)$; (d) $(0.701,-0.596,-0.211)$。

对 YUV: (a) $(1,0,0)$; (b) $(0.587,-0.289,-0.515)$; (c) $(0.886,-0.436,-0.100)$; (d) $(0.701,0.147,-0.615)$。

14-8 设 $x_0(t)=ct/T, y_0(t)=rt/T$,则有

$$H(u,v) = \int_0^T \exp\left[-j2\pi\left(u\,\frac{ct}{T} + v\,\frac{rt}{T}\right)\right]dt$$

$$= \frac{T}{\pi(uc+vr)}\sin[\pi(uc+vr)]\exp[-j\pi(uc+vr)]$$

第 15 章 多尺度图像处理

15-5 (1) 9 层;(2) 3。

15-7 高斯金字塔的 0～2 层分别为

$$\begin{bmatrix} 0 & 1 & 2 & 3 \\ 4 & 5 & 6 & 7 \\ 8 & 9 & 10 & 11 \\ 12 & 13 & 14 & 15 \end{bmatrix} \qquad \begin{bmatrix} 2.5 & 4.5 \\ 10.5 & 12.5 \end{bmatrix} \qquad [7.5]$$

拉普拉斯金字塔的 0～2 层分别为

$$\begin{bmatrix} -2.5 & -1.5 & -2.5 & -1.5 \\ 1.5 & 2.5 & 1.5 & 2.5 \\ -2.5 & -1.5 & -2.5 & -1.5 \\ 1.5 & 2.5 & 1.5 & 2.5 \end{bmatrix} \qquad \begin{bmatrix} -5 & -3 \\ 3 & 5 \end{bmatrix} \qquad [7.5]$$

参 考 文 献

[卜 2013]　　卜莎莎,章毓晋. 基于局部约束线性编码的单帧和多帧图像超分辨率重建. 吉林大学学报(工学版),43(增刊):365-370.

[陈 2010a]　陈权崎,章毓晋. 一种改进的基于样本的稀疏表示图像修复方法. 第十五届全国图象图形学学术会议(NCIG'2010)论文集,61-66.

[陈 2010b]　陈正华,章毓晋. 基于运动矢量可靠性分析的视频全局运动估计算法. 清华大学学报,50(4):623-627.

[褚 2013]　　褚宏莉,李元祥,周则明,等. 基于黑色通道的图像快速去雾优化算法. 电子学报,41(4):791-797.

[戴 2002]　　戴声扬,章毓晋. 网上 GIF 格式中的图象和图形图片筛选. 电子技术应用,28(1):48-49.

[董 1994]　　董士海等. 图象格式编程指南. 北京:清华大学出版社.

[方 2013]　　方雯,刘秉瀚. 多尺度暗通道先验去雾算法. 中国体视学与图像分析,18(3):230-237.

[甘 2013]　　甘佳佳,肖春霞. 结合精确大气散射图计算的图像快速去雾. 中国图象图形学报,18(5):583-590.

[葛 1999]　　葛菁华,章毓晋. 计算机辅助教学课件中习题的设计和编制. 教学研究与实践,(1):54-59.

[顾 2008]　　顾巧论,高铁杠. 数字图像可逆认证技术研究综述. 中国电子科学研究院学报,3(6):563-567.

[郭 2012]　　郭璠,蔡自兴. 图像去雾算法清晰化效果客观评价方法. 自动化学报,38(9):1410-1419.

[何 2015]　　何宁,王金宝,鲍泓. 单幅图像去雾方法研究综述. 北京联合大学学报,29(3):24-31.

[胡 2015]　　胡子昂,王卫星,陆健强,等. 视频图像去雾霾技术研究综述与展望. 电子技术与软件工程,(22):94-95.

[凯 1994]　　凯依(美). 柏东(译). 图形图象文件格式大全. 北京:学苑出版社.

[科 2010]　　科斯汗,阿比狄(美). 章毓晋(译). 彩色数字图像处理. 北京:清华大学出版社.

[李 2001]　　李娟,章毓晋. MPEG-21 与电子商务. 中国图象图形学报,6B(7):77-79.

[李 2006]　　李睿,章毓晋,谭华春. 自适应去噪滤波器组合的训练与设计方法. 电子与信息学报,28(7):1165-1168.

[李 2016]　　李欣,崔子冠,朱秀昌. 超分辨率重建算法综述. 电视技术,40(9):1-9.

[李 2017]　　李佳童,章毓晋. 图像去雾算法的改进和主客观性能评价. 光学精密工程,25(3):735-741.

[刘 1998]　　刘忠伟,章毓晋. 利用局部累加直方图进行彩色图象检索. 中国图象图形学报,3(7):533-537.

[刘 2000]　　刘忠伟,章毓晋. 十种基于颜色特征的图象检索算法的比较和分析. 信号处理,16(1):79-84.

[刘 2010]　　刘锴,章毓晋. 彩色图像处理中矢量排序方法的比较. 第十五届全国图象图形学学术会议(NCIG'2010)论文集,51-56.

[刘 2016]　　刘晨阳,章毓晋. 一种适用不同字号文档的打印机鉴别算法. 第十八届全国图象图形学学术会议论文集,564-568.

[刘 2017]　　刘晨阳,章毓晋. 一种基于行特征的多字号打印机鉴别算法. 广西大学学报(自然科学版),42(5):1643-1648.

[龙 2016]　龙伟,傅继贤,李炎炎,等. 基于大气消光系数和引导滤波的浓雾图像去雾算法. 四川大学学报(工程科学版),48(4):175-180.

[马 2013]　马奎斯(美). 章毓晋(译). 实用 MATLAB 图像和视频处理. 北京:清华大学出版社.

[马 2016]　马欣. H.265/HEVC 编码标准及在电视监测领域的应用前景. 广播与电视技术,43(4):109-113.

[牛 2013]　牛慧卓,李鹏. JPEG-LS 图像压缩算法的研究与实现. 中国铁路,(4):83-86.

[潘 2002]　潘蓉,高有行. 基于小波变换的图象水印嵌入方法. 中国图象图形学报,7A(7):667-671.

[秦 2003]　秦暄,章毓晋. 一种基于曲线拟合预测的红外目标的跟踪算法. 红外技术,25(4):23-25.

[史 2013]　史德飞,李勃,丁文,等. 基于地物波谱特性的透射率-暗原色先验去雾增强算法. 自动化学报,39(12):2064-2070.

[数 2000]　数学百科全书编译委员会. 数学百科全书. 北京:科学出版社.

[宋 2016]　宋颖超,罗海波,惠斌,等. 尺度自适应暗通道先验去雾方法. 红外与激光工程,45(9):286-297.

[覃 2015]　覃远年,徐晓宁. 立体视频图像编码的研究进展. 电视技术,39(7):10-16.

[谭 2013]　谭华春,朱涌,赵亚男等. 图像去雾的大气光幕修补改进算法. 吉林大学学报(工学版),43(增刊):389-393.

[王 1994]　王熙法. C 语言图象程序设计. 合肥:中国科学技术大学出版社.

[王 2005]　王志明,章毓晋,吴建华. 一种改进的利用人眼视觉特性的小波域数字水印技术. 南昌大学学报(理科版),29(4):400-403.

[王 2011]　王怀颖,章毓晋,杨立瑞,李东. 基于 CBS 的人体安检图像组合增强方法. 核电子学与探测技术,31(1):17-21.

[王 2012]　王怀颖,章毓晋,杨立瑞,等. X 射线康普顿背散射安检图像混合滤波器设计. 计量学报,33(1):87-90.

[王 2013]　王森,潘玉寨,刘一,等. 提高雾天激光主动成像图像质量的研究. 红外与激光工程,42(9):2392-2396.

[王 2016]　王伟,曾凤,汤敏,等. 数字图像反取证技术综述. 中国图象图形学报,21(12):1563-1573.

[徐 2016]　徐真珍,曾辉,胡凯. 基于提升小波的两阶段多描述图像编码. 计算机应用与软件,33(4):192-195.

[闫 2014]　闫镔,李磊. CT 图像重建算法. 北京:科学出版社.

[杨 1999]　杨翔英,章毓晋. 小波轮廓描述符及在图像查询中的应用. 计算机学报,22(7):752-757.

[杨 2016]　杨爱萍,刘华平,何宇清,等. 基于暗原色融合和维纳滤波的单幅图像去雾. 天津大学学报(自然科学与工程技术版),49(6):574-580.

[姚 2000]　姚玉荣,章毓晋. 利用小波和矩进行基于形状的图像检索. 中国图象图形学报,5A(3):206-210.

[姚 2006]　姚庆栋,毕厚杰,王兆华,徐孟侠. 图像编码基础,第 3 版. 北京:清华大学出版社.

[俞 2001]　俞天力,章毓晋. 基于全局运动信息的视频检索技术. 电子学报,29(12A):1794-1798.

[俞 2002]　俞天力,章毓晋. 一种基于局部运动特征的视频检索方法. 清华大学学报,42(7):925-928.

[於 2014]　於敏杰,张浩峰. 基于暗原色及入射光假设的单幅图像去雾. 中国图象图形学报,

19(12)：1812-1819.

[曾 2010]　　　　曾更生. 医学图像重建. 北京：高等教育出版社.

[张 2003a]　　　张贵仓,王让定,章毓晋. 基于迭代混合的数字图象隐藏技术. 计算机学报,26(5)：
　　　　　　　　569-574.

[张 2003b]　　　张贵仓,章毓晋,李睿. 图象混合信息隐藏技术的研究. 西北师范大学学报,39(4)：
　　　　　　　　335-338.

[张 2006]　　　　张春田,苏育挺,张静. 数字图像压缩编码. 北京：清华大学出版社.

[章 1996a]　　　章毓晋. 中国图象工程：1995. 中国图象图形学报,1(1)：78-83.

[章 1996b]　　　章毓晋. 中国图象工程：1995(续). 中国图象图形学报,1(2)：170-174.

[章 1997]　　　　章毓晋. 中国图象工程：1996. 中国图象图形学报,2(5)：336-344.

[章 1998]　　　　章毓晋. 中国图象工程：1997. 中国图象图形学报,3(5)：404-414.

[章 1999a]　　　章毓晋. 中国图象工程：1998. 中国图象图形学报,4(5)：427-438.

[章 1999b]　　　章毓晋. 图象工程(上册)——图象处理和分析. 北京：清华大学出版社.

[章 2000a]　　　章毓晋. 中国图象工程：1999. 中国图象图形学报,5A(5)：359-373.

[章 2000b]　　　章毓晋. 图象工程(下册)——图象理解与计算机视觉. 北京：清华大学出版社.

[章 2000c]　　　章毓晋. 16-邻域中的混合连接. 模式识别与人工智能,13(1)：90-93.

[章 2000d]　　　章毓晋. 图像工程及在中国的研究状况和文献分布. 中国工程科学,2(8)：91-94.

[章 2000e]　　　章毓晋. MPEG-21——刚开始制订的国际标准. 中国图象图形学报,5B(9-10)：
　　　　　　　　12-13.

[章 2001a]　　　章毓晋. 中国图象工程：2000. 中国图象图形学报,6A(5)：409-424.

[章 2001b]　　　章毓晋,等. "图象处理和分析"计算机辅助多媒体教学课件. 北京：高等教育出版
　　　　　　　　社,高等教育电子音像出版社.

[章 2001c]　　　章毓晋,李睿. 对"中国图象工程"综述系列里文献作者的统计分析. 中国图象图形学
　　　　　　　　报,6A(1)：1-5.

[章 2001d]　　　章毓晋. 图象工程的三个新热点(特邀报告). 天津市图象图形学学会 2001 年年会论
　　　　　　　　文集,1-9.

[章 2001e]　　　章毓晋,等. "图象处理和分析"网络课程的总体设计与原型实现. 信号与信息处理技
　　　　　　　　术(北京：电子工业出版社),452-455.

[章 2002a]　　　章毓晋. 中国图象工程：2001. 中国图象图形学报,7A(5)：417-433.

[章 2002b]　　　章毓晋. 图象工程(附册)——教学参考及习题解答. 北京：清华大学出版社.

[章 2002c]　　　章毓晋. 中国图像工程及当前的几个研究热点. 计算机辅助设计与图形学学报,
　　　　　　　　14(6)：489-500.

[章 2002d]　　　章毓晋. 图象处理和分析基础. 北京：高等教育出版社.

[章 2003a]　　　章毓晋. 中国图象工程：2002. 中国图象图形学报,8A(5)：481-498.

[章 2003b]　　　章毓晋. 基于内容的视觉信息检索. 北京：科学出版社.

[章 2004a]　　　章毓晋. 中国图像工程：2003. 中国图象图形学报,9(5)：513-531.

[章 2004b]　　　章毓晋,等. 图象处理和分析网络课程. 北京：高等教育出版社,高等教育电子音像
　　　　　　　　出版社.

[章 2004c]　　　章毓晋. 数字图像直方图处理中的映射规则——评"用于数字图像直方图处理的一
　　　　　　　　种二值映射规则"一文. 中国图象图形学报,9A(10)：1265-1268.

[章 2005a]　　　章毓晋. 中国图像工程：2004. 中国图象图形学报,10(5)：537-560.

[章 2005b]　　　章毓晋. 图像工程(中册)——图像分析,第 2 版. 北京：清华大学出版社.

[章 2006a]　　　章毓晋. 中国图像工程：2005. 中国图象图形学报,11(5)：601-623.

[章 2006b]　　　章毓晋. 图像工程(上册)——图像处理,第 2 版. 北京：清华大学出版社.

[章 2006c]　　　章毓晋,胡峰. 对《中国图象图形学报》创刊 10 年来文章和作者的统计分析. 中国图

象图形学报,11(1):1-7.

[章 2007a] 章毓晋. 中国图像工程:2006. 中国图像图形学报,12(5):753-775.

[章 2007b] 章毓晋. 图像工程(下册)——图像理解,第 2 版. 北京:清华大学出版社.

[章 2007c] 章毓晋. 图像工程,第 2 版(合订本). 北京:清华大学出版社.

[章 2007d] 章毓晋. 图像工程的研究,教学和学术交流. 中国工程科学,9(11):11.

[章 2007e] 章毓晋,马婧. 对《中国图象图形学报》之洛特卡分布参数的统计分析. 中国图象图形学报,12(5):776-781.

[章 2008a] 章毓晋. 中国图像工程:2007. 中国图象图形学报,13(5):825-852.

[章 2008b] 章毓晋,赵雪梅. "图像处理"网络课件的研制. 第十四届全国图象图形学学术会议(NCIG'2008)论文集,790-794.

[章 2009a] 章毓晋. 中国图像工程:2008. 中国图象图形学报,14(5):809-837.

[章 2009b] 章毓晋. 英汉图像工程辞典. 北京:清华大学出版社.

[章 2010] 章毓晋. 中国图像工程:2009. 中国图象图形学报,15(5):689-722.

[章 2011a] 章毓晋. 中国图像工程:2010. 中国图象图形学报,16(5):693-702.

[章 2011b] 章毓晋. 中国图像工程 15 年. 哈尔滨工程大学学报,32(9):1238-1243.

[章 2012a] 章毓晋. 中国图像工程:2011. 中国图象图形学报,17(5):603-612.

[章 2012b] 章毓晋. 图像工程(上册)——图像处理,第 3 版. 北京:清华大学出版社.

[章 2013a] 章毓晋. 中国图像工程:2012. 中国图象图形学报,18(5):483-492.

[章 2013b] 章毓晋. 图像工程,第 3 版(合订本). 北京:清华大学出版社.

[章 2014] 章毓晋. 中国图像工程:2013. 中国图象图形学报,19(5):649-658.

[章 2015a] 章毓晋. 中国图像工程:2014. 中国图象图形学报,20(5):585-598.

[章 2015b] 章毓晋. 英汉图像工程辞典,第 2 版. 北京:清华大学出版社.

[章 2016] 章毓晋. 中国图像工程:2015. 中国图象图形学报,21(5):533-543.

[章 2017a] 章毓晋. 中国图像工程:2016. 中国图象图形学报,22(5):563-574.

[章 2017b] 章毓晋.《中国图象图形学报》创刊 20 年出版情况统计分析. 中国图象图形学报,22(4):415-421.

[章 2018] 章毓晋. 中国图像工程:2017. 中国图象图形学报,23(5):617-628.

[章 2019] 章毓晋. 中国图像工程:2018. 中国图象图形学报,24(5):665-676.

[章 2020] 章毓晋. 中国图像工程:2019. 中国图象图形学报,25(5):864-878.

[章 2021] 章毓晋. 中国图像工程:2020. 中国图象图形学报,26(5):978-990.

[章 2022] 章毓晋. 中国图像工程:2021. 中国图象图形学报,27(4):1009-1022.

[赵 1983] 赵凯华,钟锡华. 1983. 光学(上册). 北京:北京大学出版社.

[赵 1997] 赵松年,熊小芸. 1997. 子波变换与子波分析. 北京:电子工业出版社.

[赵 2013] 赵秀芝,谢德红寨,潘康俊. 彩色视觉相似性图像评价方法. 计算机应用,33(6):1715-1718.

[郑 2006] 郑方,章毓晋. 2006. 数字信号与图像处理. 北京:清华大学出版社.

[钟 2016] 钟宝江,陆志芳,季家欢. 图像插值技术综述. 数据采集与处理,31(6):1083-1096.

[周 2014] 周丹,章毓晋. 基于相关性的户内外自然图像颜色恒常性算法. 第十七届全国图象图形学学术会议论文集,589-593.

[邹 2016] 邹坤英. 视频图像编码的现状与发展. 科技视界,(21):247-248.

[朱 2001] 朱雪龙. 应用信息论基础. 北京:清华大学出版社.

[Alleyrand 1992] Alleyrand M R. Handbook of Image Storage and Retrieval Systems. UK. Essex:Multiscience Press.

[Barni 2001] Barni M,Bartolini F,Piva A. Improved wavelet-based watermarking through pixel-wise masking. IEEE-IP,10(5):783-791.

[Barni 2003a] Barni M, et al. What is the future for watermarking? (Part 1). IEEE Signal Processing Magazine,20(5):55-59.

[Barni 2003b] Barni M, et al. What is the future for watermarking? (Part 2). IEEE Signal

Processing Magazine,20(6): 53-58.

[Barnsley 1988]   Barnsley M F. Fractals Everywhere. USA Maryland: Academic Press.

[Basseville 1989]   Basseville M. Distance measures for signal processing and pattern recognition. Signal Processing,18: 349-369.

[Bertalmio 2001]   Bertalmio M,Bertozzi A L,Sapiro G. Navier-strokes,fluid dynamics,and image and video inpainting. Proc. CVPR,417-424.

[Bertero 1998]   Bertero M,Boccacci P. Introduction to Inverse Problems in Imaging. UK Bristol: IOP Publishing Ltd.

[Blahut 1972]   Blahut R E. Computation of channel capacity and rate distortion functions. IEEE IT-18: 460-473.

[Bow 2002]   Bow S T. Pattern Recognition and Image Preprocessing. 2nd Ed. USA New York: Marcel Dekker,Inc.

[Bracewell 1986]   Bracewell R M. The Hartley Transform. UK Oxford: Oxford University Press.

[Bracewell 1995]   Bracewell R N. Two-Dimensional Imaging. UK London: Prentice Hall.

[Branden 1996]   Branden C J,Farrell J E. Perceptual quality metric for digitally coded color images. Proc. EUSIPCO-96,1175-1178.

[Castleman 1996]   Castleman K R. Digital Image Processing. UK London: Prentice-Hall.

[Censor 1983]   Censor Y. Finite series-expansion reconstruction methods. Proceedings of IEEE,71: 409-419.

[Chan 2001]   Chan T F,Shen J H. Non-texture inpainting by curvature-driven diffusions (CDD). Journal of Visual Communication and Image Representation. 12(4): 436-449.

[Chan 2005]   Chan T F,Shen J. Image Processing and Analysis ---- Variational,PDE,Wavelet,and Stochastic Methods. USA Philadelphia: Siam.

[Chui 1992]   Chui C K. An introduction to WAVELETS. USA Maryland: Academic Press.

[Committee 1996]   Committee on the Mathematics and Physics of Emerging Dynamic Biomedical Imaging. Mathematics and Physics of Emerging Biomedical Imaging. USA Washington D. C. : National Academic Press.

[Cosman 1994]   Cosman P C,et al. Evaluating quality of compressed medical images: SNR,subjective rating,and diagnostic accuracy. Proceedings of IEEE,82: 919-932.

[Costa 2001]   Costa L F,Cesar R M. Shape Analysis and Classification: Theory and Practice. USA New York: CRC Press.

[Cox 2002]   Cox I J, Miller M L, Bloom J A. Digital Watermarking. The Netherlands, Amsterdam: Elsevier Science.

[Criminisi 2003]   Criminisi A,Perez P,Toyama K. Object removal by exemplar-based image inpainting. Proc. ICCV,721-728.

[Dai 2003]   Dai S Y,Zhang Y J. Color image segmentation with watershed on color histogram and Markov random fields. Proc. 4th IEEE PCM,1: 527-531.

[Davies 2005]   Davies E R. Machine Vision: Theory, Algorithms, Practicalities, 3rd Ed. The Netherlands,Amsterdam: Elsevier.

[Davies 2012]   Davies E R. Computer and Machine Vision: Theory, Algorithms, Practicalities, 4th Ed. Elsevier.

[Deans 2000]   Deans S R. Radon and Abel transforms. In: Poularikas A D, Ed. The Transforms and Applications Handbook,2nd Ed. USA New York: CRC Press (Chapter 8).

[Donoho 2004]   Donoho D L. Compressed Sensing. http://www. stat. stanford. edu/-donoho/ Reports/2004.

[Dougherty 1994]   Dougherty E R, Astola J. An Introduction to Nonlinear Image Processing. USA Bellingham: SPIE Optical Engineering Press.

[Duan 2010]   Duan F, Zhang Y J. A highly effective impulse noise detection algorithm for switching median filters. IEEE Signal Processing Letters,17(7): 647-650.

[Duan 2011]   Duan F, Zhang Y J. Parallel impulse-noise detection algorithm based on ensemble learning for switching median filters. SPIE 7872,. 78720C1-78720C11.

[Fabrizio 2002]   Fabrizio S, Letizia L P. Smart compression system for remotely sensed images based on object-oriented image segmentation. SPIE 4541,23-34.

[Fang 2010]   Fang S, Zhang J Q, Cao Y, et al. Tang X O. Improved single image dehazing using segmentation. Proc. ICIP,3589-3592.

[Forsyth 2012]   Forsyth D, Ponce J. Computer Vision: A Modern Approach. UK Cambridge: Pearson.

[Freeman 2001]   Freeman W T, Jones T R, Pasztor E C. Example-based super-resolution. Mitsubishi Electric Research Labs. , TR-2001-30.

[Fridrich 1999]   Fridrich J, Miroslav G. Comparing robustness of watermarking techniques. SPIE, 3657,214-225.

[Gersho 1982]   Gersho A. On the structure of vector quantizer. IEEE-IT,28: 157-166.

[Girod 1989]   Girod B. The information theoretical significance of spatial and temporal masking in video signals. SPIE,1077,178-187.

[Gao 2008]   Gao T G, Gu Q L. Reversible Watermarking Algorithm Based on Wavelet Lifting Scheme. International Journal of Wavelets, Multiresolution and Information Processing,2008,6(4): 643-652.

[Gonzalez 1987]   Gonzalez R C, Wintz P, Digital Image Processing. 2nd Ed. USA Boston: Addison-Wesley.

[Gonzalez 2008]   Gonzalez R C, Woods R E. Digital Image Processing, 3rd Ed. UK Cambridge: Pearson.

[Gonzalez 2018]   Gonzalez R C, Woods R E. Digital Image Processing, 4th Ed. UK Cambridge: Pearson.

[Gordon 1974]   Gordon R. A tutorial on ART (Algebraic Reconstruction Techniques). IEEE-NS,21: 78-93.

[Goshtasby 2005]   Goshtasby A A. 2-D and 3-D Image Registration-for Medical, Remote Sensing, and Industrial Applications. USA HoBoken: Wiley-Interscience.

[Goswami 1999]   Goswami J C, Chan A K. Fundamentals of Wavelets-Theory, Algorithms, and Applications. USA New York: John Wiley & Sons, Inc.

[Hanjalic 2000]   Hanjalic A, et al. Image and Video Databases: Restoration, Watermarking and Retrieval. The Netherlands, Amsterdam: Elsevier Science.

[Hartley 2004]   Hartley R, Zisserman A. Multiple View Geometry in Computer Vision. UK Cambridge: Cambridge University Press.

[Hautière 2008]   Hautière N, Tarel J P, Aubert D, et al. Blind contrast enhancement assessment by gradient rationing at visible edges. Image Analysis and Stereology Journal,27(2): 87-95.

[He 2009]   He K M, Sun J, Tang X O. Single image haze removal using dark channel prior. Proc. CVPR,1956-1963.

[He 2011]   He K M, Sun J, Tang X O. Single image haze removal using dark channel prior. IEEE-PAMI,33(12): 2341-2353.

[He 2013]   He K M, Sun J, Tang X O. Guided image filtering. IEEE-PAMI,35(6): 1397-1409.

[Herman 1980] Herman G T. Image Reconstruction from Projection-The Fundamentals of Computerized Tomography. USA Maryland: Academic Press, Inc.

[Herman 1983] Herman G T. The special issue on computerized tomography. Proceedings of IEEE, 71: 291-292.

[Huang 2006] Huang K Q, Wang Q, Wu Z Y. Natural color image enhancement and evaluation algorithm based on human visual system. CVIU, 103: 52-63.

[Hurvich 1957] Hurvich L M, Jameson D. An opponent process theory of colour vision. Psychological Review, 64(6): 384-404.

[ISO/IEC 1998a] ISO/IEC JTC1/SC29/WG11. Contribution to MPEG-7 proposal package description (PPD), Doc. M3039.

[ISO/IEC 1998b] ISO/IEC JTC1/SC29/WG11. MPEG-7: Context and objectives, V. 7, Doc. N2207.

[ISO/IEC 1998c] ISO/IEC JTC1/SC29/WG11. MPEG-7: Applications document, V. 5, Doc. N2209.

[ISO/IEC 1999] ISO/IEC JTC1/SC29/WG11. MPEG-7: Applications document, V. 8, Doc. N2728.

[ISO/IEC 2001a] ISO/IEC JTC1/SC29/WG11. MPEG-7 applications, Doc. N3934.

[ISO/IEC 2001b] ISO/IEC JTC1/SC29/WG11. Overview of the MPEG-7 standard, V. 5, Doc. N4031.

[ISO/IEC 2001c] ISO/IEC JTC1/SC29/WG11. MPEG-7 requirements, Doc. N4035.

[ISO/IEC 2001d] ISO/IEC JTC1/SC29/WG11. MPEG-7 visual final committee draft, Doc. N4062.

[Jähne 1997] Jähne B. Digital Image Processing-Concepts, Algorithms and Scientific Applications. USA New York: Springer.

[Jähne 2004] Jähne B. Practical Handbook on Image Processing for Scientific and Technical Applications, 2nd Ed. USA New York: CRC Press.

[Jeannin 2000] Jeannin S, Jasinschi R, She A, et al. Motion descriptors for content-based video representation. Signal Processing: Image Communication, 16(1-2): 59-85.

[Jobson 1997] Jobson D J, Rahman Z, Woodell G A. Properties and performance of a center/surround retinex. IEEE-IP, 6(3): 4511-462.

[Kak 1988] Kak A C, Slaney M. Principles of Computerized Tomographic Imaging. USA New York: IEEE Press.

[Kitchen 1981] Kitchen L, Rosenfeld A. Edge evaluation using local edge coherence. IEEE-SMC, 11(9): 597-605.

[Kropatsch 2001] Kropatsch W G, Bischof H, Eds. 2001. Digital Image Analysis-Selected Techniques and Applications. USA New York: Springer.

[Kunt 1985] Kunt M, Ikonomopoulos A, Kocher M. Second generation image coding techniques. Proceeding of IEEE, 73: 549-574.

[Kutter 1999] Kutter M, Petitcolas F A P. A fair benchmarking for image watermarking systems. SPIE 3657: 226-239.

[Kutter 2000] Kutter M, Hartung F. Introduction to watermarking techniques. In: Katzenbeisser S, Petitcolas F A P, Eds. Information Hiding Techniques for Steganography and Digital Watermarking. USA Boston: Artech House, Inc. (Chapter 5).

[Langdon 1981] Langdon G C, Rissanen J J. Compression of black-white images with arithmetic coding. IEEE-Comm, 29: 858-867.

[Lau 2001] Lau D L, Arce G R. Digital Halftoning. In: Mitra S K, Sicuranza G L, Eds. Nonlinear Image Processing. USA Maryland: Academic Press (Chapter 13).

[Lee 2016] Lee S M, Yun S M, Nam J H, et al. A review on dark channel prior based image dehazing algorithms. EURASIP Journal on Image and Video Processing, 1: 1-23.

[Lewitt 1983] Lewitt R M. Reconstruction algorithms: transform methods. Proceedings of IEEE,

71: 390-408.

[Li 2002]　　　　Li Q,Zhang Y J,Dai S Y. Image search engine with selective filtering and feature element based classification. SPIE,4672: 190-197.

[Li 2003]　　　　Li R,Zhang Y J. A hybrid filter for the cancellation of mixed Gaussian noise and impulse noise,Proc. 4th IEEE PCM,1: 508-512.

[Libbey 1994]　　Libbey R L. Signal and Image Processing Sourcebook. USA New York: Van Nostrand Reinhold.

[Liu 2015]　　　Liu S L,Rahman M A,Wong C Y,et al. Dark channel prior based image de-hazing: A review. Proc. ICIST,345-350.

[Mallat 1989a]　 Mallat S G. Multifrequency channel decompositions of images and wavelet models. IEEE-ASSP,37(12): 2091-2110.

[Mallat 1989b]　 Mallat S G. A theory for multiresolution signal decomposition: the wavelet representation. IEEE-PAMI,11(7): 647-693.

[Marchand 2000]　Marchand-Maillet S, Sharaiha Y M. Binary Digital Image Processing—A Discrete Approach. USA Maryland: Academic Press.

[MarDonald 1999]　MarDonald L W, Luo M R. Colour Imaging—Vision and Technology. USA New York: John Wiley & Sons LTD.

[Mitra 2001]　　Mitra S K, Sicuranza G L, Eds. Nonlinear Image Processing. USA Maryland: Academic Press.

[Moretti 2000]　 Moretti B, Fadili J M, Ruan S, et al. Phantom-based performance evaluation: Application to brain segmentation from magnetic resonance images. Medical Image Analysis,4(4): 303-316.

[MPEG]　　　　http://www. cselt. it/mpeg/,http://mpeg. chiariglione. org/.

[Narasimhan 2003]　Narasimhan S G,Nayar S K. Contrast restoration of weather degraded images. IEEE-PAMI,25(6): 713-724.

[Nikolaidis 2001]　Nikolaidis N,Pitas I. 3-D Image Processing Algorithms. USA New York: John Wiley & Sons,Inc.

[Olsen 1993]　　Olsen S I. Estimation of noise in images: an evaluation. CVGIP-GMIP, 55 (4): 319-323.

[O′Ruanaidh 1997]　O′Ruanaidh J J K, Pun T. Rotation, translation and scale invariant digital image watermarking. Proc. ICIP,1: 536-539.

[Palus 1998]　　Palus H. Colour space. In: Sangwine S J, Horne R E N, Eds. The Colour Image Processing Handbook. UK London: Chapman & Hall.

[Park 2003]　　　Park S C,Park M K,Kang M G. Superresolution image reconstruction: A technical overview. IEEE Signal Processing Magazine,20(3): 21-36.

[Paulus 2009]　　Paulus C,Zhang Y J. Spatially adaptive subsampling for motion detection. Tsinghua Science and Technology,14(4): 423-433.

[Pavlidis 1982]　Pavlidis T. Algorithms for Graphics and Image Processing. USA Rockville: Computer Science Press.

[Peters 2017]　　Peters J F. Foundations of Computer Vision: Computational Geometry,Visual Image Structures and Object Shape Detection. Switzerland: Springer.

[Petitcolas 1997]　Petitcolas F A P,Kuhn M G. StirMark 2. http://www. cl. cam. ac. uk/~ fapp2/ watermarking/stirmark/.

[Petitcolas 1999]　Petitcolas F A P,Anderson R J,Kuhn M G. Attacks on copyright marking systems. Lecture Notes in Computer Science. 1525: 218-238.

[Petitcolas 2000]   Petitcolas F A P. Introduction to information hiding. In: Katzenbeisser S, Petitcolas F A P, Eds. Information Hiding Techniques for Steganography and Digital Watermarking. USA Boston: Artech House, Inc. (Chapter 1).

[Plataniotis 2000]   Plataniotis K N, Venetsanopoulos A N. Color Image Processing and Applications. USA New York: Springer.

[Poynton 1996]   Poynton C A. A Technical Introduction to Digital Video. USA New York: John Wiley & Sons Inc.

[Pratt 2007]   Pratt W K. Digital Image Processing: PIKS Scientific inside (4th Ed.). USA Hoboken: Wiley Interscience.

[Rao 1998]   Rao R M, Bopardikar A S. Wavelet Transforms-Introduction to Theory and Applications. USA Boston: Addison Wesley.

[Ritter 2001]   Ritter G X, Wilson J N. Handbook of Computer Vision Algorithms in Image Algebra. USA New York: CRC Press.

[Rosenfeld 1976]   Rosenfeld A, Kak A C. Digital Picture Processing. USA Maryland: Academic Press.

[Rosenfeld 2000]   Rosenfeld A. Classifying the literature related to computer vision and image analysis. CVIU, 79: 308-323.

[Russ 2006]   Russ J C. The Image Processing Handbook, 5th Ed. USA New York: CRC Press.

[Russ 2016]   Russ J C, Neal F B. The Image Processing Handbook, 7th Ed. USA New York: CRC Press.

[Said 1996]   Said A, Pearlman W A. A new fast and efficient image codec based on set partitioning in hierarchical trees. IEEE-CSVT, 6(6): 243-250.

[Salomon 2000]   Salomon D. Data Compression: The Complete Reference. 2nd Ed. USA New York: Springer-Verlag.

[Shen 2009]   Shen B, Hu W, Zhang Y M, Zhang Y J. Image inpainting via sparse representation. Proc. 34th ICASSP, 697-700.

[Shepp 1974]   Shepp L A, Logan B F. The Fourier reconstruction of a head section. IEEE-NS, 21: 21-43.

[Siau 2002]   Siau K. Advanced Digital Signal Processing and Noise Reduction, 2nd Ed. USA New York: John Wiley & Sons, Inc.

[Sonka 2008]   Sonka M, Hlavac V, Boyle R. Image Processing, Analysis, and Machine Vision. 3rd Ed, Thomson.

[Sonka 2014]   Sonka M, Hlavac V, Boyle R. Image Processing, Analysis, and Machine Vision. 4th Ed, Cengage Learning.

[Sweldens 1996]   Sweldens W. The lifting scheme: A custom-design construction of biorthogonal wavelets. Journal of Appl. and Comput. Harmonic Analysis, 3(2): 186-200.

[Tarel 2009]   Tarel J P, Hautiere N. Fast visibility restoration from a single color or gray level image. IEEE-ICCV, 2201-2208.

[Tekalp 1995]   Tekalp A M. Digital Video Processing. UK London: Prentice Hall.

[Terplan 2000]   Terplan K, Morreale P, Eds. The telecommunications handbook. CRC Press.

[Toft 1996]   Toft P. The Radon Transform: Theory and Implementation. PhD thesis, Technical Univ. of Denmark.

[Tsai 2010]   Tsai W, Zhang Y J. A frequency sensitivity-based quality prediction model for JPEG images. Proc. 5th ICIG, 28-32.

[Umbaugh 2005]   Umbaugh S E. Computer Imaging—Digital Image Analysis and Processing. USA New York: CRC Press.

[Unzign 1997]   UnZign watermark removal software. http://altern. org/watermark/.

[Wang 2002]   Wang Y, Ostermann J, Zhang Y Q. Video Processing and Communications. UK London: Prentice Hall.

[Wang 2004]   Wang Z, Bovik A C, Sheikh H R, et al. Image quality assessment: From error visibility to structural similarity. IEEE-IP,13(4): 600-612.

[Wang 2010]   Wang J J, Yang J C, Yu K, et al. Locality-constrained linear coding for image classification. CVPR,3360-3367.

[Wang 2011a]   Wang Y X, Zhang Y J. Image Inpainting via weighted sparse non-negative matrix factorization. Proc. ICIP,3470-3473.

[Wang 2011b]   Wang P, Hu X Y, Xuan B, et al. Super resolution reconstruction via multiple frames joint learning. Proc. ICMSP,1: 357-361.

[Wang 2014]   Wang P, Bicazan D, Ghosh A. Rerendering landscape photographs. Proc. CVMP,13: 1-6.

[Wei 2005]   Wei Y C, Wang G, Hsieh J. Relation between the filtered back-projection algorithm and the back-projection algorithm in CT. IEEE Signal Processing Letters,12(9): 633-636.

[Witten 1987]   Witten I H, Neal R M, Cleary J G. Arithmetic coding for data compression. Comm. ACM,30: 520-540.

[Woods 1986]   Woods J W, O'Neil S D. Sub-band coding of image. IEEE-ASSP,35: 1278-1288.

[Wyszecki 1982] Wyszecki G, Stiles W S. Color Science, Concepts and Methods, Quantitative Data and Formulas. John Wiley.

[Xu 2005]   Xu F, Zhang Y J. Atmosphere-based image classification through illumination and hue. SPIE,5960: 596-603.

[Xu 2017]   Xu X, Sun D Q, Pan J S, et al. Learning to Super-Resolve Blurry Face and Text Images. Proc. ICCV, 251-260.

[Yadav 2014]   Yadav G, Maheshwari S, Agarwal A. Fog removal techniques from images: A comparative review and future directions. Proc. ICSPCT,44-52.

[Yang 2010]   Yang J C, Wright J, Huang T S, et al. Image super-resolution via sparse representation. IEEE Transactions on Image Processing,19(11): 2861-2873.

[Yao 1999]   Yao Y R, Zhang Y J. Shape-based image retrieval using wavelets and moments. Proc. International Workshop on Very Low Bitrates Video Coding,71-74.

[Young 1995]   Young I T, Errands J, Viet L J. Fundamental of Image Processing. Delft University of Technology, the Netherlands.

[Yu 2001]   Yu T L, Zhang Y J. Motion feature extraction for content-based video sequence retrieval. SPIE,4311: 378-388.

[Yu 2009]   Yu K, Zhang T, and Y. Gong. Nonlinear learning using local coordinate coding. NIPS,1-9.

[Zhang 1990]   Zhang Y J, Gerbrands J J, Back E. 1990. Thresholding three-dimensional image. SPIE,1360: 1258-1269.

[Zhang 1992]   Zhang Y J. Improving the accuracy of direct histogram specification. IEE Electronics Letters,28(3): 213-214.

[Zhang 1993]   Zhang Y J. Quantitative study of 3-D gradient operators. IVC,11: 611-622.

[Zhang 1996]   Zhang Y J. Image engineering and bibliography in China. Technical Digest of International Symposium on Information Science and Technology,158-160.

[Zhang 1997]   Zhang Y J, Yao Y R, He Y. Automatic face segmentation using color cues for coding typical videophone scenes. SPIE,3024: 468-479.

[Zhang 1998]   Zhang Y J,Yao Y R,He Y. Color image segmentation based on HSI model. High Technology Letters,4(1): 28-31.

[Zhang 1999a]   Zhang Y J,Li Q,Ge J H. A computer assisted instruction courseware for "Image Processing and Analysis". Proc. ICCE'99,371-374.

[Zhang 1999b]   Zhang Y J,Xu Y. Effect investigation of the CAI software for "Image Processing and Analysis",Proc. ICCE'99,858-859.

[Zhang 1999c]   Zhang N,Zhang Y J,Liu Q D,et al. Method for estimating lossless image compression bound. IEE EL-35(22): 1931-1932.

[Zhang 2000]   Zhang N,Lin X G,Zhang Y J. L-infinity constrained micro noise filtering for high fidelity image compression. SPIE 4067(1): 576-585.

[Zhang 2001]   Zhang Y J,Chen T,Li J. Embedding watermarks into both DC and AC components of DCT. SPIE 4314,424-435.

[Zhang 2002a]   Zhang Y J. Image engineering and related publications. International Journal of Image and Graphics,2(3): 441-452.

[Zhang 2002b]   Zhang Y J,Liu W J. A new web course —"Fundamentals of Image Processing and Analysis". Proc. 6th GCCCE,1: 597-602.

[Zhang 2004]   Zhang Y J. On the design and application of an online web course for distance learning,International Journal of Distance Education Technologies,2(1): 31-41.

[Zhang 2005a]   Zhang Y J. Better use of digital images in teaching and learning. In: C Howard,J V Boettcher, L Justice et al. Eds. Encyclopedia of Distance Learning, Idea Group Reference,1: 152-158.

[Zhang 2005b]   Zhang Y-J. Advanced techniques for object-based image retrieval. Encyclopedia of Information Science and Technology,Chapter 14 (68-73).

[Zhang 2007a]   Zhang Y J. A teaching case for a distance learning course: Teaching digital image processing. Journal of Cases on Information Technology,9(4): 30-39.

[Zhang 2007b]   Zhang H Y,Wu B,Peng Q C,et al. Digital image inpainting based on p-harmonic energy minimization. Chinese Journal of Electronics. 16(3): 525-530.

[Zhang 2008]   Zhang Y J. On the design and application of an online web course for distance learning. Handbook of Distance Learning for Real-Time and Asynchronous Information Technology Education,Chapter 12 (228-238).

[Zhang 2009a]   Zhang Y J. Image Engineering: Processing, Analysis, and Understanding. Cengage Learning.

[Zhang 2009b]   Zhang Y J. Teaching and learning image courses with visual forms. Encyclopedia of Distance Learning,2nd Ed. ,4: 2044-2049.

[Zhang 2009c]   Zhang Y-J. An overview of semantic-based visual information retrieval. Encyclopedia of Information Science and Technology,2nd Ed. ,VI: Chapter 476 (2978-2983).

[Zhang 2009d]   Zhang Y J. A study of image engineering. Encyclopedia of Information Science and Technology,2nd Ed. ,VII: Chapter 575 (3608-3615).

[Zhang 2011]   Zhang Y J. A net courseware for 'Image Processing'. Proc. 6th ICCGI,143-147.

[Zhang 2015a]   Zhang Y-J. Statistics on image engineering literatures. Encyclopedia of Information Science and Technology,3rd Ed. Chapter 595 (6030-6040).

[Zhang 2015b]   Zhang Y-J. Image inpainting as an evolving topic in image engineering. Encyclopedia of Information Science and Technology,3rd Ed. Chapter 122 (1283-1293).

[Zhang 2015c]   Zhang Y-J. Up-to-date summary of semantic-based visual information retrieval.

Encyclopedia of Information Science and Technology, 3rd Ed. Chapter 123 (1294-1303).

[Zhang 2017a]   Zhang Y-J. Image Engineering, Vol. 1: Image Processing. De Gruyter.
[Zhang 2017b]   Zhang Y-J. Image Engineering, Vol. 2: Image Analysis. De Gruyter.
[Zhang 2017c]   Zhang Y-J. Image Engineering, Vol. 3: Image Understanding. De Gruyter.
[Zhang 2018]   Zhang Y-J. Development of image engineering in the last 20 years. Encyclopedia of Information Science and Technology, 4th Ed. Chapter 113 (1319-1330).

主题索引

3-点映射(three-point mapping) 32

4-连接(4-connectivity) 53

4-连通(4-connected) 54

4-邻接(4-adjacent) 53

4-邻域(4-neighborhood) 52

6 参数仿射模型(6 coefficient affine model) 336

8 参数双线性模型(8 coefficient bi-linear model) 337

8-连接(8-connectivity) 53

8-连通(8-connected) 54

8-邻接(8-adjacent) 53

8-邻域(8-neighborhood) 53

BMP(bitmap) 21

CIF(common intermediate format) 5

CMYK 模型(CMYK model) 306

CMY 模型(CMY model) 306

G3(Group 3) 377

G4(Group 4) 377

GIF(graphics interchange format) 21

H. 261(H. 261) 382

H. 264/AVC(H. 264/advanced video coding) 386

H. 265/HEVC(H. 265/high efficiency video coding) 387

HCV 模型(hue,chroma,value model) 304

HSB 模型(hue,saturation,brightness model) 304,308

HSI 模型(hue,saturation,intensity model) 304,306

HSV 模型(hue,saturation,value model) 304

JBIG(joint bi-level image group) 378

JBIG-2(joint bi-level image group-2) 378

JPEG(joint picture expert group) 21,378

JPEG-2000(joint picture expert group 2000) 380

JPEG-LS(joint picture expert group LS,lossless and near-lossless still image compression) 259,382

JPEG 文件交换格式(JPEG file interchange format) 21

$L^* a^* b^*$ 模型($L^* a^* b^*$ model) 304,309

LBG 算法(Linde-Buzo-Gray algorithm) 257

L^p 范数(L^p-norm) 281

LZW 编码(LZW coding) 245

LZW 解码(LZW decoding) 247

Motion-JPEG(motion joint picture expert group) 382

MPEG-1(moving picture expert group-1) 384

MPEG-2(moving picture expert group-2) 384

MPEG-21(moving picture expert group-21) 392

MPEG-4(moving picture expert group-4) 385

MPEG-7(moving picture expert group-7) 390

Munsell 彩色模型(Munsell color model) 321

QCIF(quarter common intermediate format) 5

RGB 模型(RGB model) 304

Retinex(retina cortex) 155

TIFF(tagged image file format) 21

T 空间(transmittance space) 160

YIQ 模型(YIQ model) 329

YUV 模型(YUV model) 329

A

暗通道先验(dark channel prior) 149,150

B

巴特沃斯低通滤波器(Butterworth low-pass filter) 88

巴特沃斯高通滤波器(Butterworth high-pass filter) 90

白噪声(white noise) 107

拜尔模式(Bayer pattern) 305

半调输出(half-toning) 16

饱和度(saturation) 157,301

饱和度增强(saturation enhancement) 314

保真度因子(fidelity factor) 359

背景运动(background motion) 330

被动攻击(passive attack) 282

比色模型(colorimetric model) 304

比特分配(bit allocation) 227

边缘排序(marginal ordering) 317

边缘增强(edge enhancement) 360

编码(coding) 200

编码单元(coding unit,CU) 388

编码块(coding block,CB) 388

编码冗余(coding redundancy) 199

编码树单元(coding tree unit,CTU) 388

编码树块(coding tree block,CTB) 388

变换单元(transform unit,TU) 388

变换级联(cascade of transformation) 32

变换块(transform block,TB) 388

变换域(transform domain) 78

变长编码(variable-length coding) 212

变焦(zooming) 330

波形编码(waveform coding) 262

不可感知水印(in-perceptible watermark) 273

C

采样(sampling) 4,5

彩色(color) 300

彩色电视制式(color TV format) 329

彩色空间(color space) 304

彩色滤波器阵(color filter array,CFA) 291,305

彩色模型(color model) 304,325

彩色切割(color slicing) 315

彩色视觉(color vision) 299

彩色图像(color image) 2

参数维纳滤波器(parametric Wiener filter) 119

残留影像(afterimage) 300

差失真测度(difference distortion metrics) 281

差图像(difference image) 334

差值脉冲码调制法(differential pulse code modulation) 251

常数块编码(constant area coding) 210

场景辐射(scene radiance) 149

超分辨率(super resolution) 361

超分辨率复原(super-resolution restoration) 363

超分辨率重建(super-resolution reconstruction) 364

城区距离(city-block distance) 56

尺度变换(scaling transformation) 30

尺度定理(scale theorem) 83

尺度空间(scale space) 350

尺度-空间(scale-space) 354

传输流(transport streams) 385

次排序(sub-ordering) 317

磁带(magnetic tape) 20

磁共振成像(magnetic resonance imaging) 174

磁光盘(magneto-optical disk) 20

磁盘(magnetic disk) 20

从投影重建图像模型(model for reconstruction from projection) 175

D

大气散射模型(atmospheric scattering model) 149

大气透射率(atmospheric transmittance) 149

大气消光系数(atmospheric extinction coefficient) 158

代数重建技术(algebraic reconstruction technique) 187

带通滤波(band-pass filtering) 93,305

带通滤波器(band-pass filter) 94

带阻滤波(band-reject filtering) 93

带阻滤波器(band-reject filter) 93

单光子发射CT(single photon emission CT) 172

单位矩形函数(unit rectangular function) 81

单映射规则(single mapping law) 46

单帧图像超分辨率重建(single-frame super-resolution reconstruction) 371

导向滤波(guided filtering) 151

德尔塔调制(Delta modulation) 250

等距变换(isometry transformation) 129

低复杂度熵编码(low complexity entropy coding, LCEC) 388

低通滤波(low-pass filtering) 86

低通滤波器(low-pass filter) 86

电荷耦合器件(charge coupled device) 15

电荷注射器件(charge-injection device) 15

电视显示器(TV monitor) 16

电阻抗断层成像(electrical impedance tomography) 173

迭代变换(iterative transform) 191

迭代函数系统(iterated function system) 262

迭代混合(iterative blending) 295

迭代游程求和(recursive-running sums) 73
动态范围压缩(dynamic range compression) 41
抖动(dithering) 19
独立帧(independent-frames) 344
对比度(contrast) 7,151
对比度门限(contrast sensitivity threshold) 277
对称性(symmetry) 222
对角邻接(diagonal adjacent) 53
对角邻域(diagonal neighborhood) 53
对立模型(opponent model) 304
多尺度变换(multi-scale transform)
多尺度表达(multi-scale representation) 348
多分辨率细化方程(multi-resolution refinement equation) 231
多帧图像超分辨率重建(multi-frame super-resolution reconstruction) 371

E

二值分解(binary decomposition) 209
二值图联合组(joint bi-level imaging group) 378
二值图像(bi-level image) 2,377

F

发射断层成像(emission computed tomography) 172
发射噪声(shot noise) 107
反变换(inverse transformation) 31
反取证(anti-forensics) 290
反射断层成像(reflection CT) 173
反射分量(reflection component) 97
范数(norm) 56
仿射变换(affine transformation) 125
仿射变换性质(property of affine transform) 127
放大镜头(zoom in 或 forward zooming) 330
放缩变换(scaling transformation) 30,126
非锐化掩模(un-sharp mask) 63
非锐化掩模化(un-sharp masking) 64
非线性均值(nonlinear mean) 111
非线性均值滤波器(nonlinear mean filter) 111
非线性滤波(non-linear filtering) 64
分辨率可伸缩性(resolution scalability) 381
分层编码(hierarchical coding) 263
分量视频(component video) 325
分区编码(zonal coding) 227
分形编码(fractal coding) 262

峰值信噪比(peak signal-to-noise ratio) 202
浮点运算(floating-point operations) 22
幅度分辨率(amplitude resolution) 4
幅度调制(amplitude modulation) 17
复合视频(composite video) 325
傅里叶变换(Fourier transform) 79
傅里叶变换投影定理(projection theorem for Fourier transform) 177
傅里叶反变换重建(reconstruction by inverse Fourier transform) 176

G

伽马校正(γ correction) 41
改变攻击(substitution attack) 282
盖伯变换(Gabor transform) 355
概率密度函数(probability density function) 108
感知性(perceptibility) 273
高复杂度熵编码(high complexity entropy coding, HCEC) 388
高频提升滤波(high-boost filtering) 64,91
高频提升滤波器(high-boost filter) 92
高频增强滤波器(high frequency emphasis filter) 91
高斯金字塔(Gaussian pyramid) 351
高斯平均(Gaussian averaging) 61
高斯噪声(Gaussian noise) 107,108
高通滤波(high-pass filtering) 89
高通滤波器(high-pass filter) 86
高效视频编码(high efficiency video coding, HEVC) 387
哥伦布编码(Golomb coding) 213
哥伦布-莱斯码(Golomb-Rice code) 213
隔行扫描(interlaced scan) 327,385
跟踪(tracking) 330
光盘(optical disk) 20
光晕(halo) 151,154
归一化互相关(normalized cross-correlation) 281
国际标准化组织(international standardization organization) 377
国际电工技术委员会(international electro-technical commission) 377
国际电话电报咨询委员会(consultative committee of the international telephone and telegraph) 377
国际电信联盟(international telecommunication union) 377

H

哈尔小波(Haar wavelet) 232

哈夫曼编码(Huffman coding) 214

合成孔径雷达(synthetic aperture radar) 173

合计排序(reduced ordering) 317

核磁共振(nuclear magnetic resonance) 174

盒滤波器(box filter) 159

红(red) 300

宏块(macro-block) 344

宏块分解(macro-block partition) 387

宏块子分解(macro-block sub-partition) 387

后向映射(backward mapping) 134

互补金属氧化物半导体(complementary metal oxide semiconductor) 15

互信息(mutual information) 204

幻影模型(phantom) 178

黄(yellow) 305

灰度插值(gray-level interpolation) 132

灰度码分解(gray code decomposition) 209

灰度图像(gray-level image) 2

灰度映射(gray-level mapping) 39

灰度游程编码(gray-level run-length coding) 219

恢复图像(restored image) 110

恢复转移函数(restoration transfer function) 116

绘图(drawing) 10

混合滤波(mixing filtering) 72

混合滤波器(mixing filter) 123

混合图像(blending image) 294

J

积分图像(integral image) 159

基于重建的方法(method based on reconstruction) 362

基于符号编码(symbol-based coding) 243

基于上下文的自适应图像编码(context-based adaptive lossless image coding) 259

基于示例的超分辨率(example-based super-resolution) 365

基于稀疏表达的超分辨率重建(super-resolution reconstruction based on sparse-representation) 368

基于学习的方法(method based on learning) 362

基于样本的图像补全(sample-based image completion) 141

基于运动检测的滤波(motion-detection based filtering) 339

基准测量(benchmarking) 281

即时码(instantaneous code) 260

级数法(series method) 189

几何均值(geometric mean) 110

几何均值滤波器(geometric mean filter) 110

几何失真校正(geometric distortion correction) 132

计算机层析成像(computed tomography) 170

计算机视觉(computer vision) 10

计算机图形学(computer graphics) 10

加权平均(weighted averaging) 61

假彩色增强(false color enhancement) 315,316

剪切变换(shearing transformation) 32,126

剪切定理(shearing theorem) 83

剪切均值滤波器(Alpha-trimmed mean filter) 112

简化排序(reduced ordering) 317

渐进扫描(progressive scanning) 385

渐进压缩(progressive compression)

交互式恢复(interactive restoration) 121

椒盐噪声(pepper and salt noise) 109

椒盐噪声检测(detection of pepper and salt noise) 114

节目流(program streams) 385

结构相似度(structural similarity index measurement, SSIM) 165

解码(decoding) 200

金字塔(pyramid) 349

进退(dollying) 330

精神物理学模型(psychophysical model) 304

静止图像(still image) 339,378

局部约束线性编码(locality-constrained linear coding, LLC) 370

局部运动(local motion) 330

局部增强(local enhancement) 74

局部增益函数(local gain function) 75

距离(distance) 55

距离量度函数(distance measuring function) 55

卷积定理(convolution theorem) 85

卷积逆投影(convolution back-projection) 180

均方根误差(root mean squared error) 281

均方根信噪比(mean square root signal-to-noise ratio) 201

均方信噪比(mean square signal-to-noise ratio) 201

均匀噪声(uniform noise) 109

均值滤波器(mean filter) 109

K

颗粒噪声(granular noise) 251

可分离性(separability) 221

可感知水印(perceptible watermark) 273

可靠 RGB 彩色(safe RGB colors) 305

可逆认证(reversible authentication) 289

客观保真度(objective fidelity) 201

空间变换(spatial transformation) 132

空间采样率(spatial sampling rate) 326

空间分辨率(spatial resolution) 4

空间可伸缩性(spatial scalability) 381

空间掩模模型(spatial masking model) 282

空气光幕(air-light) 149

空域(spatial domain) 29

块截断编码(block truncation coding) 219

块效应(block effect) 154,227

快速傅里叶变换(fast Fourier transform) 86

快速小波变换(fast wavelet transform) 234

快速小波反变换(inverse fast wavelet transform) 236

L

拉东变换(Radon transform) 176

拉普拉斯金字塔(Laplacian pyramid) 352

拉普拉斯均方误差(Laplacian mean squared error) 281

拉普拉斯算子(Laplacian operator) 63

拉伸变换(stretch transformation) 32

蓝(blue) 300

蓝绿(cyan) 305

累积差图像(accumulative difference image) 335

累积分布函数(cumulative distribution function) 43

累积直方图(cumulative histogram) 43

离散小波变换(discrete wavelet transform) 233

离散余弦变换(discrete cosine transform) 222

理想低通滤波器(ideal low-pass filter) 86

理想高通滤波器(ideal high-pass filter) 90

连接(connectivity) 53

连通(connected) 54

连通组元(connected component) 54

连续彩色对比度(successive color contrast) 300

联合代数重建技术(simultaneous algebraic reconstruction technique,SART) 188

联合视频工作组(joint video team,JVT) 386,387

联合图像专家组(joint picture expert group) 378,380

亮度(intensity) 7,301

亮度切割(intensity slicing) 309

亮度增强(intensity enhancement) 313

量化(quantization) 4,5

邻接(adjacent) 53

邻域(neighborhood) 52

邻域平均(neighborhood averaging) 60

鲁棒性认证(robust authentication) 287

轮廓(contour) 55

逻辑运算(logical operation) 35

率失真编码定理(rate-distortion coding theorem) 206

绿(green) 300

滤波(filtering) 57

滤波逆投影(filtered back-projection) 185

滤波器选择(filter selection) 113

滤波投影的逆投影(back-projection of the filtered projections) 185

M

码本(code book) 199

码长(code length) 199

码字(code word) 199

脉冲编码调制(pulse coding modulation) 262

脉冲噪声(impulse noise) 109

媒介传输(medium transmission) 149

密码学(cryptography) 293

模板(mask) 57

模板卷积(mask convolution) 57

模板排序(mask ordering) 57

模板运算(mask operation) 57

模糊(blurring) 103

模式识别(pattern recognition) 10

模式噪声(pattern noise,PN) 291

模型基编码(model-based coding) 262

目标基编码(object-based coding,object-oriented coding) 263

N

能见度（visibility level，VL） 157,158,164

逆调和均值（inverse harmonic mean） 110

逆调和均值滤波器（inverse harmonic mean filter） 110

逆滤波（inverse filtering） 115

逆投影（back-projection） 179

逆投影重建（back-projection reconstruction） 179

逆投影滤波（back-projection filtering） 184

O

欧氏距离（Euclidean distance） 55

欧式变换（Euclidean transformation） 130

P

排序滤波器（ordering filter） 111

频率调制（frequency modulation） 17

频率域运动检测（frequency domain motion detection） 337

频域滤波（frequency domain filtering） 311

频域增强（frequency domain enhancement） 79

品红（magenta） 305

平滑滤波（smooth filtering） 59

平均绝对差（average absolute difference） 281

平移（translation） 330

平移变换（translation transformation） 30,126

平移定理（translation theorem） 82

Q

齐次坐标（homogeneous coordinates） 30

棋盘距离（chessboard distance） 56

前景运动（foreground motion） 330

前向映射（forward mapping） 133

倾斜（tilting） 330

区域填充（region filling） 136

曲率驱动扩散（curvature-driven diffusion） 138

全变分模型（total variation） 138

全彩色增强（full-color enhancement） 309

全局运动（global motion） 330

R

热噪声（heat noise） 107

人类视觉系统（human visual system） 277

冗余数据（redundant data） 198

软抠图（soft image matting） 151

锐化滤波（sharpening filtering） 59

S

三次线性插值（tri-linear interpolation） 135

三基色（three primary colors） 305

扫视（panning） 330

色彩丰富度指标（color colorfulness index，CCI） 165

色彩自然度指标（color naturalness index，CNI） 164

色度（chromaticity） 302

色度模型（chromaticity model） 304

色度图（chromaticity diagram） 301

色匹配（color matching） 300

色调（hue） 301

色调增强（hue enhancement） 315

色系数（chromatic coefficient） 302

删除攻击（delete attack） 282

闪烁噪声（flicker noise） 107

闪速存储器（flash memory） 20

扇束投影（fan-beam projection） 172,182

熵编码（entropy coding） 212

上下文适应变长编码（context-adaptive variable length coding） 387

上下文适应二值算术编码（context-adaptive binary arithmetic coding） 387

设备独立位图（device independent bitmap） 21

摄像机运动（camera motion） 330

渗色（bleeding） 319

升降（booming） 330

生理学模型（physiological model） 304

失真测度（distortion metric） 281

时间-尺度（time-scale） 354

时间-频率（time-frequency） 354

时空频谱（spatio-temporal Fourier spectrum） 340

时空冗余（spatial and temporal redundancy） 199

矢量量化（vector quantization） 255

矢量排序（vector ordering） 318

矢量中值滤波器（vector median filter） 318

视觉阈值（just noticeable difference） 278,282

视频（video） 324

视频编码（video coding） 344

视频表达单元（video presentation units） 384

视频格式（video format） 327

视频码率(video data rate) 327

数据冗余(data redundancy) 198

数字指纹(digital fingerprints) 274

双边滤波(bi-lateral filtering) 151

双线性插值(bi-linear interpolation) 134

双向预测(bidirectional interpolated) 345

双正交(bi-orthogonal) 230

水印检测(watermark detection) 270,276,277,
280

水印嵌入(watermark embedding) 270,274,276,
279

四色打印(four-color printing) 306

松弛代数重建技术(relaxation reconstruction
technique) 188

算术编码(arithmetic coding) 217

算术均值(arithmetic mean) 109

算术均值滤波器(arithmetic mean filter) 110

算术运算(arithmetic operation) 34

缩放函数(scaling function) 231

缩减窗(reduction window) 350

缩减因数(reduction factor) 350

缩小镜头(zoom out 或 backward zooming) 330

T

梯度(gradient) 71

梯形低通滤波器(trapezoidal low-pass filter) 89

梯形高通滤波器(trapezoidal high-pass filter) 92

提升(lifting) 240

体素(volume element) 2

条件排序(conditional ordering) 317

调和均值(harmonic mean) 110

调和均值滤波器(harmonic mean filter) 110

调色板图像(palette image) 305

跳跃白色块(white block skipping) 210

通用图像退化模型(general image degradation
model) 105

同时彩色对比度(simultaneous color contrast) 300

同时代数重建技术(simultaneous algebraic reconstruction
technique,SART) 188

同态滤波(homomorphic filtering) 95

同态滤波器(homomorphic filter) 96

同态滤波消噪(homomorphic filtering denoising)
96

同态滤波增强(homomorphic filtering enhancement)
96

透射断层成像(transmission computed tomography)
171

透射率(transmittance) 153

透射率空间(transmittance space) 160

图表(chart) 10

图像(image) 1

图像补全(image completion) 136

图像采集(image acquisition) 14

图像处理(image processing) 9

图像处理系统(image processing system) 13

图像篡改(image tampering) 286

图像存储(image storage) 20

图像的多幅迭代混合(multiple-image iterative
blending) 296

图像分析(image analysis) 9

图像工程(image engineering) 8,9

图像观测模型(image observation model) 361

图像理解(image understanding) 9

图像亮度成像模型(brightness image forming model)
95

图像求反(image negative) 40

图像取证(image forensics) 287

图像去雾(image haze removal) 149

图像认证(image authentication) 286,289

图像退化(image degradation) 103

图像信息安全(image information security) 269

图像修补(image repair) 136

图像修复(image inpainting) 136

图像增强(image enhancement) 42

图像坐标变换(image coordinate transformation)
29

图形(graph) 10

图形处理器(graphic processing unit) 22

退化系统(degradation system) 105

推拉(dollying) 330

W

完整性认证(complete authentication) 287

唯一可解码(uniquely decodable code) 260

唯一码(unique code) 260

维纳滤波器(Wiener filter) 118,154

伪彩色变换映射(pseudo-color transform mapping)
310

伪彩色增强(pseudo-color enhancement) 309

伪造攻击(forgery attack) 282

位平面（bit-plane） 208

位平面编码（bit-plane coding） 208

稳健性（robustness） 272

沃尔什函数（Walsh functions） 232

无失真编码定理（noiseless coding theorem） 204

无损预测编码系统（lossless predictive coding system） 248

无限脉冲响应（infinite impulse response） 340

无意义水印（meaningless watermark） 273,274

无约束恢复（unconstrained restoration） 115

物体基编码（object-based coding，object-oriented coding） 262

雾浓度因子（fog concentration factor） 157

X

稀疏表达（sparse representation） 143

显著性（notability） 271

线性滤波（linear filtering） 59

线性最小均方误差（linear minimum mean square error） 342

陷波滤波（notch filtering） 94

陷波滤波器（notch filter） 94

相对彩色对比度（relative saturation contrast） 300

相对地址编码（relative address coding） 211

相对亮度对比度（relative brightness contrast，RBC） 7,313

相关定理（correlation theorem） 85

相关品质（correlation quality） 281

相关失真测度（correlation distortion metrics） 281

相似变换（similarity transformation） 129

相似定理（similarity theorem） 83

香农-法诺编码（Shannon-Fano coding） 216

像素（picture element） 2

像素间冗余（pixel redundancy） 199

消除攻击（elimination attack，removal attack） 282

小波变换编解码系统（wavelet transform codec system） 238

小波函数（wavelet function） 231

小波校正（wavelet calibration） 358

小波序列展开（wavelet series expansion） 233

斜率过载（slope overload） 251

谐波均值（harmonic mean） 110

谐波均值滤波器（harmonic mean filter） 110

心理视觉冗余（psychovisual redundancy） 198

心理物理模型（psychophysical model） 304

芯片上系统（system on chip） 22

信息伪装（steganography） 293

信息隐藏（information hiding） 292

信源（information source） 203

信源编码定理（source coding theorem） 206

信噪比（signal-to-noise ratio） 107

虚假轮廓（false contour） 6

序列展开（series expansion） 230

序统计滤波（order-statistics filtering） 69

旋转（roll） 330

旋转变换（rotation transformation） 31,126

旋转定理（rotation theorem） 82

选择滤波（selective filtering） 113

选择性滤波器（selective filter） 113

Y

压缩采样（compressed sampling） 146

压缩感知（compressive sensing） 146

压缩率（compression ratio） 198

亚排序（sub-ordering） 317

沿运动轨迹的滤波（filtering along the motion trajectory） 341

颜色（color） 300

掩蔽攻击（masking attack） 282

液晶显示器（liquid crystal display） 16

阴极射线管（cathode ray tube） 16

音频表达单元（audio presentation units） 384

引导滤波（guided filtering） 151,159

隐蔽信道（covert channels） 293

隐藏图像（hiding image） 293

隐秘术（anonymity） 292

游程编码（run-length coding） 211

有色噪声（colored noise） 108

有损预测编码系统（lossy predictive coding system） 249

有限脉冲响应（finite impulse response） 340

有效载荷（payload） 282

有序子集-最大期望（ordered subsets--expectation maximization，OS-EM） 191

有意义水印（meaningful watermark） 274,276

有约束恢复（constrained restoration） 118

有约束最小平方恢复（constrained least square restoration） 120

诱导色(induced color) 300

语义基编码(semantic-based coding) 263

预测编码(predictive coding) 248

预测单元(predict unit,PU) 388

预测块(prediction block,PB) 388

预测帧(predictive-frame) 345

阈值编码(threshold coding) 228

源输入格式(source input format) 5,385

匀速直线运动模糊(uniform linear motion blurring) 343

运动补偿(motion compensation) 340

运动补偿预测(motion-compensated prediction) 345

运动轨迹(motion trajectory) 340

运动轨迹描述符(motion trajectory descriptor) 333

运动检测(motion detection) 334

运动区域类型直方图(motion region type histogram) 332

运动矢量场表达(motion vector field representation) 331

运动矢量方向直方图(motion vector directional histogram) 332

运动适应(motion-adaptive) 339

运动图像(motion image) 382

运动图像专家组(moving picture expert group) 383,384,385,386,389,392,394

Z

载体图像(carrier image) 293

噪声(noise) 104

噪声消除(noise removal) 360

增强对比度(contrast enhancement) 40

照度分量(illumination component) 97

帧间(inter-frame) 344

帧间编码(inter-frame coding) 345

帧间预测编码(inter-frame predictive coding) 344

帧内(intra-frame) 344

帧内编码(intra-frame coding) 344,345

帧平均(frame average) 339

真彩色增强(full-color enhancement) 309

整体环境光(global atmospheric light) 149

正电子发射 CT(positron emission tomography) 172

正交变换(orthogonal transform) 222

正交变换编解码系统(orthogonal transform codec

system) 224

知识基编码(knowledge-based coding) 263

直方图(histogram) 42

直方图变换(histogram transformation) 42

直方图规定化(histogram specification) 45

直方图均衡化(histogram equalization) 42,43

直方图修正(histogram modification) 42

直接滤波(direct filtering) 339

直接衰减(direct attenuation) 149

指数变换(exponential transformation) 41

指数低通滤波器(exponential low-pass filter) 89

指数高通滤波器(exponential high-pass filter) 93

指数哥伦布码(exponential Golomb code) 214

质量可伸缩性(quality scalability) 381

中点滤波(mid-point filtering) 70

中点滤波器(mid-point filter) 111

中心层定理(central theorem) 176

中值滤波(median filtering) 65

中值滤波器(median filter) 111

逐行扫描(progressive scan) 327

主观保真度(subjective fidelity) 202

转移函数(transfer function) 78,116,351

准无损编码(near-lossless coding) 258

子带编码(sub-bans coding) 261

子集(sub-set) 54

自然尺度检测变换(natural scale detection transform) 358

自适应环内消块效应滤波器(adaptive in-loop de-blocking filter) 387

自适应加权平均(adaptive weighted average) 342

自适应中值滤波器(adaptive median filter) 112

自信息(self-information) 203

组映射规则(group mapping law) 46

最大似然-最大期望(maximum likelihood-expectation maximization,ML-EM) 189

最大值滤波(maximum filtering) 69

最大值滤波器(maximum filter) 111

最大-最小锐化变换(max-min sharpening transform) 71

最近邻插值(nearest interpolation) 134

最频值滤波(mode filtering) 70

最小值滤波(minimum filtering) 69

最小值滤波器(minimum filter) 111

最优均匀量化器(optimal uniform quantizer) 254

最优预测器(optimal predictor) 251

坐标变换(coordinate transformation) 30